MATLAB으로 배우는

선형대수학

2판

지은이 **이광연** gylee@hanseo.co.kr

성균관대학교 수학과를 졸업한 후 동 대학원에서 석사 및 박사 학위를 취득하였다. 미국 와이오밍주립대학교에서 박사후과정을 마친 후 미국 아이오와대학교에서 방문교수를 지냈다. 현재 한서대학교 자유전공학부 교수로 재직 중이다. 주요 연구 분야는 조합적 행렬론이며, 특히 조합적 헤아림 수를 연구하고 있다. 2007, 2009, 2022 개정 교육과정 중·고등학교 수학 교과서 집필에 참여했다. 저서로는 『선형대수학과 응용』(경문사, 1998), 『알기 쉬운 선형대수학』(경문사, 2004), 『수학, 인문으로 수를 읽다』(한국문학사, 2014), 『기초 선형대수학(2판)』(한빛아카데미, 2021), 『피타고라스 생각 수업』(유노라이프, 2023) 등이 있다.

지은이 **설한국** hgseol@skku.edu

성균관대학교 수학과를 졸업한 후 동 대학원에서 석사 및 박사 학위를 취득하였다. 육군사관학교 교수부 전임강사, 대진대학교 초빙교수, 성균관대학교 수학교육학습센터 전임연구원을 역임했다. 현재 성균관대학교 수학과 초빙교수 및 최적화연구센터(AORC) 행정실장으로 재직 중이다. 주요 연구 분야는 선형대수학, 이산수학, 조합적 행렬론이다. 저서로는 『창의사고 수학』(부지런한 거북이, 2008), 『선생님도 놀란 초등수학 뒤집기-이산수학』(성우주니어, 2011), 『선생님도 놀란 초등수학 뒤집기-컴퓨터와 수학』(성우주니어, 2011), 『1%의 비밀 대수』(경문사, 2015), 『기초 선형대수학(2판)』(한빛아카데미, 2021) 등이 있다.

MATLAB으로 배우는 선형대수학 2판

초판발행 2024년 2월 26일

지은이 이광연, 설한국 / **펴낸이** 전태호
펴낸곳 한빛아카데미(주) / **주소** 서울시 서대문구 연희로2길 62 한빛아카데미(주) 2층
전화 02-336-7112 / **팩스** 02-336-7199
등록 2013년 1월 14일 제2017-000063호 / **ISBN** 979-11-5664-025-7 93410

총괄 김현용 / **책임편집** 김은정 / **기획 · 편집** 윤세은
디자인 박정우 / **전산편집** 이은정 / **제작** 박성우, 김정우
영업 김태진, 김성삼, 이정훈, 임현기, 이성훈, 김주성 / **마케팅** 김진철, 김호철, 심지연

이 책에 대한 의견이나 오탈자 및 잘못된 내용에 대한 수정 정보는 아래 이메일로 알려주십시오.
잘못된 책은 구입하신 서점에서 교환해 드립니다. 책값은 뒤표지에 표시되어 있습니다.
홈페이지 www.hanbit.co.kr / **이메일** question@hanbit.co.kr

Published by HANBIT Academy, Inc. Printed in Korea

STEM@COOKBOOK

MATLAB으로 배우는

선형대수학 2판

LINEAR ALGEBRA WITH MATLAB

이광연, 설한국 지음

한빛아카데미
Hanbit Academy, Inc.

지은이 머리말

선형대수학은 첨단 과학의 기초이다

수학은 인류의 역사와 함께 시작되었다. 수학이 오늘날까지 사라지지 않고 발전해 온 까닭은 우리에게 생각하는 힘을 키워주는 분야이기 때문이다. 수학을 통해 계발되는 수학적 사고는 여러 가지 상황을 이해하고 어려움을 해결하기 위해 꼭 필요하다. 이 한 가지 이유만으로도 수학은 반드시 공부해야 할 매우 중요한 분야임이 틀림없다. 수학은 오랜 옛날부터 문명의 발달에 핵심적인 역할을 해왔으며, 이 역할은 최근 인공지능(AI) 연구의 발전과 맞물려 더욱 확대될 것이다. 특히 현재 사회에서 신기술은 수학의 뒷받침 없이는 나올 수 없다. 우리가 수학을 열심히 공부하는 이유도, 작게는 논리적 사고력을 기르기 위한 것이며 크게는 수학이 인류의 삶을 윤택하게 만드는 기초가 되기 때문이다. 이와 같은 수학의 역할을 여실히 보여주는 분야가 바로 선형대수학이다.

선형대수학은 진정한 수학의 묘미를 맛볼 수 있는 과목으로, 수학과 친구가 되려는 사람에게 좋은 출발점이 될 수 있다. 여기에는 크게 두 가지 이유가 있다. 첫째, 선형대수학은 미분방정식과 확률론과 같은 수학 분야뿐만 아니라 자연과학, 공학, 경제학, 심리학, 사회과학, 빅데이터, 인공지능 등 거의 모든 분야에 광범위하게 응용된다. 그래서 선형대수학의 응용 범위를 접하는 순간, 지금까지 답을 구하기 위해 계산에만 몰두하던 수학과는 전혀 다른, 새로운 수학이 있음을 깨닫게 된다. 둘째, 어렵지 않게 수학적 아이디어와 논리를 전개하는 방식을 배울 수 있기 때문이다. 이를테면 선형대수학의 추상화된 개념도 기하학적으로 해석할 수 있는데, 2차원과 3차원을 기초로 n차원 공간을 이해하고 여러 가지 수학적 현상을 상상할 수도 있다.

선형대수학은 컴퓨터를 가장 많이 이용하는 수학 전공과목이기도 하다. 시중에는 선형대수학의 계산적인 측면을 간단히 보여주는 프로그램이 다양하게 출시되었으며, 이 책 『MATLAB으로 배우는 선형대수학(2판)』은 특히 행렬 연산에 매우 널리 쓰이는 소프트웨어인 MATLAB을 이용한다. MATLAB은 MATrix LABoratory의 준말로, 그 이름대로 행렬 또는 벡터를 기본 자료로 사용하므로 통상적인 프로그래밍 언어를 사용하지 않고도 쉽게 수치 계산을 수행할 수 있다.

다만 초판을 출간한 이후 MATLAB 버전도 2013b에서 2023b로 올라가고, 2022년 말부터는 인공지능이 큰 화두가 되며 여러 신기술이 우리 생활 전반에 빠르게 적용되는 등 급격한 시대적 변화가 이루어지고 있다. 선형대수학은 그 중요성이 점차 더해가고 있으며, 빅데이터의 시대와 함께 거의 모든 분야의 기초 과목으로 부상했다. 특히 공학적 실습을 강조하며 실용성에 방점을 찍는 요즘 학문의 추세에 힘입어 선형대수학의 다양한 이론을 MATLAB으로 직접 실습해 보는 과정이 매우 중요하게 되었다. 이런 시대적 변화에 맞춰 2판을 출간하게 되었다. 2판은 크게 다음과 같은 관점에서 개정하였다.

2판의 특징

첫째, 선형대수학 본래의 특성을 유지하며 요즘 시대에 적합한 내용을 중요하게 다룰 수 있도록 약간의 내용 변화를 추구하였다. 선형대수학은 어떤 내용을 먼저 다루는지에 따라 책의 방향과 특성이 결정된다. 초판 내용을 충실히 유지하며 변화된 시대적 요구를 반영하기 위하여 2.5절에 LU-분해를 추가하고, 벡터공간을 다룬 뒤 바로 선형변환을 학습할 수 있도록 순서를 조정하였다.

둘째, 예제를 변화시켰다. 초판에서 다룬 예제의 내용과 중요성을 유지하면서 다양한 실제 상황에 적용할 수 있도록 각종 수치를 조절하였다. 대부분의 선형대수학 책에서는 수치가 작거나 단순하여 실제 상황에 적용하기에 약간의 틈이 있었다. 이를 극복하기 위하여 2판에서는 수치를 좀 더 현실적인 방향으로 변화를 주었다.

셋째, [MATLAB 예제]에도 현실적인 수치를 반영하였다. 초판의 [MATLAB 예제]는 기본 예제와 크게 차이점을 발견하기 쉽지 않았으나, 2판에서는 보다 실생활 문제에 가까워지도록 수치를 다양하게 변화시켰다.

넷째, 연습문제를 보충하였다. 여러 가지 상황과 다양한 패턴의 문제를 추가하여 연습문제의 종류를 풍부하게 하였다. 이로써 실생활 문제뿐만 아니라 공학적인 상황에서도 문제상황을 적극 활용할 수 있도록 하였다.

아울러 초판에서 내용 전개가 부드럽지 못했던 부분을 살펴서 보다 자연스럽게 전개를 이끌었다. 가능하면 수학적 과정이나 엄격한 증명은 피하며 중요한 내용을 간략하면서도 빠짐없이 전달하려고 노력하였다. 하지만 아직도 부족한 면이 많으므로 여러분의 끊임없는 관심이 필요하다. 2판에 대한 다양한 의견을 아낌없이 전달해 주신다면 좀 더 좋은 교재로 발전시킬 수 있을 것이다.

감사의 글

끝으로 2판이 나오기까지 꼼꼼하게 원고를 정리해 주신 한빛아카데미(주) 관계자들에게 감사를 드린다.

지은이 일동

미리보기

누구를 위한 책인가

수학, 공학 전공을 가리지 않고 선형대수학을 제대로 이해하고 활용하고자 하는 학생을 위한 책이다. 선형대수학 개념을 제대로 다질 수 있도록 학습에 필요한 각 용어를 명확히 정의하고, 정의에 따른 여러 가지 정리를 자세하게 소개하였다. 이 책을 통해 여러 분야에서 데이터를 표현하고 조작하여 다양한 정보를 효과적으로 처리하는 능력을 습득할 수 있다.

이 책을 시작하려면

선형대수학은 세부 이론을 각각 배우는 것도 중요하지만 무엇보다 개념의 연계성을 파악하고 큰 흐름을 이해해야만 학습 의욕을 잃지 않고 나아갈 수 있다. 1장부터 차근차근 학습하며 각 장이 어떻게 관련이 있는지 이해하길 바란다. 특히 MATLAB 사용법에 익숙하지 않다면 부록의 [MATLAB 기초]를 먼저 학습할 것을 권한다.

이 책의 구성요소

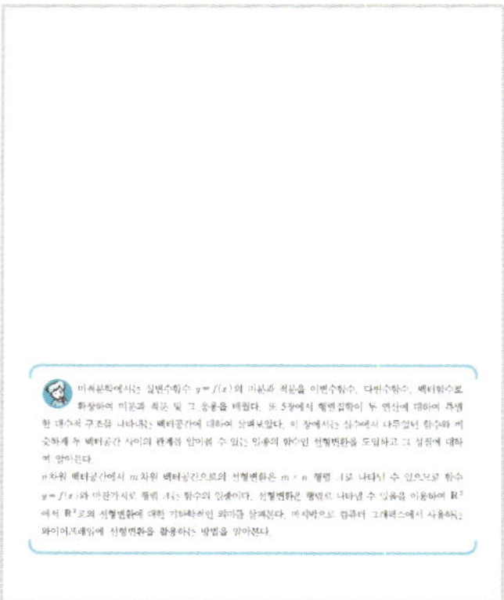

도입글

해당 장의 내용을 배워야 하는 이유와 다른 장과의 연계성을 소개한다.

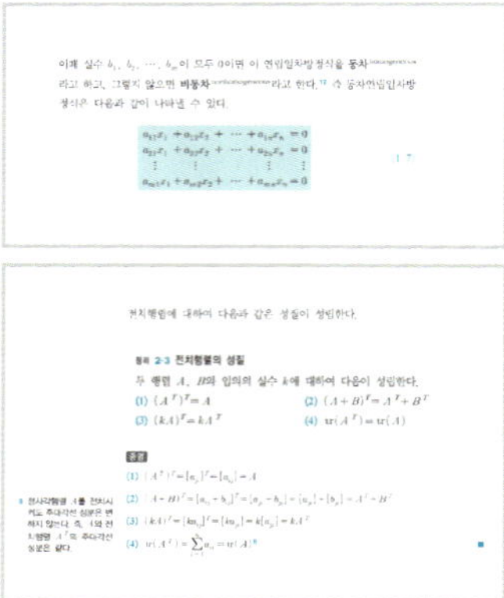

핵심 용어 / 주요 수식 / 정리

본문 내용에서 핵심이 되는 용어와 수식은 쉽게 찾아볼 수 있도록 각각 키워드와 음영으로 표시하였다. 중요한 내용은 선별하여 정리로 소개한다.

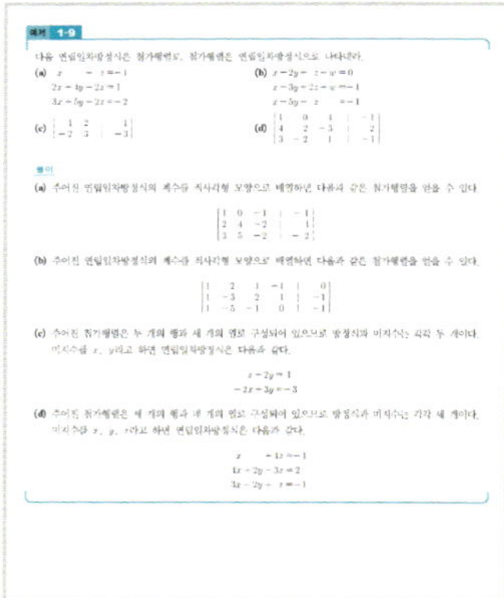

예제

본문 개념을 적용한 문제와 상세한 풀이를 소개한다.

이 책의 구성

❶ 연립일차방정식(1장)

연립일차방정식의 정의를 살펴보고, 연립일차방정식의 해, 해집합 등의 용어를 소개한다.

❷ 행렬과 행렬식(2~3장)

2장은 행렬과 그 기본 연산을 바탕으로 행렬 연산의 성질과 역행렬, 그리고 특별한 행렬을 소개한다. 다양한 분야에서 사용되는 LU-분해를 알아본다. 3장은 행렬식을 정의하고 그 성질을 알아본다. 또한 행렬식을 활용하는 방법을 알아본다.

❸ 벡터와 벡터공간(4~5장)

4장은 좌표평면과 좌표공간에서 정의되는 2차원 벡터와 3차원 벡터, 실수 공간으로 확장한 벡터에 대하여 알아본다. 5장은 기저의 성질을 이용하여 부분공간의 차원을 정의하고, 동차연립일차방정식의 해의 존재성과 해공간의 기저를 알아본다.

❹ 선형변환(6장)

선형변환을 소개하고, 두 유한차원 벡터공간 사이의 선형변환과 행렬 사이의 관계를 집중적으로 다룬다.

❺ 고윳값과 고유벡터(7장)

고윳값과 고유벡터의 정의와 성질을 알아본다. 또 행렬의 고윳값과 고유벡터를 활용하는 방법을 살펴본다.

❻ 복소벡터공간(8장)

복소수의 기본 성질, 복소벡터공간, 복소내적공간과 복소수를 활용하는 데 필요한 행렬의 성질을 알아본다.

부록 MATLAB 기초

MATLAB의 기본 사용법과 선형대수학 문제 풀이에 자주 사용되는 명령어를 담았다.

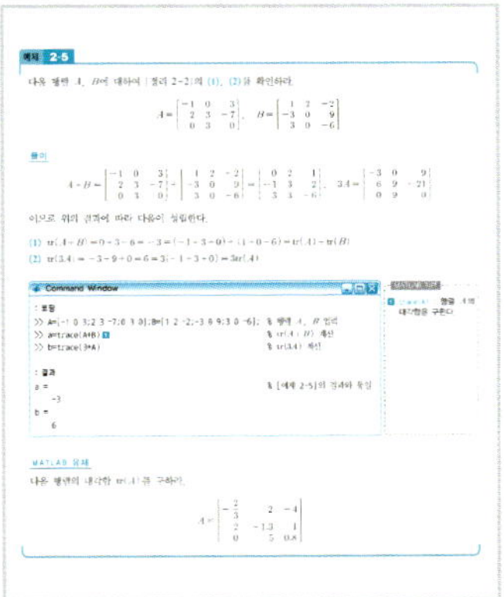

코딩 / MATLAB 유제

예제 풀이를 MATLAB 코딩으로 제시하여 프로그래밍 사고를 보여준다. 스스로 코딩을 할 수 있도록 MATLAB 유제를 소개한다.

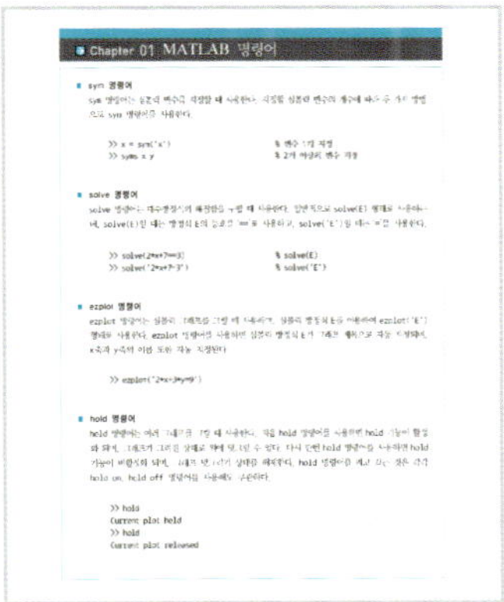

MATLAB 명령어

해당 장이 끝날 때마다 예제 코딩에서 다룬 주요 MATLAB 명령어의 기능과 사용법을 다시 한번 정리한다.

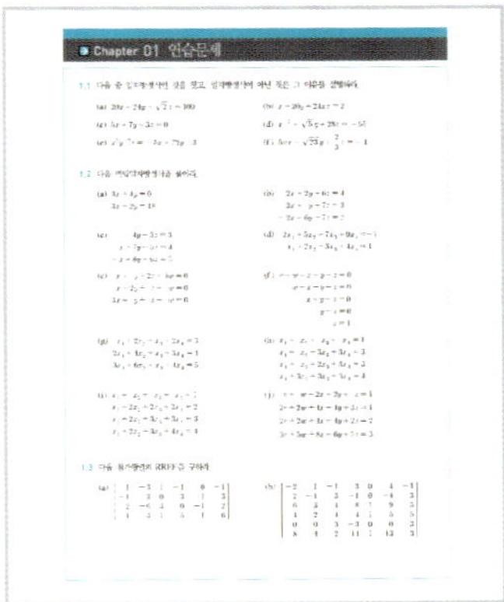

연습문제

해당 장이 끝날 때마다 본문 내용을 제대로 이해했는지 확인하는 문제를 소개한다.

학습 로드맵

이 책에서 다룬 주제를 제대로 이해하는 데 필요한 선수 내용이 무엇이고, 각 주제가 어떤 연계성을 가지는지를 보여준다. 이 책은 해당 전공의 특성이나 학생 수준에 따라 한 학기 또는 두 학기용으로 사용할 수 있다. 수업 시간에 MATLAB을 이용한다면 [예제]에 주어진 [코딩]을 실행해본 후, [MATLAB 유제]를 풀며 프로그래밍 사고에 익숙해질 수 있다. MATLAB을 이용하지 않는다면 [코딩]을 생략하고 [MATLAB 유제]를 손으로 풀어볼 수 있다. 계산이 까다롭다면 계산기를 이용해도 좋다. 가급적 1장에서부터 순차적으로 학습하는 게 좋지만, 한 학기용으로 사용한다면 각 장의 활용 절과 8장을 생략할 수 있다.

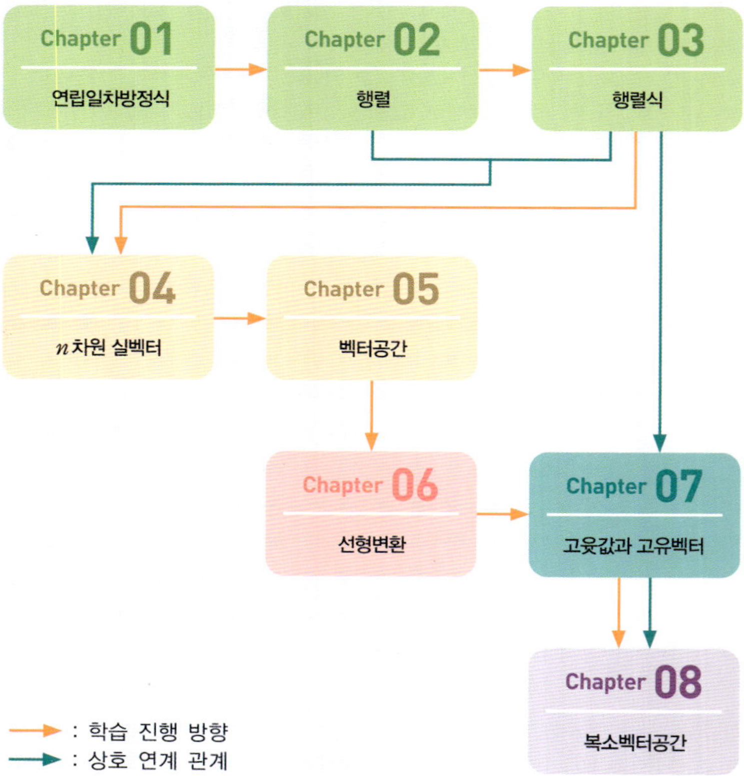

강의 계획

한 학기 강의

주	해당 장	주제
1	1장	연립일차방정식과 풀이, 가우스 소거법, 동차연립일차방정식(1.1절 ~ 1.4절)
2	2장	행렬과 행렬 연산, 행렬의 곱(2.1절 ~ 2.2절)
3	2장	역행렬, 특별한 행렬, LU-분해(2.3절 ~ 2.5절)
4	3장	행렬식의 정의, 행렬식의 성질(3.1절 ~ 3.2절)
5	3장	수반행렬, 크래머 공식(3.3절)
6	4장	벡터의 정의, 내적(4.1절 ~ 4.2절)
7	4장	외적, n차원 벡터(4.3절 ~ 4.4절)
8		중간고사(15주 강의는 생략 가능)
9	5장	벡터공간과 부분공간, 일차독립과 일차종속(5.1절 ~ 5.2절)
10	5장	기저와 차원, 행렬의 행공간과 열공간(5.3절 ~ 5.4절)
11	5장	기저의 변경, 정규직교화 과정(5.5절 ~ 5.6절)
12	6장	선형변환과 행렬, 선형연산자의 기하학적 성질(6.1절 ~ 6.2절)
13	6장	선형변환의 성질, 선형변환의 행렬(6.3절 ~ 6.4절)
14	7장	고윳값과 고유벡터, 행렬의 대각화(7.1절 ~ 7.2절)
15	7장	대칭행렬의 대각화(7.3절)
16		기말고사

두 학기 강의

1학기

주	해당 장	주제
1	1장	1.1절 ~ 1.3절
2	1장	1.4절 ~ 1.5절
3	2장	2.1절 ~ 2.2절
4	2장	2.3절 ~ 2.6절
5	3장	3.1절 ~ 3.2절
6	3장	3.3절
7	3장	3.4절
8		중간고사(15주 강의는 생략 가능)
9	4장	4.1절 ~ 4.2절
10	4장	4.3절 ~ 4.4절
11	4장	4.5절
12	5장	5.1절
13	5장	5.2절
14	5장	5.3절 ~ 5.4절
15	5장	5.4절(계속)
16		기말고사

2학기

주	해당 장	주제
1	5장	5.5절
2	5장	5.6절
3	5장	5.7절
4	6장	6.1절
5	6장	6.2절
6	6장	6.3절 ~ 6.4절
7	6장	6.5절
8		중간고사(15주 강의는 생략 가능)
9	7장	7.1절
10	7장	7.2절
11	7장	7.3절
12	7장	7.4절
13	8장	8.1절 ~ 8.2절
14	8장	8.3절 ~ 8.4절
15	8장	8.5절
16		기말고사

강의 및 학습 보조자료와 참고 문헌

강의 및 학습 보조자료

- 강의자용 : **강의보조자료 다운로드**
  한빛출판네트워크 접속(http://www.hanbit.co.kr) → [교수전용] 클릭 → [강의자료] 클릭 → 도서명 검색
- 학습자용 : **공개용 정답 다운로드**
  한빛출판네트워크 접속(http://www.hanbit.co.kr) → [SUPPORT] 클릭 → [자료실] 클릭 → 도서명 검색

참고 문헌

- 강은주 외 2명 (2002). Maple과 함께 하는 선형대수학. 경문사.
- 김수현 외 7명 (2009). 선형대수학: 기초와 응용. 북스힐.
- 김승동, & 정필웅 (1994). 선형대수학. 청문각.
- 김인현 외 4명 (2014). 선형대수학. 경문사.
- 이광연 외 3명 (1998). 선형대수학과 응용. 경문사.
- 이광연 외 2명 (2004). 알기 쉬운 선형대수학. 경문사.
- 이광연 외 2명 (2021). 기초 선형대수학(2판). 한빛아카데미.
- David C. Lay (2011). Linear Algebra and Its Applications(4th, ed.). Pearson.
- David C. Lay, Steven R. Lay, & Judith McDonald (2022). Linear algebra and its applications(6th, global, ed.). Pearson Education Limited.
- David Poole (2010). Linear Algebra: A Modern Introduction(3rd, ed.). Cengage Learning.
- Gareth Williams (2007). 선형대수학(5판)(이정문 외 3명, 번역). 사이텍미디어.(원서는 2005년에 출판)
- Gareth Williams (2009). Linear Algebra with Applications(7th, ed.). Jones & Bartlett Publishers.
- Gilbert Strang (2009). Introduction to Linear Algebra(4th, ed.). Wellesley Cambridge Press.
- Howard Anton (2000). Elementary Linear Algebra(8th, ed.). John Wiley & Sons.
- Jeffrey Holt (2012). Linear Algebra with Applications. W. H. Freeman.
- Otto Bretscher (2012). Linear Algebra with Applications(5th, ed.). Pearson.
- Serge Lang (1987). Linear Algebra(3rd, ed.). Springer.
- Seymour Lipschutz, & Marc Lipson (2013). Schaum's Outline of Linear Algebra(5th, ed.). McGraw-Hill.
- Stephen H. Friedberg, Arnold J. Insel, & Lawrence E. Spence (2002). Linear Algebra(4th, ed.). Pearson.
- Steve J. Leon (2009). Linear Algebra with Applications(8th, ed.). Pearson.

목차

Chapter

01

연립일차방정식

System of Linear Equations

학습목표

- 연립일차방정식의 뜻을 이해할 수 있다.
- 연립일차방정식의 해와 해집합의 개념을 이해할 수 있다.
- 연립일차방정식을 첨가행렬을 이용하여 해를 구할 수 있다.
- 가우스 소거법과 가우스-조르단 소거법을 이해할 수 있다.
- 연립일차방정식을 활용하여 다양한 문제를 해결할 수 있다.

이 장에서는 자연과학과 사회과학에서 나타나는 다양한 문제들을 해결하기 위한 수학적 모델링으로 연립일차방정식을 만드는 과정과 그 해를 구하는 방법에 대하여 알아본다. 연립일차방정식의 풀이 방법은 여러 가지이지만 그중 가장 편리한 방법은 가우스 소거법이다. 가우스 소거법은 비록 서양의 수학자 가우스의 이름이 붙어있지만, 고대 동양에서 서양보다 먼저 연립일차방정식의 해를 구하던 방법이다. 가우스 소거법으로 연립일차방정식의 해를 구하는 방법에 대하여 알아보고, 연립일차방정식을 활용하여 여러 가지 문제를 해결하는 방법을 살펴본다.

1.1 연립일차방정식

이 절에서는 자연현상 또는 물리, 공학, 사회과학 등에서 해결해야 할 여러 문제의 수학적 모델링인 연립일차방정식과 연립일차방정식의 해에 대하여 알아보자.

1.1.1 연립일차방정식의 정의

실생활의 다양한 문제를 해결하기 위해 수학적으로 가장 많이 사용하는 도구는 방정식으로, **방정식**equation은 **미지수**unknown를 포함하는 등식이다. 예를 들어 미지수 x, y에 대한 다음 등식은 모두 방정식이다.

$$3x-5y=11 \tag{1.1}$$

$$x^2-2xy+5x-3y+y^2=2 \tag{1.2}$$

방정식의 해solution는 방정식을 만족시키는 미지수 값을 뜻한다. 이를테면 $x=2$, $y=-1$은 식 (1.1)의 한 해이고, $x=1$, $y=1$은 식 (1.2)의 한 해이다. 주어진 방정식의 모든 해를 모아놓은 집합을 방정식의 **해집합**solution set이라고 하고, 방정식의 해집합을 구하는 것을 '**방정식을 푼다**solving equation'고 한다.[1]

[1] 일차방정식은 방정식이므로 해집합을 구할 수 있고, 일차방정식의 해집합을 구하는 것을 '일차방정식을 푼다'고 한다.

방정식 중에서 특히 미지수의 차수가 1인 방정식을 **일차방정식**linear equation이라고 한다. 일반적으로 일차방정식은 n개의 미지수 x_1, x_2, $\cdots$, x_n과 실수 a_1, a_2, $\cdots$, a_n, b에 대하여 다음과 같이 나타낸다.

$$a_1x_1+a_2x_2+\cdots+a_nx_n=b \tag{1.3}$$

예를 들어 $8x_1-3x_2=2x_1+2$는 $6x_1-3x_2=2$와 같이 나타낼 수 있으므로 일차방정식이지만 $x_1-\sqrt{5}x_2=-x_1x_2$이나 $6y=7\sqrt[3]{x}-12$ 또는 $\sin x+\cos x=\dfrac{1}{3}$은 식 (1.3)과 같이 미지수의 차수가 1인 방정식으로 나타낼 수 없으므로 모두 일차방정식이 아니다.

예제 1-1

다음 방정식 중에서 일차방정식인 것을 찾고, 일차방정식을 풀어라.

(a) $2x-1=7$ (b) $x-3xy+y=4$ (c) $7x-3y=9\ln x$

(d) $3x-5y=1$ (e) $-2e^x+x-3=y$ (f) $2x-8y+10z=3$

풀이

일차방정식은 **(a)**, **(d)**, **(f)**뿐이다.

(a) 좌변의 상수항을 우변으로 이항하면 $2x=8$이다. 따라서 주어진 일차방정식의 해는 4뿐이므로 해집합은 $\{4\}$이다.

(d) 미지수는 x, y로 2개이고, 주어진 식을 y에 대하여 풀면 다음과 같다.

$$x=\frac{5}{3}y+\frac{1}{3}$$

이 식에 $y=s$(단, $s\in\mathbb{R}$)를 대입하면 $x=\frac{5}{3}s+\frac{1}{3}$을 얻을 수 있다. 즉 주어진 일차방정식의 해집합은 다음과 같다.

$$\left\{(x,\ y)\ \middle|\ x=\frac{5}{3}s+\frac{1}{3},\ y=s,\ s\in\mathbb{R}\right\}$$

여기서 s가 임의의 실수이므로 $s=1$이면 $x=2$, $y=1$이다. 또 $s=0$이면 $x=\frac{1}{3}$, $y=0$이다. 따라서 $(2,\ 1)$, $\left(\frac{1}{3},\ 0\right)$은 모두 주어진 일차방정식의 해이다.

(f) 미지수는 x, y, z로 3개이므로 주어진 식을 y, z에 대하여 풀면 다음과 같다.

$$x=\frac{3}{2}+4y-5z$$

이 식에 $y=s$, $z=t$(단, s, $t\in\mathbb{R}$)를 대입하면 $x=\frac{3}{2}+4s-5t$를 얻을 수 있다. 즉 주어진 일차방정식의 해집합은 다음과 같다.

$$\left\{(x,\ y,\ z)\ \middle|\ x=\frac{3}{2}+4s-5t,\ y=s,\ z=t,\ s,\ t\in\mathbb{R}\right\}$$

여기서 s, t가 임의의 실수이므로 $s=1$, $t=1$이면 $x=\frac{1}{2}$, $y=1$, $z=1$이다. 따라서 $\left(\frac{1}{2},\ 1,\ 1\right)$은 주어진 일차방정식의 한 해이다.

Command Window

```
: 코딩
>> syms x y z 1                                % 심볼릭 변수 x, y, z 지정
>> a=solve(2*x-1==7) 2                         % 주어진 일차방정식 계산
>> d=solve(3*x-5*y==1)
>> f=solve(2*x-8*y+10*z==3)

: 결과
a =                                            % [예제 1-1(a)]의 결과와 동일
   4
d =                                            % [예제 1-1(d)]의 결과와 동일
   (5*y)/3+ 1/3
```

MATLAB TIP!

1. 심볼릭 변수 지정
   - 1개 지정 : `x = sym('x')`
   - 2개 이상 지정 : `syms x y`
2. 대수방정식의 해집합 계산
   - `solve(E)`일 때는 "==" 사용

```
f =                                        % [예제 1-1(f)]의 결과와 동일
    (4*y) - (5*z) + 3/2
```

MATLAB 유제

다음 일차방정식을 풀어라.

(a) $122x+2.83y=0.125$ **(b)** $71x+211y+12z=57$ **(c)** $0.2x-0.3y+2z-w=0$

한편 미지수 $x_1,\ x_2,\ \cdots,\ x_n$과 상수 a_{ij}(단, $1 \le i \le m,\ 1 \le j \le n$), b_i(단, $1 \le i \le m$)에 대한 유한개 일차방정식의 모임을 **연립일차방정식**system of linear equations이라고 한다. 이를 식 (1.4)와 같이 나타낼 수 있다.

$$
\begin{aligned}
a_{11}x_1 + a_{12}x_2 + \cdots + a_{1n}x_n &= b_1 \\
a_{21}x_1 + a_{22}x_2 + \cdots + a_{2n}x_n &= b_2 \\
&\vdots \\
a_{m1}x_1 + a_{m2}x_2 + \cdots + a_{mn}x_n &= b_m
\end{aligned}
\tag{1.4}
$$

위 연립일차방정식에서 n개의 미지수 $x_1,\ x_2,\ \cdots,\ x_n$에 어떤 수 $s_1,\ s_2,\ \cdots,\ s_n$을 각각 대입하여 모든 방정식이 성립하면 $(s_1,\ s_2,\ \cdots,\ s_n)$을 이 연립일차방정식의 **해**라고 한다. 연립일차방정식의 해 전체의 집합을 연립일차방정식의 **해집합**solution set이라고 하며, 연립일차방정식의 해집합을 구하는 것을 '**연립일차방정식을 푼다**'고 한다. 또 동일한 해집합을 갖는 두 연립일차방정식을 **동치**equivalent라고 한다. 예를 들어 다음 두 연립일차방정식은 해가 (2, 1)로 동일하므로 동치이다.

$$
\begin{aligned}
3x - y &= 5 \qquad & 6x - 2y &= 10 \\
x - y &= 1 \qquad & 3x - 3y &= 3
\end{aligned}
$$

다음은 연립일차방정식의 예이다.[2]

$$
\begin{aligned}
2x_1 + x_2 &= 3 \\
x_1 - 3x_2 &= 2
\end{aligned}
\qquad
\begin{aligned}
x_1 - 2x_2 + 3x_3 &= 1 \\
3x_1 + 2x_2 + 9x_3 &= -4
\end{aligned}
\qquad
\begin{aligned}
x + 2y - 3z &= 4 \\
x + 3y + 5z &= 13 \\
2x + 3y - 5z &= 17 \\
2x + 3y + 2z &= 22
\end{aligned}
$$

2 연립일차방정식은 식의 개수가 미지수의 개수보다 적거나, 같거나 혹은 많을 수도 있다.

1.1.2 해집합의 유형

일차방정식이 한 개이면 반드시 해를 갖지만 연립일차방정식은 여러 개의 일차방정식으로 구성되어 있으므로 모든 일차방정식을 동시에 만족하는 해가 없을 수도 있다. 따라서 일차방정식과 연립일차방정식의 해의 유형은 다를 수 있다. 연립일차방정식의 해집합의 유형을 자세히 알아보기 위해 먼저 예제를 통해 연립일차방정식의 해집합을 구해 보자.

예제 1-2

다음 연립일차방정식을 풀어라.

(a) $2x-2y=-2$
$8x+3y=14$

(b) $2x-y=2$
$-8x+4y=-8$

(c) $x-y=-1$
$-x+y=4$

풀이

(a) 첫 번째 식에 -4를 곱한 후 두 일차방정식을 변끼리 더하면 $11y=22$이므로 $y=2$이고, $y=2$를 두 일차방정식 중 하나에 대입하면 $x=1$을 얻을 수 있다. 따라서 $(1,\ 2)$는 이 연립일차방정식의 **유일한 해**unique solution이다.

(b) 두 번째 방정식의 양변에 $-\frac{1}{4}$을 곱하면 첫 번째 방정식과 동일한 방정식 $2x-y=2$를 얻는다. 즉 두 일차방정식은 같은 방정식이므로 $x=s$(단, $s\in\mathbb{R}$)라고 하면 $y=2s-2$를 얻을 수 있다. 따라서 주어진 일차방정식은 다음과 같은 해집합을 갖는다.

$$\{(x,\ y)\ |\ x=s,\ y=2s-2,\ s\in\mathbb{R}\}$$

이때 $s\in\mathbb{R}$이므로 주어진 연립일차방정식은 무수히 많은 해를 갖는다.

(c) 주어진 두 일차방정식을 변끼리 더하면 좌변은 0이고 우변은 3이므로 $0\neq 3$이다. 예를 들어 $x=1,\ y=2$이면 $x-y=-1$을 만족하지만 $-x+y=4$는 만족하지 않으므로 $x=1,\ y=2$는 주어진 두 일차방정식을 동시에 만족하지는 않는다. 그러므로 주어진 연립일차방정식은 해가 없다.

$$\begin{array}{rr} & x-y=-1 \\ +) & -x+y=4 \\ \hline & 0\neq 3 \end{array}$$

Command Window

: 코딩

```
>> syms x y                                   % 심볼릭 변수 x, y 지정
>> S1=solve(2*x-2*y==-2,8*x+3*y==14);         % [예제 1-2(a)]의 해집합 계산
>> S2=solve(2*x-y==2,-8*x+4*y==-8); 1         % [예제 1-2(b)]의 해집합 계산
>> S3=solve(x-y==-1,-x+y==4); 2               % [예제 1-2(c)]의 해집합 계산
>> S1=[S1.x,S1.y] 3
>> S2=[S2.x,S2.y]
```

MATLAB TIP!

1 해가 무수히 많음을 알리는 다음과 같은 오류 메시지가 나타난다.
The solutions are parametrized by the symbols:

2 해가 없음을 알리는 다음과 같은 메시지가 나타난다.
x:[0×1 sym]
y:[0×1 sym]

```
: 결과
S1 =                                          % [예제 1-2(a)]의 결과와 동일
     [ 1, 2]
S2 =                                          % [예제 1-2(b)]의 결과와 동일
     다음 필드를 포함한 struct:
      x:0
      y:-2
```

MATLAB TIP!

3 구조 배열 : 구조 배열 S에 원소 x, y가 저장된 경우 S.x, S.y로 쓸 수 있다.

MATLAB 유제

다음 연립일차방정식을 풀어라.

(a) $\begin{aligned} 2x+2y&=5 \\ x-\ \ y&=1 \end{aligned}$

(b) $\begin{aligned} 2x+5y+\ \ z&=8 \\ x+2y+2z&=5 \\ x+3y-\ \ z&=3 \end{aligned}$

(c) $\begin{aligned} x+2y+\ \ z&=7 \\ 2x-\ \ y+12z&=2 \\ 2x+3y+\ \ 4z&=3 \end{aligned}$

연립일차방정식의 해집합은 크게 해를 갖는 경우와 해를 갖지 않는 경우로 나눌 수 있다. 또한 해를 갖는 경우는 [예제 1-2]에서 살펴본 것과 같이 유일한 해를 갖는 경우와 무수히 많은 해를 갖는 경우로 나눌 수 있다.

■ 해를 갖는 경우 consistent

❶ 유일한 해를 갖는 경우

다음 연립일차방정식의 그래프를 좌표평면에 나타내면 두 직선 l_1, l_2는 [그림 1-1]과 같이 한 점 $(1,\ 2)$에서 만난다.

$$\begin{aligned} l_1 &: \ \ x-\ \ y=-1 \\ l_2 &: 8x+3y=14 \end{aligned}$$

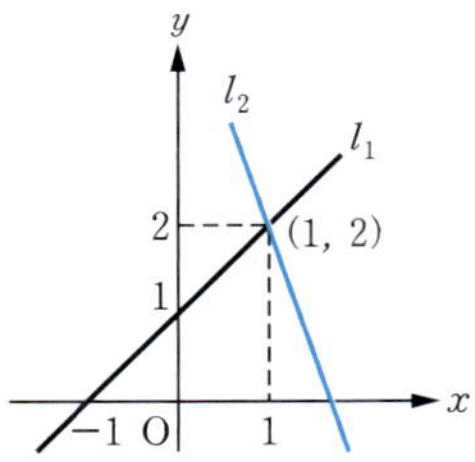

[그림 1-1] 유일한 해를 갖는 경우

점 $(1,\ 2)$는 두 직선 l_1, l_2 위에 있으므로, 주어진 연립일차방정식은 유일한 해 $(1,\ 2)$를 갖는다.

❷ 무수히 많은 해를 갖는 경우

다음 연립일차방정식의 그래프를 좌표평면에 나타내면 [그림 1-2]와 같이 두 직선 l_3, l_4는 완전히 겹쳐진다. 따라서 주어진 연립일차방정식은 무수히 많은 해를 갖는다.

$$\begin{aligned} l_3 &: 2x-\ \ y=2 \\ l_4 &: 6x-3y=6 \end{aligned}$$

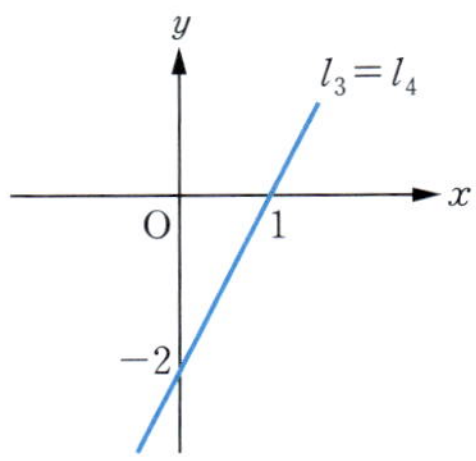

[그림 1-2] 무수히 많은 해를 갖은 경우

■ 해를 갖지 않는 경우 inconsistent

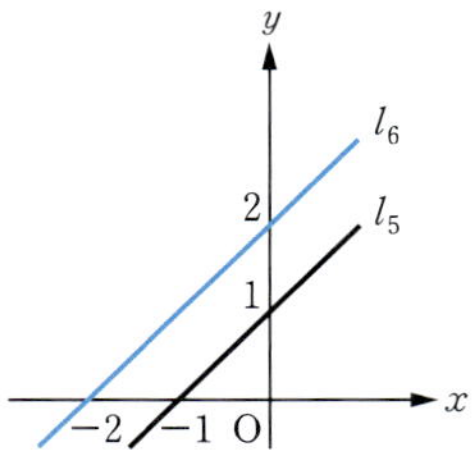

[그림 1-3] 해를 갖지 않는 경우

다음 연립일차방정식의 두 일차방정식의 그래프를 좌표평면에 나타내면 직선 l_5, l_6는 [그림 1-3]과 같다. 즉 두 직선은 평행하여 교점이 없으므로 주어진 연립일차방정식은 해를 갖지 않는다.

$$l_5: -x+y=1$$
$$l_6: -x+y=2$$

예제 1-3

다음 연립일차방정식이 해를 갖는지 확인하라.

(a) $\begin{aligned} x+y+z&=0 \\ x\quad\;\; +z&=1 \end{aligned}$ **(b)** $\begin{aligned} x-y&=1 \\ x+y&=1 \end{aligned}$ **(c)** $\begin{aligned} x-\;\, y&=1 \\ 3x-3y&=1 \end{aligned}$

풀이

(a) 첫 번째 식에서 두 번째 식을 빼면 $y=-1$이다. 또 $x=1-z$이므로 $z=s(s\in\mathbb{R})$라고 하면 주어진 연립일차방정식의 해집합은 다음과 같다.

$$\{(x,\ y,\ z)\mid x=1-s,\ y=-1,\ z=s,\ s\in\mathbb{R}\}$$

따라서 무수히 많은 해를 갖는다.

(b) 첫 번째 식에 두 번째 식을 더하면 $2x=2$이므로 $x=1$이다. 따라서 $y=0$이므로 주어진 연립일차방정식은 유일한 해 $(1,\ 0)$을 갖는다.

(c) 첫 번째 식에 -3을 곱한 후 두 번째 식에 더하면 좌변은 0이고 우변은 -2이다. 즉 $0\neq-2$이므로 주어진 연립일차방정식은 해가 없다.

$$\begin{array}{r} -3x+3y=-3 \\ +)\quad 3x-3y=1 \\ \hline 0\neq-2 \end{array}$$

예제 1-4

그래프를 이용하여 다음 연립일차방정식의 해집합을 구하라.

(a) $\begin{aligned} x+\;\, y&=4 \\ -x+2y&=8 \end{aligned}$ **(b)** $\begin{aligned} 2x-y&=-4 \\ -2x+y&=6 \end{aligned}$ **(c)** $\begin{aligned} -x+2y&=6 \\ 2x-4y&=-12 \end{aligned}$

풀이

(a) $x+y=4$와 $-x+2y=8$의 그래프를 좌표평면 위에 그리면 [그림 1-4]와 같다.

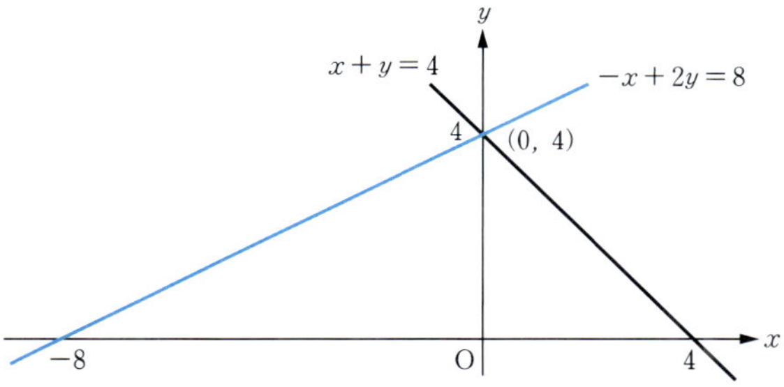

[그림 1-4] $x+y=4$와 $-x+2y=8$의 그래프

두 그래프는 (0, 4)에서 만나므로 연립일차방정식은 유일한 해 (0, 4)를 갖는다.

(b) $2x-y=-4$와 $-2x+y=6$의 그래프를 좌표평면 위에 그리면 [그림 1-5]와 같다. 즉 두 일차방정식의 그래프가 만나는 점이 없으므로 연립일차방정식은 해를 갖지 않는다.

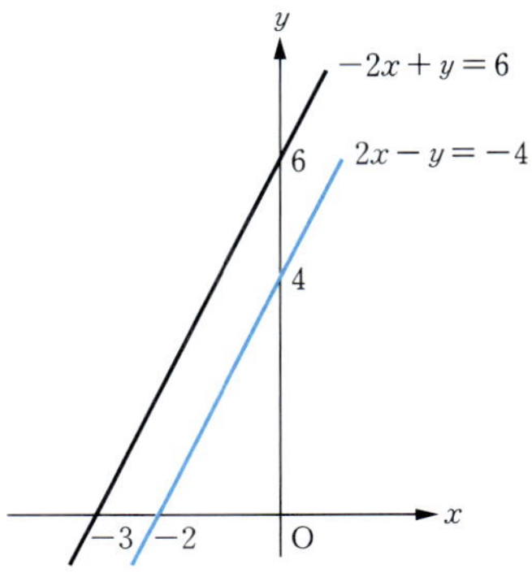

[그림 1-5] $-2x+y=-4$와 $-2x+y=6$의 그래프

(c) $-x+2y=6$과 $2x-4y=-12$의 그래프를 좌표평면 위에 그리면 [그림 1-6]과 같다.

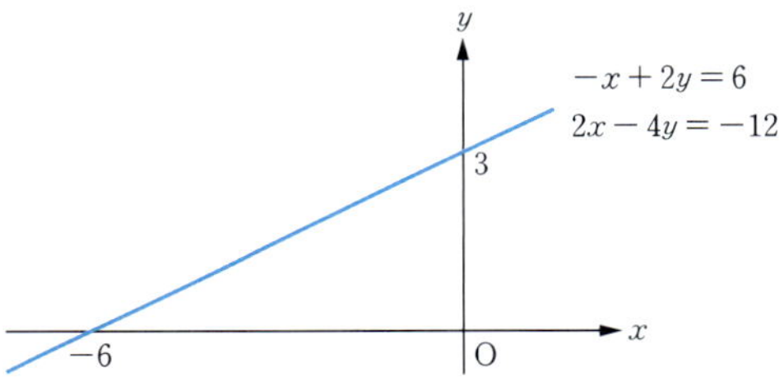

[그림 1-6] $-x+2y=6$과 $2x-4y=-12$의 그래프

두 일차방정식의 그래프가 동일한 직선이므로 연립일차방정식은 무수히 많은 해를 갖는다.

Command Window

: 코딩

```
>> syms x y                          % 심볼릭 변수 x, y 지정
>> ezplot('x+y=4'); 1                % [예제 1-4(a)]의
                                       연립일차방정식 그리기
>> hold on 2
>> ezplot('-x+2*y=8')
>> hold off 3
>> ezplot('2*x-y=-4');               % [예제 1-4(b)]의
                                       연립일차방정식 그리기
>> hold on
>> ezplot('-2*x+y=6')
>> hold off
>> ezplot('-x+2*y=6');               % [예제 1-4(c)]의
                                       연립일차방정식 그리기
>> hold on
>> ezplot('2*x-4*y=-12')
```

MATLAB TIP!

1 ezplot(fx) : 심볼릭 그래프를 그린다.

2 hold on : 그래프가 그려진 상태로 그 위에 덧 그린다.

3 hold off : 그래프 덧그리기를 해제한다.

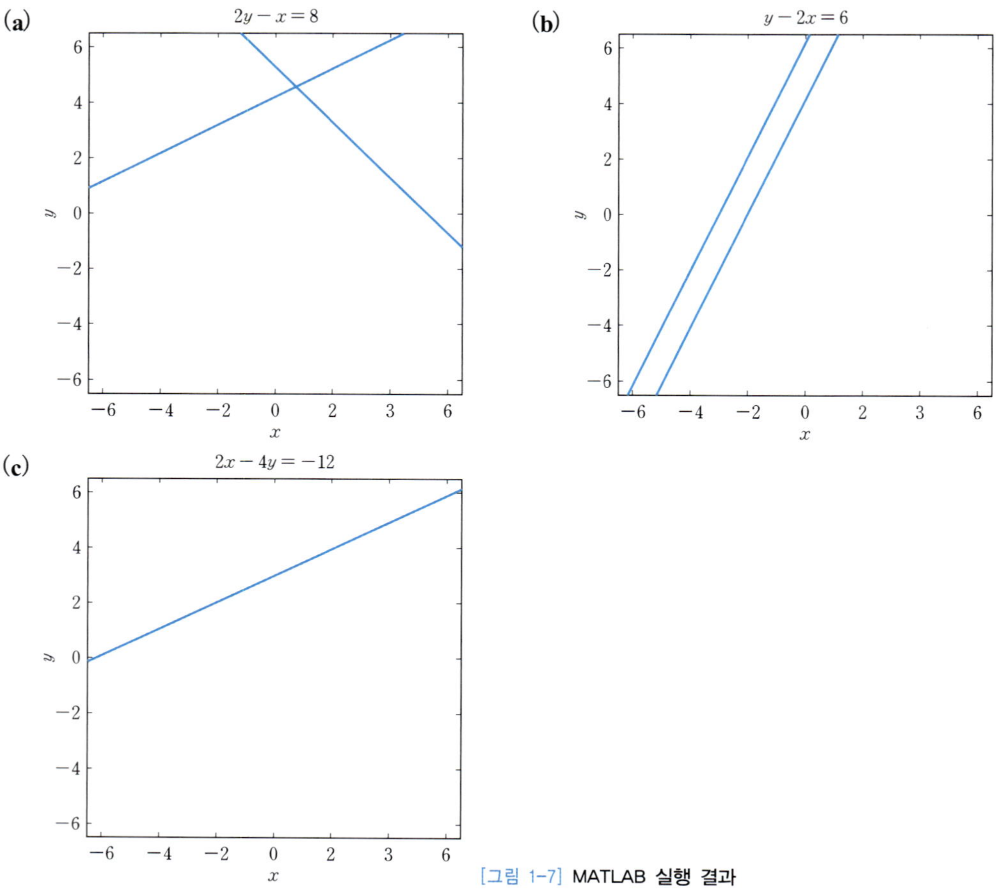

[그림 1-7] MATLAB 실행 결과

> MATLAB으로 그래프 그리는 두 가지 방법
> ❶ 벡터를 이용하여 그리기(plot 명령어) ❷ 심볼릭으로 지정하여 그리기(ezplot 명령어)

MATLAB 유제

ezplot 명령어를 이용하여 그래프를 그리고 이를 이용하여 다음 연립일차방정식의 해집합을 구하라.

(a) $x+y=3$
$y-x=5$

(b) $x+3y=1$
$4x-y=3$

(c) $x+2y=1$
$2x-y=1$
$4x+3y=3$

1.2 연립일차방정식의 풀이

이 장에서는 먼저 중·고등학교에서 배운 연립일차방정식의 풀이 방법을 복습하고, 연립일차방정식의 새로운 풀이 방법을 알아본다.

1.2.1 가감법

연립일차방정식의 풀이 방법 중에서 미지수를 없애는 방법인 **가감법**에 대하여 알아보자. 미지수가 2개인 연립일차방정식은 먼저 한 미지수를 없애고 미지수가 1개인 일차방정식으로 만들면 쉽게 해를 구할 수 있다. 다음 연립일차방정식을 풀어보자.

$$\begin{aligned} 3x + 2y &= 12 \qquad \cdots\cdots ① \\ x - 2y &= -4 \qquad \cdots\cdots ② \end{aligned}$$

먼저 식 ①에서 식 ②를 변끼리 더하면

$$4x = 8, \quad x = 2$$

이고, $x = 2$를 식 ①에 대입하면

$$6 + 2y = 12, \quad y = 3$$

이다. 따라서 $x = 2$, $y = 3$은 식 ①, ②를 동시에 만족하므로 주어진 연립일차방정식의 해이다. 이처럼 미지수가 2개인 연립일차방정식에서 한 미지수를 없애는 것을 **소거**elimination한다고 한다.[3]

3 소거하려는 미지수의 계수와 부호가 같으면 변끼리 빼고, 부호가 다르면 변끼리 더한다.

예제 1-5

다음 연립일차방정식을 가감법으로 풀어라.

$$\begin{aligned} 3x + 2y &= \ \ 12 \qquad \cdots\cdots ① \\ 3x - 2y &= -4 \qquad \cdots\cdots ② \end{aligned}$$

풀이

y를 소거하기 위해 식 ①과 식 ②를 변끼리 더하면

$$6x = 8 \Rightarrow x = \frac{4}{3}$$

이다. 식 ①에 $x = \frac{4}{3}$를 대입하면

$$4 + 2y = 12 \Rightarrow y = 4$$

이다. 따라서 주어진 연립일차방정식의 해는 다음과 같다.

$$x = \frac{4}{3}, \ y = 4$$

```
: 코딩
>> syms x y                                       % 심볼릭 변수 x, y 지정
>> S=solve(3*x+2*y==12, 3*x-2*y==-4);             % 연립일차방정식 계산
>> S=[S.x S.y]

: 결과
S=                                                % [예제 1-5]의 결과와 동일
   [4/3, 4]
```

MATLAB 유제

다음 연립방정식을 가감법으로 풀어라.

$$x+y=12 \quad \cdots\cdots ①$$
$$-x+y=-4 \quad \cdots\cdots ②$$

예제 1-6

다음 연립일차방정식을 가감법으로 풀어라.

$$2x+y+z=8 \quad \cdots\cdots ①$$
$$x+2y+z=6 \quad \cdots\cdots ②$$
$$x+y+2z=2 \quad \cdots\cdots ③$$

풀이

먼저 z를 소거하여 미지수가 2개인 연립일차방정식을 만든다. 식 ①에서 식 ②를 빼고, 식 ②에 2를 곱한 결과에 식 ③을 빼면 다음을 얻는다.

$$x-y=2 \quad \cdots\cdots ④$$
$$x+3y=10 \quad \cdots\cdots ⑤$$

이제 식 ④와 ⑤를 연립하여 풀면 $x=4$, $y=2$이다. 또한 $x=4$, $y=2$를 식 ①에 대입하여 풀면 $z=-2$이다. 따라서 구하는 해는 $x=4$, $y=2$, $z=-2$이다.

1.2.2 대입법

이번에는 한 일차방정식을 다른 일차방정식에 대입하여 미지수를 소거함으로써 연립일차방정식의 해를 구하는 방법인 **대입법**에 대하여 알아본다. 먼저 대입법을 이용하여 다음 연립일차방정식을 풀어보자.

$$y = 2x - 1 \qquad \cdots\cdots ①$$
$$3x + y = 9 \qquad \cdots\cdots ②$$

식 ①을 식 ②에 대입하면 다음과 같다.

$$3x + (2x - 1) = 9$$[4]
$$5x - 1 = 9$$
$$5x = 10$$
$$x = 2$$

4 한 방정식에서 계수가 간단한 미지수를 골라 그것에 대하여 푼 후 다른 식에 대입한다.

$y = 2x - 1$
⇓ 대입
$3x + y = 9$
⇓
$3x + (2x - 1) = 9$

이제 식 ①에 $x = 2$를 대입하면 $y = 3$이다. 따라서 위의 연립일차방정식의 해는 $x = 2$, $y = 3$이다.

예제 1-7

다음 연립일차방정식을 대입법으로 풀어라.

$$x = -2y - 3 \qquad \cdots\cdots ①$$
$$2x - 3y = 8 \qquad \cdots\cdots ②$$

풀이

식 ①을 식 ②에 대입하면 $2(-2y-3) - 3y = 8$이므로 이 식을 정리하면 다음과 같다.

$$-7y = 14$$
$$\therefore y = -2$$

$y = -2$를 식 ①에 대입하면 $x = 1$이다. 따라서 연립일차방정식의 해는 $x = 1$, $y = -2$이다.

예제 1-8

[예제 1-6]의 연립일차방정식을 대입법으로 풀어라.

$$2x + y + z = 8 \qquad \cdots\cdots ①$$
$$x + 2y + z = 6 \qquad \cdots\cdots ②$$
$$x + y + 2z = 2 \qquad \cdots\cdots ③$$

풀이

식 ①을 z에 대하여 풀면 $z = 8 - 2x - y$이고 이를 식 ②, ③에 대입하면 다음과 같다.

$$x + 2y + (8 - 2x - y) = 6$$
$$-x + y = -2 \qquad \cdots\cdots ④$$

$$x+y+2(8-2x-y)=2$$
$$-3x-y=-14 \qquad \cdots\cdots ⑤$$

식 ④를 y에 대하여 풀면

$$y=x-2 \qquad \cdots\cdots ⑥$$

이다. 이를 식 ⑤에 대입하면

$$-3x-(x-2)=-14 \qquad \cdots\cdots ⑦$$

이고, 식 ⑦로부터 $x=4$이다. 이것을 식 ⑥에 대입하면 $y=2$이다. 마지막으로 $x=4$, $y=2$를 식 ①에 대입하면 $z=-2$이다. 따라서 주어진 연립일차방정식의 해는 $x=4$, $y=2$, $z=-2$이다.

1.2.3 첨가행렬을 이용한 풀이

지금까지 가감법과 대입법으로 연립일차방정식의 해를 구하는 방법을 알아보았다. 이제 연립일차방정식의 계수만을 이용하여 해집합을 구하는 방법을 알아보자. n개의 미지수를 갖는 m개의 일차방정식으로 이루어진 연립일차방정식

$$\begin{aligned} a_{11}x_1 + a_{12}x_2 + \cdots + a_{1n}x_n &= b_1 \\ a_{21}x_1 + a_{22}x_2 + \cdots + a_{2n}x_n &= b_2 \\ &\vdots \\ a_{m1}x_1 + a_{m2}x_2 + \cdots + a_{mn}x_n &= b_m \end{aligned} \qquad (1.5)$$

에 대하여 그 계수만을 직사각형 모양으로 배열한 것을 **첨가행렬**augmented matrix이라고 하고, 첨가행렬의 가로줄을 **행**row, 세로줄을 **열**column이라고 한다.[5] 연립일차방정식 (1.5)를 첨가행렬로 나타내면 다음과 같다.[6]

$$\left[\begin{array}{cccc:c} a_{11} & a_{12} & \cdots & a_{1n} & b_1 \\ a_{21} & a_{22} & \cdots & a_{2n} & b_2 \\ \vdots & \vdots & & \vdots & \vdots \\ a_{m1} & a_{m2} & \cdots & a_{mn} & b_m \end{array}\right]$$

첨가행렬의 두 번째 행

첨가행렬의 첫 번째 열

식 (1.5)의 첨가행렬

주어진 연립일차방정식이 방정식 m개, 미지수 n개로 이루어져 있다면, 첨가행렬은 m개의 행과 $n+1$개의 열로 구성된다. 따라서 첨가행렬의 i번째 행은 연립일차방정식을 구성하는 i번째 일차방정식의 계수를 차례로 나타내고, j번째 열(단, $j \le n$)은 각 일차방정식에서 j번째 미지수 x_j에 대한 계수를 각각 나타낸다.

5 첨가행렬은 행렬의 한 종류이다. 행렬에 관한 정의와 성질은 2장에서 자세히 다룬다.

6 이 절에서 첨가행렬임을 직관적으로 이해할 수 있도록 보조선을 그었다.

예제 1-9

다음 연립일차방정식은 첨가행렬로, 첨가행렬은 연립일차방정식으로 나타내라.

(a)
$$\begin{aligned} x \quad\quad - z &= -1 \\ 2x + 4y - 2z &= 1 \\ 3x + 5y - 2z &= -2 \end{aligned}$$

(b)
$$\begin{aligned} x + 2y + z - w &= 0 \\ x - 3y + 2z + w &= -1 \\ x - 5y - z \quad\quad &= -1 \end{aligned}$$

(c) $\left[\begin{array}{rr|r} 1 & 2 & 1 \\ -2 & 3 & -3 \end{array}\right]$

(d) $\left[\begin{array}{rrr|r} 1 & 0 & 4 & -1 \\ 4 & 2 & -3 & 2 \\ 3 & -2 & 1 & -1 \end{array}\right]$

풀이

(a) 주어진 연립일차방정식의 계수를 직사각형 모양으로 배열하면 다음과 같은 첨가행렬을 얻을 수 있다.

$$\left[\begin{array}{rrr|r} 1 & 0 & -1 & -1 \\ 2 & 4 & -2 & 1 \\ 3 & 5 & -2 & -2 \end{array}\right]$$

(b) 주어진 연립일차방정식의 계수를 직사각형 모양으로 배열하면 다음과 같은 첨가행렬을 얻을 수 있다.

$$\left[\begin{array}{rrrr|r} 1 & 2 & 1 & -1 & 0 \\ 1 & -3 & 2 & 1 & -1 \\ 1 & -5 & -1 & 0 & -1 \end{array}\right]$$

(c) 주어진 첨가행렬은 두 개의 행과 세 개의 열로 구성되어 있으므로 방정식과 미지수는 각각 두 개이다. 미지수를 x, y라고 하면 연립일차방정식은 다음과 같다.

$$\begin{aligned} x + 2y &= 1 \\ -2x + 3y &= -3 \end{aligned}$$

(d) 주어진 첨가행렬은 세 개의 행과 네 개의 열로 구성되어 있으므로 방정식과 미지수는 각각 세 개이다. 미지수를 x, y, z라고 하면 연립일차방정식은 다음과 같다.

$$\begin{aligned} x \quad\quad + 4z &= -1 \\ 4x + 2y - 3z &= 2 \\ 3x - 2y + z &= -1 \end{aligned}$$

이제 첨가행렬로 연립일차방정식의 해를 구하는 방법을 알아보자. 이에 대한 예로 연립일차방정식을 왼쪽에, 첨가행렬을 오른쪽에 나타내었다.

(1)
$$\begin{aligned} x + y + 2z &= 9 \\ 3x + 6y - 5z &= 0 \\ 2x + 4y - 3z &= 1 \end{aligned} \quad \Leftrightarrow \quad \textbf{(1')} \left[\begin{array}{rrr|r} 1 & 1 & 2 & 9 \\ 3 & 6 & -5 & 0 \\ 2 & 4 & -3 & 1 \end{array}\right]$$

연립일차방정식 **(1)**의 두 번째 식과 세 번째 식을 교환하면 다음과 같은 연립일차방정식 **(2)**를 얻는다. 이에 대응하는 첨가행렬은 **(2′)**이다.

$$(2)\quad \begin{aligned} x+\ \ y+2z&=9\\ 2x+4y-3z&=1\\ 3x+6y-5z&=0 \end{aligned} \quad\Leftrightarrow\quad (2')\ \left[\begin{array}{ccc:c} 1 & 1 & 2 & 9\\ 2 & 4 & -3 & 1\\ 3 & 6 & -5 & 0 \end{array}\right]$$

연립일차방정식 **(2)**의 첫 번째 식의 양변에 -2를 곱하여 두 번째 식에 더하면 다음과 같은 연립일차방정식 **(3)**을 얻는다. 이에 대응하는 첨가행렬은 **(3′)**이다.

$$(3)\quad \begin{aligned} x+\ \ y+2z&=9\\ 0x+2y-7z&=-17\\ 3x+6y-5z&=0 \end{aligned} \quad\Leftrightarrow\quad (3')\ \left[\begin{array}{ccc:c} 1 & 1 & 2 & 9\\ 0 & 2 & -7 & -17\\ 3 & 6 & -5 & 0 \end{array}\right]$$

연립일차방정식 **(3)**의 첫 번째 식의 양변에 -3을 곱하여 세 번째 식에 더하면 다음과 같은 연립일차방정식 **(4)**를 얻는다. 이에 대응하는 첨가행렬은 **(4′)**이다.

$$(4)\quad \begin{aligned} x+\ \ y+\ \ 2z&=9\\ 0x+2y-\ \ 7z&=-17\\ 0x+3y-11z&=-27 \end{aligned} \quad\Leftrightarrow\quad (4')\ \left[\begin{array}{ccc:c} 1 & 1 & 2 & 9\\ 0 & 2 & -7 & -17\\ 0 & 3 & -11 & -27 \end{array}\right]$$

한편 네 개의 연립일차방정식 **(1)**, **(2)**, **(3)**, **(4)**는 모두 해가 같으므로 동치이고 미지수 x, y, z는 그대로이며 계수만 변하고 있음을 알 수 있다. 따라서 연립일차방정식의 해는 첨가행렬 **(1′)**, **(2′)**, **(3′)**, **(4′)**을 이용하여 구할 수 있다.[7]

7 이것은 동양에서 아주 오래전부터 사용하던 연립일차방정식의 풀이 방법으로, 고대 동양의 수학책인 『구장산술』의 제8장 방정장에서 찾아볼 수 있다.

예제 1-10

첨가행렬을 이용하여 다음 연립일차방정식을 풀어라.

$$\begin{aligned} x+2y&=3\\ -x-3y&=-1 \end{aligned}$$

풀이

주어진 연립일차방정식의 첨가행렬은 다음과 같다.

$$\left[\begin{array}{cc:c} 1 & 2 & 3\\ -1 & -3 & -1 \end{array}\right]$$

첨가행렬의 첫 번째 행을 두 번째 행에 더하면 다음과 같은 첨가행렬을 얻을 수 있다.

$$\left[\begin{array}{cc:c} 1 & 2 & 3\\ 0 & -1 & 2 \end{array}\right]$$

새로 얻은 첨가행렬의 두 번째 행에 -1을 곱하면 다음과 같은 첨가행렬을 얻을 수 있다.

$$\left[\begin{array}{cc|c} 1 & 2 & 3 \\ 0 & 1 & -2 \end{array}\right]$$

따라서 첨가행렬에서 얻은 $y=-2$를 $x+2y=3$에 대입하면 $x=7$이므로 주어진 연립일차방정식은 유일한 해 $x=7$, $y=-2$를 갖는다.

예제 1-11

첨가행렬을 이용하여 다음 연립일차방정식을 풀어라.

$$\begin{aligned} x+3y-2z&=9 \\ 2x-\ y+\ z&=-1 \\ 3x-3y-3z&=0 \end{aligned}$$

풀이

주어진 연립일차방정식의 계수를 첨가행렬로 나타내면 다음과 같다.

$$\left[\begin{array}{ccc|c} 1 & 3 & -2 & 9 \\ 2 & -1 & 1 & -1 \\ 3 & -3 & -3 & 0 \end{array}\right] \cdots\cdots ①$$

첨가행렬 ①의 첫 번째 행에 -2배하여 두 번째 행에 더하고, -3배하여 세 번째 행에 더하면 다음과 같은 첨가행렬 ②를 얻을 수 있다.

$$\left[\begin{array}{ccc|c} 1 & 3 & -2 & 9 \\ 0 & -7 & 5 & -19 \\ 0 & -12 & 3 & -27 \end{array}\right] \cdots\cdots ②$$

첨가행렬 ②의 세 번째 행을 -3으로 나누면 다음과 같은 첨가행렬 ③을 얻을 수 있다.

$$\left[\begin{array}{ccc|c} 1 & 3 & -2 & 9 \\ 0 & -7 & 5 & -19 \\ 0 & 4 & -1 & 9 \end{array}\right] \cdots\cdots ③$$

첨가행렬 ③의 세 번째 행에 5를 곱하여 두 번째 행에 더하고, -2를 곱하여 첫 번째 행에 더하면 다음과 같은 첨가행렬 ④를 얻을 수 있다.

$$\left[\begin{array}{ccc|c} 1 & -5 & 0 & -9 \\ 0 & 13 & 0 & 26 \\ 0 & 4 & -1 & 9 \end{array}\right] \cdots\cdots ④$$

첨가행렬 ④의 두 번째 행을 13으로 나누면 다음과 같은 첨가행렬 ⑤를 얻을 수 있다.

$$\left[\begin{array}{ccc|c} 1 & -5 & 0 & -9 \\ 0 & 1 & 0 & 2 \\ 0 & 4 & -1 & 9 \end{array}\right] \cdots\cdots ⑤$$

첨가행렬 ⑤의 두 번째 행에 5를 곱하여 첫 번째 행에 더하고, -4를 곱하여 세 번째 행에 더하면 다음과 같은 첨가행렬 ⑥을 얻을 수 있다.

$$\left[\begin{array}{ccc|c} 1 & 0 & 0 & 1 \\ 0 & 1 & 0 & 2 \\ 0 & 0 & -1 & 1 \end{array}\right] \cdots\cdots ⑥$$

따라서 첨가행렬 ⑥으로부터 얻은 $x=1,\ y=2,\ z=-1$이 주어진 연립일차방정식의 유일한 해이다.

Command Window

: 코딩

```
>> A=[1 3 -2 9;2 -1 1 -1;3 -3 -3 0]; ❶      % 첨가행렬 입력
>> rref(A) ❷                                  % 행렬 A의 RREF 계산
```

: 결과

```
ans =                                         % [예제 1-11]의 결과와 동일
     1     0     0     1
     0     1     0     2
     0     0     1    -1
```

MATLAB TIP!

❶ 벡터 입력 : 대괄호 안에 원소를 입력하고 빈칸( )이나 콤마(,)로 원소들을 서로 분리한다. 행렬 입력 : 행벡터들을 세미콜론(;)으로 행간 구분하여 생성한다.

❷ rref(A) : 행렬 A에 가우스-조르단 소거법을 이용하여 RREF를 구한다.

MATLAB에서 연립일차방정식의 풀이 방법

❶ solve 명령어 이용 ❷ rref 명령어 이용 ❸ 첨가행렬의 역행렬 이용(2장에서 소개)

MATLAB 유제

첨가행렬을 이용하여 다음 연립일차방정식을 풀어라.

$$\begin{aligned} 0.1x+\frac{1}{5}y+0.1z&=\frac{7}{10} \\ \frac{1}{5}x-\frac{1}{10}y+0.3z&=-\frac{1}{5} \\ 0.2x+\frac{3}{10}y+\frac{2}{5}z&=\frac{9}{10} \end{aligned}$$

1.3 가우스 소거법

지금까지 연립일차방정식의 해를 구하는 여러 가지 방법에 대하여 알아보고, 특히 첨가행렬을 이용하여 해를 구하는 방법을 알아보았다. 이 방법을 이용하면 미지수를 반복해서 나타낼 필요가 없으므로 빠르고 정확하게 연립일차방정식의 해를 구할 수 있다. 첨가행렬을 이용하여 연립일차방정식을 풀 때, 좀더 편리하게 해를 구할 수 있도록 몇 가지 규칙에 대하여 알아보자.[8]

8 이 절에서부터는 첨가행렬에 보조선을 그리지 않는다.

1.3.1 행 사다리꼴과 기약 행 사다리꼴

첨가행렬을 이용하여 연립일차방정식의 해를 구할 때, 행에 0이 많으면 계산량을 줄일 수 있다. 따라서 첨가행렬을 0이 많은 형태로 바꾸면 쉽게 해를 구할 수 있다. 이와 같은 첨가행렬의 형태를 행 사다리꼴 또는 기약 행 사다리꼴이라고 한다. 그 성질과 변형 과정을 살펴보자.

다음 세 가지 조건을 만족하는 첨가행렬을 **행 사다리꼴**Row-Echelon Form이라고 하며 간단히 REF라고 한다.

❶ 성분이 모두 0인 행이 존재하면 그 행은 첨가행렬의 맨 아래에 위치한다.

❷ 각 행에서 처음으로 나타나는 0이 아닌 성분은 1이다. 이때 1을 그 행의 **선행성분**leading entry이라고 한다.

❸ i번째 행과 $i+1$번째 행 모두에 선행성분이 존재하면 $i+1$번째 행의 선행성분은 i번째 행의 선행성분보다 오른쪽에 위치한다.

$$\begin{pmatrix} \textcircled{1} & * & * & * & * & * & * & * \\ 0 & 0 & \textcircled{1} & * & * & * & * & * \\ 0 & 0 & 0 & \textcircled{1} & * & * & * & * \\ 0 & 0 & 0 & 0 & 0 & 0 & \textcircled{1} & * \\ 0 & 0 & 0 & 0 & 0 & 0 & 0 & 0 \\ 0 & 0 & 0 & 0 & 0 & 0 & 0 & 0 \end{pmatrix}$$

예를 들어 다음 행렬은 행 사다리꼴이다.

$$\begin{bmatrix} 0 & 1 & 2 & 0 \\ 0 & 0 & 1 & 0 \\ 0 & 0 & 0 & 0 \\ 0 & 0 & 0 & 0 \end{bmatrix}$$

반면 다음 행렬은 행 사다리꼴의 조건 ❸을 만족하지 않으므로 행 사다리꼴이 아니다.

$$\begin{bmatrix} 1 & 1 & 0 & 0 \\ 0 & 1 & 0 & 0 \\ 0 & 1 & 0 & 0 \end{bmatrix}$$ [9]

9 첫 번째 행과 두 번째 행의 선행성분 1이 모두 같은 위치에 있다. 따라서 행 사다리꼴이 아니다.

다음 두 가지 조건을 만족하는 첨가행렬을 **기약 행 사다리꼴**Reduced Row-Echelon Form이라고 하며 간단히 RREF라고 한다.

❹ 첨가행렬은 행 사다리꼴이다.

❺ 어떤 행의 선행성분을 포함하는 열의 다른 계수는 모두 0이다.

예를 들어 다음 첨가행렬은 모두 기약 행 사다리꼴이지만

$$\begin{bmatrix} 1 & 0 & 0 \\ 0 & 1 & 0 \\ 0 & 0 & 0 \end{bmatrix}, \quad \begin{bmatrix} 0 & 1 & -2 & 0 & 0 & 0 \\ 0 & 0 & 0 & 1 & -2 & 1 \\ 0 & 0 & 0 & 0 & 1 & 4 \\ 0 & 0 & 0 & 0 & 0 & 0 \end{bmatrix}$$

다음 첨가행렬은 모두 기약 행 사다리꼴이 아니다.

$$\begin{bmatrix} 1 & 2 & 0 \\ 0 & 1 & 0 \\ 0 & 0 & 0 \end{bmatrix}, \quad \begin{bmatrix} 0 & 1 & 2 & 0 & 0 & 2 \\ 0 & 0 & 0 & 1 & 0 & 3 \\ 0 & 0 & 0 & 0 & 0 & 0 \\ 0 & 0 & 0 & 0 & 1 & 4 \end{bmatrix}$$ [10]

10 첫 번째 첨가행렬은 조건 ❺를, 두 번째 첨가행렬은 조건 ❶을 만족하지 않는다.

예제 1-12

다음 첨가행렬 중에서 REF와 RREF를 찾아라.

$$A = \begin{bmatrix} 1 & 5 & 3 & -4 \\ 0 & 1 & -9 & 7 \\ 0 & 0 & 1 & -1 \end{bmatrix}, \quad B = \begin{bmatrix} 1 & -2 & 3 \\ 0 & 1 & -4 \\ 0 & 0 & 1 \end{bmatrix}, \quad C = \begin{bmatrix} 1 & 0 & 0 & 3 \\ 0 & 1 & 0 & 4 \\ 0 & 0 & 1 & 1 \end{bmatrix}, \quad D = \begin{bmatrix} 1 & 0 & 3 & 2 \\ 0 & 0 & 0 & 0 \\ 0 & 0 & 1 & -3 \end{bmatrix},$$

$$E = \begin{bmatrix} 1 & 2 & -3 & 4 \\ 0 & 1 & -2 & -5 \\ 0 & 0 & 3 & -2 \end{bmatrix}, \quad F = \begin{bmatrix} 1 & 0 & 0 \\ 0 & 1 & 0 \\ 0 & 0 & 1 \end{bmatrix}, \quad G = \begin{bmatrix} 1 & 0 & 3 & 4 \\ 0 & 1 & -2 & 5 \\ 0 & 0 & 1 & -2 \\ 0 & 0 & 1 & -2 \end{bmatrix}, \quad H = \begin{bmatrix} 0 & 0 & 0 \\ 0 & 0 & 0 \end{bmatrix}$$

풀이

첨가행렬 D는 REF의 조건 ❶, 첨가행렬 E는 REF의 조건 ❷, 첨가행렬 G는 REF의 조건 ❸을 만족하지 않으므로 REF가 아니다. 첨가행렬 A, B, C, F, H는 REF이고, 이 중 C, F, H는 RREF이다.

1.3.2 기본 식 연산과 기본 행 연산

이제 첨가행렬의 REF 또는 RREF를 이용하여 연립일차방정식을 변화시켜도 그 해집합이 변하지 않음을 확인해 보자. 이때 연립일차방정식을 동치인 연립일차방정식으로 바꾸는 것을 **기본 식 연산**이라고 한다. 기본 식 연산에는 다음과 같은 세 가지 방법이 있다.

❶ 두 식을 교환한다.

$$\begin{aligned} x + y + 2z &= 9 \\ 2x + 4y - 3z &= 1 \\ 3x + 6y - 5z &= 0 \end{aligned} \quad \xrightarrow[\text{세 번째 식을 교환한다.}]{\text{두 번째 식과}} \quad \begin{aligned} x + y + 2z &= 9 \\ 3x + 6y - 5z &= 0 \\ 2x + 4y - 3z &= 1 \end{aligned}$$

❷ 한 식의 양변에 0이 아닌 상수를 곱한다.

$$\begin{aligned} x+\ \ y+2z&=9 \\ 2x+4y-3z&=1 \\ 3x+6y-5z&=0 \end{aligned} \xrightarrow{\text{두 번째 식에 } \frac{1}{2}\text{을 곱한다.}} \begin{aligned} x+\ \ y+\ 2z&=9 \\ x+2y-\frac{3}{2}z&=\frac{1}{2} \\ 3x+6y-\ 5z&=0 \end{aligned}$$

❸ 한 식에 0이 아닌 상수를 곱하여 다른 식에 더한다.

$$\begin{aligned} x+\ \ y+2z&=9 \\ 2x+4y-3z&=1 \\ 3x+6y-5z&=0 \end{aligned} \xrightarrow[\text{두 번째 식에 더한다.}]{\text{첫 번째 식에 }-2\text{를 곱하여}} \begin{aligned} x+\ \ y+2z&=9 \\ 2y-7z&=-17 \\ 3x+6y-5z&=0 \end{aligned}$$

세 가지 기본 식 연산을 시행한 연립일차방정식의 첨가행렬은 변하지만, 변형된 연립일차방정식은 모두 동치이다. 연립일차방정식을 기본 식 연산으로 변형할 때 첨가행렬을 다음과 같은 방법으로 바꾸는 것을 **기본 행 연산**elementary row operation이라고 한다. 기본 행 연산에는 세 가지 방법이 있다.

❶ E_{ij} : i번째 행과 j번째 행을 교환한다.

❷ $E_i(c)$: i행에 0이 아닌 상수 c를 곱한다.

❸ $E_{ij}(c)$: i행에 0이 아닌 상수 c를 곱하여 j행에 더한다.

첨가행렬 A에 기본 행 연산을 시행하여 얻은 첨가행렬을 B라 하면 A와 B는 **행동치**row equivalent라고 한다.[11]

11 행동치인 첨가행렬을 갖는 연립일차방정식은 동치이다.

예제 1-13

다음 첨가행렬 A에 기본 행 연산 $E_1(-2)$, E_{13}, $E_{23}(1)$을 시행하여 얻을 수 있는 첨가행렬을 구하라.

$$A=\begin{bmatrix} 1 & 2 & 0 \\ 2 & 1 & 1 \\ 1 & -1 & 2 \end{bmatrix}$$

풀이

첨가행렬 A의 첫 번째 행에 -2를 곱하면($E_1(-2)$를 시행하면) 행렬 B를 얻는다.

$$A=\begin{bmatrix} 1 & 2 & 0 \\ 2 & 1 & 1 \\ 1 & -1 & 2 \end{bmatrix} \xrightarrow{E_1(-2)} B=\begin{bmatrix} -2 & -4 & 0 \\ 2 & 1 & 1 \\ 1 & -1 & 2 \end{bmatrix}$$

행렬 B의 첫 번째 행과 세 번째 행을 교환하면(E_{13}을 시행하면) 행렬 C를 얻는다.

$$B=\begin{bmatrix} -2 & -4 & 0 \\ 2 & 1 & 1 \\ 1 & -1 & 2 \end{bmatrix} \xrightarrow{E_{13}} C=\begin{bmatrix} 1 & -1 & 2 \\ 2 & 1 & 1 \\ -2 & -4 & 0 \end{bmatrix}$$

행렬 C의 두 번째 행을 세 번째 행에 더하면($E_{23}(1)$을 시행하면) 행렬 D를 얻는다. 두 번째 행을 세 번째 행에 더하는 것은 두 번째 행에 1배하여 세 번째 행에 더하는 것과 같다.

$$C=\begin{bmatrix} 1 & -1 & 2 \\ 2 & 1 & 1 \\ -2 & -4 & 0 \end{bmatrix} \xrightarrow{E_{23}(1)} D=\begin{bmatrix} 1 & -1 & 2 \\ 2 & 1 & 1 \\ 0 & -3 & 1 \end{bmatrix}$$

[예제 1-13]의 행렬 B, C, D는 첨가행렬 A에 기본 행 연산을 행하여 얻었으므로 모두 A와 행동치이다. 주어진 첨가행렬과 행동치인 첨가행렬은 주어진 풀이 방법 외에도 여러 가지가 있을 수 있다.

예제 1-14

기본 행 연산을 사용하여 다음 첨가행렬의 RREF를 구하라.

$$A=\begin{bmatrix} 1 & 2 & 1 & 3 & 3 \\ 2 & 4 & 0 & 4 & 4 \\ 1 & 2 & 3 & 5 & 5 \\ 2 & 4 & 0 & 4 & 7 \end{bmatrix}$$

풀이

첨가행렬 A의 RREF를 구하기 위해 기본 행 연산을 사용하면 다음과 같다.

$$\begin{bmatrix} 1 & 2 & 1 & 3 & 3 \\ 2 & 4 & 0 & 4 & 4 \\ 1 & 2 & 3 & 5 & 5 \\ 2 & 4 & 0 & 4 & 7 \end{bmatrix} \xrightarrow[E_{13}(-1),\ E_{14}(-2)]{E_{12}(-2)} \begin{bmatrix} 1 & 2 & 1 & 3 & 3 \\ 0 & 0 & -2 & -2 & -2 \\ 0 & 0 & 2 & 2 & 2 \\ 0 & 0 & -2 & -2 & 1 \end{bmatrix}$$

$$\xrightarrow[E_{24}(-1)]{E_{23}(1)} \begin{bmatrix} 1 & 2 & 1 & 3 & 3 \\ 0 & 0 & -2 & -2 & -2 \\ 0 & 0 & 0 & 0 & 0 \\ 0 & 0 & 0 & 0 & 3 \end{bmatrix} \xrightarrow{E_{34}} \begin{bmatrix} 1 & 2 & 1 & 3 & 3 \\ 0 & 0 & -2 & -2 & -2 \\ 0 & 0 & 0 & 0 & 3 \\ 0 & 0 & 0 & 0 & 0 \end{bmatrix}$$

$$\xrightarrow[E_3\left(\frac{1}{3}\right)]{E_2\left(-\frac{1}{2}\right)} \begin{bmatrix} 1 & 2 & 1 & 3 & 3 \\ 0 & 0 & 1 & 1 & 1 \\ 0 & 0 & 0 & 0 & 1 \\ 0 & 0 & 0 & 0 & 0 \end{bmatrix} \xrightarrow[E_{31}(-3)]{E_{32}(-1)} \begin{bmatrix} 1 & 2 & 1 & 3 & 0 \\ 0 & 0 & 1 & 1 & 0 \\ 0 & 0 & 0 & 0 & 1 \\ 0 & 0 & 0 & 0 & 0 \end{bmatrix}$$

$$\xrightarrow{E_{21}(-1)} \begin{bmatrix} 1 & 2 & 0 & 2 & 0 \\ 0 & 0 & 1 & 1 & 0 \\ 0 & 0 & 0 & 0 & 1 \\ 0 & 0 & 0 & 0 & 0 \end{bmatrix}$$

따라서 첨가행렬 A의 RREF는 다음과 같다.

$$\begin{bmatrix} 1 & 2 & 0 & 2 & 0 \\ 0 & 0 & 1 & 1 & 0 \\ 0 & 0 & 0 & 0 & 1 \\ 0 & 0 & 0 & 0 & 0 \end{bmatrix}$$

1.3.3 가우스 소거법과 가우스-조르단 소거법

앞에서 다룬 첨가행렬을 이용하여 연립일차방정식의 해를 구하는 방법을 다시 살펴보자. 왼쪽에는 연립일차방정식을 푸는 과정을 나타내고, 오른쪽에는 풀이 과정에 따른 연립일차방정식의 첨가행렬의 변화를 나타내었다. 또 각 단계의 화살표 위에는 시행한 기본 행 연산을 나타내었다.

$$\begin{aligned} x + y + 2z &= 9 \\ 2x + 4y - 3z &= 1 \\ 3x + 6y - 5z &= 0 \end{aligned} \qquad \begin{bmatrix} 1 & 1 & 2 & 9 \\ 2 & 4 & -3 & 1 \\ 3 & 6 & -5 & 0 \end{bmatrix}$$

❶ 첫째 식을 -2배하여 둘째 식에 더한다.

$$\begin{aligned} x + y + 2z &= 9 \\ 2y - 7z &= -17 \\ 3x + 6y - 5z &= 0 \end{aligned} \quad \xrightarrow{E_{12}(-2)} \quad \begin{bmatrix} 1 & 1 & 2 & 9 \\ 0 & 2 & -7 & -17 \\ 3 & 6 & -5 & 0 \end{bmatrix}$$

❷ 첫째 식을 -3배하여 셋째 식에 더한다.

$$\begin{aligned} x + y + 2z &= 9 \\ 2y - 7z &= -17 \\ 3y - 11z &= -27 \end{aligned} \quad \xrightarrow{E_{13}(-3)} \quad \begin{bmatrix} 1 & 1 & 2 & 9 \\ 0 & 2 & -7 & -17 \\ 0 & 3 & -11 & -27 \end{bmatrix}$$

❸ 둘째 식에 $\frac{1}{2}$을 곱한다.

$$\begin{aligned} x + y + 2z &= 9 \\ y - \frac{7}{2}z &= -\frac{17}{2} \\ 3y - 11z &= -27 \end{aligned} \quad \xrightarrow{E_{2}\left(\frac{1}{2}\right)} \quad \begin{bmatrix} 1 & 1 & 2 & 9 \\ 0 & 1 & -\frac{7}{2} & -\frac{17}{2} \\ 0 & 3 & -11 & -27 \end{bmatrix}$$

❹ 둘째 식을 -3배하여 셋째 식에 더한다.

$$\begin{aligned} x + y + 2z &= 9 \\ y - \frac{7}{2}z &= -\frac{17}{2} \\ -\frac{1}{2}z &= -\frac{3}{2} \end{aligned} \quad \xrightarrow{E_{23}(-3)} \quad \begin{bmatrix} 1 & 1 & 2 & 9 \\ 0 & 1 & -\frac{7}{2} & -\frac{17}{2} \\ 0 & 0 & -\frac{1}{2} & -\frac{3}{2} \end{bmatrix}$$

❺ 셋째 식에 -2를 곱한다.

$$\begin{aligned} x+\ y+\ 2z &= \quad 9 \\ y-\frac{7}{2}z &= -\frac{17}{2} \\ z &= \quad 3 \end{aligned} \quad \xrightarrow{E_3(-2)} \quad \begin{bmatrix} 1 & 1 & 2 & 9 \\ 0 & 1 & -\frac{7}{2} & -\frac{17}{2} \\ 0 & 0 & 1 & 3 \end{bmatrix}$$

❻ z부터 차례로 식에 대입하면 다음과 같다.

$$\begin{aligned} &z=3 \\ &y=\frac{7}{2}z-\frac{17}{2}=2 \\ &x=9-y-2z=1 \end{aligned}$$

즉 구하는 연립일차방정식의 해는 다음과 같다.

$$x=1,\ y=2,\ z=3$$

위의 예에서 알 수 있듯이, 연립일차방정식에서는 미지수의 개수가 적은 방정식일수록 아래로 내려 계산하는 것이 편리하며, 첨가행렬에서도 0이 많은 행일수록 아래에 위치한다. 이때 첨가행렬의 0을 제외한 나머지 부분이 사다리꼴 모양인 것을 알 수 있다. 기본 행 연산에 의해 변형된 두 연립일차방정식은 해집합이 같으므로 기본 행 연산에 의해 변형된 REF에 대응하는 연립일차방정식의 해집합과 동치이다. 연립일차방정식의 첨가행렬을 기본 행 연산을 시행하여 행 사다리꼴로 변형한 후 마지막 식으로부터 거꾸로 값을 대입하여 해집합을 구하는 것을 **가우스 소거법**Gaussian elimination이라고 한다.

예제 1-15

가우스 소거법을 이용하여 다음 연립일차방정식을 풀어라.

$$\begin{aligned} v-\ w&=3 \\ -2u+4v-\ w&=1 \\ -2u+5v-4w&=-2 \end{aligned}$$

풀이

주어진 연립일차방정식을 첨가행렬로 나타내면 다음과 같다.

$$\begin{bmatrix} 0 & 1 & -1 & 3 \\ -2 & 4 & -1 & 1 \\ -2 & 5 & -4 & -2 \end{bmatrix}$$

첨가행렬에 기본 행 연산을 수행해 REF를 구하면 다음과 같다.

$$\begin{bmatrix} 0 & 1 & -1 & 3 \\ -2 & 4 & -1 & 1 \\ -2 & 5 & -4 & -2 \end{bmatrix} \xrightarrow{E_{12}} \begin{bmatrix} -2 & 4 & -1 & 1 \\ 0 & 1 & -1 & 3 \\ -2 & 5 & -4 & -2 \end{bmatrix} \xrightarrow{E_{13}(-1)} \begin{bmatrix} -2 & 4 & -1 & 1 \\ 0 & 1 & -1 & 3 \\ 0 & 1 & -3 & -3 \end{bmatrix}$$

$$\xrightarrow{E_{23}(-1)} \begin{bmatrix} -2 & 4 & -1 & 1 \\ 0 & 1 & -1 & 3 \\ 0 & 0 & -2 & -6 \end{bmatrix} \xrightarrow{E_3\left(-\frac{1}{2}\right)} \begin{bmatrix} -2 & 4 & -1 & 1 \\ 0 & 1 & -1 & 3 \\ 0 & 0 & 1 & 3 \end{bmatrix}$$

이 첨가행렬은 다음 연립일차방정식과 같다.

$$\begin{aligned} -2u+4v-w&=1 \\ v-w&=3 \\ w&=3 \end{aligned}$$

$w=3$이므로 $v-w=3$으로부터 $v=6$이다. 또 $v=6$, $w=3$이므로 $-2u+4v-w=1$로부터 $u=10$이다. 따라서 구하는 해는 $u=10$, $v=6$, $w=3$이다.

연립일차방정식의 해는 첨가행렬을 RREF로 변형하여 구할 수 있음을 살펴보았다. 첨가행렬을 행 사다리꼴(REF)에서 기약 행 사다리꼴(RREF)로 변형하여 해집합을 구하는 것을 **가우스-조르단 소거법**Gauss-Jordan elimination이라고 한다.

예제 1-16

가우스-조르단 소거법을 이용하여 다음 연립일차방정식을 풀어라.

$$\begin{aligned} 2x+\ y+z&=1 \\ 6x+2y+z&=-1 \\ -2x+2y+z&=7 \end{aligned}$$

풀이

이 연립일차방정식을 첨가행렬로 나타내면 다음과 같다.

$$\begin{bmatrix} 2 & 1 & 1 & 1 \\ 6 & 2 & 1 & -1 \\ -2 & 2 & 1 & 7 \end{bmatrix}$$

첨가행렬에 기본 행 연산을 수행해 RREF를 구하면 다음과 같다.

$$\begin{bmatrix} 2 & 1 & 1 & 1 \\ 6 & 2 & 1 & -1 \\ -2 & 2 & 1 & 7 \end{bmatrix} \xrightarrow[E_{13}(1)]{E_{12}(-3)} \begin{bmatrix} 2 & 1 & 1 & 1 \\ 0 & -1 & -2 & -4 \\ 0 & 3 & 2 & 8 \end{bmatrix} \xrightarrow{E_2(-1)} \begin{bmatrix} 2 & 1 & 1 & 1 \\ 0 & 1 & 2 & 4 \\ 0 & 3 & 2 & 8 \end{bmatrix}$$

$$\xrightarrow{E_{23}(-3)} \begin{bmatrix} 2 & 1 & 1 & 1 \\ 0 & 1 & 2 & 4 \\ 0 & 0 & -4 & -4 \end{bmatrix} \xrightarrow{E_3\left(-\frac{1}{4}\right)} \begin{bmatrix} 2 & 1 & 1 & 1 \\ 0 & 1 & 2 & 4 \\ 0 & 0 & 1 & 1 \end{bmatrix}$$

$$\xrightarrow{E_{32}(-2)} \begin{bmatrix} 2 & 1 & 1 & 1 \\ 0 & 1 & 0 & 2 \\ 0 & 0 & 1 & 1 \end{bmatrix} \xrightarrow{E_1\left(\frac{1}{2}\right)} \begin{bmatrix} 1 & \frac{1}{2} & \frac{1}{2} & \frac{1}{2} \\ 0 & 1 & 0 & 2 \\ 0 & 0 & 1 & 1 \end{bmatrix} \xrightarrow[E_{31}\left(-\frac{1}{2}\right)]{E_{21}\left(-\frac{1}{2}\right)} \begin{bmatrix} 1 & 0 & 0 & -1 \\ 0 & 1 & 0 & 2 \\ 0 & 0 & 1 & 1 \end{bmatrix}$$

따라서 연립일차방정식의 해는 $x=-1,\ y=2,\ z=1$이다.

Command Window

: 코딩

```
>> A=[2 1 1 1;6 2 1 -1;-2 2 1 7];          % 첨가행렬 입력
>> rref(A)                                  % 첨가행렬의 RREF 계산
```

: 결과

```
ans =                                       % [예제 1-16]의 결과와 동일
     1  0  0  -1
     0  1  0   2
     0  0  1   1
```

예제 1-17

가우스-조르단 소거법을 이용하여 다음 연립일차방정식을 풀어라.

$$\begin{aligned} x_1+3x_2-2x_3 \qquad\qquad +2x_5 \qquad\quad &= 0 \\ 2x_1+6x_2-5x_3-2x_4+4x_5-3x_6 &= -1 \\ 5x_3+10x_4 \qquad\quad +15x_6 &= 5 \\ 2x_1+6x_2 \qquad\quad +8x_4+4x_5+18x_6 &= 6 \end{aligned}$$

풀이

주어진 연립일차방정식의 첨가행렬을 RREF로 변형하면 다음과 같다.

$$\begin{bmatrix} 1 & 3 & -2 & 0 & 2 & 0 & 0 \\ 2 & 6 & -5 & -2 & 4 & -3 & -1 \\ 0 & 0 & 5 & 10 & 0 & 15 & 5 \\ 2 & 6 & 0 & 8 & 4 & 18 & 6 \end{bmatrix} \xrightarrow[E_{14}(-2)]{E_{12}(-2)} \begin{bmatrix} 1 & 3 & -2 & 0 & 2 & 0 & 0 \\ 0 & 0 & -1 & -2 & 0 & -3 & -1 \\ 0 & 0 & 5 & 10 & 0 & 15 & 5 \\ 0 & 0 & 4 & 8 & 0 & 18 & 6 \end{bmatrix}$$

$$\xrightarrow[E_{23}(-5),\ E_{24}(-4)]{E_2(-1)} \begin{bmatrix} 1 & 3 & -2 & 0 & 2 & 0 & 0 \\ 0 & 0 & 1 & 2 & 0 & 3 & 1 \\ 0 & 0 & 0 & 0 & 0 & 0 & 0 \\ 0 & 0 & 0 & 0 & 0 & 6 & 2 \end{bmatrix} \xrightarrow[E_3\left(\frac{1}{6}\right)]{E_{34}} \begin{bmatrix} 1 & 3 & -2 & 0 & 2 & 0 & 0 \\ 0 & 0 & 1 & 2 & 0 & 3 & 1 \\ 0 & 0 & 0 & 0 & 0 & 1 & \frac{1}{3} \\ 0 & 0 & 0 & 0 & 0 & 0 & 0 \end{bmatrix}$$

$$\xrightarrow{E_{21}(2)} \begin{bmatrix} 1 & 3 & 0 & 4 & 2 & 6 & 2 \\ 0 & 0 & 1 & 2 & 0 & 3 & 1 \\ 0 & 0 & 0 & 0 & 0 & 1 & \frac{1}{3} \\ 0 & 0 & 0 & 0 & 0 & 0 & 0 \end{bmatrix} \xrightarrow[E_{32}(-3)]{E_{31}(-6)} \begin{bmatrix} 1 & 3 & 0 & 4 & 2 & 0 & 0 \\ 0 & 0 & 1 & 2 & 0 & 0 & 0 \\ 0 & 0 & 0 & 0 & 0 & 1 & \frac{1}{3} \\ 0 & 0 & 0 & 0 & 0 & 0 & 0 \end{bmatrix}$$

이 첨가행렬은 다음 연립일차방정식과 같다.

$$x_1 + 3x_2 + 4x_4 + 2x_5 = 0$$
$$x_3 + 2x_4 = 0$$
$$x_6 = \frac{1}{3}$$

이때 $x_2 = r$, $x_4 = s$, $x_5 = t$(단, r, s, t는 임의의 실수)라고 하면, 구하는 해는 다음과 같다.

$$x_1 = -3r - 4s - 2t, \quad x_2 = r, \quad x_3 = -2s,$$
$$x_4 = s, \qquad x_5 = t, \quad x_6 = \frac{1}{3}$$

행렬의 REF는 유일하지 않지만 RREF는 유일하므로, 해집합을 구하는 표준화된 방법으로 가우스-조르단 소거법을 사용한다.

Command Window

: 코딩

```
>> A=[1 3 -2 0 2 0 0;2 6 -5 -2 4 -3 -1;0 0 5 10 0 15 5;2 6 0 8 4 18 6];
                                        % 첨가행렬 입력
>> rref(A)                              % 첨가행렬의 RREF 계산
>> syms r s t                           % 심볼릭 변수 지정
>> x2=r;x4=s;x5=t;x6=1/3;               % 자유변수 심볼릭 지정
>> x1=-3*x2-4*x4-2*x5;x3=-2*x4;         % 선도변수 계산 입력
>> sol=[x1,x2,x3,x4,x5,x6]              % 해집합 입력
```

: 결과

```
ans = [1]                               % [예제 1-17]의 결과와 동일
     1   3   0   4   2   0   0
     0   0   1   2   0   0   0
     0   0   0   0   0   1   0.3333
     0   0   0   0   0   0   0
sol=
    [-3*r-4*s-2*t, r, -2*s, s, t, 1/3]
```

MATLAB TIP!

[1] 첨가행렬의 RREF에서 다음 연립일차방정식을 풀면 [예제 1-17]과 동일한 결과를 얻을 수 있다. 이때 임의의 실수로 지정되는 변수를 자유변수, 각 식의 첫 번째 변수를 선도변수라고 한다.

MATLAB 유제

다음 연립일차방정식의 첨가행렬을 구하고, RREF 명령어를 이용하여 해를 구하라.

$$x + y + 2z = 9,\ 2x + 4y - 3z = 1,\ 3x + 6y - 5z = 0$$

[예제 1-17]에서 볼 수 있듯이 행렬의 REF는 유일하지 않지만 RREF는 유일하므로, 해집합을 구하는 표준화된 방법으로 가우스-조르단 소거법을 사용한다.

1.4 동차연립일차방정식

지금까지 연립일차방정식의 해를 구하는 여러 가지 방법에 대하여 알아보았다. 일차방정식들에 공통적인 특성이 있다면 일차방정식들로 구성된 연립일차방정식의 성질을 좀 더 쉽게 파악할 수 있다. 이 절에서는 연립일차방정식의 특성에 대하여 알아보자.

1.4.1 동차연립일차방정식의 정의

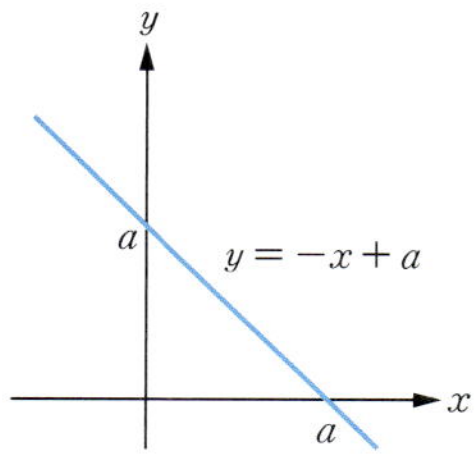

[그림 1-8] $y = -x + a$의 모든 해

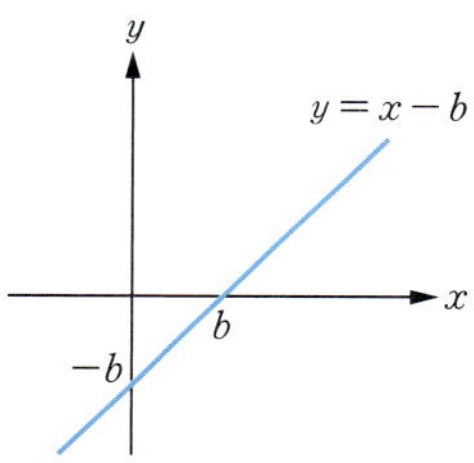

[그림 1-9] $y = x - b$의 모든 해

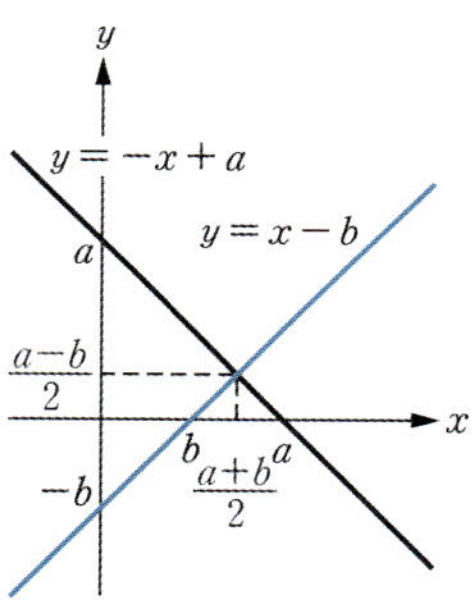

[그림 1-10] 연립일차방정식의 해

임의의 상수 a에 대한 일차방정식 $x+y=a$의 해는 $y=-x+a$를 만족하는 $(x,\ y)$ 전체이고, 모든 해를 좌표평면 위에 나타내면 [그림 1-8]과 같다. 또 임의의 상수 b에 대한 일차방정식 $x-y=b$의 해는 $y=x-b$를 만족하는 $(x,\ y)$ 전체이고, 모든 해를 좌표평면 위에 나타내면 [그림 1-9]와 같다.

두 일차방정식 $x+y=a$, $x-y=b$로 이루어진 연립일차방정식의 해는 [그림 1-10]과 같이 [그림 1-8]과 [그림 1-9]의 두 직선의 그래프의 교점인 $\left(\frac{a+b}{2},\ \frac{a-b}{2}\right)$이다.

이 사실로부터 두 일차방정식 $x+y=a$, $x-y=b$로 이루어진 연립일차방정식은 a, b와 상관없이 항상 유일한 해 $\left(\frac{a+b}{2},\ \frac{a-b}{2}\right)$를 갖는다는 것을 알 수 있다. 이는 $a=0$, $b=0$일 때도 마찬가지이기 때문에, 임의의 상수 a, b에 대하여 다음 연립일차방정식 ①이 유일한 해를 갖는지를 판단하려면 $a=0$, $b=0$일 때만 생각하면 된다.

$$\begin{aligned} x+y&=a \\ x-y&=b \end{aligned} \quad \cdots\cdots ①$$

따라서 다음과 같이 방정식의 우변이 0인 특별한 연립일차방정식 ②의 성질만 알면 일반적인 연립일차방정식 ①에 대한 많은 정보를 얻을 수 있다.

$$\begin{aligned} x+y&=0 \\ x-y&=0 \end{aligned} \quad \cdots\cdots ②$$

다음과 같이 n개의 미지수 $x_1,\ x_2,\ \cdots,\ x_n$에 대한 m개의 일차방정식으로 이루어진 연립일차방정식이 있다고 하자.

$$\begin{aligned} a_{11}x_1 + a_{12}x_2 + \cdots + a_{1n}x_n &= b_1 \\ a_{21}x_1 + a_{22}x_2 + \cdots + a_{2n}x_n &= b_2 \\ \vdots \qquad \vdots \qquad\quad \vdots \quad &\ \ \vdots \\ a_{m1}x_1 + a_{m2}x_2 + \cdots + a_{mn}x_n &= b_m \end{aligned} \tag{1.6}$$

이때 실수 $b_1, b_2, \cdots, b_m$이 모두 0이면 이 연립일차방정식을 **동차**homogeneous라고 하고, 그렇지 않으면 **비동차**nonhomogeneous라고 한다.[12] 즉 동차연립일차방정식은 다음과 같이 나타낼 수 있다.

12 연립일차방정식이 동차라 함은 같은 성질을 갖는 것으로 이해할 수 있다. 즉 각 일차방정식은 모두 영인 해를 갖는다.

$$\begin{aligned} a_{11}x_1 + a_{12}x_2 + \cdots + a_{1n}x_n &= 0 \\ a_{21}x_1 + a_{22}x_2 + \cdots + a_{2n}x_n &= 0 \\ \vdots \qquad \vdots \qquad\quad \vdots \quad &\ \ \vdots \\ a_{m1}x_1 + a_{m2}x_2 + \cdots + a_{mn}x_n &= 0 \end{aligned} \tag{1.7}$$

이를 첨가행렬로 나타내면 다음과 같다.

$$\begin{bmatrix} a_{11} & a_{12} & \cdots & a_{1n} & 0 \\ a_{21} & a_{22} & \cdots & a_{2n} & 0 \\ \vdots & \vdots & & \vdots & \\ a_{m1} & a_{m2} & \cdots & a_{mn} & 0 \end{bmatrix}$$

동차연립일차방정식 (1.7)에 $x_1 = 0,\ x_2 = 0,\ \cdots,\ x_n = 0$을 대입하면 모든 일차방정식이 성립하므로 이것은 연립일차방정식 (1.7)의 해이다. 이 해를 **자명한 해**trivial solution라고 한다. 한편 $x_1 = 0,\ x_2 = 0,\ \cdots,\ x_n = 0$ 외에도 식 (1.7)을 만족하는 해를 **자명하지 않은 해**nontrivial solution라고 한다.

예제 1-18

다음 동차연립일차방정식을 풀어라.

(a) $\begin{aligned} 3x - \ y &= 0 \\ x + 3y &= 0 \end{aligned}$

(b) $\begin{aligned} 2x - \ y &= 0 \\ 6x - 3y &= 0 \end{aligned}$

풀이

(a) 동차연립일차방정식을 첨가행렬로 나타내면 다음과 같다.

$$\begin{bmatrix} 3 & -1 & 0 \\ 1 & 3 & 0 \end{bmatrix}$$

첨가행렬에 기본 행 연산을 수행해 REF를 구하면 다음과 같다.

$$\begin{bmatrix} 3 & -1 & 0 \\ 1 & 3 & 0 \end{bmatrix} \xrightarrow{E_{12}} \begin{bmatrix} 1 & 3 & 0 \\ 3 & -1 & 0 \end{bmatrix} \xrightarrow{E_{12}(-3)} \begin{bmatrix} 1 & 3 & 0 \\ 0 & -10 & 0 \end{bmatrix} \xrightarrow{E_2\left(-\frac{1}{10}\right)} \begin{bmatrix} 1 & 3 & 0 \\ 0 & 1 & 0 \end{bmatrix}$$

이 첨가행렬은 다음 동차연립일차방정식과 같다.

$$\begin{aligned} x+3y&=0 \\ y&=0 \end{aligned}$$

따라서 주어진 동차연립일차방정식은 자명한 해 $x=0$, $y=0$만을 갖는다.

(b) 동차연립일차방정식을 첨가행렬로 나타내면 다음과 같다.

$$\begin{bmatrix} 2 & -1 & 0 \\ 6 & -3 & 0 \end{bmatrix}$$

첨가행렬에 기본 행 연산을 수행해 REF를 구하면 다음과 같다.

$$\begin{bmatrix} 2 & -1 & 0 \\ 6 & -3 & 0 \end{bmatrix} \xrightarrow{E_{12}(-3)} \begin{bmatrix} 2 & -1 & 0 \\ 0 & 0 & 0 \end{bmatrix}$$

이 첨가행렬은 다음 동차연립일차방정식과 같다.

$$2x-y=0$$

이때 $x=s$(단, $s\in\mathbb{R}$)로 두면 $y=2s$를 얻는다. 즉 주어진 동차연립일차방정식은 다음과 같은 해집합을 갖는다.

$$\{(x,\ y)\mid x=s,\ y=2s,\ s\in\mathbb{R}\}$$

그런데 $s\in\mathbb{R}$이므로 자명하지 않은 해도 갖는다. 즉 무수히 많은 해를 갖는다.

Command Window

```
: 코딩
>> A=[3 -1 0;1 3 0];            % [예제 1-18(a)]의 첨가행렬 입력
>> rref(A)                      % 첨가행렬 A의 RREF 계산
>> B=[2 -1 0;6 -3 0];           % [예제 1-18(b)]의 첨가행렬 입력
>> rref(B)                      % 첨가행렬 B의 RREF 계산

: 결과
ans =                           % [예제 1-18(a)]의 결과와 동일
     1  0  0
     0  1  0
ans =                           % [예제 1-18(b)]의 결과와 동일
     1.0000   -0.5000    0
          0         0    0
```

MATLAB 유제

다음 동차연립일차방정식을 풀어라.

(a) $24x-25y=0$
$25x+24y=0$

(b) $27x-13y=0$
$81x-39y=0$

일반적으로 연립일차방정식의 해는 존재하지 않거나, 유일하게 존재하거나 또는 무수히 많이 존재한다. 그런데 동차연립일차방정식은 항상 자명한 해를 가지므로 다음 중 하나가 성립한다.

❶ 자명한 해만 갖는다.

❷ 자명하지 않은 해도 갖는다. 즉, 무수히 많은 해를 갖는다.

[예제 1-18]의 동차연립일차방정식 **(a)**는 자명한 해만 갖고, **(b)**는 무수히 많은 해를 갖는다. 그런데 동차연립일차방정식 **(b)**는 미지수가 2개이고 방정식이 1개인 $2x-y=0$과 같다. 이와 같이 미지수의 개수가 방정식의 개수보다 많으면 동차연립일차방정식은 자명하지 않은 해를 갖는다. 일반적으로 n개의 미지수에 대한 m개의 방정식으로 이루어진 동차연립일차방정식은 $m<n$이면 자명하지 않은 해를 갖는다.

1.4.2 동차연립일차방정식의 풀이

이제 동차연립일차방정식의 해를 구해 보자. 첨가행렬에 기본 행 연산을 수행하여 REF나 RREF로 변형하는 과정은 충분히 연습이 되었을 것이므로 이제부터 첨가행렬을 REF나 RREF로 변형하는 자세한 과정은 생략한다.

예제 1-19

다음 동차연립일차방정식을 풀어라.

$$\begin{aligned} x_1+3x_4&=0\\ 3x_2+2x_3&=0\\ 2x_3&=0\\ x_2+x_4&=0 \end{aligned}$$

풀이

동차연립일차방정식의 첨가행렬은

$$\begin{bmatrix} 1&0&0&3&0\\ 0&3&2&0&0\\ 0&0&3&0&0\\ 0&1&0&1&0 \end{bmatrix}$$

이고, 이것을 RREF로 변형하면 다음과 같다.

$$\text{RREF}\begin{bmatrix} 1&0&0&3&0\\ 0&3&2&0&0\\ 0&0&3&0&0\\ 0&1&0&1&0 \end{bmatrix}=\begin{bmatrix} 1&0&0&0&0\\ 0&1&0&0&0\\ 0&0&1&0&0\\ 0&0&0&1&0 \end{bmatrix}$$

이 행렬은 다음 동차연립일차방정식과 같으며, 주어진 동차연립일차방정식의 자명한 해이기도 하다.

$$x_1 = 0\,,\quad x_2 = 0\,,\quad x_3 = 0\,,\quad x_4 = 0$$

Command Window

```
: 코딩
>> A=[1 0 0 3 0;0 3 2 0 0;0 0 3 0 0;0 1 0 1 0];     % 첨가행렬 입력
>> rref(A)                                          % 첨가행렬 A의 RREF 계산

: 결과
ans =                                               % [예제 1-19]의 결과와 동일
       1  0  0  0  0
       0  1  0  0  0
       0  0  1  0  0
       0  0  0  1  0
```

MATLAB 유제

다음 동차연립일차방정식을 풀어라.

$$\begin{aligned} x_1 - x_2 + x_3 - x_4 &= 0 \\ 3x_1 + 3x_2 + 2x_3 + 2x_4 &= 0 \\ 4x_1 + 4x_2 - 5x_3 + 5x_4 &= 0 \\ -4x_1 - 4x_2 + 5x_3 + 5x_4 &= 0 \end{aligned}$$

임의의 실수 a, b, c, d에 대하여 다음 연립일차방정식은 어떤 종류의 해를 갖는지 생각해 보자.

$$\begin{aligned} x_1 + 3x_4 &= a \\ 3x_2 + 2x_3 &= b \\ 2x_3 &= c \\ x_2 + x_4 &= d \end{aligned} \tag{1.8}$$

[예제 1-19]의 동차연립일차방정식이 자명한 해만을 갖는다는 사실로부터 연립일차방정식 (1.8)은 유일한 해를 갖는다는 것을 알 수 있다.[13]

13 연립일차방정식의 좌변에 가우스-조르단 소거법을 수행하면 우변은 a, b, c, d에 각각 상수배를 한 후에 더하거나 뺀 값이 되므로 유일한 해를 갖는다.

예제 1-20

다음 동차연립일차방정식을 풀어라.

$$\begin{aligned} x_1 + x_2 + x_3 + x_4 &= 0 \\ x_1 \qquad\qquad + x_4 &= 0 \\ x_1 + 2x_2 + x_3 \qquad &= 0 \end{aligned}$$

풀이

동차연립일차방정식의 첨가행렬은

$$\begin{bmatrix} 1 & 1 & 1 & 1 & 0 \\ 1 & 0 & 0 & 1 & 0 \\ 1 & 2 & 1 & 0 & 0 \end{bmatrix}$$

이고, 이것을 RREF로 변형하면 다음과 같다.

$$\text{RREF}\begin{bmatrix} 1 & 1 & 1 & 1 & 0 \\ 1 & 0 & 0 & 1 & 0 \\ 1 & 2 & 1 & 0 & 0 \end{bmatrix} = \begin{bmatrix} 1 & 0 & 0 & 1 & 0 \\ 0 & 1 & 0 & -1 & 0 \\ 0 & 0 & 1 & 1 & 0 \end{bmatrix}$$

이에 대응하는 동차연립일차방정식은

$$\begin{aligned} x_1 + x_4 &= 0 \\ x_2 - x_4 &= 0 \\ x_3 + x_4 &= 0 \end{aligned}$$

이므로 $x_4 = r$(단, r은 임의의 실수)이라고 하면 주어진 동차연립일차방정식의 해는 다음과 같다.

$$x_1 = -r,\ x_2 = r,\ x_3 = -r,\ x_4 = r\ \ (\text{단, } r \in \mathbb{R})$$

여기서 $r = 0$이면 자명한 해가 되고, $r \neq 0$이면 자명하지 않은 해가 된다. 따라서 주어진 동차연립일차방정식은 무수히 많은 해를 갖는다.

Command Window

: 코딩

```
>> A=[1 1 1 1 0;1 0 0 1 0;1 2 1 0 0];       % 첨가행렬 입력
>> rref(A)                                   % 첨가행렬 A의 RREF 계산
>> r=sym('r');                               % 심볼릭 변수 r 지정
>> x4=r;                                     % 자유변수 지정
>> x1=-x4;x2=x4;x3=-x4;                      % 선도변수 계산 입력
>> sol=[x1,x2,x3,x4]                         % 해집합 입력
```

: 결과

```
ans =                                        % [예제 1-20]의 결과와 동일
     1  0  0  1  0
     0  1  0 -1  0
     0  0  1  1  0
sol=
    [-r, r, -r, r]
```

MATLAB 유제

다음 동차연립일차방정식을 풀어라.

$$\begin{aligned} x_1 + x_2 + x_3 + x_4 &= 0 \\ x_1 + 2x_2 - x_3 + x_4 &= 0 \\ x_1 + 2x_2 + 3x_3 \quad\ \ &= 0 \end{aligned}$$

임의의 실수 a, b, c에 대하여 연립일차방정식은 어떤 종류의 해를 갖는지 생각해 보자.

$$\begin{aligned} x_1 + \ \ x_2 + x_3 + x_4 &= a \\ x_1 \qquad\qquad\quad + x_4 &= b \\ x_1 + 2x_2 + x_3 \qquad\ &= c \end{aligned} \tag{1.9}$$

14 이것이 동차연립일차방정식이 유용한 이유 중 한 가지이다.

[예제 1-20]의 동차연립일차방정식이 무수히 많은 해를 갖는다는 사실로부터 연립일차방정식 (1.9)도 무수히 많은 해를 갖는다는 것을 알 수 있다.[14]

예제 1-21

다음 동차연립일차방정식을 풀어라.

$$\begin{aligned} 2x_1 + 2x_2 - \ \ x_3 \qquad\quad + x_5 &= 0 \\ -x_1 - \ \ x_2 + 2x_3 - 3x_4 + x_5 &= 0 \\ x_1 + \ \ x_2 - 2x_3 \qquad\quad - x_5 &= 0 \\ x_3 + \ \ x_4 + x_5 &= 0 \end{aligned}$$

풀이

동차연립일차방정식의 첨가행렬은

$$\begin{bmatrix} 2 & 2 & -1 & 0 & 1 & 0 \\ -1 & -1 & 2 & -3 & 1 & 0 \\ 1 & 1 & -2 & 0 & -1 & 0 \\ 0 & 0 & 1 & 1 & 1 & 0 \end{bmatrix}$$

이고, 이것을 RREF로 변형하면 다음과 같다.

$$\text{RREF}\begin{bmatrix} 2 & 2 & -1 & 0 & 1 & 0 \\ -1 & -1 & 2 & -3 & 1 & 0 \\ 1 & 1 & -2 & 0 & -1 & 0 \\ 0 & 0 & 1 & 1 & 1 & 0 \end{bmatrix} = \begin{bmatrix} 1 & 1 & 0 & 0 & 1 & 0 \\ 0 & 0 & 1 & 0 & 1 & 0 \\ 0 & 0 & 0 & 1 & 0 & 0 \\ 0 & 0 & 0 & 0 & 0 & 0 \end{bmatrix}$$

이 행렬에 대응하는 동차연립일차방정식은

$$\begin{aligned} x_1 + x_2 + x_5 &= 0 \\ x_3 + x_5 &= 0 \\ x_4 &= 0 \end{aligned}$$

이므로 $x_2 = s$, $x_5 = t$(단, s, t는 임의의 실수)라고 하면 주어진 동차연립일차방정식의 해는 다음과 같다.

$$x_1 = -s - t,\ x_2 = s,\ x_3 = -t,\ x_4 = 0,\ x_5 = t \quad (\text{단, } s,\ t \in \mathbb{R})$$

여기서 $s = t = 0$이면 자명한 해가 되고, $s \neq 0$ 또는 $t \neq 0$이면 자명하지 않은 해가 된다. 따라서 주어진 동차연립일차방정식은 무수히 많은 해를 갖는다.

```
Command Window
: 코딩
>> A=[2 2 -1 0 1 0;-1 -1 2 -3 1 0;1 1 -2 0 -1 0;0 0 1 1 1 0];
                                                    % 첨가행렬 입력
>> rref(A)                                          % 첨가행렬의 RREF 계산
>> syms s t;                                        % 심볼릭 변수 s, t 지정
>> x2=s;x5=t;                                       % 자유변수 심볼릭 지정
>> x1=-x2-x5;x3=-x5;x4=0;                           % 선도변수 계산 입력
>> sol=[x1,x2,x3,x4,x5]                             % 해집합 입력

: 결과
ans =                                               % [예제 1-21]의 결과와 동일
     1  1  0  0  1  0
     0  0  1  0  1  0
     0  0  0  1  0  0
     0  0  0  0  0  0
sol=
    [-s-t, s, -t, 0, t]
```

MATLAB 유제

다음 동차연립일차방정식을 풀어라.

$$\begin{aligned} x_1+x_2-\ x_3\qquad +x_5&=0\\ -x_1-x_2+2x_3-x_4+x_5&=0\\ x_1+x_2-\ x_3\qquad -x_5&=0\\ x_1\qquad -\ x_3+x_4+x_5&=0 \end{aligned}$$

예제 1-22

다음 동차연립일차방정식을 풀어라.

$$\begin{aligned} x_1+3x_2+5x_3+\ x_4&=0\\ 4x_1-7x_2-3x_3-\ x_4&=0\\ 3x_1+2x_2+7x_3+8x_4&=0 \end{aligned}$$

풀이

동차연립일차방정식의 첨가행렬은

$$\begin{bmatrix} 1 & 3 & 5 & 1 & 0 \\ 4 & -7 & -3 & -1 & 0 \\ 3 & 2 & 7 & 8 & 0 \end{bmatrix}$$

이고, 이것을 RREF로 변형하면 다음과 같다.

$$\text{RREF}\begin{bmatrix} 1 & 3 & 5 & 1 & 0 \\ 4 & -7 & -3 & -1 & 0 \\ 3 & 2 & 7 & 8 & 0 \end{bmatrix} = \begin{bmatrix} 1 & 0 & 0 & \frac{-176}{9} & 0 \\ 0 & 1 & 0 & \frac{-155}{9} & 0 \\ 0 & 0 & 1 & \frac{130}{9} & 0 \end{bmatrix}$$

이것에 대응하는 동차연립일차방정식은

$$\begin{aligned} x_1 \qquad\quad - \frac{176}{9}x_4 &= 0 \\ x_2 \quad - \frac{155}{9}x_4 &= 0 \\ x_3 + \frac{130}{9}x_4 &= 0 \end{aligned}$$

이므로 $x_4 = r$ (단, r은 임의의 실수)이라고 하면 주어진 동차연립일차방정식의 해는 다음과 같다.

$$x_1 = \frac{176}{9}r, \ x_2 = \frac{155}{9}r, \ x_3 = -\frac{130}{9}r, \ x_4 = r \quad (\text{단, } r \in \mathbb{R})$$

여기서 $r = 0$이면 자명한 해가 되고, $r \neq 0$이면 자명하지 않은 해가 된다. 따라서 주어진 동차연립일차방정식은 무수히 많은 해를 갖는다.

Command Window

: 코딩

```
>> format rat 1                          % 출력 형태 지정
>> A=[1 3 5 1 0;4 -7 -3 -1 0;3 2 7 8 0]; % 첨가행렬 입력
>> rref(A) 2                             % 첨가행렬의 RREF 계산
>> r=sym('r');                           % 심볼릭 변수 r 지정
>> x4=r;                                 % 자유변수 심볼릭 지정
>> x1=176/9*x4;x2=155/9*x4;x3=-130/9*x4; % 선도변수 계산 입력
>> sol=[x1,x2,x3,x4]                     % 해집합 입력
```

: 결과

```
ans =                                    % [예제 1-22]의 결과와 동일
      1   0   0  -176/9   0
      0   1   0  -155/9   0
      0   0   1   130/9   0
sol=
    [(176*r)/9, (155*r)/9, -(130*r)/9, r]
```

MATLAB TIP!

1 format rat : 분수 형태로 결과를 출력한다. format 'rat' 형태로 써도 무방하다.

2 MATLAB에는 ref 명령어가 없으므로 "rref" 명령어를 사용하여 계산한다.

MATLAB 유제

다음 동차연립일차방정식을 풀어라.

(a) $$\begin{aligned} 2x_1 + 3x_2 - x_3 &= 0 \\ x_1 - x_2 + 2x_3 &= 0 \end{aligned}$$

(b) $$\begin{aligned} 2.3x_1 + 1.2x_2 - 2.1x_3 + 0.2x_4 &= 0 \\ 1.2x_1 + 2.2x_2 + 1.3x_3 - 4.2x_4 &= 0 \\ 3.3x_1 - 2.7x_2 - 0.2x_3 + 3.1x_4 &= 0 \end{aligned}$$

1.5 연립일차방정식의 활용

연립일차방정식은 도로 교통망 흐름 분석, 전기회로의 전류 흐름, 화학 반응의 균형, 곡선맞춤 등 실생활에 밀접하게 연결된 문제를 해결하는 유용한 도구이다. 이 절에서는 이러한 연립일차방정식의 활용 예를 알아본다.

1.5.1 도로 교통망

연립일차방정식은 도로의 교통량을 제어하는 데 활용된다. 연립일차방정식을 활용하여 도로 교통의 흐름을 어떻게 분석하는지 알아보자.

[그림 1-11]은 화살표 방향의 일방통행 도로가 만난 교차로를 나타낸다. 교차로에 진입하는 교통량의 합과 진출하는 교통량의 합은 $50+30=55+25=80$으로 같다. 이를 염두에 두고 연립일차방정식을 활용하는 구체적인 예를 살펴보자.

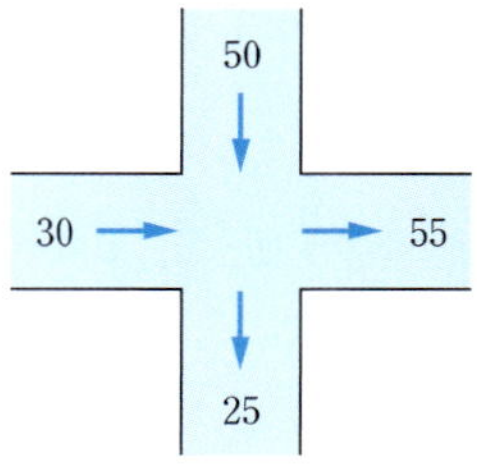

[그림 1-11] 차량의 출입

예제 1-23

[그림 1-12]는 법원광장을 중심으로 나 있는 도로를 표시한 약도이다. 모든 도로는 화살표 방향으로 일방통행이며, 화살표 위의 숫자는 오후 3시 30분 기준으로 해당 도로에 진입하거나 진출하는 차량의 분당 평균 대수이다. 또한 변수 x, y, z, w는 각각의 도로를 지나가는 차량의 분당 평균 대수이다. 교차로에 진입하는 차량과 진출하는 차량 대수가 동일할 때, 각 도로를 지나가는 차량의 분당 평균 대수를 구하라.

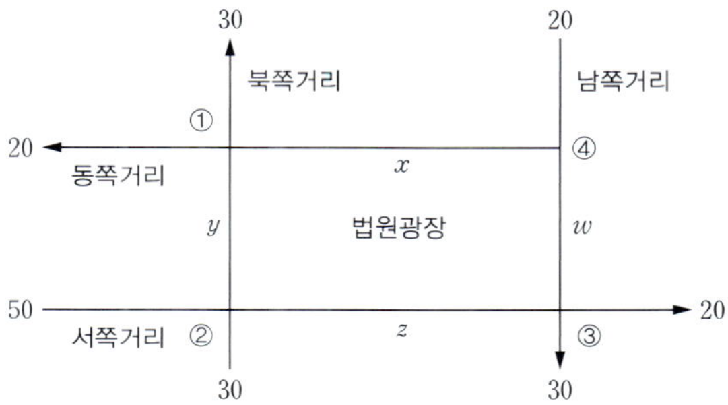

[그림 1-12] 법원광장을 중심으로 나 있는 도로를 표시한 약도

풀이

교차로에 진입하는 차량과 진출하는 차량 대수가 동일하므로, 동쪽거리와 북쪽거리의 교차로에서 다음과 같은 일차방정식을 얻는다.

$$x+y=50$$

법원광장을 중심으로 반시계방향으로 이와 같은 방법을 계속하면 다음과 같은 연립일차방정식을 얻는다.

$$\begin{aligned} x+y \quad\quad\quad &= 50 \quad \cdots\cdots ① \\ y+z \quad\quad &= 80 \quad \cdots\cdots ② \\ z+w &= 50 \quad \cdots\cdots ③ \\ x \quad\quad\quad +w &= 20 \quad \cdots\cdots ④ \end{aligned}$$

이때 각 거리를 지나는 차량의 분당 평균 대수는 연립일차방정식 ①~④의 해를 구하면 된다. 연립일차방정식 ①~④의 첨가행렬을 구하면

$$\begin{bmatrix} 1 & 1 & 0 & 0 & 50 \\ 0 & 1 & 1 & 0 & 80 \\ 0 & 0 & 1 & 1 & 50 \\ 1 & 0 & 0 & 1 & 20 \end{bmatrix}$$

이고, 가우스 소거법에 의해 첨가행렬의 REF를 구하면 다음과 같다.

$$\begin{bmatrix} 1 & 1 & 0 & 0 & 50 \\ 0 & 1 & 1 & 0 & 80 \\ 0 & 0 & 1 & 1 & 50 \\ 0 & 0 & 0 & 0 & 0 \end{bmatrix}$$

즉 임의의 실수 t에 대하여 주어진 연립일차방정식의 해는 다음과 같다.

$$x=20-t,\quad y=30+t,\quad z=50-t,\quad w=t$$

그런데 $x,\ y,\ z,\ w \geq 0$ 이므로 교통량 t의 범위는 $0 \leq t \leq 20$이고 구하는 해는 다음과 같다.

$$0 \leq x \leq 20,\ 30 \leq y \leq 50,\ 30 \leq z \leq 50,\ 0 \leq w \leq 20$$

Command Window

: 코딩

```
>> A=[1 1 0 0 50;0 1 1 0 80;0 0 1 1 50;1 0 0 1 20];% 첨가행렬 입력
>> rref(A)                                          % 첨가행렬의 RREF 계산
>> t=sym('t');                                      % 심볼릭 변수 t 지정
>> w=t;                                             % 자유변수 심볼릭 지정
>> x=20-w;y=30+w;z=50-w;                            % 선도변수 계산 입력
>> sol=[x,y,z,w]                                    % 해집합 입력
```

: 결과

```
ans =                                               % [예제 1-23]의 결과와 동일
     1     0     0     1    20
     0     1     0    -1    30
     0     0     1     1    50
     0     0     0     0     0
sol =
     [ 20 - t, t + 30, 50 - t, t]
```

MATLAB 유제

[그림 1-13]은 어떤 도시의 거리를 표시한 약도이다. 화살표로 표시된 각 거리는 일방통행이고, 표에 주어진 값은 오후 8시에 해당 도로에 진입하거나 진출하는 차량의 분당 평균 대수를 나타낸다. 교차로에 진입하는 차량과 진출하는 차량의 총 대수가 동일할 때, 각 도로를 지나가는 차량의 분당 평균 대수를 구하라.

	동샘길	서샘길	바람길	구름길	달길
진입하는 차	110	165	25	–	200
진출하는 차	135	150	50	25	120

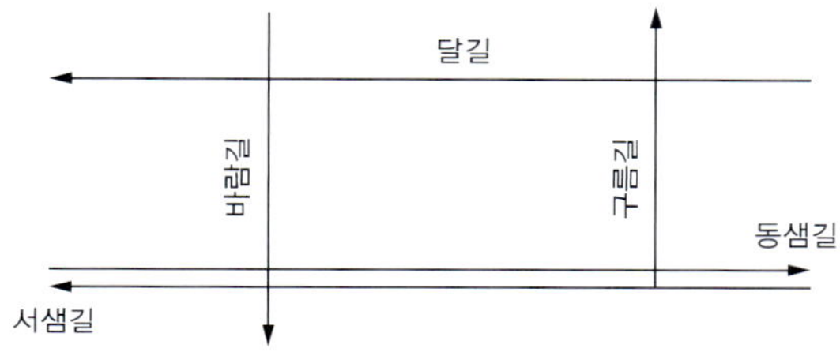

[그림 1-13] 어떤 도시의 거리를 표시한 약도

1.5.2 전기회로

연립일차방정식은 전기회로망의 도선에 흐르는 전류의 양을 결정하는 데 사용된다. 이때 실험적 방법에 기초한 키르히호프 법칙과 옴 법칙은 연립일차방정식을 유도한다.[15]

15 키르히호프는 전기회로에서 옴의 법칙을 발전시켜 1854년에 키르히호프 법칙을 발표하여 전류, 전압, 저항의 연구에 크게 기여했다.

■ **키르히호프 법칙**Kirchhoff's law

❶ **키르히호프 제1법칙**(KCL) : 접합점(노드)으로 흘러들어가는 모든 전류의 합은 그 점에서 흘러나오는 전류의 합과 같다.

❷ **키르히호프 제2법칙**(KVL) : 임의의 방향으로 닫힌 경로(루프)를 따라 전압들을 모두 합한 것은 그 방향의 경로에 있는 총 전압과 같다.

전류(I), 전압(V), 저항(R) 사이에 성립하는 **옴 법칙**Ohm's law은 $V = IR$ 이다. 예를 들어 다음과 같은 전기회로[16]를 생각해 보자.

16 저항은 톱니바퀴 모양의 선으로 나타내며, 단위는 Ω(옴)이다. 전지는 하나는 길고 하나는 짧은 한 쌍의 평행선으로 나타내며, 긴 쪽은 +(양극)을 나타내고 짧은 쪽은 −(음극)을 나타낸다.

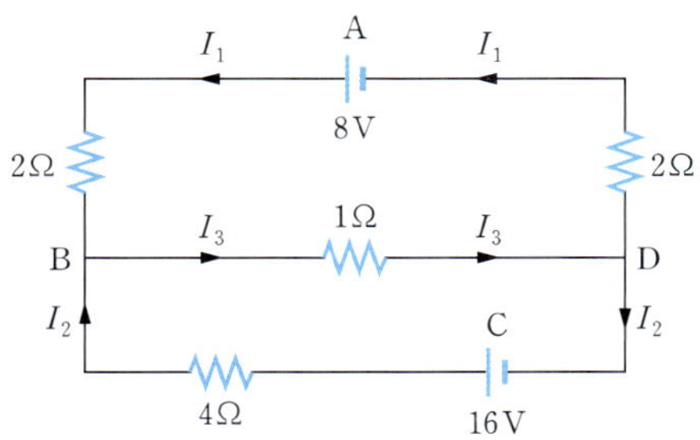

[그림 1-14] 전기회로

전지는 8 V와 16 V이고, 저항은 1Ω, 4Ω이 각각 한 개, 2Ω이 두 개이다. 이때 접합점 B와 D에서의 전류는 다음을 만족한다.

- 접합점 B : $I_1 + I_2 = I_3$
- 접합점 D : $I_3 = I_1 + I_2$

두 방정식을 연립하면 다음과 같이 하나의 일차방정식으로 나타낼 수 있다.

$$I_1 + I_2 - I_3 = 0$$

한편 경로에 따른 전류와 전압 사이에는 다음과 같은 관계가 성립한다.

- 닫힌 경로 $ABDA$: $2I_1 + 1I_3 + 2I_1 = 8$
- 닫힌 경로 $CBDC$: $4I_2 + 1I_3 = 16$

세 일차방정식을 연립하여 해를 구하면 $I_1 = 1$, $I_2 = 3$, $I_3 = 4$임을 알 수 있다.

예제 1-24

[그림 1-15]와 같이 30 V와 50 V의 전지가 5Ω 저항 2개, 1Ω 저항 1개와 연결되어 있는 전기회로를 생각해 보자. 이때 각 저항을 흐르는 전류 I_1, I_2, I_3를 구하라.

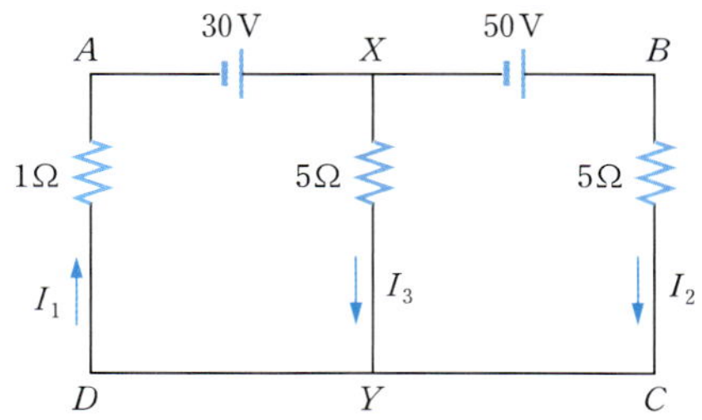

[그림 1-15] 전기회로

풀이

세 전류 I_1, I_2, I_3에 대한 연립일차방정식을 만들어보자. 먼저 점 X에서의 전류는 다음을 만족한다.

$$I_1 = I_2 + I_3$$

또 두 개의 작은 닫힌 경로 $AXYD$, $XBCY$에서는 각각 다음과 같은 관계가 성립한다.

$$\begin{aligned} 1I_1 + 5I_3 &= 30 \\ -5I_3 + 5I_2 &= 50 \end{aligned}$$

앞의 세 방정식을 함께 쓰면 다음 연립일차방정식을 얻는다.

$$\begin{aligned} I_1 - I_2 - I_3 &= 0 \\ I_1 + \quad\ 5I_3 &= 30 \\ 5I_2 - 5I_3 &= 50 \end{aligned}$$

이 연립일차방정식의 첨가행렬은 다음과 같다.

$$\begin{bmatrix} 1 & -1 & -1 & 0 \\ 1 & 0 & 5 & 30 \\ 0 & 5 & -5 & 50 \end{bmatrix}$$

또한 첨가행렬의 REF를 구하면 다음과 같다.

$$\begin{bmatrix} 1 & -1 & -1 & 0 \\ 1 & 0 & 5 & 30 \\ 0 & 5 & -5 & 50 \end{bmatrix} \xrightarrow{E_{12}(-1)} \begin{bmatrix} 1 & -1 & -1 & 0 \\ 0 & 1 & 6 & 30 \\ 0 & 5 & -5 & 50 \end{bmatrix}$$

$$\xrightarrow{E_{23}(-5)} \begin{bmatrix} 1 & -1 & -1 & 0 \\ 0 & 1 & 6 & 30 \\ 0 & 0 & -35 & -100 \end{bmatrix}$$

$$\xrightarrow{E_{3}\left(-\frac{1}{35}\right)} \begin{bmatrix} 1 & -1 & -1 & 0 \\ 0 & 1 & 6 & 30 \\ 0 & 0 & 1 & \frac{20}{7} \end{bmatrix}$$

이로부터 다음과 같은 연립일차방정식을 얻는다.

$$\begin{aligned} I_1 - I_2 - I_3 &= 0 \\ I_2 + 6I_3 &= 30 \\ I_3 &= \frac{20}{7} \end{aligned}$$

이때 '$-$'는 방향을 나타내는 것으로 전류의 크기와는 관계없다. 마지막 미지수부터 풀면 전류 I_1, I_2, I_3는 다음과 같다.

$$\begin{aligned} I_3 &= \frac{20}{7} \\ I_2 &= 30 - 6I_3 = 30 - \frac{120}{7} = \frac{90}{7} \\ I_1 &= I_2 + I_3 = \frac{90}{7} + \frac{20}{7} = \frac{110}{7} \end{aligned}$$

따라서 저항을 흐르는 전류 I_1, I_2, I_3의 크기는 각각 $\frac{110}{7}$ A, $\frac{90}{7}$ A, $\frac{20}{7}$ A이다.

Command Window

: 코딩

```
>> format rat
>> A=[1 -1 -1 0;1 0 5 30;0 5 -5 50];        % 첨가행렬 입력
>> rref(A)                                  % 첨가행렬 A의 RREF 계산
```

: 결과

```
ans =                                       % [예제 1-24]의 결과와 동일
      1     0     0     110/7
      0     1     0      90/7
      0     0     1      20/7
```

MATLAB 유제

[그림 1-16]과 같이 20 V의 전지가 12Ω 저항 1개, 8Ω 저항 1개와 연결된 전기회로를 생각해 보자. 이때 각 저항을 흐르는 전류 I_0, I_1, I_2, I_3의 크기를 구하라.

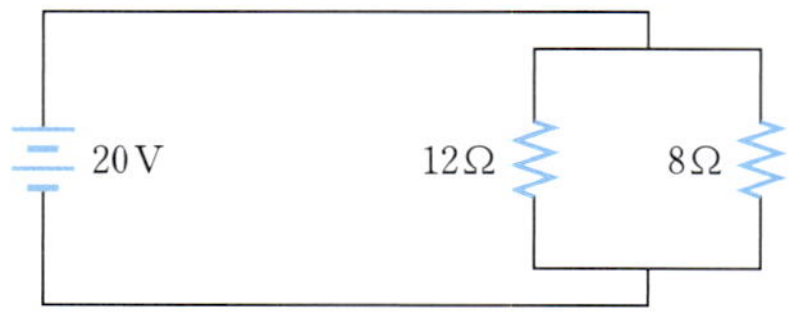

[그림 1-16] **전기회로**

1.5.3 화학 반응식

화학 반응식은 화학 반응을 식으로 나타낸 것으로, 이를 통해 물질이 반응하는 정보를 쉽게 알아낼 수 있다. 화학 반응 전후에는 질량과 전하가 보존되며, 원자 수도 동일하다. 이를 염두에 두고 화학 반응식을 보면 생성되는 물질의 종류 및 양을 예측할 수 있으며, 질량 보존의 법칙, 기체반응의 법칙에 따라 각 물질의 분자 수, 질량, 부피 등 양적 관계도 알 수 있다. 예를 들어 다음은 에테인과 산소가 반응하여 이산화탄소와 물이 생기는 화학 반응식이다.

$$2C_2H_6 + 7O_2 \rightarrow 4CO_2 + 6H_2O$$

화학 반응식을 쓸 때 각 원소의 원자 수는 화살표의 왼쪽과 오른쪽이 서로 같아야 한다. 따라서 각 물질 앞에 정수 계수를 놓아 균형 화학 반응식이 되도록 해야 한다. 화학 반응식의 균형을 맞추고자 할 때 다음 사항들이 도움이 된다.

- 화살표의 왼쪽(반응물)과 오른쪽(생성물)에서 각각 한 물질에만 존재하는 원소를 찾고 그 원소의 균형을 잡아라.
- 한쪽 면에 결합되지 않은 원소(예를 들어 O)가 있다면, 그 원소는 마지막에 균형을 잡아라.
- 방정식의 균형을 잡으려면 해당 원소 앞의 계수(양의 정수)만 변화시켜야 한다.
- 계수는 뒤따라오는 화학식의 모든 원자의 수에 곱해야 한다. 예를 들어 $3H_2O$는 수소 원자 6개, 산소 원자 3개를 의미한다.

예제 1-25

다음 화학 반응식의 균형을 완성하라.

$$C_2H_6 + O_2 \rightarrow CO_2 + H_2O$$

풀이

주어진 화학 반응식을

$$x_1(C_2H_6) + x_2(O_2) \rightarrow x_3(CO_2) + x_4(H_2O)$$

라고 놓으면, 각 원소의 원자 수가 서로 같아지는 양의 정수 x_1, x_2, x_3와 x_4를 구해야 한다. 따라서 다음 관계식이 성립한다.

$$\begin{aligned} \text{탄소(C)} &: 2x_1 = x_3 \\ \text{수소(H)} &: 6x_1 = 2x_4 \\ \text{산소(O)} &: 2x_2 = 2x_3 + x_4 \end{aligned}$$

이를 연립일차방정식으로 나타내면 다음과 같다.

$$\begin{aligned} 2x_1 \quad\quad - x_3 \quad\quad &= 0 \\ 6x_1 \quad\quad\quad\quad - 2x_4 &= 0 \\ 2x_2 - 2x_3 - x_4 &= 0 \end{aligned}$$

이 연립일차방정식의 첨가행렬을 RREF로 바꾸면 다음을 얻는다.

$$\text{RREF}\begin{bmatrix} 2 & 0 & -1 & 0 & 0 \\ 6 & 0 & 0 & -2 & 0 \\ 0 & 2 & -2 & -1 & 0 \end{bmatrix} = \begin{bmatrix} 1 & 0 & 0 & -\frac{1}{3} & 0 \\ 0 & 1 & 0 & -\frac{7}{6} & 0 \\ 0 & 0 & 1 & -\frac{2}{3} & 0 \end{bmatrix}$$

이로부터 연립일차방정식의 해를 구하면 다음과 같다.

$$x_1 = \frac{1}{3}t,\ x_2 = \frac{7}{6}t,\ x_3 = \frac{2}{3}t,\ x_4 = t \quad (\text{단, } t\text{는 임의의 실수})$$

이제 x_1, x_2, x_3와 x_4가 모두 양의 정수가 되도록 t를 택한다. 예를 들어 $t = 6$이라 하면 $x_1 = 2$, $x_2 = 7$, $x_3 = 4$, $x_4 = 6$이다. 따라서 화학 반응식의 균형을 완성하면 다음과 같다.

$$2C_2H_6 + 7O_2 \rightarrow 4CO_2 + 6H_2O$$

```
Command Window

: 코딩
>> format rat
>> A=[2 0 -1 0 0;6 0 0 -2 0;0 2 -2 -1 0];          % 첨가행렬 입력
>> rref(A)                                          % 첨가행렬 A의 RREF 계산

: 결과
ans =                                               % [예제 1-25]의 결과와 동일
      1     0     0    -1/3    0
      0     1     0    -7/6    0
      0     0     1    -2/3    0
```

MATLAB 유제

다음 화학 반응식의 균형을 완성하라.

$$CH_4 + H_2O \rightarrow CO_2 + H_2$$

1.5.4 곡선맞춤

평면 위에 흩어진 점에 대하여 데이터의 추세를 잘 설명하는 곡선을 계산하고 산출하는 것을 **곡선맞춤**curve fitting이라고 한다. 이는 어떤 실험의 데이터를 산출하여 데이터에 맞는 곡선을 찾아 이 실험의 여러 가지 예측을 할 때 유용하다. 이를 수학적으로 표시하면 연립일차방정식을 얻을 수 있다. 다음 예제를 통하여 살펴보자.

예제 1-26

[그림 1-17]과 같이 평면 위의 네 점 $(0, 10)$, $(1, 7)$, $(3, -11)$, $(4, -14)$를 지나는 3차 함수 $y = ax^3 + bx^2 + cx + d$를 결정하라.

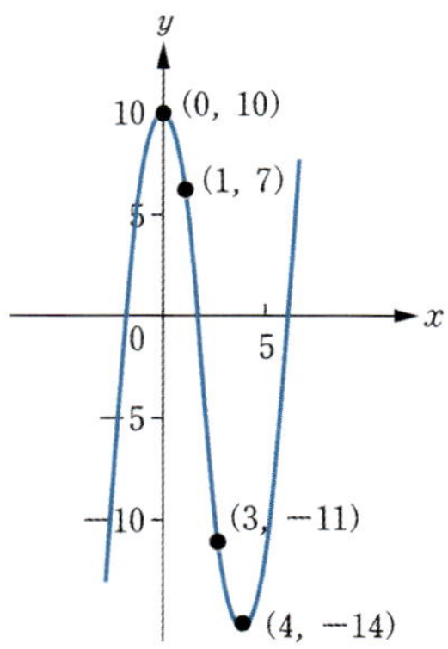

[그림 1-17] 네 점을 지나는 3차 함수

풀이

곡선 위의 점을 주어진 식에 대입하면 다음과 같다.

$$\begin{aligned} 10 &= a(0)^3 + b(0)^2 + c(0) + d = d \\ 7 &= a(1)^3 + b(1)^2 + c(1) + d = a + b + c + d \\ -11 &= a(3)^3 + b(3)^2 + c(3) + d = 27a + 9b + 3c + d \\ 14 &= a(4)^3 + b(4)^2 + c(4) + d = 64a + 16b + 4c + d \end{aligned}$$

이 식을 정리하면 다음과 같은 연립일차방정식을 얻을 수 있다.

$$\begin{aligned} d &= 10 \\ a + \ \ b + \ c + d &= 7 \\ 27a + \ 9b + 3c + d &= -11 \\ 64a + 16b + 4c + d &= -14 \end{aligned}$$

이 연립일차방정식의 첨가행렬에 기본 행 연산을 시행하면 다음과 같다.

$$\begin{bmatrix} 0 & 0 & 0 & 1 & 10 \\ 1 & 1 & 1 & 1 & 7 \\ 27 & 9 & 3 & 1 & -11 \\ 64 & 16 & 4 & 1 & -14 \end{bmatrix} \xrightarrow[E_{13}(-1),\ E_{14}(-1)]{E_{12}(-1)} \begin{bmatrix} 0 & 0 & 0 & 1 & 10 \\ 1 & 1 & 1 & 0 & -3 \\ 27 & 9 & 3 & 0 & -21 \\ 64 & 16 & 4 & 0 & -24 \end{bmatrix}$$

$$\xrightarrow[E_{24}(-4)]{E_{23}(-3)} \begin{bmatrix} 0 & 0 & 0 & 1 & 10 \\ 1 & 1 & 1 & 0 & -3 \\ 24 & 6 & 0 & 0 & -12 \\ 60 & 12 & 0 & 0 & -12 \end{bmatrix} \xrightarrow{E_3\left(\frac{1}{6}\right)} \begin{bmatrix} 0 & 0 & 0 & 1 & 10 \\ 1 & 1 & 1 & 0 & -3 \\ 4 & 1 & 0 & 0 & -2 \\ 60 & 12 & 0 & 0 & -12 \end{bmatrix}$$

$$\xrightarrow{E_{34}(-12)} \begin{bmatrix} 0 & 0 & 0 & 1 & 10 \\ 1 & 1 & 1 & 0 & -3 \\ 4 & 1 & 0 & 0 & -2 \\ 12 & 0 & 0 & 0 & 12 \end{bmatrix} \xrightarrow{E_4\left(\frac{1}{12}\right)} \begin{bmatrix} 0 & 0 & 0 & 1 & 10 \\ 1 & 1 & 1 & 0 & -3 \\ 4 & 1 & 0 & 0 & -2 \\ 1 & 0 & 0 & 0 & 1 \end{bmatrix}$$

그러므로 3차 함수의 계수는

$$a = 1,\ b = -6,\ c = 2,\ d = 10$$

이고, 구하려는 곡선의 방정식은 다음과 같다.

$$y = x^3 - 6x^2 + 2x + 10$$

```
Command Window

: 코딩
>> A=[0 0 0 1 10;1 1 1 1 7;27 9 3 1 -11;64 16 4 1 -14]; % 첨가행렬 입력
>> rref(A)                                              % 첨가행렬 A의 RREF 계산

: 결과
ans =                                                   % [예제 1-26]의 결과와 동일
     1     0     0     0     1
     0     1     0     0    -6
     0     0     1     0     2
     0     0     0     1    10
```

Command Window

: 코딩

```
>> x=[0 1 3 4]; y=[10 7 -11 -14];
>> p=polyfit(x,y,3) 1                              % 다항식 계수 구하기
```

: 결과

```
p =                                                % [예제 1-26]의 결과와 동일
    1.0000   -6.0000    2.0000   10.0000
```

MATLAB TIP!

1 polyfit(x,y,n) : n차 최소자승다항식 $P(x)$의 계수를 구한다.

MATLAB 유제

평면 위의 네 점 $(3,\ 1)$, $(2,\ 3)$, $(7,\ -3)$, $(1,\ -2)$를 지나는 3차 함수 $y=ax^3+bx^2+cx+d$를 결정하라.

■ sym 명령어

sym 명령어는 심볼릭 변수를 지정할 때 사용한다. 지정할 심볼릭 변수의 개수에 따라 두 가지 방법으로 sym 명령어를 사용한다.

```
>> x = sym('x')                     % 변수 1개 지정
>> syms x y                         % 2개 이상의 변수 지정
```

■ solve 명령어

solve 명령어는 대수방정식의 해집합을 구할 때 사용한다. 일반적으로 solve(E) 형태로 사용하는데, solve(E)일 때는 방정식 E의 등호를 '=='로 사용하고, solve('E')일 때는 '='를 사용한다.

```
>> solve(2*x+7==3)                  % solve(E)
>> solve('2*x+7=3')                 % solve('E')
```

■ ezplot 명령어

ezplot 명령어는 심볼릭 그래프를 그릴 때 사용하며, 심볼릭 방정식 E를 이용하여 ezplot('E') 형태로 사용한다. ezplot 명령어를 사용하면 심볼릭 방정식 E가 그래프 제목으로 자동 지정되며, x축과 y축의 이름 또한 자동 지정된다.

```
>> ezplot('2*x+3*y=9')
```

■ hold 명령어

hold 명령어는 여러 그래프를 그릴 때 사용한다. 처음 hold 명령어를 사용하면 hold 기능이 활성화 되며, 그래프가 그려진 상태로 위에 덧그릴 수 있다. 다시 한번 hold 명령어를 사용하면 hold 기능이 비활성화 되며, 그래프 덧그리기 상태를 해제한다. hold 명령어를 켜고 끄는 것은 각각 hold on, hold off 명령어를 사용해도 무관하다.

```
>> hold
Current plot held
>> hold
Current plot released
```

Chapter 01 연습문제

1.1 다음 중 일차방정식인 것을 찾고, 일차방정식이 아닌 것은 그 이유를 설명하라.

(a) $20x+24y-\sqrt{2}\,z=100$

(b) $x-20y+24xz=2$

(c) $5x+7y-3z=0$

(d) $x^{-2}+\sqrt{5}\,y+28z=-65$

(e) $x^2y^{-2}z=-5x+72y-3$

(f) $5\pi x-\sqrt{23}\,y+\frac{2}{3}z=-1$

1.2 다음 연립일차방정식을 풀어라.

(a) $\begin{aligned} 3x+4y&=0 \\ 3x-2y&=18 \end{aligned}$

(b) $\begin{aligned} 2x+2y+6z&=4 \\ 2x+y+7z&=3 \\ -2x-6y-7z&=2 \end{aligned}$

(c) $\begin{aligned} 4y-3z&=3 \\ -x+7y-5z&=4 \\ -x+8y-6z&=5 \end{aligned}$

(d) $\begin{aligned} 2x_1+5x_2+7x_3+9x_4&=-1 \\ x_1+2x_2+3x_3+4x_4&=1 \end{aligned}$

(e) $\begin{aligned} x+y+2z+3w&=0 \\ x-2y+z+w&=0 \\ 3x+y+z-w&=0 \end{aligned}$

(f) $\begin{aligned} v-w-x-y-z&=0 \\ w-x-y-z&=0 \\ x-y-z&=0 \\ y-z&=0 \\ z&=1 \end{aligned}$

(g) $\begin{aligned} x_1+2x_2+x_3+2x_4&=3 \\ 2x_1+4x_2+x_3+3x_4&=4 \\ 3x_1+6x_2+x_3+4x_4&=5 \end{aligned}$

(h) $\begin{aligned} x_1+x_2+x_3+x_4&=1 \\ x_1+x_2+3x_3+3x_4&=3 \\ x_1+x_2+2x_3+3x_4&=3 \\ x_1+3x_2+3x_3+3x_4&=4 \end{aligned}$

(i) $\begin{aligned} x_1+x_2+x_3+x_4&=1 \\ x_1+2x_2+2x_3+2x_4&=2 \\ x_1+2x_2+3x_3+3x_4&=3 \\ x_1+2x_2+3x_3+4x_4&=4 \end{aligned}$

(j) $\begin{aligned} v+w+2x+2y+z&=1 \\ 2v+2w+4x+4y+3z&=1 \\ 2v+2w+4x+4y+2z&=2 \\ 3v+5w+8x+6y+5z&=3 \end{aligned}$

1.3 다음 첨가행렬의 RREF를 구하라.

(a) $\begin{bmatrix} 1 & -3 & 1 & -1 & 0 & -1 \\ -1 & 3 & 0 & 3 & 1 & 3 \\ 2 & -6 & 3 & 0 & -1 & 2 \\ -1 & 3 & 1 & 5 & 1 & 6 \end{bmatrix}$

(b) $\begin{bmatrix} -2 & 1 & -1 & 3 & 0 & 4 & -1 \\ 2 & -1 & 3 & -1 & 0 & -4 & 3 \\ 6 & 3 & 4 & 8 & 1 & 9 & 5 \\ 4 & 2 & 4 & 4 & 1 & 5 & 5 \\ 0 & 0 & 3 & -3 & 0 & 0 & 3 \\ 8 & 4 & 2 & 14 & 1 & 13 & 3 \end{bmatrix}$

1.4 두 직선 $x-5y=1$, $2x-3y=3$의 교점의 집합을 구하라.

1.5 세 직선 $2x+3y=-1$, $6x+5y=0$, $2x-5y=7$의 교점의 집합을 구하라.

1.6 다음 연립일차방정식의 해가 $x=3$, $y=-1$, $z=2$일 때, 실수 a, b, c 값을 구하라.

$$\begin{aligned} x+ay+cz&=0 \\ bx+cy-3z&=1 \\ ax+2y+bz&=5 \end{aligned}$$

1.7 세 각 α, β, γ가 $0 \le \alpha \le 2\pi$, $0 \le \beta \le 2\pi$, $0 \le \gamma \le \pi$이고 다음 연립일차방정식을 만족할 때, 세 각 α, β, γ의 크기를 구하라.

$$\begin{aligned} 2\sin\alpha - \cos\beta + 3\tan\gamma &= 3 \\ 4\sin\alpha + 2\cos\beta - 2\tan\gamma &= 2 \\ 6\sin\alpha - 3\cos\beta + \tan\gamma &= 9 \end{aligned}$$

1.8 임의의 실수 a, b, c에 대하여 다음 연립일차방정식이 유일한 해를 갖는지의 여부를 결정하라.

$$\begin{aligned} x+y+2z&=a \\ x+\quad\ \ z&=b \\ 2x+y+3z&=c \end{aligned}$$

1.9 평면 위의 세 점 $(1, 1)$, $(2, 2)$, $(3, 0)$을 지나는 이차함수 $y=ax^2+bx+c$의 계수를 결정하라.

1.10 다음과 같은 부분분수분해를 만족하는 A, B, C 값을 구하라.

$$\frac{x^2-x+3}{(x^2+2)(2x-1)} = \frac{Ax+B}{x^2+2} + \frac{C}{2x-1}$$

1.11 다음과 같은 연립일차방정식을 가우스 소거법을 사용하여 해집합을 구하라.

$$\begin{aligned} x-2y+z&=0 \\ 2y-8z&=8 \\ -4x+5y+9z&=-9 \end{aligned}$$

1.12 가우스-조르단 소거법을 이용하여 다음 세 연립일차방정식을 한꺼번에 풀어라.

$$\begin{aligned} 2x - y \quad &= 1 \\ -x + 2y - z &= 0 \\ -y + z &= 0 \end{aligned} \qquad \begin{aligned} 2x - y \quad &= 0 \\ -x + 2y - z &= 1 \\ -y + z &= 0 \end{aligned} \qquad \begin{aligned} 2x - y \quad &= 0 \\ -x + 2y - z &= 0 \\ -y + z &= 1 \end{aligned}$$

1.13 다음 동차연립일차방정식이 자명하지 않은 해를 갖도록 a 값을 구하라.

$$\begin{aligned} x + 2y + z &= 0 \\ x + 3y + 6z &= 0 \\ 2x + 3y + az &= 0 \end{aligned}$$

1.14 동차연립일차방정식을 이용하여 다음 연립일차방정식이 해를 갖는지 또는 갖지 않는지 확인하라.

$$\begin{aligned} 2w + x + 3y + 5z &= 7 \\ 4w \quad + 4y + 8z &= 8 \\ w + x + 2y + 3z &= 5 \\ x + y + z &= 3 \end{aligned}$$

1.15 주어진 연립방정식에 대하여 다음을 구하라.

$$\begin{aligned} x_1 \quad + \quad x_3 &= 4 \\ 2x_1 + x_2 + 3x_3 &= 7 \\ -3x_1 - 3x_2 + (a^2 - 5a)x_3 &= a - 11 \end{aligned}$$

(a) 해를 갖지 않기 위한 a 의 조건

(b) 유일한 해를 갖기 위한 a 의 조건

(c) 무수히 많은 해를 갖기 위한 a 의 조건

1.16 다음과 같은 첨가행렬을 갖는 선형연립일차방정식의 해집합을 구하라.

$$\begin{bmatrix} 1 & 2 & -7 \\ -1 & -1 & 1 \\ 2 & 1 & 5 \end{bmatrix}$$

1.17 다음과 같은 첨가행렬을 갖는 동차연립일차방정식은 자명한 해만을 갖는다는 것을 설명하라.

$$\begin{bmatrix} 1 & a_{12} & a_{13} & \cdots & a_{1n} & 0 \\ 0 & 1 & a_{23} & \cdots & a_{2n} & 0 \\ \vdots & \vdots & \vdots & & \vdots & \vdots \\ 0 & 0 & 0 & \cdots & 1 & 0 \end{bmatrix}$$

Chapter

02

행렬

Matrices

학습목표

- 행렬의 정의와 행렬 연산의 성질을 이해할 수 있다.
- 정사각행렬의 역행렬을 이해하고, 역행렬을 구할 수 있다.
- 특별한 행렬을 알고, 그 성질을 이해할 수 있다.
- 행렬을 활용하여 다양한 문제를 해결할 수 있다.

이 장에서는 자연과학과 사회과학에서 나타나는 다양한 문제들을 해결하기 위한 수학적 모델링으로 행렬과 행렬 연산의 성질을 다룬다. 행렬의 개념은 수학, 과학, 공학뿐만 아니라 사회과학과 인문과학 등 모든 분야에 중요한 도구로 사용되고 있다. 특히 동양의 고전 수학책인 『구장산술』에는 여러 연립방정식 문제가 있는데, 이는 대부분 오늘날 행렬이라고 부르는 수학적 도구를 활용하여 해를 구하고 있다. 이미 1장에서 학습한 연립방정식의 첨가행렬과 더불어 행렬에 대한 기본적인 연산을 바탕으로 행렬 연산의 성질과 역행렬 그리고 특별한 행렬을 소개한다.

2.1 행렬과 행렬 연산

이 절에서는 행렬을 정의하고 행렬의 기본적인 연산인 행렬의 상등, 덧셈, 스칼라 배, 대각합, 그리고 전치에 대하여 알아본다.

2.1.1 행렬의 정의

양의 정수 m, n에 대하여 $m \times n$개의 실수 a_{11}, a_{12}, a_{13}, $\cdots$, $a_{m(n-1)}$, a_{mn}을 다음과 같이 직사각형 모양으로 배열한 것을 **행렬**matrix이라고 한다.[1]

$$A = \begin{bmatrix} a_{11} & a_{12} & \cdots & a_{1n} \\ a_{21} & a_{22} & \cdots & a_{2n} \\ \vdots & \vdots & \ddots & \vdots \\ a_{m1} & a_{m2} & \cdots & a_{mn} \end{bmatrix} \tag{2.1}$$

행렬 A의 i번째 가로줄

$$\begin{bmatrix} a_{i1} & a_{i2} & \cdots & a_{in} \end{bmatrix} \quad (\text{단, } 1 \le i \le m) \tag{2.2}$$

을 A의 i**행**row 또는 i번째 **행벡터**row vector라고 한다. 또 j번째 세로줄

$$\begin{bmatrix} a_{1j} \\ a_{2j} \\ \vdots \\ a_{mj} \end{bmatrix} \quad (\text{단, } 1 \le j \le n) \tag{2.3}$$

를 A의 j**열**column 또는 j번째 **열벡터**column vector라고 한다. 또 m개의 행과 n개의 열을 갖는 행렬 A를 **크기**size가 $m \times n$인 행렬이라고 하고, 'm by n 행렬' 또는 'm by n matrix'라고 읽는다. 특히 행렬 A의 행의 개수와 열의 개수가 같을 때, 즉 $m = n$일 때 행렬 A를 n차 **정사각행렬**square matrix이라고 한다. 행렬 A의 i행과 j열이 겹쳐지는 부분에 있는 a_{ij}를 행렬 A의 (i, j) **성분**entry이라고 한다.[2]

n차 정사각행렬 A의 성분 중에서 행과 열의 번호가 같은 성분 a_{11}, a_{22}, $\cdots$, a_{nn}을 **주대각선 성분**main diagonal entry이라고 한다. 행렬 (2.1)은 (i, j) 성분으로 다음과 같이 간단히 나타낼 수 있다.

1 1장에서 다룬 연립방정식의 첨가행렬도 행렬이다.

2 행렬 A의 (i, j) 성분

a_{ij}

행 번호 ← → 열 번호

3 일반적으로 주대각선 성분을 a_{ii}로 나타내고, 행렬을 나타내는 괄호는 대괄호 [ ]뿐만 아니라 소괄호 ( )를 사용하기도 한다. 그러나 중괄호 { }를 사용하지는 않는다.

$$A=[a_{ij}]_{m\times n} \quad \text{또는} \quad A=[a_{ij}]$$ [3]

여러 가지 행렬 중에서 **영행렬**zero matrix은 모든 성분이 영인 행렬로 O 또는 0으로 나타내고, $n\times n$ **단위행렬**identity matrix I_n은 주대각선 성분이 모두 1이고 나머지 다른 성분은 모두 0인 행렬이다. 다음 행렬들을 살펴보자.

$$A=\begin{bmatrix} -3 & 2 & -1 \\ 1 & 3 & 0 \end{bmatrix}, \quad B=\begin{bmatrix} 1 & 0 \\ -3 & -3 \end{bmatrix}, \quad C=\begin{bmatrix} 3 \\ 1 \\ -3 \end{bmatrix},$$

$$D=\begin{bmatrix} 1 & 1 & -2 \\ 2 & 1 & 1 \\ 5 & -4 & 3 \end{bmatrix}, \quad E=[3], \quad F=[1 \ \ -3 \ \ 2],$$

$$O=\begin{bmatrix} 0 & 0 & 0 \\ 0 & 0 & 0 \end{bmatrix}, \quad I_3=\begin{bmatrix} 1 & 0 & 0 \\ 0 & 1 & 0 \\ 0 & 0 & 1 \end{bmatrix}$$

A는 2×3 행렬이고, $a_{13}=-1$, $a_{22}=3$이다. 또한 B는 2×2 행렬이고, $b_{11}=1$, $b_{22}=-3$이다. C, D, E, F는 각각 3×1, 3×3, 1×1, 1×3 행렬이다. D의 주대각선 성분은 각각 1, 1, 3이다. 특히 B와 D는 행의 개수와 열의 개수가 같으므로 정사각행렬이고, E와 같은 1×1 행렬은 흔히 $E=[3]=3$으로 쓴다. 또 O는 2×3 영행렬이고, I_3는 3×3 단위행렬이다.

예제 2-1

행렬 A에 대하여 다음 물음에 답하라.

$$A=\begin{bmatrix} 11 & -3 & 5 \\ -2 & 11 & -3 \\ 31 & -3 & 11 \end{bmatrix}$$

(a) 행렬 A의 크기를 구하라.
(b) 행렬 A의 (2, 3) 성분을 구하라.
(c) 행렬 A의 주대각선 성분을 모두 구하라.
(d) 행렬 A의 3번째 행벡터를 구하라.
(e) 행렬 A의 1번째 열벡터를 구하라.

풀이

(a) 행렬 A의 행의 수 3, 열의 수 3이므로 크기는 3×3이다.
(b) 행렬 A의 (2, 3) 성분은 2행 3열의 성분이므로 -3이다.
(c) 행렬 A의 주대각선 성분은 11, 11, 11이다.
(d) 행렬 A의 3번째 행벡터는 $[31 \ \ -3 \ \ 11]$이다.

(e) 행렬 A의 1번째 열벡터는 $\begin{bmatrix} 11 \\ -2 \\ 31 \end{bmatrix}$ 이다.

Command Window

: 코딩

```
>> A=[11 -3 5;-2 11 -3;31 -3 11];     % 행렬 A 입력
>> size(A) 1                          % 행렬 A의 크기 계산
>> A(2,3) 2                           % 행렬 A의 2행 3열 성분 계산
>> diag(A) 3                          % 행렬 A의 주대각선 성분 계산
>> A(3,:) 4                           % 행렬 A의 3번째 행벡터 계산
>> A(:,1) 5                           % 행렬 A의 1번째 열벡터 계산
```

: 결과

```
ans =                                 % [예제 2-1(a)]의 결과와 동일
     3    3
ans =                                 % [예제 2-1(b)]의 결과와 동일
     -3
ans =                                 % [예제 2-1(c)]의 결과와 동일
     11
     11
     11
ans =                                 % [예제 2-1(d)]의 결과와 동일
     31   -3   11
ans =                                 % [예제 2-1(e)]의 결과와 동일
     11
     -2
     31
```

MATLAB TIP!

1 size(A) : 행렬의 크기를 구한다.

2 A(m,n) : 행렬 A의 m행 n열 원소를 구한다.

3 diag(A) : 주대각선 성분을 구한다.

4 A(m,:) : m번째 행벡터를 구한다.

5 A(:,n) : n번째 열벡터를 구한다.

MATLAB 유제

행렬 A에 대하여 다음 물음에 답하라.

$$A = \begin{bmatrix} 15 & -3 & 15 \\ -20 & 3 & -23 \\ -12 & -3 & -8 \end{bmatrix}$$

(a) 행렬 A의 크기를 구하라.

(b) 행렬 A의 (3, 1) 성분을 구하라.

(c) 행렬 A의 주대각선 성분을 모두 구하라.

(d) 행렬 A의 2번째 행벡터를 구하라.

(e) 행렬 A의 3번째 열벡터를 구하라.

2.1.2 행렬 연산

두 다항식 $3a-5b$와 $-a-3b$를 더하거나 뺄 때, 다음과 같이 동류항끼리 계산한다.

$$(3a-5b)+(-a-3b)=(3-1)a+(-5-3)b=2a-8b$$
$$(3a-5b)-(-a-3b)=(3+1)a+(-5+3)b=4a-2b$$

행렬도 다항식과 마찬가지로 크기가 같은 행렬끼리 더하거나 뺄 수 있다.

먼저 행렬 연산 중 행렬이 서로 같다는 의미인 **상등**equality에 대하여 알아보자. 크기가 같은 두 행렬 $A=[a_{ij}]_{m\times n}$, $B=[b_{ij}]_{m\times n}$가 모든 i, j에 대하여 $a_{ij}=b_{ij}$를 만족할 때 두 행렬은 서로 '**같다**equal'고 하고, $A=B$로 나타낸다.[4]

4 두 행렬의 크기가 같을 때에만 행렬의 상등을 논할 수 있다.

예를 들어 다음과 같은 행렬 A, B, C가 있다고 하자.

$$A=\begin{bmatrix}1&2&1\\2&3&4\\0&4&5\end{bmatrix},\quad B=\begin{bmatrix}1&2&w\\2&x&4\\y&4&z\end{bmatrix},\quad C=\begin{bmatrix}3&2\\2&-1\\1&2\end{bmatrix}$$

이때 $A=B$라면 다음이 성립한다.

$$w=1,\quad x=3,\quad y=0,\quad z=5$$

한편 A와 C, B와 C는 크기가 서로 다르므로 상등을 논할 수 없다.

예제 2-2

다음 두 행렬 A, B가 $A=B$이기 위한 a, b, c, d 값을 구하라.

$$A=\begin{bmatrix}a-b&b+c\\c+3d&2a-4d\end{bmatrix},\quad B=\begin{bmatrix}8&1\\7&6\end{bmatrix}$$

풀이

두 행렬이 $A=B$이면 대응되는 모든 성분이 같아야 하므로 다음과 같은 연립방정식을 얻을 수 있다.

$$\begin{aligned}a-\ \ b&=8\\b+\ \ c&=1\\c+3d&=7\\2a-4d&=6\end{aligned}$$

이 연립방정식의 첨가행렬은 다음과 같다.

$$\begin{bmatrix} 1 & -1 & 0 & 0 & 8 \\ 0 & 1 & 1 & 0 & 1 \\ 0 & 0 & 1 & 3 & 7 \\ 2 & 0 & 0 & -4 & 6 \end{bmatrix}$$

주어진 첨가행렬의 RREF를 구하면 다음과 같다.

$$\text{RREF}\begin{bmatrix} 1 & -1 & 0 & 0 & 8 \\ 0 & 1 & 1 & 0 & 1 \\ 0 & 0 & 1 & 3 & 7 \\ 2 & 0 & 0 & -4 & 6 \end{bmatrix} = \begin{bmatrix} 1 & 0 & 0 & 0 & 5 \\ 0 & 1 & 0 & 0 & -3 \\ 0 & 0 & 1 & 0 & 4 \\ 0 & 0 & 0 & 1 & 1 \end{bmatrix}$$

따라서 $a=5$, $b=-3$, $c=4$, $d=1$이다.

두 행렬 $A=[a_{ij}]_{m\times n}$, $B=[b_{ij}]_{m\times n}$에 대하여 행렬 A와 행렬 B의 **합**sum $A+B$를 다음과 같이 정의한다.

$$A+B=[a_{ij}+b_{ij}]_{m\times n} \tag{2.4}$$

두 행렬의 합은 대응되는 성분끼리의 합이다. 따라서 두 행렬의 크기가 서로 다르면 두 행렬을 합할 수 없다.[5] 예를 들어 행렬

5 두 행렬의 합은 상등과 마찬가지로 두 행렬의 크기가 같을 때만 연산할 수 있다.

$$A=\begin{bmatrix} 3 & 2 & 4 \\ -2 & -1 & 1 \end{bmatrix}, \quad B=\begin{bmatrix} 3 & 1 & 4 \\ -1 & 1 & 0 \end{bmatrix}, \quad C=\begin{bmatrix} 1 & 1 \\ 2 & 2 \end{bmatrix}$$

에 대하여 두 행렬 A와 B의 합은 다음과 같다.

$$A+B=\begin{bmatrix} 3+3 & 2+1 & 4+4 \\ -2-1 & -1+1 & 1+0 \end{bmatrix}=\begin{bmatrix} 6 & 3 & 8 \\ -3 & 0 & 1 \end{bmatrix}$$

그러나 행렬 A와 C, B와 C는 크기가 다르므로 더할 수 없다.

또한 실수 k에 대하여 행렬 A의 모든 성분에 k배하는 행렬 A의 **스칼라 배**scalar multiple kA는 다음과 같이 정의한다.

$$kA=[ka_{ij}]_{m\times n} \tag{2.5}$$

한편 두 실수 k, l에 대하여 $(k+l)A=kA+lA$임을 쉽게 알 수 있다. 이때 행렬 A와 B의 스칼라 배 $2A$와 $(-1)B$[6]는 다음과 같다.

6 일반적으로 $(-1)B$는 간단히 $-B$로 쓴다.

$$2A=\begin{bmatrix} 6 & 4 & 8 \\ -4 & -2 & 2 \end{bmatrix}, \quad (-1)B=\begin{bmatrix} -3 & -1 & -4 \\ 1 & -1 & 0 \end{bmatrix}$$

예제 2-3

다음 두 행렬 A, B에 대하여 $A-2B$를 구하라.

$$A=\begin{bmatrix}2 & 3 & 4\\ 1 & 2 & 1\end{bmatrix},\quad B=\begin{bmatrix}0 & 2 & 7\\ 1 & -3 & 5\end{bmatrix}$$

풀이

먼저 $A-2B$를 계산하면 다음과 같다.

$$A-2B=A+(-2)B,\quad (-2)B=\begin{bmatrix}0 & -4 & -14\\ -2 & 6 & -10\end{bmatrix}$$

이를 이용하여 다음과 같이 계산한다.

$$\begin{aligned}A-2B&=A+(-2)B\\&=\begin{bmatrix}2 & 3 & 4\\ 1 & 2 & 1\end{bmatrix}+(-2)\begin{bmatrix}0 & 2 & 7\\ 1 & -3 & 5\end{bmatrix}\\&=\begin{bmatrix}2 & 3 & 4\\ 1 & 2 & 1\end{bmatrix}+\begin{bmatrix}0 & -4 & -14\\ -2 & 6 & -10\end{bmatrix}\\&=\begin{bmatrix}2+0 & 3-4 & 4-14\\ 1-2 & 2+6 & 1-10\end{bmatrix}\\&=\begin{bmatrix}2 & -1 & -10\\ -1 & 8 & -9\end{bmatrix}\end{aligned}$$

Command Window

```
: 코딩
>> A=[2 3 4;1 2 1];B=[0 2 7;1 -3 5];        % 행렬 A, B 입력
>> A-2*B                                    % A-2B 계산

: 결과
ans =                                       % [예제 2-3]의 결과와 동일

     2   -1   -10
    -1    8    -9
```

MATLAB TIP!

- 행렬의 사칙연산 : +, −, *, /, \
- 행렬의 스칼라 곱 : *
- 행렬의 성분별 곱셈 : .*
- 행렬의 성분별 나눗셈 : ./, .\
- 전치행렬 : A'

MATLAB 유제

다음 두 행렬 A, B에 대하여 $2848A-4972B$를 구하라.

$$A=\begin{bmatrix}55 & -33 & 4444 & -999 & 990\\ 0 & -34567 & 111 & 9292 & -8949\\ -2424 & 2580 & 2580 & 1577 & 1577\end{bmatrix},\quad B=\begin{bmatrix}0 & 2342 & -7777 & 1111 & -4567\\ 2345 & -3456 & 5555 & 9999 & -3333\\ 0 & 1 & 2 & 3 & 4\end{bmatrix}$$

일반적으로 모든 $m\times n$ 행렬을 모아놓은 집합을 M_{mn}으로 나타낸다. 이때 집합 M_{mn}은 행렬의 합과 스칼라 배에 대하여 실수체계에서 성립하는 것과 유사한 대수적 성질을 만족한다. 다음 정리는 행렬의 합과 스칼라 배에서도 성립하는 대수적 성질에 대한 것이다.

정리 2-1 행렬의 합과 스칼라 배

A, B, C는 크기가 같은 행렬이고, a, b는 실수일 때, 다음이 성립한다.

(1) $A+B=B+A$ (덧셈의 교환법칙)

(2) $A+(B+C)=(A+B)+C$ (덧셈의 결합법칙)

(3) $A+O=O+A=A$

(4) $A+(-A)=O$

(5) $a(B+C)=aB+aC$

(6) $(a+b)C=aC+bC$

(7) $(ab)C=a(bC)$

증명 각 성질은 양변의 행렬이 서로 같음을 보이는 것으로 증명할 수 있다. 증명이 어렵지 않으므로 여기서는 등식 (1), (3), (5)만 증명한다.

(1) $A=[a_{ij}]_{m\times n}$, $B=[b_{ij}]_{m\times n}$이라고 하면

$$\begin{aligned} A+B &= [a_{ij}]+[b_{ij}] \\ &= [a_{ij}+b_{ij}]=[b_{ij}+a_{ij}] \\ &= [b_{ij}]+[a_{ij}] \\ &= B+A \end{aligned}$$

(3) $A+O=[a_{ij}]+[0]=[a_{ij}+0]=[0+a_{ij}]=[0]+[a_{ij}]=O+A=A$

(5) $B=[b_{ij}]_{m\times n}$, $C=[c_{ij}]_{m\times n}$이라고 하면 (1)에 의하여 $B+C=[b_{ij}+c_{ij}]$이므로 $a(B+C)$는 행렬 $B+C$의 스칼라 배이다. 따라서 다음이 성립한다.

$$\begin{aligned} a(B+C) &= a[(b_{ij}+c_{ij})] \\ &= [a(b_{ij}+c_{ij})] \\ &= [ab_{ij}+ac_{ij}] \\ &= [ab_{ij}]+[ac_{ij}] \\ &= a[b_{ij}]+a[c_{ij}] \\ &= aB+aC \end{aligned}$$ ■

예제 2-4

두 행렬 A, B에 대하여 다음이 성립함을 확인하라.

$$A=\begin{bmatrix} 3 & 2 \\ -1 & 1 \end{bmatrix},\quad B=\begin{bmatrix} 1 & 0 \\ -1 & 2 \end{bmatrix}$$

(a) $3(A+B)=3A+3B$

(b) $(3\cdot 2)A=3(2A)$

풀이

(a) $A+B=\begin{bmatrix} 4 & 2 \\ -2 & 3 \end{bmatrix}$ 이므로 주어진 식의 좌변을 계산하면 다음과 같다.

$$3(A+B)=\begin{bmatrix} 12 & 6 \\ -6 & 9 \end{bmatrix}$$

한편, 주어진 식의 우변을 계산하면

$$3A=\begin{bmatrix} 9 & 6 \\ -3 & 3 \end{bmatrix},\quad 3B=\begin{bmatrix} 3 & 0 \\ -3 & 6 \end{bmatrix},\quad 3A+3B=\begin{bmatrix} 12 & 6 \\ -6 & 9 \end{bmatrix}$$

이므로 $3(A+B)=3A+3B$가 성립한다.

(b) $3\cdot 2=6$ 이므로 주어진 식의 좌변을 계산하면 다음과 같다.

$$(3\cdot 2)A=6A=\begin{bmatrix} 18 & 12 \\ -6 & 6 \end{bmatrix}$$

한편, 주어진 식의 우변을 계산하면

$$2A=\begin{bmatrix} 6 & 4 \\ -2 & 2 \end{bmatrix},\quad 3(2A)=\begin{bmatrix} 18 & 12 \\ -6 & 6 \end{bmatrix}$$

이므로 $(3\cdot 2)A=3(2A)$가 성립한다.

Command Window

: 코딩

```
>> A=[3 2;-1 1];B=[1 0;-1 2];        % 행렬 A, B 입력
>> L_A=3*(A+B)                       % [예제 2-4(a)]의 좌변 계산
>> R_A=3*A+3*B                       % [예제 2-4(a)]의 우변 계산
>> L_B=(3*2)*A                       % [예제 2-4(b)]의 좌변 계산
>> R_B=3*(2*A)                       % [예제 2-4(b)]의 우변 계산
```

: 결과

```
L_A = 1                              % [예제 2-4(a)]의 결과와 동일
    12   6
    -6   9
R_A =
    12   6
    -6   9
L_B =                                % [예제 2-4(b)]의 결과와 동일
    18  12
    -6   6
R_B =
    18  12
    -6   6
```

MATLAB TIP!

1 좌변과 우변의 계산 결과가 같으므로 등식이 성립함을 보일 수 있다.

MATLAB 유제

두 행렬 A, B에 대하여 다음이 성립함을 확인하라.

$$A=\begin{bmatrix}3 & -2 & 2\\ 3 & -1 & 1\\ 5 & 0 & -3\\ 7 & 7 & 7\\ 0 & 1 & 2\end{bmatrix},\quad B=\begin{bmatrix}0 & 1 & 0\\ 3 & -1 & 2\\ 10 & -4 & 9\\ 0 & 0 & 10\\ 9 & -8 & 7\end{bmatrix}$$

(a) $-2(A+B)=-2A-2B$ **(b)** $(3\cdot 5)A=3(5A)$

2.1.3 행렬의 대각합과 전치행렬

행렬이 가지고 있는 특별한 성질을 알 수 있는 대각합과 전치에 대하여 알아보자. 행렬의 특징을 나타내는 방법 중 하나는 행렬의 주대각선 성분의 합을 이용하는 것이다. n차 정사각행렬

$$A=\begin{bmatrix}a_{11} & a_{12} & \cdots\cdots & a_{1n}\\ a_{21} & a_{22} & \cdots\cdots & a_{2n}\\ \vdots & \vdots & & \vdots\\ a_{n1} & a_{n2} & \cdots\cdots & a_{nn}\end{bmatrix}$$

에 대하여 주대각선 성분의 합을 **대각합**trace이라고 하며, 기호로 다음과 같이 나타낸다.

$$\mathrm{tr}(A)=a_{11}+a_{22}+\cdots+a_{nn}=\sum_{k=1}^{n}a_{kk} \tag{2.6}$$

예를 들어 다음 행렬 A의 주대각선 성분은 1, 2, 3이므로 이들의 합은 $\mathrm{tr}(A)=1+2+3=6$이다.

$$A=\begin{bmatrix}① & -2 & 5\\ 3 & ② & -1\\ 2 & 0 & ③\end{bmatrix}$$

다음은 대각합의 성질을 정리한 것이다.

정리 2-2 대각합의 성질

n차 정사각행렬 A, B와 실수 k에 대하여 다음이 성립한다.

(1) $\mathrm{tr}(A+B)=\mathrm{tr}(A)+\mathrm{tr}(B)$ **(2)** $\mathrm{tr}(kA)=k\cdot\mathrm{tr}(A)$

증명

(1) $A=[a_{ij}]$, $B=[b_{ij}]$라고 하면 $A+B=[a_{ij}+b_{ij}]$이므로 $A+B$의 대각합은 다음과 같다.

$$\mathrm{tr}(A+B)=\sum_{k=1}^{n}(a_{kk}+b_{kk})=\sum_{k=1}^{n}a_{kk}+\sum_{k=1}^{n}b_{kk}=\mathrm{tr}(A)+\mathrm{tr}(B)$$

(2) $\mathrm{tr}(kA)=\sum_{i=1}^{n}ka_{ii}=k\sum_{i=1}^{n}a_{ii}=k\cdot\mathrm{tr}(A)$ ■

예제 2-5

다음 행렬 A, B에 대하여 [정리 2-2]의 (1), (2)를 확인하라.

$$A=\begin{bmatrix}-1&0&3\\2&3&-7\\0&3&0\end{bmatrix},\quad B=\begin{bmatrix}1&2&-2\\-3&0&9\\3&0&-6\end{bmatrix}$$

풀이

$$A+B=\begin{bmatrix}-1&0&3\\2&3&-7\\0&3&0\end{bmatrix}+\begin{bmatrix}1&2&-2\\-3&0&9\\3&0&-6\end{bmatrix}=\begin{bmatrix}0&2&1\\-1&3&2\\3&3&-6\end{bmatrix},\quad 3A=\begin{bmatrix}-3&0&9\\6&9&-21\\0&9&0\end{bmatrix}$$

이므로 위의 결과에 따라 다음이 성립한다.

(1) $\mathrm{tr}(A+B)=0+3-6=-3=(-1+3+0)+(1+0-6)=\mathrm{tr}(A)+\mathrm{tr}(B)$

(2) $\mathrm{tr}(3A)=-3+9+0=6=3(-1+3+0)=3\mathrm{tr}(A)$

Command Window

: 코딩

```
>> A=[-1 0 3;2 3 -7;0 3 0];B=[1 2 -2;-3 0 9;3 0 -6];  % 행렬 A, B 입력
>> a=trace(A+B) [1]                                   % tr(A+B) 계산
>> b=trace(3*A)                                       % tr(3A) 계산
```

: 결과

```
a =                                                   % [예제 2-5]의 결과와 동일
    -3
b =
    6
```

MATLAB TIP!

[1] trace(A) : 행렬 A의 대각합을 구한다.

MATLAB 유제

다음 행렬의 대각합 $\mathrm{tr}(A)$를 구하라.

$$A=\begin{bmatrix}-\frac{2}{3}&2&-4\\2&-1.3&1\\0&5&0.8\end{bmatrix}$$

이제 행렬 A의 행과 열을 바꾸어 만든 새로운 행렬에 대하여 알아보자. 행렬 $A=[a_{ij}]_{m\times n}$에 대하여 A의 행을 열로 갖는 행렬을 A의 **전치행렬**transpose이라고 하고 A^T로 나타낸다. 따라서 A의 전치행렬 A^T는 다음과 같이 나타낼 수 있다.

$$A^T=[a_{ij}']_{n\times m},\ a_{ij}'=a_{ji}\ (\text{단},\ 1\le i\le m,\ 1\le j\le n)$$ [7]

7 행렬 A의 전치행렬 A^T는 A의 행과 열을 바꾸어 얻은 행렬이므로 a_{ij}는 첨자 ij가 ji로 바뀌어 a_{ji}가 된다.

예제 2-6

다음 행렬의 전치행렬을 각각 구하라.

$$A=\begin{bmatrix}10 & -12 & 11\\ 24 & -25 & 0\end{bmatrix},\quad B=\begin{bmatrix}-1 & 2 & -4\\ 2 & -1 & 1\\ 0 & 5 & 8\end{bmatrix},\quad C=\begin{bmatrix}0 & 8\\ -33 & 21\\ 25 & -10\end{bmatrix},$$

$$D=[30\quad -10\quad 20],\quad E=\begin{bmatrix}-25\\ 0\\ 37\end{bmatrix}$$

풀이

전치행렬은 행렬의 행과 열을 바꾼 것이다.

$$A^T=\begin{bmatrix}10 & 24\\ -12 & -25\\ 11 & 0\end{bmatrix},\quad B^T=\begin{bmatrix}-1 & 2 & 0\\ 2 & -1 & 5\\ -4 & 1 & 8\end{bmatrix},\quad C^T=\begin{bmatrix}0 & -33 & 25\\ 8 & 21 & -10\end{bmatrix},$$

$$D^T=\begin{bmatrix}30\\ -10\\ 20\end{bmatrix},\qquad E^T=[-25\quad 0\quad 37]$$

Command Window

```
: 코딩
>> A=[10 -12 11;24 -25 0];B=[-1 2 -4;2 -1 1;0 5 8]; % 행렬 A, B, C, D, E 입력
>> C=[0 8;-33 21;25 -10];D=[30 -10 20];E=[-25;0;37];
>> A',B',C',D',E' [1]                              % 전치행렬 계산

: 결과
ans =                                              % [예제 2-6]의 결과와 동일
     10  24
    -12 -25
     11   0
ans =
    -1   2  0
     2  -1  5
    -4   1  8
ans =
    0  -33   25
    8   21  -10
```

MATLAB TIP!

[1] A'(아포스트로피) : 행렬 A의 행과 열을 바꾸어 전치행렬을 구한다.

```
ans =
     30
    -10
     20
ans =
     -25 0 37
```

MATLAB 유제

다음 행렬의 전치행렬을 구하라.

$$A=\begin{bmatrix} 1 & 2 & 3 & 4 & 5 & 6 & 7 \\ -4 & 4 & -4 & 4 & -4 & 4 & -4 \\ 1 & 2 & 3 & 5 & 8 & 13 & 21 \end{bmatrix}$$

전치행렬에 대하여 다음과 같은 성질이 성립한다.

정리 2-3 전치행렬의 성질

두 행렬 A, B와 임의의 실수 k에 대하여 다음이 성립한다.

(1) $(A^T)^T = A$ (2) $(A+B)^T = A^T + B^T$

(3) $(kA)^T = kA^T$ (4) $\mathrm{tr}(A^T) = \mathrm{tr}(A)$

증명

(1) $(A^T)^T = [a_{ji}]^T = [a_{ij}] = A$

(2) $(A+B)^T = [a_{ij}+b_{ij}]^T = [a_{ji}+b_{ji}] = [a_{ji}] + [b_{ji}] = A^T + B^T$

(3) $(kA)^T = [ka_{ij}]^T = [ka_{ji}] = k[a_{ji}] = kA^T$

(4) $\mathrm{tr}(A^T) = \sum_{i=1}^{n} a_{ii} = \mathrm{tr}(A)$[8] ■

8 정사각행렬 A를 전치시켜도 주대각선 성분은 변하지 않는다. 즉, A와 전치행렬 A^T의 주대각선 성분은 같다.

예제 2-7

다음 행렬 A에 대하여 [정리 2-3]의 (3)과 (4)가 성립함을 보여라.

$$A=\begin{bmatrix} 1 & 3 \\ 2 & -1 \end{bmatrix}$$

풀이

(3) 실수 k에 대하여 주어진 식의 좌변을 풀면 다음과 같다.

$$kA=\begin{bmatrix} k & 3k \\ 2k & -k \end{bmatrix}, \quad (kA)^T=\begin{bmatrix} k & 2k \\ 3k & -k \end{bmatrix}$$

또 주어진 식의 우변을 풀면 다음과 같다.

$$A^T=\begin{bmatrix}1 & 2\\3 & -1\end{bmatrix},\quad kA^T=k\begin{bmatrix}1 & 2\\3 & -1\end{bmatrix}=\begin{bmatrix}k & 2k\\3k & -k\end{bmatrix}$$

따라서 다음이 성립한다.

$$(kA)^T=\begin{bmatrix}k & 2k\\3k & -k\end{bmatrix}=kA^T$$

(4) $A=\begin{bmatrix}1 & 3\\2 & -1\end{bmatrix}$이고 $A^T=\begin{bmatrix}1 & 2\\3 & -1\end{bmatrix}$이므로 $\mathrm{tr}(A)=1+(-1)=\mathrm{tr}(A^T)=0$이다.

Command Window

: 코딩

```
>> A=[1 3;2 -1];                    % 행렬 A 입력
>> k=sym('k', 'real'); 1            % 심볼릭 변수 k 지정
>> a=(k*A)'                         % a=(kA)^T 계산
>> b=k*A'                           % b=kA^T 계산
```

: 결과

```
a =                                 % [예제 2-7(a)]의 결과와 동일
    [  k, 2*k]
    [3*k,  -k]
b =                                 % [예제 2-7(b)]의 결과와 동일
    [  k, 2*k]
    [3*k,  -k]
```

MATLAB TIP!

1 k=sym('k', 'real') : k를 실수 심볼릭 변수로 지정한다.

- 'real' 옵션을 추가하면 실수 변수로 지정하며, 생략하면 유리수로 지정한다.
- 지정된 옵션을 취소하려면 sym('k', 'clear')를 사용한다.

MATLAB 유제

두 행렬 A, B에 대하여 다음을 구하라.

$$A=\begin{bmatrix}1 & 5 & 2\\-1 & 1 & 0\\-4 & 1 & 3\end{bmatrix},\quad B=\begin{bmatrix}3 & 3 & 3\\2 & -2 & 2\\0 & 2 & 3\end{bmatrix}$$

(a) $\mathrm{tr}(A^T)$

(b) $(A+B)^T$

2.2 행렬의 곱

앞 절에서 우리는 행렬의 합과 스칼라 배라는 행렬의 기본 연산에 대하여 알아보았다. 이 절에서는 또 다른 중요한 연산인 행렬의 곱에 대하여 알아보자. 특히 연립방정식은 행렬의 곱을 이용하여 표현할 수 있기 때문에 행렬의 곱은 가우스 소거법 이외에 연립방정식의 해를 구하는 새로운 방법을 제공한다.

2.2.1 행렬의 곱의 정의

행렬 연산은 실수의 연산과 비슷한 점도 있고 다른 점도 있다. 이를테면 행렬의 합은 실수의 덧셈과 비슷하게 정의할 수 있고, 실수와 마찬가지로 교환법칙이 성립한다. 그렇다면 실수의 곱셈과 같이 실수가 직사각형 모양으로 배열된 행렬에 대하여 곱셈도 정의할 수 있을까?

두 행렬 $A=[a_{ij}]_{m\times p}$, $B=[b_{ij}]_{p\times n}$에 대하여 A와 B의 **곱**product AB가 다음과 같을 때,

$$AB=[c_{ij}]_{m\times n} \tag{2.7}$$

두 행렬을 곱한 행렬 AB의 $(i,\ j)$ 성분 c_{ij}는 다음과 같다.

$$c_{ij}=a_{i1}b_{1j}+a_{i2}b_{2j}+\cdots+a_{ip}b_{pj}=\sum_{k=1}^{p}a_{ik}b_{kj}\ (\text{단, } 1\le i\le m,\ 1\le j\le n)$$

위의 정의에서 AB의 $(i,\ j)$ 성분은 A의 i행에 있는 각 성분에 B의 j열에 있는 성분을 차례로 곱한 후 모두 더한 것을 의미한다. 따라서 A와 B의 곱은 A의 열의 개수와 B의 행의 개수가 같을 때에만 정의되며, 그 결과는 다음과 같다.

$$AB=\begin{bmatrix} a_{11} & a_{12} & \cdots & a_{1p} \\ \vdots & \vdots & \cdots & \vdots \\ a_{i1} & a_{i2} & \cdots & a_{ip} \\ \vdots & \vdots & \cdots & \vdots \\ a_{m1} & a_{m2} & \cdots & a_{mp} \end{bmatrix}\begin{bmatrix} b_{11} & \cdots & b_{1j} & \cdots & b_{1n} \\ b_{21} & \cdots & b_{2j} & \cdots & b_{2n} \\ \vdots & & \vdots & & \vdots \\ b_{p1} & \cdots & b_{pj} & \cdots & b_{pn} \end{bmatrix}$$

$$=\begin{bmatrix} c_{11} & c_{12} & \cdots & c_{1n} \\ \vdots & \vdots & c_{ij} & \vdots \\ c_{m1} & c_{m2} & \cdots & c_{mn} \end{bmatrix}$$

예제 2-8

다음 행렬 A, B에 대하여 AB와 BA를 각각 구하라.

$$A=\begin{bmatrix} 3 & 1 & -1 \\ 1 & -1 & 0 \end{bmatrix},\quad B=\begin{bmatrix} 2 & -1 \\ 0 & 3 \\ -2 & -1 \end{bmatrix}$$

풀이

먼저 AB를 구하면 다음과 같다.

$$AB=\begin{bmatrix} 3 & 1 & -1 \\ 1 & -1 & 0 \end{bmatrix}\begin{bmatrix} 2 & -1 \\ 0 & 3 \\ -2 & -1 \end{bmatrix}$$

$$= \begin{bmatrix} 3\cdot2+1\cdot0+(-1)\cdot(-2) & 3\cdot(-1)+1\cdot3+(-1)\cdot(-1) \\ 1\cdot2+(-1)\cdot0+0\cdot(-2) & 1\cdot(-1)+(-1)\cdot3+0\cdot(-1) \end{bmatrix}$$

$$= \begin{bmatrix} 8 & 1 \\ 2 & -4 \end{bmatrix}$$

이제 BA를 구하면 다음과 같다.

$$BA = \begin{bmatrix} 2 & -1 \\ 0 & 3 \\ -2 & -1 \end{bmatrix} \begin{bmatrix} 3 & 1 & -1 \\ 1 & -1 & 0 \end{bmatrix}$$

$$= \begin{bmatrix} 2\cdot3+(-1)\cdot1 & 2\cdot1+(-1)\cdot(-1) & 2\cdot(-1)+(-1)\cdot0 \\ 0\cdot3+3\cdot1 & 0\cdot1+3\cdot(-1) & 0\cdot(-1)+3\cdot0 \\ (-2)\cdot3+(-1)\cdot1 & (-2)\cdot1+(-1)\cdot(-1) & (-2)\cdot(-1)+(-1)\cdot0 \end{bmatrix}$$

$$= \begin{bmatrix} 5 & 3 & -2 \\ 3 & -3 & 0 \\ -7 & -1 & 2 \end{bmatrix}$$

Command Window

: 코딩

```
>> A=[3 1 -1;1 -1 0];B=[2 -1;0 3;-2 -1];     % 행렬 A, B 입력
>> AB=A*B 1                                  % AB 계산
>> BA=B*A                                    % BA 계산
```

: 결과

```
AB =                                         % [예제 2-8]의 결과와 동일
     8   1
     2  -4
BA =
      5   3  -2
      3  -3   0
     -7  -1   2
```

MATLAB TIP!

1 * : 행렬의 곱과 행렬의 스칼라 곱 모두 '*'기호를 사용한다.

MATLAB 유제

다음 행렬 A, B에 대하여 AB와 BA를 구하라.

$$A = \begin{bmatrix} 1 & 3 & -1 & 3 & 3 \\ 3 & 1 & 0 & -2 & -5 \\ 3 & 0 & -1 & 5 & 6 \end{bmatrix}, \quad B = \begin{bmatrix} 2 & 1 & 0 \\ 0 & -3 & -7 \\ 2 & 1 & -1 \\ 5 & 6 & -9 \\ 3 & 8 & 0 \end{bmatrix}$$

[예제 2-8]에서 알 수 있듯이, 행렬의 곱셈에 대한 교환법칙 $AB = BA$는 성립하지 않는다. 즉 일반적으로 $AB \neq BA$이고, 행렬의 곱은 다음과 같이 세 가지 경우로 나눌 수 있다.

❶ ***AB*와 *BA*의 크기가 다른 경우**

[예제 2-8]에서 확인한 것과 같이 A의 크기는 2×3이고 B의 크기는 3×2일 때, AB는 2×2이고 BA는 3×3이다. 즉 AB와 BA는 크기가 다른 행렬이므로 $AB\neq BA$이다.

❷ ***AB*와 *BA*의 크기는 같으나 상등이 아닌 경우**

$A=\begin{bmatrix}-2 & 1\\ 2 & -3\end{bmatrix}$, $B=\begin{bmatrix}1 & 2\\ 3 & 4\end{bmatrix}$일 때, $AB=\begin{bmatrix}1 & 0\\ -7 & -8\end{bmatrix}$, $BA=\begin{bmatrix}2 & -5\\ 2 & -9\end{bmatrix}$이다. 즉 AB와 BA는 크기는 2×2로 같지만 대응하는 성분이 같지 않으므로 $AB\neq BA$이다.

❸ ***AB*와 *BA* 중 하나만 정의되는 경우**

$A=\begin{bmatrix}1 & 2 & 3\\ -1 & -3 & 5\end{bmatrix}$, $B=\begin{bmatrix}1 & 2 & 1 & 1\\ 3 & 2 & 2 & 2\\ 3 & 4 & 1 & 3\end{bmatrix}$이면 AB는 정의되지만 BA는 정의되지 않는다. 따라서 $AB\neq BA$이다.

2.2.2 연립일차방정식의 행렬표현

행렬의 곱을 이용하면 연립방정식을 간단히 표현할 수 있다. n개의 미지수를 갖는 m개의 일차방정식으로 이루어진 다음과 같은 연립방정식이 있다고 하자.

$$\begin{aligned} a_{11}x_1 + a_{12}x_2 + \cdots + a_{1n}x_n &= b_1 \\ a_{21}x_1 + a_{22}x_2 + \cdots + a_{2n}x_n &= b_2 \\ \vdots \qquad \vdots \qquad\qquad \vdots \quad &\quad \vdots \\ a_{m1}x_1 + a_{m2}x_2 + \cdots + a_{mn}x_n &= b_m \end{aligned} \tag{2.8}$$

이때 연립방정식의 계수와 미지수, 우변의 상수를 각각 성분으로 갖는 다음과 같은 행렬이 있다면

$$A=\begin{bmatrix}a_{11} & a_{12} & \cdots & a_{1n}\\ a_{21} & a_{22} & \cdots & a_{2n}\\ \vdots & \vdots & & \vdots\\ a_{m1} & a_{m2} & \cdots & a_{mn}\end{bmatrix},\quad X=\begin{bmatrix}x_1\\ x_2\\ \vdots\\ x_n\end{bmatrix},\quad B=\begin{bmatrix}b_1\\ b_2\\ \vdots\\ b_m\end{bmatrix}$$

연립방정식 (2.8)은 행렬의 곱을 이용하여 다음과 같이 간단히 쓸 수 있다.

$$AX=B^{9}$$

9 X를 미지수행렬, B를 상수항행렬이라고도 부른다.

이때 행렬 A를 연립방정식 (2.8)의 **계수행렬** coefficient matrix이라고 하며, 계수행렬 A에 B를 덧붙여 만든 행렬은 연립방정식 (2.8)의 첨가행렬이라고 한다.[10]

$$[A \quad B] = \begin{bmatrix} a_{11} & a_{12} & \cdots & a_{1n} & b_1 \\ a_{21} & a_{22} & \cdots & a_{2n} & b_2 \\ \vdots & \vdots & & \vdots & \vdots \\ a_{m1} & a_{m2} & \cdots & a_{mn} & b_m \end{bmatrix}$$

10 첨가행렬은 이미 1.2절에서 살펴보았다. 첨가행렬은 행렬의 한 종류이다.

예제 2-9

다음 연립방정식을 행렬의 곱을 이용하여 나타내라. 또 연립방정식의 첨가행렬을 구하라.

$$\begin{aligned} x + 3y + 4z &= 5 \\ -2x \qquad\; - z &= 6 \\ 3x + 2y - z &= 3 \end{aligned}$$

풀이

세 행렬을 각각

$$A = \begin{bmatrix} 1 & 3 & 4 \\ -2 & 0 & -1 \\ 3 & 2 & -1 \end{bmatrix}, \quad X = \begin{bmatrix} x \\ y \\ z \end{bmatrix}, \quad B = \begin{bmatrix} 5 \\ 6 \\ 3 \end{bmatrix}$$

이라 할 때, 연립방정식의 좌변은

$$AX = \begin{bmatrix} 1 & 3 & 4 \\ -2 & 0 & -1 \\ 3 & 2 & -1 \end{bmatrix} \begin{bmatrix} x \\ y \\ z \end{bmatrix} = \begin{bmatrix} x + 3y + 4z \\ -2x \qquad - z \\ 3x + 2y - z \end{bmatrix}$$

로 나타낼 수 있으므로 연립방정식은 $AX = B$이다. 이를 첨가행렬로 나타내면 다음과 같다.

$$[A \quad B] = \begin{bmatrix} 1 & 3 & 4 & 5 \\ -2 & 0 & -1 & 6 \\ 3 & 2 & -1 & 3 \end{bmatrix}$$

Command Window

```
: 코딩
>> A=[1 3 4;-2 0 -1;3 2 -1];B=[5;6;3];         % 행렬 A, B 입력
>> C=[A B] 1                                    % 첨가행렬 만들기

: 결과
C =                                             % [예제 2-9]의 첨가행렬과 동일

     1  3   4  5
    -2  0  -1  6
     3  2  -1  3
```

MATLAB TIP!

1 [A B] : 행의 수가 같은 두 행렬을 연결한다.

MATLAB 유제

다음 연립방정식의 첨가행렬을 구하라.

$$\begin{aligned} u - 3v - 4x + 2y + 9z &= 55 \\ -4u + v - 2x \quad\quad - z &= -16 \\ 7v + 3x + 2y - z &= 13 \end{aligned}$$

2.2.3 행렬의 곱에 대한 성질

두 행렬의 곱에 대한 대각합의 성질을 정리하면 다음과 같다.

정리 2-4 행렬의 곱에 대한 대각합의 성질

임의의 $m \times n$ 행렬 A와 $n \times m$ 행렬 B에 대하여 다음이 성립한다.

$$\mathrm{tr}(AB) = \mathrm{tr}(BA)$$ [11]

11 두 행렬의 곱은 교환법칙이 성립하지 않지만 대각합은 같다.

증명 $A = [a_{ij}]_{m \times n}$, $B = [b_{ij}]_{n \times m}$ 라고 하면

$$\begin{aligned} \mathrm{tr}(AB) &= \sum_{i=1}^{m} (AB)_{ii} = \sum_{i=1}^{m}\sum_{k=1}^{n} a_{ik}b_{ki} \\ &= \sum_{k=1}^{n}\sum_{i=1}^{m} b_{ki}a_{ik} = \sum_{k=1}^{n} (BA)_{kk} = \mathrm{tr}(BA) \end{aligned}$$

따라서 두 행렬 A, B에 대하여 $\mathrm{tr}(AB) = \mathrm{tr}(BA)$가 성립한다. ■

예제 2-10

[예제 2-8]의 행렬 A, B에 대하여 $\mathrm{tr}(AB) = \mathrm{tr}(BA)$ 임을 확인하라.

$$A = \begin{bmatrix} 3 & 1 & -1 \\ 1 & -1 & 0 \end{bmatrix}, \quad B = \begin{bmatrix} 2 & -1 \\ 0 & 3 \\ -2 & -1 \end{bmatrix}$$

풀이

행렬의 곱을 먼저 구하면

$$AB = \begin{bmatrix} 8 & 1 \\ 2 & -4 \end{bmatrix}, \quad BA = \begin{bmatrix} 5 & 3 & -2 \\ 3 & -3 & 0 \\ -7 & -1 & 2 \end{bmatrix}$$

이므로 행렬의 곱의 대각합을 각각 구하면 다음과 같다.

$$\mathrm{tr}(AB) = 8 + (-4) = 4, \quad \mathrm{tr}(BA) = 5 + (-3) + 2 = 4$$

따라서 $\mathrm{tr}(AB) = \mathrm{tr}(BA)$ 이다.

```
Command Window
: 코딩
>> A=[3 1 -1;1 -1 0];B=[2 -1;0 3;-2 -1];        % 행렬 A, B 입력
>> AB=A*B;BA=B*A;                               % 행렬의 곱 계산
>> trace(AB),trace(BA)                          % 행렬의 곱의 대각합 계산

: 결과
ans =                                           % [예제 2-10]의 결과와 동일
      4
ans =
      4
```

MATLAB 유제

두 행렬 A, B에 대하여 $\mathrm{tr}(AB)=\mathrm{tr}(BA)$임을 확인하라.

$$A=\begin{bmatrix}3 & 2 & -1 & -3 & 5\\ 1 & 1 & 0 & 2 & -5\\ 2 & 0 & -1 & -4 & 6\end{bmatrix},\quad B=\begin{bmatrix}-2 & 1 & 0\\ 0 & -3 & 7\\ -2 & 1 & 1\\ 5 & 2 & 9\\ -4 & 8 & 1\end{bmatrix}$$

이제 두 행렬의 곱에 대한 전치행렬의 성질에 대하여 알아보자.

정리 2-5 행렬의 곱에 대한 전치행렬의 성질

두 행렬 A, B에 대하여 다음이 성립한다.

$$(AB)^T=B^TA^T$$ [12]

12 일반적으로 n개의 행렬의 곱에 대하여 다음이 성립한다.
$(A_1A_2\cdots A_{n-1}A_n)^T$
$=A_n^TA_{n-1}^T\cdots A_2^TA_1^T$

증명 $A=[a_{ij}]_{m\times p}$, $B=[b_{ij}]_{p\times n}$, $AB=[c_{ij}]_{m\times n}$, $A^T=[a_{ij}']_{p\times m}$, $B^T=[b_{ij}']_{n\times p}$, $(AB)^T$의 $(i,\ j)$ 성분을 c_{ij}'이라고 하면 다음과 같다.

$$\begin{aligned}c_{ij}'=c_{ji}&=a_{j1}b_{1i}+a_{j2}b_{2i}+\cdots+a_{jp}b_{pi}\\ &=a_{1j}'b_{i1}'+a_{2j}'b_{i2}'+\cdots+a_{pj}'b_{ip}'\\ &=b_{i1}'a_{1j}'+b_{i2}'a_{2j}'+\cdots+b_{ip}'a_{pj}'\end{aligned}$$

그런데 $b_{i1}'a_{1j}'+b_{i2}'a_{2j}'+\cdots+b_{ip}'a_{pj}'$은 B^TA^T의 $(i,\ j)$ 성분이므로 $(AB)^T=B^TA^T$이다. ■

예제 2-11

다음 행렬 A, B에 대하여 [정리 2-5]가 성립함을 확인하라.

$$A=\begin{bmatrix}1 & 3\\ 2 & -1\end{bmatrix},\quad B=\begin{bmatrix}1 & 1 & 3\\ 2 & 1 & 0\end{bmatrix}$$

풀이

먼저 행렬의 곱 AB를 구하면

$$\begin{aligned}AB&=\begin{bmatrix}1 & 3\\ 2 & -1\end{bmatrix}\begin{bmatrix}1 & 1 & 3\\ 2 & 1 & 0\end{bmatrix}\\ &=\begin{bmatrix}7 & 4 & 3\\ 0 & 1 & 6\end{bmatrix}\end{aligned}$$

이고, AB의 전치행렬을 구하면 다음과 같다.

$$(AB)^T=\begin{bmatrix}7 & 0\\ 4 & 1\\ 3 & 6\end{bmatrix}$$

또한 주어진 식의 우변인 B^TA^T를 구하면 다음과 같다.

$$\begin{aligned}B^TA^T&=\begin{bmatrix}1 & 2\\ 1 & 1\\ 3 & 0\end{bmatrix}\begin{bmatrix}1 & 2\\ 3 & -1\end{bmatrix}\\ &=\begin{bmatrix}7 & 0\\ 4 & 1\\ 3 & 6\end{bmatrix}\end{aligned}$$

따라서 $(AB)^T=B^TA^T$가 성립함을 알 수 있다.

Command Window

```
: 코딩
>> A=[1 3;2 -1];B=[1 1 3;2 1 0];        % 행렬 A, B 입력
>> L=(A*B)'                              % 주어진 식의 좌변 계산
>> R=B'*A'                               % 주어진 식의 우변 계산

: 결과
L =                                      % [예제 2-11]의 결과와 동일
    7  0
    4  1
    3  6
R =
    7  0
    4  1
    3  6
```

MATLAB 유제

다음 행렬의 곱을 계산하라.

$$A=\begin{bmatrix} 5 & 2 \\ -2 & -3 \end{bmatrix}, \quad B=\begin{bmatrix} -1 & 0 \\ 2 & 3 \end{bmatrix}$$

(a) AB **(b)** $(AB)^T$ **(c)** B^TA^T

지금까지 살펴본 행렬의 곱의 성질에 대하여 좀 더 자세히 알아보자. 행렬의 곱의 성질은 우리가 이미 알고 있는 실수의 곱셈 성질과 유사한 점도 있지만 다른 점도 있다. 이를테면 $1 \cdot a=a$인 것과 마찬가지로 단위행렬 I_n에 대하여 $I_nA=A$이다. 즉 1이 실수의 곱셈에 대한 항등원[13]이듯이 단위행렬 I_n은 행렬의 곱에 대한 항등원이다. 한편, 실수 a, b에 대하여 곱셈의 교환법칙 $ab=ba$는 항상 성립하지만, 행렬 A, B의 곱에 대한 교환법칙은 일반적으로 성립하지 않는다. 즉 행렬 A, B에 대하여 항상 $AB=BA$가 성립한다고 할 수 없다. 행렬의 곱의 기본적인 성질을 정리하면 다음과 같다.

13 모든 실수 a에 대하여 $a+0=0+a=a$ 이므로 0은 덧셈에 대한 항등원이라고 한다. 모든 실수 a에 대하여 $a \cdot 1=1 \cdot a=a$ 이므로 1은 곱셈에 대한 항등원이라고 한다.

정리 2-6 행렬의 곱의 성질

A, B, C는 연산을 수행할 수 있는 크기의 행렬이고, a, b는 실수일 때, 다음이 성립한다.

(1) $A(BC)=(AB)C$ (곱셈의 결합법칙)

(2) $A(B+C)=AB+AC$ (분배법칙)

(3) $(B+C)A=BA+CA$ (분배법칙)

(4) $a(BC)=(aB)C=B(aC)$

증명 각각의 성질은 양변의 행렬이 서로 같다는 것을 보여서 증명한다. 증명이 어렵지 않으므로 여기서는 등식 (1)과 (2)만 증명한다.

(1) $A=[a_{ij}]$, $B=[b_{jk}]$, $C=[c_{kl}]$이라 하고 $((AB)C)_{il}$을 $(AB)C$의 (i, l) 성분, $(AB)_{ik}$를 AB의 (i, k) 성분이라고 하자. 그러면

$$\begin{aligned}((AB)C)_{il} &= \sum_{k=1}^{p}(AB)_{ik}c_{kl} \\ &= \sum_{k=1}^{p}\left(\sum_{j=1}^{n}a_{ij}b_{jk}\right)c_{kl} \\ &= \left(\sum_{k=1}^{p}\left(\sum_{j=1}^{n}a_{ij}b_{jk}\right)c_{kl}\right) \qquad \cdots\cdots ①\end{aligned}$$

마찬가지로 계산하면

$$(A(BC))_{il} = \sum_{j=1}^{n}\sum_{k=1}^{p} a_{ij}b_{jk}c_{kl} \qquad \cdots\cdots ②$$

그런데 식 ①과 식 ②의 이중 합은 같으므로 $1 \le i \le m$, $1 \le l \le p$에 대하여 $((AB)C)_{il} = (A(BC))_{il}$이다. 따라서 $(AB)C = A(BC)$이다.

(2) $A=[a_{ij}]_{k\times m}$, $B=[b_{ij}]_{m\times n}$, $C=[c_{ij}]_{m\times n}$이라고 하면 행렬의 합에 의해 $B+C=[b_{ij}+c_{ij}]$이다. 행렬의 곱의 정의에 의하여 $A(B+C)$의 (i, j) 성분은 A의 i행 성분과 $B+C$의 j열 성분 각각에 대한 곱의 합이다. 따라서 다음이 성립한다.

$$\begin{aligned} A(B+C) &= [a_{ij}][b_{ij}+c_{ij}] \\ &= \sum_{p=1}^{m} a_{ip}(b_{pj}+c_{pj}) \\ &= \sum_{p=1}^{m} (a_{ip}b_{pj}+a_{ip}c_{pj}) \\ &= \sum_{p=1}^{m} a_{ip}b_{pj} + \sum_{p=1}^{m} a_{ip}c_{pj} \\ &= AB+AC \end{aligned}$$

■

예제 2-12

다음 행렬에 대하여 곱셈의 결합법칙 $A(BC)=(AB)C$를 확인하라.

$$A=\begin{bmatrix} 10 & 2 \\ 3 & -11 \\ 0 & 2 \end{bmatrix}, \quad B=\begin{bmatrix} 10 & 0 \\ 5 & -1 \end{bmatrix}, \quad C=\begin{bmatrix} 1 & 0 \\ 2 & -3 \end{bmatrix}$$

풀이

먼저 $A(BC)$를 계산하기 위해 BC를 계산하면 다음과 같다.

$$BC=\begin{bmatrix} 10 & 0 \\ 5 & -1 \end{bmatrix}\begin{bmatrix} 1 & 0 \\ 2 & -3 \end{bmatrix}=\begin{bmatrix} 10 & 0 \\ 3 & 3 \end{bmatrix}$$

따라서 다음이 성립한다.

$$A(BC)=\begin{bmatrix} 10 & 2 \\ 3 & -11 \\ 0 & 2 \end{bmatrix}\begin{bmatrix} 10 & 0 \\ 3 & 3 \end{bmatrix}=\begin{bmatrix} 106 & 6 \\ -3 & -33 \\ 6 & 6 \end{bmatrix}$$

또 $(AB)C$를 계산하기 위해 AB를 계산하면 다음과 같다.

$$AB=\begin{bmatrix} 10 & 2 \\ 3 & -11 \\ 0 & 2 \end{bmatrix}\begin{bmatrix} 10 & 0 \\ 5 & -1 \end{bmatrix}=\begin{bmatrix} 110 & -2 \\ -25 & 11 \\ 10 & -2 \end{bmatrix}$$

따라서 다음이 성립한다.

$$(AB)C = \begin{bmatrix} 110 & -2 \\ -25 & 11 \\ 10 & -2 \end{bmatrix} \begin{bmatrix} 1 & 0 \\ 2 & -3 \end{bmatrix} = \begin{bmatrix} 106 & 6 \\ -3 & -33 \\ 6 & 6 \end{bmatrix}$$

앞선 두 결과로부터 $A(BC) = (AB)C$임을 알 수 있다.

```
Command Window

: 코딩
>> A=[10 2;3 -11;0 2];B=[10 0;5 -1];C=[1 0;2 -3];   % 행렬 A, B, C 입력
>> L=A*(B*C)                                          % 주어진 식의 좌변 계산
>> R=(A*B)*C                                          % 주어진 식의 우변 계산

: 결과
L =                                                   % [예제 2-12]의 결과와 동일
    106     6
     -3   -33
      6     6
R =
    106     6
     -3   -33
      6     6
```

MATLAB 유제

행렬 A, B, C에 대하여 다음을 확인하라.

$$A = \begin{bmatrix} 1234 & 2222 \\ 3333 & 4444 \\ 0 & 1111 \end{bmatrix}, \quad B = \begin{bmatrix} 4321 & 3456 \\ -2345 & -12345 \end{bmatrix}, \quad C = \begin{bmatrix} 1000 & -200 \\ 777 & 9999 \end{bmatrix}$$

(a) $A(BC) = (AB)C$ **(b)** $A(B+C) = AB + AC$

앞의 내용을 통해 행렬의 곱이 실수의 곱셈과 다름을 알았다. 이제 행렬의 곱과 관련하여 몇 가지 특별한 성질을 더 알아보자. 먼저 단위행렬을 곱하는 경우를 살펴보면, A가 $m \times n$ 행렬일 때 단위행렬 I_m, I_n에 대하여 다음이 성립한다.

$$I_m A = A I_n = A$$ [14]

14 A가 $m \times n$ 행렬일 때 A의 왼쪽에는 m차 단위행렬 I_m, 오른쪽에는 n차 단위행렬 I_n을 곱해야 행렬의 곱이 성립한다.

예제 2-13

다음 행렬 A에 대하여 $I_2 A = A I_3 = A$임을 보여라.

$$A = \begin{bmatrix} 11 & 22 & 33 \\ 22 & 0 & -22 \end{bmatrix}$$

풀이

주어진 식의 좌변을 계산하면

$$I_2A = \begin{bmatrix} 1 & 0 \\ 0 & 1 \end{bmatrix} \begin{bmatrix} 11 & 22 & 33 \\ 22 & 0 & -22 \end{bmatrix} = \begin{bmatrix} 11 & 22 & 33 \\ 22 & 0 & -22 \end{bmatrix} = A$$

이고, 주어진 식의 우변을 계산하면

$$AI_3 = \begin{bmatrix} 11 & 22 & 33 \\ 22 & 0 & -22 \end{bmatrix} \begin{bmatrix} 1 & 0 & 0 \\ 0 & 1 & 0 \\ 0 & 0 & 1 \end{bmatrix} = \begin{bmatrix} 11 & 22 & 33 \\ 22 & 0 & -22 \end{bmatrix} = A$$

이다. 따라서 $I_2A = AI_3 = A$임을 알 수 있다.

Command Window

: 코딩

```
>> A=[11 22 33;22 0 -22];           % 행렬 A 입력
>> I2=eye(2);I3=eye(3); [1]         % 2, 3차 단위행렬 입력
>> B=I2*A                           % B=I2A 계산
>> C=A*I3                           % C=AI3 계산
```

: 결과

```
B =                                 % [예제 2-13]의 결과와 동일
    11   22   33
    22    0  -22
C =
    11   22   33
    22    0  -22
```

MATLAB TIP!

[1] eye(n) : n차 단위행렬을 생성한다.

MATLAB 유제

다음 행렬 A에 대하여 $I_4A = AI_4 = A$임을 보여라.

$$A = \begin{bmatrix} 21 & 22 & 32 & 42 \\ 22 & 0 & -33 & -44 \\ 98 & 10 & -48 & 92 \\ 76 & 78 & 94 & -100 \end{bmatrix}$$

영이 아닌 실수 a에 대하여 a의 거듭제곱은 다음과 같다.

$$a^n = \underbrace{a \times a \times \cdots \times a}_{n}$$

같은 방법으로 행렬의 거듭제곱을 생각할 수 있다. A가 n차 정사각행렬일 때, A의 거듭제곱을 다음과 같이 정의한다.

$$A^0 = I_n, \quad A^k = \underbrace{AA\cdots A}_{k} \tag{2.9}$$

식 (2.9)로부터 다음 정리를 얻을 수 있으며, 증명은 실수에 대한 지수법칙과 유사하다.

정리 2-7 행렬의 거듭제곱의 지수법칙

A가 정사각행렬이고 r, s가 음이 아닌 정수일 때, 다음이 성립한다.

$$A^r A^s = A^{r+s}, \quad (A^r)^s = A^{rs} \tag{2.10}$$

증명 증명이 어렵지 않으므로 여기서는 $A^r A^s = A^{r+s}$만 증명한다. 먼저 $s=1$이면 $A^{r+1} = A^r A$이다. 이제 $A^r A^s = A^{r+s}$라고 가정하면

$$A^{r+(s+1)} = A^{(r+s)+1} = A^{r+s}A = (A^r A^s)A = A^r(A^s A) = A^r A^{s+1}$$

이다. 따라서 수학적 귀납법에 의하여 $A^r A^s = A^{r+s}$이 성립한다.[15] ■

15 **수학적 귀납법**
만일 $n \geq 1$에 대하여 명제 $p(n)$이 다음을 만족한다고 하자.
❶ $p(1)$은 참이다.
❷ $p(n)$이 참이라 할 때, $p(n+1)$도 참이다.
그러면 명제 $p(n)$은 모든 $n \geq 1$에 대하여 참인 명제이다.

예제 2-14

1보다 큰 양의 정수 n과 행렬 $A = \begin{bmatrix} 7 & 4 \\ -9 & -5 \end{bmatrix}$에 대하여 다음이 성립함을 보여라.

$$A^n = \begin{bmatrix} 1+6n & 4n \\ -9n & 1-6n \end{bmatrix}$$

풀이

수학적 귀납법으로 증명하자. 먼저 $n=1$이면

$$A^1 = \begin{bmatrix} 1+6\times1 & 4\times1 \\ -9\times1 & 1-6\times1 \end{bmatrix} = \begin{bmatrix} 7 & 4 \\ -9 & -5 \end{bmatrix} = A$$

이므로 $n=1$일 때 참이다. 이제 A^n이 주어진 행렬과 같다고 가정하고 $n+1$인 경우를 알아보자.

$$\begin{aligned} A^{n+1} &= A^n A \\ &= \begin{bmatrix} 1+6n & 4n \\ -9n & 1-6n \end{bmatrix}\begin{bmatrix} 7 & 4 \\ -9 & -5 \end{bmatrix} \\ &= \begin{bmatrix} (1+6n)7+(4n)(-9) & (1+6n)4+(4n)(-5) \\ (-9n)7+(1-6n)(-9) & (-9n)4+(1-6n)(-5) \end{bmatrix} \\ &= \begin{bmatrix} 7+6n & 4n+4 \\ -9n-9 & -5-6n \end{bmatrix} \\ &= \begin{bmatrix} 1+6(n+1) & 4(n+1) \\ -9(n+1) & 1-6(n+1) \end{bmatrix} \end{aligned}$$

즉 $n+1$인 경우도 n인 경우와 같은 형식으로 표현된다. 따라서 수학적 귀납법에 의하여 다음이 성립한다.

$$A^n = \begin{bmatrix} 1+6n & 4n \\ -9n & 1-6n \end{bmatrix}$$

예제 2-15

$n \geq 0$에 대하여 다음 점화식이 성립할 때, x_n, y_n을 x_0, y_0로 나타내라.

$$\begin{aligned} x_{n+1} &= 7x_n + 4y_n \\ y_{n+1} &= -9x_n - 5y_n \end{aligned}$$

풀이

세 행렬을

$$X_{n+1} = \begin{bmatrix} x_{n+1} \\ y_{n+1} \end{bmatrix}, \quad X_n = \begin{bmatrix} x_n \\ y_n \end{bmatrix}, \quad A = \begin{bmatrix} 7 & 4 \\ -9 & -5 \end{bmatrix}$$

라고 할 때, 주어진 식을 행렬의 곱을 이용하여 나타내면 다음과 같다.

$$\begin{bmatrix} x_{n+1} \\ y_{n+1} \end{bmatrix} = \begin{bmatrix} 7 & 4 \\ -9 & -5 \end{bmatrix} \begin{bmatrix} x_n \\ y_n \end{bmatrix} \Leftrightarrow X_{n+1} = AX_n$$

$n = 1, 2, 3, \cdots$인 경우를 차례로 나타내면

$$\begin{aligned} &X_1 = AX_0 \\ &X_2 = AX_1 = A(AX_0) = A^2X_0 \\ &X_3 = AX_2 = A(A^2X_0) = A^3X_0 \\ &\qquad \vdots \\ &X_n = AX_{n-1} = A(A^{n-1}X_0) = A^nX_0 \end{aligned}$$

[예제 2-14]로부터

$$A^n = \begin{bmatrix} 1+6n & 4n \\ -9n & 1-6n \end{bmatrix}$$

이므로 다음이 성립한다.

$$\begin{aligned} X_n = \begin{bmatrix} x_n \\ y_n \end{bmatrix} &= A^nX_0 \\ &= \begin{bmatrix} 1+6n & 4n \\ -9n & 1-6n \end{bmatrix} \begin{bmatrix} x_0 \\ y_0 \end{bmatrix} = \begin{bmatrix} (1+6n)x_0 + (4n)y_0 \\ (-9n)x_0 + (1-6n)y_0 \end{bmatrix} \end{aligned}$$

따라서 $n \geq 1$에 대하여

$$x_n = (1+6n)x_0 + 4ny_0, \quad y_n = (-9n)x_0 + (1-6n)y_0$$

이다.

```
Command Window
: 코딩
>> n=sym('n');                          % 심볼릭 변수 n 지정
>> An=[1+6*n 4*n;-9*n 1-6*n];           % 행렬 A^n 입력
>> syms x0 y0                           % 심볼릭 변수 x0, y0 지정
>> X0=[x0;y0];
>> An*X0                                % A^n X_0 계산

: 결과
ans =                                   % [예제 2-15]의 결과와 동일
        x0*(6*n + 1) + 4*n*y0
      - y0*(6*n - 1) - 9*n*x0
```

MATLAB 유제

[예제 2-14]의 행렬 A에 대하여 다음을 구하라.

$$A^{10},\quad A^{20},\quad A^{2025}$$

2.3 역행렬

실수 a(단, $a \neq 0$)의 역수 $\frac{1}{a}$은 $\frac{1}{a} \cdot a = a \cdot \frac{1}{a} = 1$이므로 $\frac{1}{a}$을 a의 **곱셈의 역원**inverse이라고 하고, $\frac{1}{a} = a^{-1}$과 같이 쓴다. 이 절에서는 정사각행렬에 대하여 실수에서 곱셈의 역원[16]과 같은 역할을 하는 행렬에 대하여 알아본다.

16 모든 $x \in \mathbb{R}$에 대하여 $x \cdot a = 1$을 만족하는 a를 x의 곱셈의 역원이라고 한다.

2.3.1 역행렬의 정의와 기본 성질

n차 정사각행렬 A에 대하여 다음을 만족하는 행렬 B가 존재하면 A는 **가역행렬**invertible matrix이라고 한다.

$$AB = I_n = BA$$

이때 B를 A의 **역행렬**inverse matrix이라고 하며, 이러한 B가 존재하지 않으면 A를 **비가역행렬**noninvertible matrix이라고 한다.[17]

17 비가역행렬을 특이행렬singular matrix이라고도 한다. 반대로 가역행렬을 비특이행렬nonsingular matrix이라고도 한다.

위 정의에서 $AB = I_n = BA$는 A, B의 역할을 바꿔도 마찬가지임을 의미한다.

즉 A가 가역행렬이면 B도 가역행렬이고, B가 A의 역행렬이면 A는 B의 역행렬이다.

예제 2-16

다음 행렬 A, B에 대하여 B가 A의 역행렬임을 확인하라.

$$A=\begin{bmatrix}1 & 1\\ 2 & 3\end{bmatrix},\quad B=\begin{bmatrix}3 & -1\\ -2 & 1\end{bmatrix}$$

풀이

B가 A의 역행렬이면 $AB=I_2=BA$가 성립한다.

$$AB=\begin{bmatrix}1 & 1\\ 2 & 3\end{bmatrix}\begin{bmatrix}3 & -1\\ -2 & 1\end{bmatrix}=\begin{bmatrix}1 & 0\\ 0 & 1\end{bmatrix}=I_2$$
$$BA=\begin{bmatrix}3 & -1\\ -2 & 1\end{bmatrix}\begin{bmatrix}1 & 1\\ 2 & 3\end{bmatrix}=\begin{bmatrix}1 & 0\\ 0 & 1\end{bmatrix}=I_2$$

따라서 B는 A의 역행렬이다.

Command Window

```
: 코딩
>> A=[1 1;2 3];B=[3 -1;-2 1];          % 행렬 A, B 입력
>> AB=A*B                              % AB 계산
>> BA=B*A                              % BA 계산

: 결과
AB =                                   % [예제 2-16]의 결과와 동일
     1  0
     0  1
BA =
     1  0
     0  1
```

MATLAB 유제

다음 행렬 B가 A의 역행렬임을 확인하라.

$$A=\begin{bmatrix}1 & -1 & -1 & 0 & 2\\ 0 & 2 & 0 & 1 & 3\\ 3 & -2 & 1 & -1 & 2\\ 0 & 1 & -2 & 1 & 2\\ 2 & 1 & -1 & 1 & 1\end{bmatrix},\quad B=\frac{1}{10}\begin{bmatrix}-6 & -2 & 4 & 4 & 2\\ -27 & -4 & 13 & 23 & -6\\ 13 & 6 & -7 & -17 & 4\\ 51 & 12 & -29 & -49 & 18\\ 1 & 2 & 1 & 1 & -2\end{bmatrix}$$

예제 2-17

다음 행렬이 비가역행렬임을 보여라.

$$A=\begin{bmatrix}1&0&0\\0&1&0\\0&0&0\end{bmatrix}$$

풀이

A가 가역행렬이려면 $AB=I_3=BA$인 3×3 행렬 $B=[b_{ij}]$가 존재해야 한다. 그런데

$$BA=\begin{bmatrix}b_{11}&b_{12}&b_{13}\\b_{21}&b_{22}&b_{23}\\b_{31}&b_{32}&b_{33}\end{bmatrix}\begin{bmatrix}1&0&0\\0&1&0\\0&0&0\end{bmatrix}=\begin{bmatrix}b_{11}&b_{12}&0\\b_{21}&b_{22}&0\\b_{31}&b_{32}&0\end{bmatrix}$$

이고 BA의 (3, 3) 성분은 0이지만 I_3의 (3, 3) 성분은 1이다. 따라서 $BA=I_3$를 만족하는 행렬 B는 존재하지 않으므로 행렬 A는 비가역행렬이다.

Command Window

: 코딩

```
>> syms a b c d e f g h i;            % 심볼릭 변수 지정
>> A=[1 0 0;0 1 0;0 0 0];             % 행렬 A 입력
>> B=[a b c;d e f;g h i]; 1           % 행렬 B 입력
>> BA=B*A                             % BA 계산
```

: 결과

```
BA =                                  % [예제 2-17]의 결과와 동일
     [a, b, 0]
     [d, e, 0]
     [g, h, 0]
```

MATLAB TIP!

1 행렬의 원소를 심볼릭 변수로 지정해야 일반적인 수 행렬과 계산할 수 있다.

MATLAB 유제

다음 행렬이 비가역행렬임을 보여라.

$$A=\begin{bmatrix}7&1&1&-1\\-1&0&2&-1\\0&3&2&0\\-2&0&4&-2\end{bmatrix}$$

$AB=I_n=BA$를 만족하는 정사각행렬 B가 존재할 때 정사각행렬 A는 가역행렬이다. 따라서 A가 정사각행렬이면 $AB=I_n$ 또는 $BA=I_n$ 중에서 한 가지만 성립하는지 확인하면 된다. 특히 가역행렬은 정사각행렬에 대해서만 생각한다. 만약 A가 $m\times n$ 행렬이고 B가 $n\times m$ 행렬이며 $AB=I_m$을 만족한다면 B가 A의 역행렬이라는 잘못된 개념을 가질 수 있다. 예를 들어 A는 2×3

행렬, B는 3×2 행렬이므로 AB는 2×2 행렬이 되고 BA는 3×3 행렬이 된다. 일반적으로 A가 정사각행렬이 아니면 가역성을 생각할 필요가 없다.

예제 2-18

다음 행렬 A, B에 대하여 $AB=I_2$임을 확인하라. 이때 B는 A의 역행렬이라고 할 수 있는가?

$$A=\begin{bmatrix}1&0&0\\0&1&0\end{bmatrix},\quad B=\begin{bmatrix}1&0\\0&1\\0&0\end{bmatrix}$$

풀이

행렬의 곱으로부터 간단히 다음을 확인할 수 있다.

$$AB=\begin{bmatrix}1&0&0\\0&1&0\end{bmatrix}\begin{bmatrix}1&0\\0&1\\0&0\end{bmatrix}=\begin{bmatrix}1&0\\0&1\end{bmatrix}=I_2$$

그러나 B는 A의 역행렬이 아니다. 왜냐하면 $AB=I_2$이지만

$$BA=\begin{bmatrix}1&0\\0&1\\0&0\end{bmatrix}\begin{bmatrix}1&0&0\\0&1&0\end{bmatrix}=\begin{bmatrix}1&0&0\\0&1&0\\0&0&0\end{bmatrix}\neq I_2$$

이기 때문이다. 즉 $BA\neq I_2$이므로 B는 A의 역행렬이 아니다.

0이 아닌 실수 a에 대하여 a의 역수 $\frac{1}{a}=a^{-1}$은 단 하나만 존재한다. 행렬의 역행렬도 실수와 같은 성질을 갖는지 다음 정리로 확인해 보자.

정리 2-8 역행렬의 성질 ❶

n차 정사각행렬 A가 가역행렬이면 A의 역행렬은 유일하다.

증명 행렬 B, C가 모두 A의 역행렬이라고 하면

$$AB=I_n=BA,\quad AC=I_n=CA$$

이므로

$$B=BI_n=B(AC)=(BA)C=I_nC=C$$

이다. 따라서 A의 역행렬은 유일하다. ■

n차 정사각행렬 A가 가역행렬일 때, A의 역행렬이 유일하게 존재하므로 이것을 A^{-1}로 나타낸다. 즉 다음과 같다.

$$AA^{-1}=I_n=A^{-1}A$$

예제 2-19

다음 행렬 A에 대하여 $A^3=3I_3$임을 확인하라. 또 이 결과를 이용하여 A^{-1}를 구하라.

$$A=\begin{bmatrix}0&1&0\\0&0&1\\3&0&0\end{bmatrix}$$

풀이

행렬의 곱에 의해 주어진 식의 좌변을 계산하면 다음과 같다.

$$\begin{aligned}A^3&=(A^2)A\\&=\begin{bmatrix}0&0&1\\3&0&0\\0&3&0\end{bmatrix}\begin{bmatrix}0&1&0\\0&0&1\\3&0&0\end{bmatrix}=\begin{bmatrix}3&0&0\\0&3&0\\0&0&3\end{bmatrix}\\&=3I_3\end{aligned}$$

즉 $A^3=3I_3$이므로 $A\left(\frac{1}{3}A^2\right)=I_3=\left(\frac{1}{3}A^2\right)A$ 이다. 따라서 A는 가역행렬이고 $A^{-1}=\frac{1}{3}A^2$이다.

Command Window

: 코딩

```
>> format rat
>> A=[0 1 0;0 0 1;3 0 0];          % 행렬 A 입력
>> B=A^3                           % A^3 계산
>> C=inv(A) [1]                    % A^-1 계산
```

: 결과

```
B =                                % [예제 2-19]의 결과와 동일
     3  0  0
     0  3  0
     0  0  3
C =
     0  0  1/3
     1  0  0
     0  1  0
```

MATLAB TIP!

[1] inv(A) : n차 가역행렬 A의 역행렬을 구한다.

MATLAB 유제

행렬 A에 대하여 $A^5=3I_5$임을 확인하라. 또 이 결과를 이용하여 A^{-1}를 구하라.

$$A=\begin{bmatrix}0&1&0&0&0\\0&0&1&0&0\\0&0&0&1&0\\0&0&0&0&1\\3&0&0&0&0\end{bmatrix}$$

이제 역행렬의 성질을 좀 더 알아보자.

정리 2-9 역행렬의 성질 ❷

n차 정사각행렬 A, B가 가역행렬이고 k가 0이 아닌 실수일 때, 다음이 성립한다.

(1) A^{-1}는 가역행렬이고, $(A^{-1})^{-1} = A$이다.

(2) AB는 가역행렬이고, $(AB)^{-1} = B^{-1}A^{-1}$이다.[18]

(3) A^T는 가역행렬이고, $(A^T)^{-1} = (A^{-1})^T$이다.

(4) kA는 가역행렬이고, $(kA)^{-1} = \frac{1}{k}A^{-1}$이다.

(5) A^m은 가역행렬이고, $(A^m)^{-1} = (A^{-1})^m$이다.

(단, m은 음이 아닌 정수)

18 $(AB)^{-1} = B^{-1}A^{-1}$는 두 가역행렬의 곱은 다시 가역행렬임을 뜻한다. 일반적으로 $(A_1A_2\cdots A_n)^{-1} = A_n^{-1}\cdots A_2^{-1}A_1^{-1}$가 성립한다.

증명

(1) A^{-1}가 가역행렬인 것은 $A^{-1}B = I_n = BA^{-1}$를 만족하는 행렬 B가 존재함을 보이면 된다. 이때 다음이 성립하므로

$$A^{-1}A = I_n = AA^{-1}$$

A^{-1}는 가역행렬이고 A가 A^{-1}의 역행렬이다. 따라서 $(A^{-1})^{-1} = A$이다.

(2) $(AB)(B^{-1}A^{-1}) = A(BB^{-1})A^{-1} = AI_nA^{-1} = AA^{-1} = I_n$,

$(B^{-1}A^{-1})(AB) = B^{-1}(A^{-1}A)B = B^{-1}I_nB = BB^{-1} = I_n$

이므로 AB는 가역행렬이고 $(AB)^{-1} = B^{-1}A^{-1}$이다.

(3) $AA^{-1} = I_n = A^{-1}A$이므로

$$I_n = I_n^T = (AA^{-1})^T = (A^{-1})^TA^T,$$
$$I_n = I_n^T = (A^{-1}A)^T = A^T(A^{-1})^T$$

이다. 따라서 A^T는 가역행렬이고 $(A^T)^{-1} = (A^{-1})^T$이다.

(4) $(kA)\left(\frac{1}{k}A^{-1}\right) = \frac{1}{k}(kA)A^{-1} = \left(\frac{1}{k}k\right)AA^{-1} = I_n$,

$\left(\frac{1}{k}A^{-1}\right)(kA) = k\left(\frac{1}{k}A^{-1}\right)A = \left(k\frac{1}{k}\right)A^{-1}A = I_n$

이므로 kA는 가역행렬이고 $(kA)^{-1} = \frac{1}{k}A^{-1}$이다.

(5) (2)에 의해 $(A^2)^{-1} = (AA)^{-1} = A^{-1}A^{-1} = (A^{-1})^2$이다. 이때 $(A^k)^{-1} = (A^{-1})^k$이 성립한다면 다음이 성립한다.

$$\begin{aligned}(A^{k+1})^{-1} &= (A^kA)^{-1} \\ &= A^{-1}(A^k)^{-1} \\ &= A^{-1}(A^{-1})^k \\ &= (A^{-1})^{k+1}\end{aligned}$$

따라서 수학적 귀납법에 의해 $(A^k)^{-1} = (A^{-1})^k$이 성립한다. ■

일반적으로 가역행렬의 역행렬을 구하는 것은 쉽지 않다. 그러나 2×2 행렬 A의 역행렬 A^{-1}는 쉽게 구할 수 있다. 즉 행렬 $A = \begin{bmatrix} a & b \\ c & d \end{bmatrix}$에서 $\Delta = ad - bc \neq 0$ 이라고 할 때, 다음이 성립한다.

$$\begin{bmatrix} a & b \\ c & d \end{bmatrix} \begin{bmatrix} \frac{d}{\Delta} & -\frac{b}{\Delta} \\ -\frac{c}{\Delta} & \frac{a}{\Delta} \end{bmatrix} = \begin{bmatrix} 1 & 0 \\ 0 & 1 \end{bmatrix} = \begin{bmatrix} \frac{d}{\Delta} & -\frac{b}{\Delta} \\ -\frac{c}{\Delta} & \frac{a}{\Delta} \end{bmatrix} \begin{bmatrix} a & b \\ c & d \end{bmatrix}$$

따라서 행렬 A의 역행렬 A^{-1}는 다음과 같다.

$$A^{-1} = \frac{1}{\Delta} \begin{bmatrix} d & -b \\ -c & a \end{bmatrix} = \begin{bmatrix} \frac{d}{\Delta} & -\frac{b}{\Delta} \\ -\frac{c}{\Delta} & \frac{a}{\Delta} \end{bmatrix} \quad (\text{단, } \Delta = ad - bc \neq 0) \qquad (2.11)$$

예제 2-20

두 행렬 A, B에 대하여 $(AB)^{-1} = B^{-1}A^{-1}$임을 확인하라.

$$A = \begin{bmatrix} 2 & 1 \\ 5 & 3 \end{bmatrix}, \quad B = \begin{bmatrix} 6 & -2 \\ 4 & -1 \end{bmatrix}$$

풀이

먼저 $AB = \begin{bmatrix} 16 & -5 \\ 42 & -13 \end{bmatrix}$이므로 AB의 역행렬 $(AB)^{-1}$를 구하면 다음과 같다.

$$(AB)^{-1} = \begin{bmatrix} -\frac{13}{2} & \frac{5}{2} \\ -21 & 8 \end{bmatrix}$$

한편 식 (2.11)로부터 A, B의 역행렬을 구하면 다음과 같다.

$$A^{-1}=\begin{bmatrix}3 & -1\\ -5 & 2\end{bmatrix},\quad B^{-1}=\begin{bmatrix}-\frac{1}{2} & 1\\ -2 & 3\end{bmatrix}$$

이를 이용하여 주어진 식의 우변을 계산하면 다음과 같다.

$$B^{-1}A^{-1}=\begin{bmatrix}-\frac{1}{2} & 1\\ -2 & 3\end{bmatrix}\begin{bmatrix}3 & -1\\ -5 & 2\end{bmatrix}=\begin{bmatrix}-\frac{13}{2} & \frac{5}{2}\\ -21 & 8\end{bmatrix}$$

따라서 $(AB)^{-1}=B^{-1}A^{-1}$가 성립함을 알 수 있다.

Command Window

: 코딩

```
>> A=[2 1;5 3];B=[6 -2;4 -1];          % 행렬 A, B 입력
>> InvA=inv(A);InvB=inv(B); [1]        % 행렬 A, B의 역행렬 계산
>> format rat                          % 분수 형태 지정
>> L=inv(A*B)                          % 주어진 식의 좌변 계산
>> R=InvB*InvA                         % 주어진 식의 우변 계산
```

: 결과

```
L =                                    % [예제 2-20]의 결과와 동일
    -13/2    5/2
    -21      8
R =
    -13/2    5/2
    -21      8
```

MATLAB TIP!

[1] $(AB)^{-1}=B^{-1}A^{-1}$가 성립함을 "inv(A*B)"와 "inv(B)*inv(A)"를 직접 계산하여 확인한다.

MATLAB 유제

두 행렬 A, B에 대하여 $(AB)^{-1}=B^{-1}A^{-1}$임을 확인하라.

$$A=\begin{bmatrix}7 & -4\\ -2 & 1\end{bmatrix},\quad B=\begin{bmatrix}-24 & 12\\ 14 & -20\end{bmatrix}$$

2.3.2 기본행렬과 역행렬

계수행렬 A가 가역행렬인지 아닌지에 따라서 A를 계수행렬로 갖는 연립방정식이나 동차연립방정식의 해의 종류를 알 수 있다. 즉 가역행렬을 계수행렬로 갖는 연립방정식은 유일한 해를 가지므로 가역행렬을 특별한 종류로 분류하는 것은 매우 중요하다. 가역행렬 중에서 가장 특별한 것은 기본행렬이다. 특히 기본행렬은 연립방정식의 해뿐만 아니라 역행렬을 구할 때도 중요한 역할을 한다. 이제 기본행렬에 대하여 알아보고, 기본행렬을 이용하여 n차 정사각행렬의 역행렬을 구하는 원리를 알아보자.

n차 단위행렬 I_n에 대하여 세 가지 기본 행 연산 중 기본 행 연산[19]을 단 한 번 시행하여 얻는 행렬을 **기본행렬**Elementary matrix이라고 한다.

기본행렬은 단위행렬에 대하여 기본 행 연산을 한 번 시행하여 얻은 것이므로 시행한 기본 행 연산 기호를 똑같이 사용하여 기본행렬을 각각 다음과 같이 나타낼 수 있다.

❶ E_{32} : I_3의 3행과 2행을 교환하여 얻는다.

$$E_{32}=\begin{bmatrix}1&0&0\\0&0&1\\0&1&0\end{bmatrix}$$

❷ $E_3(-5)$: I_3의 3행에 -5배하여 얻는다.

$$E_3(-5)=\begin{bmatrix}1&0&0\\0&1&0\\0&0&-5\end{bmatrix}$$

❸ $E_{13}(2)$: I_3의 1행에 2배한 후 3행에 더하여 얻는다.

$$E_{13}(2)=\begin{bmatrix}1&0&0\\0&1&0\\2&0&1\end{bmatrix}$$

일반적으로 기본 행 연산으로 얻을 수 있는 기본행렬은 다음 세 가지이다.

❶ i행과 j행을 교환한다. $\Rightarrow$ E_{ij}
❷ i행에 0이 아닌 상수 c를 곱한다. $\Rightarrow$ $E_i(c)$
❸ i행에 0이 아닌 상수 c를 곱하여 j행에 더한다. $\Rightarrow$ $E_{ij}(c)$

이제 3차 정사각행렬을 이용하여 기본행렬의 곱셈 연산의 특징을 살펴보기 위해 3차 정사각행렬 $A=\begin{bmatrix}a_{11}&a_{12}&a_{13}\\a_{21}&a_{22}&a_{23}\\a_{31}&a_{32}&a_{33}\end{bmatrix}$에 대하여 세 가지 기본행렬들을 A의 왼쪽에 각각 곱해 보자.

❶ $$E_{32}A=\begin{bmatrix}1&0&0\\0&0&1\\0&1&0\end{bmatrix}\begin{bmatrix}a_{11}&a_{12}&a_{13}\\a_{21}&a_{22}&a_{23}\\a_{31}&a_{32}&a_{33}\end{bmatrix}=\begin{bmatrix}a_{11}&a_{12}&a_{13}\\a_{31}&a_{32}&a_{33}\\a_{21}&a_{22}&a_{23}\end{bmatrix}$$

19 기본 행 연산에는 세 가지 방법이 있다.
❶ E_{ij} : i행과 j행을 교환한다.
❷ $E_i(c)$: i행에 0이 아닌 상수 c를 곱한다.
❸ $E_{ij}(c)$: i행에 0이 아닌 상수 c를 곱하여 j행에 더한다.
기본 행 연산에 대한 자세한 내용은 1.3절을 참고하기 바란다.

❷ $$E_3(-5)A = \begin{bmatrix} 1 & 0 & 0 \\ 0 & 1 & 0 \\ 0 & 0 & -5 \end{bmatrix} \begin{bmatrix} a_{11} & a_{12} & a_{13} \\ a_{21} & a_{22} & a_{23} \\ a_{31} & a_{32} & a_{33} \end{bmatrix}$$

$$= \begin{bmatrix} a_{11} & a_{12} & a_{13} \\ a_{21} & a_{22} & a_{23} \\ -5a_{31} & -5a_{32} & -5a_{33} \end{bmatrix}$$

❸ $$E_{13}(2)A = \begin{bmatrix} 1 & 0 & 0 \\ 0 & 1 & 0 \\ 2 & 0 & 1 \end{bmatrix} \begin{bmatrix} a_{11} & a_{12} & a_{13} \\ a_{21} & a_{22} & a_{23} \\ a_{31} & a_{32} & a_{33} \end{bmatrix}$$

$$= \begin{bmatrix} a_{11} & a_{12} & a_{13} \\ a_{21} & a_{22} & a_{23} \\ 2a_{11}+a_{31} & 2a_{12}+a_{32} & 2a_{13}+a_{33} \end{bmatrix}$$

위의 결과로부터 A의 왼쪽에 기본행렬을 곱하는 것은 기본행렬을 만들 때 사용된 기본 행 연산을 행렬 A에 시행한 것과 같음을 알 수 있다. 한편, 기본행렬을 단위행렬로 바꾸는 데 사용된 기본 행 연산은 단위행렬을 기본행렬로 바꿀 때 사용된 기본 행 연산의 역과정이다. 그런데 단위행렬은 가역행렬이므로 기본행렬은 가역행렬이고 그 역행렬 또한 기본행렬임을 알 수 있다. 따라서 다음 정리가 성립한다.

정리 2-10 기본행렬의 역행렬

(1) $E_{ij}^{-1} = E_{ij}$

(2) $E_i(c)^{-1} = E_i\left(\frac{1}{c}\right)$ (단, $c \neq 0$)

(3) $E_{ij}(c)^{-1} = E_{ij}(-c)$[20] (단, $c \neq 0$)

20 $E_{ij} = E_{ji}$ 이지만 $E_{ij}(c) \neq E_{ji}(c)$

증명

(1) $E_{ij}E_{ji} = I_n$

(2) $c \neq 0$에 대하여 $E_i(c)E_i\left(\frac{1}{c}\right) = I_n = E_i\left(\frac{1}{c}\right)E_i(c)$

(3) $E_{ij}(c)E_{ij}(-c) = I_n = E_{ij}(-c)E_{ij}(c)$ ■

예를 들어 $E_{32} = \begin{bmatrix} 1 & 0 & 0 \\ 0 & 0 & 1 \\ 0 & 1 & 0 \end{bmatrix}$의 역행렬을 구하면 다음과 같다.

$$E_{32}^{-1} = E_{32} = \begin{bmatrix} 1 & 0 & 0 \\ 0 & 0 & 1 \\ 0 & 1 & 0 \end{bmatrix}$$

같은 방법으로 $E_3(-5)=\begin{bmatrix}1&0&0\\0&1&0\\0&0&-5\end{bmatrix}$, $E_{13}(2)=\begin{bmatrix}1&0&0\\0&1&0\\2&0&1\end{bmatrix}$의 역행렬을 구하면 다음과 같다.

$$E_3(-5)^{-1}=E_3\left(-\frac{1}{5}\right)=\begin{bmatrix}1&0&0\\0&1&0\\0&0&-\frac{1}{5}\end{bmatrix}$$

$$E_{13}(2)^{-1}=E_{13}(-2)=\begin{bmatrix}1&0&0\\0&1&0\\-2&0&1\end{bmatrix}$$

예제 2-21

3차 기본행렬에 대하여 $A=E_3(5)E_{23}(2)E_{12}$라고 할 때, A와 A^{-1}를 각각 구하라.

풀이

기본행렬의 성질에 의하여 행렬 A를 구하면 다음과 같다.

$$\begin{aligned}A&=E_3(5)E_{23}(2)\begin{bmatrix}0&1&0\\1&0&0\\0&0&1\end{bmatrix}\\&=E_3(5)\begin{bmatrix}0&1&0\\1&0&0\\2&0&1\end{bmatrix}\\&=\begin{bmatrix}0&1&0\\1&0&0\\10&0&5\end{bmatrix}\end{aligned}$$

한편 A^{-1}는 다음과 같다.

$$\begin{aligned}A^{-1}&=(E_3(5)E_{23}(2)E_{12})^{-1}=E_{12}^{-1}(E_{23}(2))^{-1}(E_3(5))^{-1}\\&=E_{12}E_{23}(-2)E_3\left(\frac{1}{5}\right)\\&=E_{12}E_{23}(-2)\begin{bmatrix}1&0&0\\0&1&0\\0&0&\frac{1}{5}\end{bmatrix}\\&=E_{12}\begin{bmatrix}1&0&0\\0&1&0\\0&-2&\frac{1}{5}\end{bmatrix}\\&=\begin{bmatrix}0&1&0\\1&0&0\\0&-2&\frac{1}{5}\end{bmatrix}\end{aligned}$$

우리는 1.3절에서 행동치에 대하여 알아보았다. 즉 행렬 A에 연속으로 기본행 연산을 하여 얻는 행렬을 B라고 하면 A와 B는 행동치이다. 이때 E_1, E_2, $\cdots$, E_k가 그에 대응하는 기본행렬이라고 하면 B를 다음과 같이 나타낼 수 있다.

$$B = E_k(\cdots(E_2(E_1A))) = (E_k \cdots E_2E_1)A = PA$$

그러면 $P = E_k \cdots E_2E_1$은 기본행렬의 곱이므로 가역행렬이다. 역으로 가역행렬 P에 대하여 $B = PA$이면 A는 B와 행동치이다. 따라서 다음 정리가 성립한다.

정리 2-11 행동치와 기본행렬

$n \times n$ 정사각행렬 A가 가역행렬이면 다음이 성립한다.

(1) A는 단위행렬 I_n과 행동치이다.

(2) A는 기본행렬의 곱이다.

증명 B를 A의 RREF라고 하자. RREF$A = B$이면 B는 모든 성분이 0인 행은 없다. 바꾸어 말하면 $AX = O$는 자명한 해만을 갖는다. 따라서 $B = I_n$이다. B가 A의 RREF이므로 $E_k(\cdots(E_2(E_1A)) = B = I_n$인 기본행렬 E_1, E_2, $\cdots$, E_k가 존재한다. 이렇게 (1)을 보였다.

$B = I_n = (E_k \cdots E_2E_1)A$이므로 $A = E_1^{-1}E_2^{-1}\cdots E_k^{-1}$이고, 기본행렬의 역행렬은 다시 기본행렬이므로 A는 기본행렬의 곱이다. 이렇게 (2)를 보였다. ■

예제 2-22

다음 행렬 A가 단위행렬 I_4와 행동치임을 보이고, A를 기본행렬의 곱으로 나타내라.

$$A = \begin{bmatrix} 1 & 1 & 0 & 1 \\ 0 & 0 & 1 & 1 \\ 1 & 1 & 1 & 1 \\ 1 & 0 & 0 & 1 \end{bmatrix}$$

풀이

정사각행렬 A의 왼쪽에 기본행렬 $E_{13}(-1)$, $E_{14}(-1)$, $E_4(-1)$을 차례로 곱하면 다음과 같다.

$$E_4(-1)E_{14}(-1)E_{13}(-1)A = \begin{bmatrix} 1 & 1 & 0 & 1 \\ 0 & 0 & 1 & 1 \\ 0 & 0 & 1 & 0 \\ 0 & 1 & 0 & 0 \end{bmatrix} \quad \cdots\cdots ①$$

식 ①의 왼쪽에 기본행렬 $E_{41}(-1)$, $E_{32}(-1)$, $E_{21}(-1)$을 차례로 곱하면 다음과 같다.

$$E_{21}(-1)E_{32}(-1)E_{41}(-1)E_{4}(-1)E_{14}(-1)E_{13}(-1)A=\begin{bmatrix}1&0&0&0\\0&0&0&1\\0&0&1&0\\0&1&0&0\end{bmatrix} \qquad \cdots\cdots ②$$

식 ②의 왼쪽에 기본행렬 E_{24}를 곱하면 다음과 같다.

$$E_{24}E_{21}(-1)E_{32}(-1)E_{41}(-1)E_{4}(-1)E_{14}(-1)E_{13}(-1)A=\begin{bmatrix}1&0&0&0\\0&1&0&0\\0&0&1&0\\0&0&0&1\end{bmatrix}=I_4$$

따라서 A는 I_4와 행동치이다. 한편

$$E_{24}E_{21}(-1)E_{32}(-1)E_{41}(-1)E_{4}(-1)E_{14}(-1)E_{13}(-1)A=I_4$$

이므로 행렬 A는 다음과 같이 나타낼 수 있다.

$$\begin{aligned}A&=(E_{24}E_{21}(-1)E_{32}(-1)E_{41}(-1)E_{4}(-1)E_{14}(-1)E_{13}(-1))^{-1}\\&=(E_{13}(-1))^{-1}(E_{14}(-1))^{-1}(E_{4}(-1))^{-1}(E_{41}(-1))^{-1}(E_{32}(-1))^{-1}(E_{21}(-1))^{-1}(E_{24})^{-1}\\&=E_{13}(1)E_{14}(1)E_{4}(-1)E_{41}(1)E_{32}(1)E_{21}(1)E_{24}\end{aligned}$$

2.3.3 역행렬 구하기

주어진 행렬에 기본 행 연산을 시행하여 RREF를 구하는 과정에서 주어진 행렬의 역행렬을 얻을 수 있다. 즉 A^{-1}는 A의 RREF를 구하는 과정에서 단위행렬에 기본 행 연산을 연달아 시행하면 얻을 수 있음을 뜻한다. 따라서 n차 정사각행렬 A가 가역행렬일 때 다음과 같은 단계로 A의 역행렬을 구할 수 있다.

❶ 주어진 행렬 A에 단위행렬 I_n을 첨가하여 $n\times 2n$ 행렬 $[A \quad I_n]$을 만든다.

❷ $[A \quad I_n]$의 RREF를 구한다.

$$[A \quad I_n] \Rightarrow [E_k \cdots E_2E_1A \qquad E_k \cdots E_2E_1I_n]$$

❸ 구한 RREF를 $[C \quad D]$라고 하면 다음이 성립한다.

(i) $C=I_n$이면 $D=A^{-1}$이다.

(ii) $C\neq I_n$이면 A는 가역행렬이 아니고 A^{-1}는 존재하지 않는다.

예제 2-23

다음 행렬의 역행렬을 구하라.

$$A=\begin{bmatrix}1&1&1\\1&2&2\\1&2&3\end{bmatrix}$$

풀이

$[A \quad I_3]$를 만든 후, 이 행렬의 RREF를 구하는 과정은 다음과 같다.

$$[A \quad I_3]=\begin{bmatrix}1&1&1&1&0&0\\1&2&2&0&1&0\\1&2&3&0&0&1\end{bmatrix}$$

$$\xrightarrow[E_{13}(-1)]{E_{12}(-1)}\begin{bmatrix}1&1&1&1&0&0\\0&1&1&-1&1&0\\0&1&2&-1&0&1\end{bmatrix}\xrightarrow{E_{23}(-1)}\begin{bmatrix}1&1&1&1&0&0\\0&1&1&-1&1&0\\0&0&1&0&-1&1\end{bmatrix}$$

$$\xrightarrow{E_{21}(-1)}\begin{bmatrix}1&0&0&2&-1&0\\0&1&1&-1&1&0\\0&0&1&0&-1&1\end{bmatrix}\xrightarrow{E_{32}(-1)}\begin{bmatrix}1&0&0&2&-1&0\\0&1&0&-1&2&-1\\0&0&1&0&-1&1\end{bmatrix}$$

따라서 주어진 행렬의 역행렬은 다음과 같다.

$$A^{-1}=\begin{bmatrix}2&-1&0\\-1&2&-1\\0&-1&1\end{bmatrix}$$

Command Window

: 코딩

```
>> A=[1 1 1;1 2 2;1 2 3];      % 행렬 A 입력
>> I3=eye(3);                  % 3차 단위행렬 입력
>> rref([A,I3])                % [A I3]의 RREF 계산
>> Ainv=inv(A)                 % 역행렬 계산
```

: 결과

```
ans =                          % [예제 2-23]의 결과와 동일
     1   0   0   2  -1   0
     0   1   0  -1   2  -1
     0   0   1   0  -1   1
Ainv =
      2  -1   0
     -1   2  -1
      0  -1   1
```

MATLAB 유제

rref 명령어를 사용하여 행렬 $A=\begin{bmatrix}1&-2&3&0\\0&1&1&-2\\2&2&4&1\\0&0&1&7\end{bmatrix}$의 역행렬을 구하라.

[예제 2-23]과 같은 방법으로 주어진 행렬의 역행렬을 구할 때, 역행렬이 존재하지 않으면 어떤 현상이 일어나는지 다음 예제를 통해 알아보자.

예제 2-24

다음 행렬의 역행렬을 구하라.

$$A=\begin{bmatrix} 1 & 6 & 4 \\ 6 & 12 & -3 \\ -2 & 4 & 10 \end{bmatrix}$$

풀이

[예제 2-23]과 같은 과정을 거치면 다음과 같다. 이때 $[A \quad I_n]$의 RREF를 구하는 과정에서 왼쪽에 전부 0인 행이 만들어지면 더 이상 역행렬을 구할 필요가 없다.

$$[A \quad I_3]=\begin{bmatrix} 1 & 6 & 4 & 1 & 0 & 0 \\ 6 & 12 & -3 & 0 & 1 & 0 \\ -2 & 4 & 10 & 0 & 0 & 1 \end{bmatrix} \xrightarrow[E_{13}(2)]{E_{12}(-6)} \begin{bmatrix} 1 & 6 & 4 & 1 & 0 & 0 \\ 0 & -24 & -27 & -6 & 1 & 0 \\ 0 & 16 & 18 & 2 & 0 & 1 \end{bmatrix}$$

$$\xrightarrow[E_3\left(\frac{1}{2}\right)]{E_2\left(-\frac{1}{3}\right)} \begin{bmatrix} 1 & 6 & 4 & 1 & 0 & 0 \\ 0 & 8 & 9 & 2 & -\frac{1}{3} & 0 \\ 0 & 8 & 9 & 1 & 0 & \frac{1}{2} \end{bmatrix} \xrightarrow{E_{23}(-1)} \begin{bmatrix} 1 & 6 & 4 & 1 & 0 & 0 \\ 0 & 8 & 9 & 2 & -\frac{1}{3} & 0 \\ 0 & 0 & 0 & -1 & \frac{1}{3} & \frac{1}{2} \end{bmatrix}$$

이때 왼쪽 행렬은 마지막 행의 성분이 모두 0이므로 단위행렬이 될 수 없다. 즉 $C \neq I_3$이므로 A^{-1}는 존재하지 않는다.

Command Window

: 코딩

```
>> format rat [1]                     % 출력 형태 지정
>> A=[1 6 4;6 12 -3;-2 4 10];         % 행렬 A 입력
>> I3=eye(3);                         % 단위행렬 지정
>> rref([A,I3]) [2]                   % 행렬 [A|I_n]의 RREF 계산
>> Ainv=inv(A)                        % 역행렬 계산
```

: 결과

```
ans =
     1     0    -11/4     0    1/12    -1/4
     0     1      9/8     0    1/24     1/8
     0     0        0     1    -1/3    -1/2
경고: 행렬이 설정된 작업 정밀도에서 특이 행렬입니다. [3]
Ainv =                                % [예제 2-24]의 결과와 동일
      1/0    1/0    1/0
      1/0    1/0    1/0
      1/0    1/0    1/0
```

MATLAB TIP!

1. `format rat` : 분수 형태로 출력하도록 지정한다. `format 'rat'`으로 작성해도 무방하다.
2. `[A, B]` : 행의 크기가 같은 행렬 A, B를 붙여서 새로운 행렬을 만들 수 있다.
3. 역행렬이 없으면 오류 메시지가 나타난다. 영어 버전을 사용하면 'Warning: Matrix is singular to working precision.'이라는 메시지가 나타난다.

MATLAB 유제

다음 행렬의 역행렬을 구하라.

$$A = \begin{bmatrix} 1 & 2 & 3 \\ 2 & -3 & 1 \\ 5 & -4 & 5 \end{bmatrix}$$

[예제 2-24]와 같이 RREF를 이용하여 역행렬의 존재를 확인하거나 역행렬을 구하는 방법은 단순한 계산을 반복하는 것이다. 그러므로 계산과정을 컴퓨터로 프로그램화하면 쉽게 구할 수 있다.

2.3.4 역행렬을 이용한 연립일차방정식의 풀이

우리는 1장에서 연립방정식을 행렬로 표현하여 해를 구하는 방법에 대하여 알아보았다. 또 [정리 2-8]에서 행렬의 역행렬은 유일하다는 것을 알아보았다. 이제 행렬의 가역성과 연립방정식의 해와의 관계에 대하여 알아보자.

실수 a, b(단, $a \neq 0$)에 대하여 일차방정식 $ax = b$의 해는 $x = \frac{b}{a} = a^{-1}b$와 같이 구할 수 있다. 이와 비슷한 방법으로 연립방정식 $AX = B$의 해를 구해보자.

정리 2-12 역행렬을 이용한 연립방정식의 해

n차 정사각행렬 A가 가역행렬이고 B가 $n \times 1$ 행렬일 때, 연립방정식 $AX = B$는 유일한 해 $X = A^{-1}B$를 갖는다.

증명 먼저 연립방정식 $AX = B$가 해를 갖는다는 것을 증명하자.

A가 가역행렬이므로 A^{-1}가 존재하고, $AX = B$의 양변에 A^{-1}를 곱하면 다음과 같다.

$$\begin{aligned} & A^{-1}(AX) = A^{-1}B \\ \Rightarrow\ & (A^{-1}A)X = A^{-1}B \\ \Rightarrow\ & X = A^{-1}B \end{aligned}$$

따라서 연립방정식 $AX = B$는 해 $X = A^{-1}B$를 갖는다.

이제 연립방정식의 해가 유일하다는 것을 증명하자.

X_1, X_2가 $AX = B$의 해라고 가정하면 다음과 같다.

$$AX_1 = B, \quad AX_2 = B$$

이 식의 양변에 A^{-1}를 곱하면

$$X_1 = A^{-1}B, \quad X_2 = A^{-1}B$$

이므로 $X_1 = X_2 = A^{-1}B$이다. 따라서 연립방정식 $AX = B$는 유일한 해 $X = X_1 = X_2$를 갖는다. ■

예제 2-25

다음 연립방정식은 $\Delta = ad - bc \neq 0$, $\Delta_1 = ed - bf$, $\Delta_2 = af - ce$일 때, 유일한 해 $x = \dfrac{\Delta_1}{\Delta}$, $y = \dfrac{\Delta_2}{\Delta}$를 갖는다는 것을 보여라.

$$\begin{aligned} ax + by &= e \\ cx + dy &= f \end{aligned}$$

풀이

주어진 연립방정식을 계수행렬로 표현하면 다음과 같다.

$$A = \begin{bmatrix} a & b \\ c & d \end{bmatrix}$$

$\Delta = ad - bc \neq 0$ 이므로 식 (2.11)을 이용하여 계수행렬의 역행렬을 구하면

$$A^{-1} = \frac{1}{\Delta}\begin{bmatrix} d & -b \\ -c & a \end{bmatrix}$$

이며, 주어진 연립방정식

$$A\begin{bmatrix} x \\ y \end{bmatrix} = \begin{bmatrix} e \\ f \end{bmatrix}$$

는 다음과 같은 유일한 해를 갖는다.

$$\begin{aligned} \begin{bmatrix} x \\ y \end{bmatrix} &= A^{-1}\begin{bmatrix} e \\ f \end{bmatrix} = \frac{1}{\Delta}\begin{bmatrix} d & -b \\ -c & a \end{bmatrix}\begin{bmatrix} e \\ f \end{bmatrix} \\ &= \frac{1}{\Delta}\begin{bmatrix} de - bf \\ -ce + af \end{bmatrix} = \frac{1}{\Delta}\begin{bmatrix} \Delta_1 \\ \Delta_2 \end{bmatrix} \\ &= \begin{bmatrix} \dfrac{\Delta_1}{\Delta} \\ \dfrac{\Delta_2}{\Delta} \end{bmatrix} \end{aligned}$$

따라서 주어진 연립방정식은 유일한 해 $x = \dfrac{\Delta_1}{\Delta}$, $y = \dfrac{\Delta_2}{\Delta}$를 갖는다.

예제 2-26

다음 연립방정식의 해를 구하라.

$$3x+7y=100$$
$$2x-9y=10$$

풀이

[예제 2-25]로부터 $x=\dfrac{\Delta_1}{\Delta}$, $y=\dfrac{\Delta_2}{\Delta}$이다. 여기서 $\Delta=-41$, $\Delta_1=-970$, $\Delta_2=-170$이므로 x, y는 다음과 같다.

$$x=\frac{970}{41},\quad y=\frac{170}{41}$$

한편 [정리 2-10]으로부터 동차연립일차방정식에 관한 다음 정리를 얻을 수 있다.

정리 2-13 역행렬을 이용한 동차연립일차방정식의 해

n차 정사각행렬 A가 가역행렬이고 B가 $n\times 1$ 행렬일 때, 동차연립방정식 $AX=O$는 자명한 해만을 갖는다.[21]

21 [정리 2-13]은 동차연립방정식 $AX=O$가 자명하지 않은 해를 갖는다면 A는 비가역행렬이라는 것과 같은 의미이다.

증명 계수행렬 A가 가역행렬이고 $AX=O$라면 가역행렬의 역행렬은 유일하므로 $X=A^{-1}O=O$가 주어진 동차연립방정식의 유일한 해이다. 즉, 동차연립방정식 $AX=O$는 자명한 해만을 갖는다. ■

예제 2-27

다음 비가역행렬 A를 계수행렬로 갖는 동차연립방정식의 해를 구하라.

$$A=\begin{bmatrix}1&2&3\\1&0&1\\3&4&7\end{bmatrix}$$

풀이

주어진 행렬은 비가역행렬이므로 [정리 2-13]으로부터 이 행렬을 계수행렬로 갖는 동차연립방정식 $AX=O$는 자명하지 않은 해를 갖는다. 주어진 행렬을 계수행렬로 갖는 동차연립방정식의 첨가행렬의 RREF를 구하면 다음과 같다.

$$\mathrm{RREF}\begin{bmatrix}1&2&3&0\\1&0&1&0\\3&4&7&0\end{bmatrix}=\begin{bmatrix}1&0&1&0\\0&1&1&0\\0&0&0&0\end{bmatrix}$$

이 첨가행렬에 대응하는 동차연립방정식은 다음과 같다.

$$x + z = 0$$
$$y + z = 0$$

연립방정식을 풀면 $z = s$(단, $s \in \mathbb{R}$)에 대하여 $x = -s$, $y = -s$이다. 즉, 주어진 동차연립방정식은 자명하지 않은 해를 갖는다.

Command Window

: 코딩

```
>> A=[1 2 3 0;1 0 1 0;3 4 7 0];        % 계수행렬 A 입력
>> B=rref(A)                           % A의 RREF 계산
>> s=sym('s');                         % 심볼릭 변수 s 지정
>> z=s;                                % z=s로 임의의 실수 지정
>> x=-z;y=-z;                          % 변수 x, y의 z에 대한 풀이
>> sol[x, y, z] 1
```

: 결과

```
B =                                    % [예제 2-27]의 결과와 동일
    1  0  1  0
    0  1  1  0
    0  0  0  0
sol =
      [ -s, -s, s]
```

MATLAB TIP!

1 sol[x, y, z] : 심볼릭 변수를 임의의 실수인 새로운 변수 s로 지정하여 x, y, z의 관계를 나타낸다.

MATLAB 유제

다음 행렬 A가 비가역행렬일 때, 행렬 A를 계수행렬로 갖는 동차연립방정식의 해를 구하라.

$$A = \begin{bmatrix} 1 & -2 & 3 & 0 & -1 \\ 0 & 1 & 1 & -2 & 3 \\ 2 & 2 & 4 & 1 & 0 \\ -2 & 4 & -6 & 0 & 2 \\ 0 & 0 & 1 & 7 & 2 \end{bmatrix}$$

[예제 2-27]로부터 A가 한 행이 모두 0인 행렬과 행동치이면 A는 비가역임을 알 수 있다.[22] 또 A가 비가역행렬이면 동차연립방정식 $AX = O$는 자명하지 않은 해를 갖는다.

22 행렬 A에 기본 행 연산을 시행하여 얻은 행렬을 B라 하면 A와 B는 행동치라고 한다. 행동치에 대한 자세한 내용은 1.3절에서 다루었다.

우리는 이미 [정리 2-11]에서 n차 정사각행렬 A가 가역행렬이고 B가 $n \times 1$ 행렬일 때, 연립방정식 $AX = B$는 유일한 해 $X = A^{-1}B$를 갖는다는 것을 알았다. 이제 역행렬을 이용하여 연립방정식의 해를 구해 보자.

예제 2-28

다음 연립방정식이 유일한 해를 갖는지 확인하라. 또 주어진 연립방정식의 해를 역행렬을 이용하여 구하라.

$$\begin{aligned} x+2y+3z&=1 \\ x-\ y+\ z&=-5 \\ -2x+\ y-3z&=9 \end{aligned}$$

풀이

주어진 연립방정식의 계수행렬과 상수항행렬은 다음과 같다.

$$A=\begin{bmatrix} 1 & 2 & 3 \\ 1 & -1 & 1 \\ -2 & 1 & -3 \end{bmatrix},\quad B=\begin{bmatrix} 1 \\ -5 \\ 9 \end{bmatrix}$$

계수행렬의 역행렬이 존재한다면 주어진 연립방정식은 유일한 해 $X=A^{-1}B$를 갖는다. 계수행렬 A의 역행렬을 구하기 위해 $[A \quad I_3]$를 나타내고, RREF$[A \quad I_3]=[I_3 \quad A^{-1}]$를 구하는 과정은 다음과 같다.

$$[A \quad I_3]=\begin{bmatrix} 1 & 2 & 3 & 1 & 0 & 0 \\ 1 & -1 & 1 & 0 & 1 & 0 \\ -2 & 1 & -3 & 0 & 0 & 1 \end{bmatrix}$$

$$\xrightarrow[E_{13}(2)]{E_{12}(-1)} \begin{bmatrix} 1 & 2 & 3 & 1 & 0 & 0 \\ 0 & -3 & -2 & -1 & 1 & 0 \\ 0 & 5 & 3 & 2 & 0 & 1 \end{bmatrix} \xrightarrow{E_{23}\left(\frac{5}{3}\right)} \begin{bmatrix} 1 & 2 & 3 & 1 & 0 & 0 \\ 0 & -3 & -2 & -1 & 1 & 0 \\ 0 & 0 & -\frac{1}{3} & \frac{1}{3} & \frac{5}{3} & 1 \end{bmatrix}$$

$$\xrightarrow{E_3(-3)} \begin{bmatrix} 1 & 2 & 3 & 1 & 0 & 0 \\ 0 & -3 & -2 & -1 & 1 & 0 \\ 0 & 0 & 1 & -1 & -5 & -3 \end{bmatrix} \xrightarrow[E_{31}(-3)]{E_{32}(2)} \begin{bmatrix} 1 & 2 & 0 & 4 & 15 & 9 \\ 0 & -3 & 0 & -3 & -9 & -6 \\ 0 & 0 & 1 & -1 & -5 & -3 \end{bmatrix}$$

$$\xrightarrow{E_2\left(-\frac{1}{3}\right)} \begin{bmatrix} 1 & 2 & 0 & 4 & 15 & 9 \\ 0 & 1 & 0 & 1 & 3 & 2 \\ 0 & 0 & 1 & -1 & -5 & -3 \end{bmatrix} \xrightarrow{E_{21}(-2)} \begin{bmatrix} 1 & 0 & 0 & 2 & 9 & 5 \\ 0 & 1 & 0 & 1 & 3 & 2 \\ 0 & 0 & 1 & -1 & -5 & -3 \end{bmatrix}$$

$$=[I_3 \quad A^{-1}]$$

따라서 계수행렬이 역행렬을 가지므로 주어진 연립방정식은 유일한 해 $X=A^{-1}B$를 갖는다. 즉

$$A^{-1}=\begin{bmatrix} 2 & 9 & 5 \\ 1 & 3 & 2 \\ -1 & -5 & -3 \end{bmatrix}$$

이므로 연립방정식의 해는 다음과 같다.

$$X=\begin{bmatrix} x \\ y \\ z \end{bmatrix}=A^{-1}B=\begin{bmatrix} 2 & 9 & 5 \\ 1 & 3 & 2 \\ -1 & -5 & -3 \end{bmatrix}\begin{bmatrix} 1 \\ -5 \\ 9 \end{bmatrix}=\begin{bmatrix} 2 \\ 4 \\ -3 \end{bmatrix}$$

Command Window

: 코딩

```
>> A=[1 2 3;1 -1 1;-2 1 -3];          % 행렬 A 입력
>> I3=eye(3);                         % 단위행렬 지정
>> rref([A,I3])                       % [A | I_3]의 RREF 계산
>> Ainv=inv(A)                        % 역행렬 계산
>> B=[1 -5 9]';                       % 행벡터를 전치하여 열벡터 정의
>> X=Ainv*B                           % 연립방정식의 해 계산
```

: 결과

```
ans =                                 % [예제 2-28]의 결과와 동일
     1   0   0   2   9   5
     0   1   0   1   3   2
     0   0   1  -1  -5  -3
Ainv =
       2   9   5
       1   3   2
      -1  -5  -3
X =
     2
     4
    -3
```

Command Window

: 코딩

```
>> S1=inv(A)*B ①                      % inv 명령어를 이용하여 역행렬 계산
>> S2=A\B ②                           % 왼쪽 나눗셈을 이용하여 역행렬 계산
```

: 결과

```
S1 =                                  % [예제 2-28]의 결과와 동일
     2
     4
    -3
S2=
     2
     4
    -3
```

MATLAB TIP!

1. X=inv(A)*B : 역행렬을 구하는 inv 명령어를 이용하여 해를 구한다.
2. X=A\B : 행렬의 왼쪽 나눗셈을 계산하는 명령어 "\"를 이용하여 해를 구한다.

MATLAB 유제

역행렬을 사용하여 다음 연립방정식의 해를 구하라.

$$\begin{aligned} x_1 + 2x_2 + 3x_3 &= 1 \\ 2x_1 + 5x_2 + 3x_3 &= 3 \\ x_1 \qquad + 8x_3 &= -1 \end{aligned}$$

2.4 특별한 행렬

행렬 중에서도 정사각행렬은 여러 가지 유용한 성질을 가지고 있으며, 모양이 특별한 행렬이 많기 때문에 특별한 이름을 붙여 사용한다. 이 절에서는 행렬에서 중요한 역할을 하는 특별한 행렬에 대하여 살펴본다.

2.4.1 대칭행렬

정사각행렬 A가 $A^T = A$를 만족하면 A를 **대칭행렬**symmetric matrix이라고 하고, $A^T = -A$를 만족하면 **반대칭행렬**skew-symmetric matrix이라고 한다. 이 정의로부터 정사각행렬 $A = [a_{ij}]$가 대칭행렬이면 모든 i, j에 대하여

$$a_{ij} = a_{ji}$$

임을 알 수 있다. 즉 대칭행렬은 주대각선 성분을 기준으로 대칭인 위치의 성분이 서로 같음을 의미한다. 또, $A = [a_{ij}]$가 반대칭행렬이면 모든 i, j에 대하여

$$a_{ij} = -a_{ji}$$

이다. 반대칭행렬은 주대각선 성분이 모두 0이고, 주대각선 성분을 기준으로 대칭인 위치의 성분이 부호가 서로 반대임을 의미한다.[23]

23 $A = [a_{ij}]$가 반대칭행렬이면 모든 i에 대하여 $a_{ii} = -a_{ii}$이므로 주대각선 성분은 모두 영임을 알 수 있다. 반대칭행렬을 교대행렬alternating matrix이라고도 한다.

예를 들어 다음 행렬 A, B, I_3에 대하여 $A = A^T$, $I_3^T = I_3$이므로 A, I_3는 대칭행렬이고, $B^T = -B$이므로 B는 반대칭행렬이다.

$$A = \begin{bmatrix} 1 & -3 & 2 \\ -3 & 4 & -5 \\ 2 & -5 & 0 \end{bmatrix}, \quad B = \begin{bmatrix} 0 & -5 & 2 \\ 5 & 0 & 3 \\ -2 & -3 & 0 \end{bmatrix}, \quad I_3 = \begin{bmatrix} 1 & 0 & 0 \\ 0 & 1 & 0 \\ 0 & 0 & 1 \end{bmatrix}$$

다음 정리에서 알 수 있듯이 일반적으로 정사각행렬은 대칭행렬과 반대칭행렬의 합으로 나타낼 수 있다.

정리 2-14 대칭행렬과 반대칭행렬

행렬 A가 임의의 정사각행렬일 때, 다음이 성립한다.

(1) $A+A^T$는 대칭행렬이고, $A-A^T$는 반대칭행렬이다.

(2) A는 대칭행렬과 반대칭행렬의 합으로 나타낼 수 있다.

$$A=\frac{A+A^T}{2}+\frac{A-A^T}{2}$$

증명

(1) $(A+A^T)^T=A^T+(A^T)^T=A^T+A=A+A^T$이므로 $A+A^T$는 대칭행렬이다. 또 $(A-A^T)^T=A^T-(A^T)^T=A^T-A=-(A-A^T)$이므로 $A-A^T$는 반대칭행렬이다.

(2) (1)로부터 $A+A^T$는 대칭행렬이고, $A-A^T$는 반대칭행렬이다. 따라서 $\frac{1}{2}(A+A^T)$는 대칭행렬이고, $\frac{1}{2}(A-A^T)$는 반대칭행렬이므로

$$A=\frac{A+A^T}{2}+\frac{A-A^T}{2}$$

이다. 그러므로 A는 대칭행렬과 반대칭행렬의 합으로 나타낼 수 있다. ■

예제 2-29

행렬 $A=\begin{bmatrix}1&2\\3&4\end{bmatrix}$를 대칭행렬과 반대칭행렬의 합으로 나타내라.

풀이

[정리 2-14]로부터 다음이 성립한다.

$$A=\frac{A+A^T}{2}+\frac{A-A^T}{2}$$

따라서 행렬 A를 대칭행렬과 반대칭행렬의 합으로 나타내면 다음과 같다.

$$\begin{aligned}A&=\begin{bmatrix}1&2\\3&4\end{bmatrix}\\&=\frac{1}{2}\left(\begin{bmatrix}1&2\\3&4\end{bmatrix}+\begin{bmatrix}1&3\\2&4\end{bmatrix}\right)+\frac{1}{2}\left(\begin{bmatrix}1&2\\3&4\end{bmatrix}-\begin{bmatrix}1&3\\2&4\end{bmatrix}\right)\\&=\begin{bmatrix}1&\frac{5}{2}\\\frac{5}{2}&4\end{bmatrix}+\begin{bmatrix}0&-\frac{1}{2}\\\frac{1}{2}&0\end{bmatrix}\end{aligned}$$

```
: 코딩
>> format rat                              % 분수 형태로 출력
>> A=[1 2;3 4];                            % 행렬 A 입력
>> B=1/2*(A+A');                           % 대칭행렬 계산
>> C=1/2*(A-A');                           % 반대칭행렬 계산
>> B+C

: 결과
ans =                                      % [예제 2-29]의 결과와 동일
      1      2
      3      4
```

MATLAB 유제

행렬 A를 대칭행렬과 반대칭행렬의 합($A=P+Q$, $P^T=P$, $Q^T=-Q$)으로 나타낼 때 P, Q를 각각 구하라.

$$A=\begin{bmatrix} 2 & 6 & 2 \\ -3 & 8 & 0 \\ 4 & 9 & 2 \end{bmatrix}$$

2.4.2 대각행렬

정사각행렬 A에서 주대각선 성분 이외의 성분이 모두 0일 때, A를 **대각행렬**diagonal matrix이라고 하고, 주대각선 성분이 a_{11}, a_{22}, $\cdots$, a_{nn}인 대각행렬을 $A=\mathrm{diag}(a_{11},\ a_{22},\ \cdots,\ a_{nn})$으로 나타낸다. 특히 대각행렬 중에서 주대각선 성분이 모두 같은 행렬을 **스칼라행렬**scalar matrix이라고 한다.[24]

24 단위행렬 I_n은 주대각선 성분이 모두 1인 대각행렬이고, 영행렬 O는 주대각선 성분이 모두 0인 대각행렬이다. 특히 단위행렬과 영행렬은 주대각선 성분이 모두 같기 때문에 스칼라행렬이다.

$$A=\mathrm{diag}(a_{11},\ a_{22},\ \cdots,\ a_{nn})=\begin{bmatrix} a_{11} & 0 & \cdots & 0 \\ 0 & a_{22} & \cdots & 0 \\ \vdots & \vdots & \ddots & \vdots \\ 0 & 0 & \cdots & a_{nn} \end{bmatrix} \tag{2.12}$$

예를 들어 다음은 모두 대각행렬이다. 특히 행렬 I와 행렬 J는 주대각선 성분이 모두 같으므로 스칼라행렬이다.

$$G=\begin{bmatrix} 3 & 0 \\ 0 & 5 \end{bmatrix},\quad H=\begin{bmatrix} 8 & 0 & 0 \\ 0 & -1 & 0 \\ 0 & 0 & -2 \end{bmatrix},\quad I=\begin{bmatrix} 1 & 0 & 0 \\ 0 & 1 & 0 \\ 0 & 0 & 1 \end{bmatrix},\quad J=\begin{bmatrix} -5 & 0 \\ 0 & -5 \end{bmatrix}$$

식 (2.12)에 의해 위 대각행렬은 $G=\mathrm{diag}(3,\ 5)$, $H=\mathrm{diag}(8,\ -1,\ -2)$, $I=\mathrm{diag}(1,\ 1,\ 1)$, $J=\mathrm{diag}(-5,\ -5)$와 같이 나타낼 수 있다.

다음과 같은 $m \times n$ 행렬 A에 대하여 대각행렬을 A의 왼쪽과 오른쪽에 곱하면 어떻게 되는지 알아보자.

$$A = \begin{bmatrix} a_{11} & a_{12} & \cdots\cdots & a_{1n} \\ a_{21} & a_{22} & \cdots\cdots & a_{2n} \\ \vdots & \vdots & & \vdots \\ a_{m1} & a_{m2} & \cdots\cdots & a_{mn} \end{bmatrix}$$

두 대각행렬 $D_1 = \mathrm{diag}(d_1,\ d_2,\ \cdots,\ d_m)$, $D_2 = \mathrm{diag}(d_1{}',\ d_2{}',\ \cdots,\ d_n{}')$을 A의 왼쪽과 오른쪽에 각각 곱하면 다음과 같다.[25]

25 대각행렬 D_1과 D_2는 각각 m과 n차 정사각행렬이다. 대각행렬을 오른쪽에 곱하면 열, 왼쪽에 곱하면 행에 영향을 미친다.

$$D_1 A = \begin{bmatrix} d_1 & 0 & \cdots & 0 \\ 0 & d_2 & \cdots & 0 \\ \vdots & \vdots & \ddots & \vdots \\ 0 & 0 & \cdots & d_m \end{bmatrix} \begin{bmatrix} a_{11} & a_{12} & \cdots\cdots & a_{1n} \\ a_{21} & a_{22} & \cdots\cdots & a_{2n} \\ \vdots & \vdots & & \vdots \\ a_{m1} & a_{m2} & \cdots\cdots & a_{mn} \end{bmatrix}$$

$$= \begin{bmatrix} d_1 a_{11} & d_1 a_{12} & \cdots\cdots & d_1 a_{1n} \\ d_2 a_{21} & d_2 a_{22} & \cdots\cdots & d_2 a_{2n} \\ \vdots & \vdots & & \vdots \\ d_m a_{m1} & d_m a_{m2} & \cdots\cdots & d_m a_{mn} \end{bmatrix}$$

$$A D_2 = \begin{bmatrix} a_{11} & a_{12} & \cdots\cdots & a_{1n} \\ a_{21} & a_{22} & \cdots\cdots & a_{2n} \\ \vdots & \vdots & & \vdots \\ a_{m1} & a_{m2} & \cdots\cdots & a_{mn} \end{bmatrix} \begin{bmatrix} d_1{}' & 0 & \cdots & 0 \\ 0 & d_2{}' & \cdots & 0 \\ \vdots & \vdots & \ddots & \vdots \\ 0 & 0 & \cdots & d_n{}' \end{bmatrix}$$

$$= \begin{bmatrix} d_1{}' a_{11} & d_2{}' a_{12} & \cdots\cdots & d_n{}' a_{1n} \\ d_1{}' a_{21} & d_2{}' a_{22} & \cdots\cdots & d_n{}' a_{2n} \\ \vdots & \vdots & & \vdots \\ d_1{}' a_{m1} & d_2{}' a_{m2} & \cdots\cdots & d_n{}' a_{mn} \end{bmatrix}$$

위 식에서 알 수 있듯이 대각행렬 $D_1 = \mathrm{diag}(d_1,\ d_2,\ \cdots,\ d_m)$을 행렬 A의 왼쪽에 곱하면 행렬 A의 i행의 각 성분에 대각행렬의 성분 d_i배하는 것과 같다. 또 대각행렬 $D_2 = \mathrm{diag}(d_1{}',\ d_2{}',\ \cdots,\ d_n{}')$을 오른쪽에 곱하면 행렬 A의 j열의 각 성분에 대각행렬의 성분 $d_j{}'$배하는 것과 같음을 알 수 있다.

예제 2-30

행렬 A, D에 대하여 DA, AD를 각각 구하라.

$$A = \begin{bmatrix} 1 & -2 & 8 \\ 0 & 2 & -1 \\ 1 & 2 & 3 \end{bmatrix}, \quad D = \mathrm{diag}(2,\ -10,\ 100)$$

풀이

DA는 행렬 A의 왼쪽에 대각행렬을 곱하는 것이므로 행렬 A의 각 행에 대각행렬의 해당 성분을 곱해주는 것과 같다. 따라서 다음과 같은 결과를 얻는다.

$$DA = \begin{bmatrix} 2 & 0 & 0 \\ 0 & -10 & 0 \\ 0 & 0 & 100 \end{bmatrix} \begin{bmatrix} 1 & -2 & 8 \\ 0 & 2 & -1 \\ 1 & 2 & 3 \end{bmatrix} = \begin{bmatrix} 2 & -4 & 16 \\ 0 & -20 & 10 \\ 100 & 200 & 300 \end{bmatrix}$$

또 AD는 행렬 A의 오른쪽에 대각행렬을 곱하는 것이므로 행렬 A의 각 열에 대각행렬의 해당 성분을 곱해주는 것과 같다. 따라서 다음과 같은 결과를 얻는다.

$$AD = \begin{bmatrix} 1 & -2 & 8 \\ 0 & 2 & -1 \\ 1 & 2 & 3 \end{bmatrix} \begin{bmatrix} 2 & 0 & 0 \\ 0 & -10 & 0 \\ 0 & 0 & 100 \end{bmatrix} = \begin{bmatrix} 2 & 20 & 800 \\ 0 & -20 & -100 \\ 2 & -20 & 300 \end{bmatrix}$$

Command Window

```
: 코딩
>> A=[1 -2 8;0 2 -1;1 2 3];D=diag([2 -10 100]); [1]   % 행렬 A와 대각행렬 D 생성
>> DA=D*A                                              % DA 계산
>> AD=A*D                                              % AD 계산

: 결과
DA =                                                   % [예제 2-30]의 결과와 동일
     2    -4    16
     0   -20    10
   100   200   300
AD =
     2    20   800
     0   -20  -100
     2   -20   300
```

MATLAB TIP!

[1] diag([r s t])
- 3차 대각행렬을 생성한다.
- 주대각선 성분을 차례로 적으면 자동으로 행렬의 크기가 결정되어 대각행렬이 생성된다.

MATLAB 유제

행렬 A, D에 대하여 DA, AD를 각각 구하라.

$$A = \begin{bmatrix} 2 & 8 & -4 & 8 \\ 5 & 9 & 7 & -10 \\ 0 & -13 & 4 & 2 \\ -1 & 3 & 22 & 45 \end{bmatrix}, \quad D = \mathrm{diag}(-7,\ 30,\ 150,\ -24)$$

2.4.3 삼각행렬

영이 아닌 성분의 전체 모양이 삼각형인 행렬에 대하여 알아보자. 주대각선 성분 아래의 성분이 모두 0인 정사각행렬을 **상 삼각행렬**upper triangular matrix, 위의 성분이 모두 0인 정사각행렬을 **하 삼각행렬**lower triangular matrix이라고 한다. 또

상 삼각행렬과 하 삼각행렬을 통틀어 **삼각행렬**이라고 한다. 즉 상 삼각행렬은 주대각선 성분 위쪽을 제외한 모든 성분이 0이고, 하 삼각행렬은 주대각선 성분 아래쪽을 제외한 모든 성분이 0이다.

예를 들어 주어진 행렬에서 U_4는 주대각선 아래의 모든 성분이 0이므로 상 삼각행렬이고, L_4는 주대각선 위쪽의 모든 성분이 0이므로 하 삼각행렬이다.[26]

26 상 삼각행렬에서 주대각선 위쪽의 성분 u_{ij}는 0이 아닐 필요는 없다. 마찬가지로 하 삼각행렬에서 주대각선 아래쪽의 성분 l_{ij}도 0이 아닐 필요는 없다. 즉 u_{ij}와 l_{ij}는 0일 수도 있다.

$$U_4 = \begin{bmatrix} u_{11} & u_{12} & u_{13} & u_{14} \\ 0 & u_{22} & u_{23} & u_{24} \\ 0 & 0 & u_{33} & u_{34} \\ 0 & 0 & 0 & u_{44} \end{bmatrix}, \quad L_4 = \begin{bmatrix} l_{11} & 0 & 0 & 0 \\ l_{21} & l_{22} & 0 & 0 \\ l_{31} & l_{32} & l_{33} & 0 \\ l_{41} & l_{42} & l_{43} & l_{44} \end{bmatrix}$$

삼각행렬의 정의로부터 행렬의 성분을 이용하여 상 삼각행렬과 하 삼각행렬을 각각 다음과 같이 나타낼 수 있다.

- $U_n = [u_{ij}]_{n\times n}$가 상 삼각행렬이라면 $i > j$일 때, $u_{ij} = 0$이다.
- $L_n = [l_{ij}]_{n\times n}$가 하 삼각행렬이라면 $i < j$일 때, $l_{ij} = 0$이다.

다음 정리는 삼각행렬의 곱과 역행렬에 대한 성질이다.

정리 2-15 삼각행렬의 성질

(1) 하[상] 삼각행렬들의 곱은 하[상] 삼각행렬이다.

(2) 가역행렬인 하[상] 삼각행렬의 역행렬은 하[상] 삼각행렬이다.

증명

(1) n차 하 삼각행렬 A, B에 대하여 $AB = C$라고 하면 다음이 성립한다.

$$c_{ij} = \sum_{k=1}^{n} a_{ik} b_{kj} \quad (\text{단, } 1 \le i,\ j \le n)$$

$i < j$이면 $a_{ik} = 0$ 또는 $b_{kj} = 0$이므로 $c_{ij} = 0$이다. 따라서 C는 하 삼각행렬이다.

(2) 행렬 A가 가역행렬이면 기본행렬 E_1, E_2, $\cdots$, E_k에 대하여 다음이 성립한다.

$$E_k E_{k-1} \cdots E_1 A = I_n$$

A가 하 삼각행렬이므로 E_i(단, $1 \le i \le k$)는 I_n에서 기본 행 연산을 할 때 $E_i(c)$와 $E_{ij}(c)$(단, $i < j$)일 수밖에 없으므로 하 삼각행렬이다. 즉 $A^{-1} = E_k E_{k-1} \cdots E_1$이고 이들은 하 삼각행렬들의 곱이다. 따라서 하 삼각행렬의 곱은 하 삼각행렬이 되므로 A^{-1}는 하 삼각행렬이다. ■

예제 2-31

다음 삼각행렬 A, B, C, D에 대하여 **(a)**, **(b)**, **(c)**, **(d)**를 각각 구하라.

$$A=\begin{bmatrix}1&2&3\\0&1&2\\0&0&1\end{bmatrix},\quad B=\begin{bmatrix}-3&2&1\\0&2&-1\\0&0&-1\end{bmatrix},\quad C=\begin{bmatrix}1&0&0\\-1&3&0\\2&1&-5\end{bmatrix},\quad D=\begin{bmatrix}2&0&0\\2&1&0\\1&2&-3\end{bmatrix}$$

(a) AB　　**(b)** CD

(c) AC　　**(d)** DB

풀이

(a) $$AB=\begin{bmatrix}1&2&3\\0&1&2\\0&0&1\end{bmatrix}\begin{bmatrix}-3&2&1\\0&2&-1\\0&0&-1\end{bmatrix}=\begin{bmatrix}-3&6&-4\\0&2&-3\\0&0&-1\end{bmatrix}$$

(b) $$CD=\begin{bmatrix}1&0&0\\-1&3&0\\2&1&-5\end{bmatrix}\begin{bmatrix}2&0&0\\2&1&0\\1&2&-3\end{bmatrix}=\begin{bmatrix}2&0&0\\4&3&0\\1&-9&15\end{bmatrix}$$

(c) $$AC=\begin{bmatrix}1&2&3\\0&1&2\\0&0&1\end{bmatrix}\begin{bmatrix}1&0&0\\-1&3&0\\2&1&-5\end{bmatrix}=\begin{bmatrix}5&9&-15\\3&5&-10\\2&1&-5\end{bmatrix}$$

(d) $$DB=\begin{bmatrix}2&0&0\\2&1&0\\1&2&-3\end{bmatrix}\begin{bmatrix}-3&2&1\\0&2&-1\\0&0&-1\end{bmatrix}=\begin{bmatrix}-6&4&2\\-6&6&1\\-3&6&2\end{bmatrix}$$

Command Window

```
: 코딩
>> A=[1 2 3;0 1 2;0 0 1];B=[-3 2 1;0 2 -1;0 0 -1]; % 행렬 A, B, C, D 생성
>> C=[1 0 0;-1 3 0;2 1 -5];D=[2 0 0;2 1 0;1 2 -3];
>> AB=A*B                                         % AB, CD, AC, DB 계산
>> CD=C*D
>> AC=A*C
>> DB=D*B

: 결과
AB =                                              % [예제 2-31]의 결과와 동일
    -3   6  -4
     0   2  -3
     0   0  -1
CD =
     2   0   0
     4   3   0
     1  -9  15
AC =
     5   9 -15
     3   5 -10
     2   1  -5
```

```
DB =
    -6   4   2
    -6   6   1
    -3   6   2
```

MATLAB 유제

다음 삼각행렬 A, B, C, D에 대하여 **(a)**, **(b)**, **(c)**, **(d)**를 각각 구하라.

$$A=\begin{bmatrix}10 & 20 & 30 & 40\\ 0 & 0 & 100 & 42\\ 0 & 0 & 15 & 72\\ 0 & 0 & 0 & -92\end{bmatrix},\quad B=\begin{bmatrix}-38 & 2 & -71 & 0\\ 0 & 27 & -51 & 77\\ 0 & 0 & -41 & 80\\ 0 & 0 & 0 & 23\end{bmatrix},\quad C=\begin{bmatrix}1 & 0 & 0 & 0\\ 1 & 1 & 0 & 0\\ 1 & 1 & 2 & 0\\ 1 & 1 & 2 & 3\end{bmatrix},\quad D=\begin{bmatrix}1 & 0 & 0 & 0\\ 1 & 1 & 0 & 0\\ 1 & 2 & 1 & 0\\ 1 & 3 & 3 & 1\end{bmatrix}$$

(a) AB **(b)** CD **(c)** AC **(d)** DB

예제 2-32

다음 하 삼각행렬의 역행렬을 구하라.

$$A=\begin{bmatrix}2 & 0 & 0\\ 2 & 1 & 0\\ 1 & 2 & -3\end{bmatrix}$$

풀이

역행렬을 구하기 위해 $[A \quad I_3]$라고 놓고 기본 행 연산을 시행하면 다음과 같다.

$$[A \quad I_3]=\left[\begin{array}{ccc|ccc}2 & 0 & 0 & 1 & 0 & 0\\ 2 & 1 & 0 & 0 & 1 & 0\\ 1 & 2 & -3 & 0 & 0 & 1\end{array}\right]$$

$$\xrightarrow{E_1\left(\frac{1}{2}\right)}\begin{bmatrix}1 & 0 & 0 & \frac{1}{2} & 0 & 0\\ 2 & 1 & 0 & 0 & 1 & 0\\ 1 & 2 & -3 & 0 & 0 & 1\end{bmatrix}\xrightarrow[E_{13}(-1)]{E_{12}(-2)}\begin{bmatrix}1 & 0 & 0 & \frac{1}{2} & 0 & 0\\ 0 & 1 & 0 & -1 & 1 & 0\\ 0 & 2 & -3 & -\frac{1}{2} & 0 & 1\end{bmatrix}$$

$$\xrightarrow{E_{23}(-2)}\begin{bmatrix}1 & 0 & 0 & \frac{1}{2} & 0 & 0\\ 0 & 1 & 0 & -1 & 1 & 0\\ 0 & 0 & -3 & \frac{3}{2} & -2 & 1\end{bmatrix}\xrightarrow{E_3\left(-\frac{1}{3}\right)}\begin{bmatrix}1 & 0 & 0 & \frac{1}{2} & 0 & 0\\ 0 & 1 & 0 & -1 & 1 & 0\\ 0 & 0 & 1 & -\frac{1}{2} & \frac{2}{3} & -\frac{1}{3}\end{bmatrix}$$

따라서 하 삼각행렬 A의 역행렬은 다음과 같다.

$$A^{-1}=\begin{bmatrix}\frac{1}{2} & 0 & 0\\ -1 & 1 & 0\\ -\frac{1}{2} & \frac{2}{3} & -\frac{1}{3}\end{bmatrix}$$

```
: 코딩
>> format rat                               % 분수 형태로 출력
>> A=[2 0 0;2 1 0;1 2 -3];                  % 행렬 A 입력
>> Ainv=inv(A)                              % A의 역행렬 계산

: 결과
Ainv =                                      % [예제 2-32]의 결과와 동일
        1/2    0     0
        -1     1     0
        -1/2  2/3  -1/3
```

MATLAB 유제

다음 삼각행렬 A, B의 역행렬을 각각 구하라.

$$A=\begin{bmatrix} 1 & 2 & 3 & 4 & 5 & 6 \\ 0 & 7 & 8 & 9 & 10 & 11 \\ 0 & 0 & 12 & 13 & 14 & 15 \\ 0 & 0 & 0 & 16 & 17 & 18 \\ 0 & 0 & 0 & 0 & 19 & 20 \\ 0 & 0 & 0 & 0 & 0 & 21 \end{bmatrix}, \quad B=\begin{bmatrix} 1 & 0 & 0 & 0 & 0 & 0 \\ 2 & 3 & 0 & 0 & 0 & 0 \\ 4 & 5 & 6 & 0 & 0 & 0 \\ 7 & 8 & 9 & 10 & 0 & 0 \\ 11 & 12 & 13 & 14 & 15 & 0 \\ 16 & 17 & 18 & 19 & 20 & 21 \end{bmatrix}$$

2.4.4 멱영원행렬

양의 정수 k와 영이 아닌 실수 a에 대하여 a의 k 거듭제곱은 0이 아니므로 $a^k \neq 0$이다. 그러나 행렬의 거듭제곱에서는 이와 같은 실수의 성질이 성립하지 않는 경우가 있어, $A^k = O$인 행렬이 존재한다.

양의 정수 k와 영행렬이 아닌 n차 정사각행렬 A에 대하여 $A^k = O$를 만족하면 행렬 A를 **멱영원행렬**nilpotent matrix[27]이라고 한다. 이때 $A^k = O$를 만족시키는 최소 양의 정수 k를 행렬 A의 **닐포텐시**nilpotency라고 한다.

27 멱영원행렬은 '거듭제곱이 영인 행렬'이라고도 한다.

예제 2-33

행렬 A가 멱영원행렬임을 확인하고, 닐포텐시를 구하라.

$$A=\begin{bmatrix} 0 & 1 & 2 \\ 0 & 0 & 1 \\ 0 & 0 & 0 \end{bmatrix}$$

풀이

행렬 A의 거듭제곱을 구하면

$$A^2=\begin{bmatrix}0&0&1\\0&0&0\\0&0&0\end{bmatrix},\quad A^3=\begin{bmatrix}0&0&0\\0&0&0\\0&0&0\end{bmatrix}$$

이므로 A는 멱영원행렬이고, 닐포텐시는 3이다.

멱영원행렬은 다음과 같은 성질을 갖는다.

정리 2-16 멱영원행렬의 성질

n차 정사각행렬 A가 닐포텐시가 k인 멱영원행렬이면 행렬 $I-A$는 가역행렬이고 다음이 성립한다.

$$(I-A)^{-1}=I+A+A^2+\cdots+A^{k-1} \qquad (2.13)$$

증명

$(I-A)(I+A+A^2+\cdots+A^{k-1})=I-A^k$이고 $A^k=O$이므로

$$(I-A)(I+A+A^2+\cdots+A^{k-1})=I$$ [28]

이다. 즉 다음과 같다.

$$(I-A)^{-1}=I+A+A^2+\cdots+A^{k-1}$$ ■

28 $1-a^k=(1-a)(1+a+a^2+\cdots+a^{k-1})$

예제 2-34

다음 행렬 A의 닐포텐시를 이용하여 $(I-A)^{-1}$를 구하라.

$$A=\begin{bmatrix}0&1&2\\0&0&1\\0&0&0\end{bmatrix}$$

풀이

$A^3=O$이므로 행렬 A의 닐포텐시는 3이고, [정리 2-16]에 의하여 $I-A=\begin{bmatrix}1&-1&-2\\0&1&-1\\0&0&1\end{bmatrix}$은 가역행렬이다. 즉 $(I-A)^{-1}$는 다음과 같다.

$$\begin{aligned}(I-A)^{-1}&=I+A+A^2\\&=\begin{bmatrix}1&0&0\\0&1&0\\0&0&1\end{bmatrix}+\begin{bmatrix}0&1&2\\0&0&1\\0&0&0\end{bmatrix}+\begin{bmatrix}0&0&1\\0&0&0\\0&0&0\end{bmatrix}=\begin{bmatrix}1&1&3\\0&1&1\\0&0&1\end{bmatrix}\end{aligned}$$

Command Window

```
: 코딩
>> A=[0 1 2;0 0 1;0 0 0];          % 행렬 A 입력
>> I=eye(3);                        % 3차 단위행렬 생성
>> IAinv=inv(I-A)                   % (I-A)^-1 계산
>> B=I+A+A^2 [1]                    % I+A+A^2 계산

: 결과
IAinv =                             % [예제 2-34]의 결과와 동일
        1   1   3
        0   1   1
        0   0   1
B =
    1   1   3
    0   1   1
    0   0   1
```

MATLAB TIP!

[1] A^n : 행렬 A를 n번 거듭제곱한 결과를 계산한다.

MATLAB 유제

행렬의 거듭제곱 명령어를 사용하여 다음 행렬의 닐포텐시가 3임을 확인하고 $I-A$의 역행렬을 구하라.

$$A=\begin{bmatrix} 0 & 0 & 0 \\ 1 & 0 & 0 \\ 8 & 1 & 0 \end{bmatrix}$$

2.5 LU-분해

1.3절에서 우리는 첨가행렬에 기본 행 연산을 시행하여 연립일차방정식의 해를 구하는 방법(가우스 소거법)을 배웠다. 이 절에서는 연립일차방정식 $AX=B$의 계수행렬 A를 하 삼각행렬과 상 삼각행렬의 곱으로 분해하여 연립일차방정식의 해를 구하는 방법을 알아본다. 이 방법은 컴퓨터를 이용하여 연립일차방정식의 해를 구하기에 매우 적합하므로 여러 가지 컴퓨터 프로그램의 기초가 된다.

2.5.1 LU-분해

A의 행 사다리꼴인 REFA는 상 삼각행렬임을 알고 있다. 즉 REFA는 A에 기본 행 연산을 시행한 것이므로, 이 절에서는 기본 행 연산을 시행한다는 의미를 살펴보고 이를 이용하여 다양한 결과를 얻어 보자.

연립일차방정식의 해를 구하는 방법인 가우스 소거법은 첨가행렬에 기본 행 연산을 시행하여 REF로 만들어 해를 구하는 방법이다. 행렬 A를 REF로 만드는 과정은 기본행렬을 행렬의 왼쪽에 차례로 곱하는 과정과 같고, REFA는 상 삼각행렬이 되므로 다음과 같이 나타낼 수 있다.

$$E_k E_{k-1} \cdots E_1 A = \text{REF}\,A$$

여기서 $U = \text{REF}\,A$라고 하자. 이때 $E_1, E_2, \cdots, E_k$는 가역행렬이므로 위 식의 왼쪽에 차례로 $E_k^{-1}, E_{k-1}^{-1}, \cdots, E_1^{-1}$를 곱하면 다음을 얻는다.

$$\begin{aligned} A &= (E_k E_{k-1} \cdots E_1)^{-1} U \\ &= E_1^{-1} E_2^{-1} \cdots E_k^{-1} U \end{aligned}$$

정사각행렬을 REF로 변형하는 과정에서 두 행의 교환을 시행하지 않는다면 기본행렬 E_i는 모두 하 삼각행렬이다. 또한 [정리 2-15(2)]에서 살펴본 대로 하 삼각행렬의 역행렬은 하 삼각행렬이므로 $L = E_k^{-1} E_{k-1}^{-1} \cdots E_1^{-1}$는 하 삼각행렬 이다.[29] 따라서 다음 정리가 성립한다.

29 세 가지 형태의 기본행렬 중 $E_i(c)$와 $E_{ij}(c)$는 $i<j$이면 하 삼각행렬이고, $i>j$이면 상 삼각행렬이다. 삼각행렬의 역행렬도 삼각행렬이므로 $E_i(c)^{-1} = E_i\left(\frac{1}{c}\right)$, $E_{ij}(c)^{-1} = E_{ij}(-c)$ 또한 삼각행렬이다. 자세한 내용은 2.3절을 참고하기 바란다.

정리 2-17 LU-분해

n차 정사각행렬 A의 행을 교환하지 않고 가우스 소거법에 의하여 $U = \text{REF}\,A$로 변형한다면 A는 적당한 하 삼각행렬 L에 대하여 다음과 같이 분해될 수 있다.

$$A = LU$$

L을 하 삼각행렬, U를 상 삼각행렬이라고 할 때 n차 정사각행렬 A가 $A = LU$로 분해되는 것을 A의 **LU-분해**$^{LU\text{-factorization}}$라고 한다.

예제 2-35

다음 행렬 A의 LU-분해를 구하라.

$$A = \begin{bmatrix} 2 & 6 & 2 \\ -3 & -8 & 0 \\ 4 & 9 & 2 \end{bmatrix}$$

풀이

$A = LU$를 얻기 위해 먼저 A의 REF를 구하자.

$$A=\begin{bmatrix}2&6&2\\-3&-8&0\\4&9&2\end{bmatrix}\xrightarrow{E_1\left(=E_1\left(\frac{1}{2}\right)\right)}\begin{bmatrix}1&3&1\\-3&-8&0\\4&9&2\end{bmatrix}\xrightarrow{E_2(=E_{12}(3))}\begin{bmatrix}1&3&1\\0&1&3\\4&9&2\end{bmatrix}$$

$$\xrightarrow{E_3(=E_{13}(-4))}\begin{bmatrix}1&3&1\\0&1&3\\0&-3&-2\end{bmatrix}\xrightarrow{E_4(=E_{23}(3))}\begin{bmatrix}1&3&1\\0&1&3\\0&0&7\end{bmatrix}$$

$$\xrightarrow{E_5\left(=E_3\left(\frac{1}{7}\right)\right)}\begin{bmatrix}1&3&1\\0&1&3\\0&0&1\end{bmatrix}=U$$

즉

$$\begin{aligned}\text{REF}\,A&=U\\&=E_5E_4E_3E_2E_1A\\&=\begin{bmatrix}1&0&0\\0&1&0\\0&0&\frac{1}{7}\end{bmatrix}\begin{bmatrix}1&0&0\\0&1&0\\0&3&1\end{bmatrix}\begin{bmatrix}1&0&0\\3&1&0\\0&0&1\end{bmatrix}\begin{bmatrix}1&0&0\\0&1&0\\-4&0&1\end{bmatrix}\begin{bmatrix}\frac{1}{2}&0&0\\0&1&0\\0&0&1\end{bmatrix}A\end{aligned}$$

이므로 다음과 같다.

$$A=E_1^{-1}E_2^{-1}E_3^{-1}E_4^{-1}E_5^{-1}U$$

이때

$$\begin{aligned}L&=E_1^{-1}E_2^{-1}E_3^{-1}E_4^{-1}E_5^{-1}\\&=\begin{bmatrix}2&0&0\\0&1&0\\0&0&1\end{bmatrix}\begin{bmatrix}1&0&0\\-3&1&0\\0&0&1\end{bmatrix}\begin{bmatrix}1&0&0\\0&1&0\\4&0&1\end{bmatrix}\begin{bmatrix}1&0&0\\0&1&0\\0&-3&1\end{bmatrix}\begin{bmatrix}1&0&0\\0&1&0\\0&0&7\end{bmatrix}\\&=\begin{bmatrix}2&0&0\\-3&1&0\\4&-3&7\end{bmatrix}\end{aligned}$$

이므로 A의 $LU-$분해 결과는 다음과 같다.

$$A=LU=\begin{bmatrix}2&0&0\\-3&1&0\\4&-3&7\end{bmatrix}\begin{bmatrix}1&3&1\\0&1&3\\0&0&1\end{bmatrix}$$

이제 행렬 A의 $LU-$분해를 좀 더 간단히 구하는 과정을 살펴보자. 여기서 행렬 A를 REF로 바꾸는 각 단계를 통해 어떤 삼각행렬이 얻어지는지 알 수 있다.

예제 2-36

다음 행렬 A의 $LU-$분해를 구하라.

$$A=\begin{bmatrix}6 & -2 & 0\\ 9 & -1 & 1\\ 3 & 7 & 5\end{bmatrix}$$

풀이

행렬 A를 REF로 변형하는 과정에서 사용되는 기본 행 연산에 따라 하 삼각행렬 L을 작성하면 다음 [표 2-1]과 같다.

[표 2-1] **행렬 A의 $LU-$분해 과정**

	A를 REF로 변형		구하려고 하는 하 삼각행렬
	$\begin{bmatrix}6 & -2 & 0\\ 9 & -1 & 1\\ 3 & 7 & 5\end{bmatrix}$		$\begin{bmatrix}* & 0 & 0\\ * & * & 0\\ * & * & *\end{bmatrix}$
$E_1\left(\frac{1}{6}\right)$ →	$\begin{bmatrix}1 & -\frac{1}{3} & 0\\ 9 & -1 & 1\\ 3 & 7 & 5\end{bmatrix}$	$E_1\left(\frac{1}{6}\right)^{-1}=E_1(6)$ →	$\begin{bmatrix}6 & 0 & 0\\ * & * & 0\\ * & * & *\end{bmatrix}$
$E_{12}(-9)$ $E_{13}(-3)$ →	$\begin{bmatrix}1 & -\frac{1}{3} & 0\\ 0 & 2 & 1\\ 0 & 8 & 5\end{bmatrix}$	$E_{12}(-9)^{-1}=E_{12}(9)$ $E_{13}(-3)^{-1}=E_{13}(3)$ →	$\begin{bmatrix}6 & 0 & 0\\ 9 & * & 0\\ 3 & * & *\end{bmatrix}$
$E_2\left(\frac{1}{2}\right)$ →	$\begin{bmatrix}1 & -\frac{1}{3} & 0\\ 0 & 1 & \frac{1}{2}\\ 0 & 8 & 5\end{bmatrix}$	$E_2\left(\frac{1}{2}\right)^{-1}=E_2(2)$ →	$\begin{bmatrix}6 & 0 & 0\\ 9 & 2 & 0\\ 3 & * & *\end{bmatrix}$
$E_{23}(-8)$ →	$\begin{bmatrix}1 & -\frac{1}{3} & 0\\ 0 & 1 & \frac{1}{2}\\ 0 & 0 & 1\end{bmatrix}$	$E_{23}(-8)^{-1}=E_{23}(8)$ →	$\begin{bmatrix}6 & 0 & 0\\ 9 & 2 & 0\\ 3 & 8 & *\end{bmatrix}$
$E_3(1)$ →	$\begin{bmatrix}1 & -\frac{1}{3} & 0\\ 0 & 1 & \frac{1}{2}\\ 0 & 0 & 1\end{bmatrix}$	$E_3(1)^{-1}=E_3(1)$ →	$\begin{bmatrix}6 & 0 & 0\\ 9 & 2 & 0\\ 3 & 8 & 1\end{bmatrix}$

그러므로 행렬 $A=\begin{bmatrix}6 & -2 & 0\\ 9 & -1 & 1\\ 3 & 7 & 5\end{bmatrix}$의 $LU-$분해 결과는 다음과 같다.

$$A=\begin{bmatrix}6 & -2 & 0\\ 9 & -1 & 1\\ 3 & 7 & 5\end{bmatrix}=LU=\begin{bmatrix}6 & 0 & 0\\ 9 & 2 & 0\\ 3 & 8 & 1\end{bmatrix}\begin{bmatrix}1 & -\frac{1}{3} & 0\\ 0 & 1 & \frac{1}{2}\\ 0 & 0 & 1\end{bmatrix}$$

Command Window

```
: 코딩
>> format rat
>> A=[6 -2 0;9 -1 1;3 7 5];
>> [L,U,P] = lu(A)                              % LU-분해 명령 입력
>> L*U

: 결과
L = [1]
      1            0            0
      1/3          1            0
      2/3         -2/11         1
U =
      9           -1            1
      0           22/3         14/3
      0            0            2/11
P =
    0    1    0
    0    0    1
    1    0    0
ans = [2]
      9           -1            1
      3            7            5
      6           -2            0
```

MATLAB TIP!

[1] MATLAB 내장함수를 실행하면 L의 주대각선 성분을 1로 둔다. 이 책에서는 REF의 영 아닌 첫 번째 성분을 1로 정했기 때문에 MATLAB 실행 결과와 차이가 있다. 즉, LU-분해가 유일하지 않다.

[2] 1, 2, 3행이 치환 결과(1행→2행, 2행→3행, 3행→1행)를 보여준다.

MATLAB 유제

다음 행렬 A의 $LU-$분해를 구하라.

$$A=\begin{bmatrix} 10 & -7 & 0 \\ -3 & 2 & 6 \\ 5 & -1 & 5 \end{bmatrix}$$

2.5.2 LU-분해를 이용한 연립일차방정식의 해법

이제 계수행렬 A의 $LU-$분해를 이용하여 연립일차방정식의 해를 구하는 방법을 알아보자. $A=LU$이면 연립일차방정식 $A\mathbf{x}=\mathbf{b}$는 $LU\mathbf{x}=\mathbf{b}$로 쓸 수 있다. 이때 $U\mathbf{x}=\mathbf{y}$라고 놓으면 $L\mathbf{y}=\mathbf{b}$는 전방대입법[30]으로 $\mathbf{y}$를 쉽게 구할 수 있다. 또 $\mathbf{y}$를 구한 이후에 $U\mathbf{x}=\mathbf{y}$는 후방대입법[31]으로 $\mathbf{x}$를 쉽게 구할 수 있다. 따라서 연립일차방정식 $A\mathbf{x}=\mathbf{b}$는 계수행렬 A의 $LU-$분해를 이용하여 전방대입법과 후방대입법만으로 해를 쉽게 구할 수 있다.

30 연립방정식의 첨가행렬을 기본 행 연산을 시행하여 하 삼각행렬로 변형하고 처음 변수 값부터 차례로 이후 변수의 값을 찾아가는 방법을 **전방대입법**이라고 한다.

31 연립일차방정식의 첨가행렬을 기본 행 연산을 시행하여 상 삼각행렬로 변형하고 마지막 변수 값으로부터 차례로 이전 변수의 값을 찾아가는 방법을 **후방대입법**이라고 한다.

예제 2-37

다음 연립일차방정식의 해를 $LU-$분해를 이용하여 구하라.

$$\begin{bmatrix} 1 & -1 & 0 \\ -1 & 2 & -1 \\ 0 & -1 & 2 \end{bmatrix}\begin{bmatrix} x_1 \\ x_2 \\ x_3 \end{bmatrix}=\begin{bmatrix} 2 \\ 0 \\ 1 \end{bmatrix}$$

풀이

연립방정식의 계수행렬 A의 $LU-$분해는 다음과 같다.

$$A=LU=\begin{bmatrix} 1 & 0 & 0 \\ -1 & 1 & 0 \\ 0 & -1 & 1 \end{bmatrix}\begin{bmatrix} 1 & -1 & 0 \\ 0 & 1 & -1 \\ 0 & 0 & 1 \end{bmatrix}$$

미지수행렬을 X, 상수항행렬을 B라고 하고, $UX=\mathbf{y}=\begin{bmatrix} y_1 \\ y_2 \\ y_3 \end{bmatrix}$라고 하면 주어진 연립일차방정식 $AX=B$는 $L\mathbf{y}=B$로 바꿀 수 있다.

여기서 $L=\begin{bmatrix} 1 & 0 & 0 \\ -1 & 1 & 0 \\ 0 & -1 & 1 \end{bmatrix}$이므로 $L\mathbf{y}=B$는 다음과 같은 연립일차방정식이 된다.

$$\begin{aligned} y_1 \qquad\quad &= 2 \\ -y_1+y_2 \quad &= 0 \\ -y_2+y_3 &= 1 \end{aligned}$$

이 연립일차방정식을 풀면 $\mathbf{y}=\begin{bmatrix} 2 \\ 2 \\ 3 \end{bmatrix}$이다.

한편, $U=\begin{bmatrix} 1 & -1 & 0 \\ 0 & 1 & -1 \\ 0 & 0 & 1 \end{bmatrix}$이므로 $UX=\mathbf{y}$는 다음과 같은 연립일차방정식이 된다.

$$\begin{aligned} x_1-x_2 \quad &= 2 \\ x_2-x_3 &= 2 \\ x_3 &= 3 \end{aligned}$$

따라서 이 연립일차방정식의 해가 처음에 구하고자 했던 연립일차방정식 $AX=B$의 해이고, 그 값은 다음과 같다.

$$X=\begin{bmatrix} 7 \\ 5 \\ 3 \end{bmatrix}$$

2.6 행렬의 활용

정보화 사회에서는 정보보안이 무엇보다도 중요하다. 따라서 군사 목적으로 만들어진 암호가 이제는 모든 정보를 보호하는 데 사용되고 있다. 또한 정보를 보호하기 위해 암호문을 만들고 복호 또는 해독하는 기술은 선형대수학을 이용하고 있다. 이 절에서는 암호에 활용되는 선형대수학에 대하여 알아본다. 여기서는 문자를 행렬 모양으로 늘어놓았던 플레이페어 암호Playfair cipher와 행렬을 이용하는 암호인 힐 암호Hill cipher에 대하여 알아보자.

2.6.1 플레이페어 암호

제1차 세계 대전에서 영국군이 사용했던 **플레이페어 암호**는 영국의 과학자이자 발명가인 C. 위트스톤C. Wheatstone이 개발하고 그의 친구인 플레이페어Baron Playfair가 발표하여 알려진 암호 방식이다. 플레이페어 암호 방식은 [표 2-2]와 같이 5×5의 행렬에 25자의 영문자를 임의로 나열하여 평문을 암호화한다. 이때 J는 I와 동일시한다.

[표 2-2] 플레이페어 암호표

M	R	O	C	K
T	V	Q	U	I(J)
Z	P	H	D	B
A	G	S	F	E
W	L	Y	N	X

암호화하기 전에 먼저 평문 문자를 두 문자씩 나누고 동일한 문자가 연속될 때는 연속되는 동일한 문자 사이에 모조 문자(예를 들어 X)를 삽입한다. 또 이러한 과정을 거친 평문의 문자 수가 홀수이면 임의의 문자 하나를 첨가한다. 암호화는 평문 $M=(m_1, m_2)$의 두 문자 m_1, m_2를 암호문 $C=(c_1, c_2)$의 두 문자 c_1, c_2로 변환하는 것으로 다음 단계를 거친다.[32]

32 송신자가 수신자에게 보내고 싶은 보통의 통신문을 **평문**plaintext이라고 하고 평문을 이해할 수 없는 형태의 **암호문**ciphertext으로 변화하는 과정을 **암호화**encryption라고 한다. 또 암호문을 본래의 평문으로 바꾸는 과정을 **복호화**decryption라고 한다.

❶ 평문 m_1과 m_2가 플레이페어 암호표의 같은 행에 있으면 c_1, c_2는 각각 m_1, m_2의 오른쪽 문자로 대치하며 첫 번째 열은 마지막 열의 오른쪽 문자로 한다.

예 $M=(\mathrm{OK}) \Rightarrow C=(\mathrm{CM})$

❷ 평문 m_1과 m_2가 플레이페어 암호표의 같은 열에 있으면 c_1, c_2는 각각 m_1, m_2의 아래쪽 문자로 대치하며 첫 번째 행은 마지막 행 아래의 문자로 간주한다.

예 $M=(\text{UN}) \Rightarrow C=(\text{DC})$

❸ 평문 m_1과 m_2가 플레이페어 암호표의 서로 다른 행 또는 다른 열에 있으면 c_1, c_2는 m_1과 m_2를 포함하는 사각형의 모퉁이 문자로 하되 c_1은 m_1과 같은 행에, c_2는 m_2와 같은 행의 문자로 한다.

예 $M=(\text{AD}) \Rightarrow C=(\text{FZ})$

❹ $m_1=m_2$이면 m_1과 m_2 사이에 모조 문자 X를 넣는다.

예 $M=(\text{SS}) \Rightarrow M=(\text{SXS})$

❺ 문자의 수가 홀수이면, 평문의 끝에 모조 문자 X를 넣는다.

예 $M=(\text{KOR}) \Rightarrow M=(\text{KORX}) \Rightarrow C=(\text{MCKL})$

예제 2-38

[표 2-2]와 같은 키를 갖는 플레이페어 암호에서 평문 'LINEAR ALGEBRA'를 암호화하라.

풀이

주어진 평문을 두 개씩 짝지으면 다음과 같다.

$$M=(\text{LI})(\text{NE})(\text{AR})(\text{AL})(\text{GE})(\text{BR})(\text{A})$$

위 평문에서 문자가 홀수 개이므로 마지막에 모조 문자 X를 첨가하면 암호화하고자 하는 평문 M과 암호화한 암호문 C는 다음과 같다.

$$\begin{aligned} M &= \text{L I N E A R A L G E B R A X} \\ C &= \text{X V X F G M G W S A P K E W} \end{aligned}$$

이와 같은 플레이페어 암호는 평문 단문자의 통계적 특성이 암호문에서는 나타나지 않지만, 평문의 중복문자 등의 통계적 특성은 암호문에서도 여전히 나타나므로 해독 가능하다.

2.6.2 힐 암호

힐 암호는 레스터 S. 힐Lester S. Hill이 1929년에 제안한 암호로서 제2차 세계 대전 때 이용되었다. 힐 암호는 평문 n개의 문자를 n개의 암호 문자로 대치하는 것이다. 먼저 힐 암호에서 영문을 암호화하는 방법에 대하여 알아보자. 영어의 알파벳은 다음 표에 따라 숫자화할 수 있다.

[표 2-3] **알파벳의 숫자화**

A	B	C	D	E	F	G	H	I	J	K	L	M
1	2	3	4	5	6	7	8	9	10	11	12	13
N	**O**	**P**	**Q**	**R**	**S**	**T**	**U**	**V**	**W**	**X**	**Y**	**Z**
14	15	16	17	18	19	20	21	22	23	24	25	26

예를 들어 $n=2$라고 하고 $M=(m_1,\ m_2)$를 평문, $C=(c_1,\ c_2)$를 암호문이라고 하면 c_1과 c_2는 m_1과 m_2를 이용하여 다음과 같이 표현한다.

$$c_1 = am_1 + bm_2$$
$$c_2 = cm_1 + dm_2$$

여기서 일반적으로 평문을 $M=(m_1,\ m_2,\ \cdots,\ m_n)$, 암호문을 $C=(c_1,\ c_2,\ \cdots,\ c_n)$이라고 하고 행렬 $K=\begin{bmatrix} a & b \\ c & d \end{bmatrix}$를 힐 암호의 열쇠 행렬이라고 하면, 힐 암호는 다음과 같이 표시된다.

$$C=\begin{bmatrix} c_1 \\ c_2 \end{bmatrix}=\begin{bmatrix} a & b \\ c & d \end{bmatrix}\begin{bmatrix} m_1 \\ m_2 \end{bmatrix}=KM$$

힐 암호에서 암호를 복호화하려면 $C=KM$의 양변에 행렬 K의 역행렬 K^{-1}를 곱해주면 된다.

즉 일반적인 경우 힐 암호 체계는 다음과 같다.

$$K^{-1}C = K^{-1}KM = M$$

정리 2-18 힐 암호 체계

양의 정수 n 과 가역행렬 K 에 대하여 힐 암호는 다음과 같이 나타낸다.

- 열쇠 : K
- 암호화 함수 E_K : $(y_1, \cdots, y_n) = E_K(x_1, \cdots, x_n)$

$$\begin{bmatrix} y_1 \\ y_2 \\ \vdots \\ y_n \end{bmatrix} = K \begin{bmatrix} x_1 \\ x_2 \\ \vdots \\ x_n \end{bmatrix}$$

- 복호화 함수 D_K : $D_K(y_1, \cdots, y_n) = (x_1, \cdots, x_n)$

$$K^{-1}\begin{bmatrix} y_1 \\ y_2 \\ \vdots \\ y_n \end{bmatrix} = \begin{bmatrix} x_1 \\ x_2 \\ \vdots \\ x_n \end{bmatrix}$$

예제 2-39

[표 2-3]과 행렬 $K = \begin{bmatrix} 3 & 1 \\ 2 & 1 \end{bmatrix}$을 이용하여 평문 $M = (\mathrm{NO})$의 힐 암호를 구성하고, 복호화하라.

풀이

[표 2-3]을 이용하여 평문 $M = (\mathrm{NO})$를 숫자로 대치하면 $M = (14, 15)$이므로 다음과 같이 힐 암호를 구성한다.

$$C = \begin{bmatrix} 3 & 1 \\ 2 & 1 \end{bmatrix}\begin{bmatrix} 14 \\ 15 \end{bmatrix} = \begin{bmatrix} 57 \\ 43 \end{bmatrix}$$

또 이를 복호화하면 $K^{-1} = \begin{bmatrix} 1 & -1 \\ -2 & 3 \end{bmatrix}$이므로 다음과 같이 구한다.

$$\begin{aligned} M &= K^{-1}C \\ &= \begin{bmatrix} 1 & -1 \\ -2 & 3 \end{bmatrix}\begin{bmatrix} 57 \\ 43 \end{bmatrix} \\ &= \begin{bmatrix} 14 \\ 15 \end{bmatrix} \end{aligned}$$

따라서 $M = (\mathrm{NO})$를 얻을 수 있다.

Command Window

: 코딩

```
>> K=[3 1;2 1];M=[14;15];          % 행렬 K, M 입력
>> C=K*M                           % 행렬 C 계산
>> N=inv(K)*C                      % 행렬 N 계산
```

```
: 결과
C =                                          % [예제 2-39]의 결과와 동일
    57
    43
M =
    14
    15
```

MATLAB 유제

[표 2-3]과 행렬 $K=\begin{bmatrix}7 & 4\\5 & 3\end{bmatrix}$을 사용하여 평문 $M=(\mathrm{GO})$의 힐 암호를 구성하고, 복호화하라.

이와 같은 암호방식은 긴 문장을 암호화하는 경우에도 이용할 수 있다.

예제 2-40

[표 2-3]과 행렬 $K=\begin{bmatrix}3 & 1\\2 & 1\end{bmatrix}$, 단어 사이를 띄우는 기호 *에 27을 부여한 후 다음 문장을 암호화했다가 복호화하라.

FOR YOUR EYES ONLY

풀이

[표 2-3]을 이용하여 주어진 문장을 숫자화하면 다음과 같다.

F	O	R	*	Y	O	U	R	*	E	Y	E	S	*	O	N	L	Y
6	15	18	27	25	15	21	18	27	5	25	5	19	27	15	14	12	25

K가 2×2 행렬이므로 다음과 같이 두 행을 가지는 행렬 M으로 만든다. 이때 숫자의 개수가 홀수이면 마지막에 *에 해당하는 숫자 27을 첨가한다.

$$M=\begin{bmatrix}6 & 15 & 18 & 27 & 25 & 15 & 21 & 18 & 27\\5 & 25 & 5 & 19 & 27 & 15 & 14 & 12 & 25\end{bmatrix}$$

이를 암호화하기 위해 M의 왼쪽에 K를 곱하여 C를 만든다.

$$C=KM=\begin{bmatrix}3 & 1\\2 & 1\end{bmatrix}\begin{bmatrix}6 & 15 & 18 & 27 & 25 & 15 & 21 & 18 & 27\\5 & 25 & 5 & 19 & 27 & 15 & 14 & 12 & 25\end{bmatrix}$$
$$=\begin{bmatrix}23 & 70 & 59 & 100 & 102 & 60 & 77 & 66 & 106\\17 & 55 & 41 & 73 & 77 & 45 & 56 & 48 & 79\end{bmatrix}$$

행렬 C로부터 숫자화된 암호문을 만든다.

23, 70, 59, 100, 102, 60, 77, 66, 106, 17, 55, 41, 73, 77, 45, 56, 48, 79

이제, 이 암호문을 행렬 K^{-1}를 이용하여 복호화하면 다음이 성립한다.

$$K^{-1}C = M$$

따라서 암호문을 두 행을 가지는 행렬로 만들고, 왼쪽에 K^{-1}를 곱하면 복호화할 수 있다.

$$M = K^{-1}C = \begin{bmatrix} 1 & -1 \\ -2 & 3 \end{bmatrix}\begin{bmatrix} 23 & 70 & 59 & 100 & 102 & 60 & 77 & 66 & 106 \\ 17 & 55 & 41 & 73 & 77 & 45 & 56 & 48 & 79 \end{bmatrix}$$
$$= \begin{bmatrix} 6 & 15 & 18 & 27 & 25 & 15 & 21 & 18 & 27 \\ 5 & 25 & 5 & 19 & 27 & 15 & 14 & 12 & 25 \end{bmatrix}$$

[표 2-3]으로부터 다음 문장을 얻는다.

6	15	18	27	25	15	21	18	27	5	25	5	19	27	15	14	12	25
F	O	R	*	Y	O	U	R	*	E	Y	E	S	*	O	N	L	Y

Command Window

: 코딩

```
>> M=[6  15  18  27  25  15  21  18  27;5  25  5  19  27  15  14  12  25];
                                              % 행렬 M 입력
>> K=[3 1;2 1];                               % 행렬 K 입력
>> C=K*M;                                     % 행렬 C 계산
>> N=inv(K)*C                                 % 행렬 N 계산
```

: 결과

```
N =                                           % [예제 2-40]의 결과와 동일
     6   15   18   27   25   15   21   18   27
     5   25    5   19   27   15   14   12   25
```

MATLAB 유제

[표 2-3]과 행렬 $K = \begin{bmatrix} 7 & 4 \\ 5 & 3 \end{bmatrix}$을 사용하여 다음 문장을 암호화했다가 복호화하라.

MATHEMATICS IS A PROMISE

한글로 작성된 문장도 영어로 작성된 경우와 마찬가지로 힐 암호 체계로 암호화할 수 있다. 다음 예제를 통하여 한글로 암호화하는 방법을 알아보자.

예제 2-41

[표 2-4]는 한글의 자음과 모음 그리고 특별한 기호를 숫자화하기 위한 것이다. 행렬 $A = \begin{bmatrix} 3 & 1 & 2 \\ 2 & 1 & -1 \\ 3 & 1 & 3 \end{bmatrix}$을 이용하여 다음 문장을 암호화하라.

내일 그곳에서 만나자

[표 2-4] 한글의 숫자화

ㄱ	ㄴ	ㄷ	ㄹ	ㅁ	ㅂ	ㅅ	ㅇ	ㅈ	ㅊ
1	2	3	4	5	6	7	8	9	10
ㅋ	ㅌ	ㅍ	ㅎ	ㅏ	ㅑ	ㅓ	ㅕ	ㅗ	ㅛ
11	12	13	14	15	16	17	18	19	20
ㅜ	ㅠ	ㅡ	ㅣ	ㅐ	ㅒ	ㅔ	ㅖ	*	?
21	22	23	24	25	26	27	28	29	30

풀이

주어진 표를 이용하여 문장을 숫자화하면 다음과 같다.

ㄴ	ㅐ	ㅇ	ㅣ	ㄹ	*	ㄱ	ㅡ	ㄱ	ㅗ	ㅅ	ㅇ	ㅔ	ㅅ	ㅓ	*	ㅁ	ㅏ	ㄴ	ㄴ	ㅏ	ㅈ	ㅏ
2	25	8	24	4	29	1	23	1	19	7	8	27	7	17	29	5	15	2	2	15	9	15

A가 3×3 행렬이므로 다음과 같이 3개의 행을 갖는 행렬 M으로 만든다. 숫자의 개수가 3의 배수가 아니면 마지막에 *에 해당하는 29를 계속 첨가한다.

$$M=\begin{bmatrix}2 & 25 & 8 & 24 & 4 & 29 & 1 & 23\\ 1 & 19 & 7 & 8 & 27 & 7 & 17 & 29\\ 5 & 15 & 2 & 2 & 15 & 9 & 15 & 29\end{bmatrix}$$

같은 방법으로 다음과 같이 숫자화된 암호문을 만들 수 있다.

$$C=AM=\begin{bmatrix}3 & 1 & 2\\ 2 & 1 & -1\\ 3 & 1 & 3\end{bmatrix}\begin{bmatrix}2 & 25 & 8 & 24 & 4 & 29 & 1 & 23\\ 1 & 19 & 7 & 8 & 27 & 7 & 17 & 29\\ 5 & 15 & 2 & 2 & 15 & 9 & 15 & 29\end{bmatrix}$$

$$=\begin{bmatrix}17 & 124 & 35 & 84 & 69 & 112 & 50 & 156\\ 0 & 54 & 21 & 54 & 20 & 56 & 4 & 46\\ 22 & 139 & 37 & 86 & 84 & 121 & 65 & 185\end{bmatrix}$$

즉 '내일 그곳에서 만나자'의 암호문은 다음과 같다.

17, 124, 35, 84, 69, 112, 50, 156, 0, 54, 21, 54, 20, 56, 4, 46, 22, 139, 37, 86, 84, 121, 65, 185

Command Window

```
: 코딩
>> M=[2  25  8  24  4  29  1  23;1  19  7   8   27  7  17  29;
   5 15  2  2  15  9  15 29];                      % 행렬 M 입력
>> A=[3 1 2;2 1 -1;3 1 3];                         % 행렬 A 입력
>> C=A*M                                           % 암호문 행렬 C 계산

: 결과
C =                                                % [예제 2-41]의 결과와 동일
    17  124  35  84   69  112   50   156
     0   54  21  54   20   56    4    46
    22  139  37  86   84  121   65   185
```

MATLAB 유제

$A=\begin{bmatrix} 3 & -2 & 1 \\ 2 & 1 & -2 \\ -2 & 2 & 3 \end{bmatrix}$을 이용하여 다음 문장을 암호화하라.

수학은 약속이다

앞의 예제에서와 같이 $B^{-1}=A$라면 B를 이용하여 만든 암호문은 A를 이용하여 복호화할 수 있다. 또한 두 행렬 A, B를 모르면 이 암호문을 복호화할 수 없으므로 숫자화하는 표가 알려지더라도 누설될 염려가 없다. 따라서 두 행렬 A, $B(=A^{-1})$만 알려지지 않도록 주의하면 비밀이 보장된다. 또한 이 행렬 A를 정기적으로 바꾸어주면 통신 내용의 보안이 효과적으로 유지된다.

행렬 입력하기

행렬은 콤마(,)와 세미콜론(;)을 이용하여 입력할 수 있다. 대괄호([ ]) 안에 1행부터 차례로 원소를 입력하되, 원소는 콤마 또는 공백으로 구분하고 다음 행의 원소를 입력하기 전에는 세미콜론을 이용하여 구분한다.

```
>> A=[1 2;3 4];                              % 콤마와 세미콜론으로 행렬 입력
>> A=[1,2;3,4];                              % 공백과 세미콜론으로 행렬 입력
```

inv 명령어

inv 명령어는 행렬의 역행렬을 구하는 데 사용한다. 명령어의 인자로 이미 입력받은 행렬의 이름을 입력하거나, 행렬을 직접 입력하여 사용할 수 있다.

```
>> A=[1 2;3 4];
>> inv(A);                                   % 이미 입력받은 행렬로 역행렬 계산
>> inv([1,2;3,4]);                           % 행렬을 직접 입력하여 역행렬 계산
```

trace 명령어

trace 명령어는 정사각행렬의 대각합을 구하는 데 사용한다. 이 명령어의 인자로 이미 입력받은 행렬을 입력하거나, 행렬을 직접 입력하여 사용할 수 있다.

```
>> A=[1 2;3 4];
>> trace(A);                                 % 이미 입력받은 행렬로 대각합 계산
>> trace([1,2;3,4]);                         % 행렬을 직접 입력하여 대각합 계산
```

diag 명령어

diag 명령어는 대각행렬을 생성하는 데 사용한다. 이 명령어의 인자의 개수에 따라 대각행렬의 차수가 결정되며, 각 인자는 주대각선 원소가 된다.

```
>> diag([1 5 3])                             % 대각행렬 생성
ans =
     1     0     0
     0     5     0
     0     0     3
```

Chapter 02 연습문제

2.1 다음 행렬에 대하여 물음에 답하라.

$$A=\begin{bmatrix}1 & -2 & 5\\ 6 & -3 & 4\end{bmatrix},\quad B=\begin{bmatrix}2\\ -3\\ 5\end{bmatrix},\quad C=\begin{bmatrix}6 & 0 & 2\\ -4 & 3 & 5\\ 7 & 1 & -1\end{bmatrix}$$

(a) $A=[a_{ij}]$라고 할 때, a_{12}, a_{22}, a_{23}을 구하라.

(b) $B=[b_{ij}]$라고 할 때, b_{11}, b_{31}을 구하라.

(c) $C=[c_{ij}]$라고 할 때, c_{13}, c_{31}, c_{33}을 구하라.

(d) C의 주대각선 성분을 구하라.

2.2 다음 행렬에 대하여 $A+B=C$일 때, x, y, z, w를 구하라.

$$A=\begin{bmatrix}1 & 2\\ 0 & -1\end{bmatrix},\quad B=\begin{bmatrix}x & y\\ z & w\end{bmatrix},\quad C=\begin{bmatrix}1 & -[illegible]\\ -1 & -2\end{bmatrix}$$

2.3 A, B, C가 크기가 같은 행렬이고 a, b는 스칼라라고 할 때, 다음이 성립함을 보여라.

(a) $A+(B+C)=(A+B)+C$ (덧셈의 결합법칙)

(b) $A+(-A)=O$

(c) $(a+b)C=aC+bC$

(d) $(ab)C=a(bC)$

2.4 다음 행렬 A, B에 대하여 다음을 구하라.

$$A=\begin{bmatrix}3 & 3 & 3\\ 2 & -2 & 2\\ 0 & 2 & 3\end{bmatrix},\quad B=\begin{bmatrix}1 & 5 & 2\\ -1 & 1 & 0\\ -4 & 1 & 3\end{bmatrix}$$

(a) A^T　　(b) $\mathrm{tr}(A)$　　(c) $(A+B)^T$　　(d) $\mathrm{tr}(A+B)$

2.5 두 행렬 A, B에 대하여 다음을 확인하라.

$$A=\begin{bmatrix}1 & 1\\ 2 & -1\end{bmatrix},\quad B=\begin{bmatrix}1 & -3\\ -2 & 0\end{bmatrix}$$

(a) $\mathrm{tr}(AB)=\mathrm{tr}(BA)$　　(b) $(AB)^T=B^TA^T$

2.6 다음 행렬 중 가역행렬인 것을 찾고, 그 역행렬을 구하라.

(a) $\begin{bmatrix} 1 & 2 \\ 3 & 4 \end{bmatrix}$ (b) $\begin{bmatrix} 2 & -3 \\ 3 & 6 \end{bmatrix}$ (c) $\begin{bmatrix} 1 & -3 \\ 4 & 3 \end{bmatrix}$

(d) $\begin{bmatrix} 1 & 4 & -1 \\ -1 & 1 & -3 \\ 2 & 5 & 4 \end{bmatrix}$ (e) $\begin{bmatrix} -3 & 1 & -5 \\ 2 & 2 & 2 \\ -1 & 0 & -9 \end{bmatrix}$ (f) $\begin{bmatrix} -1 & 0 & -1 \\ 0 & 1 & 1 \\ -1 & 1 & 0 \end{bmatrix}$

(g) $\begin{bmatrix} 1 & 0 & 0 & 0 \\ 1 & 2 & 0 & 0 \\ 1 & 2 & 3 & 0 \\ 1 & 2 & 3 & 4 \end{bmatrix}$ (h) $\begin{bmatrix} 1 & 2 & -3 & 1 \\ -1 & 2 & -3 & -1 \\ 2 & 0 & 1 & -5 \\ 3 & 1 & -2 & -5 \end{bmatrix}$

(i) $\begin{bmatrix} 1 & -1 & 2 & 3 \\ 4 & 1 & 2 & 0 \\ 2 & 1 & 3 & 1 \\ 4 & 2 & 1 & -5 \end{bmatrix}$ (j) $\begin{bmatrix} k & 0 & 0 & 0 \\ 1 & k & 0 & 0 \\ 0 & 1 & k & 0 \\ 0 & 0 & 1 & k \end{bmatrix}$ (단, $k \neq 0$)

2.7 다음 행렬이 비가역행렬일 때, k 값을 구하라.

$$A = \begin{bmatrix} 1 & 2 & k \\ 3 & -1 & 1 \\ 5 & 3 & -5 \end{bmatrix}$$

2.8 역행렬을 이용하여 다음 연립방정식을 풀어라.

(a)
$$\begin{aligned} x_1 + 2x_2 + 3x_3 &= 0 \\ 2x_1 + 5x_2 + 3x_3 &= 0 \\ x_1 \qquad\quad + 8x_3 &= 0 \end{aligned}$$

(b)
$$\begin{aligned} x_1 + 2x_2 + 3x_3 &= 1 \\ 2x_1 + 5x_2 + 3x_3 &= 6 \\ x_1 \qquad\quad + 8x_3 &= -6 \end{aligned}$$

2.9 다음 행렬을 대칭행렬과 반대칭행렬의 합으로 나타내라.

$$A = \begin{bmatrix} -2 & 6 & 2 & 0 \\ 1 & 1 & -2 & 3 \\ -3 & 4 & 1 & 2 \\ 0 & 0 & 2 & 4 \end{bmatrix}$$

2.10 다음 삼각행렬이 가역행렬이기 위한 x 값을 결정하라.

$$\begin{bmatrix} x-1 & x^2 & x^4 \\ 0 & x+2 & x^3 \\ 0 & 0 & x-4 \end{bmatrix}$$

2.11 다음 행렬이 대칭행렬이 되도록 a, b 값을 정하라.

$$A=\begin{bmatrix} 2 & a & b \\ 2a & 0 & a+b \\ 3 & 3 & b \end{bmatrix}$$

2.12 다음 동차연립방정식이 자명하지 않은 해를 갖기 위한 a 값을 구하라.

$$\begin{aligned} (a-1)x + \quad 2y &= 0 \\ 2x + (a-1)y &= 0 \end{aligned}$$

2.13 다음 연립방정식의 b_1, b_2, b_3가 어떤 값을 가질 때 해를 갖는지 결정하라.

$$\begin{aligned} x+y+2z &= b_1 \\ x \quad\; + z &= b_2 \\ 2x+y+3z &= b_3 \end{aligned}$$

2.14 계산하지 말고 다음 행렬의 역행렬을 구하라.

$$D=\begin{bmatrix} 6 & 0 & 0 & 0 \\ 0 & -8 & 0 & 0 \\ 0 & 0 & 7 & 0 \\ 0 & 0 & 0 & -9 \end{bmatrix}$$

2.15 정사각행렬 A는 다음과 같이 대칭행렬 S와 반대칭행렬 K의 합으로 유일하게 분해됨을 보여라.

$$A=S+K,\quad S=\frac{1}{2}(A+A^T),\quad K=\frac{1}{2}(A-A^T)$$

2.16 행렬 A가 $A^T = -A$를 만족하면 주대각선 성분은 모두 영임을 보여라.

2.17 n차 정사각행렬 P가 $P^TP = I_n$이라고 하자. 하우스홀더 행렬Householder matrix $H = I_n - 2PP^T$는 대칭행렬이고 $H^TH = I_n$임을 보여라.

2.18 다음 행렬이 멱영원행렬임을 보이고, 닐포텐시를 구하라. 또 $(I_3 - A)^{-1}$를 구하라.

$$A = \begin{bmatrix} 0 & r & s \\ 0 & 0 & r \\ 0 & 0 & 0 \end{bmatrix}$$

2.19 두 행렬 A, B에 대하여 $AB = BA$일 필요충분조건은 $(A+B)^2 = A^2 + 2AB + B^2$임을 보여라.

2.20 다음 행렬의 닐포텐시를 구하고 각 행렬 A에 대하여 $I_3 - A$의 역행렬을 구하라.

(a) $A = \begin{bmatrix} 0 & 0 & 0 \\ -1 & 0 & 0 \\ 7 & 2 & 0 \end{bmatrix}$ (b) $A = \begin{bmatrix} 0 & 2 & 1 \\ 0 & 0 & 3 \\ 0 & 0 & 0 \end{bmatrix}$

2.21 n차 정사각행렬 A가 $A^2 = A$를 만족하면 A를 **멱등원행렬**idempotent matrix이라고 한다. 이때 다음을 보여라.

(a) $A = \frac{1}{2}\begin{bmatrix} 1 & 1 \\ 1 & 1 \end{bmatrix}$은 멱등원행렬이다.

(b) A가 멱등원행렬이면 $I_n - A$도 멱등원행렬이다.

2.22 A, B, C는 연산을 수행할 수 있는 크기의 행렬이고 a, b는 스칼라라고 할 때, 다음이 성립함을 보여라.

(a) $(B+C)A = BA + CA$ (b) $a(BC) = (aB)C = B(aC)$

2.23 두 개의 n차 정사각행렬 A, B가 $AB-BA=I_n$을 만족할 수 없음을 보여라.

2.24 A가 정사각행렬이고 r, s가 음이 아닌 정수일 때, $(A^r)^s=A^{rs}$이 성립함을 보여라.

2.25 $A=\begin{bmatrix}4 & -3\\ 1 & 0\end{bmatrix}$에 대하여 $A^2=4A-3I_2$라는 사실과 수학적 귀납법을 이용하여, $n\geq 1$일 때 다음을 증명하라.

$$A^n=\frac{(3^n-1)}{2}A+\frac{3-3^n}{2}I_2$$

2.26 행렬 $A=\begin{bmatrix}\frac{1}{3} & \alpha\\ 0 & \frac{1}{3}\end{bmatrix}$에 대하여 $\lim_{n\to\infty}A^n$을 구하라.

2.27 $m\times n$ 행렬 $A=[a_{ij}(x)]$의 각 성분이 변수 x로 미분 가능한 함수들일 때 $\frac{dA}{dx}=\left[\frac{da_{ij}}{dx}\right]$라고 정의하자. 행렬 A, B가 계산 가능한 적당한 크기일 때 다음이 성립함을 보여라.

(a) $\frac{d}{dx}(kA)=k\frac{dA}{dx}$ (단, k는 실수)

(b) $\frac{d}{dx}(A+B)=\frac{dA}{dx}+\frac{dB}{dx}$

(c) $\frac{d}{dx}(AB)=\frac{dA}{dx}B+A\frac{dB}{dx}$

2.28 다음 행렬 A, B에 대하여 $X=AX+B$를 만족하는 행렬 X를 구하라.

$$A=\begin{bmatrix}0 & -1 & 0\\ 0 & 0 & -1\\ 0 & 0 & 0\end{bmatrix},\quad B=\begin{bmatrix}1 & 2\\ 2 & 1\\ 3 & 3\end{bmatrix}$$

2.29 행렬 $A=\begin{bmatrix} a & b \\ c & d \end{bmatrix}$의 성분이 $a,\ b,\ c,\ d \geq 0$, $a+c=1=b+d$를 만족할 때, 행렬 A를 마코브 행렬 Markov matrix이라고 한다. $P=\begin{bmatrix} b & 1 \\ c & -1 \end{bmatrix}$에 대하여 $A \neq I_2$일 때 다음을 증명하라.

(a) P는 가역행렬이고 $P^{-1}AP=\begin{bmatrix} 1 & 0 \\ 0 & a+d-1 \end{bmatrix}$

(b) $A \neq \begin{bmatrix} 0 & 1 \\ 1 & 0 \end{bmatrix}$이고 $n \to \infty$일 때, $A^n \to \frac{1}{b+c}\begin{bmatrix} b & b \\ c & c \end{bmatrix}$

2.30 행렬 $A=\begin{bmatrix} 1 & 0 \\ -2 & 3 \end{bmatrix}$에 대하여 다음 물음에 답하라.

(a) $E_2E_1A=I$를 만족하는 기본행렬 E_1, E_2를 구하라.

(b) A^{-1}를 기본행렬들의 곱으로 나타내라.

2.31 $A=\begin{bmatrix} 2 & -1 & 0 \\ -1 & 2 & -1 \\ 0 & -1 & 2 \end{bmatrix}$에 대하여 $A=LDU$가 되는 행렬 L, D, U를 구하고, $\mathrm{b}=\begin{bmatrix} 1 \\ 0 \\ -1 \end{bmatrix}$일 때 $A\mathrm{x}=\mathrm{b}$를 만족하는 해를 구하라.

Chapter

03

행렬식

Determinant

학습목표

- 행렬식의 정의와 행렬식의 성질을 이해할 수 있다.
- 행렬식과 역행렬 사이의 관계를 이해한다.
- 크래머 공식을 이용하여 연립방정식의 특정한 해를 구할 수 있다.
- 행렬식을 활용하여 다양한 문제를 해결할 수 있다.

이 장에서는 행렬식을 정의하고 행렬식의 성질에 대하여 알아본다. 행렬식을 본래의 정의대로 계산하면 매우 복잡하지만 행렬식의 여러 가지 성질을 이용하면 쉽게 계산할 수 있다. 또 행렬식을 활용하여 계수행렬이 정사각행렬인 연립일차방정식의 해를 구하는 방법과 역행렬의 존재성 및 역행렬을 구하는 방법을 알아보고, 도형의 방정식, 보간 다항식, 평면과 공간에서 다양한 도형의 방정식을 구하는 방법에 대하여 알아본다.

3.1 행렬식의 정의

이 절에서는 2차 정사각행렬의 행렬식의 기하학적 의미와 행렬식의 정의에 대하여 알아본다. n차 정사각행렬은 수가 아니지만, 정사각행렬에 대응하는 함수를 정의하면 정사각행렬에 대응하는 수를 유일하게 얻을 수 있다. 행렬을 하나의 값으로 나타내는 방법에는 행렬식이 있다.

3.1.1 행렬식의 기하학적 의미

먼저 행렬식을 정의하기 전 행렬식의 기하학적 의미를 알아보자. [그림 3-1]의 좌표평면 위의 두 점 $\mathrm{P}(a, b)$, $\mathrm{Q}(c, d)$와 원점 $\mathrm{O}(0, 0)$이 만드는 삼각형 OPQ의 넓이를 구해 보자.

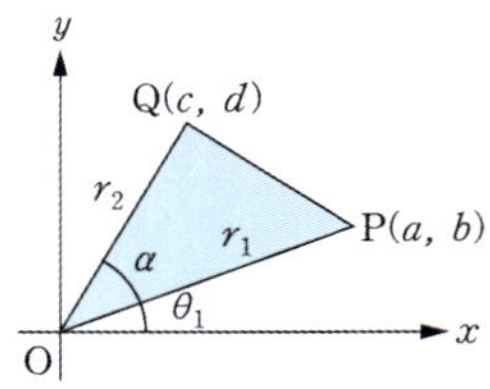

[그림 3-1] 좌표평면 위의 삼각형

r_1은 선분 OP의 길이, r_2는 선분 OQ의 길이일 때 극좌표를 이용하여 점 P의 좌표를 $a = r_1\cos\theta_1$, $b = r_1\sin\theta_1$으로 나타낼 수 있다. 또 $\theta_2 = \theta_1 + \alpha$이면 $c = r_2\cos\theta_2$, $d = r_2\sin\theta_2$이다.[1]

1 만약 점 P가 평면 위의 한 점이라면 원점과 점 P를 잇는 선분이 극축과 이루는 각이 θ이고, 원점에서 점 P까지의 거리가 r일 때, 점 P의 좌표를 $\mathrm{P}(r, \theta)$와 같이 표시하는 좌표계를 **극좌표계** polar coordinate system라고 한다.

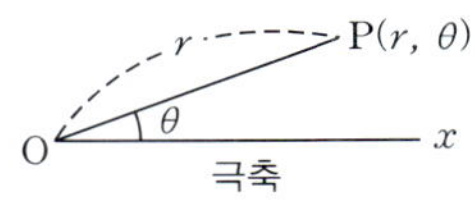

[그림 3-2] 극좌표계

여기서 $\alpha = \theta_2 - \theta_1$이므로 삼각형 OPQ의 넓이는 다음과 같다.

$$\begin{aligned}\triangle\mathrm{OPQ} &= \frac{1}{2}r_1r_2\sin\alpha \\ &= \frac{1}{2}r_1r_2\sin(\theta_2-\theta_1)^{2} \\ &= \frac{1}{2}r_1r_2(\sin\theta_2\cos\theta_1 - \cos\theta_2\sin\theta_1) \\ &= \frac{1}{2}(r_2\sin\theta_2\cdot r_1\cos\theta_1 - r_2\cos\theta_2\cdot r_1\sin\theta_1)\end{aligned}$$

2 $\sin(\theta_2-\theta_1) = \sin\theta_2\cos\theta_1 - \cos\theta_2\sin\theta_1$

그런데 $r_1\cos\theta_1 = a$, $r_1\sin\theta_1 = b$, $r_2\cos\theta_2 = c$, $r_2\sin\theta_2 = d$이므로 다음이 성립한다.

$$\begin{aligned}\triangle\mathrm{OPQ} &= \frac{1}{2}(r_2\sin\theta_2\cdot r_1\cos\theta_1 - r_2\cos\theta_2\cdot r_1\sin\theta_1) \\ &= \frac{1}{2}(da-cb) \\ &= \frac{1}{2}(ad-bc)^{3}\end{aligned}$$

3 2.3절의 역행렬에서 행렬식 $\Delta = ad-bc$에 대하여 이미 다루었다. 특히 삼각형의 넓이를 구할 때, $\Delta < 0$이면 절댓값을 취한다.

즉 원점과 두 점 P(a, b), Q(c, d)가 만드는 삼각형의 넓이는 $\Delta = ad - bc$의 $\frac{1}{2}$임을 알 수 있다. 한편 두 점 P(a, b), Q(c, d)를 $A = \begin{bmatrix} a & b \\ c & d \end{bmatrix}$와 같이 행렬로 나타내고 $\Delta = ad - bc = \det(A)$라고 하면 삼각형 OPQ의 넓이는 다음과 같이 나타낼 수 있다.[4]

4 $\det(A)$는 평면 위의 세 점 O, P, Q로 만들어지는 평행사변형의 넓이다.

$$\triangle OPQ = \frac{1}{2}|\det(A)|$$

예제 3-1

좌표평면 위의 두 점 P(3, 2), Q(2, −1)과 원점 O(0, 0)이 만드는 삼각형 OPQ에 대하여 다음 물음에 답하라.

(a) 두 점 P(3, 2), Q(2, −1)을 행렬 A로 나타내라.

(b) $\det(A)$를 이용하여 삼각형 OPQ의 넓이를 구하라.

풀이

(a) 두 점 P(3, 2), Q(2, −1)을 행렬 A로 나타내면 $A = \begin{bmatrix} 3 & 2 \\ 2 & -1 \end{bmatrix}$이다.

(b) **(a)**로부터 $\det(A) = 3 \cdot (-1) - 2 \cdot 2 = -7$이다. 따라서 다음이 성립한다.

$$\triangle OPQ = \frac{1}{2}|\det(A)| = \frac{7}{2}$$

Command Window

```
: 코딩
>> P=[3 2];Q=[2 -1];                % 행벡터 P, Q 생성
>> A=[P;Q]                          % 두 행벡터로 행렬 A 생성
>> S=1/2*abs(det(A)) 1              % 삼각형의 넓이 계산

: 결과
A =                                 % [예제 3-1]의 결과와 동일
    3     2
    2    -1
S =
    3.5000
```

MATLAB TIP!

1 det(A) : 행렬식 $\Delta = ad - bc = \det(A)$를 계산한다.

MATLAB 유제

좌표평면 위의 두 점 P(2, 4), Q(−5, 6)과 원점 O(0, 0)이 만드는 삼각형 OPQ에 대하여 MATLAB을 사용하여 다음 물음에 답하라.

(a) 두 점 P(2, 4), Q(−5, 6)을 행렬 A로 나타내라.

(b) $\det(A)$를 이용하여 삼각형 OPQ의 넓이를 구하라.

3.1.2 행렬식이란?

앞에서 우리는 좌표평면 위의 세 점을 꼭짓점으로 하는 삼각형의 넓이를 2차 정사각행렬의 연산으로 구했다. 이를 이용하여 2차 정사각행렬 A의 **행렬식** determinant을 다음과 같이 정의할 수 있다. 2차 정사각행렬 $A=\begin{bmatrix} a_{11} & a_{12} \\ a_{21} & a_{22} \end{bmatrix}$의 행렬식은 $\det(A)$ 또는 $|A|$로 나타내며 다음과 같다.

$$\det(A)=|A|=\begin{vmatrix} a_{11} & a_{12} \\ a_{21} & a_{22} \end{vmatrix}=a_{11}a_{22}-a_{12}a_{21} \tag{3.1}$$

이것을 2차 행렬식이라고도 한다. 한편 2.3절의 식 (2.11)에 의하면 2차 정사각행렬 A가 가역행렬일 필요충분조건은 $\det(A)\neq 0$임을 알 수 있다.

예제 3-2

다음 2차 정사각행렬의 행렬식을 구하라.

(a) $A=\begin{bmatrix} -3 & -2 \\ 1 & 2 \end{bmatrix}$ **(b)** $B=\begin{bmatrix} 2 & 4 \\ -3 & 2 \end{bmatrix}$

풀이

(a) $|A|=\begin{vmatrix} -3 & -2 \\ 1 & 2 \end{vmatrix}=(-3)\cdot 2-(-2)\cdot 1=-4$

(b) $|B|=\begin{vmatrix} 2 & 4 \\ -3 & 2 \end{vmatrix}=2\cdot 2-4\cdot(-3)=16$

Command Window

```
: 코딩
>> A=[-3 -2;1 2];B=[2 4;-3 2];          % 행렬 A, B 입력
>> det_A=det(A),det_B=det(B)            % 행렬식 계산

: 결과
det_A =                                  % [예제 3-2(a)]의 결과와 동일
      -4
det_B =                                  % [예제 3-2(b)]의 결과와 동일
      16
```

MATLAB 유제

다음 2차 정사각행렬의 행렬식을 구하라.

(a) $A=\begin{bmatrix} 317 & 234 \\ 421 & 862 \end{bmatrix}$ **(b)** $B=\begin{bmatrix} -952 & 4574 \\ 1323 & 2024 \end{bmatrix}$

3차 정사각행렬 $A=\begin{bmatrix} a_{11} & a_{12} & a_{13} \\ a_{21} & a_{22} & a_{23} \\ a_{31} & a_{32} & a_{33} \end{bmatrix}$ 에 대하여 A의 행렬식은 $\det(A)$ 또는 $|A|$로 나타내고 다음과 같이 정의한다.[5]

$$\det(A)=|A|=\begin{vmatrix} a_{11} & a_{12} & a_{13} \\ a_{21} & a_{22} & a_{23} \\ a_{31} & a_{32} & a_{33} \end{vmatrix} \tag{3.2}$$

$$=a_{11}(a_{22}a_{33}-a_{23}a_{32})-a_{12}(a_{21}a_{33}-a_{23}a_{31})+a_{13}(a_{21}a_{32}-a_{22}a_{31})$$

5 3차 행렬식의 기하학적 의미는 4장 4.3.3절에서 다룬다.

식 (3.1)과 (3.2)로부터 2차와 3차 정사각행렬의 행렬식은 다음 그림을 이용하면 쉽게 계산할 수 있다. 3차 정사각행렬은 먼저 a_{11}과 a_{13}, a_{31}과 a_{33}를 아래 그림과 같이 덧붙여 쓰고 오른쪽 아래로 향하는 화살표의 곱에는 $+$, 왼쪽 아래로 향하는 화살표의 곱에는 $-$를 붙인다.[6] 이 방법을 **사루스 방법**rule of Sarrus이라고 한다.[7]

6 사루스 방법은 다음과 같이 두 열을 오른쪽으로 옮겨서 계산해도 결과가 같다.

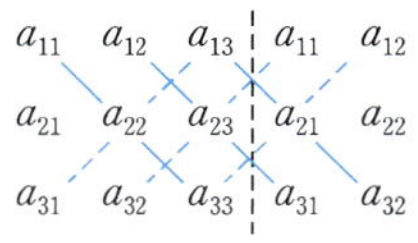

7 행렬식을 구하는 사루스 방법은 2차와 3차 행렬식에서만 성립한다. 따라서 일반적으로 n차 행렬식을 구할 때 사루스 방법을 사용하면 안 된다.

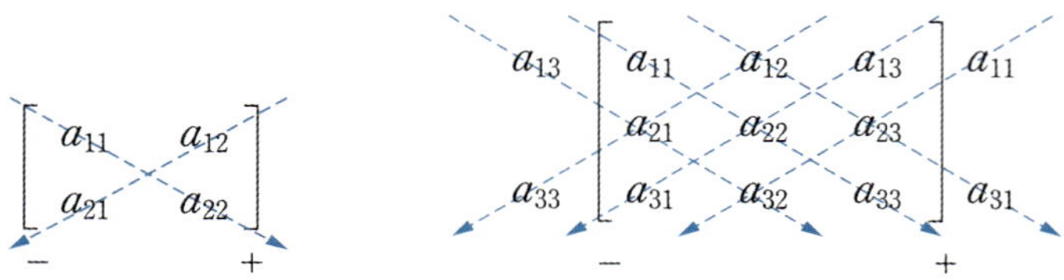

(a) 2차 정사각행렬 (b) 3차 정사각행렬

[그림 3-3] **사루스 방법**

예제 3-3

다음 3차 행렬의 행렬식을 계산하라.

(a) $A=\begin{bmatrix} 1 & 2 & 3 \\ 1 & 3 & 3 \\ 2 & -1 & 2 \end{bmatrix}$ **(b)** $B=\begin{bmatrix} 3 & 2 & 4 \\ -2 & 0 & -1 \\ 1 & -2 & 5 \end{bmatrix}$

풀이

(a) $|A|=\begin{vmatrix} 1 & 2 & 3 \\ 1 & 3 & 3 \\ 2 & -1 & 2 \end{vmatrix}=1\{3\cdot 2-3\cdot(-1)\}-2(1\cdot 2-3\cdot 2)+3\{1\cdot(-1)-3\cdot 2\}$

$=9+8-21=-4$

(b) $|B|=\begin{vmatrix} 3 & 2 & 4 \\ -2 & 0 & -1 \\ 1 & -2 & 5 \end{vmatrix}$

$=3\{0\cdot 5-(-1)\cdot(-2)\}-2\{(-2)\cdot 5-(-1)\cdot 1\}+4\{(-2)\cdot(-2)+0\cdot 1\}$

$=-6+18+16=28$

```
Command Window
: 코딩
>> A=[1 2 3;1 3 3;2 -1 2];B=[3 2 4;-2 0 -1;1 -2 5];  % 행렬 A, B 입력
>> det_A=det(A),det_B=det(B)                         % 행렬식 계산

: 결과
det_A =                                    % [예제 3-3(a)]의 결과와 동일
      -4.0000
det_B =                                    % [예제 3-3(b)]의 결과와 동일
      28
```

MATLAB 유제

다음 행렬의 행렬식을 구하라.

(a) $A=\begin{bmatrix} 3 & 9 & -1 \\ 12 & 44 & 22 \\ -9 & 37 & 52 \end{bmatrix}$ (b) $B=\begin{bmatrix} 789 & -28 & 676 \\ 104 & 384 & -143 \\ 345 & 756 & 354 \end{bmatrix}$

3차 행렬의 행렬식 (3.2)는 2차 행렬의 행렬식 (3.1)을 이용하여 나타낼 수 있다.

$$\det(A)=|A|=\begin{vmatrix} a_{11} & a_{12} & a_{13} \\ a_{21} & a_{22} & a_{23} \\ a_{31} & a_{32} & a_{33} \end{vmatrix}$$

$$=a_{11}(a_{22}a_{33}-a_{23}a_{32})-a_{12}(a_{21}a_{33}-a_{23}a_{31})+a_{13}(a_{21}a_{32}-a_{22}a_{31})$$

$$=a_{11}\begin{vmatrix} a_{22} & a_{23} \\ a_{32} & a_{33} \end{vmatrix}-a_{12}\begin{vmatrix} a_{21} & a_{23} \\ a_{31} & a_{33} \end{vmatrix}+a_{13}\begin{vmatrix} a_{21} & a_{22} \\ a_{31} & a_{32} \end{vmatrix} \tag{3.3}$$

식 (3.3)의 계산을 알기 쉽게 나타내면 다음과 같다.

제1행 (+) (−) (+)

$$|A|=\begin{vmatrix} a_{11} & a_{12} & a_{13} \\ a_{21} & a_{22} & a_{23} \\ a_{31} & a_{32} & a_{33} \end{vmatrix}=a_{11}\begin{vmatrix} a_{22} & a_{23} \\ a_{32} & a_{33} \end{vmatrix}-a_{12}\begin{vmatrix} a_{21} & a_{23} \\ a_{31} & a_{33} \end{vmatrix}+a_{13}\begin{vmatrix} a_{21} & a_{22} \\ a_{31} & a_{32} \end{vmatrix}$$

$$\begin{vmatrix} a_{11} & a_{12} & a_{13} \\ a_{21} & a_{22} & a_{23} \\ a_{31} & a_{32} & a_{33} \end{vmatrix} \quad \begin{vmatrix} a_{11} & a_{12} & a_{13} \\ a_{21} & a_{22} & a_{23} \\ a_{31} & a_{32} & a_{33} \end{vmatrix} \quad \begin{vmatrix} a_{11} & a_{12} & a_{13} \\ a_{21} & a_{22} & a_{23} \\ a_{31} & a_{32} & a_{33} \end{vmatrix} \tag{3.4}$$

식 (3.4)에서는 1행 성분이 속한 행과 열을 제외한 나머지 성분으로 된 2×2 행렬식으로 3×3 행렬식을 계산했다. 같은 방법으로 다른 행과 열에 대하여도 계산할 수 있다. 같은 방법으로 2행에 대하여 계산하면 다음과 같다.

$$\det(A) = |A| = \begin{vmatrix} a_{11} & a_{12} & a_{13} \\ a_{21} & a_{22} & a_{23} \\ a_{31} & a_{32} & a_{33} \end{vmatrix}$$
$$= -a_{21}\begin{vmatrix} a_{12} & a_{13} \\ a_{32} & a_{33} \end{vmatrix} + a_{22}\begin{vmatrix} a_{11} & a_{13} \\ a_{31} & a_{33} \end{vmatrix} - a_{23}\begin{vmatrix} a_{11} & a_{12} \\ a_{31} & a_{32} \end{vmatrix} \tag{3.5}$$

한편 2열에 대하여 계산하면 다음과 같다.

$$\det(A) = |A| = \begin{vmatrix} a_{11} & a_{12} & a_{13} \\ a_{21} & a_{22} & a_{23} \\ a_{31} & a_{32} & a_{33} \end{vmatrix}$$
$$= -a_{12}\begin{vmatrix} a_{21} & a_{23} \\ a_{31} & a_{33} \end{vmatrix} + a_{22}\begin{vmatrix} a_{11} & a_{13} \\ a_{31} & a_{33} \end{vmatrix} - a_{32}\begin{vmatrix} a_{11} & a_{13} \\ a_{21} & a_{23} \end{vmatrix} \tag{3.6}$$

이와 같이 3차 행렬식은 식 (3.4), (3.5), (3.6)과 같이 여러 방법으로 구할 수 있으며 그 결과는 모두 같다. 식 (3.4)에서 3차 정사각행렬 A에 대하여 2×2 행렬 $\begin{bmatrix} a_{22} & a_{23} \\ a_{32} & a_{33} \end{bmatrix}$는 A에서 a_{11}이 속한 1행과 1열을 제외한 행렬이고, $\begin{bmatrix} a_{21} & a_{23} \\ a_{31} & a_{33} \end{bmatrix}$는 A에서 a_{12}가 속한 1행과 2열을 제외한 행렬이다. 또한 $\begin{bmatrix} a_{21} & a_{22} \\ a_{31} & a_{32} \end{bmatrix}$는 A에서 a_{13}가 속한 1행과 3열을 제외한 행렬임을 알 수 있다. 이와 같은 2차 정사각행렬을 차례로 M_{11}, M_{12}, M_{13}로 나타내고 이 행렬의 행렬식을 다음과 같이 각각 A_{11}, A_{12}, A_{13}이라고 두자.

$$A_{11} = \det(M_{11}),\ A_{12} = -\det(M_{12}),\ A_{13} = \det(M_{13})$$

이를 이용하여 식 (3.4)를 다시 쓰면 다음과 같다.

$$\det(A) = a_{11}A_{11} + a_{12}A_{12} + a_{13}A_{13} \tag{3.7}$$

이때 식 (3.7)을 $\det(A)$의 1행에 대한 **전개식**expansion이라고 한다.

예제 3-4

다음 행렬의 행렬식을 1행에 대한 전개식과 2행에 대한 전개식으로 구하라.

$$A = \begin{bmatrix} 1 & 2 & 3 \\ 4 & 5 & 6 \\ 7 & 8 & 9 \end{bmatrix}$$

풀이

행렬 A의 행렬식을 1행에 대한 전개식으로 구하면 다음과 같다.

$$\begin{aligned}\det(A) &= 1\begin{vmatrix}5 & 6\\8 & 9\end{vmatrix} - 2\begin{vmatrix}4 & 6\\7 & 9\end{vmatrix} + 3\begin{vmatrix}4 & 5\\7 & 8\end{vmatrix}\\ &= 1(45-48) - 2(36-42) + 3(32-35)\\ &= -3+12-9\\ &= 0\end{aligned}$$

행렬 A의 행렬식을 2행에 대한 전개식으로 구하면 다음과 같다.

$$\begin{aligned}\det(A) &= -4\begin{vmatrix}2 & 3\\8 & 9\end{vmatrix} + 5\begin{vmatrix}1 & 3\\7 & 9\end{vmatrix} - 6\begin{vmatrix}1 & 2\\7 & 8\end{vmatrix}\\ &= -4(18-24) + 5(9-21) - 6(8-14)\\ &= 24-60+36\\ &= 0\end{aligned}$$

Command Window

: 코딩

```
>> A=[1 2 3;4 5 6;7 8 9];                                          % 행렬 A 입력
>> A11=A([2 3],[2 3]);A12=A([2 3],[1 3]);A13=A([2 3],[1 2]); % 부분행렬 계산
>> A21=A([1 3],[2 3]);A22=A([1 3],[1 3]);A23=A([1 3],[1 2]);
>> DA1=A(1,1)*det(A11)-A(1,2)*det(A12)+A(1,3)*det(A13)        % 1행에 대한 전개식
>> DA2=A(2,1)*det(A21)-A(2,2)*det(A22)+A(2,3)*det(A23)        % 2행에 대한 전개식
```

: 결과

```
DA1 =                                                 % [예제 3-4]의 결과와 동일
      1.7764e-015 1
DA2 =
      0
```

MATLAB TIP!

1 기계적 계산 오차로 0으로 간주할 수 있다.

MATLAB 유제

다음 행렬의 행렬식을 2열에 대한 전개식으로 구하라.

$$A = \begin{bmatrix}7 & 6 & 0\\9 & -3 & 2\\4 & 5 & 0\end{bmatrix}$$

n차 정사각행렬의 행렬식을 구하기 위해 식 (3.7)과 같이 행렬의 크기를 줄여서 행렬식을 구하는 방법을 알아보자. n차 정사각행렬 $A=[a_{ij}]$에 대하여 A의 제i행, 제j열을 제외하고 얻은 $(n-1)\times(n-1)$차 행렬식 $|M_{ij}|$를 A의 **소행렬식**minor이라고 하고, $A_{ij}=(-1)^{i+j}|M_{ij}|$를 A의 **여인자**cofactor라고 한다.[8]

8 A의 소행렬식 $|M_{ij}|$를 a_{ij}의 소행렬식, A_{ij}를 a_{ij}의 여인자라고도 한다. 또 여인자를 여인수라고도 한다.

예제 3-5

다음 행렬의 소행렬식 $|M_{13}|$, $|M_{32}|$와 여인자 A_{13}, A_{32}를 구하라.

$$A = \begin{bmatrix} 4 & 2 & -1 \\ -2 & 0 & 2 \\ 3 & 3 & -2 \end{bmatrix}$$

풀이

$|M_{13}|$는 $a_{13} = -1$의 소행렬식이며 다음과 같다.

$$|M_{13}| = \begin{vmatrix} -2 & 0 \\ 3 & 3 \end{vmatrix} = -6$$

$|M_{32}|$는 $a_{32} = 3$의 소행렬식이며 다음과 같다.

$$|M_{32}| = \begin{vmatrix} 4 & -1 \\ -2 & 2 \end{vmatrix} = 6$$

따라서 여인자를 구하면 다음과 같다.

$$A_{13} = (-1)^{1+3}|M_{13}| = -6, \quad A_{32} = (-1)^{3+2}|M_{32}| = -6$$

Command Window

```
: 코딩
>> A=[4 2 -1;-2 0 2;3 3 -2];                % 행렬 A 입력
>> M13=det(A([2 3],[1 2]))                  % 소행렬식 M13 계산
>> A13=(-1)^(1+3)*M13                       % 여인자 A13 계산
>> M32=det(A([1 2],[1 3]))                  % 소행렬식 M32 계산
>> A32=(-1)^(3+2)*M32                       % 여인자 A32 계산

: 결과
M13 =                                       % [예제 3-5]의 결과와 동일
      -6
M32 =
      6
A13 =
      -6
A32 =
      -6
```

Command Window

```
: 코딩
>> A=[4 2 -1;-2 0 2;3 3 -2];                % 행렬 A 입력
>> cofactor(A,1,3) [1]                      % M-파일을 이용하여 여인자 계산

: 결과
ans =                                       % [예제 3-5]의 결과와 동일
      -6
```

MATLAB TIP!

[1] cofactor(A,k,l) : 행렬 A의 여인자 A_{kl}을 계산한다. 이는 cofactor.m이 현재 폴더에 있어야만 실행할 수 있다.

MATLAB 유제

다음 행렬의 소행렬식 $|M_{23}|$, $|M_{12}|$와 여인자 A_{23}, A_{12}를 구하라.

$$A = \begin{bmatrix} 34 & 27 & -21 \\ -82 & 0 & 29 \\ 83 & 32 & -72 \end{bmatrix}$$

이제 여인자를 이용하여 n차 정사각행렬의 행렬식을 정의해 보자. n차 정사각행렬 $A=[a_{ij}]$의 **n차 행렬식**은 $\det(A)$ 또는 $|A|$로 나타내고 다음과 같이 정의한다.

$$\begin{aligned} \det(A) = |A| &= a_{i1}A_{i1} + a_{i2}A_{i2} + \cdots + a_{in}A_{in} \\ &= \sum_{k=1}^{n} a_{ik}A_{ik} \end{aligned} \tag{3.8}$$

이때 식 (3.8)을 i행에 대한 **여인자 전개**cofactor expansion라고 한다. 한편 A의 행렬식은 j열에 대하여 다음과 같이 정의한다.

$$\begin{aligned} \det(A) = |A| &= a_{1j}A_{1j} + a_{2j}A_{2j} + \cdots + a_{nj}A_{nj} \\ &= \sum_{k=1}^{n} a_{kj}A_{kj} \end{aligned} \tag{3.9}$$

이때 식 (3.9)를 j열에 대한 여인자 전개라고 한다.[9]

9 행렬식을 여인자 전개할 때 $|M_{ij}|$ 앞의 부호는 다음과 같다.

$$\begin{bmatrix} + & - & + & - & \cdots \\ - & + & - & + & \cdots \\ + & - & + & - & \cdots \\ - & + & - & + & \cdots \\ \vdots & \vdots & \vdots & \vdots & \ddots \end{bmatrix}$$

즉 A의 여인자 A_{ij}는 행과 열의 수를 더한 결과가 짝수이면 양의 부호(+)로 지정하고, 홀수이면 음의 부호(−)로 지정한다.

예제 3-6

[예제 3-5]의 행렬 A의 행렬식을 3행에 대한 여인자 전개로 구하라. 또 2열에 대한 여인자 전개로 행렬식을 구하고 두 값을 비교하라.

$$A = \begin{bmatrix} 4 & 2 & -1 \\ -2 & 0 & 2 \\ 3 & 3 & -2 \end{bmatrix}$$

풀이

행렬 A의 행렬식을 3행에 대한 여인자 전개로 구하면 다음과 같다.

$$|A| = 3\begin{vmatrix} 2 & -1 \\ 0 & 2 \end{vmatrix} - 3\begin{vmatrix} 4 & -1 \\ -2 & 2 \end{vmatrix} + (-2)\begin{vmatrix} 4 & 2 \\ -2 & 0 \end{vmatrix} = -14$$

행렬 A의 행렬식을 2열에 대한 여인자 전개로 구하면 다음과 같다.

$$|A| = -2\begin{vmatrix} -2 & 2 \\ 3 & -2 \end{vmatrix} + 0\begin{vmatrix} 4 & -1 \\ 3 & -2 \end{vmatrix} - 3\begin{vmatrix} 4 & -1 \\ -2 & 2 \end{vmatrix} = -14$$

따라서 행렬 A의 행렬식은 3행에 대한 여인자 전개로 구하거나 2열에 대한 여인자 전개로 구해도 그 결과는 같다.

Command Window

: 코딩

```
>> A=[4 2 -1;-2 0 2;3 3 -2];                      % 행렬 A 입력
>> M31=A([1 2],[2 3]);                             % 소행렬 M31, M32, M33 계산
>> M32=A([1 2],[1 3]);
>> M33=A([1 2],[1 2]);
>> A31=(-1)^(3+1)*det(M31);                        % 여인자 A31, A32, A33 계산
>> A32=(-1)^(3+2)*det(M32);
>> A33=(-1)^(3+3)*det(M33);
>> RA3=A(3,1)*A31+A(3,2)*A32+A(3,3)*A33             % 3행에 대한 여인자 전개

>> M12=A([2 3],[1 3]);                             % 소행렬 M12, M22, M32 계산
>> M22=A([1 3],[1 3]);
>> M32=A([1 2],[1 3]);
>> A12=(-1)^(1+2)*det(M12);                        % 여인자 A12, A22, A32 계산
>> A22=(-1)^(2+2)*det(M22);
>> A32=(-1)^(3+2)*det(M32);
>> CA2=A(1,2)*A12+A(2,2)*A22+A(3,2)*A32             % 2열에 대한 여인자 전개
```

: 결과

```
RA3 =                                              % [예제 3-6]의 결과와 동일
      -14
CA2 =
      -14
```

Command Window

: 코딩

```
>> A=[4 2 -1;-2 0 2;3 3 -2];                      % 행렬 A 입력
>> cofactor(A,2,3)                                 % M-파일을 이용하여 여인자 계산
>> mydet(A) [1]                                    % M-파일을 이용하여 행렬식 계산
```

: 결과

```
ans =                                              % [예제 3-6]의 결과와 동일
      -6
ans =
      -14
```

MATLAB TIP!

[1] mydet(A) : 행렬 A의 행렬식을 계산한다. 이는 cofactor.m과 mydet.m이 현재 폴더에 있어야 실행할 수 있다.

MATLAB 유제

다음 행렬의 행렬식을 구하라.

(a) $A=\begin{bmatrix} -4 & 1 & 3 \\ 0 & 2 & 6 \\ 2 & -5 & 4 \end{bmatrix}$ **(b)** $B=\begin{bmatrix} -4 & 2 & 0 & 0 \\ 3 & 5 & 1 & 0 \\ 2 & 1 & 0 & 3 \\ 1 & 2 & 0 & 3 \end{bmatrix}$ **(c)** $C=\begin{bmatrix} 0 & 0 & 0 & 5 \\ 7 & 1 & 6 & 5 \\ 3 & 3 & 2 & 0 \\ 0 & 3 & 1 & 3 \end{bmatrix}$

3.2 행렬식의 성질

행렬의 크기가 2차 또는 3차이면 사루스 방법으로 행렬식을 구할 수 있지만 크기가 크면 사루스 방법을 사용할 수 없을 뿐 아니라 여인자 전개로 행렬식을 구하는 것도 매우 힘들다. 따라서 크기가 큰 행렬의 행렬식을 쉽게 구할 수 있는 다른 방법이 필요하다. 이를 위해서는 행렬식의 성질을 살펴보아야 한다. 이 절에서는 행렬식의 다양한 성질에 대하여 알아본다.

3.1절의 식 (3.8)과 식 (3.9)에서 우리는 n차 정사각행렬 $A=[a_{ij}]$의 행렬식 $\det(A)$를 다음과 같이 i행에 대한 여인자 전개 또는 j열에 대한 여인자 전개로 계산하였다.

$$\begin{aligned}\det(A)=|A|&=a_{i1}A_{i1}+a_{i2}A_{i2}+\cdots+a_{in}A_{in}=\sum_{k=1}^{n}a_{ik}A_{ik}\\&=a_{1j}A_{1j}+a_{2j}A_{2j}+\cdots+a_{nj}A_{nj}=\sum_{k=1}^{n}a_{kj}A_{kj}\end{aligned}$$

이 사실로부터 여러 가지 행렬식의 성질을 알 수 있다. 먼저 행렬 A와 그 전치행렬 A^T의 행렬식 사이의 관계에 대하여 알아보자.

정리 3-1 전치행렬의 행렬식

n차 정사각행렬 A와 그 전치행렬 A^T의 행렬식은 같다.

$$\det(A)=\det(A^T)$$

증명 행렬의 크기에 대한 수학적 귀납법으로 증명하자.

먼저 2차 정사각행렬 $A=\begin{bmatrix}a_{11}&a_{12}\\a_{21}&a_{22}\end{bmatrix}$에 대하여

$$|A|=\begin{vmatrix}a_{11}&a_{12}\\a_{21}&a_{22}\end{vmatrix}=a_{11}a_{22}-a_{12}a_{21},\quad |A^T|=\begin{vmatrix}a_{11}&a_{21}\\a_{12}&a_{22}\end{vmatrix}=a_{11}a_{22}-a_{12}a_{21}$$

이므로 $\det(A)=\det(A^T)$이다.

이제 $(n-1)$차 정사각행렬에 대하여 $\det(A)=\det(A^T)$가 성립한다고 가정하고 n차 정사각행렬에 대하여 성립하는지 알아보자. $A^T=B$라고 하면 행렬식 $|A|$, $|B|$는 다음과 같다.

$$|A| = \begin{vmatrix} a_{11} & a_{12} & \cdots & a_{1n} \\ a_{21} & a_{22} & \cdots & a_{2n} \\ \vdots & \vdots & & \vdots \\ a_{n1} & a_{n2} & \cdots & a_{nn} \end{vmatrix}, \quad |B| = \begin{vmatrix} a_{11} & a_{21} & \cdots & a_{n1} \\ a_{12} & a_{22} & \cdots & a_{n2} \\ \vdots & \vdots & & \vdots \\ a_{1n} & a_{2n} & \cdots & a_{nn} \end{vmatrix}$$

$|A|$는 1행, $|B|$는 1열에 대하여 여인자 전개하면 각각 다음과 같다.

$$|A| = a_{11}A_{11} + a_{12}A_{12} + a_{13}A_{13} + \cdots + a_{1n}A_{1n},$$
$$|B| = a_{11}B_{11} + a_{12}B_{21} + a_{13}B_{31} + \cdots + a_{1n}B_{n1}$$

여기서 다음과 같이 행렬식 $|A|$, $|B|$의 여인자를 소행렬식 $|M_{1k}|$, $|N_{k1}|$으로 나타낼 수 있다.

$$A_{1k} = (-1)^{1+k}|M_{1k}| \qquad \cdots\cdots ①$$
$$B_{k1} = (-1)^{k+1}|N_{k1}|$$

이때

$$|M_{1k}| = \begin{vmatrix} a_{21} & a_{22} & \cdots & a_{2n} \\ a_{31} & a_{32} & \cdots & a_{3n} \\ \vdots & \vdots & & \vdots \\ a_{n1} & a_{n2} & \cdots & a_{nn} \end{vmatrix}, \quad |N_{k1}| = \begin{vmatrix} a_{21} & a_{31} & \cdots & a_{n1} \\ a_{22} & a_{32} & \cdots & a_{n2} \\ \vdots & \vdots & & \vdots \\ a_{2n} & a_{3n} & \cdots & a_{nn} \end{vmatrix}$$

이므로 $M_{1k} = N_{k1}^T$이다. 그런데 M_{1k}, N_{k1}^T는 $(n-1)$차 정사각행렬이므로 귀납법의 가정에 의하여 다음이 성립한다.

$$|M_{1k}| = |N_{k1}^T| = |N_{k1}| \qquad \cdots\cdots ②$$

식 ①과 ②로부터 $A_{1k} = B_{k1}$이므로 n차 정사각행렬 A에 대하여 $\det(A) = \det(B) = \det(A^T)$가 성립한다. ■

예제 3-7

다음 행렬 A에 대하여 $\det(A) = \det(A^T)$임을 확인하라.

$$A = \begin{bmatrix} 3 & 0 & 4 \\ -3 & -4 & 1 \\ 1 & 3 & 0 \end{bmatrix}$$

풀이

사루스 방법으로 행렬 A의 행렬식을 구하면 다음과 같다.

$$|A| = \begin{vmatrix} 3 & 0 & 4 \\ -3 & -4 & 1 \\ 1 & 3 & 0 \end{vmatrix} = 0 + 0 - 36 - (-16 + 0 + 9) = -29$$

한편 행렬 A의 대칭행렬 A^T를 구하면

$$A^T = \begin{bmatrix} 3 & -3 & 1 \\ 0 & -4 & 3 \\ 4 & 1 & 0 \end{bmatrix}$$

이므로 사루스 방법으로 행렬 A^T의 행렬식을 구하면 다음과 같다.

$$|A^T| = \begin{vmatrix} 3 & -3 & 1 \\ 0 & -4 & 3 \\ 4 & 1 & 0 \end{vmatrix} = 0+0-36-(-16+0+9) = -29$$

따라서 $\det(A) = \det(A^T)$임을 알 수 있다.

Command Window

: 코딩

```
>> A=[3 0 4;-3 -4 1;1 3 0]                % 행렬 A 입력
>> AT=A'                                  % A의 전치행렬 A^T 입력
>> detA=det(A),detAT=det(AT)              % 행렬 A, A^T의 행렬식 계산
```

: 결과

```
A =
     3     0     4
    -3    -4     1
     1     3     0

AT =
     3    -3     1
     0    -4     3
     4     1     0

detA =                                    % [예제 3-7]의 결과와 동일
       -29
detAT =
       -29
```

MATLAB 유제

다음 행렬 A에 대하여 $\det(A) = \det(A^T)$임을 확인하라.

$$A = \begin{bmatrix} 12 & 20 & 33 & -45 & 67 \\ 23 & -213 & -98 & -54 & 232 \\ 31 & -453 & 11 & 38 & -354 \\ 23 & 3 & 7 & 132 & 89 \\ 33 & -44 & 55 & -66 & -77 \end{bmatrix}$$

우리는 [정리 3-1]로부터 행렬식을 구할 때 행렬의 행에 어떤 작용을 한 것과 열에 작용한 결과가 같음을 알 수 있다. 따라서 행에 대한 행렬식의 성질은 열에 적용해도 성립함을 알 수 있다.

정리 3-2 스칼라 배의 행렬식

n차 정사각행렬 A의 한 행에 k배한 행렬을 B라고 하면 $|B| = k|A|$이다.

증명

$$|A| = \begin{vmatrix} a_{11} & a_{12} & \cdots & a_{1n} \\ a_{21} & a_{22} & \cdots & a_{2n} \\ \vdots & \vdots & & \vdots \\ a_{i1} & a_{i2} & \cdots & a_{in} \\ \vdots & \vdots & & \vdots \\ a_{n1} & a_{n2} & \cdots & a_{nn} \end{vmatrix}, \quad |B| = \begin{vmatrix} a_{11} & a_{12} & \cdots & a_{1n} \\ a_{21} & a_{22} & \cdots & a_{2n} \\ \vdots & \vdots & & \vdots \\ ka_{i1} & ka_{i2} & \cdots & ka_{in} \\ \vdots & \vdots & & \vdots \\ a_{n1} & a_{n2} & \cdots & a_{nn} \end{vmatrix}$$

이라 하고 $|B|$의 i행에 대하여 여인자 전개하면 다음이 성립한다.

$$\begin{aligned} |B| &= ka_{i1}A_{i1} + ka_{i2}A_{i2} + \cdots + ka_{in}A_{in} \\ &= k(a_{i1}A_{i1} + a_{i2}A_{i2} + \cdots + a_{in}A_{in}) \\ &= k|A| \end{aligned}$$

예제 3-8

다음 행렬식을 구하고, 두 행렬 사이의 관계를 설명하라.

$$|A| = \begin{vmatrix} 2 & 7 & -3 \\ 0 & 2 & 1 \\ 3 & -4 & 2 \end{vmatrix}, \quad |B| = \begin{vmatrix} 2 & 7 & -3 \\ 0 & 2 & 1 \\ -12 & 16 & -8 \end{vmatrix}$$

풀이

사루스 방법으로 $|A|$를 계산하면 다음과 같다.

$$\begin{aligned} |A| &= \begin{vmatrix} 2 & 7 & -3 \\ 0 & 2 & 1 \\ 3 & -4 & 2 \end{vmatrix} \\ &= 2(4+4) + 3(7+6) \\ &= 16 + 39 = 55 \end{aligned}$$

한편 B의 3행은 A의 3행에 -4배한 행렬이므로, 행렬식을 구하면 다음과 같다.

$$\begin{aligned} |B| &= \begin{vmatrix} 2 & 7 & -3 \\ 0 & 2 & 1 \\ -12 & 16 & -8 \end{vmatrix} \\ &= \begin{vmatrix} 2 & 7 & -3 \\ 0 & 2 & 1 \\ (-4)\cdot 3 & (-4)\cdot(-4) & (-4)\cdot 2 \end{vmatrix} \\ &= (-4)|A| \\ &= (-4)\cdot 55 = -220 \end{aligned}$$

따라서 $|B| = (-4)|A|$가 성립한다.

```
: 코딩
>> A=[2 7 -3;0 2 1;3 -4 2];                    % 행렬 A 입력
>> B=A;
>> B(3,:)=-4*B(3,:);                           % A의 3행에 -4배하여 B로 지정
>> detA=det(A)                                 % 행렬 A의 행렬식 계산
>> detB=det(B)                                 % 행렬 B의 행렬식 계산

: 결과
detA =                                         % [예제 3-8]의 결과와 동일
      55
detB =
      -220
```

MATLAB 유제

다음 각각의 행렬식을 구하고, 두 행렬 사이의 관계를 설명하라.

$$|A| = \begin{vmatrix} 4 & -10 & 7 \\ 8 & 3 & 21 \\ 3 & -5 & 7 \end{vmatrix}, \quad |B| = \begin{vmatrix} 4 & -30 & 7 \\ 8 & 9 & 21 \\ 3 & -15 & 7 \end{vmatrix}$$

정리 3-3 두 행을 교환한 행렬식

n차 행렬식의 두 행을 서로 바꾼 행렬식은 원래의 행렬식에 -1을 곱한 것과 같다.

증명 n차 행렬 A의 i행과 $i+1$행을 바꾼 행렬 B는 다음과 같다고 하자.

$$A = \begin{bmatrix} a_{11} & a_{12} & \cdots & a_{1n} \\ a_{21} & a_{22} & \cdots & a_{2n} \\ \vdots & \vdots & & \vdots \\ a_{i1} & a_{i2} & \cdots & a_{in} \\ a_{(i+1)1} & a_{(i+1)2} & \cdots & a_{(i+1)n} \\ \vdots & \vdots & & \vdots \\ a_{n1} & a_{n2} & \cdots & a_{nn} \end{bmatrix}, \quad B = \begin{bmatrix} a_{11} & a_{12} & \cdots & a_{1n} \\ a_{21} & a_{22} & \cdots & a_{2n} \\ \vdots & \vdots & & \vdots \\ a_{(i+1)1} & a_{(i+1)2} & \cdots & a_{(i+1)n} \\ a_{i1} & a_{i2} & \cdots & a_{in} \\ \vdots & \vdots & & \vdots \\ a_{n1} & a_{n2} & \cdots & a_{nn} \end{bmatrix}$$

$|A|$는 i행에 대하여, $|B|$는 $i+1$행에 대하여 여인자 전개하면 다음과 같다.

$$|A| = a_{i1}A_{i1} + a_{i2}A_{i2} + \cdots + a_{in}A_{in} \qquad \cdots\cdots ①$$

$$|B| = a_{i1}B_{(i+1)1} + a_{i2}B_{(i+1)2} + \cdots + a_{in}B_{(i+1)n} \qquad \cdots\cdots ②$$

여기서 $A_{ij} = (-1)^{i+j}|M_{ij}|$이고, n차 행렬 B에서 $i+1$행, j열의 성분을 제외한 $n-1$차 행렬은 n차 행렬 A에서 i행, j열의 성분을 제외한 $n-1$차 행렬 M_{ij}와 같다. 따라서 다음이 성립한다.

$$\begin{aligned} B_{(i+1)j} &= (-1)^{(i+1)+j}|M_{ij}| \\ &= (-1) \cdot (-1)^{i+j}|M_{ij}| \\ &= (-1) \cdot A_{ij} \\ &= -A_{ij} \qquad \cdots\cdots ③ \end{aligned}$$

그러므로 식 ①, ②, ③으로부터 다음을 얻을 수 있다.

$$|B| = -|A|$$ ■

예제 3-9

다음 행렬 A의 1행과 3행을 바꾼 행렬을 B라고 할 때, $|B| = -|A|$임을 확인하라.

$$A = \begin{bmatrix} -4 & 2 & 1 \\ 3 & -2 & 0 \\ 9 & 3 & 1 \end{bmatrix}$$

풀이

먼저 행렬 A의 1행과 3행을 바꾼 행렬을 행렬 B를 구하면 다음과 같다.

$$B = \begin{bmatrix} 9 & 3 & 1 \\ 3 & -2 & 0 \\ -4 & 2 & 1 \end{bmatrix}$$

이때 행렬 A, B의 행렬식을 구하면 다음과 같다.

$$|A| = \begin{vmatrix} -4 & 2 & 1 \\ 3 & -2 & 0 \\ 9 & 3 & 1 \end{vmatrix} = 29, \quad |B| = \begin{vmatrix} 9 & 3 & 1 \\ 3 & -2 & 0 \\ -4 & 2 & 1 \end{vmatrix} = -29$$

따라서 $|B| = -|A|$이다.

Command Window

: 코딩

```
>> A=[-4 2 1;3 -2 0;9 3 1]          % 행렬 A 입력
>> detA=det(A)                       % 행렬 A의 행렬식 계산
>> A([1 3],:)=A([3 1],:); [1]        % A의 1, 3행을 교환한 행렬 생성
>> B=A                               % A의 1, 3행을 교환한 행렬을 B로 지정
>> detB=det(B)                       % 행렬 B의 행렬식 계산
```

: 결과

```
A =                                  % [예제 3-9]의 결과와 동일
    -4     2     1
     3    -2     0
     9     3     1
detA =
      29
```

MATLAB TIP!

[1] 부분행렬에서 콜론(:)의 용법
- A(:,j) : j열, A(i,:) : i행
- A(end,:) : A의 마지막 행

```
B =
     9     3     1
     3    -2     0
    -4     2     1
detB =
   -29
```

MATLAB 유제

행렬 A의 2열과 4열을 바꾼 행렬을 B라고 할 때, $|B|=-|A|$임을 확인하라.

$$A=\begin{bmatrix} 96 & 93 & -345 & 21 & 3 \\ 2 & -46 & 77 & 21 & -88 \\ 46 & 21 & 0 & 42 & 58 \\ 0 & 72 & 39 & -54 & 67 \\ -47 & 75 & 43 & 234 & 57 \end{bmatrix}$$

[정리 3-3]으로부터 행렬식에 대한 다음 두 정리를 얻을 수 있다.

정리 3-4 행의 성분이 같은 행렬식

n차 행렬 A의 두 행의 성분이 같으면 $\det(A)=0$이다.

증명 행렬 A의 i행과 j행이 같다고 하자. 행렬 B는 행렬 A의 i행과 j행을 바꾼 행렬이라고 하면 [정리 3-3]으로부터 $|A|=-|B|$이다. 그런데 i행과 j행이 같으므로 i행과 j행을 바꾼 행렬은 원래의 행렬과 같고, $|A|=|B|$이다. 따라서 $|A|=-|B|=|B|$이므로 $|A|=0$이다. ■

정리 3-5 한 행의 상수 배의 행렬식

n차 행렬 A의 한 행이 다른 행의 상수 배와 같으면 $\det(A)=0$이다.

증명 n차 행렬 A의 j행이 i행의 k배와 같다고 하면 [정리 3-2]와 [정리 3-4]에 의하여 다음이 성립한다.

$$|A|=\begin{vmatrix} a_{11} & a_{12} & \cdots & a_{1n} \\ a_{21} & a_{22} & \cdots & a_{2n} \\ \vdots & \vdots & & \vdots \\ a_{i1} & a_{i2} & \cdots & a_{in} \\ \vdots & \vdots & & \vdots \\ ka_{i1} & ka_{i2} & \cdots & ka_{in} \\ \vdots & \vdots & & \vdots \\ a_{n1} & a_{n2} & \cdots & a_{nn} \end{vmatrix}=k\begin{vmatrix} a_{11} & a_{12} & \cdots & a_{1n} \\ a_{21} & a_{22} & \cdots & a_{2n} \\ \vdots & \vdots & & \vdots \\ a_{i1} & a_{i2} & \cdots & a_{in} \\ \vdots & \vdots & & \vdots \\ a_{i1} & a_{i2} & \cdots & a_{in} \\ \vdots & \vdots & & \vdots \\ a_{n1} & a_{n2} & \cdots & a_{nn} \end{vmatrix}=k\cdot 0=0$$

← j행

■

예제 3-10

다음 행렬의 행렬식을 각각 구하라.

$$A=\begin{bmatrix} 2 & -3 & 2 & 4 \\ 7 & 0 & -6 & 8 \\ 2 & -3 & 2 & 4 \\ -7 & 9 & 1 & 3 \end{bmatrix},\quad B=\begin{bmatrix} 3 & -5 & 2 \\ 9 & -15 & 6 \\ 25 & 278 & -999 \end{bmatrix},\quad C=\begin{bmatrix} -256 & 4 & 3 & -12 \\ 43 & 3 & 0 & -9 \\ 1 & -5 & 7 & 15 \\ 11 & -11 & 43 & 33 \end{bmatrix}$$

풀이

행렬 A는 1행과 3행이 같으므로 [정리 3-4]에 의하여 $\det(A)=0$이다.
행렬 B는 2행이 1행의 3배이므로 [정리 3-5]에 의하여 $\det(B)=0$이다.
행렬 C는 4열이 2열의 -3배이므로 [정리 3-5]에 의하여 $\det(C)=0$이다.

Command Window

```
: 코딩
>> A=[2 -3 2 4;7 0 -6 8;2 -3 2 4;-7 9 1 3];          % 행렬 입력
>> B=[3 -5 2;9 -15 6;25 278 -999];
>> C=[-256 4 3 -12;43 3 0 -9;1 -5 7 15;11 -11 43 33];
>> detA=det(A),detB=det(B),detC=det(C)               % 행렬식 계산

: 결과
detA =                                               % [예제 3-10]의 결과와 동일
      0
detB =
      0
detC =
      0
```

MATLAB 유제

다음 행렬의 행렬식을 각각 구하라.

$$A=\begin{bmatrix} 4 & 6 & 7 & -3 & 6 \\ 0 & -2 & 3 & 4 & -2 \\ 6 & 5 & -9 & 9 & 5 \\ -7 & -2 & 4 & 2 & -2 \\ 5 & 8 & 2 & -4 & 8 \end{bmatrix},\quad B=\begin{bmatrix} -6 & 6 & 7 & -3 & 7 \\ 8 & -2 & 3 & 4 & -5 \\ 18 & 5 & -9 & 9 & 5 \\ 4 & -2 & 4 & 2 & -2 \\ 16 & 8 & 2 & -8 & 8 \end{bmatrix}$$

정리 3-6 한 행을 더한 행렬식

i행을 제외한 모든 성분이 같은 n차 행렬 A, B, C에 대하여 C의 i행의 성분이 A와 B의 i행의 성분을 대응하는 성분끼리 더한 것이라면 다음이 성립한다.

$$\det(C)=\det(A)+\det(B)$$

증명 세 행렬 A, B, C는 다음과 같이 쓸 수 있다.

$$A=\begin{bmatrix} a_{11} & a_{12} & \cdots & a_{1n} \\ a_{21} & a_{22} & \cdots & a_{2n} \\ \vdots & \vdots & & \vdots \\ a_{i1} & a_{i2} & \cdots & a_{in} \\ \vdots & \vdots & & \vdots \\ a_{n1} & a_{n2} & \cdots & a_{nn} \end{bmatrix},\quad B=\begin{bmatrix} a_{11} & a_{12} & \cdots & a_{1n} \\ a_{21} & a_{22} & \cdots & a_{2n} \\ \vdots & \vdots & & \vdots \\ b_{i1} & b_{i2} & \cdots & b_{in} \\ \vdots & \vdots & & \vdots \\ a_{n1} & a_{n2} & \cdots & a_{nn} \end{bmatrix},$$

$$C=\begin{bmatrix} a_{11} & a_{12} & \cdots & a_{1n} \\ a_{21} & a_{22} & \cdots & a_{2n} \\ \vdots & \vdots & & \vdots \\ a_{i1}+b_{i1} & a_{i2}+b_{i2} & \cdots & a_{in}+b_{in} \\ \vdots & \vdots & & \vdots \\ a_{n1} & a_{n2} & \cdots & a_{nn} \end{bmatrix}$$

C의 행렬식을 구하기 위해 i행에 대하여 여인자 전개하면 다음과 같다.

$$\begin{aligned} \det(C) &= (a_{i1}+b_{i1})A_{i1}+(a_{i2}+b_{i2})A_{i2}+\cdots+(a_{in}+b_{in})A_{in} \\ &= (a_{i1}A_{i1}+a_{i2}A_{i2}+\cdots+a_{in}A_{in})+(b_{i1}A_{i1}+b_{i2}A_{i2}+\cdots+b_{in}A_{in}) \\ &= \det(A)+\det(B) \end{aligned}$$ ■

예제 3-11

다음 행렬 A, B, C에 대하여 [정리 3-6]이 성립하는지 확인하라.

$$A=\begin{bmatrix} 2 & 5 & 2 \\ -3 & 2 & 4 \\ 0 & -2 & 1 \end{bmatrix},\quad B=\begin{bmatrix} 2 & -2 & 2 \\ -3 & 1 & 4 \\ 0 & 3 & 1 \end{bmatrix},\quad C=\begin{bmatrix} 2 & 5+(-2) & 2 \\ -3 & 2+1 & 4 \\ 0 & (-2)+3 & 1 \end{bmatrix}=\begin{bmatrix} 2 & 3 & 2 \\ -3 & 3 & 4 \\ 0 & 1 & 1 \end{bmatrix}$$

풀이

세 행렬 A, B, C는 2열을 제외하고 나머지 성분이 모두 같다. 또 행렬 C의 2열은 A와 B의 2열 성분의 합과 같다. 사루스 방법으로 세 행렬의 행렬식을 구하면 각각 다음과 같다.

$$|A|=4+12+16+15=47,$$
$$|B|=2-18-24-6=-46,$$
$$|C|=6-6+9-8=1$$

따라서 $|C|=|A|+|B|$이므로 [정리 3-6]이 성립함을 알 수 있다.

Command Window

: 코딩

```
>> A=[2 5 2;-3 2 4;0 -2 1];            % 행렬 A, B 입력
>> B=[2 -2 2;-3 1 4;0 3 1];
>> C=A+B;                              % C=A+B 계산
>> C(:,1)=1/2*C(:,1);                  % 행렬 C의 1열을 1/2배하여 다시 지정
>> C(:,3)=1/2*C(:,3);                  % 행렬 C의 3열을 1/2배하여 다시 지정
>> C
```

```
>> L=det(A)+det(B)                    % 주어진 식의 우변 계산
>> R=det(C)                           % 주어진 식의 좌변 계산

: 결과
C =
     2     3     2
    -3     3     4
     0     1     1
L =                                   % [예제 3-11]의 결과와 동일
    1
R =
    1.0000
```

MATLAB 유제

다음 세 행렬에 대하여 [정리 3-6]이 성립하는지 확인하라.

$$A=\begin{bmatrix} 5 & -2 & 3 \\ 3 & 3 & 2 \\ -4 & 6 & 1 \end{bmatrix},\quad B=\begin{bmatrix} 5 & -2 & 3 \\ 5 & 2 & 4 \\ -4 & 6 & 1 \end{bmatrix},\quad C=\begin{bmatrix} 5 & -2 & 3 \\ 8 & 5 & 6 \\ -4 & 6 & 1 \end{bmatrix}$$

정리 3-7 한 행에 k배하여 더한 행렬식

n차 정사각행렬 A, B에 대하여 B의 j행을 제외한 모든 성분은 A의 성분과 같고, B의 j행은 A의 i행에 k배한 후 j행에 더하여 얻은 행렬이라고 하면 $|B|=|A|$이다.

증명 $A=[a_{ij}]$의 i행에 k배한 후 j행에 더한 값들을 그 차례로 j행의 성분으로 하는 행렬 B는 다음과 같이 쓸 수 있다.

$$B=\begin{bmatrix} a_{11} & a_{12} & \cdots & a_{1n} \\ a_{21} & a_{22} & \cdots & a_{2n} \\ \vdots & \vdots & & \vdots \\ a_{i1} & a_{i2} & \cdots & a_{in} \\ \vdots & \vdots & & \vdots \\ ka_{i1}+a_{j1} & ka_{i2}+a_{j2} & \cdots & ka_{in}+a_{jn} \\ \vdots & \vdots & & \vdots \\ a_{n1} & a_{n2} & \cdots & a_{nn} \end{bmatrix} \leftarrow j\text{행}$$

[정리 3-5]와 [정리 3-6]으로부터 행렬 B의 행렬식을 다음과 같이 구할 수 있다.

$$|B| = \begin{vmatrix} a_{11} & a_{12} & \cdots & a_{1n} \\ a_{21} & a_{22} & \cdots & a_{2n} \\ \vdots & \vdots & & \vdots \\ a_{i1} & a_{i2} & \cdots & a_{in} \\ \vdots & \vdots & & \vdots \\ ka_{i1}+a_{j1} & ka_{i2}+a_{j2} & \cdots & ka_{in}+a_{jn} \\ \vdots & \vdots & & \vdots \\ a_{n1} & a_{n2} & \cdots & a_{nn} \end{vmatrix}$$

$$= \begin{vmatrix} a_{11} & a_{12} & \cdots & a_{1n} \\ a_{21} & a_{22} & \cdots & a_{2n} \\ \vdots & \vdots & & \vdots \\ a_{i1} & a_{i2} & \cdots & a_{in} \\ \vdots & \vdots & & \vdots \\ ka_{i1} & ka_{i2} & \cdots & ka_{in} \\ \vdots & \vdots & & \vdots \\ a_{n1} & a_{n2} & \cdots & a_{nn} \end{vmatrix} + \begin{vmatrix} a_{11} & a_{12} & \cdots & a_{1n} \\ a_{21} & a_{22} & \cdots & a_{2n} \\ \vdots & \vdots & & \vdots \\ a_{i1} & a_{i2} & \cdots & a_{in} \\ \vdots & \vdots & & \vdots \\ a_{j1} & a_{j2} & \cdots & a_{jn} \\ \vdots & \vdots & & \vdots \\ a_{n1} & a_{n2} & \cdots & a_{nn} \end{vmatrix}$$

$$= k\begin{vmatrix} a_{11} & a_{12} & \cdots & a_{1n} \\ a_{21} & a_{22} & \cdots & a_{2n} \\ \vdots & \vdots & & \vdots \\ a_{i1} & a_{i2} & \cdots & a_{in} \\ \vdots & \vdots & & \vdots \\ a_{i1} & a_{i2} & \cdots & a_{in} \\ \vdots & \vdots & & \vdots \\ a_{n1} & a_{n2} & \cdots & a_{nn} \end{vmatrix} + \begin{vmatrix} a_{11} & a_{12} & \cdots & a_{1n} \\ a_{21} & a_{22} & \cdots & a_{2n} \\ \vdots & \vdots & & \vdots \\ a_{i1} & a_{i2} & \cdots & a_{in} \\ \vdots & \vdots & & \vdots \\ a_{j1} & a_{j2} & \cdots & a_{jn} \\ \vdots & \vdots & & \vdots \\ a_{n1} & a_{n2} & \cdots & a_{nn} \end{vmatrix}$$

$$= k \cdot 0 + |A| = |A|$$ ■

예제 3-12

다음 두 행렬에 대하여 [정리 3-7]이 성립하는지 확인하라.

$$A = \begin{bmatrix} 1 & 3 & -2 \\ 2 & 4 & -1 \\ 3 & 1 & -3 \end{bmatrix}, \quad B = \begin{bmatrix} 1 & 3 & -2 \\ 2+(-2)\cdot 3 & 4+(-2)\cdot 1 & -1+(-2)\cdot(-3) \\ 3 & 1 & -3 \end{bmatrix} = \begin{bmatrix} 1 & 3 & -2 \\ -4 & 2 & 5 \\ 3 & 1 & -3 \end{bmatrix}$$

풀이

행렬 B는 행렬 A의 3행에 -2배하여 2행에 더한 것이다. 두 행렬 A, B의 행렬식을 사루스 방법으로 구하면 각각 다음과 같다.

$$|A| = -12 - 4 - 9 + 24 + 18 + 1 = 18,$$
$$|B| = -6 + 8 + 45 + 12 - 5 - 36 = 18$$

즉 $|A| = |B|$이므로 [정리 3-7]이 성립함을 알 수 있다.

Command Window

: 코딩

```
>> A=[1 3 -2;2 4 -1;3 1 -3]          % 행렬 A 입력
>> A(2,:)=-2*A(3,:)+A(2,:);          % 행렬 A의 3행에 -2배하여 2행에 더한 행렬 생성
>> B=A                               % 계산한 행렬을 B로 지정
>> detA=det(A),detB=det(B)           % 행렬 A, B의 행렬식 계산
```

```
: 결과
A =
     1     3    -2
     2     4    -1
     3     1    -3
B =
     1     3    -2
    -4     2     5
     3     1    -3
detA =                              % [예제 3-12]의 결과와 동일
       18
detB =
       18
```

MATLAB 유제

다음 행렬에 대하여 [정리 3-7]이 성립하는지 확인하라.

$$A=\begin{bmatrix}3 & -4 & 2\\ 2 & 4 & -1\\ 6 & 5 & -3\end{bmatrix},\quad B=\begin{bmatrix}3 & -4 & 2\\ 2+(-2)\cdot 3 & 4+(-2)\cdot 1 & -1+(-2)\cdot(-3)\\ 6 & 5 & -3\end{bmatrix}=\begin{bmatrix}3 & -4 & 2\\ -4 & 2 & 5\\ 6 & 5 & -3\end{bmatrix}$$

우리는 2.4절에서 삼각행렬에 대하여 살펴보았다. 이를 바탕으로 5차 상 삼각행렬과 하 삼각행렬을 각각 다음과 같이 나타낼 수 있다.

$$U_5=\begin{bmatrix}a_{11} & a_{12} & a_{13} & a_{14} & a_{15}\\ 0 & a_{22} & a_{23} & a_{24} & a_{25}\\ 0 & 0 & a_{33} & a_{34} & a_{35}\\ 0 & 0 & 0 & a_{44} & a_{45}\\ 0 & 0 & 0 & 0 & a_{55}\end{bmatrix},\quad L_5=\begin{bmatrix}a_{11} & 0 & 0 & 0 & 0\\ a_{21} & a_{22} & 0 & 0 & 0\\ a_{31} & a_{32} & a_{33} & 0 & 0\\ a_{41} & a_{42} & a_{43} & a_{44} & 0\\ a_{51} & a_{52} & a_{53} & a_{54} & a_{55}\end{bmatrix}$$

이제 삼각행렬의 행렬식은 행렬의 크기와 관계없이 간단히 구할 수 있다. 이를테면 상 삼각행렬 U_5의 행렬식 $\det(U_5)$는 1열에 대하여 연속해서 여인자 전개하여 다음과 같이 간단히 계산할 수 있다.

$$\det(U_5)=a_{11}A_{11}=a_{11}(-1)^{1+1}\begin{vmatrix}a_{22} & a_{23} & a_{24} & a_{25}\\ 0 & a_{33} & a_{34} & a_{35}\\ 0 & 0 & a_{44} & a_{45}\\ 0 & 0 & 0 & a_{55}\end{vmatrix}$$

$$=a_{11}a_{22}\begin{vmatrix}a_{33} & a_{34} & a_{35}\\ 0 & a_{44} & a_{45}\\ 0 & 0 & a_{55}\end{vmatrix}$$

$$=a_{11}a_{22}a_{33}a_{44}a_{55}$$

마찬가지로 하 삼각행렬 L_5의 행렬식 $\det(L_5)$를 구하기 위해 1행에 대하여 연속해서 여인자 전개하면 $\det(L_5)=a_{11}a_{22}a_{33}a_{44}a_{55}$이다. 따라서 일반적으로 삼각행렬의 행렬식은 다음 정리와 같이 구할 수 있다. 이 정리의 증명은 매우 간단하므로 생략한다.

정리 3-8 삼각행렬의 행렬식

n차 삼각행렬 $A=[a_{ij}]$의 행렬식은 주대각선 성분의 곱과 같다. 즉, 다음이 성립한다.

$$|A|=a_{11}a_{22}\cdots a_{nn}$$

다음은 삼각행렬의 행렬식과 가역성 사이의 관계를 살펴보자.

정리 3-9 삼각행렬의 가역성

n차 삼각행렬 $U=[a_{ij}]$가 가역행렬일 필요충분조건은 $\det(U)\neq 0$이다.

증명 다음과 같은 상 삼각행렬이 있다고 하자.

$$U=\begin{bmatrix} a_{11} & a_{12} & a_{13} & \cdots & a_{1n} \\ 0 & a_{22} & a_{23} & \cdots & a_{2n} \\ 0 & 0 & a_{33} & \cdots & a_{3n} \\ \vdots & \vdots & \vdots & \ddots & \vdots \\ 0 & 0 & 0 & \cdots & a_{nn} \end{bmatrix}$$

[정리 3-8]로부터 삼각행렬의 행렬식은 $\det(U)=a_{11}a_{22}\cdots a_{nn}$이다.

($\Leftarrow$) 먼저 $\det(U)\neq 0$이라고 가정하자. $\det(U)=a_{11}a_{22}\cdots a_{nn}$이므로 기본 행 연산에 의하여 U의 주대각선 성분을 다음과 같이 모두 1로 변형할 수 있다.

$$\mathrm{REF}(U)=\begin{bmatrix} 1 & \frac{a_{12}}{a_{11}} & \frac{a_{13}}{a_{11}} & \cdots & \frac{a_{1n}}{a_{11}} \\ 0 & 1 & \frac{a_{23}}{a_{22}} & \cdots & \frac{a_{2n}}{a_{22}} \\ 0 & 0 & 1 & \cdots & \frac{a_{3n}}{a_{33}} \\ \vdots & \vdots & \vdots & \ddots & \vdots \\ 0 & 0 & 0 & \cdots & 1 \end{bmatrix}$$

$\mathrm{REF}(U)$를 다시 RREF로 변형하면 $\mathrm{RREF}(U)=I_n$이므로 U는 가역행렬이다.

($\Rightarrow$) 귀류법으로 증명하기 위해 결론을 부정하여 $\det(U)=0$이라고 가정하자.

$\det(U)=a_{11}a_{22}\cdots a_{nn}=0$이므로 U의 주대각선 성분 중 적어도 하나는 0이다. 이때 $a_{ii}=0$이라고 하면 방정식이 $(i-1)$개, 미지수가 i개인 다음과 같은 동차연립일차방정식을 생각할 수 있다.

$$\begin{aligned} a_{11}x_1+a_{12}x_2+\cdots+a_{1(i-1)}x_{i-1}+a_{1i}x_i&=0\\ a_{22}x_2+\cdots+a_{2(i-1)}x_{i-1}+a_{2i}x_i&=0\\ &\vdots\\ a_{(i-1)(i-1)}x_{i-1}+a_{(i-1)i}x_i&=0 \end{aligned}$$

이 동차연립일차방정식은 방정식의 개수보다 미지수의 개수가 많으므로 자명하지 않은 해를 갖는다. 즉 동차연립일차방정식에서 계수행렬을 U, 미지수 행렬을 X라고 하면 $UX=O$에서 U가 가역행렬이 아니다. 따라서 삼각행렬 U가 가역행렬이면 $\det(U)\neq 0$이다.

하 삼각행렬의 경우에도 동일한 방법으로 증명할 수 있다. ■

예제 3-13

다음 삼각행렬 A의 행렬식을 구하라. 또 A가 가역행렬인지 아닌지 말하라.

$$A=\begin{bmatrix} 1 & 12 & 3 & -7 & 324\\ 0 & 9 & -535 & 4 & -12\\ 0 & 0 & -10 & 2345 & -777\\ 0 & 0 & 0 & -1 & 0\\ 0 & 0 & 0 & 0 & 2 \end{bmatrix}$$

풀이

주어진 행렬 A는 상 삼각행렬이다. 따라서 행렬식은 주대각선 성분의 곱과 같으므로 다음과 같이 구한다.

$$|A|=\begin{vmatrix} 1 & 12 & 3 & -7 & 324\\ 0 & 9 & -535 & 4 & -12\\ 0 & 0 & -10 & 2345 & -777\\ 0 & 0 & 0 & -1 & 0\\ 0 & 0 & 0 & 0 & 2 \end{vmatrix}=1\cdot 9\cdot(-10)\cdot(-1)\cdot 2$$
$$=180$$

삼각행렬 A의 행렬식이 0이 아니므로 [정리 3-9]에 의하여 A는 가역행렬이다.

Command Window

: 코딩

```
>> A=[1 12 3 -7 324;0 9 -535 4 -12;0 0 -10 2345 -777;0 0 0 -1 0;0 0 0 0 2];
>> detA=det(A)                                 % 행렬식 계산
```

: 결과

```
detA =                                         % [예제 3-13]의 결과와 동일
      180
```

MATLAB 유제

다음 삼각행렬 A의 행렬식을 구하라. 또 A가 가역행렬인지 아닌지 말하라.

$$A=\begin{bmatrix} 2 & 0 & 0 & 0 & 0 \\ -45 & -2 & 0 & 0 & 0 \\ 474 & 263 & 2 & 0 & 0 \\ 987 & 98765 & 4356 & 2 & 0 \\ -454 & 2456 & 7894 & 3366 & 2 \end{bmatrix}$$

지금까지 알아본 여러 가지 행렬식의 성질을 이용하여 행렬식을 쉽게 계산하는 방법을 알아보자. 이 방법의 기본적인 착상은 앞에서 열거한 행렬식에 대한 정리들을 이용하여 삼각행렬의 행렬식으로 변형시키는 것이다. 특히 [정리 3-3], [정리 3-5], [정리 3-7]을 이용하면 가우스 소거법과 비슷한 방법으로 n차 행렬의 행렬식을 삼각행렬의 행렬식으로 변형하여 쉽게 행렬식을 계산할 수 있다.

예제 3-14

다음 행렬식을 삼각행렬의 행렬식을 이용하여 구하라.

$$\begin{vmatrix} 1 & 1 & 2 & 1 \\ 3 & 1 & 4 & 5 \\ 7 & 6 & 1 & 2 \\ 1 & 1 & 3 & 4 \end{vmatrix}$$

풀이

삼각행렬의 행렬식을 구하는 방법을 이용하면 다음과 같이 구할 수 있다.

$$\begin{vmatrix} 1 & 1 & 2 & 1 \\ 3 & 1 & 4 & 5 \\ 7 & 6 & 1 & 2 \\ 1 & 1 & 3 & 4 \end{vmatrix}=\begin{vmatrix} 1 & 1 & 2 & 1 \\ 0 & -2 & -2 & 2 \\ 0 & -1 & -13 & -5 \\ 0 & 0 & 1 & 3 \end{vmatrix}$$ (1행에 −3배하여 2행에, −7배하여 3행에, −1배하여 4행에 더한다.)

$$=-2\begin{vmatrix} 1 & 1 & 2 & 1 \\ 0 & 1 & 1 & -1 \\ 0 & -1 & -13 & -5 \\ 0 & 0 & 1 & 3 \end{vmatrix}$$ (2행의 공통인수 −2를 밖으로 꺼낸다.)

$$=-2\begin{vmatrix} 1 & 1 & 2 & 1 \\ 0 & 1 & 1 & -1 \\ 0 & 0 & -12 & -6 \\ 0 & 0 & 1 & 3 \end{vmatrix}$$ (2행을 3행에 더한다.)

$$=2\begin{vmatrix} 1 & 1 & 2 & 1 \\ 0 & 1 & 1 & -1 \\ 0 & 0 & 1 & 3 \\ 0 & 0 & -12 & -6 \end{vmatrix}$$ (3행과 4행을 바꾼다.)

$$=2\begin{vmatrix} 1 & 1 & 2 & 1 \\ 0 & 1 & 1 & -1 \\ 0 & 0 & 1 & 3 \\ 0 & 0 & 0 & 30 \end{vmatrix}$$ (3행에 12배하여 4행에 더한다.)

$$=2 \cdot 30 = 60$$

Command Window

: 코딩

```
>> A=[1 1 2 1;3 1 4 5;7 6 1 2;1 1 3 4];          % 행렬 입력
>> detA=det(A)                                   % 행렬식 계산
```

: 결과

```
detA =                                           % [예제 3-14]의 결과와 동일
      60.0000
```

MATLAB 유제

다음 행렬의 행렬식을 구하라.

(a) $A=\begin{bmatrix} 4 & 2 & 3 & -4 \\ 3 & -2 & 1 & 5 \\ -2 & 0 & 1 & -3 \\ 8 & -2 & 6 & 4 \end{bmatrix}$ **(b)** $B=\begin{bmatrix} 1 & 3 & 1 & 5 & 3 \\ -2 & -7 & 0 & -4 & 2 \\ 0 & 0 & 1 & 0 & 1 \\ 0 & 0 & 2 & 1 & 1 \\ 0 & 0 & 0 & 1 & 1 \end{bmatrix}$

지금까지 행렬식의 성질에 대하여 알아보았다. 만약 두 행렬의 곱의 행렬식을 쉽게 구할 수 있다면 행렬식을 활용할 때 복잡한 계산을 하지 않아도 된다. 두 행렬의 곱의 행렬식을 쉽게 구하려면 2장에서 살펴본 기본행렬에 대한 예비 정리들이 필요하다. 기본행렬의 행렬식에 대하여 먼저 알아보자.

정리 3-10 기본행렬의 행렬식

기본행렬 $E_i(k)$, E_{ij}, $E_{ij}(k)$에 대하여 다음이 성립한다.

(1) $\det(E_i(k))=k$

(2) $\det(E_{ij})=-1$

(3) $\det(E_{ij}(k))=1$

증명

(1) 기본행렬 $E_i(k)$는 (i, i) 성분이 k인 대각행렬이고, 단위행렬의 행렬식은 1이므로 [정리 3-2]에 의하여 다음과 같이 증명할 수 있다.[10]

10 n차 단위행렬 I_n은 삼각행렬이고, 삼각행렬의 행렬식은 주대각선 성분의 곱이므로 $\det(I_n)=1$이다.

$$\det(E_i(k)) = \begin{vmatrix} 1 & & & & \\ & \ddots & & 0 & \\ & & k & & \\ & 0 & & \ddots & \\ & & & & 1 \end{vmatrix}$$

$$= k\begin{vmatrix} 1 & & & & \\ & \ddots & & 0 & \\ & & 1 & & \\ & 0 & & \ddots & \\ & & & & 1 \end{vmatrix}$$

$$= k$$

(2) 기본행렬 E_{ij}는 I_n의 i행과 j행을 교환한 행렬이므로 [정리 3-3]에 의하여 다음과 같이 증명할 수 있다.

$$\det(E_{ij}) = \begin{vmatrix} 1 & & & & & \\ & \ddots & & & & \\ & & 0 & & 1 & \\ & & & \ddots & & \\ & & 1 & & 0 & \\ & & & & & \ddots & \\ & & & & & & 1 \end{vmatrix} = -\det(I_n) = -1$$

(3) $i < j[i > j]$일 때 기본행렬 $E_{ij}(k)$는 i행에 k배하여 j행에 더한 행렬이므로 주대각선 성분이 모두 1인 하[상] 삼각행렬이다. 따라서 [정리 3-8]에 의하여 다음과 같이 증명할 수 있다.

$$\det(E_{ij}(k)) = \begin{vmatrix} 1 & & & & & \\ & \ddots & & & & \\ & & 1 & & 0 & \\ & & & \ddots & & \\ & & k & & 1 & \\ & & & & & \ddots & \\ & & & & & & 1 \end{vmatrix} = 1$$

■

[정리 3-10]은 기본행렬의 행렬식에 대한 것이다. 이를 이용하면 어떤 헝렬에 기본행렬을 곱했을 때의 행렬식을 쉽게 구할 수 있다.

정리 3-11 기본행렬의 곱에 대한 행렬식

B는 $n \times n$ 행렬이고 E는 $n \times n$ 기본행렬이라고 하면 다음이 성립한다.

$$\det(EB) = \det(E)\det(B)$$

증명 [정리 3-10]에 제시된 세 가지 기본행렬에 대하여 차례로 증명하자.

(1) 행렬 E를 $E = E_i(k)$라고 하면 $E_i(k)B$는 행렬 B의 i행에 k배한 행렬이므로 [정리 3-2]에 의하여 다음이 성립한다.

$$\det(E_i(k)B) = k\det(B) = \det(E_i(k))\det(B)$$

(2) 행렬 E를 $E=E_{ij}$라고 하면 $E_{ij}B$는 행렬 B의 i행과 j행을 교환한 행렬이므로 [정리 3-3]에 의하여 다음이 성립한다.

$$\det(E_{ij}B) = -\det(B) = \det(E_{ij})\det(B)$$

(3) 행렬 E를 $E=E_{ij}(k)$라고 하면 $E_{ij}(k)B$는 행렬 B의 i행에 k배하여 j행에 더한 행렬이므로 [정리 3-8]에 의하여 다음이 성립한다.

$$\det(E_{ij}(k)B) = \det(B) = \det(E_{ij}(k))\det(B)$$ ■

예제 3-15

행렬 A에 대하여 다음을 구하라.

$$A = \begin{bmatrix} 1 & 1 & 2 & 1 \\ 3 & 1 & 4 & 5 \\ 7 & 6 & 1 & 2 \\ 1 & 1 & 3 & 4 \end{bmatrix}$$

(a) $\det(E_{12}A)$ **(b)** $\det(E_2(3)A)$ **(c)** $\det(E_{13}(-7)A)$

풀이

[예제 3-14]로부터 $\det(A)=60$임을 알고 있다. [정리 3-11]과 [정리 3-10]을 차례로 이용하면 다음이 성립한다.

(a) $\det(E_{12}A) = \det(E_{12})\det(A)$ [정리 3-11]
$= (-1)\cdot 60$ [정리 3-10]
$= -60$

(b) $\det(E_2(3)A) = \det(E_2(3))\det(A)$ [정리 3-11]
$= 3\cdot 60$ [정리 3-10]
$= 180$

(c) $\det(E_{13}(-7)A) = \det(E_{13}(-7))\det(A)$ [정리 3-11]
$= 1\cdot 60$ [정리 3-10]
$= 60$

[정리 3-9]에서 삼각행렬 A가 가역행렬일 필요충분조건은 $\det(A)\neq 0$임을 알아보았다. [정리 3-12]를 이용하면 일반적으로 n차 정사각행렬의 행렬식과 가역성 사이의 관계를 알 수 있다.

정리 3-12 행렬식과 가역성

n차 행렬 A가 가역행렬일 필요충분조건은 $\det(A) \neq 0$이다.

증명 A가 가역행렬이라고 가정하면 행렬 A에 기본 행 연산을 ℓ회 시행하여 삼각행렬 U를 얻을 수 있으므로 기본행렬 $E_1, E_2, \cdots, E_\ell$에 대하여 $A = E_1E_2 \cdots E_\ell U$이다. 그러면 $\det(A) = \det(E_1E_2 \cdots E_\ell U)$이므로 [정리 3-10]에 의하여 다음이 성립한다.

$$\begin{aligned}\det(A) &= \det(E_1E_2 \cdots E_\ell U) \\ &= \det(E_1)\det(E_2E_3 \cdots E_\ell U) \\ &= \det(E_1)\det(E_2)\det(E_3 \cdots E_\ell U) \\ &\vdots \\ &= \det(E_1)\det(E_2) \cdots \det(E_\ell)\det(U) \qquad \cdots\cdots ①\end{aligned}$$

기본행렬은 모두 가역이므로 A가 가역행렬이라면 U는 가역행렬의 곱 $U^{-1} = (E_1E_2 \cdots E_\ell)^{-1}A$로 나타낼 수 있으므로 U는 가역행렬이다.[11] 따라서 [정리 3-9]에 의하여 $\det(U) \neq 0$이므로 식 ①로부터 $\det(A) \neq 0$이다. 역으로 $\det(A) \neq 0$이라고 가정하면 $\det(E_i) \neq 0$이므로 식 ①로부터 $\det(U) \neq 0$이다. 따라서 [정리 3-9]에 의하여 삼각행렬 U는 가역행렬이다. 기본행렬 $E_1, E_2, \cdots, E_\ell$이 가역행렬이고 U도 가역행렬이므로 가역행렬의 곱인 $A = E_1E_2 \cdots E_\ell U$도 가역행렬이다. ■

11 모든 기본행렬은 가역행렬이므로 $E_1, E_2, \cdots, E_\ell$은 모두 가역행렬이다. 따라서 $\det(E_i) \neq 0$이다.

예제 3-16

다음 행렬이 가역행렬인지 아닌지 말하라.

(a) $A = \begin{bmatrix} 1 & 2 & 3 \\ 0 & 2 & -1 \\ 3 & 3 & 2 \end{bmatrix}$　　**(b)** $B = \begin{bmatrix} 0 & 1 & 0 & 2 \\ 23 & 82 & 5 & \pi \\ 0 & 3 & 0 & 4 \\ 0 & e & 0 & 2030 \end{bmatrix}$

풀이

(a) 사루스 방법으로 주어진 행렬의 행렬식을 구하면 다음과 같다.

$$\det(A) = \begin{vmatrix} 1 & 2 & 3 \\ 0 & 2 & -1 \\ 3 & 3 & 2 \end{vmatrix} = 4 - 6 - 18 + 3 = -17$$

$\det(A) \neq 0$이므로 A는 가역행렬이다.

(b) 3열에 대한 여인자 전개로 행렬식을 구하면 다음과 같다.

$$\det(B) = \begin{vmatrix} 0 & 1 & 0 & 2 \\ 23 & 82 & 5 & \pi \\ 0 & 3 & 0 & 4 \\ 0 & e & 0 & 2030 \end{vmatrix} = (-1)^{2+3}5\begin{vmatrix} 0 & 1 & 1 \\ 0 & 3 & 4 \\ 0 & e & 2030 \end{vmatrix} = 0$$

$\det(B) = 0$이므로 B는 가역행렬이 아니다.

```
: 코딩
>> A=[1 2 3;0 2 -1;3 3 2];                           % 행렬 A, B 입력
>> B=[0 1 0 2;23 82 5 pi;0 3 0 4;0 exp(1) 0 2030]; 1
>> detA=det(A),detB=det(B)                           % 행렬식 계산

: 결과
detA =                                              % [예제 3-16(a)]의 결과와 동일
      -17
detB =                                              % [예제 3-16(b)]의 결과와 동일
        0
```

MATLAB TIP!

1 exp(n) : e^n을 입력한다.
pi : 원주율 π를 입력한다.

MATLAB 유제

다음 행렬이 가역행렬인지 아닌지 말하라.

(a) $A=\begin{bmatrix} 1 & 2 & 3 & 8 & 2 \\ 0 & 2 & -7 & -1 & 3 \\ 3 & 3 & 2 & -6 & 9 \\ 0 & 2 & 1 & 6 & 3 \\ 0 & -3 & 4 & 1 & 4 \end{bmatrix}$　　(b) $B=\begin{bmatrix} 0 & 0 & 0 & 0 & -5 \\ 7 & -7 & 0 & 3 & 0 \\ 4 & 9 & 7 & 8 & 0 \\ 3 & 0 & 0 & 7 & 0 \\ -5 & 0 & 0 & -4 & 0 \end{bmatrix}$

이제 두 행렬의 곱의 행렬식을 구하는 방법에 대하여 알아보자.

정리 3-13 행렬의 곱의 행렬식

n차 정사각행렬 A, B에 대하여 다음이 성립한다.

$$\det(AB)=\det(A)\det(B)$$

12 행렬 B가 비가역행렬일 경우도 마찬가지로 생각할 수 있다. 여기서는 A의 경우만 생각하자.

증명 행렬 A가 비가역행렬인 경우와 가역행렬인 경우로 나누어 증명하자.[12] 먼저 행렬 A가 비가역행렬인 경우를 알아보자. $\mathrm{RREF}(A)=R$이라고 하면 기본행렬 E_1, E_2, $\cdots$, E_k에 대하여 $A=E_1 \dots E_k R$이라고 할 수 있다. A가 비가역행렬이므로 R은 성분이 모두 영인 행을 포함하고, $AB=E_1 \dots E_k RB$이므로 행렬의 곱셈에 의하여 AB도 성분이 모두 영인 행을 갖는다. 따라서 AB는 비가역행렬이고, [정리 3-12]에 의하여 $\det(A)=0$, $\det(AB)=0$이므로 다음이 성립한다.

$$\det(AB)=0=\det(A)\det(B)$$

이제 행렬 A가 가역행렬인 경우를 알아보자. 행렬 A가 가역행렬이면 [정리 2-11]에 의해 A를 기본행렬의 곱으로 분해할 수 있다.

$$A=E_1 E_2 \cdots E_k$$

그러면 [정리 3-11]로부터 다음을 얻는다.

$$
\begin{aligned}
\det(AB) &= \det(E_1 E_2 \cdots E_k B) \\
&= \det(E_1)\det(E_2 \cdots E_k B) \\
&\;\;\vdots \\
&= \det(E_1)\det(E_2)\cdots\det(E_k)\det(B) \\
&= \det(E_1 E_2)\det(E_3 \cdots E_k)\det(B) \\
&\;\;\vdots \\
&= \det(E_1 E_2 \cdots E_k)\det(B) \\
&= \det(A)\det(B)
\end{aligned}
$$

예제 3-17

다음 두 행렬 A, B에 대하여 $\det(AB)=\det(A)\det(B)$가 성립함을 확인하라.

$$
A=\begin{bmatrix} 3 & 1 & -4 \\ 2 & 5 & 6 \\ 1 & 4 & 8 \end{bmatrix},\quad B=\begin{bmatrix} 0 & -2 & 1 \\ 2 & 3 & 4 \\ -1 & 0 & 1 \end{bmatrix}
$$

풀이

두 행렬 A, B의 곱 AB와 그 행렬식은 다음과 같다.

$$
AB=\begin{bmatrix} 6 & -3 & 3 \\ 4 & 11 & 28 \\ 0 & 10 & 25 \end{bmatrix},\quad \det(AB)=390
$$

한편 $\det(A)=26$, $\det(B)=15$이다. 따라서 다음이 성립한다.

$$
\det(AB)=390=26\cdot 15=\det(A)\det(B)
$$

Command Window

```
: 코딩
>> A=[3 1 -4;2 5 6;1 4 8];B=[0 -2 1;2 3 4;-1 0 1]; % 행렬 A, B 입력
>> AB=A*B                                          % AB 계산
>> R=det(A)*det(B)                                 % 주어진 식의 우변 계산
>> L=det(AB)                                       % 주어진 식의 좌변 계산

: 결과
AB =
     6    -3     3
     4    11    28
     0    10    25
R =                                                % [예제 3-17]의 결과와 동일
   390.0000
L =
   390
```

MATLAB 유제

행렬 A, B에 대하여 $\det(AB)$, $\det(A)\det(B)$를 각각 구하라.

$$A=\begin{bmatrix}-4 & 2 & 0 & 0\\ 2 & 3 & 1 & 0\\ 3 & 1 & 0 & 2\\ 1 & 3 & 0 & 3\end{bmatrix},\quad B=\begin{bmatrix}4 & 2 & 3 & -4\\ 3 & -2 & 1 & 5\\ -2 & 0 & 1 & -3\\ 8 & -2 & 6 & 4\end{bmatrix}$$

$\det(AB)=\det(A)\det(B)$로부터 $\det(A+B)=\det(A)+\det(B)$라고 생각할 수도 있다. 그러나 이는 성립하지 않는데, [예제 3-17]의 행렬 A, B에 대하여 다음을 확인할 수 있다.

$$\det(A+B)=\begin{vmatrix}3 & -1 & -3\\ 4 & 8 & 10\\ 0 & 4 & 9\end{vmatrix}=84\neq 26+15=\det(A)+\det(B)$$

다음 정리는 [정리 3-12]와 [정리 3-13]으로부터 가역행렬 A의 역행렬 A^{-1}의 행렬식 $\det(A^{-1})$를 A의 행렬식 $\det(A)$를 이용하여 구하는 방법이다.

정리 3-14 역행렬의 행렬식

A가 가역행렬이면 다음이 성립한다.

$$\det(A^{-1})=\frac{1}{\det(A)}$$

증명 A가 n차 가역행렬이면 A^{-1}가 존재하고

$$AA^{-1}=I_n=A^{-1}A$$

이므로 $\det(AA^{-1})=\det(I_n)=1$이다. 즉, $\det(AA^{-1})=\det(A)\det(A^{-1})=1$이므로 $\det(A)\neq 0$이고 다음이 성립한다.

$$\det(A^{-1})=\frac{1}{\det(A)}$$ ■

[정리 3-14]는 행렬식을 이용하면 행렬 A가 가역행렬인지 아닌지 알 수 있음을 말해준다. 즉 $\det(A)=0$이면 $\frac{1}{\det(A)}$은 존재하지 않으므로 A의 역행렬의 행렬식을 구할 수 없다. 행렬식을 구할 수 없다는 것은 A의 역행렬이 없다는 뜻이므로 $\det(A)=0$이면 A는 비가역행렬이다. 그러나 $\det(A)\neq 0$이면 $\frac{1}{\det(A)}$을 구할 수 있다. 즉 $\det(A^{-1})$를 구할 수 있으므로 A^{-1}가 존재한

다는 뜻이다. 따라서 [정리 3-14]로부터 행렬 A가 가역행렬일 필요충분조건은 $\det(A) \neq 0$임을 알 수 있다. 그러므로 [정리 3-12]와 [정리 3-14]는 동치임을 알 수 있다.

예제 3-18

다음 행렬의 역행렬의 행렬식을 구하라.

(a) $A = \begin{bmatrix} 1 & 2 & 3 \\ 2 & 3 & 3 \\ 3 & -1 & 2 \end{bmatrix}$ **(b)** $B = \begin{bmatrix} 1 & 2 & 3 & 1 \\ 2 & 3 & 3 & 1 \\ 3 & -1 & 2 & 1 \\ 1 & 1 & 1 & 1 \end{bmatrix}$

풀이

(a) 사루스 방법으로 A의 행렬식을 구하면 다음과 같다.

$$|A| = \begin{vmatrix} 1 & 2 & 3 \\ 2 & 3 & 3 \\ 3 & -1 & 2 \end{vmatrix} = -14$$

따라서 [정리 3-14]에 의하여 $|A^{-1}| = \dfrac{1}{|A|} = -\dfrac{1}{14}$이다.

(b) 행렬식의 성질을 이용하여 B의 행렬식을 구하면 다음과 같다.

$$|B| = \begin{vmatrix} 1 & 2 & 3 & 1 \\ 2 & 3 & 3 & 1 \\ 3 & -1 & 2 & 1 \\ 1 & 1 & 1 & 1 \end{vmatrix} = \begin{vmatrix} 1 & 2 & 3 & 1 \\ 0 & -1 & -3 & -1 \\ 0 & -7 & -7 & -2 \\ 0 & -1 & -2 & 0 \end{vmatrix}$$

위 행렬식에 연속하여 행렬의 성질을 이용하면 B의 행렬식은 다음 삼각행렬의 행렬식과 같다.

$$|B| = \begin{vmatrix} 1 & 2 & 3 & 1 \\ 0 & -1 & -3 & -1 \\ 0 & 0 & 14 & 5 \\ 0 & 0 & 1 & 1 \end{vmatrix} = \begin{vmatrix} 1 & 2 & 3 & 1 \\ 0 & -1 & -3 & -1 \\ 0 & 0 & 14 & 5 \\ 0 & 0 & 0 & \dfrac{9}{14} \end{vmatrix} = -9$$

따라서 [정리 3-14]에 의하여 $|B^{-1}| = \dfrac{1}{|B|} = -\dfrac{1}{9}$이다.

Command Window

: 코딩

```
>> format rat 1                                  % 출력 형태 지정
>> A=[1 2 3;2 3 3;3 -1 2];                       % 행렬 A, B 입력
>> B=[1 2 3 1;2 3 3 1;3 -1 2 1;1 1 1 1];
>> Ainv=inv(A);Binv=inv(B);                      % A^-1, B^-1 계산
>> detAinv=det(Ainv),detA=det(A)                 % 행렬 A, A^-1의 행렬식 계산
>> detBinv=det(Binv),detB=det(B)                 % 행렬 B, B^-1의 행렬식 계산
```

MATLAB TIP!

1 format rat : 출력 결과를 분수 형태로 지정한다.

```
: 결과
detAinv =                                    % [예제 3-18(a)]의 결과와 동일
          -1/14
detA =
       -14
detBinv =                                    % [예제 3-18(b)]의 결과와 동일
          -1/9
detB =
       -9
```

MATLAB 유제

다음 행렬의 행렬식과 역행렬을 구하고, 역행렬의 행렬식을 구하라.

$$A=\begin{bmatrix} 0 & 2 & -2 & 3 \\ 1 & 3 & 1 & 2 \\ 3 & -1 & 2 & 1 \\ 1 & 1 & 1 & 0 \end{bmatrix}$$

3.3 수반행렬과 크래머 공식

행렬이 역행렬을 가질 때 행렬식을 이용하여 그 역행렬을 구할 수 있다. 이 절에서는 역행렬을 구하기 위해 주어진 행렬과 크기가 같고, 그 행렬의 여인자를 성분으로 갖는 새로운 행렬에 대하여 알아본다. 또 새롭게 도입된 행렬을 이용하여 연립방정식의 n개의 미지수 중에서 특정한 해만을 구하는 방법을 알아본다.

3.3.1 수반행렬과 역행렬

행렬 A와 크기가 같고, A의 여인자를 성분으로 갖는 행렬을 정의하자. n차 정사각행렬 $A=[a_{ij}]$에 대하여 행렬 $[A_{ij}]^T$를 A의 **수반행렬**adjoint matrix이라고 하고 $\operatorname{adj}(A)$로 나타낸다.

$$\operatorname{adj}(A)=\begin{bmatrix} A_{11} & A_{21} & \cdots & A_{n1} \\ A_{12} & A_{22} & \cdots & A_{n2} \\ \vdots & \vdots & & \vdots \\ A_{1n} & A_{2n} & \cdots & A_{nn} \end{bmatrix}=\begin{bmatrix} A_{11} & A_{12} & \cdots & A_{1n} \\ A_{21} & A_{22} & \cdots & A_{2n} \\ \vdots & \vdots & & \vdots \\ A_{n1} & A_{n2} & \cdots & A_{nn} \end{bmatrix}^T$$
$$=[A_{ij}]^T$$

예제 3-19

다음 행렬의 수반행렬을 구하라.

$$A=\begin{bmatrix}3 & 2 & -1\\1 & 6 & 3\\2 & -4 & 0\end{bmatrix}$$

풀이

행렬 A의 각 성분의 여인자는 각각 다음과 같다.

$$A_{11}=(-1)^{1+1}\begin{vmatrix}6 & 3\\-4 & 0\end{vmatrix}=12,\quad A_{12}=(-1)^{1+2}\begin{vmatrix}1 & 3\\2 & 0\end{vmatrix}=6,\quad A_{13}=(-1)^{1+3}\begin{vmatrix}1 & 6\\2 & -4\end{vmatrix}=-16,$$

$$A_{21}=(-1)^{2+1}\begin{vmatrix}2 & -1\\-4 & 0\end{vmatrix}=4,\quad A_{22}=(-1)^{2+2}\begin{vmatrix}3 & -1\\2 & 0\end{vmatrix}=2,\quad A_{23}=(-1)^{2+3}\begin{vmatrix}3 & 2\\2 & -4\end{vmatrix}=16,$$

$$A_{31}=(-1)^{3+1}\begin{vmatrix}2 & -1\\6 & 3\end{vmatrix}=12,\quad A_{32}=(-1)^{3+2}\begin{vmatrix}3 & -1\\1 & 3\end{vmatrix}=-10,\quad A_{33}=(-1)^{3+3}\begin{vmatrix}3 & 2\\1 & 6\end{vmatrix}=16$$

수반행렬의 정의에 의하여 $\operatorname{adj}(A)=[A_{ij}]^T$이므로 다음과 같이 계산할 수 있다.

$$\operatorname{adj}(A)=\begin{bmatrix}A_{11} & A_{12} & A_{13}\\A_{21} & A_{22} & A_{23}\\A_{31} & A_{32} & A_{33}\end{bmatrix}^T=\begin{bmatrix}12 & 6 & -16\\4 & 2 & 16\\12 & -10 & 16\end{bmatrix}^T=\begin{bmatrix}12 & 4 & 12\\6 & 2 & -10\\-16 & 16 & 16\end{bmatrix}$$

Command Window

```
: 코딩
>> A=[3 2 -1;1 6 3;2 -4 0];        % 행렬 A 입력
>> B=adj(A) [1]                    % M-파일을 사용하여 수반행렬 계산

: 결과
B =                                % [예제 3-19]의 결과와 동일
    12     4    12
     6     2   -10
   -16    16    16
```

MATLAB TIP!

[1] adj(A) : 행렬 A의 수반행렬을 계산한다. M-파일을 이용하려면 현재 폴더에 adj.m과 cofactor.m이 있어야 한다.

MATLAB 유제

다음 행렬의 수반행렬을 구하라.

$$A=\begin{bmatrix}2 & 5 & -2 & 6\\3 & 2 & -1 & 1\\2 & 5 & 2 & 7\\3 & 7 & 5 & 4\end{bmatrix}$$

[예제 3-19]의 행렬 A에 대하여 $A\cdot\operatorname{adj}(A)$를 구해 보자.

$$A \cdot \operatorname{adj}(A) = \begin{bmatrix} 3 & 2 & -1 \\ 1 & 6 & 3 \\ 2 & -4 & 0 \end{bmatrix} \begin{bmatrix} A_{11} & A_{21} & A_{31} \\ A_{12} & A_{22} & A_{32} \\ A_{13} & A_{23} & A_{33} \end{bmatrix}$$

$$= \begin{bmatrix} 3 & 2 & -1 \\ 1 & 6 & 3 \\ 2 & -4 & 0 \end{bmatrix} \begin{bmatrix} 12 & 4 & 12 \\ 6 & 2 & -10 \\ -16 & 16 & 16 \end{bmatrix}$$

$$= \begin{bmatrix} 64 & 0 & 0 \\ 0 & 64 & 0 \\ 0 & 0 & 64 \end{bmatrix}$$

$$= 64 \cdot I_3 = |A| \cdot I_3$$ [13]

13 $|A| = 64$

위 결과로부터 $A \cdot \operatorname{adj}(A)$는 3차 단위행렬에 A의 행렬식을 곱한 것과 같다는 것을 알 수 있다. 이것은 임의의 3차 정사각행렬 $A = [a_{ij}]$에 대하여도 성립하므로 다음과 같다.

$$A \cdot \operatorname{adj}(A) = \begin{bmatrix} \sum_{k=1}^{3} a_{1k}A_{1k} & \sum_{k=1}^{3} a_{1k}A_{2k} & \sum_{k=1}^{3} a_{1k}A_{3k} \\ \sum_{k=1}^{3} a_{2k}A_{1k} & \sum_{k=1}^{3} a_{2k}A_{2k} & \sum_{k=1}^{3} a_{2k}A_{3k} \\ \sum_{k=1}^{3} a_{3k}A_{1k} & \sum_{k=1}^{3} a_{3k}A_{2k} & \sum_{k=1}^{3} a_{3k}A_{3k} \end{bmatrix}$$

$$= \begin{bmatrix} |A| & 0 & 0 \\ 0 & |A| & 0 \\ 0 & 0 & |A| \end{bmatrix} = |A| \cdot I_3$$

이것으로부터 다음을 알 수 있다.

$$\sum_{k=1}^{3} a_{ik}A_{jk} = \begin{cases} |A| & (i = j) \\ 0 & (i \neq j) \end{cases}$$

예제 3-20

[예제 3-19]에 주어진 행렬에 대하여 다음이 성립함을 확인하라.

$$a_{31}A_{11} + a_{32}A_{12} + a_{33}A_{13} = 0$$

풀이

[예제 3-19]에 의하여 $a_{31} = 2$, $a_{32} = -4$, $a_{33} = 0$이고, $A_{11} = 12$, $A_{12} = 6$, $A_{13} = -16$이므로 다음이 성립함을 알 수 있다.

$$a_{31}A_{11} + a_{32}A_{12} + a_{33}A_{13} = 2 \cdot 12 + (-4) \cdot 6 + 0 \cdot (-16) = 0$$

일반적으로 n차 정사각행렬 $A = [a_{ij}]$에 대하여 다음이 성립한다.

$$\sum_{k=1}^{n} a_{ik} A_{jk} = \begin{cases} |A| & (i = j) \\ 0 & (i \neq j) \end{cases}$$

이제 수반행렬을 이용하여 가역행렬의 역행렬을 구하는 방법을 알아보자.

정리 3-15 수반행렬을 이용한 역행렬

n차 행렬 A가 가역행렬이면 그 역행렬은 다음과 같다.

$$A^{-1} = \frac{1}{\det(A)} \mathrm{adj}(A)$$

증명 만일 $A^{-1} = \frac{1}{\det(A)} \mathrm{adj}(A)$가 성립한다면, 다음과 같이 이 식의 양변에 A를 곱하여 정리할 수 있다.

$$A \cdot \mathrm{adj}(A) = \det(A) \cdot I_n$$

따라서 $A \cdot \mathrm{adj}(A) = \det(A) \cdot I_n$임을 증명할 수 있다.

$$A \cdot \mathrm{adj}(A) = \begin{bmatrix} a_{11} & a_{12} & \cdots & a_{1n} \\ a_{21} & a_{22} & \cdots & a_{2n} \\ \vdots & \vdots & & \vdots \\ a_{n1} & a_{n2} & \cdots & a_{nn} \end{bmatrix} \begin{bmatrix} A_{11} & A_{21} & \cdots & A_{n1} \\ A_{12} & A_{22} & \cdots & A_{n2} \\ \vdots & \vdots & & \vdots \\ A_{1n} & A_{2n} & \cdots & A_{nn} \end{bmatrix} \quad \cdots\cdots ①$$

$A \cdot \mathrm{adj}(A)$의 (i, j) 성분은 A의 i행과 $\mathrm{adj}(A)$의 j열의 곱이므로 다음과 같다.

$$a_{i1} A_{j1} + a_{i2} A_{j2} + \cdots + a_{in} A_{jn} \quad \cdots\cdots ②$$

위 식에서 $i = j$일 때, 식 ②는 다음과 같이 다시 쓸 수 있다.

$$a_{i1} A_{i1} + a_{i2} A_{i2} + \cdots + a_{in} A_{in} \quad \cdots\cdots ③$$

한편 $i \neq j$일 때,

$$A' = \begin{bmatrix} a_{11} & a_{12} & \cdots & a_{1n} \\ a_{21} & a_{22} & \cdots & a_{2n} \\ \vdots & \vdots & & \vdots \\ a_{i1} & a_{i2} & \cdots & a_{in} \\ \vdots & \vdots & & \vdots \\ a_{i1} & a_{i2} & \cdots & a_{in} \\ \vdots & \vdots & & \vdots \\ a_{n1} & a_{n2} & \cdots & a_{nn} \end{bmatrix} \begin{matrix} \\ \\ \\ \leftarrow i\text{행} \\ \\ \leftarrow j\text{행} \\ \\ \\ \end{matrix}$$

이고, A'의 두 행이 같으므로 $\det(A') = 0$이다. $\det(A')$을 계산할 때 A'의 j행에 대하여 여인자 전개하면 A'과 A의 j행을 제외한 나머지 성분은 모두 같으므로 식 ②는 다음과 같이 다시 쓸 수 있다.

$$a_{i1}A_{j1} + a_{i2}A_{j2} + \cdots + a_{in}A_{jn} = \det(A') = 0 \qquad \cdots\cdots ④$$

식 ③, ④를 식 ①에 적용하여 계산하면 다음과 같다.

$$A \cdot \text{adj}(A) = \begin{bmatrix} \det(A) & 0 & \cdots & 0 \\ 0 & \det(A) & \cdots & 0 \\ \vdots & \vdots & & \vdots \\ 0 & 0 & \cdots & \det(A) \end{bmatrix} = \det(A) \cdot I_n \qquad \cdots\cdots ⑤$$

A가 가역이므로 $\det(A) \neq 0$이고, 식 ⑤에서 다음이 성립한다.

$$\frac{1}{\det(A)} A \cdot \text{adj}(A) = I_n$$

양변의 왼쪽에 A^{-1}를 곱하여 정리하면 다음과 같다.

$$A^{-1}I_n = A^{-1}\frac{1}{\det(A)} A \cdot \text{adj}(A)$$

따라서 다음이 성립한다.

$$A^{-1} = \frac{1}{\det(A)}\text{adj}(A)$$

예제 3-21

수반행렬을 이용하여 [예제 3-19]에서 다룬 행렬의 역행렬을 구하라.

$$A = \begin{bmatrix} 3 & 2 & -1 \\ 1 & 6 & 3 \\ 2 & -4 & 0 \end{bmatrix}$$

풀이

[예제 3-19]에 의하여 A의 수반행렬은 다음과 같다.

$$\text{adj}(A) = \begin{bmatrix} A_{11} & A_{12} & A_{13} \\ A_{21} & A_{22} & A_{23} \\ A_{31} & A_{32} & A_{33} \end{bmatrix}^T = \begin{bmatrix} 12 & 4 & 12 \\ 6 & 2 & -10 \\ -16 & 16 & 16 \end{bmatrix}$$

한편 $\det(A) = 64$이므로 주어진 행렬의 역행렬은 다음과 같다.

$$\begin{aligned} A^{-1} &= \frac{1}{\det(A)}\text{adj}(A) \\ &= \frac{1}{64}\begin{bmatrix} 12 & 4 & 12 \\ 6 & 2 & -10 \\ -16 & 16 & 16 \end{bmatrix} \end{aligned}$$

Command Window

```
: 코딩
>> format rat
>> A=[3 2 -1;1 6 3;2 -4 0]                % 행렬 입력
>> B=adj(A)                               % A의 수반행렬 계산
>> C=1/det(A)*B [1]                       % 수반행렬을 이용한 A의 역행렬 계산
>> Ainv=inv(A)                            % 명령어를 이용한 A의 역행렬 계산

: 결과
A =
       3       2      -1
       1       6       3
       2      -4       0
B =
      12       4      12
       6       2     -10
     -16      16      16
C =                                       % [예제 3-21]의 결과와 동일
      3/16     1/16     3/16
      3/32     1/32    -5/32
     -1/4      1/4      1/4
Ainv =
      3/16     1/16     3/16
      3/32     1/32    -5/32
     -1/4      1/4      1/4
```

MATLAB TIP!

[1] 이는 이론적 전개를 위한 역행렬 계산법이다. 실제로는 inv(C) 명령어를 이용하여 간편하게 계산할 수 있다.

MATLAB 유제

다음 행렬의 수반행렬을 이용하여 다음 행렬의 역행렬을 구하라.

$$A=\begin{bmatrix} -3 & 8 & 5 & -9 \\ 0 & 3 & -7 & 1 \\ 4 & 4 & 2 & 5 \\ 3 & -7 & 6 & 1 \end{bmatrix}$$

이제 수반행렬의 성질에 대하여 알아보자.

정리 3-16 수반행렬의 성질

n차 가역행렬 A, B에 대하여 다음이 성립한다.

(1) $\mathrm{adj}(A^{-1})=(\mathrm{adj}(A))^{-1}$

(2) $\mathrm{adj}(A^{T})=(\mathrm{adj}(A))^{T}$

(3) $\mathrm{adj}(AB)=\mathrm{adj}(B)\cdot\mathrm{adj}(A)$

증명

(1) $A^{-1}=\frac{1}{|A|}\text{adj}(A)$ 이므로 $\text{adj}(A)=|A|A^{-1}$ 이다. A^{-1}는 가역행렬이므로 $\text{adj}(A)$는 가역행렬이고 다음이 성립한다.

$$(\text{adj}(A))^{-1}=(|A|A^{-1})^{-1}=\frac{(A^{-1})^{-1}}{|A|}=|A^{-1}|A$$

한편 $\text{adj}(A^{-1})=|A^{-1}|(A^{-1})^{-1}=|A^{-1}|A$ 이므로 다음이 성립한다.

$$\text{adj}(A^{-1})=(\text{adj}(A))^{-1}$$

(2) $\text{adj}(A^T)=|A^T|(A^T)^{-1}=|A|(A^{-1})^T=(\text{adj}(A))^T$

(3) $$\begin{aligned}\text{adj}(AB)&=|AB|(AB)^{-1}=|A||B|B^{-1}A^{-1}\\&=(|B|B^{-1})(|A|A^{-1})\\&=\text{adj}(B)\cdot\text{adj}(A)\end{aligned}$$ ■

예제 3-22

다음 두 행렬에 대하여 $\text{adj}(AB)=\text{adj}(B)\cdot\text{adj}(A)$ 임을 확인하라.

$$A=\begin{bmatrix}1&2&3\\-2&1&4\\2&3&2\end{bmatrix},\quad B=\begin{bmatrix}2&4&1\\1&-2&1\\0&5&-1\end{bmatrix}$$

풀이

먼저 행렬 A의 수반행렬을 구하면 다음과 같다.

$$A_{11}=\begin{vmatrix}1&4\\3&2\end{vmatrix}=-10,\quad A_{12}=-\begin{vmatrix}-2&4\\2&2\end{vmatrix}=12,\quad A_{13}=\begin{vmatrix}-2&1\\2&3\end{vmatrix}=-8,$$

$$A_{21}=-\begin{vmatrix}2&3\\3&2\end{vmatrix}=5,\quad A_{22}=\begin{vmatrix}1&3\\2&2\end{vmatrix}=-4,\quad A_{23}=-\begin{vmatrix}1&2\\2&3\end{vmatrix}=1,$$

$$A_{31}=\begin{vmatrix}2&3\\1&4\end{vmatrix}=5,\quad A_{32}=-\begin{vmatrix}1&3\\-2&4\end{vmatrix}=-10,\quad A_{33}=\begin{vmatrix}1&2\\-2&1\end{vmatrix}=5$$

$$\Rightarrow\ \text{adj}(A)=\begin{bmatrix}-10&5&5\\12&-4&-10\\-8&1&5\end{bmatrix}$$

행렬 B의 수반행렬을 구하면 다음과 같다.

$$B_{11}=\begin{vmatrix}-2&1\\5&-1\end{vmatrix}=-3,\quad B_{12}=-\begin{vmatrix}1&1\\0&-1\end{vmatrix}=1,\quad B_{13}=\begin{vmatrix}1&-2\\0&5\end{vmatrix}=5,$$

$$B_{21}=-\begin{vmatrix}4&1\\5&-1\end{vmatrix}=9,\quad B_{22}=\begin{vmatrix}2&1\\0&-1\end{vmatrix}=-2,\quad B_{23}=-\begin{vmatrix}2&4\\0&5\end{vmatrix}=-10,$$

$$B_{31}=\begin{vmatrix}4&1\\-2&1\end{vmatrix}=6,\quad B_{32}=-\begin{vmatrix}2&1\\1&1\end{vmatrix}=-1,\quad B_{33}=\begin{vmatrix}2&4\\1&-2\end{vmatrix}=-8$$

$$\Rightarrow \text{adj}(B) = \begin{bmatrix} -3 & 9 & 6 \\ 1 & -2 & -1 \\ 5 & -10 & -8 \end{bmatrix}$$

따라서 주어진 식의 우변을 계산하면 다음과 같다.

$$\begin{aligned} \text{adj}(B) \cdot \text{adj}(A) &= \begin{bmatrix} -3 & 9 & 6 \\ 1 & -2 & -1 \\ 5 & -10 & -8 \end{bmatrix} \begin{bmatrix} -10 & 5 & 5 \\ 12 & -4 & -10 \\ -8 & 1 & 5 \end{bmatrix} \\ &= \begin{bmatrix} 90 & -45 & -75 \\ -26 & 12 & 20 \\ -106 & 57 & 85 \end{bmatrix} \end{aligned}$$

또한 행렬의 곱 AB를 구하면 다음과 같다.

$$AB = \begin{bmatrix} 1 & 2 & 3 \\ -2 & 1 & 4 \\ 2 & 3 & 2 \end{bmatrix} \begin{bmatrix} 2 & 4 & 1 \\ 1 & -2 & 1 \\ 0 & 5 & -1 \end{bmatrix} = \begin{bmatrix} 4 & 15 & 0 \\ -3 & 10 & -5 \\ 7 & 12 & 3 \end{bmatrix}$$

주어진 식의 좌변을 계산하기 위해 AB의 수반행렬을 구하면 다음과 같다.

$$\text{adj}(AB) = \begin{bmatrix} 90 & -45 & -75 \\ -26 & 12 & 20 \\ -106 & 57 & 85 \end{bmatrix} = \text{adj}(B) \cdot \text{adj}(A)$$

Command Window

```
: 코딩
>> A=[1 2 3;-2 1 4;2 3 2];          % 행렬 A, B 입력
>> B=[2 4 1;1 -2 1;0 5 -1];
>> L=adj(A*B)                        % 주어진 식의 좌변 계산
>> adj(A)*adj(B)                     % A의 수반행렬과 B의 수반행렬의 곱 계산
>> R=adj(B)*adj(A)                   % 주어진 식의 우변 계산

: 결과
L =                                  % [예제 3-22]의 결과와 동일
      90   -45   -75
     -26    12    20
    -106    57    85
ans = [1]
      60  -150  -105
     -90   216   156
      50  -124   -89
R =
      90   -45   -75
     -26    12    20
    -106    57    85
```

MATLAB TIP!

[1] A의 수반행렬과 B의 수반행렬의 곱이 AB의 수반행렬과 불일치하지만, B의 수반행렬과 A의 수반행렬의 곱이 AB의 수반행렬과 일치한다.

MATLAB 유제

다음 행렬 A, B에 대하여 $\mathrm{adj}(AB) = \mathrm{adj}(B) \cdot \mathrm{adj}(A)$임을 확인하라.

$$A = \begin{bmatrix} -1 & 0 & 5 \\ 2 & 4 & 3 \\ 2 & -3 & 6 \end{bmatrix}, \quad B = \begin{bmatrix} -2 & 2 & 5 \\ 1 & -8 & 2 \\ 3 & 5 & 3 \end{bmatrix}$$

3.3.2 크래머 공식

연립방정식의 해에 대한 공식을 만들면 실제 계산은 복잡하더라도 해의 성질을 조사할 때는 매우 유용하다. 이제 n개의 미지수를 가지는 n개의 일차방정식으로 이루어진 연립방정식의 해를 구하는 특별한 공식을 소개한다. 이 공식을 **크래머 공식**Cramer's rule이라고 부른다.

정리 3-17 크래머 공식

연립일차방정식

$$\begin{aligned} a_{11}x_1 + a_{12}x_2 + \cdots + a_{1n}x_n &= b_1 \\ a_{21}x_1 + a_{22}x_2 + \cdots + a_{2n}x_n &= b_2 \\ \vdots \qquad \vdots \qquad \vdots \qquad \vdots \\ a_{n1}x_1 + a_{n2}x_2 + \cdots + a_{nn}x_n &= b_n \end{aligned}$$

의 계수행렬을 A라고 하고

$$X = \begin{bmatrix} x_1 \\ x_2 \\ \vdots \\ x_n \end{bmatrix}, \quad B = \begin{bmatrix} b_1 \\ b_2 \\ \vdots \\ b_n \end{bmatrix}$$

이라고 하면, 이 연립방정식은 $AX = B$로 나타낼 수 있다. 이때, $|A| \neq 0$이면 이 연립방정식은 유일한 해

$$x_1 = \frac{|M_1|}{|A|}, \quad x_2 = \frac{|M_2|}{|A|}, \quad \cdots, \quad x_n = \frac{|M_n|}{|A|}$$

을 갖는다. 이때 M_j(단, $j = 1, 2, \cdots, n$)는 A의 j열을 B로 바꾼 행렬이다.

증명 $|A| \neq 0$이므로 A는 가역행렬이다. 따라서 연립방정식 $AX = B$는 유일한 해 $X = A^{-1}B$를 갖는다. 이때

$$A^{-1} = \frac{1}{|A|}\operatorname{adj}(A)$$

이므로 다음이 성립한다.

$$X = \frac{1}{|A|}\operatorname{adj}(A)\cdot B = \frac{1}{|A|}\begin{bmatrix} A_{11} & A_{21} & \cdots & A_{n1} \\ A_{12} & A_{22} & \cdots & A_{n2} \\ \vdots & \vdots & \cdots & \vdots \\ A_{1n} & A_{2n} & \cdots & A_{nn} \end{bmatrix}\begin{bmatrix} b_1 \\ b_2 \\ \vdots \\ b_n \end{bmatrix}$$

따라서 X의 j행의 성분은

$$x_j = \frac{b_1 A_{1j} + b_2 A_{2j} + \cdots + b_n A_{nj}}{|A|}$$

이다. 그런데 $a_{1j}A_{1j} + a_{2j}A_{2j} + \cdots + a_{nj}A_{nj} = |A|$이므로 A의 j열을 B로 바꾼 행렬을 M_j라고 하면 다음을 얻는다.

$$x_j = \frac{|M_j|}{|A|} \quad (\text{단, } j = 1,\ 2,\ \cdots,\ n)$$

■

예제 3-23

크래머 공식을 이용하여 다음 연립방정식을 풀어라.

$$\begin{aligned} x + 2y + z &= 12 \\ 3x - y - z &= -1 \\ x + y - 2z &= -3 \end{aligned}$$

풀이

크래머 공식으로 연립방정식의 해를 구하려면 먼저 $|A|$를 구해야 한다. 사루스 방법으로 연립방정식의 계수 행렬 A의 행렬식을 구하면 다음과 같다.

$$|A| = \begin{vmatrix} 1 & 2 & 1 \\ 3 & -1 & -1 \\ 1 & 1 & -2 \end{vmatrix} = 17$$

한편 $|M_1|$, $|M_2|$, $|M_3|$를 차례로 구하면 다음과 같다.

$$|M_1| = \begin{vmatrix} 12 & 2 & 1 \\ -1 & -1 & -1 \\ -3 & 1 & -2 \end{vmatrix} = 34,\quad |M_2| = \begin{vmatrix} 1 & 12 & 1 \\ 3 & -1 & -1 \\ 1 & -3 & -2 \end{vmatrix} = 51,\quad |M_3| = \begin{vmatrix} 1 & 2 & 12 \\ 3 & -1 & -1 \\ 1 & 1 & -3 \end{vmatrix} = 68$$

따라서 크래머 공식을 이용하여 구한 연립방정식의 해는 다음과 같다.

$$x = \frac{|M_1|}{|A|} = 2,\quad y = \frac{|M_2|}{|A|} = 3,\quad z = \frac{|M_3|}{|A|} = 4$$

```
Command Window

: 코딩
>> format rat
>> A=[1 2 1;3 -1 -1;1 1 -2];                     % 행렬 A 입력
>> B=[12 -1 -3]';                                % 상수항 벡터 B 입력
>> M1=A;
>> M1(:,1)=B                                     % M_1=B1 입력
>> M2=A;
>> M2(:,2)=B                                     % M_2=B2 입력
>> M3=A;
>> M3(:,3)=B                                     % M_3=B3 입력
>> x=det(M1)/det(A),y=det(M2)/det(A),z=det(M3)/det(A)
                                                 % x ,y, z 계산

: 결과
M1 =                                             % [예제 3-23]의 결과와 동일
      12     2     1
      -1    -1    -1
      -3     1    -2
M2 =
       1    12     1
       3    -1    -1
       1    -3    -2
M3 =
       1     2    12
       3    -1    -1
       1     1    -3
x =
       2
y =
       3 [1]
z =
       4
```

MATLAB TIP!

[1] 실수로 결과를 출력하면 3.0000으로 출력되지만, 출력 결과를 분수 형태로 지정하면 3으로 출력된다.

MATLAB 유제

크래머 공식을 이용하여 다음 연립방정식을 풀어라.

$$x + 2y + 3z = -1$$
$$4x + 5y + 6z = 7$$
$$7x + 7y + 6z = 3$$

n개의 미지수를 갖는 n개의 일차방정식으로 이루어진 연립방정식을 크래머 공식으로 풀 때는 n차 행렬식을 $n+1$개나 계산해야 하므로 n이 3보다 크다면 실용적이라 할 수 없다. 이와 같은 경우에는 가우스 소거법을 사용하는 것이

매우 편리하다. 그러나 크래머 공식은 행렬식만을 이용하여 연립방정식의 해를 구할 수 있고, 특정한 미지수의 값만을 바로 찾을 수 있다는 장점이 있다.

예제 3-24

다음 연립방정식을 만족하는 x_3 값을 구하라.

$$\begin{aligned} 5x_1 - 3x_2 - 10x_3 &= -9 \\ 2x_1 + 2x_2 - 3x_3 &= 4 \\ -3x_1 - x_2 + 5x_3 &= 1 \end{aligned}$$

풀이

주어진 연립방정식의 계수행렬과 그 행렬식은 다음과 같다.

$$A = \begin{bmatrix} 5 & -3 & -10 \\ 2 & 2 & -3 \\ -3 & -1 & 5 \end{bmatrix}, \quad \det(A) = -2$$

한편 계수행렬 A의 3열만을 $\begin{bmatrix} -9 \\ 4 \\ 1 \end{bmatrix}$로 바꾼 행렬 M_3와 그 행렬식은 다음과 같다.

$$M_3 = \begin{bmatrix} 5 & -3 & -9 \\ 2 & 2 & 4 \\ -3 & -1 & 1 \end{bmatrix}, \quad |M_3| = 36$$

크래머 공식을 이용하여 계산하면 다음과 같다.

$$x_3 = \frac{|M_3|}{|A|} = -18$$

Command Window

: 코딩

```
>> A=[5 -3 -10;2 2 -3;-3 -1 5];          % 행렬 A 입력
>> B=[-9 4 1]';                          % 상수항 벡터 B 입력
>> B3=A;
>> B3(:,3)=B                             % M3=B3 입력
>> x3=det(B3)/det(A)                     % x3 계산
```

: 결과

```
B3 =                                     % [예제 3-24]의 결과와 동일
     5    -3    -9
     2     2     4
    -3    -1     1
x3 =
   -18.0000 [1]
```

MATLAB TIP!

1 실수로 결과를 출력하면 −18.0000으로 출력되지만, 출력 결과를 분수 형태로 지정하면 −18로 출력된다.

MATLAB 유제

다음 연립방정식을 만족하는 z를 구하라.

$$\begin{aligned} 2x - y + z - 4w &= -32 \\ 7x + 2y + 9z - w &= 14 \\ 3x - y + z + w &= 11 \\ x + y - 4z - 2w &= -4 \end{aligned}$$

우리는 2.3절에서 기본행렬과 역행렬의 성질을 살펴봤고, 역행렬을 이용한 연립방정식의 해와 동차연립방정식의 해를 살펴보았다. 이 성질을 행렬식과 연결하면 다음 정리를 얻을 수 있다.

정리 3-18 가역의 동치명제

A가 n차 정사각행렬일 때 다음은 동치이다.

(1) A는 가역행렬이다.

(2) 모든 $n \times 1$ 행렬 B에 대하여 연립방정식 $AX = B$는 유일한 해를 갖는다.

(3) 동차연립방정식 $AX = O$는 자명한 해만을 갖는다.

(4) A와 I_n은 행동치이다.

(5) $\det(A) \neq 0$

증명

(1) ⇒ (2) 행렬 A가 가역행렬이면 A의 역행렬 A^{-1}가 유일하게 존재하므로

$$A^{-1}(AX) = A^{-1}B \quad \Rightarrow \quad X = A^{-1}B$$

이다. 즉 연립방정식 $AX = B$는 유일한 해 $X = A^{-1}B$를 갖는다.

(2) ⇒ (3) $B = O$라면 다음이 성립한다.

$$A^{-1}(AX) = A^{-1}O \quad \Rightarrow \quad X = A^{-1}O \quad \Rightarrow \quad X = O$$

따라서 연립방정식 $AX = B$가 유일한 해를 갖는다면 동차연립방정식 $AX = O$는 자명한 해만을 갖는다.

(3) ⇒ (4) $AX = O$가 자명한 해만을 갖는다고 하자. 연립방정식의 첨가행렬에 적용된 가우스 조르단 소거법에 의해 $[A \mid O]$는 $[I_n \mid O]$로 변형되므로 A와 I_n은 행동치이다.

(4) ⇒ (5) A와 I_n이 행동치이므로 다음을 만족하는 기본행렬 E_1, E_2, $\cdots$, E_k가 존재하면

$$E_k \cdots E_2 E_1 A = I_n$$
$$\det(E_k \cdots E_2 E_1 A) = \det(E_k) \cdots \det(E_1) \det(A) = \det(I_n) \neq 0$$

따라서 $\det(A) \neq 0$이다.

(5) ⇒ (1) $\det(A) \neq 0$이므로 $\frac{1}{\det(A)}$이 존재한다. 따라서 $\frac{1}{\det(A)}\mathrm{adj}(A)$가 존재하는데, $A^{-1} = \frac{1}{\det(A)}\mathrm{adj}(A)$이므로 A는 역행렬이 존재한다. ■

예제 3-25

다음 연립방정식이 b_1, b_2, b_3 값에 관계없이 유일한 해를 가짐을 보여라.

$$\begin{aligned} x + 2y + 4z &= b_1 \\ -\ y + 2z &= b_2 \\ 2x + 3y + 5z &= b_3 \end{aligned}$$

풀이

주어진 연립방정식의 계수행렬 A는 다음과 같다.

$$A = \begin{bmatrix} 1 & 2 & 4 \\ 0 & -1 & 2 \\ 2 & 3 & 5 \end{bmatrix}$$

행렬 A의 행렬식을 구하면 다음과 같다.

$$|A| = \begin{vmatrix} 1 & 2 & 4 \\ 0 & -1 & 2 \\ 2 & 3 & 5 \end{vmatrix} = 5 \neq 0$$

따라서 [정리 3-18]에 의하여 주어진 연립방정식은 b_1, b_2, b_3 값과 관계없이 유일한 해를 갖는다.

Command Window

```
: 코딩
>> A=[1 2 4;0 -1 2;2 3 5];          % 행렬 입력
>> det(A)                           % 행렬 A의 행렬식 계산

: 결과
ans =                               % [예제 3-25]의 결과와 동일
     5
```

MATLAB 유제

다음 연립방정식이 b_1, b_2, b_3, b_4 값과 관계없이 유일한 해를 가질 때 k 값의 조건을 구하라.

$$\begin{aligned} x + y + z + w &= b_1 \\ kx + y + z + w &= b_2 \\ kx + ky + z + w &= b_3 \\ kx + ky + kz + w &= b_4 \end{aligned}$$

3.4 행렬식의 활용

이 절에서는 행렬식을 활용하는 다양한 예를 살펴본다. 먼저 행렬식을 이용하여 몇 개의 점이 주어졌을 때 그 점을 지나는 곡선을 찾는 방법에 대하여 알아보자. 여기에서는 반데르몽드 행렬을 이용하는 방법과 행렬식을 이용하는 방법 두 가지를 살펴볼 것이다. 특히 행렬식의 성질을 이용하면 두 점을 지나는 직선의 방정식, 세 점을 지나는 원의 방정식, 다섯 개의 점을 지나는 이차곡선의 방정식, 공간도형의 방정식 등을 구할 수 있다.

3.4.1 보간 다항식

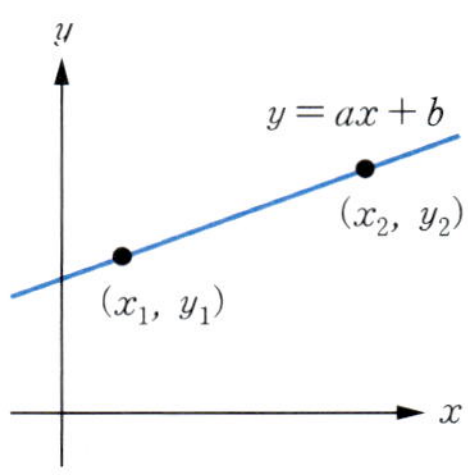

[그림 3-4] 직선 $y = ax + b$

평면상에서 어느 특정한 점들을 지나는 다항식을 구하는 방법에 대하여 알아보자. 좌표평면 위의 서로 다른 두 점 (x_1, y_1), (x_2, y_2)를 지나는 직선의 방정식과 그래프는 다음과 같다.

$$y = ax + b \tag{3.10}$$

이때 a, b를 알면 원하는 직선의 방정식을 구할 수 있다. 두 점을 지나는 직선의 방정식을 구할 때 해석기하학의 다양한 방법을 사용할 수 있지만, 여기서는 연립방정식을 이용하여 구하는 방법을 알아보자. 직선 $y = ax + b$가 $x_1 \neq x_2$인 두 점 (x_1, y_1), (x_2, y_2)를 지나면 다음을 만족한다.

$$y_1 = ax_1 + b, \quad y_2 = ax_2 + b$$

다음 연립방정식으로부터 a, b를 얻을 수 있다.

$$\begin{aligned} ax_1 + b &= y_1 \\ ax_2 + b &= y_2 \end{aligned}$$

이 연립방정식을 풀면 다음과 같다.

$$a = \frac{y_2 - y_1}{x_2 - x_1}, \quad b = \frac{y_1 x_2 - y_2 x_1}{x_2 - x_1} \tag{3.11}$$

예제 3-26

두 점 (3, 1), (−2, 3)을 지나는 직선의 방정식을 구하고 그래프를 그려라.

풀이

두 점을 식 (3.11)에 대입하여 a, b를 구하면 다음과 같다.

$$a=\frac{3-1}{-2-3}=\frac{2}{-5}=-\frac{2}{5},\quad b=\frac{1\cdot(-2)-3\cdot 3}{-2-3}=\frac{11}{5}$$

따라서 구하는 직선의 방정식은 다음과 같고 그래프는 [그림 3-5]와 같다.

$$y=-\frac{2}{5}x+\frac{11}{5}$$

Command Window

```
: 코딩
>> syms a b;
>> S=solve(3*a+b==1,-2*a+b==3);        % 연립방정식 해 계산
>> S=[S.a,S.b]                         % 연립방정식의 해 출력
>> ezplot('y=-2/5*x+11/5') 1           % 심볼릭 그래프 그리기

: 결과
S =                                    % [예제 3-26]의 결과와 동일
   [ -2/5, 11/5]
```

MATLAB TIP!

1 ezplot 명령어를 사용하면 별도로 심볼릭 변수를 지정하지 않아도 된다.

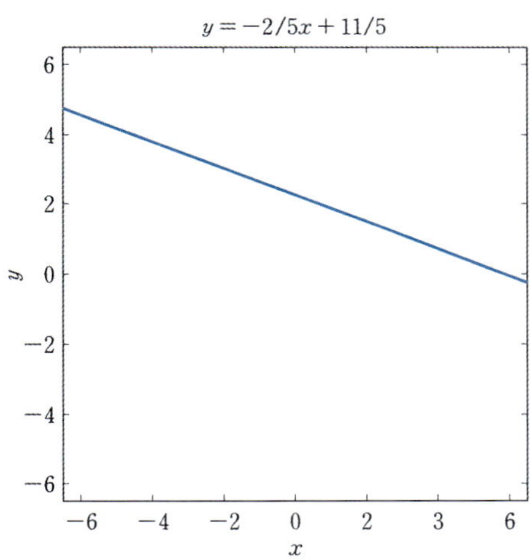

[그림 3-5] MATLAB 실행 결과

MATLAB 유제

서로 다른 두 점 (−2, 4), (2, 3)을 지나는 직선의 방정식을 구하고 그래프를 그려라.

서로 다른 두 점 (x_1, y_1), (x_2, y_2)를 지나는 그래프는 [그림 3-4]와 같이 일차식 $y = ax + b$로 나타낼 수 있다. 또 서로 다른 세 점 (x_1, y_1), (x_2, y_2), (x_3, y_3)를 지나는 그래프는 [그림 3-6(a)]와 같이 직선이 될 수도 있고 [그림 3-6(b)]와 같이 이차곡선 $y = ax^2 + bx + c$가 될 수도 있다.

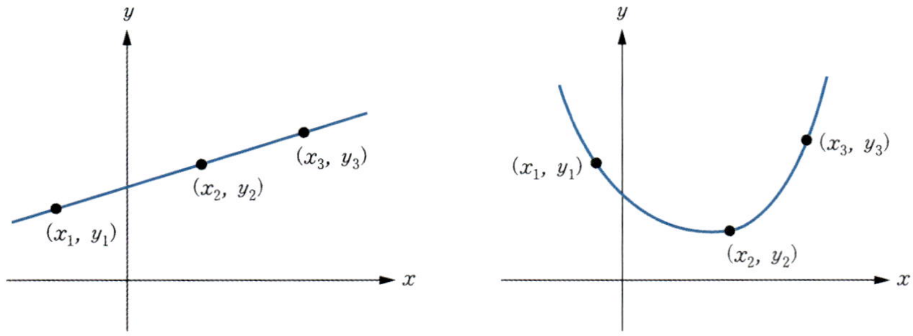

(a) 서로 다른 세 점을 지나는 직선 (b) 서로 다른 세 점을 지나는 이차곡선

[그림 3-6] **서로 다른 세 점을 지나는 그래프**

일반적으로 자료가 평면 위의 n개의 점으로 주어질 때, n개의 점을 지나는 $(n-1)$ 이하 차수의 다항식을 **보간 다항식**interpolation polynomial이라고 부른다.[14]

14 실제 자료는 실험적 오차를 내포하고 있으므로 그 점들을 지나지 않는 더 낮은 차수의 다항식이 변수 사이의 관계를 더 잘 설명해 주는 경우가 흔하다.

$$p(x) = a_0 + a_1 x + a_2 x^2 + \cdots + a_{n-1} x^{n-1} \qquad (3.12)$$

n개의 점 $(x_1, p(x_1))$, $(x_2, p(x_2))$, $\cdots$, $(x_n, p(x_n))$을 지나는 보간 다항식을 구하기 위해 $x_1, x_2, \cdots, x_n$을 식 (3.12)에 대입하면 다음을 얻는다.

$$\begin{aligned} p(x_1) &= a_0 + a_1 x_1 + a_2 x_1^2 + \cdots + a_{n-1} x_1^{n-1} \\ p(x_2) &= a_0 + a_1 x_2 + a_2 x_2^2 + \cdots + a_{n-1} x_2^{n-1} \\ &\vdots \\ p(x_n) &= a_0 + a_1 x_n + a_2 x_n^2 + \cdots + a_{n-1} x_n^{n-1} \end{aligned}$$

즉 보간 다항식을 얻으려면 계수 $a_0, a_1, a_2, \cdots, a_{n-1}$ 값을 구하면 되므로 다음과 같은 $a_0, a_1, a_2, \cdots, a_{n-1}$에 대한 연립일차방정식을 얻을 수 있다.

$$\begin{bmatrix} 1 & x_1 & x_1^2 & x_1^3 & \cdots & x_1^{n-1} \\ 1 & x_2 & x_2^2 & x_2^3 & \cdots & x_2^{n-1} \\ 1 & x_3 & x_3^2 & x_3^3 & \cdots & x_3^{n-1} \\ & & & \vdots & & \\ 1 & x_n & x_n^2 & x_n^3 & \cdots & x_n^{n-1} \end{bmatrix} \begin{bmatrix} a_0 \\ a_1 \\ a_2 \\ a_3 \\ \vdots \\ a_{n-1} \end{bmatrix} = \begin{bmatrix} p(x_1) \\ p(x_2) \\ p(x_3) \\ \vdots \\ p(x_n) \end{bmatrix} \qquad (3.13)$$

이때 다음과 같은 연립일차방정식의 계수행렬 V_n을 **반데르몽드 행렬**Vandermonde matrix이라고 한다.

$$V_n = \begin{bmatrix} 1 & x_1 & x_1^2 & x_1^3 & \cdots & x_1^{n-1} \\ 1 & x_2 & x_2^2 & x_2^3 & \cdots & x_2^{n-1} \\ 1 & x_3 & x_3^2 & x_3^3 & \cdots & x_3^{n-1} \\ & & & \vdots & & \\ 1 & x_n & x_n^2 & x_n^3 & \cdots & x_n^{n-1} \end{bmatrix}$$

일반적으로 $n \times n$ 반데르몽드 행렬의 행렬식 $|V_n|$은 $(x_j - x_i)$ 형태 (단, $1 \leq i < j \leq n$)의 모든 가능한 인수들의 곱으로 표현된다.[15]

$$|V_n| = \begin{vmatrix} 1 & x_1 & x_1^2 & \cdots & x_1^{n-1} \\ 1 & x_2 & x_2^2 & \cdots & x_2^{n-1} \\ \vdots & \vdots & \vdots & & \vdots \\ 1 & x_n & x_n^2 & \cdots & x_n^{n-1} \end{vmatrix} = \prod_{1 \leq i < j \leq n} (x_j - x_i) \qquad (3.14)$$

15 이 행렬식은 프랑스의 수학자 반데르몽드의 이름을 따온 것이다. 또 기호 $\prod$(그리스 대문자 pi)는 모든 $(x_j - x_i)$ 형태$(1 \leq i < j \leq n)$의 인수들의 곱을 표현하기 위해 사용된다.

따라서 $x_1, x_2, \cdots, x_n$이 모두 다르면 $|V_n| \neq 0$임을 알 수 있다.

예제 3-27

네 점 $(-1, 3)$, $(0, 4)$, $(1, 2)$, $(3, 6)$을 지나는 3차 보간 다항식을 구하라.

풀이

네 점을 지나는 3차 보간 다항식이 다음과 같다고 하자.

$$P(x) = a_0 + a_1 x + a_2 x^2 + a_3 x^3$$

여기서 $x_1 = -1$, $x_2 = 0$, $x_3 = 1$, $x_4 = 3$이므로 유일한 해를 갖는 연립일차방정식을 얻을 수 있다.

$$\begin{bmatrix} 1 & -1 & (-1)^2 & (-1)^3 \\ 1 & 0 & 0^2 & 0^3 \\ 1 & 1 & 1^2 & 1^3 \\ 1 & 3 & 3^2 & 3^3 \end{bmatrix} \begin{bmatrix} a_0 \\ a_1 \\ a_2 \\ a_3 \end{bmatrix} = \begin{bmatrix} 1 & -1 & 1 & -1 \\ 1 & 0 & 0 & 0 \\ 1 & 1 & 1 & 1 \\ 1 & 3 & 9 & 27 \end{bmatrix} \begin{bmatrix} a_0 \\ a_1 \\ a_2 \\ a_3 \end{bmatrix} = \begin{bmatrix} 3 \\ 4 \\ 2 \\ 6 \end{bmatrix}$$

또한 a_0, a_1, a_2, a_3를 구하기 위해 반데르몽드 행렬의 첨가행렬에 대한 RREF를 구하면 다음과 같다.

$$\mathrm{RREF}\begin{bmatrix} 1 & -1 & 1 & -1 & 3 \\ 1 & 0 & 0 & 0 & 4 \\ 1 & 1 & 1 & 1 & 2 \\ 1 & 3 & 9 & 27 & 6 \end{bmatrix} = \begin{bmatrix} 1 & 0 & 0 & 0 & 4 \\ 0 & 1 & 0 & 0 & -\dfrac{29}{24} \\ 0 & 0 & 1 & 0 & -\dfrac{3}{2} \\ 0 & 0 & 0 & 1 & \dfrac{17}{24} \end{bmatrix}$$

즉 $a_0=4$, $a_1=-\frac{29}{24}$, $a_2=-\frac{3}{2}$, $a_3=\frac{17}{24}$이므로 구하는 보간 다항식은 다음과 같으며, 그래프는 [그림 3-7]과 같다.

$$P(x)=4-\frac{29}{24}x-\frac{3}{2}x^2+\frac{17}{24}x^3$$

Command Window

: 코딩

```
>> format rat
>> X=[-1 0 1 3]';                              % 벡터 X 생성
>> A=vander(X) 1                               % 반데르몽드 행렬 만들기
>> B=[3 4 2 6]';                               % 벡터 B 생성
>> C=inv(A)*B                                  % 계수 계산
>> ezplot('4-29/24*x-3/2*x^2 +17/24*x^3=y')    % 그래프 그리기
```

: 결과

```
A =
    -1     1    -1     1
     0     0     0     1
     1     1     1     1
    27     9     3     1
C =                                            % [예제 3-27]의 결과와 동일
    17/24
    -3/2
   -29/24
     4
```

MATLAB TIP!

1 vander(X) : 주어진 X 벡터를 열벡터로 하는 반데르몽드 행렬을 만든다.

$X=[x_1,\ x_2,\ x_3,\ x_4]$

이면 vander(X)=

$$\begin{bmatrix} x_1^3 & x_1^2 & x_1^1 & x_1^0 \\ x_2^3 & x_2^2 & x_2^1 & x_2^0 \\ x_3^3 & x_3^2 & x_3^1 & x_3^0 \\ x_4^3 & x_4^2 & x_4^1 & x_4^0 \end{bmatrix}$$

임에 유의한다.

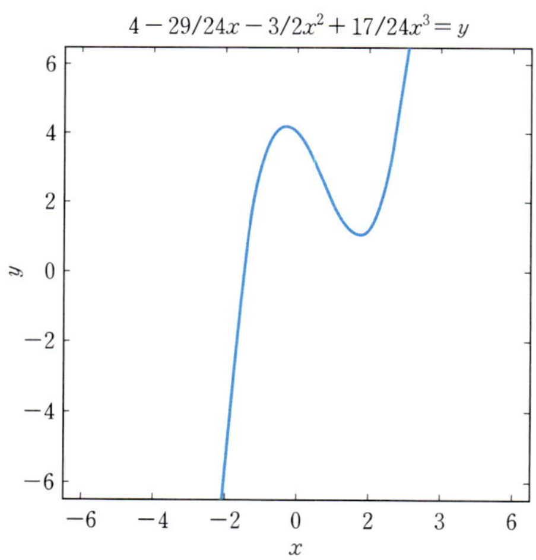

[그림 3-7] MATLAB 실행 결과

MATLAB 유제

4개의 점 $(1,\ 3)$, $(2,\ -2)$, $(3,\ -5)$, $(4,\ 0)$을 지나는 3차 보간 다항식을 구하고, 그래프를 그려라.

3.4.2 직선의 방정식

2장 2.3.4절에서 우리는 미지수와 방정식의 개수가 같은 동차연립방정식이 자명하지 않은 해를 갖기 위한 필요충분조건은 연립방정식의 계수행렬의 행렬식이 0임을 알았다. 이 사실로부터 행렬식을 이용하여 주어진 점을 지나는 직선의 방정식을 구해 보자.

서로 다른 두 점 (x_1, y_1), (x_2, y_2)를 지나는 직선은 유일하며 다음과 같이 나타낼 수 있다.

$$ax + by + c = 0 \tag{3.15}$$

서로 다른 두 점 (x_1, y_1), (x_2, y_2)가 주어진 직선 위에 있으므로 다음 방정식을 만족한다.

$$ax_1 + by_1 + c = 0 \tag{3.16}$$

$$ax_2 + by_2 + c = 0 \tag{3.17}$$

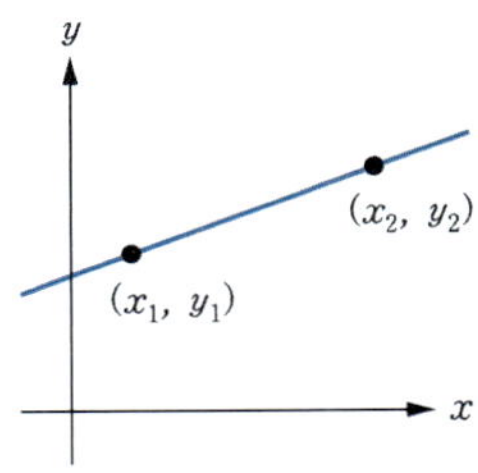

[그림 3-8] **두 점을 지나는 직선의 방정식**

세 방정식 (3.15), (3.16), (3.17)은 변수 a, b, c에 대한 연립방정식이다. 이 식이 직선이 되려면 a, b, c 모두 0이 아니어야 하므로 이 연립방정식은 자명하지 않은 해를 가져야 한다. 즉, 계수행렬의 행렬식이 0이어야 한다. 따라서 서로 다른 두 점 (x_1, y_1), (x_2, y_2)를 지나는 **직선의 방정식**은 다음과 같다.[16]

$$\begin{vmatrix} x & y & 1 \\ x_1 & y_1 & 1 \\ x_2 & y_2 & 1 \end{vmatrix} = 0 \tag{3.18}$$

16 여기서 자명하지 않은 해가 존재한다는 것은 직선의 방정식이 존재한다는 것과 같은 의미이다.

예제 3-28

서로 다른 두 점 $(7, -9)$, $(-3, 8)$을 지나는 직선의 방정식을 구하라.

풀이

서로 다른 두 점 $(7, -9)$, $(-3, 8)$을 지나는 직선의 방정식을 식 (3.18)을 이용하여 구하면 다음과 같다.

$$\begin{vmatrix} x & y & 1 \\ 7 & -9 & 1 \\ -3 & 8 & 1 \end{vmatrix} = 0$$

좌변의 행렬식을 계산하면 다음과 같다.

$$-17x - 10y + 29 = 0$$

따라서 서로 다른 두 점 $(7, -9)$, $(-3, 8)$을 지나는 직선의 방정식은 다음과 같다.

$$17x+10y-29=0$$

Command Window

```
: 코딩
>> syms x y;                        % 심볼릭 변수 x, y 지정
>> A=[x y 1;7 -9 1;-3 8 1];         % 식 (3.18) 입력
>> det(A)                           % 직선의 방정식을 행렬식으로 정의

: 결과
ans =                               % [예제 3-28]의 결과와 동일
      - 17*x - 10*y + 29
```

MATLAB 유제

두 점 $(7, -9)$, $(5, -8)$을 지나는 직선의 방정식을 구하라.

3.4.3 원

이제 행렬식을 이용하여 **원의 방정식**을 구해 보자. 서로 다른 세 점 (x_1, y_1), (x_2, y_2), (x_3, y_3)가 한 원 위에 있다고 하자. 이 세 점을 지나는 유일한 원은 다음과 같이 나타낼 수 있다.

$$a(x^2+y^2)+bx+cy+d=0^{17} \tag{3.19}$$

17 중심이 (p, q)이고 반지름의 길이가 r인 원의 방정식은 다음과 같다.

$$(x-p)^2+(y-q)^2=r^2$$

따라서 서로 다른 세 점 (x_1, y_1), (x_2, y_2), (x_3, y_3)를 식 (3.19)에 차례로 대입하면 다음과 같은 방정식을 얻는다.

$$a(x_1^2+y_1^2)+bx_1+cy_1+d=0 \tag{3.20}$$

$$a(x_2^2+y_2^2)+bx_2+cy_2+d=0 \tag{3.21}$$

$$a(x_3^2+y_3^2)+bx_3+cy_3+d=0 \tag{3.22}$$

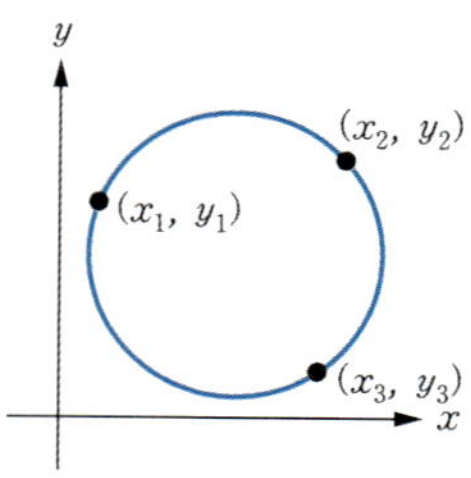

[그림 3-9] 세 점을 지나는 원

네 방정식 (3.19), (3.20), (3.21), (3.22)는 변수 a, b, c, d에 대한 연립방정식이고, a, b, c, d가 모두 0이면 원은 존재하지 않는다. 즉 이 연립방정식은 자명하지 않은 해를 가지므로 역행렬이 존재하지 않고, 계수행렬의 행렬식이 0이다. 따라서 서로 다른 세 점을 지나는 원의 방정식은 다음과 같다.

$$\begin{vmatrix} x^2+y^2 & x & y & 1 \\ x_1^2+y_1^2 & x_1 & y_1 & 1 \\ x_2^2+y_2^2 & x_2 & y_2 & 1 \\ x_3^2+y_3^2 & x_3 & y_3 & 1 \end{vmatrix} = 0 \tag{3.23}$$

예제 3-29

서로 다른 세 점 (1, 3), (−4, 4), (2, 3)을 지나는 원의 방정식을 구하고 그래프를 그려라.

풀이

서로 다른 세 점 (1, 3), (−4, 4), (2, 3)을 지나는 원의 방정식은 다음과 같다.

$$\begin{vmatrix} x^2+y^2 & x & y & 1 \\ 1^2+3^2 & 1 & 3 & 1 \\ (-4)^2+4^2 & -4 & 4 & 1 \\ 2^2+3^2 & 2 & 3 & 1 \end{vmatrix} = \begin{vmatrix} x^2+y^2 & x & y & 1 \\ 10 & 1 & 3 & 1 \\ 32 & -4 & 4 & 1 \\ 13 & 2 & 3 & 1 \end{vmatrix} = 0$$

행렬식을 계산하면 다음과 같다.

$$-x^2-y^2+3x+37y-104=0$$

따라서 서로 다른 세 점 (1, 3), (−4, 4), (2, 3)을 지나는 원의 방정식은 다음과 같으며, 그래프는 [그림 3−10]과 같다.

$$-x^2-y^2+3x+37y-104=0 \quad \Leftrightarrow \quad \left(x-\frac{3}{2}\right)^2+\left(y-\frac{37}{2}\right)^2=\frac{481}{2}$$

Command Window

```
: 코딩
>> syms x y;                                  % 심볼릭 변수 x, y 지정
>> A=[x^2+y^2 x y 1;10 1 3 1;32 -4 4 1;13 2 3 1]  % 식 (3.23) 입력
>> det(A)                                     % 원의 방정식을 행렬식으로 정의
>> ezplot(det(A),[-20, 20],[0, 40])           % 심볼릭 그래프 그리기

: 결과
A =                                           % [예제 3-29]의 결과와 동일
    [x^2 + y^2,  x, y, 1]
    [       10,  1, 3, 1]
    [       32, -4, 4, 1]
    [       13,  2, 3, 1]
ans =
      - x^2 + 3*x - y^2 + 37*y - 104
```

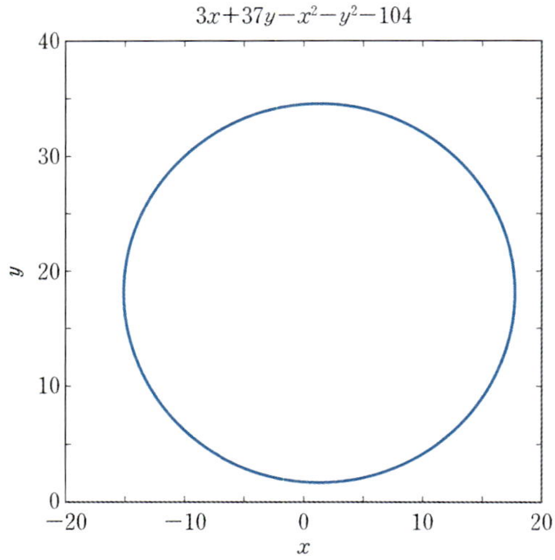

[그림 3-10] MATLAB 실행 결과

MATLAB 유제

세 점 (1, 5), (2, 4), (4, 6)을 지나는 원의 방정식을 구하고 그래프를 그려라.

3.4.4 이차곡선

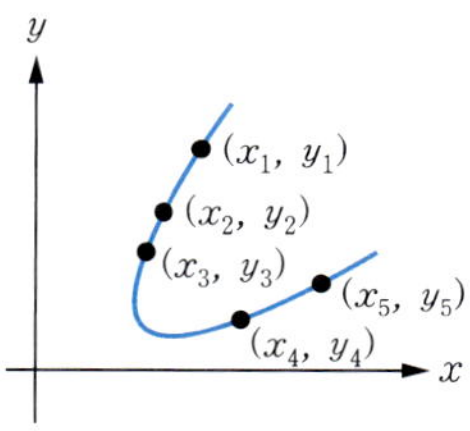

[그림 3-11] 다섯 개의 점을 지나는 이차곡선

이제 행렬식을 이용하여 원을 제외한 이차곡선의 방정식을 구해 보자. 서로 다른 다섯 개의 점 (x_1, y_1), (x_2, y_2), (x_3, y_3), (x_4, y_4), (x_5, y_5)를 지나는 유일한 **이차곡선**(포물선, 타원, 쌍곡선 등)은 다음과 같이 나타낼 수 있다.

$$c_1x^2 + c_2xy + c_3y^2 + c_4x + c_5y + c_6 = 0 \tag{3.24}$$

이 방정식은 여섯 개의 미지수를 포함하므로 다섯 개의 방정식이 더 필요하다. 다섯 개의 점을 식 (3.24)에 대입하면 계수행렬의 행렬식이 0임을 알 수 있다. 따라서 다음과 같은 이차곡선의 방정식을 얻을 수 있다.

$$\begin{vmatrix} x^2 & xy & y^2 & x & y & 1 \\ x_1^2 & x_1y_1 & y_1^2 & x_1 & y_1 & 1 \\ x_2^2 & x_2y_2 & y_2^2 & x_2 & y_2 & 1 \\ x_3^2 & x_3y_3 & y_3^2 & x_3 & y_3 & 1 \\ x_4^2 & x_4y_4 & y_4^2 & x_4 & y_4 & 1 \\ x_5^2 & x_5y_5 & y_5^2 & x_5 & y_5 & 1 \end{vmatrix} = 0 \tag{3.25}$$

예제 3-30

천문학자가 태양을 원점으로 하는 직교좌표에서 태양계의 어떤 소행성의 궤도를 구하려고 한다. 케플러 제1 법칙에 의하여 행성의 궤도는 타원임을 알고 있는 천문학자는 소행성의 궤도 의에 있는 서로 다른 다섯 개의 점을 다음과 같이 찾았다. 이때 소행성의 궤도를 구하라.

$$(5.764,\ 0.648),\quad (6.286,\ 1.202),\quad (6.759,\ 1.823),\quad (7.168,\ 2.526),\quad (7.480,\ 3.360)$$

풀이

다섯 개의 점으로 행렬식을 만들면 다음과 같다.

$$\begin{vmatrix} x^2 & xy & y^2 & x & y & 1 \\ 33.224 & 3.735 & 0.420 & 5.764 & 0.648 & 1 \\ 39.514 & 7.556 & 1.445 & 6.286 & 1.202 & 1 \\ 45.684 & 12.332 & 3.323 & 6.759 & 1.823 & 1 \\ 51.380 & 18.106 & 6.381 & 7.168 & 2.526 & 1 \\ 55.950 & 25.133 & 11.290 & 7.480 & 3.360 & 1 \end{vmatrix} = 0$$

제1행에 대하여 여인자 전개하면 다음과 같은 소행성의 궤도를 얻을 수 있다.

$$x^2 - 1.04xy + 1.30y^2 - 3.90x - 2.93y - 5.49 = 0$$

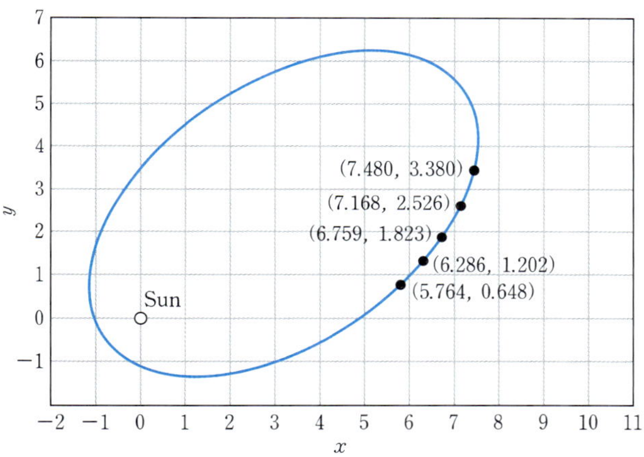

[그림 3-12] **소행성의 궤도**

3.4.5 공간도형의 방정식

이제 행렬식을 이용하여 공간도형의 방정식을 구해 보자. 먼저 공간상에서 한 직선 위에 있지 않은 서로 다른 세 점 $(x_1,\ y_1,\ z_1)$, $(x_2,\ y_2,\ z_2)$, $(x_3,\ y_3,\ z_3)$를 지나는 평면의 방정식 $ax + by + cz + d = 0$은 앞에서 설명한 방법으로 구하면 다음과 같다.

$$\begin{vmatrix} x & y & z & 1 \\ x_1 & y_1 & z_1 & 1 \\ x_2 & y_2 & z_2 & 1 \\ x_3 & y_3 & z_3 & 1 \end{vmatrix} = 0 \tag{3.26}$$

예제 3-31

한 직선 위에 있지 않은 서로 다른 세 점 $(0, 2, 3)$, $(1, 1, 1)$, $(3, 0, -2)$를 지나는 평면의 방정식을 구하라.

풀이

서로 다른 세 점을 지나는 평면의 방정식은 다음과 같다.

$$\begin{vmatrix} x & y & z & 1 \\ 0 & 2 & 3 & 1 \\ 1 & 1 & 1 & 1 \\ 3 & 0 & -2 & 1 \end{vmatrix} = 0$$

좌변의 행렬식을 제1열에 대하여 여인자 전개하면 $x - y + z - 1 = 0$이다.

Command Window

```
: 코딩
>> syms x y z                          % 심볼릭 변수 x, y, z 지정
>> A=[x y z 1;0 2 3 1;1 1 1 1;3 0 -2 1];  % 식 (3.26) 입력
>> det(A)

: 결과
ans =                                  % [예제 3-31]의 결과와 동일
     x - y + z - 1
```

MATLAB 유제

한 직선 위에 있지 않은 서로 다른 세 점 $(1, -2, 1)$, $(1, 2, 2)$, $(2, 2, 3)$을 지나는 평면의 방정식을 구하라.

마지막으로 행렬식을 이용하여 서로 다른 네 점 (x_1, y_1, z_1), (x_2, y_2, z_2), (x_3, y_3, z_3), (x_4, y_4, z_4)를 지나는 구의 방정식을 구해 보자. 공간좌표에서 구의 방정식은 다음과 같다.

$$c_1(x^2 + y^2 + z^2) + c_2 x + c_3 y + c_4 z + c_5 = 0 \tag{3.27}$$

앞에서와 같은 방법으로 한 평면에 있지 않은 서로 다른 네 점 (x_1, y_1, z_1), (x_2, y_2, z_2), (x_3, y_3, z_3), (x_4, y_4, z_4)를 지나는 구의 방정식은 다음과 같다.

$$\begin{vmatrix} x^2+y^2+z^2 & x & y & z & 1 \\ x_1^2+y_1^2+z_1^2 & x_1 & y_1 & z_1 & 1 \\ x_2^2+y_2^2+z_2^2 & x_2 & y_2 & z_2 & 1 \\ x_3^2+y_3^2+z_3^2 & x_3 & y_3 & z_3 & 1 \\ x_4^2+y_4^2+z_4^2 & x_4 & y_4 & z_4 & 1 \end{vmatrix} = 0 \tag{3.28}$$

예제 3-32

서로 다른 네 점 (1, 2, 3), (0, −1, 3), (2, 2, −3), (−2, −3, 4)를 지나는 구의 방정식을 구하라.

풀이

식 (3.28)에 서로 다른 네 점을 대입하면 다음과 같다.

$$\begin{vmatrix} x^2+y^2+z^2 & x & y & z & 1 \\ 1^2+2^2+3^2 & 1 & 2 & 3 & 1 \\ 0^2+(-1)^2+3^2 & 0 & -1 & 3 & 1 \\ 2^2+2^2+(-3)^2 & 2 & 2 & -3 & 1 \\ (-2)^2+(-3)^2+4^2 & -2 & -3 & 4 & 1 \end{vmatrix} = \begin{vmatrix} x^2+y^2+z^2 & x & y & z & 1 \\ 14 & 1 & 2 & 3 & 1 \\ 10 & 0 & -1 & 3 & 1 \\ 17 & 2 & 2 & -3 & 1 \\ 29 & -2 & -3 & 4 & 1 \end{vmatrix} = 0$$

좌변의 행렬식을 제1행에 대하여 여인자 전개하면 다음과 같다.

$$21x^2+21y^2+21z^2+399x-161y+77z-602=0$$
$$\Leftrightarrow \quad 3x^2+3y^2+3z^2+57x-23y+11z-86=0$$

Command Window

```
: 코딩
>> syms x y z                                     % 심볼릭 변수 지정
>> A=[x^2+y^2+z^2 x y z 1;14 1 2 3 1;10 0 -1 3 1;17 2 2 -3 1;29 -2 -3 4 1]
                                                  % 식 (3.28) 입력
>> det(A)

: 결과
A =                                               % [예제 3-32]의 결과와 동일
   [ x^2 + y^2 + z^2,  x,  y,  z, 1]
   [              14,  1,  2,  3, 1]
   [              10,  0, -1,  3, 1]
   [              17,  2,  2, -3, 1]
   [              29, -2, -3,  4, 1]
ans =
      21*x^2 + 399*x + 21*y^2 - 161*y + 21*z^2 + 77*z - 602
```

MATLAB 유제

서로 다른 네 점 (0, 3, 2), (−1, 1, −1), (2, 1, 0), (−1, 1, 3)을 지나는 구의 방정식을 구하라.

3.4.6 행렬식을 이용한 수열의 일반항

점화관계가 있는 수열은 행렬을 이용하여 표현할 수 있다. 여기에서는 점화관계가 있는 수열 중에서 삼중대각행렬을 이용하는 것을 살펴보자. 먼저 삼중대각행렬의 행렬식에 대하여 알아보자. n차 정사각행렬 중 다음과 같이 주대각선 성분(a_1, a_2, $\cdots$, a_n)과 주대각선 성분의 바로 위와 아래 성분(b_1, b_2, $\cdots$, b_{n-1}), (c_1, c_2, $\cdots$, c_{n-1})을 제외하고 모두 0인 행렬을 **삼중대각행렬**tridiagonal matrix이라고 한다.

$$\begin{bmatrix} a_1 & b_1 & 0 & \cdots & 0 \\ c_1 & a_2 & & \ddots & \vdots \\ 0 & \ddots & \ddots & & 0 \\ \vdots & & & & b_{n-1} \\ 0 & \cdots & 0 & c_{n-1} & a_n \end{bmatrix}$$

n차 삼중대각행렬의 행렬식을 Δ_n이라고 하면, 다음과 같이 나타낼 수 있다.

$$\Delta_0 = 1, \quad \Delta_n = \begin{vmatrix} a_1 & b_1 & 0 & \cdots & 0 \\ c_1 & a_2 & & \ddots & \vdots \\ 0 & \ddots & \ddots & & 0 \\ \vdots & & & & b_{n-1} \\ 0 & \cdots & 0 & c_{n-1} & a_n \end{vmatrix}$$

Δ_n을 구하기 위해 n번째 행에 대하여 여인자 전개하면 다음과 같다.

$$\begin{aligned} \Delta_n &= \begin{vmatrix} a_1 & b_1 & 0 & \cdots & 0 \\ c_1 & a_2 & & \ddots & \vdots \\ 0 & \ddots & \ddots & & 0 \\ \vdots & & & & b_{n-1} \\ 0 & \cdots & 0 & c_{n-1} & a_n \end{vmatrix} \\ &= c_{n-1}(-1)^{n+n-1} \begin{vmatrix} a_1 & b_1 & 0 & \cdots & 0 \\ c_1 & a_2 & & \ddots & \vdots \\ 0 & \ddots & \ddots & b_{n-2} & \\ \vdots & & \ddots & a_{n-2} & 0 \\ 0 & \cdots & 0 & c_{n-2} & b_{n-1} \end{vmatrix} \\ &\quad + a_n(-1)^{n+n} \begin{vmatrix} a_1 & b_1 & 0 & \cdots & 0 \\ c_1 & a_2 & & \ddots & \vdots \\ 0 & \ddots & \ddots & & 0 \\ \vdots & & & & b_{n-2} \\ 0 & \cdots & 0 & c_{n-2} & a_{n-1} \end{vmatrix} \\ &= a_n \Delta_{n-1} - b_{n-1} c_{n-1} \Delta_{n-2} \qquad (\text{단, } n \geq 2) \end{aligned}$$

따라서 앞선 삼중대각행렬의 행렬식은 다음과 같은 점화식으로 나타낼 수 있다.

$$\Delta_n = a_n \Delta_{n-1} - b_{n-1} c_{n-1} \Delta_{n-2} \quad (\text{단, } n \geq 2) \tag{3.29}$$

위의 점화식으로부터 여러 가지 수열을 얻을 수 있다. 다음 예는 우리에게 잘 알려진 피보나치수열을 삼중대각행렬식으로 도입한 것이다.

예제 3-33

$F_1 = 1$, $F_2 = 1$, $F_{n+2} = F_{n+1} + F_n$을 만족하는 수열을 피보나치수열이라고 한다. 피보나치수열을 나열하면 1, 1, 2, 3, 5, 8, 13, ⋯이다. 다음 삼중대각행렬의 행렬식이 $n+1$번째 피보나치 수임을 보여라.

$$Q_1 = 1, \quad Q_{n+1} = \begin{bmatrix} 1 & 1 & 0 & \cdots & 0 \\ -1 & 1 & & \ddots & \vdots \\ 0 & \ddots & \ddots & & 0 \\ \vdots & & & & 1 \\ 0 & \cdots & 0 & -1 & 1 \end{bmatrix}_{n \times n}$$

풀이

n번째 피보나치 수를 F_n이라고 하고 수학적 귀납법을 사용하여 주어진 삼중대각행렬의 행렬식이 피보나치 수임을 보이자.

$n=1$이면 $Q_1 = 1$이고 $\det(Q_1) = 1$이다.

$n=2$이면 $Q_2 = \begin{bmatrix} 1 & 1 \\ -1 & 1 \end{bmatrix}$이므로 $F_3 = \det(Q_2) = 2$이다.

이제 $\det(Q_n) = F_n$이라고 가정하자. 삼중대각행렬 Q_{n+1}의 행렬식 n번째 항에 대하여 여인자 전개하면 다음과 같다.

$$\begin{aligned} \det(Q_{n+1}) &= (-1)(-1)^{n+n-1} \begin{vmatrix} 1 & 1 & 0 & \cdots & 0 \\ -1 & 1 & & \ddots & \vdots \\ 0 & \ddots & \ddots & & 0 \\ \vdots & & \ddots & 1 & 1 \\ 0 & \cdots & 0 & -1 & 1 \end{vmatrix} + 1(-1)^{n+n} \begin{vmatrix} 1 & 1 & 0 & \cdots & 0 \\ -1 & 1 & & \ddots & \vdots \\ 0 & \ddots & \ddots & & 0 \\ \vdots & & & & 1 \\ 0 & \cdots & 0 & -1 & 1 \end{vmatrix} \\ &= \det(Q_n) + \det(Q_{n-1}) \end{aligned}$$

귀납법의 가정에 의하여

$$\det(Q_n) = F_n, \quad \det(Q_{n-1}) = F_{n-1}$$

이므로 다음이 성립한다.

$$\det(Q_{n+1}) = F_n + F_{n-1} = F_{n+1}$$

따라서 수열 $\det(Q_{n+1})$은 $(n+1)$번째 피보나치 수이다.

부분행렬 생성

콜론(:)과 콤마(,)를 사용하여 부분행렬을 생성할 수 있다. 부분행렬을 생성하는 다양한 방법은 다음과 같다.

```
>> A=[1 2 3;4 5 6;7 8 9]; % 행렬 A 지정
>> A(2,3)                 % 행렬 A의 2열 3행 성분
>> A(1:2,2:3)             % 행렬 A의 1행에서 2행, 2열에서 3열까지 교차하는 부분행렬
>> A(:,3)                 % 행렬 A의 3열
>> A(1,:)                 % 행렬 A의 1행
>> A([1 2 3],[1 3])       % 행렬 A의 1, 2, 3행과 1, 3열이 교차하는 부분행렬
>> A(end,:)               % 행렬 A의 마지막 행
```

det 명령어

det 명령어는 행렬식을 계산할 때 사용한다. 행렬 A의 행렬식 $\Delta = ad - bc = \det(A)$를 계산하려면 det(A)를 입력한다.

```
>> A=[1 2 3;4 5 6;7 8 9];
>> det(A)                          % 행렬식 계산
```

출력 서식 지정하기

출력 결과의 서식을 지정하려면 format 명령어를 사용한다. 이때 사용할 수 있는 출력 서식은 다음과 같다.

출력 서식	기능	예
format short	소수점 아래 4자리까지 출력	3.1416
format long	소수점 아래 8자리까지 출력	3.141592653589793
format short e	지수승과 소수점 아래 4자리까지 출력	3.1416e+00
format long e	소수점 아래 8자리까지 출력	3.141592653589793e+00
format rat	분수 형태로 출력	355/113
format hex	16진수로 출력	400921fb54442d18

Chapter 03 연습문제

3.1 다음 행렬식을 구하라.

(a) $\begin{vmatrix} -3 & -6 \\ -2 & -9 \end{vmatrix}$ (b) $\begin{vmatrix} 5 & 1 & -2 \\ -2 & 7 & 6 \\ 3 & 8 & 4 \end{vmatrix}$ (c) $\begin{vmatrix} 2 & 1 & 1 \\ 2 & 2 & 1 \\ -2 & 2 & 1 \end{vmatrix}$

(d) $\begin{vmatrix} 0 & 0 & a \\ 0 & b & 0 \\ c & 0 & 0 \end{vmatrix}$ (e) $\begin{vmatrix} 0 & 1 & -2 & 3 \\ 1 & 0 & -2 & 3 \\ 3 & 1 & 0 & 2 \\ 1 & 2 & -3 & 0 \end{vmatrix}$ (f) $\begin{vmatrix} 1 & 3 & -2 & 2 \\ -1 & -6 & 4 & 3 \\ 2 & 5 & -3 & -2 \\ 2 & 3 & -2 & 5 \end{vmatrix}$

3.2 행렬 $\begin{bmatrix} \lambda-1 & -2 \\ 1 & \lambda-4 \end{bmatrix}$에 대하여 $\det(A)=0$이 되는 λ 값을 모두 구하라.

3.3 행렬 $\begin{bmatrix} \lambda-6 & 0 & 0 \\ 0 & \lambda & -1 \\ 0 & 4 & \lambda-4 \end{bmatrix}$에 대하여 $\det(A)=0$이 되는 λ 값을 모두 구하라.

3.4 다음 행렬식이 0이 되는 r의 값을 모두 구하라.

$$\begin{vmatrix} r-4 & 0 & 0 \\ 0 & r & 0 \\ 0 & 3 & r-1 \end{vmatrix}$$

3.5 다음 방정식을 풀어라.

$$\begin{vmatrix} x & -1 \\ 3 & 1-x \end{vmatrix} = \begin{vmatrix} 1 & 0 & -3 \\ 2 & x & -6 \\ 1 & 3 & x-5 \end{vmatrix}$$

3.6 다음 등식이 성립함을 보여라.

$$\begin{vmatrix} a+x & b+y & c+z \\ x+u & y+v & z+w \\ u+a & v+b & w+c \end{vmatrix} = 2\begin{vmatrix} a & b & c \\ x & y & z \\ u & v & w \end{vmatrix}$$

3.7 다음 행렬이 역행렬을 갖도록 a의 값을 정하라.

$$A = \begin{bmatrix} 1 & 0 & -a \\ -1 & 3 & 1 \\ 0 & a & -2 \end{bmatrix}$$

3.8 다음 행렬 A에 대하여 행렬 $A-\lambda I_3$가 비가역행렬이 되는 λ 값을 모두 구하라.

$$A=\begin{bmatrix} 0 & -3 & -2 \\ 2 & 5 & 2 \\ -2 & -3 & 0 \end{bmatrix}$$

3.9 $\det(A)=2$, $\det(B)=5$일 때, $\det(A^3B^{-1}A^TB^2)$ 값을 구하라.

3.10 $|A|=-2$, $|B|=4$일 때, $|A^4(B^{-1})^2A^TB^3A^{-1}|$의 값을 구하라.

3.11 다음 행렬의 수반행렬을 구하라.

(a) $A=\begin{bmatrix} 3 & -2 & 1 \\ 1 & 0 & -3 \\ 5 & 6 & 2 \end{bmatrix}$

(b) $B=\begin{bmatrix} 1 & -1 & 1 \\ -1 & 1 & 1 \\ 1 & 1 & -1 \end{bmatrix}$

3.12 다음 연립방정식을 만족하는 x_2를 구하라.

(a)
$$\begin{aligned} 2x_1-3x_2+\ x_3&=1 \\ -3x_1+6x_2+3x_3&=1 \\ 2x_1-\ x_2-\ x_3&=3 \end{aligned}$$

(b)
$$\begin{aligned} 2x_1+5x_2+\ x_3&=0 \\ 3x_2-2x_3&=1 \\ 4x_1-\ x_2-3x_3&=-2 \end{aligned}$$

3.13 다음 동차연립방정식이 자명하지 않은 해를 가질 a의 조건과 해를 구하라.

$$\begin{aligned} x-2y+3z&=0 \\ ax+3y+2z&=0 \\ 6x+\ y+az&=0 \end{aligned}$$

3.14 다음 삼중대각행렬 A_n에 대하여 $D_n=\det(A_n)$이라고 할 때, $D_n=2D_{n-1}+D_{n-2}$임을 이용하여 $D_n=n+1$임을 보여라(단 $n\geq 3$).

$$A_n=\begin{bmatrix} 2 & -1 & 0 & \cdots & 0 \\ -1 & 2 & -1 & \cdots & 0 \\ & \ddots & \ddots & \ddots & \\ 0 & \cdots & -1 & 2 & -1 \\ 0 & \cdots & 0 & -1 & 2 \end{bmatrix}_{n\times n}$$

3.15 [그림 3-13]과 같은 삼각형 ABC에 대하여 물음에 답하라.

(a) 삼각형 ABC에 대하여 다음이 성립함을 보여라.

$$b\cos\gamma + c\cos\beta = a$$
$$c\cos\alpha + a\cos\gamma = b$$
$$a\cos\beta + b\cos\alpha = c$$

(b) 크래머 공식을 이용하여 $\cos\alpha$, $\cos\beta$, $\cos\gamma$를 각각 a, b, c로 나타내라.

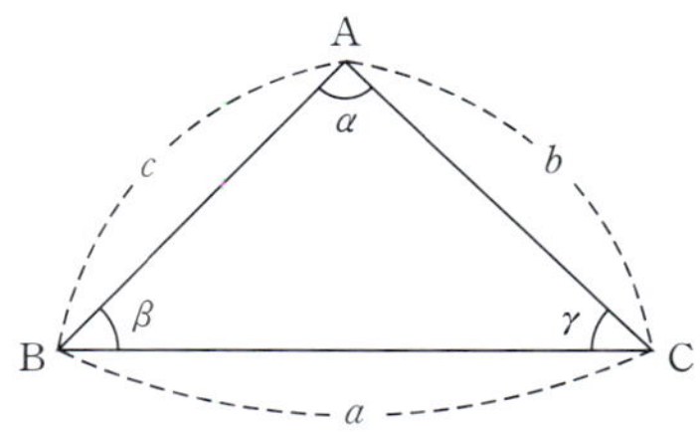

[그림 3-13] **삼각형** ABC

3.16 A가 정사각행렬이고 $A^2 = A$이면 $|A| = 0$ 또는 $|A| = 1$임을 보여라.

3.17 정사각행렬 A가 $A^T = A^{-1}$를 만족하면 A의 행렬식은 1 또는 -1임을 보여라.

3.18 가역행렬 A에 대하여 $(\mathrm{adj}\,(A))^{-1} = \mathrm{adj}\,(A^{-1})$임을 보여라.

3.19 양의 정수 n과 실수 k에 대하여 $\mathrm{adj}\,(kA) = k^{n-1}\mathrm{adj}\,(A)$임을 보여라.

3.20 행렬 A가 비가역행렬이면 $A \cdot \mathrm{adj}\,(A) = O$임을 보여라.

3.21 $n > 1$일 때, n차 정사각행렬 A에 대하여 다음을 증명하라.

$$\det(\mathrm{adj}\,A) = (\det A)^{n-1}, \text{ 즉 } |\mathrm{adj}\,(A)| = |A|^{n-1}$$

3.22 $A^TA = AA^T = I_n$이면 A를 **직교행렬**orthogonal matrix이라고 한다. 직교행렬 A에 대하여 $\det(A) = \pm 1$임을 보여라.

3.23 멱등원행렬 A, 즉 $A^2 = A$를 만족하는 정사각행렬의 행렬식을 구하라.

3.24 두 정사각행렬 A, B, 가역행렬 P, 양의 정수 k에 대하여 $A=P^{-1}BP$이면 $|A^k|=|B^k|$임을 보여라.

3.25 서로 다른 다섯 개의 점 $(-2,\ 2)$, $(0,\ 1)$, $(2,\ 3)$, $(1,\ -5)$, $(4,\ 2)$를 지나는 4차 보간 다항식을 구하라.

Chapter

04

n차원 실벡터

n-Dimensional Real Vector

학습목표

- 벡터와 그 성질을 이해할 수 있다.
- 벡터의 내적과 외적의 성질을 이해할 수 있다.
- n차원 벡터와 그 성질을 이해할 수 있다.
- 벡터를 이용하여 좌표공간에서의 직선의 방정식과 평면의 방정식을 구할 수 있다.
- 벡터를 활용하여 다양한 문제를 해결할 수 있다.

이 장에서는 우리가 보통 알고 있는 좌표평면과 좌표공간에서 정의되는 벡터와 이를 더욱 확장한 $\mathbb{R}^n$에서의 벡터에 대하여 알아본다. 이 장에서 우리가 살펴볼 특별한 벡터들은 5장에서 다룰 일반적인 벡터에 대한 아이디어를 이해하는 데 큰 도움이 되며, 6장의 선형변환을 공부하는 데에도 직접적인 도움을 줄 것이다. 특히 이 장에서 다룰 모든 내용은 실수 위에서 정의되기 때문에 이해하기 쉬울 뿐만 아니라 일반적인 벡터로 자연스레 확장되기 때문에 수학을 깊고 넓게 이해하는 기초가 될 것이다.

4.1 벡터의 정의

이 절에서는 좌표평면 $\mathbb{R}^2$와 좌표공간 $\mathbb{R}^3$의 벡터에 대하여 알아보자. 이 벡터는 나중에 일반적인 실수 공간인 $\mathbb{R}^n$으로 자연스럽게 확장되기 때문에 평면과 공간에서 벡터를 이해하게 되면 $\mathbb{R}^n$에서 벡터의 기하학적 해석을 좀 더 쉽게 이해할 수 있다.

4.1.1 벡터란?

우리가 일상적으로 사용하는 물리적인 양에는 길이, 넓이, 질량, 온도와 같이 측정 단위를 정하면 그 크기를 한 실수로 나타낼 수 있는 **스칼라**scalar와 힘, 속도와 같이 크기와 방향을 동시에 나타내는 **벡터**vector가 있다.

2차원 평면 또는 3차원 공간에서 벡터는 화살표 모양으로 크기와 방향이 있는 **유향선분**directed line segment에 대응시켜 나타낸다. 이때 벡터의 방향은 유향선분에서 화살로 나타내고, **벡터의 크기**magnitude of vector는 유향선분의 길이로 나타낸다. [그림 4-1]과 같이 벡터를 유향선분으로 나타내려면 벡터가 시작하는 지점 A에서 벡터가 끝나는 지점 B까지 선분으로 잇고, 벡터의 방향인 A에서 B로 화살을 표시한다. 이 경우 유향선분의 출발점을 벡터의 **시점**initial point이라고 하고, 화살표가 끝나는 점을 벡터의 **종점**terminal point이라고 한다.[1]

[1] 시점을 시작점, 종점을 끝점이라고도 한다.

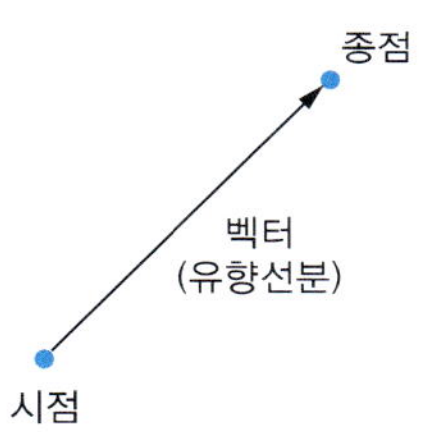

[그림 4-1] 유향선분으로 표시된 벡터

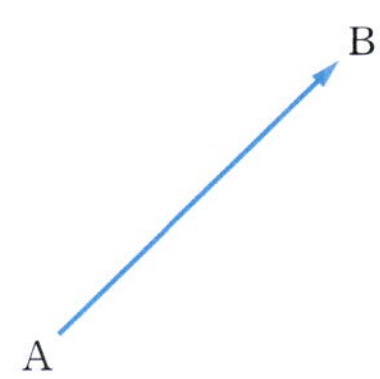

[그림 4-2] 벡터 $\overrightarrow{AB}$

벡터는 크기와 방향을 함께 나타내는 양이다. [그림 4-2]에서와 같이 유향선분 AB에서 시점 A의 위치는 무관하고 크기와 방향만을 생각한다. 이 유향선분 AB를 **벡터 AB**vector AB라고 하고 기호로 $\overrightarrow{AB}$ 또는 $\mathbf{v} = \overrightarrow{AB}$로 나타낸다.[2]

[2] 벡터는 보통 $\mathbf{a}$, $\mathbf{k}$, $\mathbf{v}$, $\mathbf{w}$, $\mathbf{x}$, ⋯와 같이 굵은 소문자로 나타낸다. 스칼라는 벡터와 구별하여 a, b, c, d, ⋯와 같이 소문자로 나타낸다.

이때 벡터 $\overrightarrow{AB}$의 크기 즉, 유향선분 AB의 길이를 기호로는 $|\overrightarrow{AB}|$ 또는 $|\mathbf{v}|$로 나타낸다. 특히 크기가 1인 벡터를 **단위벡터**unit vector, 크기가 0인 벡터를 **영벡터**zero vector라고 하며 영벡터는 $\vec{0}$ 또는 $\mathbf{0}$으로 나타낸다.[3]

3 영벡터는 시점과 종점이 일치하는 벡터이다. 영벡터는 크기가 0이고 방향은 임의로 한다.

벡터는 평면, 공간 어디에서나 다룰 수 있다. 평면에서 다루는 벡터를 **평면벡터**vector in the plane, 공간에서 다루는 벡터를 **공간벡터**vector in space라고 한다.

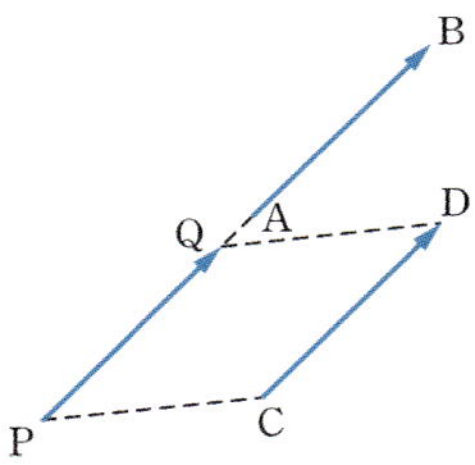

[그림 4-3] 서로 같은 벡터

[그림 4-3]과 같이 벡터 $\overrightarrow{PQ}$를 평행이동하여 벡터 $\overrightarrow{AB}$, 벡터 $\overrightarrow{CD}$가 되었다고 하면 이 벡터들은 시점이 다르지만 크기와 방향이 모두 같다.

$$\overrightarrow{PQ} = \overrightarrow{AB} = \overrightarrow{CD}$$

이와 같이 두 벡터가 크기와 방향이 같으면 시점의 위치에 관계없이 두 벡터는 '**서로 같다**equivalent'고 한다.

벡터 $\mathbf{v}$와 크기가 같고 방향이 반대인 벡터는 다음과 같이 나타낸다.

$$-\mathbf{v}$$

이는 $\mathbf{v}$의 **음벡터**negative vector라고 한다. 이때 두 벡터의 크기는 같음을 알 수 있다.[4]

4 $\mathbf{v} = \overrightarrow{PQ}$이면 $-\mathbf{v} = \overrightarrow{QP}$이다.

$$|\mathbf{v}| = |-\mathbf{v}|$$

한편 두 벡터 $\mathbf{u}$, $\mathbf{v}(\mathbf{u} \neq \mathbf{0},\ \mathbf{v} \neq \mathbf{0})$가 방향이 같거나 반대일 때 이 두 벡터는 **평행**parallel이라고 하고 $\mathbf{u} // \mathbf{v}$와 같이 나타낸다.

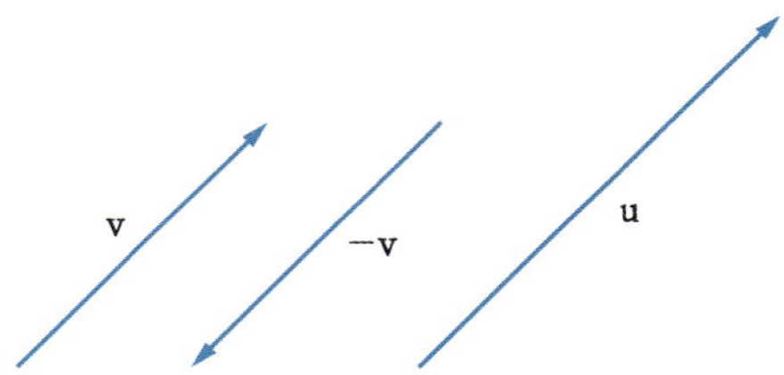

[그림 4-4] 평행인 벡터와 음벡터

예제 4-1

다음 그림과 같이 직사각형 ABCD 위에 벡터가 있다. $\overline{AB} = 2$, $\overline{BC} = 3$일 때, 다음 물음에 답하라.

(a) $\overrightarrow{AB}$, $\overrightarrow{CB}$와 같은 벡터를 각각 구하라.

(b) $|\overrightarrow{AB}|$, $|\overrightarrow{DA}|$, $|\overrightarrow{CD}|$, $|\overrightarrow{BD}|$를 각각 구하라.

(c) $\overrightarrow{AB}$의 음벡터를 구하라.

(d) $\overrightarrow{AB}$, $\overrightarrow{CB}$와 평행인 벡터를 각각 구하라.

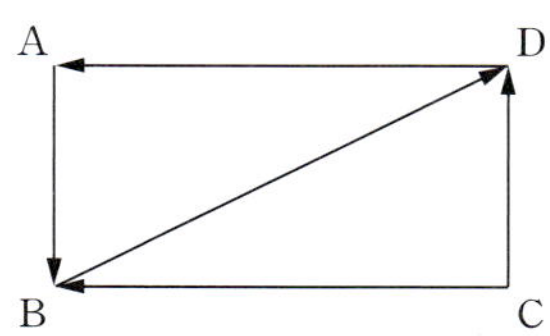

[그림 4-5] 사각형 ABCD

풀이

(a) 벡터는 크기와 방향이 모두 같아야 서로 같다. 따라서 $\overrightarrow{\mathrm{AB}}$와 같은 벡터는 없고, $\overrightarrow{\mathrm{CB}}$와 같은 벡터는 $\overrightarrow{\mathrm{DA}}$이다.

(b) $|\overrightarrow{\mathrm{AB}}| = |\overrightarrow{\mathrm{CD}}| = 2$, $|\overrightarrow{\mathrm{DA}}| = 3$, $|\overrightarrow{\mathrm{BD}}| = \sqrt{|\overrightarrow{\mathrm{CB}}|^2 + |\overrightarrow{\mathrm{CD}}|^2} = \sqrt{3^2+2^2} = \sqrt{13}$

(c) $\overrightarrow{\mathrm{AB}}$의 음벡터는 $\overrightarrow{\mathrm{AB}}$와 크기는 같지만 방향이 반대인 벡터이므로 $\overrightarrow{\mathrm{CD}}$이다.

(d) $\overrightarrow{\mathrm{AB}}$와 평행인 벡터는 $\overrightarrow{\mathrm{CD}}$이고, $\overrightarrow{\mathrm{CB}}$와 평행인 벡터는 $\overrightarrow{\mathrm{DA}}$이다.

한편 [그림 4-3], [그림 4-4]에서와 같이 방향과 크기가 같게 주어진 벡터나 음벡터가 실제로 같은 벡터인지 아닌지는 그림만으로 구별하기 쉽지 않다. 그래서 벡터를 좀 더 정확하게 표현하려면 직교좌표계에 벡터를 표현한다. 예를 들어 [그림 4-6]과 같이 좌표평면 $\mathbb{R}^2$에서 시점이 원점이고 종점의 좌표가 (v_1, v_2)인 벡터 $\mathbf{v}$가 있다고 하자.

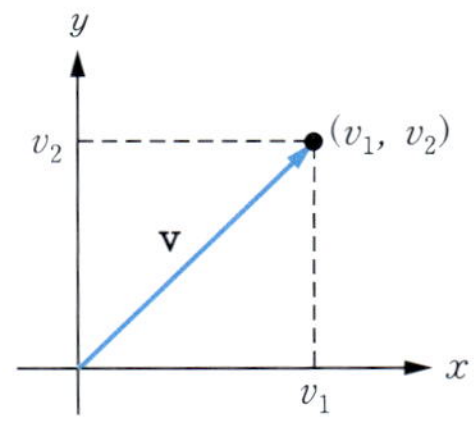

[그림 4-6] 좌표평면에 나타낸 벡터

이때 이 벡터의 종점의 좌표 (v_1, v_2)에서 v_1과 v_2를 $\mathbf{v}$의 **성분**component이라 하고, 벡터 $\mathbf{v}$를 다음과 같이 나타낸다.[5]

5 점은 $\mathrm{P}(x, y)$, 벡터는 $\mathbf{v}=(x, y)$로 나타낸다.

$$\mathbf{v} = (v_1, v_2)$$

평면에서와 마찬가지로 공간에서도 벡터를 생각할 수 있다. 좌표평면 $\mathbb{R}^2$에서 한 점을 나타낼 때는 순서쌍 (x, y)로 나타내듯이 좌표공간 $\mathbb{R}^3$에서 한 점을 나타낼 때도 세 수의 순서쌍 (x, y, z)로 나타낸다. [그림 4-7]과 같이 좌표공간 $\mathbb{R}^3$에서 시점이 원점이고 종점의 좌표가 (v_1, v_2, v_3)인 벡터 $\mathbf{v}$가 있다고 하자.

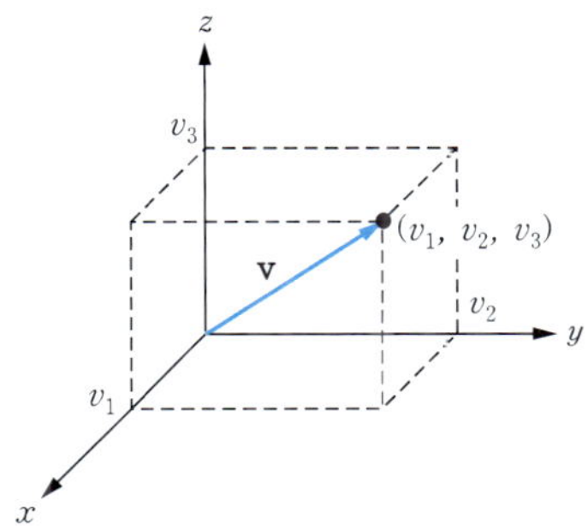

[그림 4-7] 좌표공간 위의 벡터

이때에도 좌표평면에서와 마찬가지로 (v_1, v_2, v_3)에서 v_1, v_2, v_3를 벡터 $\mathbf{v}$의 성분이라고 하고 다음과 같이 나타낸다.

$$\mathbf{v} = (v_1, v_2, v_3)^6$$

6 시점을 원점 O로 하는 벡터는 점 P의 위치에 따라 벡터의 크기와 방향이 정해진다. 이와 같은 벡터를 점 O에 대한 점 P의 위치벡터position vector라고 한다.

우리는 평면이나 공간에서 시점이 원점이 아닌 벡터를 자주 다룬다. 예를 들어 좌표평면 $\mathbb{R}^2$에서 벡터 $\mathbf{v}=(v_1, v_2)$의 시점이 원점 $\mathrm{O}(0, 0)$에서 $\mathrm{A}(x_1, y_1)$

으로 바뀐 경우를 생각해 보자. 시점이 원점에서 $A(x_1, y_1)$으로 바뀌었다는 것은 이 벡터의 첫 번째 성분 v_1이 오른쪽 또는 왼쪽으로 x_1의 절댓값만큼 움직였다는 것이고, 두 번째 성분 v_2가 위 또는 아래로 y_1의 절댓값만큼 움직였다는 것을 나타낸다.[7]

7 좌표평면과 좌표공간에서 (x, y)와 (x, y, z)는 각각 한 점을 나타내기도 하고 벡터를 나타내기도 한다. 따라서 벡터인지 좌표인지는 주어진 상황에 맞게 해석해야 한다.

즉 벡터 $\mathbf{v}$의 시점이 원점 $O(0, 0)$에서 $A(x_1, y_1)$으로 움직였으므로, 종점 B는 다음과 같다.

$$B(v_1 + x_1, v_2 + y_1) = B(x_2, y_2)$$

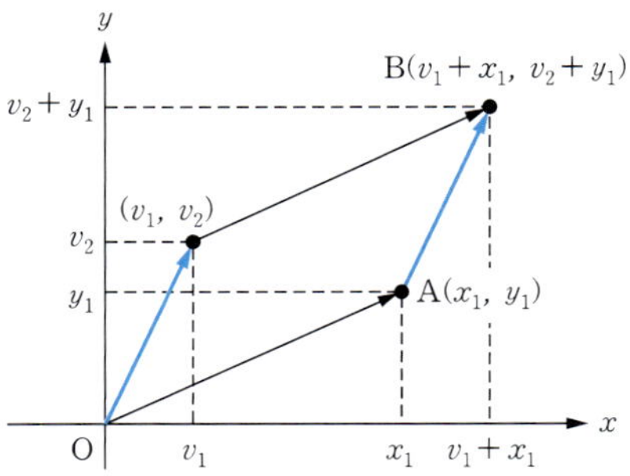

[그림 4-8] **평행이동한 벡터**

마찬가지로 좌표공간 $\mathbb{R}^3$에서 벡터 $\mathbf{v} = (v_1, v_2, v_3)$의 시점이 원점 $O(0, 0, 0)$에서 $A(x_1, y_1, z_1)$으로 바뀐 경우, 이 벡터의 종점은 다음과 같다.

$$B(v_1 + x_1, v_2 + y_1, v_3 + z_1) = B(x_2, y_2, z_2)$$

이를 정리하면 좌표평면 위에 두 점 $A(x_1, y_1)$, $B(x_2, y_2)$가 주어졌을 때 점 A를 시점으로 하고 점 B를 종점으로 하는 벡터는 다음과 같다.

$$\mathbf{v} = \overrightarrow{AB} = (x_2 - x_1, y_2 - y_1)$$

마찬가지로 좌표공간에서 두 점 $A(x_1, y_1, z_1)$, $B(x_2, y_2, z_2)$가 주어졌을 때 점 A를 시점으로 하고 점 B를 종점으로 하는 벡터는 다음과 같다.

$$\overrightarrow{AB} = (x_2 - x_1, y_2 - y_1, z_2 - z_1)$$

예제 4-2

좌표공간 $\mathbb{R}^3$ 위의 점 P(2, 3, −1)을 시점으로 하고 점 Q(1, −2, 2)를 종점으로 하는 벡터를 구하고 좌표공간에 나타내라.

풀이

주어진 점 P를 시점으로 하고 점 Q를 종점으로 하는 벡터 $\overrightarrow{PQ}$는 다음과 같으며, 좌표공간에 나타내면 [그림 4-9]와 같다.

$$\begin{aligned}\overrightarrow{PQ} &= (1-2,\ -2-3,\ 2-(-1)) \\ &= (-1,\ -5,\ 3)\end{aligned}$$

Command Window

: 코딩

```
>> P=[2 3 -1],Q=[1 -2 2]                  % 점 P, Q 지정
>> PQ=Q-P                                 % 벡터 PQ 지정
>> vectarrow(P,Q) 1                       % 벡터를 그래프로 나타내기
```

: 결과

```
P =
     2     3    -1
Q =
     1    -2     2
PQ =                                      % [예제 4-2]의 결과와 동일
    -1    -5     3
```

MATLAB TIP!

1 vectarrow(A,B)
- 벡터 $\overrightarrow{AB}$를 그래프로 나타낸다.
- 사용자 정의 함수 vectarrow를 사용하려면 vectarrow.m이 현재 폴더에 있어야 한다.

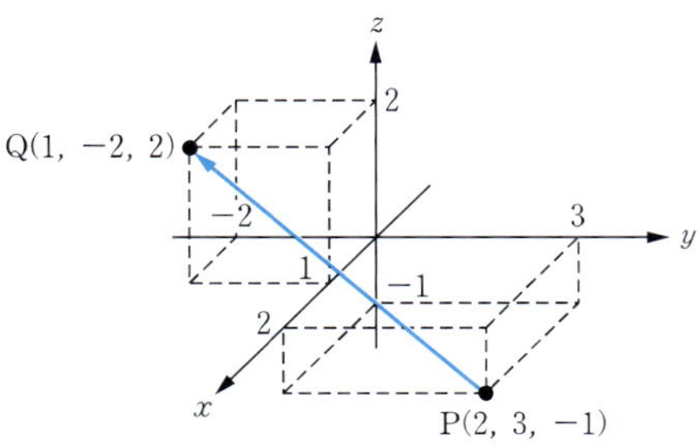

[그림 4-9] 좌표공간에 나타낸 벡터 $\overrightarrow{PQ}$

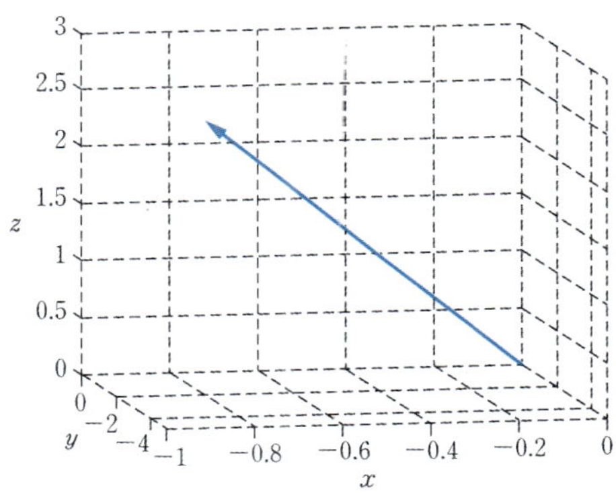

[그림 4-10] MATLAB 실행 결과

MATLAB 유제

좌표공간 $\mathbb{R}^3$ 위의 점 P(3, 2, −3)을 시점으로 하고 점 Q(4, −2, −5)를 종점으로 하는 벡터를 구하고 좌표공간에 나타내라.

4.1.2 벡터의 연산

이제 벡터의 연산에 대하여 알아보자. 임의의 두 벡터 $\mathbf{v}$, $\mathbf{w}$의 **합**sum은 $\mathbf{v}+\mathbf{w}$로 나타낸다. 이때 $\mathbf{w}$의 시점은 $\mathbf{v}$의 종점과 일치시킨다. 그러면 두 벡터를 더한 벡터 $\mathbf{v}+\mathbf{w}$의 시점은 $\mathbf{v}$의 시점과 같고, 종점은 $\mathbf{w}$의 종점과 같다. [그림 4-11]은 좌표평면에서 두 벡터 $\mathbf{v}=(v_1,\ v_2)$, $\mathbf{w}=(w_1,\ w_2)$의 합을 세 가지 방법으로 나타낸 것이다.

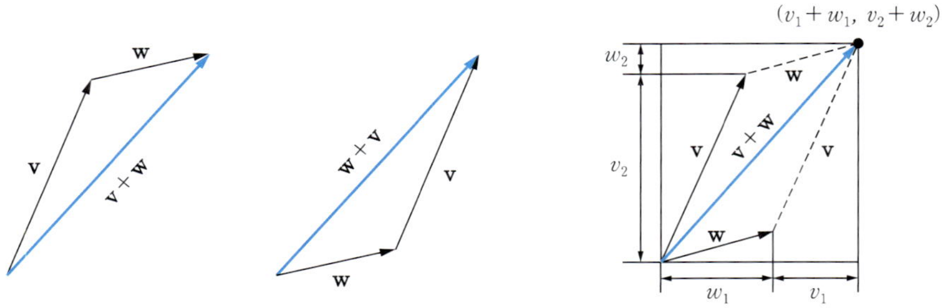

(a) $\mathbf{v}+\mathbf{w}$ (b) $\mathbf{w}+\mathbf{v}$ (c) 좌표평면 위에 나타낸 벡터의 합

[그림 4-11] **벡터의 합**

[그림 4-11(a)]는 $\mathbf{v}+\mathbf{w}$로 두 벡터의 합과 정확하게 일치한다. 이때 벡터 $\mathbf{v}$를 그리고, $\mathbf{v}$의 종점을 시점으로 하여 벡터 $\mathbf{w}$를 그린다. 이후 $\mathbf{v}$의 시점에서 $\mathbf{w}$의 종점으로 화살표를 그린 결과가 두 벡터를 더한 벡터이다. [그림 4-11(b)]는 $\mathbf{w}+\mathbf{v}$이며, 이 벡터는 [그림 4-11(a)]의 벡터와 정확하게 일치한다. 따라서 다음이 성립함을 알 수 있다.

$$\mathbf{v}+\mathbf{w}=\mathbf{w}+\mathbf{v}$$

[그림 4-11(c)]는 두 벡터의 합을 좌표평면 위에 그린 것이다. 이것으로부터 두 벡터의 합은 두 벡터 성분의 각각의 합과 같음을 알 수 있다. 즉, 다음이 성립한다.

$$\mathbf{v}+\mathbf{w}=(v_1+w_1,\ v_2+w_2)$$

마찬가지로 좌표공간에서 두 벡터 $\mathbf{v}=(v_1,\ v_2,\ v_3)$, $\mathbf{w}=(w_1,\ w_2,\ w_3)$의 합은 다음과 같다.

$$\mathbf{v}+\mathbf{w}=(v_1+w_1,\ v_2+w_2,\ v_3+w_3)$$

이것으로부터 한 벡터와 음벡터의 합을 다음과 같이 정의할 수 있다. 두 벡터

v, w에 대하여 v에서 w를 뺀 **차**difference는 $\mathbf{v}-\mathbf{w}$로 나타내며, 다음이 성립한다.

$$\mathbf{v}-\mathbf{w}=\mathbf{v}+(-\mathbf{w})$$

두 벡터의 차는 [그림 4-12]와 같이 나타낸다.[8]

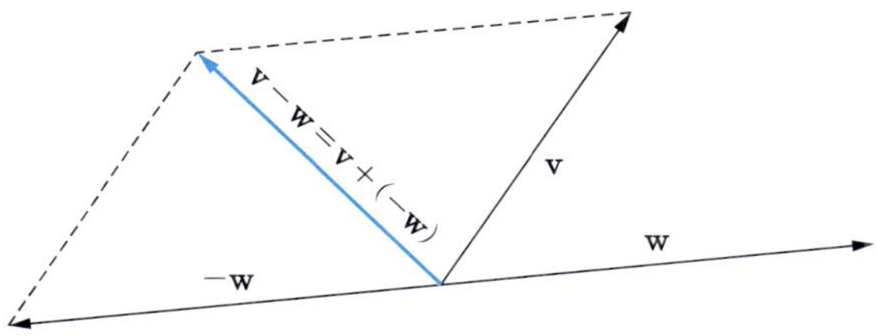

[그림 4-12] **벡터의 차**

8 두 벡터의 차 벡터 $\mathbf{v}-\mathbf{w}$를 옮겨 시작점은 w의 끝점에, 끝점을 v의 끝점에 맞추면 다음 그림과 같이 간단히 그릴 수 있다.

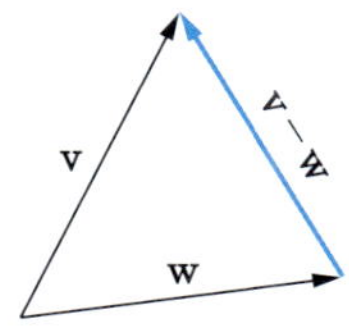

두 벡터의 합과 마찬가지로 두 벡터의 차를 평면과 공간에서 벡터의 성분으로 나타내면 각각 다음과 같다.

$$\mathbf{v}-\mathbf{w}=(v_1-w_1,\ v_2-w_2)$$
$$\mathbf{v}-\mathbf{w}=(v_1-w_1,\ v_2-w_2,\ v_3-w_3)$$

이제 벡터의 스칼라 곱에 대하여 알아보자. 스칼라 c에 대하여 $c\mathbf{v}$를 c에 의한 v의 **스칼라 곱**scalar multiplication이라고 한다. 이때 $c\mathbf{v}$는 $c>0$이면 v와 방향이 같으며 크기는 c배한 벡터이고, $c<0$이면 v와 방향이 반대이면서 크기는 $|c|$배한 벡터이다.[9]

9 $c=0$이면 $c\mathbf{v}$는 크기가 0인 벡터 0이다.

예를 들어 [그림 4-13]은 벡터 v의 스칼라 곱을 나타낸 것이다.

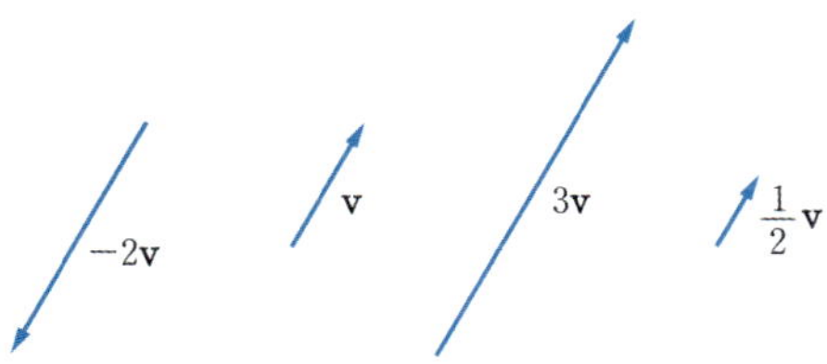

[그림 4-13] **벡터의 스칼라 곱**

[그림 4-13]으로부터 벡터 v의 영 아닌 스칼라 곱을 한 벡터는 모두 v에 평행한 것임을 알 수 있다. 따라서 두 벡터 v, w가 평행한 벡터라면 $\mathbf{v}=c\mathbf{w}$를 만족하는 영 아닌 스칼라 c가 존재한다는 것을 알 수 있다. 좌표평면과 좌표공간에서 스칼라 곱은 다음과 같이 각 성분에 스칼라 곱을 한 결과이다.

$$c\mathbf{v} = (cv_1,\ cv_2) \quad \text{또는} \quad c\mathbf{v} = (cv_1,\ cv_2,\ cv_3)$$

이 사실로부터 좌표평면 $\mathbb{R}^2$ 위의 벡터 $\mathbf{v} = (v_1,\ v_2)$의 음벡터 $-\mathbf{v}$는 다음과 같이 나타낼 수 있다.

$$-\mathbf{v} = (-v_1,\ -v_2)$$

좌표공간 $\mathbb{R}^3$ 위의 벡터 $\mathbf{v} = (v_1,\ v_2,\ v_3)$의 음벡터 $-\mathbf{v}$도 마찬가지로 다음과 같이 나타낼 수 있다.

$$-\mathbf{v} = (-v_1,\ -v_2,\ -v_3)$$

지금까지 알아본 벡터 연산에 대하여 다음 정리가 성립한다. 이 정리의 증명은 어렵지 않으므로 여기서는 생략한다.

정리 4-1 벡터 연산의 성질

스칼라 c, k와 좌표평면 $\mathbb{R}^2$ 또는 좌표공간 $\mathbb{R}^3$ 위의 세 벡터 $\mathbf{u}$, $\mathbf{v}$, $\mathbf{w}$에 대하여 다음이 성립한다.

(1) $\mathbf{u} + \mathbf{v} = \mathbf{v} + \mathbf{u}$

(2) $\mathbf{u} + (\mathbf{v} + \mathbf{w}) = (\mathbf{u} + \mathbf{v}) + \mathbf{w}$

(3) $\mathbf{u} + \mathbf{0} = \mathbf{0} + \mathbf{u}$

(4) $\mathbf{u} - \mathbf{u} = \mathbf{u} + (-\mathbf{u}) = \mathbf{0}$

(5) $1\mathbf{u} = \mathbf{u}$

(6) $(ck)\mathbf{u} = c(k\mathbf{u}) = k(c\mathbf{u})$

(7) $(c + k)\mathbf{u} = c\mathbf{u} + k\mathbf{u}$

(8) $c(\mathbf{u} + \mathbf{v}) = c\mathbf{u} + c\mathbf{v}$

예제 4-3

주어진 벡터에 대하여 다음을 구하라.

$$\mathbf{a} = (-2,\ 1) \qquad \mathbf{b} = (-3,\ -7) \qquad \mathbf{c} = (2,\ 0)$$
$$\mathbf{u} = (2,\ -1,\ -2) \qquad \mathbf{v} = (3,\ 1,\ -1) \qquad \mathbf{w} = (-2,\ 3,\ 1)$$

(a) $\mathbf{a} + 2\mathbf{b}$ **(b)** $-3\mathbf{a} + 2\mathbf{c}$ **(c)** $\mathbf{u} + \mathbf{0}$

(d) $-\mathbf{v}$ **(e)** $2\mathbf{v} - 3\mathbf{w}$ **(f)** $-3\mathbf{u} - 4\mathbf{v} + 2\mathbf{w}$

풀이

(a) $\mathbf{a} + 2\mathbf{b} = (-2,\ 1) + 2(-3,\ -7) = (-2-6,\ 1-14) = (-8,\ -13)$

(b) $-3\mathbf{a} + 2\mathbf{c} = -3(-2,\ 1) + 2(2,\ 0) = (6+4,\ -3+0) = (10,\ -3)$

(c) $\mathbf{u} + \mathbf{0} = (2,\ -1,\ -2) + (0,\ 0,\ 0) = (2,\ -1,\ -2) = \mathbf{u}$

(d) $-\mathbf{v} = -(3,\ 1,\ -1) = (-3,\ -1,\ 1)$

(e) $2\mathbf{v}-3\mathbf{w}=2(3,\ 1,\ -1)-3(-2,\ 3,\ 1)=(6+6,\ 2-9,\ -2-3)=(12,\ -7,\ -5)$

(f) $-3\mathbf{u}-4\mathbf{v}+2\mathbf{w}=-3(2,\ -1,\ -2)-4(3,\ 1,\ -1)+2(-2,\ 3,\ 1)$
$=(-6-12-4,\ 3-4+6,\ 6+4+2)=(-22,\ 5,\ 12)$

Command Window

: 코딩

```
>> a=[-2 1];b=[-3 -7];c=[2 0];          % 벡터 입력
>> u=[2 -1 -2];v=[3 1 -1];w=[-2 3 1];
>> a+2*b                                % [예제 4-3(a)] 계산
>> -3*a+2*c                             % [예제 4-3(b)] 계산
>> o=[0 0 0];                           % 영벡터 입력
>> u+o                                  % [예제 4-3(c)] 계산
>> -v                                   % [예제 4-3(d)] 계산
>> 2*v-3*w                              % [예제 4-3(e)] 계산
>> -3*u-4*v+2*w                         % [예제 4-3(f)] 계산
```

: 결과

```
ans =                                   % [예제 4-3(a)]의 결과와 동일
      -8     -13
ans =                                   % [예제 4-3(b)]의 결과와 동일
      10      -3
ans =                                   % [예제 4-3(c)]의 결과와 동일
       2      -1      -2
ans =                                   % [예제 4-3(d)]의 결과와 동일
      -3      -1       1
ans =                                   % [예제 4-3(e)]의 결과와 동일
      12      -7      -5
ans =                                   % [예제 4-3(f)]의 결과와 동일
     -22       5      12
```

MATLAB 유제

주어진 벡터에 대하여 다음을 구하라.

$$\mathbf{u}=(4,\ 1,\ 6)\qquad \mathbf{v}=(7,\ 4,\ -1)\qquad \mathbf{w}=(-3,\ -7,\ 2)$$

(a) $-5\mathbf{v}$　　**(b)** $-7\mathbf{v}+9\mathbf{w}$　　**(c)** $5\mathbf{u}+7\mathbf{v}-6\mathbf{w}$

4.1.3 벡터의 크기

앞에서 우리는 벡터 $\mathbf{v}$의 크기 $|\mathbf{v}|$를 유향선분의 길이로 정의하였다. 이제 좌표평면이나 좌표공간에서 주어진 벡터의 크기를 구하는 방법과 벡터의 크기에 대한 몇 가지 성질을 알아보자. 좌표평면 $\mathbb{R}^2$ 위의 벡터 $\mathbf{v}=(v_1,\ v_2)$의 크기 $|\mathbf{v}|$

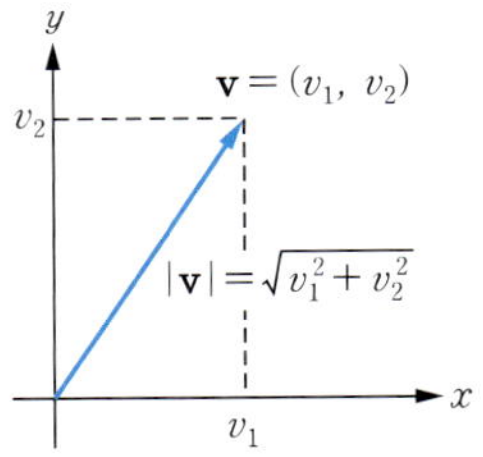

[그림 4-14] **평면벡터의 크기**

10 피타고라스 정리 : 직각 삼각형의 각 변의 길이 사이에 $a^2+b^2=c^2$이 성립한다.

는 [그림 4-14]에서와 같이 피타고라스 정리를 이용하여 다음과 같이 쉽게 얻을 수 있다.[10]

$$|\mathbf{v}|=\sqrt{v_1^2+v_2^2}$$

마찬가지로 좌표공간 $\mathbb{R}^3$ 위의 벡터 $\mathbf{v}=(v_1,\ v_2,\ v_3)$의 크기 $|\mathbf{v}|$도 피타고라스 정리를 이용하여 다음과 같이 쉽게 구할 수 있다.

$$|\mathbf{v}|=\sqrt{v_1^2+v_2^2+v_3^2}$$

예제 4-4

다음 벡터의 크기를 구하라.

(a) $\mathbf{x}=(-7,\ 2)$ **(b)** $\mathbf{y}=(0,\ -5)$

(c) $\mathbf{a}=\left(\frac{1}{2},\ \frac{1}{2},\ -\frac{1}{\sqrt{2}}\right)$ **(d)** $\mathbf{b}=(-2,\ 3,\ 4)$

풀이

(a) $|\mathbf{x}|=\sqrt{(-7)^2+2^2}=\sqrt{53}$

(b) $|\mathbf{y}|=\sqrt{0^2+(-5)^2}=\sqrt{25}=5$

(c) $|\mathbf{a}|=\sqrt{\left(\frac{1}{2}\right)^2+\left(\frac{1}{2}\right)^2+\left(-\frac{1}{\sqrt{2}}\right)^2}=\sqrt{\frac{1}{4}+\frac{1}{4}+\frac{1}{2}}=\sqrt{1}=1$

(d) $|\mathbf{b}|=\sqrt{(-2)^2+3^2+4^2}=\sqrt{29}$

Command Window

```
: 코딩
>> x=[-7 2];y=[0 -5];                        % 벡터 입력
>> a=[1/2 1/2 -1/sqrt(2)];b=[-2 3 4]; 1
>> norm(x),norm(y) 2                         % 벡터의 크기 계산
>> norm(a),norm(b)

: 결과
ans = 3                                      % [예제 4-4(a)]의 결과와 동일
      7.2801
ans =                                        % [예제 4-4(b)]의 결과와 동일
      5
ans =                                        % [예제 4-4(c)]의 결과와 동일
      1.0000
ans =                                        % [예제 4-4(d)]의 결과와 동일
      5.3852
```

MATLAB TIP!

1 sqrt(n) : n의 제곱근을 구한다.

2 norm(x) : 벡터 x의 크기를 구한다.

3 $\sqrt{53}=7.2801$
$\sqrt{29}=5.3852$

MATLAB 유제

다음 벡터의 크기를 구하라.

(a) $\mathbf{x}=(-467,\ 522)$

(b) $\mathbf{y}=(\sqrt{67},\ -657)$

(c) $\mathbf{a}=\left(\frac{1}{\sqrt{32}},\ \frac{1}{\sqrt{24}},\ -\frac{1}{\sqrt{2}}\right)$

(d) $\mathbf{b}=(6782,\ -4323,\ 46734)$

이제 벡터의 크기에 대한 성질을 알아보자.

정리 4-2 벡터의 크기

좌표공간 $\mathbb{R}^3$ 위의 벡터 $\mathbf{v}=(v_1,\ v_2,\ v_3)$와 적당한 스칼라 c에 대하여 다음이 성립한다.

(1) $|\mathbf{v}|\geq 0$이다. 특히 $|\mathbf{v}|=0$일 필요충분조건은 $\mathbf{v}=\mathbf{0}$이다.

(2) $c\mathbf{v}=(cv_1,\ cv_2,\ cv_3)$의 크기는 $|c\mathbf{v}|=|c||\mathbf{v}|$이다.

(3) $\mathbf{v}\neq\mathbf{0}$에 대하여 $\mathbf{u}=\frac{1}{|\mathbf{v}|}\mathbf{v}$는 단위벡터이다.

증명

(1) 벡터의 크기는 벡터의 각 성분의 제곱의 합으로 구한다. 그리고 실수의 제곱은 0보다 크거나 같기 때문에 벡터 $\mathbf{v}$는 다음과 같다.

$$|\mathbf{v}|\geq 0$$

이제 주어진 필요충분조건을 좌표공간에 대하여 보이자.[11]
먼저 벡터 $\mathbf{v}=(v_1,\ v_2,\ v_3)$의 크기가 $|\mathbf{v}|=0$이라고 가정하면 다음과 같다.

$$|\mathbf{v}|=\sqrt{v_1^2+v_2^2+v_3^2}=0 \quad\Rightarrow\quad v_1^2+v_2^2+v_3^2=0$$

그런데 실수를 제곱하면 항상 0보다 크거나 같기 때문에 두 수 v_1, v_2는 0이다.

$$v_1=0,\ v_2=0,\ v_3=0 \quad\Rightarrow\quad \mathbf{v}=(v_1,\ v_2,\ v_3)=(0,\ 0,\ 0)=\mathbf{0}$$

따라서 $|\mathbf{v}|=0$이면 $\mathbf{v}=\mathbf{0}$이다.[12]

(2) 벡터 $\mathbf{v}=(v_1,\ v_2,\ v_3)$에 적당한 스칼라 c를 곱한 벡터 $c\mathbf{v}=(cv_1,\ cv_2,\ cv_3)$의 크기는 다음과 같다.

$$\begin{aligned}|c\mathbf{v}|&=\sqrt{(cv_1)^2+(cv_2)^2+(cv_3)^2}=\sqrt{c^2(v_1^2+v_2^2+v_3^2)}\\&=|c|\sqrt{v_1^2+v_2^2+v_3^2}=|c||\mathbf{v}|\end{aligned}$$

따라서 다음이 성립한다.

11 필요충분조건 $p\Leftrightarrow q$를 증명할 때는 $p\Rightarrow q$와 $q\Rightarrow p$를 모두 보여야 한다.

12 크기가 0인 벡터는 영벡터뿐이다.

$$|c\mathbf{v}|=|c||\mathbf{v}|$$

(3) 영 아닌 벡터 $\mathbf{v}$에 대하여 $|\mathbf{v}|$는 크기이므로 (1)에 의해 $|\mathbf{v}|>0$이다. 이제 $\mathbf{u}=\frac{1}{|\mathbf{v}|}\mathbf{v}$의 크기 $|\mathbf{u}|=\left|\frac{1}{|\mathbf{v}|}\mathbf{v}\right|$를 구해 보자.[13]

13 $|\mathbf{v}|>0$이면 $\frac{1}{|\mathbf{v}|}$은 0보다 큰 실수이므로, 스칼라이다. 따라서 $\frac{1}{|\mathbf{v}|}\mathbf{v}$는 벡터 $\mathbf{v}$에 스칼라 $\frac{1}{|\mathbf{v}|}$을 곱한 벡터이다.

$$|\mathbf{u}|=\left|\frac{1}{|\mathbf{v}|}\mathbf{v}\right|=\left|\frac{1}{|\mathbf{v}|}\right||\mathbf{v}|=\frac{1}{|\mathbf{v}|}|\mathbf{v}|=1$$

따라서 $\mathbf{u}$는 단위벡터이다. ■

[정리 4-2(3)]에 따르면 영 아닌 벡터로부터 항상 단위벡터를 얻을 수 있음을 알 수 있다. 즉 $\mathbf{v}\neq\mathbf{0}$에 대하여 벡터 $\mathbf{u}=\frac{1}{|\mathbf{v}|}\mathbf{v}$는 $\mathbf{v}$와 방향이 같고 크기가 1인 단위벡터이다.[14]

14 벡터 $\mathbf{v}$를 크기가 1인 벡터로 바꾸는 것을 정규화normalization라고 한다.

예제 4-5

다음 벡터 중 단위벡터인 것을 찾아라. 단위벡터가 아니라면, 주어진 벡터와 방향이 같은 단위벡터를 구하라.

(a) $\mathbf{x}=(2,\ -3)$ **(b)** $\mathbf{y}=(-2,\ 4,\ 2)$ **(c)** $\mathbf{k}=(0,\ 0,\ 1)$

풀이

(a) $|\mathbf{x}|=\sqrt{2^2+(-3)^2}=\sqrt{4+9}=\sqrt{13}$이므로 단위벡터가 아니다. 따라서 $\mathbf{x}$와 방향이 같은 단위벡터를 구하면 다음과 같다.

$$\frac{1}{|\mathbf{x}|}\mathbf{x}=\frac{1}{\sqrt{13}}\mathbf{x}=\left(\frac{2}{\sqrt{13}},\ -\frac{3}{\sqrt{13}}\right)$$

(b) $|\mathbf{y}|=\sqrt{(-2)^2+4^2+2^2}=\sqrt{4+16+4}=\sqrt{24}=2\sqrt{6}$이므로 단위벡터가 아니다. 따라서 $\mathbf{y}$와 방향이 같은 단위벡터를 구하면 다음과 같다.

$$\frac{1}{|\mathbf{y}|}\mathbf{y}=\frac{1}{2\sqrt{6}}(-2,\ 4,\ 2)=\left(-\frac{1}{\sqrt{6}},\ \frac{2}{\sqrt{6}},\ \frac{1}{\sqrt{6}}\right)$$

(c) $|\mathbf{k}|=\sqrt{0^2+0^2+1^2}=\sqrt{1}=1$이므로 $\mathbf{k}=(0,\ 0,\ 1)$은 단위벡터이다.

Command Window

: 코딩

```
>> x=[2 -3];y=[-2 4 2];k=[0 0 1];                % 벡터 입력
>> x1=x/norm(x),y1=y/norm(y),k1=k/norm(k)        % 벡터 정규화
```

: 결과

```
x1 = 1                                             % [예제 4-5(a)]의 결과와 동일
      0.5547   -0.8321
```

MATLAB TIP!

1 $\frac{2}{\sqrt{13}}=0.5547$, $-\frac{3}{\sqrt{13}}=-0.8321$

```
y1 = ❷                                          % [예제 4-5(b)]의 결과와 동일
     -0.4082    0.8165    0.4082
k1 =                                            % [예제 4-5(c)]의 결과와 동일
      0          0         1
```

MATLAB TIP!

❷ $\frac{2}{\sqrt{6}} = 0.8165$, $\frac{1}{\sqrt{6}} = 0.4082$

MATLAB 유제

다음 벡터와 방향이 같은 단위벡터를 구하라.

(a) $\mathbf{x} = (254,\ -7273)$ **(b)** $\mathbf{y} = (-\sqrt{483},\ 322,\ 234)$

4.1.4 표준단위벡터

이제 $\mathbb{R}^3$의 단위벡터 중에서 각 축과 방향이 같은 단위벡터에 대하여 알아보자. 다음 벡터는 시점이 모두 원점이고, 각 축과 방향이 같으며 크기가 1인 단위벡터이다.

$$\mathbf{i} = (1,\ 0,\ 0), \quad \mathbf{j} = (0,\ 1,\ 0), \quad \mathbf{k} = (0,\ 0,\ 1)$$

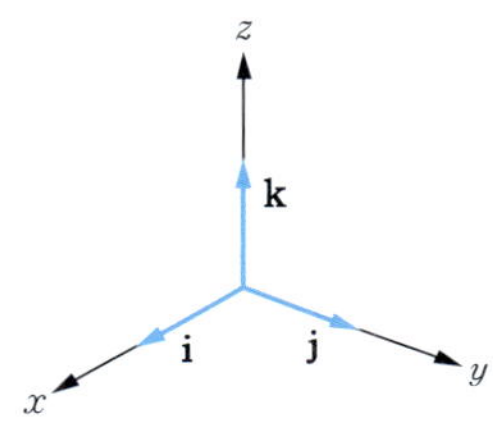

[그림 4-15] 좌표공간의 표준단위벡터

이 세 벡터를 $\mathbb{R}^3$의 **표준단위벡터**standard unit vector라고 한다.[15]

이때 $\mathbb{R}^3$의 벡터 $\mathbf{x} = (x_1,\ x_2,\ x_3)$에 대하여 다음과 같이 나타낼 수 있다.

$$\begin{aligned}\mathbf{x} = (x_1,\ x_2,\ x_3) &= x_1(1,\ 0,\ 0) + x_2(0,\ 1,\ 0) + x_3(0,\ 0,\ 1) \\ &= x_1\mathbf{i} + x_2\mathbf{j} + x_3\mathbf{k} = x_1\mathbf{e}_1 + x_2\mathbf{e}_2 + x_3\mathbf{e}_3\end{aligned}$$

따라서 $\mathbb{R}^3$의 임의의 벡터 $\mathbf{x} = (x_1,\ x_2,\ x_3)$는 단위벡터 $\mathbf{i}$, $\mathbf{j}$, $\mathbf{k}$의 합으로 나타낼 수 있다. 마찬가지로 $\mathbb{R}^2$에서의 표준단위벡터는 $\mathbf{i} = (1,\ 0)$, $\mathbf{j} = (0,\ 1)$이고, $\mathbf{x} = (x_1,\ x_2) = x_1\mathbf{i} + x_2\mathbf{j}$이다.

15 $\mathbf{i}$, $\mathbf{j}$, $\mathbf{k}$를 각각 $\mathbf{e}_1$, $\mathbf{e}_2$, $\mathbf{e}_3$로 나타내기도 한다.

예제 4-6

순서쌍으로 표현된 벡터는 표준단위벡터의 합으로, 표준단위벡터의 합으로 표현된 벡터는 순서쌍으로 나타내라.

(a) $\mathbf{x} = (5,\ -9)$ **(b)** $\mathbf{y} = (2,\ -4,\ 3)$ **(c)** $\mathbf{z} = (-3,\ 0,\ 1)$

(d) $\mathbf{u} = 3\mathbf{i} - 2\mathbf{j} - 5\mathbf{k}$ **(e)** $\mathbf{v} = -\mathbf{j} + 13\mathbf{k}$ **(f)** $\mathbf{w} = -7\mathbf{i} - 5\mathbf{j} + 8\mathbf{k}$

풀이

(a) $\mathbf{x} = (5,\ -9) = (5,\ 0) + (0,\ -9) = 5(1,\ 0) + (-9)(0,\ 1) = 5\mathbf{i} - 9\mathbf{j}$

(b) $\mathbf{y}=(2, -4, 3)=2(1, 0, 0)+(-4)(0, 1, 0)+3(0, 0, 1)=2\mathbf{i}-4\mathbf{j}+3\mathbf{k}$

(c) $\mathbf{z}=(-3, 0, 1)=-3(1, 0, 0)+0(0, 1, 0)+1(0, 0, 1)=-3\mathbf{i}+\mathbf{k}$

(d) $\mathbf{u}=3\mathbf{i}-2\mathbf{j}-5\mathbf{k}=3(1, 0, 0)+(-2)(0, 1, 0)+(-5)(0, 0, 1)=(3, -2, -5)$

(e) $\mathbf{v}=-\mathbf{j}+13\mathbf{k}=0(1, 0, 0)-1(0, 1, 0)+13(0, 0, 1)=(0, -1, 13)$

(f) $\mathbf{w}=-7\mathbf{i}-5\mathbf{j}+8\mathbf{k}=-7(1, 0, 0)-5(0, 1, 0)+8(0, 0, 1)=(-7, -5, 8)$

Command Window

```
: 코딩
>> i=[1 0];j=[0 1];                     % 표준단위벡터 입력
>> x=[5 -9]                             % 벡터 입력
>> 5*i-9*j

: 결과
x =                                     % [예제 4-6(a)]의 결과와 동일
     5    -9
ans =
     5    -9
```

Command Window

```
: 코딩
>> i=[1 0 0];j=[0 1 0];k=[0 0 1];       % 표준단위벡터 입력
>> y=[2 -4 3]                           % [예제 4-6(b)] 계산
>> 2*i-4*j+3*k
>> z=[-3 0 1]                           % [예제 4-6(c)] 계산
>> -3*i+0*j+k
>> u=3*i-2*j-5*k                        % [예제 4-6(d)] 계산
>> v=-j+13*k                            % [예제 4-6(e)] 계산
>> w=-7*i-5*j+8*k                       % [예제 4-6(f)] 계산

: 결과
y =                                     % [예제 4-6(b)]의 결과와 동일
      2    -4     3
ans =
      2    -4     3
z =                                     % [예제 4-6(c)]의 결과와 동일
     -3     0     1
ans =
     -3     0     1
u =                                     % [예제 4-6(d)]의 결과와 동일
      3    -2    -5
v =                                     % [예제 4-6(e)]의 결과와 동일
      0    -1    13
w =                                     % [예제 4-6(f)]의 결과와 동일
     -7    -5     8
```

MATLAB 유제

다음 벡터를 표준단위벡터의 합으로 나타내라.

(a) $\mathbf{a}=(5, -3)$ **(b)** $\mathbf{b}=\left(-\frac{5}{3}, \frac{1}{3}, -\frac{1}{5}\right)$

4.2 내적

4.2.1 내적의 정의

$\mathbb{R}^2$ 또는 $\mathbb{R}^3$에서 시점이 원점인 두 벡터 $\mathbf{u}$와 $\mathbf{v}$ 사이의 각 θ를 생각해 보자. [그림 4-16]과 같이 $\mathbf{u}$와 $\mathbf{v}$의 시점이 원점일 때 θ는 음이 아닌 작은 각을 의미하므로 θ는 $0 \le \theta \le \pi$가 된다.

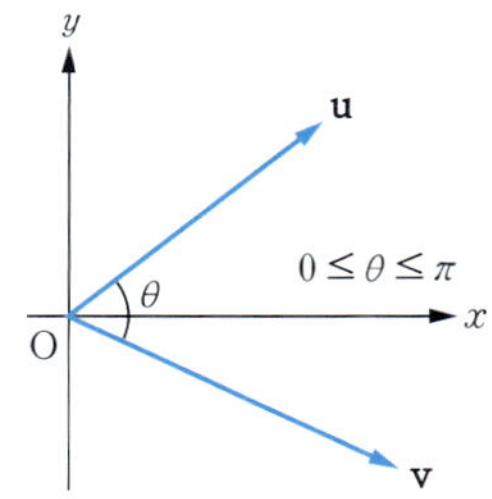

[그림 4-16] **두 벡터 사이의 각**

[그림 4-16]에서 알 수 있듯이 원점을 시점으로 한다면 두 벡터 사이에는 항상 각이 생긴다. 이 각을 이용하면 두 벡터의 새로운 연산인 내적을 정의할 수 있다. 좌표평면 $\mathbb{R}^2$ 또는 좌표공간 $\mathbb{R}^3$ 위에 영 아닌 두 벡터 $\mathbf{u}$, $\mathbf{v}$ 사이의 각을 θ라고 할 때, 두 벡터의 **내적**inner product을 $\mathbf{u}\cdot\mathbf{v}$로 나타내고 다음과 같이 정의한다.[16]

$$\mathbf{u}\cdot\mathbf{v}=|\mathbf{u}||\mathbf{v}|\cos\theta \tag{4.1}$$

16 평면이나 공간에 있는 두 벡터는 적당히 평행이동하여 항상 시점을 일치시킬 수 있다.

경우에 따라서 내적을 **스칼라 곱**scalar product, **유클리드 곱**Euclidean product 또는 **점곱**dot product이라고도 한다.

예제 4-7

다음 두 벡터의 내적을 구하라.

(a) 사잇각이 180°인 두 벡터 $\mathbf{u}=(2, 0, -2)$, $\mathbf{v}=(-3, 0, 3)$

(b) 사잇각이 90°인 두 벡터 $\mathbf{u}=(2, 6, -5)$, $\mathbf{v}=(-4, 3, 2)$

풀이

(a) 두 벡터 $\mathbf{u}=(2, 0, -2)$, $\mathbf{v}=(-3, 0, 3)$의 크기는 각각 다음과 같다.

$$|\mathbf{u}|=\sqrt{4+0+4}=2\sqrt{2}, \quad |\mathbf{v}|=\sqrt{9+0+9}=3\sqrt{2}$$

한편 사잇각이 180°이므로 두 벡터의 내적은 다음과 같다.

$$\begin{aligned}\mathbf{u}\cdot\mathbf{v} &= |\mathbf{u}||\mathbf{v}|\cos\theta \\ &= 2\sqrt{2}\cdot 3\sqrt{3}\cdot\cos 180° \\ &= 12\cdot(-1) \\ &= -12\end{aligned}$$

(b) 두 벡터 $\mathbf{u}=(2,\ 6,\ -5)$, $\mathbf{v}=(-4,\ 3,\ 2)$의 크기는 각각 다음과 같다.

$$|\mathbf{u}| = \sqrt{4+36+25} = \sqrt{65}, \quad |\mathbf{v}| = \sqrt{16+9+4} = \sqrt{29}$$

한편 사잇각이 90°이므로 두 벡터의 내적은 다음과 같다.

$$\begin{aligned}\mathbf{u}\cdot\mathbf{v} &= |\mathbf{u}||\mathbf{v}|\cos\theta \\ &= \sqrt{65}\cdot\sqrt{29}\cdot\cos 90° \\ &= \sqrt{1885}\cdot 0 \\ &= 0\end{aligned}$$

Command Window

```
: 코딩
>> u1=[2 0 -2];v1=[-3 0 3];                    % 벡터 입력
>> dot(u1,v1) 1                                 % 벡터의 내적 계산
>> u2=[2 6 -5];v2=[-4 3 2];
>> dot(u2,v2)

: 결과
ans =                                           % [예제 4-7(a)]의 결과와 동일
     -12
ans =                                           % [예제 4-7(b)]의 결과와 동일
      0
```

MATLAB TIP!

1 dot(u,v) : 두 벡터 사이의 내적을 구한다.

MATLAB 유제

다음 두 벡터의 내적을 구하라.

(a) 사잇각이 30°인 두 벡터 $\mathbf{u}=(1,\ 0,\ \sqrt{3})$, $\mathbf{v}=(0,\ 0,\ \sqrt{3})$

(b) 사잇각이 60°인 두 벡터 $\mathbf{u}=(0,\ 1,\ \sqrt{3})$, $\mathbf{v}=(0,\ 2,\ 0)$

주어진 두 벡터의 내적은 두 벡터의 크기와 두 벡터의 사잇각을 알면 쉽게 구할 수 있다. 그런데 벡터가 성분으로 주어진 경우에는 두 벡터의 사잇각을 어떻게 구할 수 있을까? 이런 경우 두 벡터의 사잇각을 구하기는 어렵다. 이런 문제를 해결할 때 사용하는 방법이 바로 코사인 제2법칙이다.[17] 이를 사용하면 두 벡터의 사잇각인 θ 값을 몰라도 내적을 쉽게 구할 수 있다.

17 코사인 제2법칙 : $c^2 = a^2 + b^2 - 2ab\cos\theta$

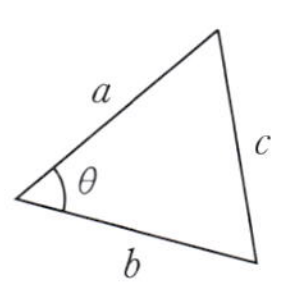

정리 4-3 벡터의 내적

좌표평면 $\mathbb{R}^2$ 위의 벡터 $\mathbf{u}=(u_1,\ u_2)$, $\mathbf{v}=(v_1,\ v_2)$에 대하여 두 벡터의 내적 $\mathbf{u}\cdot\mathbf{v}$는 다음과 같다.

$$\mathbf{u}\cdot\mathbf{v}=u_1v_1+u_2v_2 \tag{4.2}$$

또 좌표공간 $\mathbb{R}^3$ 위의 벡터 $\mathbf{u}=(u_1,\ u_2,\ u_3)$, $\mathbf{v}=(v_1,\ v_2,\ v_3)$에 대하여 두 벡터의 내적 $\mathbf{u}\cdot\mathbf{v}$는 다음과 같다.

$$\mathbf{u}\cdot\mathbf{v}=u_1v_1+u_2v_2+u_3v_3 \tag{4.3}$$

증명 이 정리의 좌표평면에 대한 증명은 좌표공간에 대한 증명과 같다. 여기서는 [그림 4-17]과 같이 주어진 좌표공간의 벡터 $\mathbf{u}=(u_1,\ u_2,\ u_3)$, $\mathbf{v}=(v_1,\ v_2,\ v_3)$에 대해서만 증명한다.

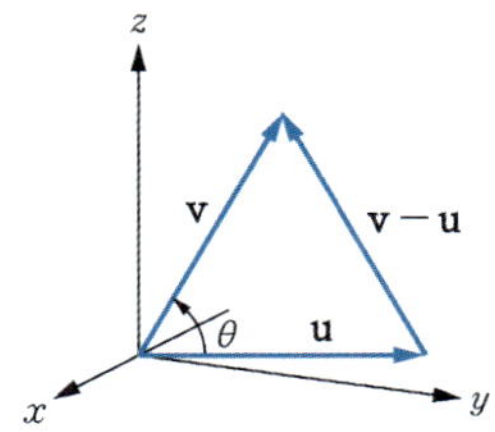

[그림 4-17] 좌표공간의 벡터

두 벡터 $\mathbf{u}$, $\mathbf{v}$는 각 변의 길이가 $|\mathbf{u}|$, $|\mathbf{v}|$, $|\mathbf{v}-\mathbf{u}|$인 삼각형을 이룬다. 따라서 삼각형에서 코사인 제2법칙에 의해 다음을 얻을 수 있다.

$$|\mathbf{v}-\mathbf{u}|^2=|\mathbf{v}|^2+|\mathbf{u}|^2-2|\mathbf{v}||\mathbf{u}|\cos\theta$$ [18]

18 $|\mathbf{u}||\mathbf{v}|\cos\theta=\mathbf{u}\cdot\mathbf{v}$

이 식은 내적의 정의에 의해 다음과 같이 표현할 수 있다.

$$|\mathbf{v}-\mathbf{u}|^2=|\mathbf{v}|^2+|\mathbf{u}|^2-2(\mathbf{u}\cdot\mathbf{v})$$

이 식을 내적에 대하여 정리하면 다음과 같다.

$$\mathbf{u}\cdot\mathbf{v}=\frac{1}{2}\left(|\mathbf{v}|^2+|\mathbf{u}|^2-|\mathbf{v}-\mathbf{u}|^2\right) \tag{4.4}$$

여기서 $\mathbf{v}-\mathbf{u}=(v_1-u_1,\ v_2-u_2,\ v_3-u_3)$이므로 $|\mathbf{v}-\mathbf{u}|^2$을 구하면 다음과 같다.

$$\begin{aligned}|\mathbf{v}-\mathbf{u}|^2&=(v_1-u_1)^2+(v_2-u_2)^2+(v_3-u_3)^2\\&=v_1^2-2v_1u_1+u_1^2+v_2^2-2v_2u_2+u_2^2+v_3^2-2v_3u_3+u_3^2\\&=v_1^2+v_2^2+v_3^2+u_1^2+u_2^2+u_3^2-2(v_1u_1+v_2u_2+v_3u_3)\end{aligned}$$

이 식에서 처음 세 항은 $|\mathbf{v}|^2$이고, 그 뒤의 세 항은 $|\mathbf{u}|^2$이다. 이 결과를 식 (4.4)에 대입하면 다음을 얻는다.

$$\begin{aligned}\mathbf{u}\cdot\mathbf{v}&=\frac{1}{2}\left(|\mathbf{v}|^2+|\mathbf{u}|^2-\left(|\mathbf{v}|^2+|\mathbf{u}|^2-2(v_1u_1+v_2u_2+v_3u_3)\right)\right)\\&=u_1v_1+u_2v_2+u_3v_3\end{aligned}$$ ■

예제 4-8

다음 두 벡터의 내적을 구하라.

(a) $\mathrm{x}=(-2,\ 0,\ 3),\ \mathrm{y}=(0,\ -9,\ 1)$

(b) $\mathrm{x}=(1,\ 2,\ 3),\ \mathrm{y}=(-2,\ 1,\ 0)$

(c) $\mathrm{x}=\left(\frac{3}{4},\ -\frac{1}{4},\ \frac{3}{5}\right),\ \mathrm{y}=(0,\ -4,\ 0)$

(d) $\mathrm{x}=(0,\ 0,\ 0),\ \mathrm{y}=(2020,\ -9999,\ 13845)$

풀이

(a) $\mathrm{x}\cdot\mathrm{y}=(-2,\ 0,\ 3)\cdot(0,\ -9,\ 1)=(-2)\cdot 0+0\cdot(-9)+3\cdot 1=3$

(b) $\mathrm{x}\cdot\mathrm{y}=(1,\ 2,\ 3)\cdot(-2,\ 1,\ 0)=1\cdot(-2)+2\cdot 1+3\cdot 0=0$

(c) $\mathrm{x}\cdot\mathrm{y}=\left(\frac{3}{4},\ -\frac{1}{4},\ \frac{3}{5}\right)\cdot(0,\ -4,\ 0)=\frac{3}{4}\cdot 0+\left(-\frac{1}{4}\right)\cdot(-4)+\frac{3}{5}\cdot 0=1$

(d) $\mathrm{x}\cdot\mathrm{y}=(0,\ 0,\ 0)\cdot(2020,\ -9999,\ 13845)=0\cdot 2020+0\cdot(-9999)+0\cdot 13845=0$

Command Window

```
: 코딩
>> x1=[-2 0 3];y1=[0 -9 1];                  % 벡터 입력
>> dot(x1,y1)                                % 내적 계산
>> x2=[1 2 3];y2=[-2 1 0];
>> dot(x2,y2)
>> x3=[3/4 -1/4 3/5];y3=[0 -4 0];
>> dot(x3,y3)
>> x4=[0 0 0];y4=[2020 -9999 13845];
>> dot(x4,y4)

: 결과
ans =                                        % [예제 4-8(a)]의 결과와 동일
     3
ans =                                        % [예제 4-8(b)]의 결과와 동일
     0
ans =                                        % [예제 4-8(c)]의 결과와 동일
     1
ans =                                        % [예제 4-8(d)]의 결과와 동일
     0
```

MATLAB 유제

다음 두 벡터의 내적을 구하라.

(a) $\mathrm{u}=(0,\ 0,\ 3),\ \mathrm{v}=(2,\ 0,\ 2)$

(b) $\mathrm{u}=(0,\ 2,\ -1),\ \mathrm{v}=(-1,\ 1,\ 2)$

4.2.2 두 벡터의 사잇각

내적의 정의와 [정리 4-3]으로부터 두 벡터가 주어졌을 때, 두 벡터 사이의 코사인 값을 다음과 같이 구할 수 있다.

$$\cos\theta = \frac{\mathbf{u} \cdot \mathbf{v}}{|\mathbf{u}||\mathbf{v}|} \quad (\text{단, } 0 \le \theta \le \pi)$$

또한 코사인 값을 알면 코사인의 역함수를 이용하여 두 벡터의 사잇각 크기를 구할 수 있다.

$$\cos\theta = \frac{\mathbf{u} \cdot \mathbf{v}}{|\mathbf{u}||\mathbf{v}|} \Leftrightarrow \theta = \cos^{-1}\frac{\mathbf{u} \cdot \mathbf{v}}{|\mathbf{u}||\mathbf{v}|} \quad (4.5)$$

[19]

19 정의역이 제한된 코사인 함수 $y = \cos x$ (단, $0 \le x \le \pi$)는 일대일이고, 역함수를 $\cos^{-1}$로 나타낸다. $\cos^{-1}x = y \Leftrightarrow \cos y = x$ (단, $0 \le x \le \pi$) 역 코사인함수 $\cos^{-1}$의 정의역은 $[-1, 1]$이고 치역은 $[0, \pi]$이다.

예제 4-9

다음 두 벡터 사이의 각 θ를 구하라.

(a) $\mathbf{a} = (9, -2)$, $\mathbf{b} = (4, 18)$

(b) $\mathbf{u} = (-1, 2, 2)$, $\mathbf{v} = (-1, 1, 0)$

(c) $\mathbf{x} = (-2, 1, 3)$, $\mathbf{y} = (2, -1, -3)$

(d) $\mathbf{x} = -\mathbf{i} + 2\mathbf{j} - 3\mathbf{k}$, $\mathbf{y} = 2\mathbf{i} + \mathbf{j} - 2\mathbf{k}$

풀이

(a) $|\mathbf{a}| = \sqrt{85}$, $|\mathbf{b}| = \sqrt{340}$ 이고 $\mathbf{a} \cdot \mathbf{b} = 9 \cdot 4 + (-2) \cdot 18 = 0$이므로

$$\cos\theta = \frac{0}{\sqrt{85}\sqrt{340}} = 0$$

이다. 이때 $\cos\theta = 0$이면 $0 \le \theta \le \pi$이므로 $\theta = \frac{\pi}{2} = 90°$이다. 즉 두 벡터는 수직이다.

(b) $|\mathbf{u}| = 3$, $|\mathbf{v}| = \sqrt{2}$ 이고 $\mathbf{u} \cdot \mathbf{v} = (-1) \cdot (-1) + 2 \cdot 1 + 2 \cdot 0 = 3$이므로

$$\cos\theta = \frac{3}{3\sqrt{2}} = \frac{1}{\sqrt{2}}$$

이다. 이때 $\cos\theta = \frac{1}{\sqrt{2}}$이면 $0 \le \theta \le \pi$이므로 $\theta = \frac{\pi}{4} = 45°$이다.

(c) $|\mathbf{x}| = \sqrt{14}$, $|\mathbf{y}| = \sqrt{14}$ 이고 $\mathbf{x} \cdot \mathbf{y} = (-2) \cdot 2 + 1 \cdot (-1) + 3 \cdot (-3) = -14$이므로

$$\cos\theta = \frac{-14}{\sqrt{14}\sqrt{14}} = -\frac{14}{14} = -1$$

이다. 이때 $\cos\theta = -1$이면 $0 \le \theta \le \pi$이므로 $\theta = \pi = 180°$이다. 즉 두 벡터는 평행하다.

(d) $|\mathbf{x}| = \sqrt{14}$, $|\mathbf{y}| = 3$이고 $\mathbf{x} \cdot \mathbf{y} = (-1) \cdot 2 + 2 \cdot 1 + (-3) \cdot (-2) = 6$이므로

$$\cos\theta = \frac{6}{3\sqrt{14}} \approx 0.5345$$

이다. 이때 $\cos\theta \approx 0.5345$이면 $0 \le \theta \le \pi$이므로 $\theta \approx 57.69°$이다. 각을 구할 때는 삼각함수표를 참고하거나 공학용 계산기를 이용하면 쉽게 구할 수 있다.

Command Window

```
: 코딩
>> a=[9 -2];b=[4 18];                                   % [예제 4-9(a)]의 벡터 입력
>> theta=acos(dot(a,b)/(norm(a)*norm(b)))  1            % 두 벡터 사이의 각 계산
>> degree=theta/pi*180  2                               % 라디안 값을 60분법으로 변환
>> u=[-1 2 2];v=[-1 1 0];                               % [예제 4-9(b)]의 벡터 입력
>> theta=acos(dot(u,v)/(norm(u)*norm(v)))
>> degree=theta/pi*180
>> x=[-2 1 3];y=[2 -1 -3];                              % [예제 4-9(c)]의 벡터 입력
>> theta=acos(dot(x,y)/(norm(x)*norm(y)))
>> degree=theta/pi*180
>> x=[-1 2 -3];y=[2 1 -2];                              % [예제 4-9(d)]의 벡터 입력
>> theta=acos(dot(x,y)/(norm(x)*norm(y)))
>> degree=theta/pi*180

: 결과
theta =  3                                              % [예제 4-9(a)]의 결과와 동일
          1.5708
degree =
          90
theta =  4                                              % [예제 4-9(b)]의 결과와 동일
          0.7854
degree =
          45.0000
theta =  5                                              % [예제 4-9(c)]의 결과와 동일
          3.1416
degree =
          180
theta =  6                                              % [예제 4-9(d)]의 결과와 동일
          1.0069
degree =
          57.6885
```

MATLAB TIP!

1 acos : 역 코사인 값을 구한다.

2 라디안으로 표시된 각도를 60분법으로 전환하는 공식 : $\theta \times \frac{180°}{\pi}$

3 $\cos^{-1} 0 = 1.5708$

4 $\cos^{-1} \frac{1}{\sqrt{2}} = 0.7854$

5 $\cos^{-1}(-1) = 3.1416$

6 $\cos^{-1} \frac{\sqrt{2}}{\sqrt{7}} = 1.0069$

MATLAB 유제

다음 두 벡터 사이의 각 θ를 구하라.

(a) $\mathbf{a} = (7, 12)$, $\mathbf{b} = (5, -2)$

(b) $\mathbf{u} = (6, -2, 3)$, $\mathbf{v} = (-10, 11, 10)$

(c) $\mathbf{x} = -5\mathbf{i} + 3\mathbf{j} - 8\mathbf{k}$, $\mathbf{y} = 6\mathbf{i} - 7\mathbf{j} - 2\mathbf{k}$

[예제 4-9]에서 알 수 있듯이 내적의 정의와 식 (4.5)로부터 영 아닌 두 벡터 $\mathbf{u}$, $\mathbf{v}$의 사잇각 θ를 구할 수 있다. 두 벡터가 수직이면 사잇각은 $\theta = \frac{\pi}{2}$이다. 이때 두 벡터 $\mathbf{u}$와 $\mathbf{v}$는 '**직교한다**orthogonal'고 한다. 또 $\theta = 0$이거나 $\theta = \pi$이면 $\mathbf{u}$와 $\mathbf{v}$는 '**평행하다**parallel'고 한다.[20] 따라서 두 벡터가 직교하는지는 내적을 이용하면 쉽게 알 수 있다.

20 평행인 두 벡터는 방향이 같거나($\theta = 0$) 반대 방향($\theta = \pi$)이다.

이제 두 벡터의 내적과 직교 사이의 관계에 대하여 알아보자.

정리 4-4 두 벡터의 직교

영 아닌 두 벡터 $\mathbf{u}$, $\mathbf{v}$가 직교할 필요충분조건은 $\mathbf{u} \cdot \mathbf{v} = 0$이다.

증명 먼저 두 벡터가 직교한다고 하면, 두 벡터의 사잇각이 $90°$이므로

$$\mathbf{u} \cdot \mathbf{v} = |\mathbf{u}||\mathbf{v}|\cos\theta = |\mathbf{u}||\mathbf{v}|\cos 90° = 0$$

이다. 따라서 $\mathbf{u} \cdot \mathbf{v} = 0$이다.

역으로 $\mathbf{u} \cdot \mathbf{v} = 0$이라고 하자. 그러면 $|\mathbf{u}| \neq 0$, $|\mathbf{v}| \neq 0$이므로[21]

21 영 아닌 두 벡터 $\mathbf{u}$, $\mathbf{v}$의 크기는 0이 아니다.

$$0 = \mathbf{u} \cdot \mathbf{v} = |\mathbf{u}||\mathbf{v}|\cos\theta \quad \Rightarrow \quad \cos\theta = 0 \quad \Rightarrow \quad \theta = 90°$$

이다. 따라서 두 벡터는 직교한다. ■

두 벡터 $\mathbf{u}$, $\mathbf{v}$ 중 한 벡터가 영벡터($\mathbf{v} = \mathbf{0}$)일 때, 두 벡터의 내적을 구하면 $\mathbf{u} \cdot \mathbf{v} = \mathbf{u} \cdot \mathbf{0} = 0$이므로 두 벡터 $\mathbf{u}$, $\mathbf{v}$는 직교한다고 할 수 있다. 따라서 영벡터는 모든 벡터와 직교한다고 할 수 있다.[22]

22 영벡터는 모든 벡터와 직교하는 동시에 모든 벡터와 평행하기도 하다.

특히 [정리 4-3]으로부터 좌표공간 $\mathbb{R}^3$에서 $\mathbf{u} = \mathbf{v}$이면

$$\mathbf{u} \cdot \mathbf{u} = u_1^2 + u_2^2 + u_3^2 = |\mathbf{u}|^2$$

이므로 다음이 성립한다.

$$|\mathbf{u}| = \sqrt{\mathbf{u} \cdot \mathbf{u}}$$

다음은 내적에 대한 몇 가지 성질이다.

정리 4-5 내적의 성질

좌표평면 $\mathbb{R}^2$ 위의 벡터 $\mathbf{u}=(u_1, u_2)$, $\mathbf{v}=(v_1, v_2)$ 또는 좌표공간 $\mathbb{R}^3$ 위의 두 벡터 $\mathbf{u}=(u_1, u_2, u_3)$, $\mathbf{v}=(v_1, v_2, v_3)$와 스칼라 k에 대하여 다음이 성립한다.

(1) $\mathbf{u}\cdot\mathbf{u}\geq 0$, $\mathbf{u}\cdot\mathbf{u}=0 \iff \mathbf{u}=\mathbf{0}$

(2) $\mathbf{u}\cdot\mathbf{v}=\mathbf{v}\cdot\mathbf{u}$

(3) $(\mathbf{u}+\mathbf{v})\cdot\mathbf{w}=\mathbf{u}\cdot\mathbf{w}+\mathbf{v}\cdot\mathbf{w}$

(4) $(k\mathbf{u})\cdot\mathbf{v}=\mathbf{u}\cdot(k\mathbf{v})=k(\mathbf{u}\cdot\mathbf{v})$

증명 위 정리는 좌표공간 $\mathbb{R}^3$ 위의 두 벡터 $\mathbf{u}=(u_1, u_2, u_3)$, $\mathbf{v}=(v_1, v_2, v_3)$에 대한 증명만으로도 충분하다. 이 정리의 증명은 어렵지 않으므로 여기서는 **(1)**, **(2)**, **(4)**만 증명한다.

(1) $\mathbf{u}\cdot\mathbf{u}=u_1^2+u_2^2+u_3^2=|\mathbf{u}|^2\geq 0$이므로

$$\mathbf{u}\cdot\mathbf{u}\geq 0,\ \mathbf{u}\cdot\mathbf{u}=0 \iff \mathbf{u}=\mathbf{0}$$

(2) $\mathbf{u}=(u_1, u_2, u_3)$, $\mathbf{v}=(v_1, v_2, v_3)$이므로

$$\begin{aligned}\mathbf{u}\cdot\mathbf{v}&=u_1v_1+u_2v_2+u_3v_3\\&=v_1u_1+v_2u_2+v_3u_3\\&=\mathbf{v}\cdot\mathbf{u}\end{aligned}$$ [23]

23 두 실수 a, b의 곱에 대하여 교환법칙 $ab=ba$가 성립한다.

(4) 실수의 성질로부터 다음이 성립한다.

$$\begin{aligned}&(k\mathbf{u})\cdot\mathbf{v}=(ku_1)v_1+(ku_2)v_2+(ku_3)v_3\\&\mathbf{u}\cdot(k\mathbf{v})=u_1(kv_1)+u_2(kv_2)+u_3(kv_3)\\&k(\mathbf{u}\cdot\mathbf{v})=k((u_1v_1)+(u_2v_2)+(u_3v_3))\end{aligned}$$ ■

예제 4-10

주어진 벡터에 대하여 다음을 구하라.

$$\mathbf{u}=(-5, 2, -1),\quad \mathbf{v}=(0, 5, -3),\quad \mathbf{w}=(4, 1, 0)$$

(a) $\mathbf{u}\cdot\mathbf{u}$, $|\mathbf{u}|^2$

(b) $\mathbf{u}\cdot\mathbf{w}$, $\mathbf{w}\cdot\mathbf{u}$

(c) $(\mathbf{u}+\mathbf{v})\cdot\mathbf{w}$, $\mathbf{u}\cdot\mathbf{w}+\mathbf{v}\cdot\mathbf{w}$

(d) $(-2\mathbf{u})\cdot\mathbf{v}$, $\mathbf{u}\cdot(-2\mathbf{v})$

풀이

(a) $\mathbf{u}\cdot\mathbf{u}=(-5)\cdot(-5)+2\cdot 2+(-1)\cdot(-1)=25+4+1=30$

$|\mathbf{u}|^2=(-5)^2+2^2+(-1)^2=30$

따라서 $\mathbf{u}\cdot\mathbf{u}=|\mathbf{u}|^2$임을 알 수 있다.

(b) $\mathbf{u} \cdot \mathbf{w} = (-5) \cdot 4 + 2 \cdot 1 + (-1) \cdot 0 = -18$

$\mathbf{w} \cdot \mathbf{u} = 4 \cdot (-5) + 1 \cdot 2 + 0 \cdot (-1) = -18$

따라서 $\mathbf{u} \cdot \mathbf{w} = \mathbf{w} \cdot \mathbf{u}$임을 알 수 있다.

(c) $\mathbf{u} + \mathbf{v} = (-5, 7, -4)$이므로 $(\mathbf{u} + \mathbf{v}) \cdot \mathbf{w} = (-5) \cdot 4 + 7 \cdot 1 + (-4) \cdot 0 = -13$

(b)로부터 $\mathbf{u} \cdot \mathbf{w} = -18$이고 $\mathbf{v} \cdot \mathbf{w} = 0 \cdot 4 + 5 \cdot 1 + (-3) \cdot 0 = 5$

따라서 $(\mathbf{u} + \mathbf{v}) \cdot \mathbf{w} = \mathbf{u} \cdot \mathbf{w} + \mathbf{v} \cdot \mathbf{w}$임을 알 수 있다.

(d) $-2\mathbf{u} = (10, -4, 2)$, $-2\mathbf{v} = (0, -10, 6)$이므로

$(-2\mathbf{u}) \cdot \mathbf{v} = 10 \cdot 0 + (-4) \cdot 5 + 2 \cdot (-3) = -20 - 6 = -26$

$\mathbf{u} \cdot (-2\mathbf{v}) = (-5) \cdot 0 + 2 \cdot (-10) + (-1) \cdot 6 = -20 - 6 = -26$

따라서 $(-2\mathbf{u}) \cdot \mathbf{v} = \mathbf{u} \cdot (-2\mathbf{v})$임을 알 수 있다.

Command Window

```
: 코딩
>> u=[-5 2 -1];v=[0 5 -3];w=[4 1 0];            % 벡터 입력
>> dot(u,u),norm(u)^2                           % u·u, |u|^2 계산
>> dot(u,w),dot(w,u)                            % u·w, w·u 계산
>> dot((u+v),w),dot(u,w)+dot(v,w)               % (u+v)·w, u·w+v·w 계산
>> dot((-2*u),v),dot(u,(-2*v))                  % (-2u)·v, u·(-2v) 계산

: 결과
ans =                                           % [예제 4-10(a)]의 결과와 동일
     30
ans =
     30
ans =                                           % [예제 4-10(b)]의 결과와 동일
     -18
ans =
     -18
ans =                                           % [예제 4-10(c)]의 결과와 동일
     -13
ans =
     -13
ans =                                           % [예제 4-10(d)]의 결과와 동일
     -26
ans =
     -26
```

MATLAB 유제

벡터 $\mathbf{u} = (78, -23\sqrt{47})$, $\mathbf{v} = (1001, -4366)$, $\mathbf{w} = (4354, 7810)$에 대하여 다음을 구하라.

(a) $\mathbf{u} \cdot \mathbf{u}$, $|\mathbf{u}|^2$ **(b)** $\mathbf{u} \cdot \mathbf{w}$, $\mathbf{w} \cdot \mathbf{u}$ **(c)** $(-2\mathbf{u}) \cdot \mathbf{v}$, $\mathbf{u} \cdot (-2\mathbf{v})$

4.2.3 방향코사인

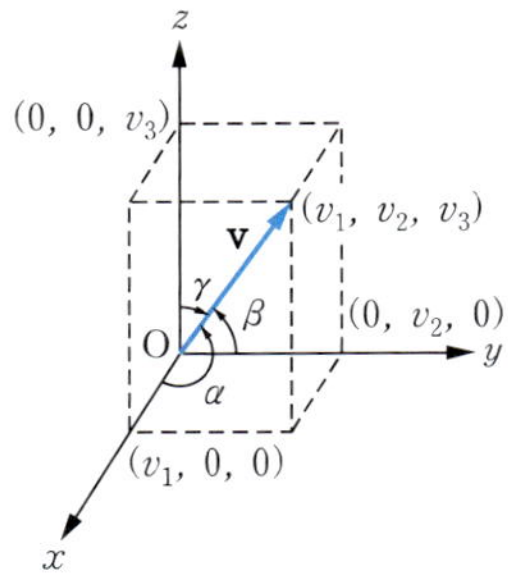

[그림 4-18] **벡터의 방향각**

24 3차원 표준단위벡터 $\mathbf{i}$, $\mathbf{j}$, $\mathbf{k}$는 $\mathbf{e}_1$, $\mathbf{e}_2$, $\mathbf{e}_3$로도 나타낸다.

이제 벡터가 좌표평면이나 좌표공간의 각 축과 이루는 각에 대하여 알아보자. [그림 4-18]에서 벡터 $\mathbf{v}=(v_1, v_2, v_3)$와 x축, y축, z축의 사잇각을 차례로 α, β, γ라고 하자. 이때 각 α, β, γ를 벡터 $\mathbf{v}$의 **방향각**direction angle이라고 한다.

주어진 벡터 $\mathbf{v}$와 x축의 표준단위벡터 $\mathbf{i}=(1, 0, 0)$[24]을 내적하면 $\mathbf{i}\cdot\mathbf{v}=(1, 0, 0)\cdot(v_1, v_2, v_3)=v_1$이고, $\mathbf{i}$와 $\mathbf{v}$의 사잇각은 α이므로 내적의 정의에 의하여 $\mathbf{i}\cdot\mathbf{v}=|\mathbf{i}||\mathbf{v}|\cos\alpha=|\mathbf{v}|\cos\alpha$이다. 따라서 다음이 성립한다.

$$\cos\alpha=\frac{\mathbf{i}\cdot\mathbf{v}}{|\mathbf{v}|}=\frac{v_1}{|\mathbf{v}|}$$

같은 방법으로 y축의 표준단위벡터 $\mathbf{j}=(0, 1, 0)$, z축의 표준단위벡터 $\mathbf{k}=(0, 0, 1)$에 대하여 다음이 성립한다.

$$\cos\beta=\frac{\mathbf{j}\cdot\mathbf{v}}{|\mathbf{v}|}=\frac{v_2}{|\mathbf{v}|},\quad \cos\gamma=\frac{\mathbf{k}\cdot\mathbf{v}}{|\mathbf{v}|}=\frac{v_3}{|\mathbf{v}|}$$

따라서 [그림 4-19]에서와 같이 다음 결과를 얻을 수 있다.

$$\cos\alpha=\frac{v_1}{|\mathbf{v}|},\ \cos\beta=\frac{v_2}{|\mathbf{v}|},\ \cos\gamma=\frac{v_3}{|\mathbf{v}|} \tag{4.6}$$

25 $\mathbf{v}=(v_1, v_2, v_3)$, $|\mathbf{v}|\neq 1$일 때, v_1, v_2, v_3를 $\mathbf{v}$의 방향수direction number라고 한다.

식 (4.6)을 벡터 $\mathbf{v}=(v_1, v_2, v_3)$의 **방향코사인**direction cosine이라고 한다.[25]

한편 $|\mathbf{v}|^2=v_1^2+v_2^2+v_3^2$이므로 다음이 성립한다.

$$\cos^2\alpha+\cos^2\beta+\cos^2\gamma=\frac{v_1^2}{|\mathbf{v}|^2}+\frac{v_2^2}{|\mathbf{v}|^2}+\frac{v_3^2}{|\mathbf{v}|^2}=1$$

그런데 α, β, γ가 0과 π 사이의 각이고 $\cos^2\alpha+\cos^2\beta+\cos^2\gamma=1$이므로 벡터 $(\cos\alpha, \cos\beta, \cos\gamma)$는 단위벡터이다.

예제 4-11

벡터 $\mathbf{v}=(1, 2, 3)$의 방향코사인 $\cos\alpha$, $\cos\beta$, $\cos\gamma$를 구하라.

풀이

$|\mathbf{v}|=\sqrt{1^2+2^2+3^2}=\sqrt{14}$이고, $v_1=1$, $v_2=2$, $v_3=3$이므로 식 (4.6)으로부터 다음을 얻을 수 있다.

$$\cos\alpha = \frac{1}{\sqrt{14}}, \quad \cos\beta = \frac{2}{\sqrt{14}}, \quad \cos\gamma = \frac{3}{\sqrt{14}}$$

벡터 v와 방향각 α, β, γ를 그림으로 나타내면 [그림 4-19]와 같다.

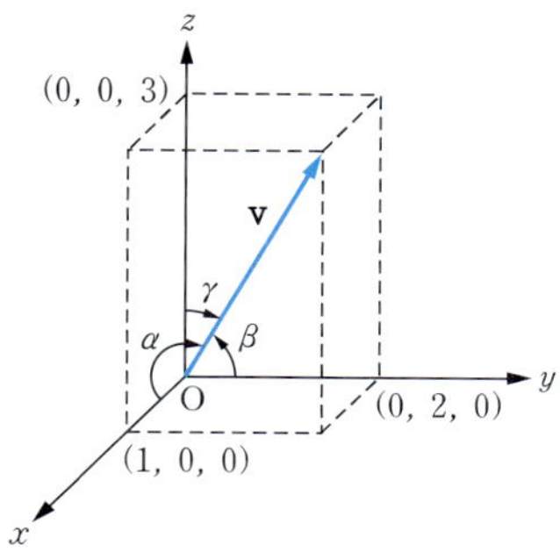

[그림 4-19] **벡터 v 의 방향각**

Command Window

: 코딩

```
>> i=[1 0 0];j=[0 1 0];k=[0 0 1];        % 단위벡터 입력
>> v=[1 2 3];                             % 벡터 v 입력
>> cosalpha=dot(i,v)/norm(v)              % 방향코사인 계산
>> cosbeta=dot(j,v)/norm(v)
>> cosgamma=dot(k,v)/norm(v)
```

: 결과

```
cosalpha = 1                              % [예제 4-11(a)]의 결과와 동일
        0.2673
cosbeta = 2                               % [예제 4-11(b)]의 결과와 동일
        0.5345
cosgamma = 3                              % [예제 4-11(c)]의 결과와 동일
        0.8018
```

MATLAB TIP!

1 $\frac{1}{\sqrt{14}} = 0.2673$

2 $\frac{2}{\sqrt{14}} = 0.5345$

3 $\frac{3}{\sqrt{14}} = 0.8018$

MATLAB 유제

다음 벡터의 방향각과 방향코사인 $\cos\alpha$, $\cos\beta$, $\cos\gamma$를 각각 구하라.

(a) $\mathrm{v} = (5, -2, 3)$ **(b)** $\mathrm{v} = 3\mathrm{i} - 2\mathrm{j} + 4\mathrm{k}$

4.3 외적

두 벡터의 내적을 구하면 스칼라이다. 그런데 기하학, 물리학, 공학 등에서 벡터를 응용할 때, 종종 $\mathbb{R}^3$의 두 벡터에 동시에 수직인 벡터를 구해야 한다. 이때 구하려는 벡터가 두 벡터의 외적인데, 이 절에서는 외적에 대하여 알아본다.

4.3.1 외적의 정의

벡터의 외적은 오직 좌표공간인 $\mathbb{R}^3$에서만 정의되며, 다음과 같이 두 가지 형태로 표현할 수 있다. $\mathbb{R}^3$의 벡터 $\mathbf{x}=(x_1, x_2, x_3)$, $\mathbf{y}=(y_1, y_2, y_3)$에 대하여 $\mathbf{x}$, $\mathbf{y}$의 **외적**cross product을 $\mathbf{x}\times\mathbf{y}$로 나타내며, 다음과 같이 정의한다.

❶ **벡터 표현**

$$\mathbf{x}\times\mathbf{y}=(x_2y_3-x_3y_2,\ x_3y_1-x_1y_3,\ x_1y_2-x_2y_1)$$

❷ **2차 행렬식 표현**

$$\mathbf{x}\times\mathbf{y}=\left(\begin{vmatrix} x_2 & x_3 \\ y_2 & y_3 \end{vmatrix},\ -\begin{vmatrix} x_1 & x_3 \\ y_1 & y_3 \end{vmatrix},\ \begin{vmatrix} x_1 & x_2 \\ y_1 & y_2 \end{vmatrix}\right)$$

위 ❶, ❷로부터 두 벡터의 외적은 다음과 같은 3차 행렬식을 이용하면 간단히 구할 수 있다.

$$\mathbf{x}\times\mathbf{y}=\begin{vmatrix} \mathbf{i} & \mathbf{j} & \mathbf{k} \\ x_1 & x_2 & x_3 \\ y_1 & y_2 & y_3 \end{vmatrix}$$

즉 두 벡터 $\mathbf{x}$, $\mathbf{y}$의 외적을 구할 때 $\mathbf{i}=(1, 0, 0)$, $\mathbf{j}=(0, 1, 0)$, $\mathbf{k}=(0, 0, 1)$을 실수와 같이 생각하면 다음과 같이 구할 수 있다.[26]

26 3차 행렬식을 1행에 대한 여인자 전개로 구한 결과가 두 벡터의 외적이다.

$$\begin{aligned}\mathbf{x}\times\mathbf{y}&=\begin{vmatrix} \mathbf{i} & \mathbf{j} & \mathbf{k} \\ x_1 & x_2 & x_3 \\ y_1 & y_2 & y_3 \end{vmatrix}=\begin{vmatrix} x_2 & x_3 \\ y_2 & y_3 \end{vmatrix}\mathbf{i}-\begin{vmatrix} x_1 & x_3 \\ y_1 & y_3 \end{vmatrix}\mathbf{j}+\begin{vmatrix} x_1 & x_2 \\ y_1 & y_2 \end{vmatrix}\mathbf{k}\\&=\left(\begin{vmatrix} x_2 & x_3 \\ y_2 & y_3 \end{vmatrix},\ -\begin{vmatrix} x_1 & x_3 \\ y_1 & y_3 \end{vmatrix},\ \begin{vmatrix} x_1 & x_2 \\ y_1 & y_2 \end{vmatrix}\right)\end{aligned}$$

위의 결과에서 알 수 있듯이 두 벡터의 내적은 실수이지만, 외적은 내적과 달리 새로운 벡터가 된다.

예제 4-12

다음 두 벡터의 외적 $\mathbf{x}\times\mathbf{y}$를 구하고, 두 벡터 $\mathbf{x}$, $\mathbf{y}$와 $\mathbf{x}\times\mathbf{y}$의 위치관계를 말하라.

$$\mathbf{x}=(2, -1, 1),\quad \mathbf{y}=(1, -2, 3)$$

풀이

먼저 두 벡터의 외적 $\mathbf{x}\times\mathbf{y}$를 구해 보자.

$$\mathbf{x}\times\mathbf{y}=\begin{vmatrix}\mathbf{i} & \mathbf{j} & \mathbf{k}\\ 2 & -1 & 1\\ 1 & -2 & 3\end{vmatrix}$$

$$=(-3+2)\mathbf{i}-(6-1)\mathbf{j}+(-4+1)\mathbf{k}$$

$$=-\mathbf{i}-5\mathbf{j}-3\mathbf{k}$$

$$\mathbf{x}\cdot(\mathbf{x}\times\mathbf{y})=(2,\ -1,\ 1)\cdot(-1,\ -5,\ -3)=2\cdot(-1)+(-1)\cdot(-5)+1\cdot(-3)=0$$

$$\mathbf{y}\cdot(\mathbf{x}\times\mathbf{y})=(1,\ -2,\ 3)\cdot(-1,\ -5,\ -3)=1\cdot(-1)+(-2)\cdot(-5)+3\cdot(-3)=0$$

이므로 벡터 $\mathbf{x}\times\mathbf{y}$는 벡터 $\mathbf{x}$, $\mathbf{y}$에 동시에 수직이다.

Command Window

: 코딩

```
>> x=[2 -1 1];y=[1 -2 3];            % 벡터 입력
>> z=cross(x,y)                      % 벡터의 외적 계산
>> dot(x,z),dot(y,z)                 % 벡터의 내적 계산
```

: 결과

```
z =                                  % [예제 4-12]의 결과와 동일
     -1     -5     -3
ans = 1
     0
ans =
     0
```

MATLAB TIP!

1 벡터의 내적이 0이면 두 벡터는 수직이다.

MATLAB 유제

다음 두 벡터의 외적 $\mathbf{x}\times\mathbf{y}$를 구하라.

$$\mathbf{x}=(5,\ -9,\ -7),\quad \mathbf{y}=(0,\ -11,\ 5)$$

벡터의 외적에 관한 기본적인 계산규칙은 [정리 4-6]과 같다. 행렬식의 성질을 이용하면 쉽게 증명할 수 있으므로 여기서는 증명을 생략한다.

정리 4-6 외적의 성질

$\mathbb{R}^3$의 벡터 $\mathbf{x}$, $\mathbf{y}$, $\mathbf{z}$와 임의의 스칼라 k에 대하여 다음이 성립한다.

(1) $\mathbf{x}\times\mathbf{y}=-\mathbf{y}\times\mathbf{x}$

(2) $\mathbf{x}\times(\mathbf{y}+\mathbf{z})=(\mathbf{x}\times\mathbf{y})+(\mathbf{x}\times\mathbf{z})$

(3) $(\mathbf{x}+\mathbf{y})\times\mathbf{z}=(\mathbf{x}\times\mathbf{z})+(\mathbf{y}\times\mathbf{z})$

(4) $k(\mathbf{x}\times\mathbf{y})=(k\mathbf{x})\times\mathbf{y}=\mathbf{x}\times(k\mathbf{y})$

(5) $\mathbf{x}\times\mathbf{0}=\mathbf{0}\times\mathbf{x}=\mathbf{0}$

(6) $\mathbf{x}\times\mathbf{x}=\mathbf{0}$

[정리 4-6]으로부터 $\mathbb{R}^3$의 표준단위벡터에 대하여 다음이 성립함을 알 수 있다.

$$\mathbf{i}\times\mathbf{i}=\mathbf{j}\times\mathbf{j}=\mathbf{k}\times\mathbf{k}=\mathbf{0}$$
$$\mathbf{i}\times\mathbf{j}=\mathbf{k},\quad \mathbf{j}\times\mathbf{k}=\mathbf{i},\quad \mathbf{k}\times\mathbf{i}=\mathbf{j}$$
$$\mathbf{j}\times\mathbf{i}=-\mathbf{k},\quad \mathbf{k}\times\mathbf{j}=-\mathbf{i},\quad \mathbf{i}\times\mathbf{k}=-\mathbf{j}$$

예제 4-13

$\mathbb{R}^3$에 놓인 세 벡터에 대하여 $(\mathbf{x}+\mathbf{y})\times\mathbf{z}=(\mathbf{x}\times\mathbf{z})+(\mathbf{y}\times\mathbf{z})$가 성립함을 확인하라.

$$\mathbf{x}=3\mathbf{i}-\mathbf{j}+\mathbf{k},\quad \mathbf{y}=-\mathbf{i}+4\mathbf{j}-2\mathbf{k},\quad \mathbf{z}=2\mathbf{i}+2\mathbf{j}-\mathbf{k}$$

풀이

$\mathbf{x}+\mathbf{y}=2\mathbf{i}+3\mathbf{j}-\mathbf{k}$이므로 좌변을 계산하면

$$(\mathbf{x}+\mathbf{y})\times\mathbf{z}=\begin{vmatrix}\mathbf{i} & \mathbf{j} & \mathbf{k}\\ 2 & 3 & -1\\ 2 & 2 & -1\end{vmatrix}=-\mathbf{i}-2\mathbf{k}$$

이다. 또한

$$\mathbf{x}\times\mathbf{z}=\begin{vmatrix}\mathbf{i} & \mathbf{j} & \mathbf{k}\\ 3 & -1 & 1\\ 2 & 2 & -1\end{vmatrix}=-\mathbf{i}+5\mathbf{j}+8\mathbf{k},\quad \mathbf{y}\times\mathbf{z}=\begin{vmatrix}\mathbf{i} & \mathbf{j} & \mathbf{k}\\ -1 & 4 & -2\\ 2 & 2 & -1\end{vmatrix}=-5\mathbf{j}-10\mathbf{k}$$

이므로 우변을 계산하면

$$(\mathbf{x}\times\mathbf{z})+(\mathbf{y}\times\mathbf{z})=(-\mathbf{i}+5\mathbf{j}+8\mathbf{k})+(-5\mathbf{j}-10\mathbf{k})=-\mathbf{i}-2\mathbf{k}$$

이다. 따라서 $(\mathbf{x}+\mathbf{y})\times\mathbf{z}=(\mathbf{x}\times\mathbf{z})+(\mathbf{y}\times\mathbf{z})$가 성립한다.

Command Window

```
: 코딩
>> x=[3 -1 1];y=[-1 4 -2];z=[2 2 -1];      % 벡터 입력
>> cross(x+y,z)                             % 주어진 식의 좌변 계산
>> cross(x,z)+cross(y,z)                    % 주어진 식의 우변 계산

: 결과
ans =                                       % [예제 4-13]의 결과와 동일
      -1     0    -2
ans =
      -1     0    -2
```

MATLAB 유제

$\mathbb{R}^3$에 놓인 세 벡터에 대하여 $(\mathbf{x}\times\mathbf{z})+(\mathbf{y}\times\mathbf{z})$, $(\mathbf{x}+\mathbf{y})\times\mathbf{z}$를 각각 구하라.

$$\mathbf{x}=(3,\ -1,\ 1),\quad \mathbf{y}=(-1,\ 4,\ -2),\quad \mathbf{z}=(2,\ 2,\ -1)$$

이제 앞 절에서 살펴본 내적과 외적 사이에 성립하는 중요한 관계들을 알아보자.

정리 4-7 내적과 외적

$\mathbb{R}^3$의 벡터 $\mathbf{x}$, $\mathbf{y}$, $\mathbf{z}$에 대하여 다음 등식이 성립한다.

(1) $\mathbf{x} \cdot (\mathbf{x} \times \mathbf{y}) = 0$

(2) $\mathbf{y} \cdot (\mathbf{x} \times \mathbf{y}) = 0$

(3) $|\mathbf{x} \times \mathbf{y}|^2 = |\mathbf{x}|^2 |\mathbf{y}|^2 - (\mathbf{x} \cdot \mathbf{y})^2$ [27]

(4) $\mathbf{x} \times (\mathbf{y} \times \mathbf{z}) = (\mathbf{x} \cdot \mathbf{z})\mathbf{y} - (\mathbf{x} \cdot \mathbf{y})\mathbf{z}$

(5) $(\mathbf{x} \times \mathbf{y}) \times \mathbf{z} = (\mathbf{x} \cdot \mathbf{z})\mathbf{y} - (\mathbf{y} \cdot \mathbf{z})\mathbf{x}$

27 이 식은 라그랑주 항등식Lagrange's identity이라고 한다.

증명 여기서는 (1), (2), (3)을 증명하고, (4)와 (5)의 증명은 연습문제로 남긴다.

(1) $\mathbf{x} = (x_1, x_2, x_3)$, $\mathbf{y} = (y_1, y_2, y_3)$라고 하면 다음이 성립한다.

$$\mathbf{x} \cdot (\mathbf{x} \times \mathbf{y}) = x_1(x_2y_3 - x_3y_2) + x_2(x_3y_1 - x_1y_3) + x_3(x_1y_2 - x_2y_1) = 0$$

(2) (1)과 마찬가지 방법으로 $\mathbf{y} \cdot (\mathbf{x} \times \mathbf{y}) = 0$임을 알 수 있다.

(3) $|\mathbf{x} \times \mathbf{y}|^2 = (x_2y_3 - x_3y_2)^2 + (x_3y_1 - x_1y_3)^2 + (x_1y_2 - x_2y_1)^2$이고

$$|\mathbf{x}|^2 |\mathbf{y}|^2 - (\mathbf{x} \cdot \mathbf{y})^2 = (x_1^2 + x_2^2 + x_3^2)(y_1^2 + y_2^2 + y_3^2) - (x_1y_1 + x_2y_2 + x_3y_3)^2$$

이므로 두 식의 우변을 각각 전개하여 비교하면 일치하는 것을 알 수 있다. 따라서 다음이 성립한다.

$$|\mathbf{x} \times \mathbf{y}|^2 = |\mathbf{x}|^2 |\mathbf{y}|^2 - (\mathbf{x} \cdot \mathbf{y})^2$$ ■

예제 4-14

다음 세 벡터에 대하여 $\mathbf{x} \times (\mathbf{y} \times \mathbf{z}) = (\mathbf{x} \cdot \mathbf{z})\mathbf{y} - (\mathbf{x} \cdot \mathbf{y})\mathbf{z}$가 성립함을 확인하라.

$$\mathbf{x} = 3\mathbf{i} - \mathbf{j} + \mathbf{k}, \quad \mathbf{y} = -\mathbf{i} + 4\mathbf{j} - 2\mathbf{k}, \quad \mathbf{z} = 2\mathbf{i} + 2\mathbf{j} - \mathbf{k}$$

풀이

먼저 $\mathbf{y} \times \mathbf{z}$를 계산하면

$$\mathbf{y} \times \mathbf{z} = \begin{vmatrix} \mathbf{i} & \mathbf{j} & \mathbf{k} \\ -1 & 4 & -2 \\ 2 & 2 & -1 \end{vmatrix} = -5\mathbf{j} - 10\mathbf{k}$$

이므로 좌변을 계산하면 다음과 같다.

$$\mathbf{x} \times (\mathbf{y} \times \mathbf{z}) = \begin{vmatrix} \mathbf{i} & \mathbf{j} & \mathbf{k} \\ 3 & -1 & 1 \\ 0 & -5 & -10 \end{vmatrix} = 15\mathbf{i} + 30\mathbf{j} - 15\mathbf{k}$$

또한

$$\mathbf{x}\cdot\mathbf{z}=3\cdot 2+(-1)\cdot 2+1\cdot(-1)=3,\quad \mathbf{x}\cdot\mathbf{y}=3\cdot(-1)+(-1)\cdot 4+1\cdot(-2)=-9$$

이므로 우변을 계산하면 다음과 같다.

$$(\mathbf{x}\cdot\mathbf{z})\mathbf{y}-(\mathbf{x}\cdot\mathbf{y})\mathbf{z}=3(-\mathbf{i}+4\mathbf{j}-2\mathbf{k})-(-9)(2\mathbf{i}+2\mathbf{j}-\mathbf{k})=15\mathbf{i}+30\mathbf{j}-15\mathbf{k}$$

따라서 $\mathbf{x}\times(\mathbf{y}\times\mathbf{z})=(\mathbf{x}\cdot\mathbf{z})\mathbf{y}-(\mathbf{x}\cdot\mathbf{y})\mathbf{z}$가 성립함을 알 수 있다.

Command Window

```
: 코딩
>> x=[3 -1 1];y=[-1 4 -2];z=[2 2 -1];        % 벡터 입력
>> LHS=cross(x,cross(y,z))                    % 주어진 식의 좌변 입력
>> RHS=dot(x,z)*y-dot(x,y)*z                  % 주어진 식의 우변 입력

: 결과
LHS =                                         % [예제 4-14]의 결과와 동일
     15    30   -15
RHS =
     15    30   -15
```

MATLAB 유제

다음 세 벡터에 대하여 $(\mathbf{x}\times\mathbf{y})\times\mathbf{z}=(\mathbf{x}\cdot\mathbf{z})\mathbf{y}-(\mathbf{y}\cdot\mathbf{z})\mathbf{x}$가 성립함을 확인하라.

$$\mathbf{x}=(3,\ -1,\ 1),\quad \mathbf{y}=(-1,\ 4,\ -2),\quad \mathbf{z}=(2,\ 2,\ -1)$$

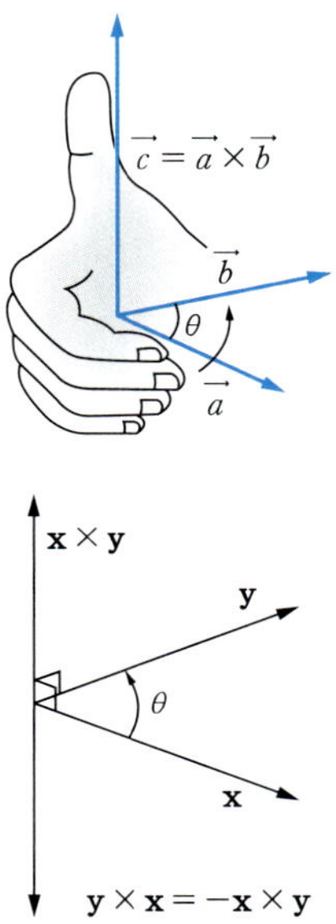

[그림 4-20] 오른손 규칙

4.3.2 외적의 기하학적 의미

이제 두 벡터의 외적에 대한 기하학적 의미를 알아보자. [정리 4-7]의 (1), (2)로부터 $\mathbf{x}\times\mathbf{y}$는 두 벡터 $\mathbf{x}$와 $\mathbf{y}$에 동시에 직교함을 알 수 있다. 따라서 $\mathbf{x}$와 $\mathbf{y}$가 평행이 아니면 $\mathbf{x}\times\mathbf{y}$는 이 두 벡터가 결정하는 평면에 수직이다. 이때 벡터 $\mathbf{x}\times\mathbf{y}$의 방향은 **오른손 규칙**right-handed rule에 의해 구할 수 있다. $\mathbf{x}$와 $\mathbf{y}$가 이루는 각을 θ라고 하고, $\mathbf{x}$를 θ만큼 회전시켜서 $\mathbf{y}$에 포갤 수 있다고 하자. 이때 $\mathbf{x}$에서 $\mathbf{y}$를 향해 오른손을 쥐었을 때 엄지손가락이 가리키는 방향이 $\mathbf{x}\times\mathbf{y}$의 방향이라고 생각하면 된다.

또한 [정리 4-7(3)]으로부터 다음이 성립한다.

$$|\mathbf{x}\times\mathbf{y}|^2=|\mathbf{x}|^2|\mathbf{y}|^2-(\mathbf{x}\cdot\mathbf{y})^2$$

$$= |\mathbf{x}|^2 |\mathbf{y}|^2 - |\mathbf{x}|^2 |\mathbf{y}|^2 \cos^2\theta$$
$$= |\mathbf{x}|^2 |\mathbf{y}|^2 (1 - \cos^2\theta)$$
$$= |\mathbf{x}|^2 |\mathbf{y}|^2 \sin^2\theta$$

따라서

$$|\mathbf{x} \times \mathbf{y}| = |\mathbf{x}||\mathbf{y}|\sin\theta$$

이므로 벡터 $\mathbf{x} \times \mathbf{y}$의 크기는 $\mathbf{x}$와 $\mathbf{y}$가 만드는 평행사변형의 넓이와 같다.

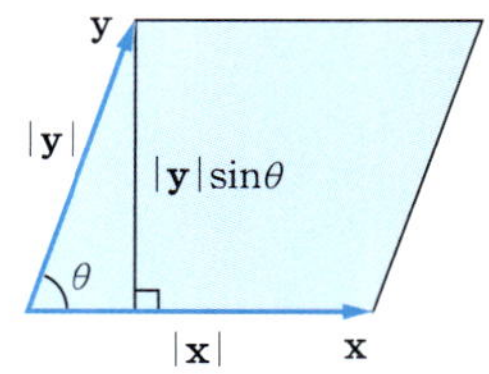

[그림 4-21] **외적의 크기**

예제 4-15

[그림 4-22]와 같이 세 점 $P(2, -1, 0)$, $Q(1, 2, 1)$, $R(-1, 0, 3)$을 꼭짓점으로 하는 삼각형 PQR의 넓이 S를 구하라.

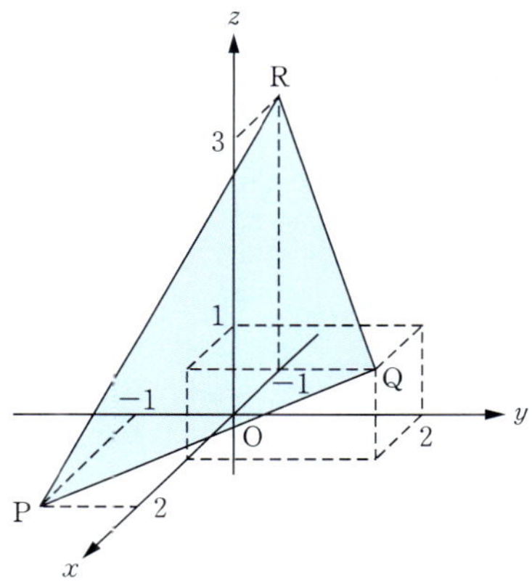

[그림 4-22] **삼각형** PQR

풀이

세 점을 꼭짓점으로 갖는 삼각형 PQR의 넓이 S는 벡터 $\overrightarrow{PQ}$, $\overrightarrow{PR}$이 만드는 평행사변형의 넓이의 절반이다. 평행사변형의 두 변을 구하면

$$\overrightarrow{PQ} = (-1, 3, 1), \quad \overrightarrow{PR} = (-3, 1, 3)$$

이고, 두 벡터의 외적은 다음과 같다.

$$\overrightarrow{PQ} \times \overrightarrow{PR} = (8, 0, 8)$$

따라서 삼각형 PQR의 넓이 S는 다음과 같다.

$$S = \frac{1}{2}|\overrightarrow{PQ} \times \overrightarrow{PR}| = \frac{8\sqrt{2}}{2} = 4\sqrt{2}$$

Command Window

```
: 코딩
>> P=[2 -1 0];Q=[1 2 1];R=[-1 0 3];      % 점 P, Q, R 입력
>> PQ=Q-P,PR=R-P                         % PQ, PR 생성
>> SC=cross(PQ,PR) ①                     % 벡터의 외적 계산
>> S=1/2*norm(SC) ②                      % 삼각형의 넓이 계산

: 결과
PQ =
    -1     3     1
PR =
    -3     1     3
SC =
     8     0     8
S = ③                                    % [예제 4-15]의 결과와 동일
    5.6569
```

MATLAB TIP!

1. cross(u, v) : 벡터 u, v의 외적을 구한다.
2. norm(A) : 벡터 A의 크기를 구한다.
3. $4\sqrt{2} = 5.6569$

MATLAB 유제

세 점 P$(-11, 5, 3)$, Q$(10, 5, 5)$, $(11, 0, -7)$을 꼭짓점으로 갖는 삼각형 PQR의 넓이 S를 구하라.

4.3.3 스칼라 삼중적

우리는 이미 3.1절에서 2차 행렬식의 절댓값은 평행사변형의 넓이와 같음을 알아보았다. 이와 같은 2차 행렬식의 기하학적 의미는 벡터의 외적으로도 확인할 수 있다. $\mathbb{R}^3$의 두 벡터 $\mathbf{a}=(a_1, a_2, 0)$, $\mathbf{b}=(b_1, b_2, 0)$에 대하여 두 벡터의 외적은

$$\mathbf{a}\times\mathbf{b}=\begin{vmatrix}\mathbf{i} & \mathbf{j} & \mathbf{k}\\ a_1 & a_2 & 0\\ b_1 & b_2 & 0\end{vmatrix}=\begin{vmatrix}a_1 & a_2\\ b_1 & b_2\end{vmatrix}\mathbf{k}$$ [28]

28 $\mathbf{a}=(a_1, a_2, 0)$, $\mathbf{b}=(b_1, b_2, 0)$ 의 z축 좌표가 없으므로 두 벡터는 xy평면 위에 있는 벡터이다.

이므로 외적의 크기는 다음과 같다.

$$|\mathbf{a}\times\mathbf{b}|=\left|\det\begin{bmatrix}a_1 & a_2\\ b_1 & b_2\end{bmatrix}\right|$$

즉 외적의 성질로부터 행렬

$$A=\begin{bmatrix}a_1 & a_2\\ b_1 & b_2\end{bmatrix}$$

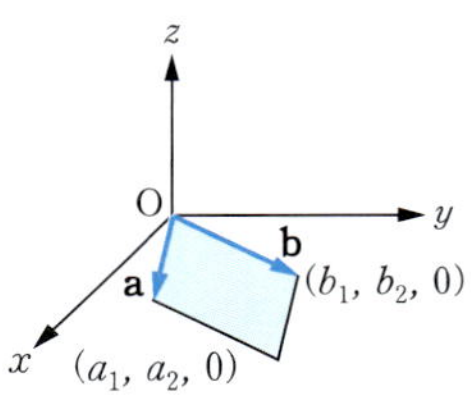

[그림 4-23] 평면에서의 외적

의 행렬식 $\det(A)$의 절댓값은 $\mathbb{R}^2$에서의 두 벡터 $\mathbf{a}=(a_1, a_2)$, $\mathbf{b}=(b_1, b_2)$가 이루는 평행사변형의 넓이와 같다.

이와 같이 외적의 성질을 이용하면 3차 행렬식의 기하학적 성질도 알 수 있다. 먼저 다음과 같이 세 벡터의 특별한 곱을 정의하자. $\mathbb{R}^3$의 세 벡터 $\mathbf{x}=(x_1, x_2, x_3)$, $\mathbf{y}=(y_1, y_2, y_3)$, $\mathbf{z}=(z_1, z_2, z_3)$에 대하여 $\mathbf{x}\cdot(\mathbf{y}\times\mathbf{z})$를 $\mathbf{x}$, $\mathbf{y}$, $\mathbf{z}$의 **스칼라 삼중적**scalar triple product이라고 한다. 세 벡터 $\mathbf{x}=(x_1, x_2, x_3)$, $\mathbf{y}=(y_1, y_2, y_3)$, $\mathbf{z}=(z_1, z_2, z_3)$의 스칼라 삼중적은 외적의 정의로부터 다음과 같이 구할 수 있다.

$$\mathbf{x}\cdot(\mathbf{y}\times\mathbf{z})=(x_1,\ x_2,\ x_3)\cdot\left(\begin{vmatrix} y_2 & y_3 \\ z_2 & z_3 \end{vmatrix},\ -\begin{vmatrix} y_1 & y_3 \\ z_1 & z_3 \end{vmatrix},\ \begin{vmatrix} y_1 & y_2 \\ z_1 & z_2 \end{vmatrix}\right)$$

$$=x_1\begin{vmatrix} y_2 & y_3 \\ z_2 & z_3 \end{vmatrix}-x_2\begin{vmatrix} y_1 & y_3 \\ z_1 & z_3 \end{vmatrix}+x_3\begin{vmatrix} y_1 & y_2 \\ z_1 & z_2 \end{vmatrix}=\begin{vmatrix} x_1 & x_2 & x_3 \\ y_1 & y_2 & y_3 \\ z_1 & z_2 & z_3 \end{vmatrix}$$

즉, 세 벡터의 스칼라 삼중적은 세 벡터를 행으로 갖는 행렬의 행렬식과 같다. 다음은 3차 행렬식의 기하학적 해석에 대한 정리이다.

정리 4-8 평행육면체의 부피

$\mathbb{R}^3$의 벡터 $\mathbf{x}=(x_1,\ x_2,\ x_3)$, $\mathbf{y}=(y_1,\ y_2,\ y_3)$, $\mathbf{z}=(z_1,\ z_2,\ z_3)$에 의해 만들어지는 평행육면체의 부피는 이 세 벡터의 스칼라 삼중적의 절댓값 $|(\mathbf{x}\times\mathbf{y})\cdot\mathbf{z}|$와 같다.

증명 [그림 4-24]와 같이 $\mathbf{x}$, $\mathbf{y}$와 $\mathbf{z}$가 만드는 평행육면체의 밑면을 $\mathbf{x}$와 $\mathbf{y}$가 만드는 평행사변형이라고 하자. 그러면 밑면의 넓이는 $|\mathbf{x}\times\mathbf{y}|$이고, $\mathbf{z}$와 $\mathbf{x}\times\mathbf{y}$의 사잇각을 θ라고 하면 $\mathbf{x}\times\mathbf{y}$는 밑면에 수직이므로 평행육면체의 높이는 $h=|\mathbf{z}||\cos\theta|$이다.

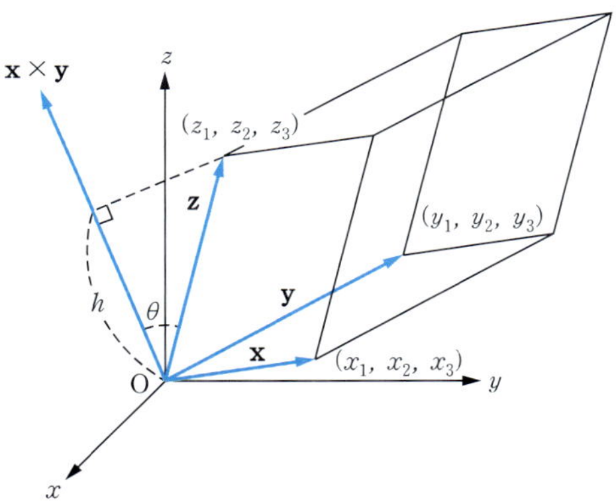

[그림 4-24] 세 벡터의 삼중적

따라서 부피 V는 다음과 같다.

$$V=|\mathbf{x}\times\mathbf{y}||\mathbf{z}||\cos\theta|=|(\mathbf{x}\times\mathbf{y})\cdot\mathbf{z}|$$
$$=\left|\det\begin{bmatrix} z_1 & z_2 & z_3 \\ x_1 & x_2 & x_3 \\ y_1 & y_2 & y_3 \end{bmatrix}\right|$$

즉 평행육면체의 부피는 세 벡터의 스칼라 삼중적의 절댓값과 같다. ■

예제 4-16

다음 세 벡터로 만들어지는 평행육면체의 부피 V를 구하라.

$$\mathbf{x}=(-3,\ 2,\ -2),\quad \mathbf{y}=(-1,\ 1,\ 3),\quad \mathbf{z}=(2,\ -4,\ 3)$$

풀이

$\mathbf{x}=(-3,\ 2,\ -2)$, $\mathbf{y}=(-1,\ 1,\ 3)$, $\mathbf{z}=(2,\ -4,\ 3)$이므로 [정리 4-8]로부터 세 벡터의 스칼라 삼중적을 구하면 다음과 같다.

$$(\mathbf{x}\times\mathbf{y})\cdot\mathbf{z}=\begin{vmatrix}-3 & 2 & -2\\ -1 & 1 & 3\\ 2 & -4 & 3\end{vmatrix}=-31$$

따라서 구하고자 하는 평행육면체의 부피 V는 다음과 같다.

$$V=|-31|=31$$

Command Window

: 코딩

```
>> x=[-3 2 -2];y=[-1 1 3];z=[2 -4 3];          % 벡터 입력
>> T=dot(cross(x,y),z)                          % 벡터의 스칼라 삼중적 계산
>> V=abs(T) 1                                   % 부피 계산
```

: 결과

```
T =                                             % [예제 4-16]의 결과와 동일
   -31
V =
    31
```

MATLAB TIP!

1 abs(n) : n의 절댓값을 계산한다.

MATLAB 유제

다음 세 벡터로 만들어지는 평행육면체의 부피 V를 구하라.

$$\mathbf{x}=(3,\ 8,\ -2),\quad \mathbf{y}=(0,\ 5,\ -9),\quad \mathbf{z}=(12,\ -4,\ 3)$$

4.4 n차원 벡터

좌표평면 위의 점 P는 두 실수의 순서쌍 $(x_1,\ x_2)$를 이용하여 표시할 수 있다. 좌표공간 $\mathbb{R}^3$ 위의 점 P는 $\mathbb{R}^2$에 z축을 하나 더 추가함으로써 세 실수의 순서쌍 $(x_1,\ x_2,\ x_3)$로 표시할 수 있다. 이와 같은 발상은 17세기 중엽에 이르러 비로소 형성된 것이다. 18세기 후반에 접어들어 수학자들은 3개의 순서쌍에서

멈출 필요가 없음을 깨닫게 되었다. 즉, 4개 숫자의 순서쌍 (x_1, x_2, x_3, x_4), 5개의 순서쌍 $(x_1, x_2, x_3, x_4, x_5)$, $\cdots$, n개의 순서쌍 $(x_1, x_2, \cdots, x_n)$과 같이 일반적인 순서쌍을 생각할 수 있다. 이 절에서는 이와 같이 일반적인 n개의 수의 순서쌍으로 표시되는 벡터와 그 연산의 성질을 살펴본다.

4.4.1 n차원 벡터

n개 실수의 순서쌍 $(x_1, x_2, \cdots, x_n)$을 **n차원 벡터**$^{n\text{-dimensional vector}}$라고 하고

$$\mathbf{x} = (x_1, x_2, \cdots, x_n) \text{ 또는 } n \times 1 \text{ 행렬 } \mathbf{x} = \begin{bmatrix} x_1 \\ x_2 \\ \vdots \\ x_n \end{bmatrix}$$

으로 나타낸다. 이때 실수 $x_1, x_2, \cdots, x_n$을 $\mathbf{x}$의 **성분**이라고 한다. 실수 성분을 갖는 n차원 벡터 전체의 집합을 다음과 같이 $\mathbb{R}^n$으로 나타낸다.

$$\mathbb{R}^n = \{(x_1, x_2, \cdots, x_n) \mid x_i \in \mathbb{R}, \ i = 1, 2, \cdots, n\}$$

일반적으로 $\mathbb{R}^n$ 공간에서 점 또는 벡터를 n개 실수의 순서쌍 $(x_1, x_2, \cdots, x_n)$으로 나타낸다. 사실 이 점이나 벡터는 눈으로 보거나 그릴 수 없다. 그러나 $\mathbb{R}^2$나 $\mathbb{R}^3$에서와 같이 점 또는 벡터로 취급하면 벡터에 대한 여러 가지 성질을 자연스럽게 $\mathbb{R}^n$으로 확장할 수 있다. 다음은 $\mathbb{R}^2$와 $\mathbb{R}^3$에서 다루었던 벡터에 대한 기본 성질을 자연스럽게 확장한 것이다.

$\mathbf{x} = (x_1, x_2, \cdots, x_n)$, $\mathbf{y} = (y_1, y_2, \cdots, y_n)$을 $\mathbb{R}^n$의 두 벡터라고 하자.

❶ $x_1 = y_1, \ x_2 = y_2, \ \cdots, \ x_n = y_n$이면 $\mathbf{x} = \mathbf{y}$이다.
❷ 두 벡터의 합 : $\mathbf{x} + \mathbf{y} = (x_1 + y_1, x_2 + y_2, \cdots, x_n + y_n)$
❸ $\mathbf{x}$의 음벡터 : $-\mathbf{x} = (-x_1, -x_2, \cdots, -x_n)$
❹ 두 벡터의 차 : $\mathbf{x} - \mathbf{y} = (x_1 - y_1, x_2 - y_2, \cdots, x_n - y_n)$
❺ 스칼라 $c \in \mathbb{R}$에 대한 벡터의 스칼라 배 : $c\mathbf{x} = (cx_1, cx_2, \cdots, cx_n)$
❻ $\mathbb{R}^n$에서의 영벡터 : $\mathbf{0} = (0, 0, \cdots, 0)$

벡터의 연산에 대한 정의와 실수의 성질로부터 다음 기본 성질이 성립함을 쉽게 알 수 있다.

정리 4-9 $\mathbb{R}^n$의 벡터의 성질

$\mathbb{R}^n$의 벡터 $\mathbf{x}$, $\mathbf{y}$, $\mathbf{z}$와 실수 h, k에 대하여 다음이 성립한다.

(1) $\mathbf{x}+\mathbf{y}=\mathbf{y}+\mathbf{x}$

(2) $(\mathbf{x}+\mathbf{y})+\mathbf{z}=\mathbf{x}+(\mathbf{y}+\mathbf{z})$

(3) $\mathbf{x}+\mathbf{0}=\mathbf{x}=\mathbf{0}+\mathbf{x}$

(4) $\mathbf{x}+(-\mathbf{x})=\mathbf{0}=(-\mathbf{x})+\mathbf{x}$

(5) $k(\mathbf{x}+\mathbf{y})=k\mathbf{x}+k\mathbf{y}$

(6) $(h+k)\mathbf{x}=h\mathbf{x}+k\mathbf{x}$

(7) $(hk)\mathbf{x}=h(k\mathbf{x})$

(8) $1\mathbf{x}=\mathbf{x}$, $(-1)\mathbf{x}=-\mathbf{x}$

증명 정리를 증명하는 과정은 그다지 어렵지 않으므로 여기서는 (6)만 증명하고 나머지는 예제로 확인하자.

(6) $\mathbf{x}=\begin{bmatrix} x_1 \\ x_2 \\ \vdots \\ x_n \end{bmatrix}$이라고 하면

$$\begin{aligned}(h+k)\mathbf{x}=(h+k)\begin{bmatrix} x_1 \\ x_2 \\ \vdots \\ x_n \end{bmatrix}&=\begin{bmatrix} (h+k)x_1 \\ (h+k)x_2 \\ \vdots \\ (h+k)x_n \end{bmatrix}=\begin{bmatrix} hx_1+kx_1 \\ hx_2+kx_2 \\ \vdots \\ hx_n+kx_n \end{bmatrix}\\ &=\begin{bmatrix} hx_1 \\ hx_2 \\ \vdots \\ hx_n \end{bmatrix}+\begin{bmatrix} kx_1 \\ kx_2 \\ \vdots \\ kx_n \end{bmatrix}=h\begin{bmatrix} x_1 \\ x_2 \\ \vdots \\ x_n \end{bmatrix}+k\begin{bmatrix} x_1 \\ x_2 \\ \vdots \\ x_n \end{bmatrix}\\ &=h\mathbf{x}+k\mathbf{x}\end{aligned}$$

따라서 [정리 4-9]의 (6)이 성립한다. ■

예제 4-17

$\mathbb{R}^4$의 두 벡터 $\mathbf{x}=(3, 2, -1, 0)$, $\mathbf{y}=(-1, 1, 4, 2)$와 스칼라 $h=-2$, $k=3$에 대하여 [정리 4-9]의 (5)와 (7)이 성립함을 확인하라.

풀이

먼저 [정리 4-9]의 (5)를 증명해 보자. $k=3$이므로 좌변을 계산하면 다음과 같다.

$$\begin{aligned}k(\mathbf{x}+\mathbf{y})&=3(3+(-1),\ 2+1,\ (-1)+4,\ 0+2)\\ &=3(2, 3, 3, 2)\\ &=(6, 9, 9, 6)\end{aligned}$$

한편 우변을 계산하면 다음과 같다.

$$\begin{aligned}k\mathbf{x}+k\mathbf{y}&=3(3, 2, -1, 0)+3(-1, 1, 4, 2)\\ &=(9, 6, -3, 0)+(-3, 3, 12, 6)\\ &=(6, 9, 9, 6)\end{aligned}$$

따라서 $k(\mathbf{x}+\mathbf{y})=k\mathbf{x}+k\mathbf{y}$가 성립한다.

이번에는 [정리 4-9]의 (7)을 증명해 보자. $h=-2$, $k=3$이므로 좌변을 계산하면 다음과 같다.

$$\begin{aligned}(hk)\mathbf{x}&=((-2)\cdot 3)(3,\ 2,\ -1,\ 0)\\&=(-6)(3,\ 2,\ -1,\ 0)\\&=(-18,\ -12,\ 6,\ 0)\end{aligned}$$

한편 우변을 계산하면 다음과 같다.

$$\begin{aligned}h(k\mathbf{x})&=(-2)(3(3,\ 2,\ -1,\ 0))\\&=(-2)(9,\ 6,\ -3,\ 0)\\&=(-18,\ -12,\ 6,\ 0)\end{aligned}$$

따라서 $(hk)\mathbf{x}=h(k\mathbf{x})$가 성립한다.

```
Command Window

: 코딩
>> x=[3 2 -1 0];y=[-1 1 4 2];            % 벡터 입력
>> L5=3*(x+y)                            % [정리 4-9(5)]의 좌변 계산
>> R5=3*x+3*y                            % [정리 4-9(5)]의 우변 계산
>> L7=((-2)*3)*x                         % [정리 4-9(7)]의 좌변 계산
>> R7=-2*(3*x)                           % [정리 4-9(7)]의 우변 계산

: 결과
L5 =                                     % [예제 4-17]의 결과와 동일
     6     9     9     6
R5 =
     6     9     9     6
L7 =
   -18   -12     6     0
R7 =
   -18   -12     6     0
```

MATLAB 유제

다음 $\mathbb{R}^5$에 놓인 두 벡터 $\mathbf{x}$와 $\mathbf{y}$에 대하여 $3(\mathbf{x}+\mathbf{y})=3\mathbf{x}+3\mathbf{y}$가 성립함을 확인하라.

$$\mathbf{x}=(-2,\ 1,\ 2,\ 0,\ 1),\quad \mathbf{y}=(-2,\ 1,\ -1,\ 2,\ 1)$$

4.1절에서 공부한 벡터 $\mathbf{x}\in\mathbb{R}^2$, $\mathbf{y}\in\mathbb{R}^3$의 크기 $|\mathbf{x}|=\sqrt{x^2+y^2}$과 $|\mathbf{y}|=\sqrt{x^2+y^2+z^2}$은 [그림 4-25]에서와 같이 피타고라스 정리로 얻을 수 있다.

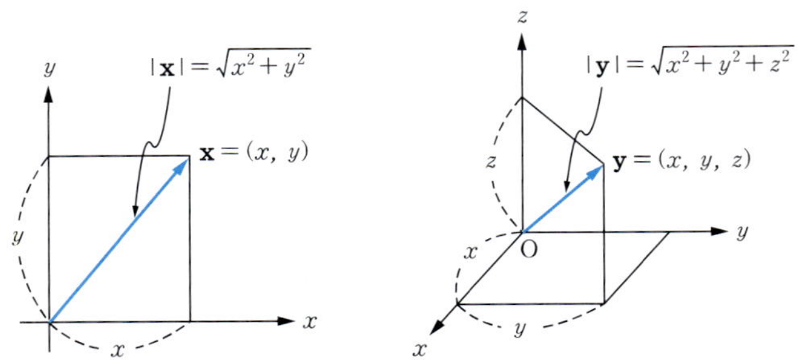

[그림 4-25] **2차원과 3차원에서 벡터의 크기**

이를 자연스럽게 $\mathbb{R}^n$으로 확장하여 정의할 수 있다. 임의의 벡터 $\mathbf{x} = (x_1, x_2, \cdots, x_n) \in \mathbb{R}^n$의 크기는 다음과 같이 정의한다.

$$|\mathbf{x}| = \sqrt{x_1^2 + x_2^2 + \cdots + x_n^2}$$

크기의 정의에 의하면, 임의의 벡터 $\mathbf{x} \in \mathbb{R}^n$과 스칼라 k에 대하여

$$|\mathbf{x}| \geq 0, \ |\mathbf{x}| = 0 \ \Leftrightarrow \ \mathbf{x} = \mathbf{0} \quad \text{그리고} \quad |k\mathbf{x}| = |k||\mathbf{x}|$$

가 성립한다. 또한 $\mathbf{x} \neq \mathbf{0}$에 대하여 $\mathbf{x}$와 방향이 같고 크기가 1인 벡터 $\mathbf{u}$를 $\mathbf{x}$ 방향의 **단위벡터**unit vector라고 한다. 그런데

$$\left|\frac{\mathbf{x}}{|\mathbf{x}|}\right| = \frac{1}{|\mathbf{x}|}|\mathbf{x}| = 1$$

이므로 $\mathbf{u} = \dfrac{\mathbf{x}}{|\mathbf{x}|}$이다.

예제 4-18

다음 $\mathbb{R}^5$에 놓인 두 벡터의 크기를 구하고, $\mathbf{x}$와 $\mathbf{y}$ 방향의 단위벡터를 각각 구하라.

$$\mathbf{x} = (2, -1, -2, 0, 0), \quad \mathbf{y} = (-2, 1, 0, 2, 1)$$

풀이

$|\mathbf{x}| = \sqrt{2^2 + (-1)^2 + (-2)^2 + 0^2 + 0^2} = 3$이므로 $\mathbf{x}$ 방향의 단위벡터를 $\mathbf{u}$라고 하면 다음과 같이 얻는다.

$$\mathbf{u} = \frac{\mathbf{x}}{|\mathbf{x}|} = \frac{\mathbf{x}}{3} = \left(\frac{2}{3}, -\frac{1}{3}, -\frac{2}{3}, 0, 0\right)$$

또한 $|\mathbf{y}| = \sqrt{(-2)^2 + 1^2 + 0^2 + 2^2 + 1^2} = \sqrt{10}$ 이므로 $\mathbf{y}$ 방향의 단위벡터를 $\mathbf{v}$라고 하면 다음과 같이 얻는다.

$$\mathbf{v} = \frac{\mathbf{y}}{|\mathbf{y}|} = \frac{\mathbf{y}}{\sqrt{10}} = \left(-\frac{2}{\sqrt{10}},\ \frac{1}{\sqrt{10}},\ 0,\ \frac{2}{\sqrt{10}},\ \frac{1}{\sqrt{10}}\right)$$

Command Window

: 코딩

```
>> x=[2 -1 -2 0 0];y=[-2 1 0 2 1];        % 행렬 입력
>> u=1/norm(x)*x                          % x 방향의 단위벡터 계산
>> v=1/norm(y)*y                          % y 방향의 단위벡터 계산
```

: 결과

```
u = 1                                     % [예제 4-18]의 결과와 동일
    0.6667   -0.3333   -0.6667        0        0
v = 2
   -0.6325    0.3162         0   0.6325   0.3162
```

MATLAB TIP!

1 $\frac{1}{3} = 0.3333$, $\frac{2}{3} = 0.6667$

2 $\frac{1}{\sqrt{10}} = 0.3162$, $\frac{2}{\sqrt{10}} = 0.6325$

MATLAB 유제

다음 $\mathbb{R}^6$에 놓인 두 벡터의 크기를 구하고, $\mathbf{x}$와 $\mathbf{y}$ 방향의 단위벡터를 각각 구하라.

$$\mathbf{x} = (6,\ -2,\ -3,\ 2,\ -9,\ 2),\quad \mathbf{y} = (9,\ -6,\ 10,\ 5.\ 8,\ 0)$$

4.4.2 n차원 벡터의 내적

$\mathbb{R}^2$와 $\mathbb{R}^3$에서의 내적은 각각 대응되는 성분끼리 곱한 값을 합한 것이다. 이것으로부터 $\mathbb{R}^n$에서 벡터의 내적을 다음과 같이 정의하자. $\mathbf{x} = (x_1,\ x_2,\ \cdots,\ x_n)$, $\mathbf{y} = (y_1,\ y_2,\ \cdots,\ y_n) \in \mathbb{R}^n$에 대하여 두 벡터 $\mathbf{x}$, $\mathbf{y}$의 내적은 다음과 같이 정의한다.

$$\mathbf{x} \cdot \mathbf{y} = x_1 y_1 + x_2 y_2 + \cdots + x_n y_n$$

예제 4-19

다음 두 벡터 $\mathbf{x}$, $\mathbf{y}$의 내적 $\mathbf{x} \cdot \mathbf{y}$를 구하라.

(a) $\mathbf{x} = (\sqrt{2},\ 0,\ -2,\ 1)$, $\mathbf{y} = (1,\ -22,\ 0,\ 1)$

(b) $\mathbf{x} = (2,\ \sqrt{3},\ -5,\ 0,\ 1)$, $\mathbf{y} = (1,\ 0,\ 1,\ 0,\ 1)$

풀이

(a) $\mathbf{x} = (\sqrt{2},\ 0,\ -2,\ 1)$, $\mathbf{y} = (1,\ -22,\ 0,\ 1)$에 대한 내적을 구하면 다음과 같다.

$$\mathbf{x} \cdot y = \sqrt{2} \cdot 1 + 0 \cdot (-22) + (-2) \cdot 0 + 1 \cdot 1 = 1 + \sqrt{2}$$

(b) $\mathbf{x}=(2,\ \sqrt{3},\ -5,\ 0,\ 1)$, $\mathbf{y}=(1,\ 0,\ 1,\ 0,\ 1)$에 대한 내적을 구하면 다음과 같다.

$$\mathbf{x}\cdot\mathbf{y}=2\cdot 1+\sqrt{3}\cdot 0+(-5)\cdot 1+0\cdot 0+1\cdot 1=-2$$

Command Window

: 코딩

```
>> x1=[sqrt(2) 0 -2 1];y1=[1 -22 0 1];          % 벡터 입력
>> dot(x1,y1)                                   % 두 벡터의 내적 계산
>> x2=[2 sqrt(3) -5 0 1];y2=[1 0 1 0 1];
>> dot(x2,y2)
```

: 결과

```
ans = [1]                                       % [예제 4-19(a)]의 결과와 동일
      2.4142
ans =                                           % [예제 4-19(b)]의 결과와 동일
     -2
```

MATLAB TIP!

[1] $1+\sqrt{2}=2.4142$

MATLAB 유제

다음 두 벡터의 내적 $\mathbf{x}\cdot\mathbf{y}$를 구하라.

(a) $\mathbf{x}=(2,\ 5,\ -\sqrt{11},\ -1)$, $\mathbf{y}=(3,\ -\sqrt{3},\ 7,\ -1)$

(b) $\mathbf{x}=(0,\ 6,\ -4,\ 2,\ 7)$, $\mathbf{y}=(-2,\ -2,\ 1,\ 4,\ -1)$

다음 정리는 [정리 4-9]에서 살펴보았던 내적의 성질을 자연스럽게 확장한 것이다.

정리 4-10 내적의 성질

$\mathbb{R}^n$의 벡터 $\mathbf{x}$, $\mathbf{y}$, $\mathbf{z}$와 실수 k에 대하여 다음이 성립한다.

(1) $\mathbf{x}\cdot\mathbf{y}=\mathbf{y}\cdot\mathbf{x}$

(2) $(\mathbf{x}+\mathbf{y})\cdot\mathbf{z}=\mathbf{x}\cdot\mathbf{z}+\mathbf{y}\cdot\mathbf{z}$

(3) $k(\mathbf{x}\cdot\mathbf{y})=(k\mathbf{x})\cdot\mathbf{y}=\mathbf{x}\cdot(k\mathbf{y})$

(4) $\mathbf{x}\cdot\mathbf{x}=|\mathbf{x}|^2\geq 0$

(5) $\mathbf{x}\cdot\mathbf{x}=0$일 필요충분조건은 $\mathbf{x}=\mathbf{0}$이다.

증명 이 정리의 증명은 어렵지 않으므로 여기서는 (3)만 증명한다.

(3) $\mathbb{R}^n$의 벡터 $\mathbf{x}=(x_1,\ x_2,\ \cdots,\ x_n)$, $\mathbf{y}=(y_1,\ y_2,\ \cdots,\ y_n)$에 대하여

$$(k\mathbf{x})\cdot\mathbf{y}=(kx_1)y_1+(kx_2)y_2+\cdots+(kx_n)y_n$$
$$\mathbf{x}\cdot(k\mathbf{y})=x_1(ky_1)+x_2(ky_2)+\cdots+x_n(ky_n)$$

$$k(\mathbf{x} \cdot \mathbf{y}) = k((x_1 y_1) + (x_2 y_2) + \cdots + (x_n y_n))$$

이므로 실수의 성질로부터 (3)이 성립한다. ■

4.2절에서 $\mathbb{R}^2$ 또는 $\mathbb{R}^3$의 영 아닌 두 벡터 $\mathbf{x}$, $\mathbf{y}$에 대한 내적을 두 벡터의 사잇각 θ를 이용하여 다음과 같이 정의했다.

$$\mathbf{x} \cdot \mathbf{y} = |\mathbf{x}||\mathbf{y}|\cos\theta$$

이와 마찬가지로 $\mathbb{R}^n$의 두 벡터 $\mathbf{x}$, $\mathbf{y}$에 대한 내적도 자연스럽게 두 벡터의 사잇각을 이용하여 다음과 같이 정의할 수 있다. $\mathbb{R}^n$의 영 아닌 두 벡터 $\mathbf{x}$, $\mathbf{y}$의 사잇각을 θ라고 할 때, 두 벡터의 내적은 다음과 같이 정의한다.

$$\mathbf{x} \cdot \mathbf{y} = |\mathbf{x}||\mathbf{y}|\cos\theta \tag{4.7}$$

물론 $n \geq 4$인 경우, $\mathbb{R}^n$에서 두 벡터의 사잇각을 그리거나 실제로 측정하는 것은 불가능하다. 그러나 4.2절에서와 같이 두 벡터의 내적은 두 벡터의 사잇각을 생각하여 위와 같이 자연스럽게 확장하여 정의할 수 있다.

예제 4-20

$\mathbb{R}^5$ 위의 두 벡터 사이의 각 θ를 구하라.

$$\mathbf{x} = (-2,\ 1,\ -1,\ 0,\ 1), \quad \mathbf{y} = (-1,\ 2,\ 1,\ 3,\ 1)$$

풀이

두 벡터의 내적 $\mathbf{x} \cdot \mathbf{y} = |\mathbf{x}||\mathbf{y}|\cos\theta$로부터

$$\mathbf{x} \cdot \mathbf{y} = (-2) \cdot (-1) + 1 \cdot 2 + (-1) \cdot 1 + 0 \cdot 3 + 1 \cdot 1 = 4$$

이고

$$|\mathbf{x}| = \sqrt{(-2)^2 + 1^2 + (-1)^1 + 0^2 + 1^2} = \sqrt{7}, \quad |\mathbf{y}| = \sqrt{(-1)^2 + 2^2 + 1^2 + 3^2 + 1^2} = \sqrt{16} = 4$$

이다. 따라서

$$\cos\theta = \frac{\mathbf{x} \cdot \mathbf{y}}{|\mathbf{x}||\mathbf{y}|} = \frac{4}{\sqrt{7} \cdot 4} = \frac{1}{\sqrt{7}}$$

이므로 두 벡터 사이의 각 θ는 다음과 같다. 이때 공학용 계산기를 이용하여 간단히 구할 수 있다.

$$\theta = \cos^{-1}\frac{1}{\sqrt{7}} \approx 67.79°$$

Command Window

```
: 코딩
>> x=[-2 1 -1 0 1];y=[-1 2 1 3 1];          % 벡터 입력
>> theta=acos(dot(x,y)/(norm(x)*norm(y)))   % 두 벡터 사이의 각 계산
>> degree=theta/pi*180                      % 라디안을 60분법으로 변환

: 결과
theta = [1]                                 % [예제 4-20]의 결과와 동일
        1.1832
degree =
        67.7923
```

MATLAB TIP!

[1] $\cos^{-1}\frac{1}{\sqrt{7}} = 1.1832$

MATLAB 유제

$\mathbb{R}^5$ 위의 두 벡터 사이의 각 θ를 구하라.

$$\mathbf{x}=(5,\ 6,\ 7,\ -8,\ 9),\quad \mathbf{y}=(-1,\ 2,\ -3,\ 4,\ -5)$$

4.4.3 n차원 벡터의 표현

앞서 4.1절에서 $\mathbb{R}^3$의 세 표준단위벡터 $\mathbf{i}$, $\mathbf{j}$, $\mathbf{k}$에 대하여 알아보았다. 이 또한 자연스럽게 $\mathbb{R}^n$으로 확장할 수 있다. $\mathbb{R}^n$에서의 **표준단위벡터**는 다음과 같이 정의한다.

$$\mathbf{e}_1=(1,\ 0,\ \cdots,\ 0),\quad \mathbf{e}_2=(0,\ 1,\ 0,\ \cdots,\ 0),\quad \cdots,\quad \mathbf{e}_n=(0,\ 0,\ \cdots,\ 0,\ 1)$$ [29]

따라서 $\mathbf{x}=(x_1,\ x_2,\ \cdots,\ x_n)\in\mathbb{R}^n$은 다음과 같이 나타낼 수 있다.

$$\begin{aligned}\mathbf{x}&=(x_1,\ x_2,\ \cdots,\ x_n)\\&=(x_1,\ 0,\ 0,\ \cdots,\ 0)+(0,\ x_2,\ 0,\ \cdots,\ 0)+\cdots+(0,\ 0,\ \cdots,\ 0,\ x_n)\\&=x_1(1,\ 0,\ \cdots,\ 0)+x_2(0,\ 1,\ 0,\ \cdots,\ 0)+\cdots+x_n(0,\ 0,\ \cdots,\ 0,\ 1)\\&=x_1\mathbf{e}_1+x_2\mathbf{e}_2+\cdots+x_n\mathbf{e}_n\end{aligned}$$ [30]

한편, $\mathbf{x}$, $\mathbf{y}\in\mathbb{R}^n$을 다음과 같이 $n\times 1$ 행렬로 생각할 수 있다.

$$\mathbf{x}=\begin{bmatrix}x_1\\x_2\\\vdots\\x_n\end{bmatrix},\quad \mathbf{y}=\begin{bmatrix}y_1\\y_2\\\vdots\\y_n\end{bmatrix}$$ [31]

29 $\mathbf{e}_i$는 i번째 성분만 1이고 나머지는 모두 0인 벡터이다.

30 벡터의 합, 스칼라 곱, 내적이 정의된 공간을 유클리드 공간Euclidean space이라고 한다.

31 벡터를 행렬로 생각하여 세로로 나타내는 경우를 열벡터라고 하고, 행으로 나타내는 경우를 행벡터라고 한다.

벡터를 행렬로 나타내면 벡터의 기본 성질은 앞에서 살펴본 행렬의 기본 성질과 똑같다. 즉, 행렬 연산

$$\mathbf{x}+\mathbf{y}=\begin{bmatrix} x_1 \\ x_2 \\ \vdots \\ x_n \end{bmatrix}+\begin{bmatrix} y_1 \\ y_2 \\ \vdots \\ y_n \end{bmatrix}=\begin{bmatrix} x_1+y_1 \\ x_2+y_2 \\ \vdots \\ x_n+y_n \end{bmatrix}, \quad c\mathbf{x}=c\begin{bmatrix} x_1 \\ x_2 \\ \vdots \\ x_n \end{bmatrix}=\begin{bmatrix} cx_1 \\ cx_2 \\ \vdots \\ cx_n \end{bmatrix}$$

은 벡터 연산

$$\mathbf{x}+\mathbf{y}=(x_1+y_1,\ x_2+y_2,\ \cdots,\ x_n+y_n), \quad c\mathbf{x}=(cx_1,\ cx_2,\ \cdots,\ cx_n)$$

과 같다. 따라서 벡터를 행벡터로 표기하거나 열벡터로 표기해도 마찬가지이다. 만일 벡터를 열벡터

$$\mathbf{x}=\begin{bmatrix} x_1 \\ x_2 \\ \vdots \\ x_n \end{bmatrix}, \quad \mathbf{y}=\begin{bmatrix} y_1 \\ y_2 \\ \vdots \\ y_n \end{bmatrix}$$

으로 표기한다면 다음이 성립한다.

$$\mathbf{y}^T\mathbf{x}=\begin{bmatrix} y_1 & y_2 & \cdots & y_n \end{bmatrix}\begin{bmatrix} x_1 \\ x_2 \\ \vdots \\ x_n \end{bmatrix}=x_1y_1+x_2y_2+\cdots+x_ny_n=\mathbf{x}\cdot\mathbf{y}$$

즉 열벡터로 표기된 벡터에 대하여 다음이 성립한다.

$$\mathbf{y}^T\mathbf{x}=\mathbf{x}\cdot\mathbf{y} \tag{4.8}$$

식 (4.8)로부터 n차 정사각행렬 A에 대하여 다음 정리가 성립한다.

정리 4-11 내적에 대한 행렬공식

두 벡터 $\mathbf{x}$, $\mathbf{y}\in\mathbb{R}^n$과 n차 정사각행렬 A에 대하여 다음이 성립한다.

(1) $A\mathbf{x}\cdot\mathbf{y}=\mathbf{x}\cdot A^T\mathbf{y}$ **(2)** $\mathbf{x}\cdot A\mathbf{y}=A^T\mathbf{x}\cdot\mathbf{y}$

증명

(1) 식 (4.8)로부터 다음이 성립한다.

$$\begin{aligned} A\mathbf{x}\cdot\mathbf{y}&=\mathbf{y}^T(A\mathbf{x})=(\mathbf{y}^TA)\mathbf{x}=(A^T\mathbf{y})^T\mathbf{x} \\ &=\mathbf{x}\cdot A^T\mathbf{y} \end{aligned}$$

(2) 식 (4.8)로부터 다음이 성립한다.

$$\begin{aligned}\mathbf{x}\cdot A\mathbf{y} &= (A\mathbf{y})^T\mathbf{x} = (\mathbf{y}^TA^T)\mathbf{x} = \mathbf{y}^T(A^T\mathbf{x})\\ &= A^T\mathbf{x}\cdot\mathbf{y}\end{aligned}$$

■

예제 4-21

주어진 4차 정사각행렬 A와 $\mathbf{x}$, $\mathbf{y}\in\mathbb{R}^4$에 대하여 [정리 4-11]의 (1)이 성립함을 확인하라.

$$A=\begin{bmatrix}2&1&-1&3\\0&1&3&-2\\1&2&3&-4\\-1&0&2&1\end{bmatrix},\quad \mathbf{x}=\begin{bmatrix}-1\\3\\5\\-7\end{bmatrix},\quad \mathbf{y}=\begin{bmatrix}5\\-4\\0\\-8\end{bmatrix}$$

풀이

먼저 $A\mathbf{x}$와 $A^T\mathbf{y}$를 계산하면 다음과 같다.

$$A\mathbf{x}=\begin{bmatrix}2&1&-1&3\\0&1&3&-2\\1&2&3&-4\\-1&0&2&1\end{bmatrix}\begin{bmatrix}-1\\3\\5\\-7\end{bmatrix}=\begin{bmatrix}-25\\32\\48\\4\end{bmatrix},\quad A^T\mathbf{y}=\begin{bmatrix}2&0&1&-1\\1&1&2&0\\-1&3&3&2\\3&-2&-4&1\end{bmatrix}\begin{bmatrix}5\\-4\\0\\-8\end{bmatrix}=\begin{bmatrix}18\\1\\-33\\15\end{bmatrix}$$

따라서

$$A\mathbf{x}\cdot\mathbf{y}=\begin{bmatrix}-25\\32\\48\\4\end{bmatrix}\cdot\begin{bmatrix}5\\-4\\0\\-8\end{bmatrix}=-285,\quad \mathbf{x}\cdot A^T\mathbf{y}=\begin{bmatrix}-1\\3\\5\\-7\end{bmatrix}\cdot\begin{bmatrix}18\\1\\-33\\15\end{bmatrix}=-285$$

이므로 $A\mathbf{x}\cdot\mathbf{y}=\mathbf{x}\cdot A^T\mathbf{y}$가 성립한다.

Command Window

: 코딩

```
>> A=[2 1 -1 3;0 1 3 -2;1 2 3 -4;-1 0 2 1];     % 행렬 입력
>> x=[-1 3 5 -7]';y=[5 -4 0 -8]';               % 열벡터 x, y 입력
>> dot(A*x,y)                                   % 주어진 식의 좌변 입력
>> dot(x,A'*y)                                  % 주어진 식의 우변 입력
```

: 결과

```
ans =                                           % [예제 4-21]의 결과와 동일
      -285
ans =
      -285
```

MATLAB 유제

다음 4차 정사각행렬 A와 $\mathbf{x}, \mathbf{y} \in \mathbb{R}^4$에 대하여 $\mathbf{x} \cdot A\mathbf{y} = A^T\mathbf{x} \cdot \mathbf{y}$가 성립함을 확인하라.

$$A = \begin{bmatrix} 7 & 2 & -1 & 6 \\ 10 & -1 & 2 & -2 \\ 0 & 2 & -3 & 5 \\ 5 & 8 & 2 & 9 \end{bmatrix}, \quad \mathbf{x} = \begin{bmatrix} 6 \\ -3 \\ 2 \\ 9 \end{bmatrix}, \quad \mathbf{y} = \begin{bmatrix} -5 \\ 4 \\ 4 \\ 8 \end{bmatrix}$$

4.5 벡터의 활용

벡터는 여러 가지 유용한 부등식뿐만 아니라 여러 분야에서 다양하게 활용되고 있다. 특히 직선의 방정식과 평면의 방정식은 자연현상이나 사회현상을 수학적으로 기술하는 가장 기초적인 표현방식이므로 3차원 공간에서 이들의 정확한 식을 찾는 것은 매우 중요하다. 이 절에서는 벡터를 활용하여 증명할 수 있는 여러 가지 유용한 부등식과 3차원 공간의 직선과 평면의 방정식을 찾는 방법을 알아본다. 또 기하학적인 문제들을 벡터를 활용하여 해결하는 방법에 대하여 알아본다.

4.5.1 여러 가지 부등식

벡터를 다룰 때 많이 사용되는 부등식에 대하여 알아보자. 여기서 알아보는 부등식은 대부분 벡터의 내적의 성질을 이용하면 얻을 수 있다. 먼저 **코시-슈바르츠 부등식**Cauchy-Schwarz inequality을 알아보자.

정리 4-12 코시-슈바르츠 부등식

임의의 $\mathbf{x}, \mathbf{y} \in \mathbb{R}^n$에 대하여 다음이 성립한다.

$$|\mathbf{x} \cdot \mathbf{y}| \le \|\mathbf{x}\|\|\mathbf{y}\|$$ [32]

32 벡터의 내적은 실수이므로 부등식의 좌변의 '| |'는 실수의 절댓값 기호이다. 반면 부등식의 우변은 벡터의 크기 기호이다.

증명 $\mathbf{x} = 0$ 또는 $\mathbf{y} = 0$이면 (좌변)$=0=$(우변)이므로 정리가 성립한다. 따라서 $\mathbf{x} \ne 0$이고 $\mathbf{y} \ne 0$인 경우에 대하여 증명하면 충분하다. 임의의 실수 t에 대하여

$$(\mathbf{x} + t\mathbf{y}) \cdot (\mathbf{x} + t\mathbf{y}) \ge 0$$

이다. 즉

$$(\mathbf{y}\cdot\mathbf{y})t^2+2(\mathbf{x}\cdot\mathbf{y})t+\mathbf{x}\cdot\mathbf{x}\geq 0$$

이므로 앞선 부등식이 실수 t에 대하여 항상 성립하려면 판별식 D는 양이 아니어야 한다. 따라서

$$D=(\mathbf{x}\cdot\mathbf{y})^2-(\mathbf{x}\cdot\mathbf{x})(\mathbf{y}\cdot\mathbf{y})\leq 0$$

이고 이를 정리하면 다음과 같이 계산된다.

$$(\mathbf{x}\cdot\mathbf{y})^2\leq(\mathbf{x}\cdot\mathbf{x})(\mathbf{y}\cdot\mathbf{y})$$
$$|\mathbf{x}\cdot\mathbf{y}|\leq\sqrt{\mathbf{x}\cdot\mathbf{x}}\sqrt{\mathbf{y}\cdot\mathbf{y}}=|\mathbf{x}||\mathbf{y}|$$ ■

코시-슈바르츠 부등식은 $\mathbb{R}^2$, $\mathbb{R}^3$에서 두 벡터의 합의 크기에 대하여 성립하는 기하학적 성질이 일반적인 $\mathbb{R}^n$의 벡터에 대해서도 성립함을 설명한다.

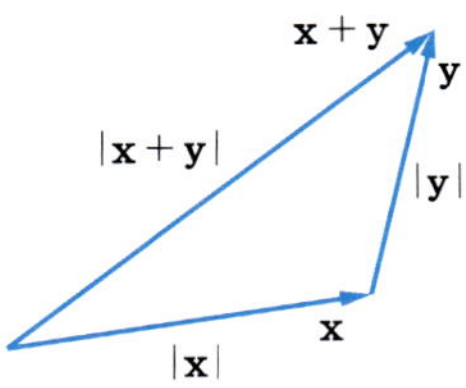

[그림 4-26] **삼각부등식**

[그림 4-26]은 눈으로 확인할 수 있는 공간에서 두 벡터의 합과 그 크기를 나타낸 것이다. 이 그림으로부터 $|\mathbf{x}+\mathbf{y}|\leq|\mathbf{x}|+|\mathbf{y}|$임을 알 수 있다. 일반적으로 $\mathbb{R}^n$의 벡터에 대해서도 이와 같은 부등식이 성립함을 알 수 있으며, 이 부등식을 **삼각부등식**triangle inequality이라고 한다. 삼각부등식은 코시-슈바르츠 부등식을 이용하여 증명할 수 있다.

정리 4-13 삼각부등식

임의의 두 벡터 $\mathbf{x}$, $\mathbf{y}\in\mathbb{R}^n$에 대하여 다음이 성립한다.

$$|\mathbf{x}+\mathbf{y}|\leq|\mathbf{x}|+|\mathbf{y}|$$

증명 두 벡터 $\mathbf{x}$, $\mathbf{y}\in\mathbb{R}^n$에 대하여 다음이 성립한다.

$$\begin{aligned}|\mathbf{x}+\mathbf{y}|^2&=(\mathbf{x}+\mathbf{y})\cdot(\mathbf{x}+\mathbf{y})\\&=\mathbf{x}\cdot\mathbf{x}+\mathbf{x}\cdot\mathbf{y}+\mathbf{y}\cdot\mathbf{x}+\mathbf{y}\cdot\mathbf{y}\\&=|\mathbf{x}|^2+\mathbf{x}\cdot\mathbf{y}+\mathbf{y}\cdot\mathbf{x}+|\mathbf{y}|^2\end{aligned}$$

여기서

$$\mathbf{x}\cdot\mathbf{y}+\mathbf{y}\cdot\mathbf{x}=2(\mathbf{x}\cdot\mathbf{y})\leq 2|\mathbf{x}||\mathbf{y}|$$

이므로 코시-슈바르츠 부등식에 의해

$$|\mathbf{x}+\mathbf{y}|^2\leq|\mathbf{x}|^2+2|\mathbf{x}||\mathbf{y}|+|\mathbf{y}|^2=(|\mathbf{x}|+|\mathbf{y}|)^2$$

이 된다. 따라서 다음과 같은 삼각부등식이 성립함을 알 수 있다.

$$|\mathbf{x}+\mathbf{y}|\leq|\mathbf{x}|+|\mathbf{y}|$$ ■

예제 4-22

다음 두 벡터에 대하여 코시-슈바르츠 부등식과 삼각부등식이 성립함을 확인하라.

$$\mathbf{x}=(2,\ -1,\ 0,\ 2,\ 3),\quad \mathbf{y}=(-1,\ -2,\ 1,\ 3,\ 1)$$

풀이

코시-슈바르츠 부등식 $|\mathbf{x}\cdot\mathbf{y}|\le|\mathbf{x}||\mathbf{y}|$를 먼저 확인해 보자.

$$|\mathbf{x}|=\sqrt{2^2+(-1)^2+0^2+2^2+3^2}=\sqrt{18}=3\sqrt{2},$$
$$|\mathbf{y}|=\sqrt{(-1)^2+(-2)^2+1^2+3^2+1^2}=\sqrt{16}=4$$

이므로 $|\mathbf{x}||\mathbf{y}|=12\sqrt{2}$이다. 또한

$$\mathbf{x}\cdot\mathbf{y}=2\cdot(-1)+(-1)\cdot(-2)+0\cdot1+2\cdot3+3\cdot1=9$$

이므로

$$|\mathbf{x}\cdot\mathbf{y}|=9\le12\sqrt{2}=|\mathbf{x}||\mathbf{y}|$$

이다. 따라서 코시-슈바르츠 부등식이 성립한다.

이제 삼각부등식이 성립함을 확인해 보자. 주어진 두 벡터 $\mathbf{x}=(2,\ -1,\ 0,\ 2,\ 3)$, $\mathbf{y}=(-1,\ -2,\ 1,\ 3,\ 1)$에 대하여 $\mathbf{x}+\mathbf{y}=(1,\ -3,\ 1,\ 5,\ 4)$이므로

$$|\mathbf{x}+\mathbf{y}|=\sqrt{1^2+(-3)^2+1^2+5^2+4^2}=\sqrt{52}=2\sqrt{13}$$

이다. 이때 $|\mathbf{x}|=3\sqrt{2}$, $|\mathbf{y}|=4$이므로 다음과 같이 삼각부등식을 만족한다.

$$|\mathbf{x}+\mathbf{y}|=2\sqrt{13}\le3\sqrt{2}+4=|\mathbf{x}|+|\mathbf{y}|$$

Command Window

```
: 코딩
>> x=[2 -1 0 2 3];y=[-1 -2 1 3 1];          % 벡터 입력
>> L1=norm(dot(x,y))                         % 코시-슈바르츠 부등식의 좌변 계산
>> R2=norm(x)*norm(y)                        % 코시-슈바르츠 부등식의 우변 계산
>> L2=norm(x+y)                              % 삼각부등식의 좌변 계산
>> R2=norm(x)+norm(y)                        % 삼각부등식의 우변 계산

: 결과
L1 =                                         % [예제 4-22]의 결과와 동일
      9
R1 = [1]
     16.9706
L2 =
      7.2111
R2 =
      8.2426
```

MATLAB TIP!

[1] $12\sqrt{2}=16.9706$, $2\sqrt{13}=7.2111$, $3\sqrt{2}+4=8.2426$

MATLAB 유제

다음 두 벡터에 대하여 코시-슈바르츠 부등식과 삼각부등식이 성립함을 확인하라.

$$\mathbf{x}=(7,\ -7,\ 3,\ -4,\ 3),\quad \mathbf{y}=(5,\ -12,\ 9,\ 4,\ 7)$$

앞서 4.2절에서 내적을 정의할 때, 영 아닌 두 벡터 $\mathbf{x}$, $\mathbf{y}$에 대하여 $\mathbf{x}\cdot\mathbf{y}=0$이면 두 벡터는 수직임을 알았다. $\mathbb{R}^n$에서도 두 벡터의 수직을 생각할 수 있으며 다음과 같이 자연스럽게 확장할 수 있다. 영 아닌 두 벡터 $\mathbf{x},\ \mathbf{y}\in\mathbb{R}^n$에 대하여 $\mathbf{x}\cdot\mathbf{y}=0$이면 두 벡터는 수직이라고 한다.

다음은 직각삼각형에 대한 피타고라스 정리이다.

정리 4-14 피타고라스 정리

두 벡터 $\mathbf{x},\ \mathbf{y}\in\mathbb{R}^n$이 수직이면 다음이 성립한다.

$$|\mathbf{x}+\mathbf{y}|^2=|\mathbf{x}|^2+|\mathbf{y}|^2$$

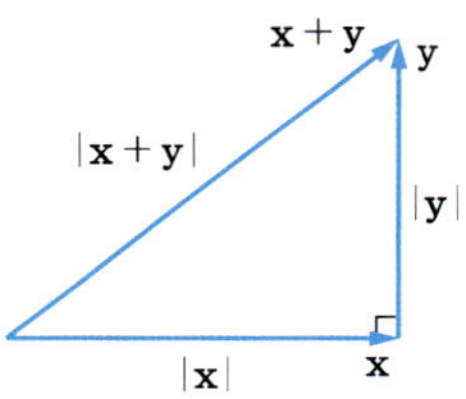

[그림 4-27] 피타고라스 정리

증명 벡터의 내적과 크기로부터 다음이 성립함을 알 수 있다.

$$\begin{aligned}|\mathbf{x}+\mathbf{y}|^2&=(\mathbf{x}+\mathbf{y})\cdot(\mathbf{x}+\mathbf{y})\\&=\mathbf{x}\cdot\mathbf{x}+\mathbf{x}\cdot\mathbf{y}+\mathbf{y}\cdot\mathbf{x}+\mathbf{y}\cdot\mathbf{y}\\&=|\mathbf{x}|^2+\mathbf{x}\cdot\mathbf{y}+\mathbf{y}\cdot\mathbf{x}+|\mathbf{y}|^2\\&=|\mathbf{x}|^2+2(\mathbf{x}\cdot\mathbf{y})+|\mathbf{y}|^2\end{aligned}$$

이때 두 벡터가 수직이므로 $\mathbf{x}\cdot\mathbf{y}=0$이다. 따라서 다음이 성립한다.

$$|\mathbf{x}+\mathbf{y}|^2=|\mathbf{x}|^2+|\mathbf{y}|^2$$

■

예제 4-23

두 벡터 $\mathbf{x}=(2,\ 3,\ 0,\ -1,\ -2,\ 1)$, $\mathbf{y}=(-1,\ 0,\ 1,\ -1,\ 0,\ 1)$이 수직임을 밝히고 피타고라스 정리가 성립함을 확인하라.

풀이

두 벡터가 수직인지 아닌지는 내적을 구하면 알 수 있다.

$$\mathbf{x}\cdot\mathbf{y}=2\cdot(-1)+3\cdot0+0\cdot1+(-1)\cdot(-1)+(-2)\cdot0+1\cdot1=0$$

이므로 두 벡터는 수직이다. 한편 $\mathbf{x}+\mathbf{y}=(1,\ 3,\ 1,\ -2,\ -2,\ 2)$이므로

$$|\mathbf{x}+\mathbf{y}|^2 = 1^2+3^2+1^2+(-2)^2+(-2)^2+2^2 = 23$$
$$|\mathbf{x}|^2 = 2^2+3^2+0^2+(-1)^2+(-2)^2+1^2 = 19$$
$$|\mathbf{y}|^2 = (-1)^2+0^2+1^2+(-1)^2+0^2+1^2 = 4$$

이다. 따라서 $|\mathbf{x}+\mathbf{y}|^2 = 23 = 19+4 = |\mathbf{x}|^2+|\mathbf{y}|^2$이므로 피타고라스 정리가 성립한다.

Command Window

```
: 코딩
>> x=[2 3 0 -1 -2 1];y=[-1 0 1 -1 0 1];          % 벡터 입력
>> dp=dot(x,y)                                    % x·y 계산
>> L=norm(x+y)^2                                  % |x+y|^2 계산
>> R=norm(x)^2+norm(y)^2                          % |x|^2+|y|^2 계산

: 결과
dp =                                              % [예제 4-23]의 결과와 동일
     0
L =
   23.0000
R =
   23.0000
```

MATLAB 유제

두 벡터 $\mathbf{x}=(-2,\ 5,\ 2,\ 10,\ -10,\ 9)$, $\mathbf{y}=(-1,\ 1,\ 1,\ 1,\ 1,\ -1)$이 수직임을 밝히고 피타고라스 정리가 성립함을 확인하라.

4.5.2 $\mathbb{R}^3$에서의 직선의 방정식

평면 $\mathbb{R}^2$에서는 기울기와 한 점이 주어지면 유일한 직선이 결정되며, 이때 직선의 방정식은 일반적으로 다음과 같이 표현된다. 여기서 a, b, c는 실수이며 a, b는 동시에 영은 아니다.

$$ax+by+c=0$$

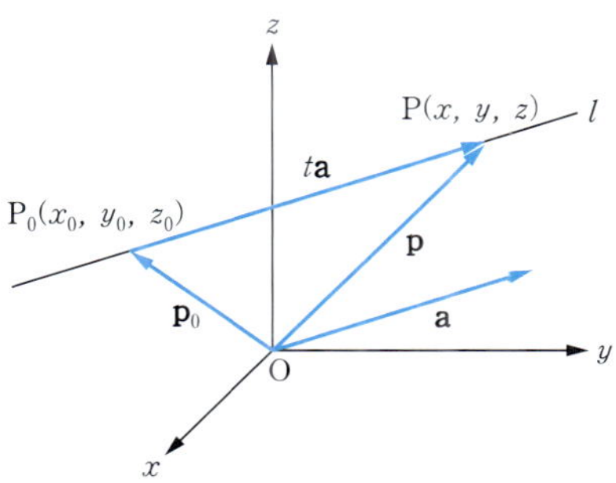

[그림 4-28] $\mathbb{R}^3$에서의 직선의 방정식

이제 $\mathbb{R}^3$에서의 직선의 방정식을 구해보자. [그림 4-28]과 같이 한 점 $P_0(x_0,\ y_0,\ z_0)$를 지나고 영 아닌 벡터 $\mathbf{a}=(a,\ b,\ c)$에 평행한 직선은 벡터 $\mathbf{a}$[33]와 $\overrightarrow{P_0P}$가 평행할 때,

33 벡터 $\mathbf{a}$를 직선의 방향벡터라고 한다.

$$\overrightarrow{P_0P} = t\mathbf{a} \quad (\text{단, } t \in \mathbb{R}) \tag{4.9}$$

를 만족하는 점 $P(x, y, z)$ 전체의 집합과 같다. 식 (4.9)로부터

$$(x-x_0)\mathbf{i} + (y-y_0)\mathbf{j} + (z-z_0)\mathbf{k} = ta\mathbf{i} + tb\mathbf{j} + tc\mathbf{k}$$ [34]

34 두 벡터가 같다는 것은 대응되는 성분끼리 같으므로 다음이 성립한다.

$$x-x_0 = ta,$$
$$y-y_0 = tb,$$
$$z-z_0 = tc$$

이므로 $\mathbb{R}^3$에서의 직선의 방정식은 다음과 같이 세 가지로 나타낼 수 있다.

❶ 매개변수 방정식parametric equations **또는 매개 방정식**

$$\begin{aligned} x &= x_0 + ta \\ y &= y_0 + tb \quad (\text{단, } -\infty < t < +\infty) \\ z &= z_0 + tc \end{aligned} \tag{4.10}$$

❷ 벡터 방정식vector equations

$$\mathbf{p} = \mathbf{p}_0 + t\mathbf{a} \quad (\text{단, } \mathbf{p} = \overrightarrow{OP},\ \mathbf{p}_0 = \overrightarrow{OP_0}) \tag{4.11}$$

❸ 대칭 방정식symmetric equations [35]

35 대칭 방정식에서 대칭은 x, y, z의 모양만 바뀔 뿐 동일한 형태의 식으로 이루어진 방정식이라는 의미이다.

$$\frac{x-x_0}{a} = \frac{y-y_0}{b} = \frac{z-z_0}{c} \quad (\text{단, } a,\ b,\ c \neq 0) \tag{4.12}$$ [36]

36 $ac \neq 0$, $b=0$이면 $\frac{x-x_0}{a} = \frac{z-z_0}{c}$이고, $y-y_1 = 0$이다. (xz평면에 평행)

대칭 방정식에서 $abc=0$일 때, a, b, c 중 하나가 0이거나 둘이 0인 경우이므로 다음과 같은 두 가지를 생각할 수 있다.

(i) $ab \neq 0$, $c=0$인 경우

$$\frac{x-x_0}{a} = \frac{y-y_0}{b}, \quad z-z_0 = 0$$

이다. 즉 점 $P_0(x_0, y_0, z_0)$를 지나 xy평면에 평행인 직선이다.

(ii) $a \neq 0$, $b=0$, $c=0$인 경우

$$y = y_0, \quad z = z_0$$

이다. 즉 점 $P_0(x_0, y_0, z_0)$를 지나 x축에 평행인 직선이다.

그러나 $abc=0$일 때에도 대칭 방정식 모양을 쓰기로 한다면 일반적으로 직선의 방정식은 식 (4.12)와 같이 나타낼 수 있다.

예제 4-24

다음 점 P를 지나고 벡터 **a**에 평행한 직선의 방정식을 구하라.

(a) P(2, 3, −1), **a** = (3, −2, −4) **(b)** P(0, 4, 7), **a** = (3, −2, 0)

풀이

(a) 점 P(2, 3, −1)을 지나고 벡터 **a** = (3, −2, −4)에 평행한 직선의 방정식은 다음과 같이 세 가지로 나타낼 수 있다.

❶ **매개변수 방정식**

$$x = 2 + 3t$$
$$y = 3 - 2t \quad (\text{단, } -\infty < t < +\infty)$$
$$z = -1 - 4t$$

❷ **벡터 방정식** : $x\mathbf{i} + y\mathbf{j} + z\mathbf{k} = 2\mathbf{i} + 3\mathbf{j} - \mathbf{k} + (3\mathbf{i} - 2\mathbf{j} - 4\mathbf{k})t$

❸ **대칭 방정식** : $\dfrac{x-2}{3} = \dfrac{y-3}{-2} = \dfrac{z+1}{-4}$

(b) 점 P(0, 4, 7)을 지나고 벡터 **a** = (3, −2, 0)에 평행한 직선의 방정식은 다음과 같이 세 가지로 나타낼 수 있다.

❶ **매개변수 방정식**

$$x = 3t$$
$$y = 4 - 2t \quad (\text{단, } -\infty < t < +\infty)$$
$$z = 7$$

❷ **벡터 방정식** : $x\mathbf{i} + y\mathbf{j} + z\mathbf{k} = 4\mathbf{j} + 7\mathbf{k} + (3\mathbf{i} - 2\mathbf{j})t$

❸ **대칭 방정식** : $\dfrac{x}{3} = \dfrac{y-4}{-2}, \ z = 7$

두 점 $P(x_1, y_1, z_1)$, $Q(x_2, y_2, z_2)$를 지나는 직선은 점 P를 지나고 벡터 $\overrightarrow{PQ} = (x_2 - x_1, y_2 - y_1, z_2 - z_1)$에 평행하다. 따라서 $x_1 \neq x_2$, $y_1 \neq y_2$, $z_1 \neq z_2$일 때, 이 직선의 방정식은 다음과 같다.

$$\frac{x - x_1}{x_2 - x_1} = \frac{y - y_1}{y_2 - y_1} = \frac{z - z_1}{z_2 - z_1} \qquad (4.13)$$

예제 4-25

다음 두 점을 지나는 직선의 방정식을 구하라.

(a) P(3, −5, 2), Q(4, −2, −3), 매개변수 방정식과 벡터 방정식

(b) P(0, 1, −2), Q(1, −3, 5), 대칭 방정식

풀이

(a) 직선의 방정식을 구하려면 구하고자 하는 직선에 평행한 벡터와 그 직선을 지나는 한 점만 있으면 된다. 구하고자 하는 직선은 벡터 $\mathbf{a}=\overrightarrow{PQ}=(1,\ 3,\ -5)$와 평행하고 점 $P(3,\ -5,\ 2)$를 지나므로 직선의 매개변수 방정식은 다음과 같다.

$$x=3+t$$
$$y=-5+3t \quad (\text{단, } -\infty<t<+\infty)$$
$$z=2-5t$$

한편 벡터 방정식은 $\mathbf{p}=x\mathbf{i}+y\mathbf{j}+z\mathbf{k}$, $\mathbf{p}_0=(3,\ -5,\ 2)$, $\mathbf{a}=(1,\ 3,\ -5)$에 대하여 $\mathbf{p}=\mathbf{p}_0+t\mathbf{a}$이다.

(b) 직선의 방정식을 구하려면 구하고자 하는 직선에 평행한 벡터와 그 직선을 지나는 한 점만 있으면 된다. 구하고자 하는 직선은 벡터 $\mathbf{a}=\overrightarrow{PQ}=(1,\ -4,\ 7)$과 평행하고 점 $P(0,\ 1,\ -2)$를 지나므로 식 (4.13)으로부터 직선의 대칭 방정식을 구하면 다음과 같다.

$$\frac{x}{1}=\frac{y-1}{-4}=\frac{z+2}{7}$$

Command Window

```
: 코딩
>> PQ1=[1 3 -5];P1=[3 -5 2];          % [예제 4-25(a)]의 벡터와 한 점 입력
>> t=sym('t');
>> x1=P1+t*PQ1                         % 매개변수 방정식
>> PQ2=[1 -4 7];P2=[0 1 -2];           % [예제 4-25(b)]의 벡터와 한 점 입력
>> x2=P2+t*PQ2
>> syms x y z                          % 심볼릭 변수 지정
>> solve(x==t,t)                       % t를 x에 대하여 풀기
>> solve(y==1-4*t,t)                   % t를 y에 대하여 풀기
>> solve(z==7*t-2,t)                   % t를 z에 대하여 풀기

: 결과
x1 =                                   % [예제 4-25(a)]의 결과와 동일
    [ t + 3, 3*t - 5, 2 - 5*t]
x2 =                                   % [예제 4-25(b)]의 결과와 동일
    [ t, 1 - 4*t, 7*t - 2]
ans =
    x
ans =
    1/4 - y/4
ans =
    z/7 + 2/7
```

MATLAB 유제

다음 점 P를 지나고 벡터 $\mathbf{a}$에 평행한 직선을 구하라.

$$P(3,\ 2,\ -1),\quad \mathbf{a}=(-3,\ 2,\ 4)$$

방향벡터[37]가 각각 u, v인 공간의 두 직선이 이루는 각 θ는 이 두 직선의 방향벡터가 이루는 각과 같으므로 $\mathbf{u}\cdot\mathbf{v}=|\mathbf{u}||\mathbf{v}|\cos\theta$로부터 θ를 구할 수 있다.

이때 θ의 크기는 두 직선이 이루는 각이므로 $0\le\theta\le\frac{\pi}{2}$이다. 따라서 다음이 성립한다.

$$\cos\theta=\frac{|\mathbf{u}\cdot\mathbf{v}|}{|\mathbf{u}||\mathbf{v}|} \tag{4.14}$$

한편 두 직선

$$\ell_1: \frac{x-x_1}{a_1}=\frac{y-y_1}{b_1}=\frac{z-z_1}{c_1},\quad \ell_2: \frac{x-x_2}{a_2}=\frac{y-y_2}{b_2}=\frac{z-z_2}{c_2}$$

가 수직 또는 평행이면 두 직선의 방향벡터 $\mathbf{u}=(a_1, b_1, c_1)$과 $\mathbf{v}=(a_2, b_2, c_2)$가 수직 또는 평행이므로 이 두 직선에 대하여 다음이 성립한다.

❶ 수직($\ell_1\perp\ell_2$)일 필요충분조건 : $a_1a_2+b_1b_2+c_1c_2=0$

❷ 평행($\ell_1/\!/\ell_2$)일 필요충분조건 : $\frac{a_1}{a_2}=\frac{b_1}{b_2}=\frac{c_1}{c_2}$[38]

37 두 직선 사이의 각의 크기가 $0\le\theta\le\frac{\pi}{2}$일 때, 직선의 방향벡터는 주어진 직선과 평행한 벡터를 말한다. 특히 θ의 크기가 $0\le\theta\le\frac{\pi}{2}$이므로 평행인 경우에서 반대방향 벡터는 제외되며, 평행한 벡터는 곧 방향이 같음을 의미한다.

38 두 벡터 u, v에 대하여 $\mathbf{u}\perp\mathbf{v}$이면 $\mathbf{u}\cdot\mathbf{v}=0$, $\mathbf{u}/\!/\mathbf{v}$이면 $\mathbf{u}=t\mathbf{v}$이다.

예제 4-26

다음 두 직선이 이루는 각 θ를 구하라.

(a) $\frac{x-7}{-2}=\frac{y+2}{3}=\frac{z-9}{4},\quad \frac{x-13}{5}=\frac{y-6}{-3}=\frac{z+11}{2}$

(b) $\frac{x+8}{3}=\frac{y-9}{-2}=\frac{z+1}{1},\quad \frac{x-3}{-3}=\frac{y-16}{-4}=\frac{z+7}{1}$

풀이

(a) 두 직선의 방향벡터는 각각 $\mathbf{u}=(-2, 3, 4)$, $\mathbf{v}=(5, -3, 2)$이다. 두 벡터의 내적과 크기를 각각 구하면 다음과 같다.

$$\mathbf{u}\cdot\mathbf{v}=-10-9+8=-11,$$
$$|\mathbf{u}|=\sqrt{(-2)^2+3^2+4^2}=\sqrt{29},$$
$$|\mathbf{v}|=\sqrt{5^2+(-3)^2+2^2}=\sqrt{38}$$

따라서 식 (4.14)로부터 다음을 얻는다.

$$\cos\theta=\frac{|\mathbf{u}\cdot\mathbf{v}|}{|\mathbf{u}||\mathbf{v}|}=\frac{11}{\sqrt{1102}}\approx\frac{11}{33.1964}\approx 0.3314$$

두 직선이 이루는 각은 다음과 같다.

$$\theta=\cos^{-1}0.3314\approx 70.6486°$$

(b) 두 직선의 방향벡터는 각각 $\mathbf{u}=(3, -2, 1)$, $\mathbf{v}=(-3, -4, 1)$이다. 그런데 $\mathbf{u}\cdot\mathbf{v}=-9+8+1=0$이므로 두 벡터는 수직이다. 따라서 두 직선이 이루는 각은 $\theta=90°$이다.

Command Window

```
: 코딩
>> u=[-2 3 4];v=[5 -3 2];                          % 방향벡터 입력
>> theta=acos(abs(dot(u,v))/(norm(u)*norm(v)))     % 두 벡터 사이의 각 계산
>> degree=theta/pi*180                             % 라디안 값을 60분법으로 변환
>> u=[3 -2 1];v=[-3 -4 1];
>> theta=acos(abs(dot(u,v))/(norm(u)*norm(v)))
>> degree=theta/pi*180

: 결과
theta =                                            % [예제 4-26(a)]의 결과와 동일
          1.2331
degree =
         70.6486
theta =                                            % [예제 4-26(b)]의 결과와 동일
          1.5708
degree =
         90
```

MATLAB 유제

다음 두 직선이 이루는 각 θ를 구하라.

(a) $\dfrac{x-3}{2}=\dfrac{y-2}{1}=\dfrac{z-7}{-4}$, $\dfrac{x-3}{-5}=\dfrac{y+6}{1}=\dfrac{z+11}{-2}$

(b) $\dfrac{x-5}{-5}=\dfrac{y+8}{-2}=\dfrac{z-3}{7}$, $\dfrac{x-4}{3}=\dfrac{y+16}{4}=\dfrac{z-9}{4}$

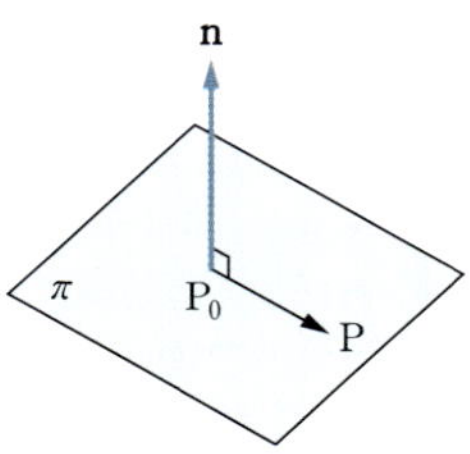

[그림 4-29] 법선벡터

39 평면 위의 한 벡터에 수직인 벡터는 평면에도 수직이다. 또 평면에 수직인 벡터는 평면 위에 있는 모든 벡터와 수직이다.

4.5.3 $\mathbb{R}^3$에서의 평면의 방정식

이제 $\mathbb{R}^3$에서의 평면의 방정식을 구해 보자. 한 점 $P_0(x_0, y_0, z_0)$를 지나고 영 아닌 벡터 $\mathbf{n}=a\mathbf{i}+b\mathbf{j}+c\mathbf{k}$에 수직인 평면 π는

$$\mathbf{n}\cdot\overrightarrow{P_0P}=0 \tag{4.15}$$

을 만족하는 점 $P(x, y, z)$의 전체의 집합과 같다. 여기서 $\mathbf{n}$을 평면 π의 **법선벡터**normal vector 39라고 한다.

식 (4.15)로부터 평면의 방정식을 구하면 다음과 같다.

$$a(x-x_0)+b(y-y_0)+c(z-z_0)=0 \tag{4.16}$$

이때 $d=-ax_0-by_0-cz_0$라고 하면 식 (4.16)은 다음과 같이 나타낼 수 있다.

$$ax+by+cz+d=0 \tag{4.17}$$

식 (4.17)은 평면의 **표준방정식**standard equation of a plane이라고 하며, 주어진 평면의 법선벡터는 $\mathbf{n}=(a, b, c)$이다.

예제 4-27

다음 조건을 만족하는 평면의 방정식을 구하라.

(a) 점 P$(-5, 7, 1)$을 지나고 법선벡터가 $\mathbf{n}=2\mathbf{i}-3\mathbf{j}+4\mathbf{k}$인 평면의 방정식

(b) 점 P$(0, -3, 5)$를 지나고 벡터 $\mathbf{n}=2\mathbf{i}+4\mathbf{k}$에 수직인 평면의 방정식

(c) 세 점 P$(4, -3, 1)$, Q$(6, -4, 7)$, R$(1, 2, 2)$를 지나는 평면의 방정식

풀이

(a) 점 P$(-5, 7, 1)$을 지나고 법선벡터가 $\mathbf{n}=2\mathbf{i}-3\mathbf{j}+4\mathbf{k}$이므로 식 (4.16)으로부터 다음이 성립한다.

$$2(x+5)-3(y-7)+4(z-1)=0$$

따라서 평면의 방정식은 다음과 같다.

$$2x-3y+4z+27=0$$

(b) 점 P$(0, -3, 5)$를 지나고 벡터 $\mathbf{n}=2\mathbf{i}+4\mathbf{k}$에 수직인 평면의 방정식은 식 (4.16)으로부터 다음이 성립한다.

$$2(x-0)+0(y+3)+4(z-5)=0$$

따라서 평면의 방정식은 다음과 같다.

$$2x+4z-20=0$$

(c) 평면의 방정식을 구하려면 구하고자 하는 평면의 법선벡터와 그 평면을 지나는 한 점이 필요하다. 벡터의 외적으로부터 $\overrightarrow{PQ}\times\overrightarrow{PR}$은 주어진 세 점 P, Q, R을 지나는 평면에 수직이므로 평면의 법선벡터는

$$\mathbf{n}=\overrightarrow{PQ}\times\overrightarrow{PR}=\begin{vmatrix} \mathbf{i} & \mathbf{j} & \mathbf{k} \\ 2 & -1 & 6 \\ -3 & 5 & 1 \end{vmatrix}=-31\mathbf{i}-20\mathbf{j}+7\mathbf{k}$$

이고, 점 P$(4, -3, 1)$이 이 평면에 있으므로 평면의 방정식은 다음과 같다.

$$-31(x-4)-20(y-(-3))+7(z-1)=0$$

앞선 식을 정리하면 다음과 같은 평면의 방정식을 얻는다.

$$-31x-20y+7z+57=0$$

Command Window

: 코딩

```
>> syms x y z                              % 심볼릭 변수 지정
>> X=[x y z];P=[-5 7 1];n=[2 -3 4];        % [예제 4-27(a)]의 벡터 지정
>> dot(n,X-P)                              % 식 (4.15) 계산
>> X=[x y z];P=[0 -3 5];n=[2 0 4];         % [예제 4-27(b)]의 벡터 지정
>> dot(n,X-P)
>> P=[4 -3 1];Q=[6 -4 7];R=[1 2 2];        % 점 P, Q, R 입력
>> X=[x y z];PQ=Q-P;PR=R-P;
>> n=cross(PQ,PR)                          % 법선벡터 계산
>> dot(n,X-P)
```

: 결과

```
ans =                                      % [예제 4-27(a)]의 결과와 동일
        2*x - 3*y + 4*z + 27
ans =                                      % [예제 4-27(b)]의 결과와 동일
        2*x + 4*z - 20
n =
       -31    -20      7
ans =                                      % [예제 4-27(c)]의 결과와 동일
        7*z - 20*y - 31*x + 57
```

MATLAB 유제

다음 조건을 만족하는 평면의 방정식을 구하라.

(a) 점 P(5, −7, −1)을 지나고 법선벡터가 $\mathbf{n}=3\mathbf{i}-2\mathbf{j}+4\mathbf{k}$인 평면의 방정식

(b) 점 P(10, −3, 5)를 지나고 벡터 $\mathbf{n}=2\mathbf{i}+4\mathbf{j}-4\mathbf{k}$에 수직인 평면의 방정식

(c) 세 점 P(4, 3, −2), Q(7, −1, 5), R(2, 3, 4)를 지나는 평면의 방정식

지금까지 벡터를 활용하여 공간에서 직선의 방정식과 평면의 방정식을 구하는 방법을 살펴보았다. 이제 직선과 평면이 만나는 점의 좌표와 평면과 평면이 만날 때 생기는 직선의 방정식을 구하는 방법을 알아보자.

예제 4-28

다음 직선 ℓ과 평면 π의 교점의 좌표를 구하라.

$$\pi: x-2y+z-3=0, \quad \ell: \frac{x-1}{-2}=\frac{y-3}{-1}=\frac{z+2}{2}$$

풀이

$\frac{x-1}{-2}=\frac{y-3}{-1}=\frac{z+2}{2}=t$라고 하면

$$x=-2t+1,\ y=-t+3,\ z=2t-2 \qquad \cdots\cdots ①$$

이다. 위 식 ①을 평면 $\pi: x-2y+z-3=0$에 대입하면

$$(-2t+1)-2(-t+3)+(2t-2)-3=0$$

이므로

$$2t-10=0$$

즉 $t=5$이다. $t=5$를 식 ①에 대입하면 $x=-9$, $y=-2$, $z=8$이다. 따라서 구하려는 교점의 좌표는 $(-9, -2, 8)$이다.

Command Window

: 코딩

```
>> syms x y z                           % 심볼릭 변수 지정
>> t=sym('t');
>> x=-2*t+1;y=-t+3;z=2*t-2;             % x, y, z를 t에 대하여 계산
>> solve(x-2*y+z-3==0,t)                % t 계산
```

: 결과

```
ans =                                   % [예제 4-28]의 결과와 동일
      5
```

MATLAB 유제

다음 직선 ℓ과 평면 π의 교점의 좌표를 구하라.

$$\pi: 2x-5y+z-1=0, \quad \ell: \frac{x-2}{-3}=\frac{y-3}{2}=\frac{z+7}{3}$$

예제 4-29

다음 두 평면 π_1, π_2의 교선의 방정식을 구하라.

$$\pi_1: 2x-y+z+1=0, \quad \pi_2: x+2y-z+2=0$$

풀이

두 평면 π_1, π_2의 교선의 방정식은 연립일차방정식을 이용하여 구할 수 있다.

$$\begin{aligned} 2x-\ y+z+1&=0 \\ x+2y-z+2&=0 \end{aligned} \quad \Leftrightarrow \quad \begin{aligned} 2x-\ y+z&=-1 \\ x+2y-z&=-2 \end{aligned}$$

$z=t$(단, $t\in\mathbb{R}$)라고 하면 위의 연립일차방정식은 다음과 같다.

$$\begin{aligned} 2x - \ \ y &= -t-1 \\ x+2y &= \ \ \ t-2 \end{aligned}$$

이 연립일차방정식을 풀면 다음과 같다.

$$x = -\frac{1}{5}t - \frac{4}{5}, \ y = \frac{3}{5}t - \frac{3}{5}, \ z = t \quad \Leftrightarrow \quad t = -5x-4 = \frac{5y+5}{3} = z$$

따라서 두 평면의 교선의 방정식은 다음과 같다.

$$-5x-4 = \frac{5y+3}{3} = z$$

Command Window

: 코딩

```
>> A=[2 -1 1 -1;1 2 -1 -2];              % 연립방정식의 첨가행렬 생성
>> rref(A)                               % 첨가행렬의 RREF 계산
>> t=sym('t');
>> x=-0.8-0.2*t;y=0.6*t-0.6;z=t;         % rref(A) 결과에 근거하여 t에 대하여 계산
>> sol=[x,y,z]
```

: 결과

```
ans =                                    % [예제 4-29]의 결과와 동일
     1.0000         0    0.2000   -0.8000
          0    1.0000   -0.6000   -0.6000
sol =
     [ - t/5 - 4/5, (3*t)/5 - 3/5, t]
```

MATLAB 유제

다음 두 평면 π_1, π_2의 교선의 방정식을 구하라.

$$\pi_1 : -2x+5y-3z+1=0, \quad \pi_2 : 5x-2y-5z-7=0$$

이제 두 평면이 만날 때 생기는 각의 크기를 구하는 방법에 대하여 알아보자.

[그림 4-30]에서 두 평면 p_1, p_2가 만날 때 각각의 법선벡터 $\mathbf{n}_1$, $\mathbf{n}_2$가 이루는 각을 α라고 하면 이 두 평면 p_1, p_2가 이루는 각 θ는 α와 $\pi-\alpha$ 중 작은 각이다. 즉 $0 \le \theta \le \frac{\pi}{2}$이다.

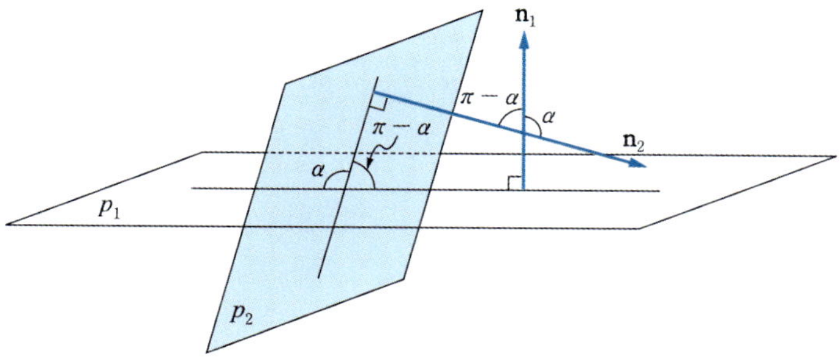

[그림 4-30] **두 평면 p_1, p_2가 이루는 각**

이때 $\cos\theta = |\cos\alpha|$이고 $|\mathbf{n}_1 \cdot \mathbf{n}_2| = |\mathbf{n}_1||\mathbf{n}_2||\cos\alpha|$이므로 다음이 성립한다.

$$\cos\theta = \frac{|\mathbf{n}_1 \cdot \mathbf{n}_2|}{|\mathbf{n}_1||\mathbf{n}_2|}$$

따라서 두 평면 p_1, p_2가 이루는 교각은 다음과 같다.

$$\theta = \cos^{-1}\frac{|\mathbf{n}_1 \cdot \mathbf{n}_2|}{|\mathbf{n}_1||\mathbf{n}_2|}$$

두 평면이 직교할 때 두 평면의 법선벡터가 직교하고, 두 평면이 평행일 때 두 법선벡터가 평행이다. 즉 두 평면

$$p_1 : a_1x + b_1y + c_1z + d_1 = 0$$
$$p_2 : a_2x + b_2y + c_2z + d_2 = 0$$

의 법선벡터는 $\mathbf{n}_1 = (a_1, b_1, c_1)$, $\mathbf{n}_2 = (a_2, b_2, c_2)$이므로 다음이 성립한다.

1. 수직($p_1 \perp p_2$)일 필요충분조건 : $a_1a_2 + b_1b_2 + c_1c_2 = 0$
2. 평행($p_1 // p_2$)일 필요충분조건 : $\dfrac{a_1}{a_2} = \dfrac{b_1}{b_2} = \dfrac{c_1}{c_2}$

예제 4-30

다음 두 평면 p_1, p_2가 이루는 각 θ를 구하라.

(a) $p_1 : 3x - 7y + 32 = 0$, $p_2 : -5x - 2y + 3z - 4 = 0$

(b) $p_1 : -2x + 3y - 4z - 3 = 0$, $p_2 : 4x - 6y + 8z + 9 = 0$

풀이

(a) 두 평면 p_1, p_2의 법선벡터는 $\mathbf{n}_1=(3,\ -7,\ 0)$, $\mathbf{n}_2=(-5,\ -2,\ 3)$이므로

$$|\mathbf{n}_1\cdot\mathbf{n}_2|=|-15+14+0|=1,$$
$$|\mathbf{n}_1||\mathbf{n}_2|=\sqrt{3^2+(-7)^2+0^2}\sqrt{(-5)^2+(-2)^2+3^2}=2\sqrt{551}$$

이다. 따라서 평면이 이루는 각을 구하면 다음과 같다.

$$\theta=\cos^{-1}\frac{|\mathbf{n}_1\cdot\mathbf{n}_2|}{|\mathbf{n}_1||\mathbf{n}_2|}=\cos^{-1}\frac{1}{2\sqrt{551}}\approx\cos^{-1}\frac{1}{46.9468}\approx 88.7795°$$

(b) 두 평면 p_1, p_2의 법선벡터는 $\mathbf{n}_1=(-2,\ 3,\ -4)$, $\mathbf{n}_2=(4,\ -6,\ 8)$이므로

$$\frac{-2}{4}=\frac{3}{-6}=\frac{-4}{8}=\frac{1}{2}$$

이다. 즉, 두 평면은 평행하다. 따라서 $\theta=0°$이다.

Command Window

```
: 코딩
>> n1=[3 -7 0];n2=[-5 -2 3];                          % 벡터 입력
>> theta=acos(abs(dot(n1,n2))/(norm(n1)*norm(n2))) % 두 벡터 사이의 각 계산
>> degree=theta/pi*180                              % 라디안을 60분법으로 변환
>> n1=[-2 3 -4];n2=[4 -6 8];
>> theta=acos(abs(dot(n1,n2))/(norm(n1)*norm(n2)))
>> degree=theta/pi*180

: 결과
theta =                                             % [예제 4-30(a)]의 결과와 동일
          1.5495
degree =
         88.7795
theta = ❶                                           % [예제 4-30(b)]의 결과와 동일
          0.0000e+00 + 2.1073e-08i
degree = ❷
          0.0000e+00 + 1.2074e-06i
```

MATLAB TIP!

❶, ❷는 기계적 계산에 의하여 매우 작은 수이므로 0으로 간주할 수 있다.

MATLAB 유제

다음 두 평면이 이루는 각 θ를 구하라.

(a) $p_1: -3x+7y-z+32=0,\quad p_2: 5x-2y+3z-9=0$

(b) $p_1: 3y-7z-5=0,\quad p_2: -4x+y+3z-9=0$

4.5.4 정사영

$\mathbb{R}^2$ 또는 $\mathbb{R}^3$에서 시작점이 같은 두 벡터 $\mathbf{x}$와 $\mathbf{y}$를 두 성분으로 나눠보자. 이때 하나는 $\mathbf{y}$와 평행한 $\mathbf{v}_1$으로 나타내고, 다른 하나는 $\mathbf{y}$와 수직인 $\mathbf{v}_2$로 나타내자. 그러면 [그림 4-31]과 같이 벡터 $\mathbf{x}$는 두 벡터 $\mathbf{x}$와 $\mathbf{y}$ 사이의 각이 예각인 경우와 둔각인 경우로 나누어진다.[40]

40 예각 : $0° < \theta < 90°$
둔각 : $90° < \theta < 180°$
직각 : $\theta = 90°$
평각 : $\theta = 180°$

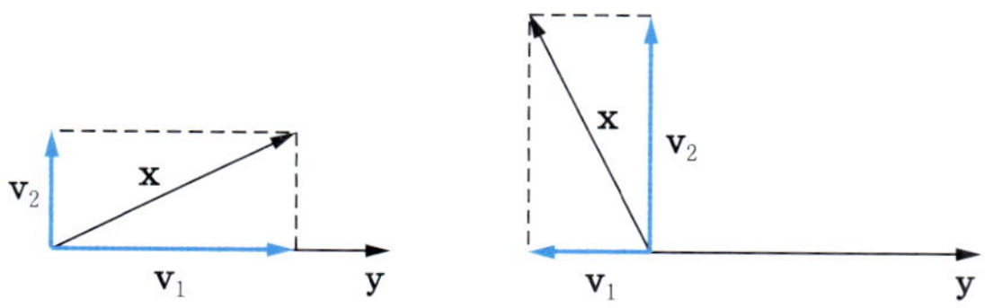

[그림 4-31] 두 벡터 사이의 각

[그림 4-31]로부터 벡터 $\mathbf{x}$를 다음과 같이 두 벡터의 합으로 나타낼 수 있다.

$$\mathbf{x} = \mathbf{v}_1 + \mathbf{v}_2$$

이때 벡터 $\mathbf{y}$에 수직인 벡터 $\mathbf{v}_2$는 다음과 같이 나타낼 수 있다.

$$\mathbf{v}_2 = \mathbf{x} - \mathbf{v}_1$$

또 [그림 4-32]에서와 같이 벡터 $\mathbf{v}_1$은 벡터 $\mathbf{y}$ 위에 나타난 벡터 $\mathbf{x}$의 그림자라고 할 수 있다. 그런 의미에서 $\mathbf{v}_1$을 $\mathbf{y}$ 위로의 $\mathbf{x}$의 **정사영**projection이라고 하고 다음과 같이 나타낸다.

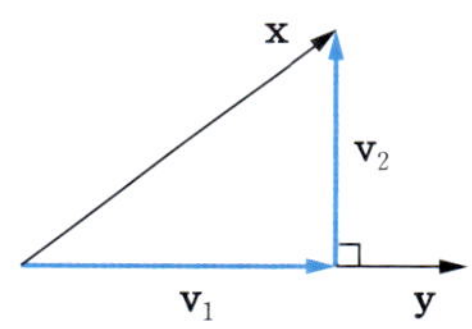

[그림 4-32] 정사영과 벡터성분

$$\mathbf{v}_1 = \operatorname{proj}_{\mathbf{y}} \mathbf{x} \tag{4.18}$$

이때 벡터 $\mathbf{v}_2$를 $\mathbf{y}$에 수직인 $\mathbf{x}$의 **벡터성분**vector component이라고 한다. 따라서 $\mathbf{y}$에 수직인 $\mathbf{x}$의 벡터성분 $\mathbf{v}_2$는 다음과 같이 나타낼 수 있다.

$$\mathbf{v}_2 = \mathbf{x} - \mathbf{v}_1 = \mathbf{x} - \operatorname{proj}_{\mathbf{y}} \mathbf{x} \tag{4.19}$$

정리 4-15 정사영

$\mathbb{R}^3$의 벡터 $\mathbf{x}$, $\mathbf{y} \neq 0$에 대하여 $\mathbf{u} = \dfrac{\mathbf{y}}{|\mathbf{y}|}$일 때, 다음이 성립한다.

(1) $\operatorname{proj}_{\mathbf{y}} \mathbf{x} = (\mathbf{x} \cdot \mathbf{u})\mathbf{u}$ (2) $|\operatorname{proj}_{\mathbf{y}} \mathbf{x}| = |\mathbf{x} \cdot \mathbf{u}|$

증명

(1) $\mathbf{v}_1$, $\mathbf{v}_2$를 각각 $\mathbf{y}$ 위로의 $\mathbf{x}$의 정사영과 $\mathbf{y}$에 수직인 $\mathbf{x}$의 벡터성분이라고 하자. $\mathbf{v}_1$은 $\mathbf{y}$와 평행하므로 $\mathbf{v}_1 = k\mathbf{y}$(단, $k \in \mathbb{R}$)라고 하면

$$\mathbf{x} = \mathbf{v}_1 + \mathbf{v}_2 = k\mathbf{y} + \mathbf{v}_2$$

이고, $\mathbf{v}_2$는 $\mathbf{y}$와 수직이므로 $\mathbf{v}_2 \cdot \mathbf{y} = 0$이다. 따라서

$$\mathbf{x} \cdot \mathbf{y} = (k\mathbf{y} + \mathbf{v}_2) \cdot \mathbf{y} = k|\mathbf{y}|^2 + \mathbf{v}_2 \cdot \mathbf{y} = k|\mathbf{y}|^2 \quad \Rightarrow \quad k = \frac{\mathbf{x} \cdot \mathbf{y}}{|\mathbf{y}|^2}$$

따라서 $\mathbf{u} = \dfrac{\mathbf{y}}{|\mathbf{y}|}$라고 하면 다음이 성립한다.

$$\text{proj}_{\mathbf{y}} \mathbf{x} = \mathbf{v}_1 = \frac{\mathbf{x} \cdot \mathbf{y}}{|\mathbf{y}|^2} \mathbf{y} = \left(\mathbf{x} \cdot \frac{\mathbf{y}}{|\mathbf{y}|}\right) \frac{\mathbf{y}}{|\mathbf{y}|} = (\mathbf{x} \cdot \mathbf{u})\mathbf{u}$$

(2) $\mathbf{u}$가 단위벡터이므로 다음이 성립한다.

$$|\text{proj}_{\mathbf{y}} \mathbf{x}| = |(\mathbf{x} \cdot \mathbf{u})\mathbf{u}| = |\mathbf{x} \cdot \mathbf{u}||\mathbf{u}| = |\mathbf{x} \cdot \mathbf{u}|$$

■

예제 4-31

두 벡터 $\mathbf{x} = (2, 3, -1)$, $\mathbf{y} = (-2, 1, -4)$에 대하여 $\mathbf{y}$ 위로의 $\mathbf{x}$의 정사영 $\text{proj}_{\mathbf{y}}\mathbf{x}$와 $\mathbf{y}$에 수직인 $\mathbf{x}$의 벡터성분 $\mathbf{v}_2$를 구하라.

풀이

벡터 $\mathbf{y}$의 단위벡터를 구하면 $|\mathbf{y}| = \sqrt{21}$이므로 $\mathbf{u} = \dfrac{\mathbf{y}}{|\mathbf{y}|} = \dfrac{1}{\sqrt{21}}(-2, 1, -4)$이다. 그리고 $\mathbf{x} \cdot \mathbf{u} = \dfrac{3}{\sqrt{21}}$이므로 $\mathbf{y}$ 위로의 $\mathbf{x}$의 정사영을 구하면 다음과 같다.

$$\text{proj}_{\mathbf{y}} \mathbf{x} = (\mathbf{x} \cdot \mathbf{u})\mathbf{u} = \frac{3}{21}(-2, 1, -4) = \left(-\frac{2}{7}, \frac{1}{7}, -\frac{4}{7}\right)$$

한편 $\mathbf{y}$에 수직인 $\mathbf{x}$의 벡터성분 $\mathbf{v}_2$를 구하면 다음과 같다.

$$\begin{aligned}\mathbf{v}_2 = \mathbf{x} - \text{proj}_{\mathbf{y}} \mathbf{x} &= (2, 3, -1) - \left(-\frac{2}{7}, \frac{1}{7}, -\frac{4}{7}\right) \\ &= \left(\frac{16}{7}, \frac{20}{7}, -\frac{3}{7}\right)\end{aligned}$$

Command Window

: 코딩
```
>> format rat
>> x=[-2 -3 1];y=[2 -1 4];          % 벡터 입력
>> u=1/norm(y)*y;                   % 벡터의 정규화
>> projx=dot(x,u)*u                 % 정사영 계산
>> v2=x-projx                       % y에 수직인 x의 벡터성분 계산
```

```
: 결과
projx =                                          % [예제 4-31]의 결과와 동일
       2/7     -1/7     4/7
v2 =
     -16/7   -20/7     3/7
```

MATLAB 유제

두 벡터 $\mathbf{x}=(3, 4, -2)$, $\mathbf{y}=(2, 5, -4)$에 대하여 $\mathbf{y}$ 위로의 $\mathbf{x}$의 정사영 $\text{proj}_{\mathbf{y}}\mathbf{x}$와, $\mathbf{y}$에 수직인 $\mathbf{x}$의 벡터 성분 $\mathbf{v}_2$를 구하라.

4.5.5 거리문제

이제 $\mathbb{R}^3$에서 벡터의 내적과 외적 그리고 정사영을 이용하여 한 점과 직선 사이의 거리, 한 점과 평면 사이의 거리를 구하는 방법에 대하여 알아보자.

정리 4-16 점과 직선 사이의 거리

$\mathbb{R}^3$의 한 점 P에서 직선 l에 이르는 거리 D는 다음과 같다.

$$D=\frac{1}{|\overrightarrow{QR}|}|\overrightarrow{QR}\times\overrightarrow{QP}|$$

여기서 Q, R은 직선 l 위에 있는 임의의 서로 다른 두 점이다.

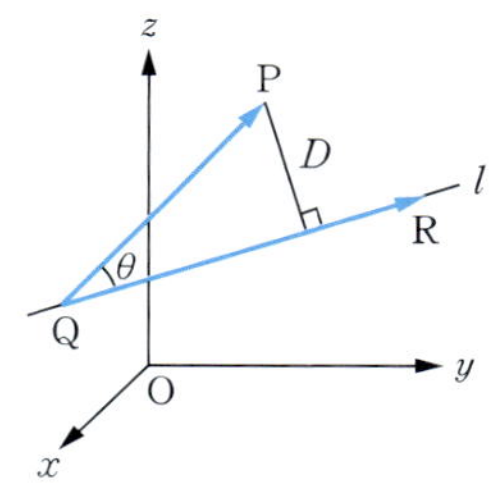

[그림 4-33] 점과 직선 사이의 거리

증명 [그림 4-33]과 같이 Q, R을 직선 l 위에 있는 임의의 서로 다른 두 점이라고 하고, θ를 두 벡터 $\overrightarrow{QR}$과 $\overrightarrow{QP}$가 이루는 각이라고 하자.

그러면

$$D=|\overrightarrow{QP}|\sin\theta$$

이므로

$$\begin{aligned}|\overrightarrow{QR}\times\overrightarrow{QP}|&=|\overrightarrow{QR}||\overrightarrow{QP}|\sin\theta\\&=|\overrightarrow{QR}|\cdot D\end{aligned}$$ [41]

이다. 따라서 거리 D는 다음과 같다.

$$D=\frac{1}{|\overrightarrow{QR}|}|\overrightarrow{QR}\times\overrightarrow{QP}|$$

■

41 $|\mathbf{a}\times\mathbf{b}|=|\mathbf{a}||\mathbf{b}|\sin\theta$

예제 4-32

점 $\mathrm{P}(-1,\ 2,\ 1)$에서 다음 직선 l에 이르는 거리 D를 구하라.

$$\frac{x-2}{2}=\frac{y-3}{1}=\frac{z}{-2}$$

풀이

직선 l 위에 있는 임의의 두 점 $\mathrm{Q}(0,\ 2,\ 2)$, $\mathrm{R}(2,\ 3,\ 0)$을 선택하면

$$\begin{aligned}\overrightarrow{\mathrm{QR}}&=(2,\ 1,\ -2),\\ \overrightarrow{\mathrm{QP}}&=(-1,\ 0,\ -1),\\ |\overrightarrow{\mathrm{QR}}|&=\sqrt{2^2+1^2+(-2)^2}=3,\\ |\overrightarrow{\mathrm{QR}}\times\overrightarrow{\mathrm{QP}}|&=|(-1,\ 4,\ 1)|=3\sqrt{2}\end{aligned}$$

이다. 따라서 다음을 얻을 수 있다.

$$\begin{aligned}D&=\frac{1}{|\overrightarrow{\mathrm{QR}}|}|\overrightarrow{\mathrm{QR}}\times\overrightarrow{\mathrm{QP}}|\\ &=\frac{1}{3}\cdot 3\sqrt{2}=\sqrt{2}\end{aligned}$$

Command Window

: 코딩

```
>> P=[1 -2 1];Q=[0 2 2];R=[2 3 0];          % 점 P, Q, R 입력
>> QR=R-Q;QP=P-Q;                            % QR, QP 생성
>> d=1/norm(QR)*norm(cross(QR,QP))           % 직선에 이르는 거리 계산
```

: 결과

```
d =                                          % [예제 4-32]의 결과와 동일
   1.4142
```

MATLAB 유제

점 $\mathrm{P}(0,\ 3,\ -4)$에서 다음 직선 l에 이르는 거리 D를 구하라.

$$\frac{x+6}{-3}=\frac{y-5}{-5}=\frac{z+2}{2}$$

마지막으로 점과 평면 사이의 거리를 구하는 방법에 대하여 알아보자.

정리 4-17 점과 평면 사이의 거리

점 $P_0(x_0, y_0, z_0)$와 평면 $\pi : ax+by+cz+d=0$ 사이의 거리 D는 다음과 같다.

$$D = \frac{|ax_0+by_0+cz_0+d|}{\sqrt{a^2+b^2+c^2}}$$

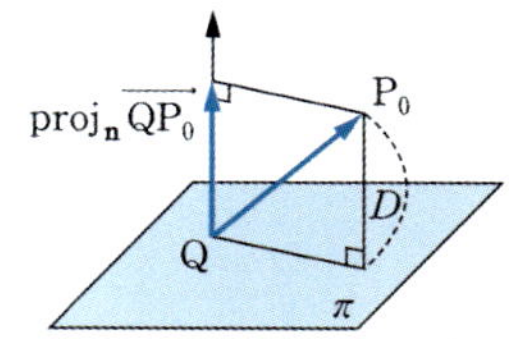

[그림 4-34] 점과 평면 사이의 거리

증명 $Q(x_1, y_1, z_1)$를 평면 π 위의 임의의 점이라고 하고 $\mathbf{n}=(a, b, c)$라고 하면 $\mathbf{n}$은 평면 π의 법선벡터이다. [그림 4-34]와 같이 벡터 $\mathbf{n}$을 시점이 Q가 되도록 놓으면 구하려는 거리 D는 $|\text{proj}_{\mathbf{n}}\overrightarrow{QP_0}|$와 같다.

따라서 정사영벡터의 성질에 의해

$$D = |\text{proj}_{\mathbf{n}}\overrightarrow{QP_0}| = |\overrightarrow{QP_0}\cdot\mathbf{u}| \quad \left(\text{단, } \mathbf{u}=\frac{\mathbf{n}}{|\mathbf{n}|}\right)$$

이다. 여기서

$$\overrightarrow{QP_0}=(x_0-x_1, y_0-y_1, z_0-z_1), \quad \mathbf{u}=\frac{\mathbf{n}}{|\mathbf{n}|}=\frac{(a, b, c)}{\sqrt{a^2+b^2+c^2}}$$

이고, 점 Q가 평면 π 위에 있으므로 $ax_1+by_1+cz_1=-d$로부터

$$\begin{aligned}\overrightarrow{QP_0}\cdot\mathbf{n} &= a(x_0-x_1)+b(y_0-y_1)+c(z_0-z_1)\\ &= ax_0+by_0+cz_0-(ax_1+by_1+cz_1)\\ &= ax_0+by_0+cz_0+d\end{aligned}$$

이다. 따라서 거리 D는 다음과 같다.

$$\begin{aligned}D &= |\overrightarrow{QP_0}\cdot\mathbf{u}|\\ &= \frac{|\overrightarrow{QP_0}\cdot\mathbf{n}|}{|\mathbf{n}|}\\ &= \frac{|ax_0+by_0+cz_0+d|}{\sqrt{a^2+b^2+c^2}}\end{aligned}$$

예제 4-33

다음을 구하라.

(a) 점 $P(7, -3, 4)$에서 평면 $3x-2y+z-3=0$에 이르는 거리

(b) 두 평면 $2x+4y-4z=7$, $-x-2y+2z=-3$ 사이의 거리

풀이

(a) [정리 4-17]로부터 다음과 같이 계산한다.

$$D=\frac{|3\cdot 7+(-2)\cdot(-3)+1\cdot 4-3|}{\sqrt{3^2+(-2)^2+1^2}}$$
$$=\frac{28}{\sqrt{14}}$$

(b) 두 평면 $2x+4y-4z=7$, $-x-2y+2z=-3$의 법선벡터는 $(2, 4, -4)$, $(-1, -2, 2)$이고,

$$\frac{2}{-1}=\frac{4}{-2}=\frac{-4}{2}=-2$$

이므로 두 평면은 평행하다. 따라서 두 평면 사이의 거리를 구하려면 한 평면 위의 임의의 점을 선택하여 다른 평면에 이르는 거리를 계산하면 된다. $-x-2y+2z=-3$으로부터 $P_0(3, 0, 0)$을 택하고, 점 $P_0(3, 0, 0)$에서 평면 $2x+4y-4z=7$에 이르는 거리 D를 구하면 다음과 같다.

$$D=\frac{|2\cdot 3+4\cdot 0+(-4)\cdot 0-7|}{\sqrt{2^2+4^2+(-4)^2}}=\frac{1}{6}$$

Command Window

```
: 코딩
>> P=[7 -3 4];n=[3 -2 1];              % [예제 4-33(a)]의 법선벡터
>> D=abs(dot(P,n)-3)/norm(n) 1         % 거리 계산
>> P=[3 0 0];n=[2 4 -4];               % [예제 4-33(b)]의 법선벡터
>> D=abs(dot(P,n)-7)/norm(n)
>> format rat                          % 출력 서식을 분수 형태로 변경
>> D

: 결과
D = 2                                  % [예제 4-33(a)]의 결과와 동일
    7.4833
D =                                    % [예제 4-33(b)]의 결과와 동일
    0.1667
D =
    1/6
```

MATLAB TIP!

1 abs(n) : n의 절댓값을 출력한다.

2 $\frac{28}{\sqrt{14}}=7.4833$

MATLAB 유제

다음을 구하라.

(a) 점 $P(-9, 3, 5)$에서 평면 $4x-\sqrt{2}y+5z-8=0$에 이르는 거리

(b) 두 평면 $-2x+7y-3z=8$, $-2x+7y-3z=5$ 사이의 거리

■ **sqrt 명령어**

sqrt(n) 명령어는 n의 제곱근을 구한다.

```
>> sqrt(303)                              % 제곱근 계산
ans =
     17.406895185529212
```

■ **norm 명령어**

norm 명령어는 벡터의 크기를 구한다. 예를 들어 벡터 x의 크기를 구하려면 norm(x)를 입력한다.

```
>> x=[1 2 3];                             % 벡터 입력
>> norm(x)                                % 벡터 크기 계산
ans =
     3.741657386773941
```

■ **dot 명령어**

dot 명령어는 두 벡터 사이의 내적을 구한다. 또한 내적을 행렬곱으로 계산할 수도 있다. 또한 '(아포스트로피) 기호를 이용하여 $A*B'$와 같은 방식으로 내적을 구할 수도 있다. 예를 들어 벡터 u, v의 내적을 구하려면 dot(u,v)를 입력한다.

```
>> x=[-2 0 3];y=[0 -9 1];
>> dot(x,y)                               % 내적 계산
ans =
      3
```

■ **cross 명령어**

cross 명령어는 벡터 u, v의 외적을 구한다. 예를 들어 벡터 u, v의 외적을 구하려면 cross(u,v)를 입력한다.

```
>> x=[-2 0 3];y=[0 -9 1];
>> cross(x,y)                             % 외적 계산
ans =
     27     2    18
```

Chapter 04 연습문제

4.1 [그림 4-35]와 같은 직육면체의 꼭짓점을 각각 시점과 종점으로 갖는 벡터에 대하여 물음에 답하라.

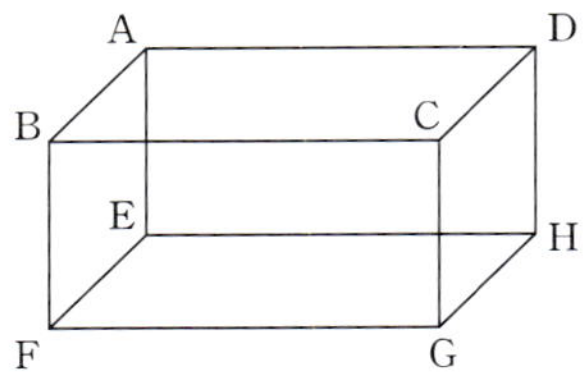

[그림 4-35] [연습문제 4.1]의 직육면체

(a) $\overrightarrow{AB}$와 같은 벡터는 모두 몇 개 있는가?
(b) $\overrightarrow{AD}$와 같은 벡터는 모두 몇 개 있는가?
(c) $\overrightarrow{AB}$와 평행인 벡터는 모두 몇 개 있는가?
(d) $\overrightarrow{AD}$의 음벡터는 모두 몇 개 있는가?
(e) $\overline{FG}=3$, $\overline{GH}=2$, $\overline{CG}=2$일 때, $|\overrightarrow{CE}|$를 구하라.

4.2 다음 벡터와 방향이 같은 단위벡터를 각각 구하라.

(a) $\mathbf{a}=\mathbf{i}+\mathbf{j}+\mathbf{k}$
(b) $\mathbf{a}=(4, -1, 2)$
(c) $\mathbf{a}=3\mathbf{i}+\mathbf{j}$
(d) $\mathbf{a}=(-2, 1, -5)$

4.3 다음 두 벡터의 내적과 외적을 각각 구하라.

(a) $\mathbf{u}=(3, 6, -2)$, $\mathbf{v}=(7, 2, -3)$
(b) $\mathbf{u}=(0, 1, 9)$, $\mathbf{v}=(1, 2, 3)$

4.4 $\mathbf{u}=(2, 3, -1)$, $\mathbf{v}=(0, 3, -2)$, $\mathbf{w}=(2, 6, 8)$일 때 다음을 계산하라.

(a) $\mathbf{u}\times(\mathbf{v}\times\mathbf{w})$
(b) $(\mathbf{u}\times\mathbf{v})\times\mathbf{w}$
(c) $(\mathbf{u}\times\mathbf{v})\times(\mathbf{v}\times\mathbf{w})$
(d) $(\mathbf{u}\times\mathbf{v})\cdot(\mathbf{v}-3\mathbf{w})$

4.5 다음 두 벡터 $\mathbf{u}$, $\mathbf{v}$ 사이의 각을 θ라고 할 때, $\cos\theta$ 값을 구하라.

(a) $\mathbf{u}=(-1, 3)$, $\mathbf{v}=(3, 9)$
(b) $\mathbf{u}=(2, -5)$, $\mathbf{v}=(5, 2)$
(c) $\mathbf{u}=(3, 3, -2)$, $\mathbf{v}=(0, 2, -3)$
(d) $\mathbf{u}=(1, 1, 1)$, $\mathbf{v}=(3, 2, 1)$

4.6 세 벡터 $\mathbf{a}=(3, -2, -5)$, $\mathbf{b}=(1, 4, -4)$, $\mathbf{c}=(0, 3, 2)$로 만들어지는 평행육면체의 부피를 구하라.

4.7 다음 점과 평면 사이의 거리를 구하라.

(a) $(-3, 1, 2)$, $4x+3y-z+4=0$

(b) $(2, 5, 1)$, $4x+y+2z+2=0$

4.8 세 점 $(-1, 2, 3)$, $(1, -2, 3)$, $(1, 2, -3)$을 지나는 평면의 방정식을 구하라.

4.9 두 평면 $2x-5y+z-8=0$, $-4x+y-3z-1=0$의 교선의 방정식을 구하라.

4.10 세 점 $P(1, 2, -3)$, $Q(1, 6, 2)$, $R(7, 14, 11)$은 동일한 직선 위에 있는가?

4.11 점 $(2, 3, -1)$을 지나며 벡터 $2\mathbf{i}-3\mathbf{j}+\mathbf{k}$에 수직인 평면의 방정식을 구하라.

4.12 원점을 지나며 평면 $-6x+2y-3z-6=0$에 나란한 평면의 방정식을 구하라.

4.13 $\mathbf{x}=(2, -1, 3)$, $\mathbf{y}=(4, -1, 2)$에 대하여 $\mathbf{y}$ 위로의 $\mathbf{x}$의 정사영 $\text{proj}_{\mathbf{y}}\mathbf{x}$와, $\mathbf{y}$에 수직인 $\mathbf{x}$의 벡터 성분 $\mathbf{v}_2$를 구하라.

4.14 점 $(3, -8, -1)$과 직선 $\dfrac{x+7}{2}=\dfrac{y-9}{-5}=\dfrac{z+3}{8}$ 사이의 거리를 구하라.

4.15 점 $(2, -1, 0)$에서 직선 $x=1+t$, $y=3-t$, $z=2t$에 이르는 거리를 구하라.

4.16 점 $(3, 5, -7)$과 평면 $2x-y+7z-3=0$ 사이의 거리를 구하라.

4.17 스칼라 c, k와 좌표평면 $\mathbb{R}^2$나 좌표공간 $\mathbb{R}^3$ 위의 세 벡터 $\mathbf{u}$, $\mathbf{v}$, $\mathbf{w}$에 대하여 다음이 성립함을 증명하라.

(a) $\mathbf{u}+\mathbf{v}=\mathbf{v}+\mathbf{u}$

(b) $\mathbf{u}+(\mathbf{v}+\mathbf{w})=(\mathbf{u}+\mathbf{v})+\mathbf{w}$

(c) $\mathbf{u}+\mathbf{0}=\mathbf{0}+\mathbf{u}$

(d) $\mathbf{u}-\mathbf{u}=\mathbf{u}+(-\mathbf{u})=\mathbf{0}$

(e) $1\mathbf{u}=\mathbf{u}$

(f) $(ck)\mathbf{u}=c(k\mathbf{u})+k(c\mathbf{u})$

(g) $(c+k)\mathbf{u}=c\mathbf{u}+k\mathbf{u}$

(h) $c(\mathbf{u}+\mathbf{v})=c\mathbf{u}+c\mathbf{v}$

4.18 좌표공간 $\mathbb{R}^3$ 위에 세 벡터 $\mathbf{u}=(u_1, u_2, u_3)$, $\mathbf{v}=(v_1, v_2, v_3)$, $\mathbf{w}=(w_1, w_2, w_3)$에 대하여 다음이 성립함을 보여라.

$$(\mathbf{u}+\mathbf{v})\cdot\mathbf{w}=\mathbf{u}\cdot\mathbf{w}+\mathbf{v}\cdot\mathbf{w}$$

4.19 벡터 $\mathbf{z}$가 $\mathbf{x}$, $\mathbf{y}$와 각각 직교하면 $\mathbf{z}$는 벡터 $a\mathbf{x}+b\mathbf{y}$(단, a, $b\in\mathbb{R}$)와 직교함을 증명하라.

4.20 좌표공간 $\mathbb{R}^3$ 위의 벡터 $\mathbf{x}$에 대하여 등식 $\mathbf{x}=(\mathbf{x}\cdot\mathbf{i})\mathbf{i}+(\mathbf{x}\cdot\mathbf{j})\mathbf{j}+(\mathbf{x}\cdot\mathbf{k})\mathbf{k}$가 성립함을 증명하라.

4.21 등식 $|\mathbf{u}+\mathbf{v}|^2+|\mathbf{u}-\mathbf{v}|^2=2|\mathbf{u}|^2+2|\mathbf{v}|^2$을 증명하라.

4.22 $\mathbb{R}^3$의 벡터 $\mathbf{x}$, $\mathbf{y}$, $\mathbf{z}$에 대하여 다음 등식이 성립함을 증명하라.

(a) $\mathbf{x}\times(\mathbf{y}\times\mathbf{z})=(\mathbf{x}\cdot\mathbf{z})\mathbf{y}-(\mathbf{x}\cdot\mathbf{y})\mathbf{z}$　　(b) $(\mathbf{x}\times\mathbf{y})\times\mathbf{z}=(\mathbf{x}\cdot\mathbf{z})\mathbf{y}-(\mathbf{y}\cdot\mathbf{z})\mathbf{x}$

4.23 네 벡터 $\mathbf{a}$, $\mathbf{b}$, $\mathbf{c}$, $\mathbf{d}$가 같은 평면 위에 있으면 $(\mathbf{a}\times\mathbf{b})\times(\mathbf{c}\times\mathbf{d})=\mathbf{0}$임을 증명하라.

4.24 임의의 $\mathbf{x}$, $\mathbf{y}\in\mathbb{R}^n$(단, $\mathbf{x}\neq\mathbf{0}$)에 대하여 코시-슈바르츠 부등식의 등호가 성립할 필요충분조건은 $\mathbf{x}$와 $\mathbf{y}$가 평행임을 설명하라.

4.25 두 벡터 $\mathbf{x}=(3, 0, 1, 0, 4, -1)$, $\mathbf{y}=(-2, 5, 0, 2, -3, -18)$이 수직임을 밝히고 피타고라스 정리가 성립함을 확인하라.

4.26 등식 $\mathbf{x}\cdot\mathbf{y}=\frac{1}{4}|\mathbf{x}+\mathbf{y}|^2-\frac{1}{4}|\mathbf{x}-\mathbf{y}|^2$을 증명하라.

Chapter

05

벡터공간

Vector Spaces

학습목표

- 벡터공간과 부분공간의 기본적인 개념을 이해한다.
- 벡터의 일차독립과 일차종속을 이해한다.
- 부분공간의 기저와 차원을 구할 수 있다.
- 행렬의 계수를 이해하고, 그 성질을 이용하여 여러 가지 문제를 해결할 수 있다.
- 좌표벡터와 추이행렬을 이해할 수 있다.
- $\mathbb{R}^n$에서 내적과 정사영을 이용하여 정규직교기저를 만들 수 있다.
- 벡터공간의 성질을 활용하여 다양한 문제를 해결할 수 있다.

앞 장에서 우리는 $\mathbb{R}^2$와 $\mathbb{R}^3$의 벡터를 $\mathbb{R}^n$의 벡터로 확장하였다. 이 장에서는 벡터의 개념을 한층 더 일반화한다. 이 장에서 다룰 일반화된 벡터는 그림으로 확인하기 힘든 경우가 대부분이므로 수학적 추상화가 필요하다. 추상화된 벡터는 $\mathbb{R}^2$와 $\mathbb{R}^3$의 벡터가 가지고 있던 여러 가지 성질에 근거를 두고 있다. 따라서 행렬이나 함수와 같은 새로운 벡터에 대한 문제를 해결할 때, 그 문제가 $\mathbb{R}^2$와 $\mathbb{R}^3$의 벡터의 어떤 것과 비슷한지를 유추하면 쉽게 해결할 수 있다.

이 장에서는 특히 벡터공간의 구조에서 가장 중요한 기저의 성질을 이용하여 부분공간의 차원을 정의하고, 동차연립일차방정식의 해의 존재성과 해공간의 기저를 알아본다. 또 기저의 응용인 좌표벡터와 일반기저를 정규직교기저로 만드는 과정을 알아본다. 벡터공간의 활용에서는 QR-분해에 대하여 알아본다.

5.1 벡터공간과 부분공간

우리는 4장에서 $\mathbb{R}^n$의 벡터에 대하여 성립하는 여러 성질을 다루었다. 이제 벡터의 개념을 더욱 일반화하여 벡터를 정의해 보자. 이때 수학적 규칙을 만족하는 원소들의 집합을 벡터공간이라고 하고, 그 집합의 원소를 벡터라고 할 것이다. $\mathbb{R}^2$ 및 $\mathbb{R}^3$에서와 다르게 이 절에서 다루는 대부분의 벡터는 그림으로 그릴 수 없으므로 수학적 상상력이 필요하다. 이 절에서는 실수 상에서의 벡터공간과 부분공간을 정의하고 부분공간의 성질에 대하여 알아보자.

5.1.1 벡터공간

먼저 벡터공간을 정의하고, 벡터공간의 예를 알아보자. 집합 $V(\neq \varnothing)$에서 두 연산 **합**addition '+'와 **스칼라 배**scalar multiplication '·'이 정의된다고 할 때, V의 두 원소 $\mathbf{x}$, $\mathbf{y}$와 스칼라 k에 대하여 $\mathbf{x}$와 $\mathbf{y}$의 합은 $\mathbf{x}+\mathbf{y}$, k와 $\mathbf{x}$의 스칼라 배는 $k\mathbf{x}$와 같이 쓰기로 한다.

벡터의 합과 스칼라 배에 대하여 V의 원소들이 다음 여덟 개의 연산법칙을 만족한다고 할 때, 집합 V를 **벡터공간**vector space이라고 하고 벡터공간 V의 원소를 **벡터**vector라고 한다.[1]

(1) V 위에 합이 정의되어 있다.

$$\mathbf{x},\ \mathbf{y} \in V \quad \Rightarrow \quad \mathbf{x}+\mathbf{y} \in V$$

그리고 $\mathbf{x}$, $\mathbf{y}$, $\mathbf{z} \in V$에 대하여 다음이 성립한다.

- A1 : $\mathbf{x}+\mathbf{y}=\mathbf{y}+\mathbf{x}$
- A2 : $(\mathbf{x}+\mathbf{y})+\mathbf{z}=\mathbf{x}+(\mathbf{y}+\mathbf{z})$
- A3 : 모든 $\mathbf{x} \in V$에 대하여 $\mathbf{x}+\mathbf{0}=\mathbf{x}=\mathbf{0}+\mathbf{x}$를 만족하는 원소 $\mathbf{0}$이 V에 단 하나 존재한다.
- A4 : V의 각 원소 $\mathbf{x}$에 대하여 $\mathbf{x}+(-\mathbf{x})=\mathbf{0}=(-\mathbf{x})+\mathbf{x}$를 만족하는 $-\mathbf{x}$가 V에 단 하나 존재한다.[2]

(2) V 위에 스칼라 배가 정의되어 있다. 즉 임의의 스칼라 k에 대하여 다음이 성립한다.

1 벡터공간은 특별한 성질을 만족하는 벡터들이 만드는 추상적인 공간이고, 공간벡터는 실수의 2차원 평면 또는 3차원 공간에 있는 벡터를 말한다. 예를 들어 공간벡터를 모두 모으면 벡터공간이 된다.

2 A는 벡터의 덧셈을 의미하는 Addition의 머리글자이고, SM은 스칼라 곱을 뜻하는 Scalar Multiplication의 머리글자이다.

$$\mathbf{x} \in V \implies k\mathbf{x} \in V$$

그리고 스칼라 h, k에 대하여 다음이 성립한다.

- SM1 : $k(\mathbf{x}+\mathbf{y}) = k\mathbf{x} + k\mathbf{y}$
- SM2 : $(h+k)\mathbf{x} = h\mathbf{x} + k\mathbf{x}$
- SM3 : $(hk)\mathbf{x} = h(k\mathbf{x}) = k(h\mathbf{x})$
- SM4 : $1\mathbf{x} = \mathbf{x}$

3 복소수는 8장에서 자세하게 다룬다. 실 벡터공간을 충분히 이해하면 일반적인 복소벡터공간에 대하여 잘 이해할 수 있으므로 이 책에서는 실 벡터공간을 다룬다.

여기서 벡터공간은 정해진 조건을 만족하는 집합이고, 벡터는 이 집합의 원소를 의미한다. 따라서 이 절에서 다루는 벡터는 크기와 방향을 갖는 물리적인 대상만 지칭하진 않는다. 특히 스칼라를 실수로 제한하면 V는 $\mathbb{R}$ 상의 벡터공간으로 **실 벡터공간**real vector space이라고 하고, 스칼라를 복소수로 확장하는 경우 $\mathbb{C}$ 상의 벡터공간을 **복소벡터공간**complex vector space이라고 부른다.[3]

이제 실 벡터공간의 몇 가지 예를 살펴보자.

4 $\mathbb{R}^n = \left\{ \begin{bmatrix} x_1 \\ x_2 \\ \vdots \\ x_n \end{bmatrix} \mid x_i \in \mathbb{R},\ i = 1, 2, \cdots, n \right\}$

❶ $V = \mathbb{R}^n$인 벡터공간[4]

$\mathbb{R}^n$의 벡터

$$\mathbf{x} = \begin{bmatrix} x_1 \\ x_2 \\ \vdots \\ x_n \end{bmatrix}, \quad \mathbf{y} = \begin{bmatrix} y_1 \\ y_2 \\ \vdots \\ y_n \end{bmatrix}$$

과 스칼라 k에 대하여 두 벡터의 합 $\mathbf{x}+\mathbf{y}$와 스칼라 배 $k\mathbf{x}$를 각각

$$\mathbf{x}+\mathbf{y} = \begin{bmatrix} x_1+y_1 \\ x_2+y_2 \\ \vdots \\ x_n+y_n \end{bmatrix}, \quad k\mathbf{x} = \begin{bmatrix} kx_1 \\ kx_2 \\ \vdots \\ kx_n \end{bmatrix}$$

과 같이 정의하면 $\mathbb{R}^n$은 이 연산에 대한 벡터공간이다. 이 연산을 $\mathbb{R}^n$의 **표준연산**이라고 한다. 특히 $\mathbb{R}^n$에서 다음이 성립함을 쉽게 알 수 있다.

$$0\mathbf{x} = \mathbf{0}, \quad k\mathbf{0} = \mathbf{0}, \quad (-1)\mathbf{x} = -\mathbf{x}$$

$$k\mathbf{x} = \mathbf{0} \iff k = 0 \text{ 또는 } \mathbf{x} = \mathbf{0}$$

❷ 영 벡터공간

집합 $V = \{\mathbf{0}\}$에서 스칼라 k에 대한 덧셈과 스칼라 배를 각각

$$\mathbf{0}+\mathbf{0} = \mathbf{0}, \quad k\mathbf{0} = \mathbf{0}$$

과 같이 정의하면 V는 이 연산에 대한 벡터공간이다. 이 벡터공간을 **영 벡터공간**zero vector space이라고 한다.

③ 차수가 n인 다항함수의 벡터공간

집합 P_n을 계수가 실수인 n차 이하의 다항식 전체의 집합이라고 하자. 즉

$$P_n = \{\mathrm{p}(t) = a_0 + a_1 t + a_2 t^2 + \cdots + a_n t^n \mid a_0,\ a_1,\ \cdots,\ a_n \in \mathbb{R}\}$$

$$\mathrm{p}(t) = a_0 + a_1 t + \cdots + a_n t^n,\quad \mathrm{q}(t) = b_0 + b_1 t + \cdots + b_n t^n \in P_n$$

과 스칼라 $k \in \mathbb{R}$에 대하여 덧셈과 스칼라 배를 각각

$$\mathrm{p}(t) + \mathrm{q}(t) = (a_0 + b_0) + (a_1 + b_1)t + \cdots + (a_n + b_n)t^n$$

$$k\mathrm{p}(t) = (ka_0) + (ka_1)t + \cdots + (ka_n)t^n$$

으로 정의하면, P_n은 이 연산에 대하여 벡터공간이다. 이 벡터공간을 **다항함수의 벡터공간**polynomial vector space이라고 한다.

④ $m \times n$ 행렬의 집합 $M_{mn}(\mathbb{R})$[5]

$A,\ B \in M_{mn}$에 대하여

$$A = \begin{bmatrix} a_{11} & a_{12} & \cdots & a_{1n} \\ a_{21} & a_{22} & \cdots & a_{2n} \\ \vdots & \vdots & & \vdots \\ a_{m1} & a_{m2} & \cdots & a_{mn} \end{bmatrix},\quad B = \begin{bmatrix} b_{11} & b_{12} & \cdots & b_{1n} \\ b_{21} & b_{22} & \cdots & b_{2n} \\ \vdots & \vdots & & \vdots \\ b_{m1} & b_{m2} & \cdots & b_{mn} \end{bmatrix}$$

이라고 할 때, 스칼라 k에 대하여 다음과 같이 정의하자.

$$A + B = \begin{bmatrix} a_{11}+b_{11} & a_{12}+b_{12} & \cdots & a_{1n}+b_{1n} \\ a_{21}+b_{21} & a_{22}+b_{22} & \cdots & a_{2n}+b_{2n} \\ \vdots & \vdots & & \vdots \\ a_{m1}+b_{m1} & a_{m2}+b_{m2} & \cdots & a_{mn}+b_{mn} \end{bmatrix} \in M_{mn},$$

$$kA = \begin{bmatrix} ka_{11} & ka_{12} & \cdots & ka_{1n} \\ ka_{21} & ka_{22} & \cdots & ka_{2n} \\ \vdots & \vdots & & \vdots \\ ka_{m1} & ka_{m2} & \cdots & ka_{mn} \end{bmatrix} \in M_{mn}$$

[정리 2-1]에 의해 M_{mn}은 여덟 개의 연산법칙(A1~A4, SM1~SM4)을 모두 만족한다. 따라서 M_{mn}은 벡터공간이다. 이 벡터공간을 **행렬 벡터공간**matrix vector space이라고 한다.[6]

5 간단히 M_{mn}으로 나타낸다.

6 행렬 벡터공간을 행렬공간이라고도 한다.

예제 5-1

V를 실직선 $(-\infty, \infty)$ 전체에서 정의된 실숫값 함수 $\mathbf{f}=f(x)$의 집합이라고 하자. 이때 V는 다음과 같이 덧셈과 스칼라 배에 대하여 벡터공간임을 보여라.

$$\mathbf{f}+\mathbf{g}=f(x)+g(x)=(f+g)(x)$$
$$k\mathbf{f}=(k\mathbf{f})(x)=k\cdot f(x)$$

풀이

두 함수 $\mathbf{f}=f(x)$, $\mathbf{g}=g(x)$에 대하여

$$\mathbf{f}+\mathbf{g}=f(x)+g(x)=(f+g)(x)$$
$$k\mathbf{f}=(k\mathbf{f})(x)=k\cdot f(x)$$

이므로 $\mathbf{f}+\mathbf{g}\in V$, $k\mathbf{f}\in V$이다. 즉 벡터공간의 기본법칙 **(1)**, **(2)**가 성립한다. 이제 A1~A4, SM1~SM4를 확인해 보자.

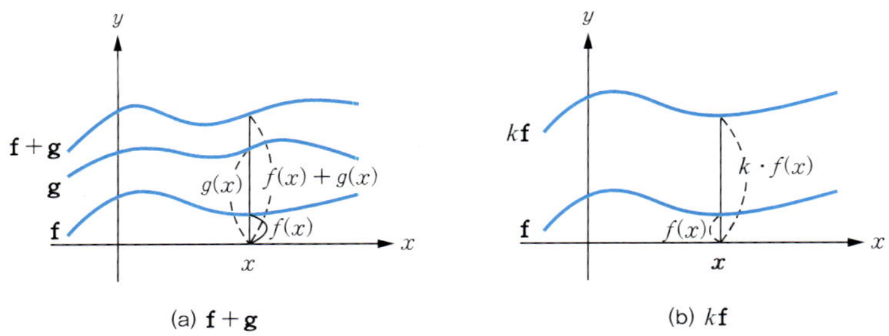

[그림 5-1] **함수의 합과 스칼라 배**

- A1 : 두 원소 $\mathbf{f}$, $\mathbf{g}$에 대하여

$$\mathbf{f}+\mathbf{g}=(f+g)(x)=f(x)+g(x)=g(x)+f(x)=(g+f)(x)=\mathbf{g}+\mathbf{f}$$

이므로 $\mathbf{f}+\mathbf{g}=\mathbf{g}+\mathbf{f}$가 성립한다.

- A2 : 세 원소 $\mathbf{f}$, $\mathbf{g}$, $\mathbf{h}$에 대하여

$$\begin{aligned}(\mathbf{f}+\mathbf{g})+\mathbf{h}&=[(f+g)+h](x)\\&=(f+g)(x)+h(x)=\{f(x)+g(x)\}+h(x)\\&=f(x)+g(x)+h(x)=f(x)+\{g(x)+h(x)\}\\&=f(x)+(g+h)(x)=[f+(g+h)](x)\\&=\mathbf{f}+(\mathbf{g}+\mathbf{h})\end{aligned}$$

이므로 $(\mathbf{f}+\mathbf{g})+\mathbf{h}=\mathbf{f}+(\mathbf{g}+\mathbf{h})$가 성립한다.

- A3 : 영 함수 $\mathbf{0}=0(x)=0$에 대하여

$$\mathbf{f}+\mathbf{0}=(f+0)(x)=f(x)+0(x)=f(x)=0(x)+f(x)=(0+f)(x)=f(x)=\mathbf{f}$$

이므로 $\mathbf{0}$은 덧셈 항등원이다.

• A4 : 0은 상수함수로 원점을 지나는 수평직선이고 연속이며 $(-f)(x) = -f(x)$이므로

$$\mathbf{f} + (-\mathbf{f}) = (-\mathbf{f}) + \mathbf{f} = 0$$

• SM1 : 스칼라 k에 대하여

$$\begin{aligned} k(\mathbf{f} + \mathbf{g}) &= [k(f+g)](x) = k(f+g)(x) \\ &= kf(x) + kg(x) = (kf+kg)(x) \\ &= k\mathbf{f} + k\mathbf{g} \end{aligned}$$

이므로 $k(\mathbf{f}+\mathbf{g}) = k\mathbf{f} + k\mathbf{g}$가 성립한다.

• SM2 : 스칼라 h, k에 대하여

$$(h+k)\mathbf{f} = [(h+k)f](x) = (h+k)f(x) = hf(x) + kf(x) = (hf+kf)(x) = h\mathbf{f} + k\mathbf{f}$$

이므로 $(h+k)\mathbf{f} = h\mathbf{f} + k\mathbf{f}$가 성립한다.

• SM3 : 스칼라 h, k에 대하여

$$h(k\mathbf{f}) = [h(kf)](x) = h(kf)(x) = (hk)f(x) = [(hk)f](x) = (hk)\mathbf{f}$$

이므로 $h(k\mathbf{f}) = (hk)\mathbf{f}$가 성립한다.

• SM4 : 스칼라 1에 대하여

$$1\mathbf{f} = (1f)(x) = 1f(x) = f(x) = \mathbf{f}$$

이므로 V는 벡터공간이다.

예제 5-2

[그림 5-2]와 같이 $\mathbb{R}^3$에서 원점을 지나는 평면 위의 점의 집합이 벡터공간임을 보여라.

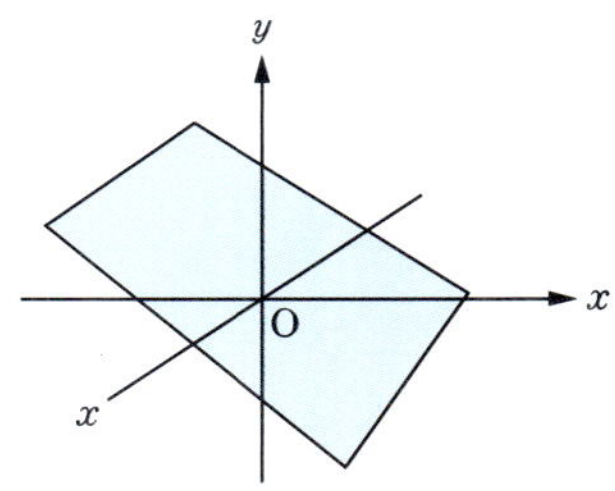

[그림 5-2] **원점을 지나는 평면**

풀이

평면 $ax+by+cz+d=0$이 원점 $(0, 0, 0)$을 지나면 $a \cdot 0 + b \cdot 0 + c \cdot 0 + d = 0$이므로 $d=0$이다. 즉 원점을 지나는 평면은 $ax+by+cz=0$이다. 이때 V를

$$V = \{(x, y, z) \mid ax+by+cz=0\}$$

이라고 하면 $\mathbf{u} = (x_1, y_1, z_1)$, $\mathbf{v} = (x_2, y_2, z_2) \in V$에 대하여

$$\mathbf{u} + \mathbf{v} = (x_1+x_2, y_1+y_2, z_1+z_2) \tag{5.1}$$

이므로

$$a(x_1+x_2) + b(y_1+y_2) + c(z_1+z_2) = (ax_1+by_1+cz_1) + (ax_2+by_2+cz_2) = 0$$

즉 $\mathbf{u}+v \in V$이다.

스칼라 k에 대하여

$$k\mathbf{u}=k(x_1,\ y_1,\ z_1)=(kx_1,\ ky_1,\ kz_1)$$

이므로

$$a(kx_1)+b(ky_1)+c(kz_1)=k(ax_1+by_1+cz_1)=k\cdot 0=0 \tag{5.2}$$

즉 $k\mathbf{u}\in V$이다. 따라서 벡터공간의 공리 **(1)**과 **(2)**를 만족한다.

- A1 : $\mathbf{u}+\mathbf{v}=(x_1+x_2,\ y_1+y_2,\ z_1+z_2)=(x_2+x_1,\ y_2+y_1,\ z_2+z_1)=\mathbf{v}+\mathbf{u}$
- A4 : $ax_1+by_1+cz_1=0$의 양변에 -1을 곱하면

$$a(-x_1)+b(-y_1)+c(-z_1)=0$$

  이므로 $-\mathbf{u}=(-x_1,\ -y_1,\ -z_1)\in V$이다.
- SM1 : 식 (5.1)과 (5.2)에 의해 $k(\mathbf{u}+\mathbf{v})=k\mathbf{u}+k\mathbf{v}$이다.
- SM4 : 식 (5.2)에 의해 $1\mathbf{u}=\mathbf{u}$이다.

마찬가지 방법으로 A2, A3, SM2, SM3도 쉽게 밝힐 수 있다. 따라서 V는 벡터공간이다.

예제 5-3

집합 l_0, l_1을 각각 직선 $y=3x$, $y=3x+1$ 위의 점의 집합이라고 하자. l_0, l_1에서의 덧셈과 스칼라 배를 각각 $\mathbb{R}^2$에서 표준연산으로 정의할 때, l_0는 벡터공간이지만 l_1은 벡터공간이 아님을 보여라.

$$l_0=\left\{\begin{bmatrix} x \\ y \end{bmatrix}\in\mathbb{R}^2\,|\,3x-y=0\right\}$$

$$l_1=\left\{\begin{bmatrix} x \\ y \end{bmatrix}\in\mathbb{R}^2\,|\,3x-y+1=0\right\}$$

풀이

❶ 집합 l_0의 경우

(i) 덧셈 : $\mathbf{x}=(x_1,\ x_2)$, $\mathbf{y}=(y_1,\ y_2)\in l_0$이면 $3x_1-x_2=0$, $3y_1-y_2=0$이고 $\mathbf{x}+\mathbf{y}=(x_1+y_1,\ x_2+y_2)$이다. 따라서

$$3(x_1+y_1)-(x_2+y_2)=(3x_1-x_2)+(3y_1-y_2)=0$$

이므로 $\mathbf{x}+\mathbf{y}\in l_0$이다.

(ii) 스칼라 배 : $\mathbf{x}=(x_1,\ x_2)\in l_0$, $k\in\mathbb{R}$ 이면 $3x_1-x_2=0$이고 $k\mathbf{x}=(kx_1,\ kx_2)$이다. 따라서

$$3(kx_1)-kx_2=k(3x_1-x_2)=0$$

이므로 $k\mathbf{x}\in l_0$이다.

그리고 집합 l_0에서 나머지 여덟 개의 연산법칙(A1~A4, SM1~SM4)이 성립하는 것은 쉽게 보일 수 있다. 따라서 l_0는 이 연산에 대하여 벡터공간이며, 이때 벡터는 직선 $y=3x$ 위에 있는 점이다.

❷ **집합 l_1의 경우**

(i) 덧셈 : $\mathbf{x}=(x_1, x_2)$, $\mathbf{y}=(y_1, y_2)\in l_1$이면 $3x_1-x_2+1=0$, $3y_1-y_2+1=0$이고 $\mathbf{x}+\mathbf{y}=(x_1+y_1, x_2+y_2)$이다. 그런데

$$3(x_1+y_1)-(x_2+y_2)+1=(3x_1-x_2+1)+(3y_1-y_2+1)-1=-1$$

이므로 $\mathbf{x}+\mathbf{y}\notin l_1$이다. 따라서 l_1은 이 연산에 대하여 벡터공간이 아니다.

[예제 5-3]에서 l_0는 벡터공간 $\mathbb{R}^2$의 부분집합이며 벡터공간이다. 이와 같이 한 벡터공간은 또 다른 벡터공간을 포함하고 있을 수 있다. 즉 한 집합에 대하여 그 부분집합을 생각할 수 있듯이 벡터공간에서도 부분공간을 생각할 수 있다.

5.1.2 부분공간

V를 벡터공간이라고 하고 $W(\neq\varnothing)$를 V의 부분집합이라고 하자. 이때 벡터공간 V에서 정의된 벡터의 합과 스칼라 배에 대하여 W가 벡터공간을 이루면 W를 V의 **부분공간**subspace이라고 한다. 이를테면 $\mathbb{R}^2$는 $\mathbb{R}^3$의 부분집합이고 벡터공간을 이루므로 $\mathbb{R}^2$는 $\mathbb{R}^3$의 부분공간이다.

일반적으로 벡터공간 V의 부분집합 $W(\neq\varnothing)$가 부분공간임을 밝히려면 벡터공간이 되기 위한 두 개의 기본법칙 **(1)**, **(2)**와 여덟 개의 연산법칙 A1~A4, SM1~SM4가 모두 성립한다는 것을 보여야 한다. 그러나 다음 정리는 W가 V에서 정의된 연산에 대하여 두 개의 기본법칙만 만족하면 W는 V의 부분공간이 됨을 말해준다.

정리 5-1 부분공간 판정법

$W(\neq\varnothing)$가 벡터공간 V의 부분집합이고, 스칼라 k에 대하여 다음 두 가지 조건을 만족하면 W는 V의 부분공간이다.

(1) $\mathbf{x},\ \mathbf{y}\in W \ \Rightarrow\ \mathbf{x}+\mathbf{y}\in W$

(2) $\mathbf{x}\in W \ \Rightarrow\ k\mathbf{x}\in W$

증명 조건 **(1)**, **(2)**를 만족하므로 벡터공간이 되기 위한 여덟 가지 연산법칙이 W에서

성립함을 보이면 된다. W는 벡터공간 V의 부분집합이므로 연산법칙 A1, A2, SM1~SM4가 W에서도 성립한다. 또한 조건 (2)로부터 임의의 $\mathbf{x} \in W$에 대하여 $k=0$, $k=1$이라고 놓으면 각각

$$\mathbf{0} = 0\mathbf{x} \in W, \quad -\mathbf{x} = (-1)\mathbf{x} \in W$$

이므로 연산법칙 A3, A4도 역시 W에서 성립한다. ■

7 $\mathbb{R}^3$의 부분공간 중에서 $\mathbb{R}^2$는 원점을 지나는 평면이다. 특히 일반적인 벡터공간의 부분공간(공집합이 아닌)은 반드시 영벡터 $\mathbf{0}$을 포함한다.

예를 들어 $\{\mathbf{0}\}$과 $\mathbb{R}^n$은 $\mathbb{R}^n$의 부분공간이다. 실제로 $\mathbb{R}^2$의 부분공간은 $\{\mathbf{0}\}$, $\mathbb{R}^2$ 그리고 원점을 지나는 직선 이외에는 존재하지 않는다. 같은 이유로 $\mathbb{R}^3$의 부분공간은 $\{\mathbf{0}\}$, $\mathbb{R}^3$, 원점을 지나는 직선, 원점을 지나는 평면 이외에는 존재하지 않는다.[7]

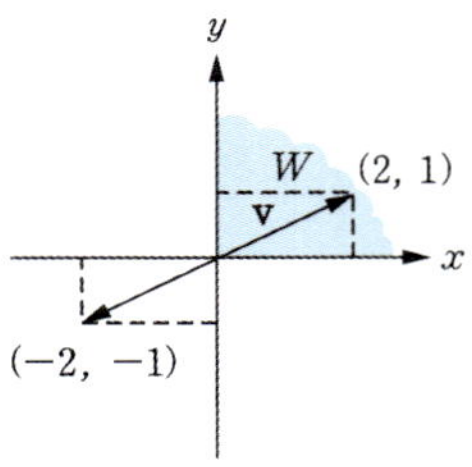

[그림 5-3] W와 점의 위치

한편 $W = \{(x, y) \mid x > 0, y > 0\} \subseteq \mathbb{R}^2$이라고 하자. 집합 W는 덧셈에 대하여 닫혀 있지만 스칼라 배에 대해서는 닫혀 있지 않다. 이를테면 [그림 5-3]에서와 같이 벡터 $\mathbf{v} = (2, 1)$은 W에 있으나 벡터 $(-1)\mathbf{v} = (-2, -1)$은 W에 있지 않다. 따라서 W는 $\mathbb{R}^2$의 부분공간이 아니다.

임의의 $m \times n$ 행렬에 대한 부분공간도 생각할 수 있다. 즉 임의의 $m \times n$ 행렬 A에 대하여

$$C(A) = \{A\mathbf{x} \mid \mathbf{x} \in \mathbb{R}^n\}$$

라고 하면 $C(A) \subseteq \mathbb{R}^m$이다.

또한 임의의 두 벡터 $\mathbf{x}_1$, $\mathbf{x}_2 \in \mathbb{R}^n$에 대하여 $\mathbf{x}_1 + \mathbf{x}_2$, $k\mathbf{x} \in \mathbb{R}^n$이므로

$$A\mathbf{x}_1 + A\mathbf{x}_2 = A(\mathbf{x}_1 + \mathbf{x}_2) \in C(\mathrm{A})$$
$$k(A\mathbf{x}) = A(k\mathbf{x}) \in C(A)$$

이다. 따라서 $C(A)$는 $\mathbb{R}^m$의 부분공간이다.

마찬가지로

$$R(A) = \{A^T\mathbf{y} \mid \mathbf{y} \in \mathbb{R}^m\}$$

은 $\mathbb{R}^n$의 부분공간이다. $\mathbb{R}^m$의 부분공간 $C(A)$를 A의 **열공간**column space, $R(A)$를 A의 **행공간**row space이라고 한다.[8]

8 행렬 A의 행공간과 열공간은 행렬이 주어질 때마다 새롭게 정해진다.

예제 5-4

다음 행렬 A의 열공간 $C(A)$와 행공간 $R(A)$를 구하라.

$$A=\begin{bmatrix}1&3&2&1\\2&1&1&2\\3&3&1&4\end{bmatrix}$$

풀이

행렬 A가 3×4 행렬이므로 열공간 $C(A)$는 다음과 같다.

$$\begin{aligned}C(A)&=\left\{A\mathbf{x}\ \middle|\ \mathbf{x}=\begin{bmatrix}x_1\\x_2\\x_3\\x_4\end{bmatrix}\in\mathbb{R}^4\right\}\\&=\left\{\begin{bmatrix}1&3&2&1\\2&1&1&2\\3&3&1&4\end{bmatrix}\begin{bmatrix}x_1\\x_2\\x_3\\x_4\end{bmatrix}\ \middle|\ x_1,\ x_2,\ x_3,\ x_4\in\mathbb{R}\right\}\\&=\left\{\begin{bmatrix}x_1+3x_2+2x_3+x_4\\2x_1+x_2+x_3+2x_4\\3x_1+3x_2+x_3+4x_4\end{bmatrix}\in\mathbb{R}^3\ \middle|\ x_1,\ x_2,\ x_3,\ x_4\in\mathbb{R}\right\}\\&=\left\{x_1\begin{bmatrix}1\\2\\3\end{bmatrix}+x_2\begin{bmatrix}3\\1\\3\end{bmatrix}+x_3\begin{bmatrix}2\\1\\1\end{bmatrix}+x_4\begin{bmatrix}1\\2\\4\end{bmatrix}\ \middle|\ x_1,\ x_2,\ x_3,\ x_4\in\mathbb{R}\right\}\end{aligned}$$

행공간 $R(A)$는 다음과 같다.

$$\begin{aligned}R(A)&=\left\{A^T\mathbf{y}\ \middle|\ \mathbf{y}=\begin{bmatrix}y_1\\y_2\\y_3\end{bmatrix}\in\mathbb{R}^3\right\}=\left\{\begin{bmatrix}1&2&3\\3&1&3\\2&1&1\\1&2&4\end{bmatrix}\begin{bmatrix}y_1\\y_2\\y_3\end{bmatrix}\ \middle|\ y_1,\ y_2,\ y_3\in\mathbb{R}\right\}\\&=\left\{\begin{bmatrix}y_1+2y_2+3y_3\\3y_1+y_2+3y_3\\2y_1+y_2+y_3\\y_1+2y_2+4y_3\end{bmatrix}\in\mathbb{R}^4\ \middle|\ y_1,\ y_2,\ y_3\in\mathbb{R}\right\}\\&=\left\{y_1\begin{bmatrix}1\\3\\2\\1\end{bmatrix}+y_2\begin{bmatrix}2\\1\\1\\2\end{bmatrix}+y_3\begin{bmatrix}3\\3\\1\\4\end{bmatrix}\ \middle|\ y_1,\ y_2,\ y_3\in\mathbb{R}\right\}\end{aligned}$$

예제 5-5

$m\times n$ 행렬 A에 대하여 다음 집합 W는 $\mathbb{R}^n$의 부분공간임을 보여라.

$$W=\{\mathbf{x}\in\mathbb{R}^n\mid A\mathbf{x}=0\}$$

풀이

$A0 = 0$이므로 $0 \in W$이다. 따라서 $W \neq \varnothing$이다.
이제 $\mathbf{x}$, $\mathbf{y} \in W$와 $k \in \mathbb{R}$에 대하여 $A\mathbf{x} = 0$, $A\mathbf{y} = 0$이므로

$$A(\mathbf{x}+\mathbf{y}) = A\mathbf{x} + A\mathbf{y} = 0 + 0 = 0$$
$$A(k\mathbf{x}) = k(A\mathbf{x}) = k0 = 0$$

이다. 따라서 다음이 성립한다.

$$\mathbf{x}+\mathbf{y} \in W, \quad k\mathbf{x} \in W$$

W는 $\mathbb{R}^n$의 부분공간이다. 이 부분공간 W를 $A\mathbf{x} = 0$의 **해공간**solution space 또는 A의 **영공간**null space이라고 한다.

예제 5-6

V가 벡터공간일 때 $S = \{\mathbf{x}_1, \mathbf{x}_2, \cdots, \mathbf{x}_t\} \subseteq V$에 대하여 W는 V의 부분공간임을 보여라.

$$W = \{c_1\mathbf{x}_1 + c_2\mathbf{x}_2 + \cdots + c_t\mathbf{x}_t \mid c_1, c_2, \cdots, c_t \in \mathbb{R}\}$$

풀이

$\mathbf{x}$, $\mathbf{y} \in W$라고 하면 적당한 c_i, $d_i \in \mathbb{R}$ (단, $i = 1, 2, \cdots, t$)에 대하여

$$\mathbf{x} = c_1\mathbf{x}_1 + c_2\mathbf{x}_2 + \cdots + c_t\mathbf{x}_t, \quad \mathbf{y} = d_1\mathbf{x}_1 + d_2\mathbf{x}_2 + \cdots + d_t\mathbf{x}_t$$

이므로 $k \in \mathbb{R}$에 대하여 다음이 성립한다.

$$\mathbf{x}+\mathbf{y} = (c_1+d_1)\mathbf{x}_1 + (c_2+d_2)\mathbf{x}_2 + \cdots + (c_t+d_t)\mathbf{x}_t$$
$$k\mathbf{x} = (kc_1)\mathbf{x}_1 + (kc_2)\mathbf{x}_2 + \cdots + (kc_t)\mathbf{x}_t$$

그런데 각 $i = 1, 2, \cdots, t$에 대하여 $c_i + d_i \in \mathbb{R}$, $kc_i \in \mathbb{R}$이므로 다음이 성립한다.

$$\mathbf{x}+\mathbf{y} \in W, \quad k\mathbf{x} \in W$$

따라서 W는 V의 부분공간이다.

5.1.3 일차결합과 생성집합

$\{\mathbf{x}_1, \mathbf{x}_2, \cdots, \mathbf{x}_k\} \subseteq V$에 대하여 $\mathbf{x} \in V$가

$$\mathbf{x} = c_1\mathbf{x}_1 + c_2\mathbf{x}_2 + \cdots + c_k\mathbf{x}_k \quad (\text{단, } c_1, c_2, \cdots, c_k \in \mathbb{R})$$

의 꼴로 표시되면, $\mathbf{x}$를 $\mathbf{x}_1$, $\mathbf{x}_2$, $\cdots$, $\mathbf{x}_k$의 **일차결합**linear combination이라고 한다. 예를 들어 $\mathbb{R}^2$의 벡터 $\mathbf{x}_1 = (-2, 3)$, $\mathbf{x}_2 = (2, -2)$에 대하여

$$\begin{aligned}\mathbf{x} &= (-4, 5) = 1(-2, 3) + (-1)(2, -2) \\ &= \mathbf{x}_1 + (-1)\mathbf{x}_2\end{aligned}$$

이므로 $\mathbf{x}$는 $\mathbf{x}_1$, $\mathbf{x}_2$의 일차결합이다. [예제 5-6]으로부터 알 수 있듯이 벡터공간 V의 부분집합 $S = \{\mathbf{x}_1, \mathbf{x}_2, \cdots, \mathbf{x}_k\} \subseteq V$에 대하여 S에 있는 k개 벡터의 일차결합 전체의 집합, 즉

$$W = \{c_1\mathbf{x}_1 + c_2\mathbf{x}_2 + \cdots + c_k\mathbf{x}_k \mid c_1, c_2, \cdots, c_k \in \mathbb{R}\}$$

은 V의 부분공간으로 나타낼 수 있으며, 이 W를 S에 의해 **생성된 부분공간**spanned subspace이라고 한다. 이때 집합 S는 W를 '**생성한다**span'고 하고, S를 W의 **생성집합**spanning set이라고 한다. 기호로는 다음과 같이 나타낸다.

$$W = \text{span}\langle S \rangle \quad \text{또는} \quad W = \langle S \rangle$$

특히 V에 있는 모든 벡터가 S에 있는 k개 벡터들의 일차결합이면 집합 S는 벡터공간 V를 생성한다고 한다. 즉 다음과 같다.

$$V = \langle S \rangle = \{c_1\mathbf{x}_1 + c_2\mathbf{x}_2 + \cdots + c_k\mathbf{x}_k \mid c_1, c_2, \cdots, c_k \in \mathbb{R}\}$$

예를 들어 $\mathbb{R}^3$의 벡터 $\mathbf{x} = (x_1, x_2, x_3) \neq 0$에 대하여 모든 스칼라 배 $k\mathbf{x}$의 집합인 span$\{\mathbf{x}\}$는 [그림 5-4(a)]와 같이 원점과 점 (x_1, x_2, x_3)를 지나는 직선이다. 또 $\mathbf{y} = (y_1, y_2, y_3) \neq 0$에 대하여 모든 일차결합 $k_1\mathbf{x} + k_2\mathbf{y}$로 이루어진 span$\{\mathbf{x}, \mathbf{y}\}$는 [그림 5-4(b)]와 같이 원점을 지나며 $\mathbf{x}$, $\mathbf{y}$가 만드는 평면이다.

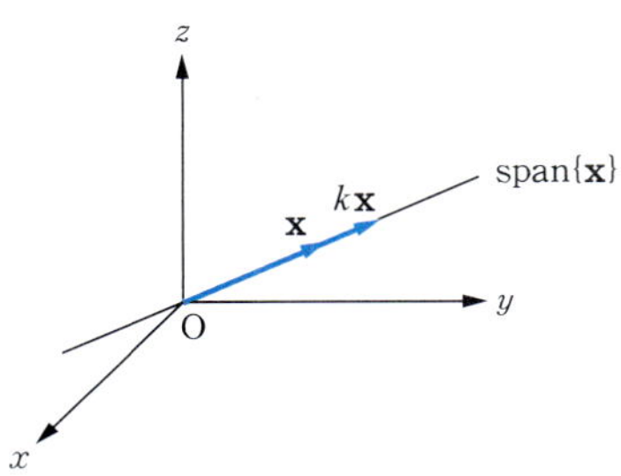

(a) 원점을 지나는 $\mathbf{x}$가 만드는 직선

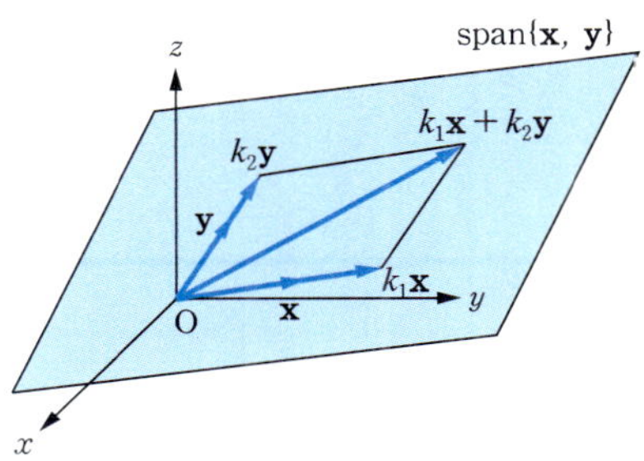

(b) 원점을 지나는 $\mathbf{x}$, $\mathbf{y}$가 만드는 평면

[그림 5-4] 생성된 부분공간

$\mathbb{R}^3$의 세 벡터

$$\mathbf{e}_1 = (1,\ 0,\ 0),\quad \mathbf{e}_2 = (0,\ 1,\ 0),\quad \mathbf{e}_3 = (0,\ 0,\ 1)$$

에 대하여 $B = \{\mathbf{e}_1,\ \mathbf{e}_2,\ \mathbf{e}_3\}$라고 하면 $\mathbb{R}^3$의 임의의 벡터 $\mathbf{x} = (x_1,\ x_2,\ x_3)$는

$$(x_1,\ x_2,\ x_3) = x_1\mathbf{e}_1 + x_2\mathbf{e}_2 + x_3\mathbf{e}_3$$

와 같이 $\mathbf{e}_1$, $\mathbf{e}_2$, $\mathbf{e}_3$의 일차결합으로 표시되므로 $B = \{\mathbf{e}_1,\ \mathbf{e}_2,\ \mathbf{e}_3\}$는 $\mathbb{R}^3$을 생성한다. 즉 $\mathbb{R}^3 = \langle B \rangle$이다. 일반적으로 $\mathbb{R}^n$의 표준단위벡터

$$\mathbf{e}_1 = \begin{bmatrix} 1 \\ 0 \\ 0 \\ \vdots \\ 0 \end{bmatrix},\quad \mathbf{e}_2 = \begin{bmatrix} 0 \\ 1 \\ 0 \\ \vdots \\ 0 \end{bmatrix},\quad \cdots,\quad \mathbf{e}_n = \begin{bmatrix} 0 \\ 0 \\ \vdots \\ 0 \\ 1 \end{bmatrix}$$

에 대하여 집합 $B = \{\mathbf{e}_1,\ \mathbf{e}_2,\ \cdots,\ \mathbf{e}_n\}$은 $\mathbb{R}^n$을 생성한다. 즉 $\mathbb{R}^n$의 임의의 벡터 $\mathbf{x} = \begin{bmatrix} x_1 \\ x_2 \\ \vdots \\ x_n \end{bmatrix}$은

$$\begin{bmatrix} x_1 \\ x_2 \\ \vdots \\ x_n \end{bmatrix} = x_1\mathbf{e}_1 + x_2\mathbf{e}_2 + \cdots + x_n\mathbf{e}_n$$

과 같이 $\mathbf{e}_1$, $\mathbf{e}_2$, $\cdots$, $\mathbf{e}_n$의 일차결합으로 표시되므로 $\mathbb{R}^n = \langle B \rangle$이다.

한편 n차 다항식 전체의 집합 $P_n = \{\mathrm{p}(x) = a_0 + a_1x + a_2x^2 + \cdots + a_nx^n \mid a_0,\ a_1,\ a_2,\ \cdots,\ a_n \in \mathbb{R}\}$은 $S = \{1,\ x,\ x^2,\ \cdots,\ x^n\}$에 의해 생성된다. 즉 P_n의 모든 다항식은 스칼라 a_0, a_1, a_2, $\cdots$, a_n에 대하여 다음과 같이 1, x, x^2, $\cdots$, x^n의 일차결합으로 나타낼 수 있다.

$$\mathrm{p}(x) = a_0 + a_1x + a_2x^2 + \cdots + a_nx^n$$

따라서 $P_n = \mathrm{span}\langle S \rangle$이다.[9]

9 P_n은 계수를 실수로 갖는 다항식 전체의 집합으로 일반적인 다항식의 덧셈과 스칼라 배에 대하여 벡터공간을 이룬다. 이 공간을 **다항식 벡터공간**이라고도 한다. 미지수는 x뿐만 아니라 t, y, $\cdots$ 등을 사용하여 나타낼 수 있다.

예제 5-7

다음 $\mathbb{R}^3$의 부분집합 S가 $\mathbb{R}^3$를 생성하는지 결정하라.

$$S=\left\{\mathbf{x}_1=\begin{bmatrix}1\\2\\1\end{bmatrix},\ \mathbf{x}_2=\begin{bmatrix}-1\\3\\-2\end{bmatrix},\ \mathbf{x}_3=\begin{bmatrix}3\\-1\\1\end{bmatrix}\right\}$$

풀이

$\mathbb{R}^3$의 임의의 벡터 $\mathbf{x}=(x,\ y,\ z)$에 대하여 S가 $\mathbb{R}^3$를 생성한다면

$$\mathbf{x}=c_1\mathbf{x}_1+c_2\mathbf{x}_2+c_3\mathbf{x}_3\ \ (\text{단, } c_i\in\mathbb{R})$$

$$\Rightarrow\ \begin{bmatrix}x\\y\\z\end{bmatrix}=c_1\begin{bmatrix}1\\2\\1\end{bmatrix}+c_2\begin{bmatrix}-1\\3\\-2\end{bmatrix}+c_3\begin{bmatrix}3\\-1\\1\end{bmatrix}$$

$$\Rightarrow\ \begin{cases}c_1-c_2+3c_3=x\\2c_1+3c_2-c_3=y\\c_1-2c_2+c_3=z\end{cases}$$

$$\Rightarrow\ A\mathbf{c}=\mathbf{x}$$

를 만족하는 $c_1,\ c_2,\ c_3$가 존재한다. 이 문제는 위의 연립일차방정식에서 모든 $x,\ y,\ z$에 대하여 해 $\mathbf{c}=(c_1,\ c_2,\ c_3)$가 존재하는지를 구하는 문제로 바뀐다. 이때 연립일차방정식의 계수행렬 A의 행렬식이

$$|A|=\begin{vmatrix}1&-1&3\\2&3&-1\\1&-2&1\end{vmatrix}=-17\neq 0$$

이므로 A의 역행렬 A^{-1}가 존재한다. 즉, 실수 $x,\ y,\ z$에 대하여 유일한 해 $\mathbf{c}=A^{-1}\mathbf{x}$가 항상 존재한다. 따라서 S는 $\mathbb{R}^3$를 생성한다.

Command Window

: 코딩

```
>> syms c1 c2 c3                          % 심볼릭 변수 지정
>> x1=[1 2 1];x2=[-1 3 -2];x3=[3 -1 1];   % 벡터 입력
>> x=c1*x1+c2*x2+c3*x3;                   % 부분공간을 생성하는 벡터 지정
>> A=[x1' x2' x3'];                       % 계수행렬 생성
>> det(A)                                 % 행렬식 계산
```

: 결과

```
ans = [1]                                 % [예제 5-7]의 결과와 동일
     -17
```

MATLAB TIP!

1 계수행렬의 행렬식이 0이 아니면 역행렬이 존재하므로 유일한 해가 항상 존재한다.

MATLAB 유제

다음 5개 벡터가 $\mathbb{R}^5$를 생성하는지 결정하라.

$$\{(1,\ 2,\ 1,\ -1,\ -2),\ (-1,\ 3,\ 0,\ 2,\ 1),\ (1,\ 2,\ -5,\ 1,\ 5),\ (-2,\ 2,\ 7,\ -6,\ 3),\ (1,\ 2,\ 3,\ 4,\ 5)\}$$

5.2 일차독립과 일차종속

이 절에서는 벡터공간과 부분공간의 구조를 이해하는 데 필요한 기본 개념을 소개한다. 우리는 벡터공간 V의 임의의 벡터가 집합 $S=\{\mathbf{v}_1, \mathbf{v}_2, \cdots, \mathbf{v}_k\}$의 일차결합으로 표현될 수 있다면 집합 S는 주어진 벡터공간 V를 생성함을 알았다. 일반적으로 V의 어떤 벡터를 S의 일차결합으로 표현하는 방법은 여러 가지이다. 이 절에서는 V의 각 벡터가 생성벡터의 일차결합으로 표현될 때, 반드시 한 가지 방법으로 표현되는 조건에 대하여 알아본다.

5.2.1 일차독립과 일차종속의 기하학적 해석

벡터공간 $\mathbb{R}^n$의 임의의 벡터들의 집합 $S=\{\mathbf{v}_1, \mathbf{v}_2, \cdots, \mathbf{v}_k\}$에 대하여 이 벡터들 사이의 관계를 생각해 보자. 경우에 따라서 S의 한 벡터가 다른 벡터들의 일차결합으로 표시될 수도 있고 그렇지 않을 수도 있다.

예를 들어

$$S=\left\{\mathbf{v}_1=\begin{bmatrix}-1\\-1\\2\end{bmatrix}, \mathbf{v}_2=\begin{bmatrix}1\\0\\-1\end{bmatrix}, \mathbf{v}_3=\begin{bmatrix}-1\\-3\\4\end{bmatrix}\right\}$$

라면 세 번째 벡터는 나머지 두 벡터의 일차결합으로 표시된다. 즉 $\mathbf{v}_3=3\mathbf{v}_1+2\mathbf{v}_2$이므로

$$3\mathbf{v}_1+2\mathbf{v}_2-\mathbf{v}_3=\mathbf{0}$$

과 같이 쓸 수 있다. 즉 세 개의 벡터 중 어느 하나는 나머지 두 개의 벡터를 사용하여 나타낼 수 있으므로 세 벡터는 서로 종속되어 있다. 그러나 $\mathbb{R}^3$의 표준단위벡터의 집합

$$B=\left\{\mathbf{e}_1=\begin{bmatrix}1\\0\\0\end{bmatrix}, \mathbf{e}_2=\begin{bmatrix}0\\1\\0\end{bmatrix}, \mathbf{e}_3=\begin{bmatrix}0\\0\\1\end{bmatrix}\right\}$$

은 어느 한 벡터도 다른 두 벡터의 일차결합으로 표시되지 않는다. 즉 세 개의 벡터는 어느 하나가 변한다고 해도 나머지 벡터에게는 전혀 영향을 미치지 못하므로 서로 독립적이다. 따라서 서로 다른 벡터에게 어떤 영향을 미칠 수 없기에 스칼라 α_1, α_2, α_3에 대하여

$$\alpha_1\mathbf{e}_1+\alpha_2\mathbf{e}_2+\alpha_3\mathbf{e}_3=\mathbf{0}$$

을 만족하는 경우는 $\alpha_1=\alpha_2=\alpha_3=0$ 이외에는 없다. 이와 같은 경우를 일반적인 벡터공간 V에 대하여 생각해 보자. $S=\{\mathbf{x}_1, \mathbf{x}_2, \cdots, \mathbf{x}_k\}\subseteq V$에 대하여

$$\alpha_1\mathbf{x}_1+\alpha_2\mathbf{x}_2+\cdots+\alpha_k\mathbf{x}_k=\mathbf{0} \ (\text{단}, \ \alpha_1, \ \alpha_2, \ \cdots, \ \alpha_k\in\mathbb{R})$$
$$\Rightarrow \ \alpha_1=\alpha_2=\cdots=\alpha_k=0$$

일 때, $\mathbf{x}_1, \mathbf{x}_2, \cdots, \mathbf{x}_k$(또는 집합 S)를 **일차독립**linearly independent이라고 하고, $\mathbf{x}_1, \mathbf{x}_2, \cdots, \mathbf{x}_k$(또는 집합 S)가 일차독립이 아니면 **일차종속**linearly dependent이라고 한다. 즉 집합 S가 일차종속이면

$$\alpha_1\mathbf{x}_1+\alpha_2\mathbf{x}_2+\cdots+\alpha_k\mathbf{x}_k=\mathbf{0}$$

을 만족하는, 모두가 영은 아닌 스칼라 $\alpha_1, \alpha_2, \cdots, \alpha_k$가 존재한다.

$\mathbb{R}^2$의 표준단위벡터 $\mathbf{e}_1=(1, 0)$, $\mathbf{e}_2=(0, 1)$과 $\alpha_1, \alpha_2\in\mathbb{R}$에 대하여

$$\begin{aligned}\alpha_1\mathbf{e}_1+\alpha_2\mathbf{e}_2=\mathbf{0} \ &\Rightarrow \ \alpha_1(1, 0)+\alpha_2(0, 1)=(0, 0)\\ &\Rightarrow \ (\alpha_1, \alpha_2) \qquad\qquad =(0, 0)\end{aligned}$$

이다. 따라서 $\alpha_1=\alpha_2=0$이므로 $S=\{\mathbf{e}_1, \mathbf{e}_2\}$는 일차독립이다. 일반적으로 $\mathbb{R}^n$의 표준단위벡터의 집합 $B=\{\mathbf{e}_1, \mathbf{e}_2, \cdots, \mathbf{e}_n\}$은 일차독립이다. 또한 영벡터를 포함하는 집합 $T=\{\mathbf{v}_1, \mathbf{v}_2, \cdots, \mathbf{v}_r, \mathbf{0}\}$은 $k\neq 0$에 대하여

$$0\mathbf{v}_1+0\mathbf{v}_2+\cdots+0\mathbf{v}_r+k\mathbf{0}=\mathbf{0}$$

과 같이 쓸 수 있다. 따라서 모두가 영은 아닌 스칼라 k를 가지므로 집합 T는 일차종속이다.

예제 5-8

$\mathbb{R}^3$의 벡터 $\mathbf{x}_1, \mathbf{x}_2, \mathbf{x}_3$에 대하여 $S=\{\mathbf{x}_1, \mathbf{x}_2, \mathbf{x}_3\}$는 일차독립임을 보여라.

$$\mathbf{x}_1=(1, 2, 1), \quad \mathbf{x}_2=(5, 1, 0), \quad \mathbf{x}_3=(1, 0, 2)$$

풀이

임의의 $\alpha_1, \alpha_2, \alpha_3\in\mathbb{R}$에 대하여 다음이 성립한다고 하자.

$$\alpha_1\mathbf{x}_1 + \alpha_2\mathbf{x}_2 + \alpha_3\mathbf{x}_3 = \mathbf{0}$$
$$\Rightarrow \alpha_1(1,\ 2,\ 1) + \alpha_2(5,\ 1,\ 0) + \alpha_3(1,\ 0,\ 2) = (0,\ 0,\ 0)$$
$$\Rightarrow \begin{bmatrix} 1 & 5 & 1 \\ 2 & 1 & 0 \\ 1 & 0 & 2 \end{bmatrix}\begin{bmatrix} \alpha_1 \\ \alpha_2 \\ \alpha_3 \end{bmatrix} = \begin{bmatrix} 0 \\ 0 \\ 0 \end{bmatrix}$$

이 동차연립방정식의 계수행렬 A의 행렬식은 $\det(A) = -19 \neq 0$이므로 이 동차연립방정식은 유일한 해를 갖는다. 따라서 자명한 해 $\alpha_1 = \alpha_2 = \alpha_3 = 0$만을 가지므로 $S = \{\mathbf{x}_1,\ \mathbf{x}_2,\ \mathbf{x}_3\}$는 일차독립이다.

Command Window

: 코딩

```
>> x1=[1 2 1];x2=[5 1 0];x3=[1 0 2];      % 벡터 입력
>> A=[x1' x2' x3']; [1]                   % 계수행렬 입력
>> det(A)                                 % 행렬식 계산
```

: 결과

```
ans = [2]                                 % [예제 5-8]의 결과와 동일
     -19
```

MATLAB TIP!

1. 전치행렬의 행렬식을 구해도 같은 결과를 얻을 수 있다.
2. 행렬식이 0이 아니면 일차독립이다.

예제 5-9

$\mathbb{R}^3$의 벡터 $\mathbf{x}_1,\ \mathbf{x}_2,\ \mathbf{x}_3$에 대하여 $T = \{\mathbf{x}_1,\ \mathbf{x}_2,\ \mathbf{x}_3\}$는 일차종속임을 보여라.

$$\mathbf{x}_1 = (1,\ 2,\ 1),\quad \mathbf{x}_2 = (1,\ 0,\ 2),\quad \mathbf{x}_3 = (5,\ 6,\ 7)$$

풀이

임의의 $\alpha_1,\ \alpha_2,\ \alpha_3 \in \mathbb{R}$에 대하여 다음이 성립한다고 하자.

$$\alpha_1\mathbf{x}_1 + \alpha_2\mathbf{x}_2 + \alpha_3\mathbf{x}_3 = \mathbf{0}$$
$$\Rightarrow \alpha_1(1,\ 2,\ 1) + \alpha_2(1,\ 0,\ 2) + \alpha_3(5,\ 6,\ 7) = (0,\ 0,\ 0)$$
$$\Rightarrow \begin{bmatrix} 1 & 1 & 5 \\ 2 & 0 & 6 \\ 1 & 2 & 7 \end{bmatrix}\begin{bmatrix} \alpha_1 \\ \alpha_2 \\ \alpha_3 \end{bmatrix} = \begin{bmatrix} 0 \\ 0 \\ 0 \end{bmatrix}$$

이 동차연립방정식의 계수행렬 A의 행렬식은 $\det(A) = 0$이므로 이 동차연립방정식은 무수히 많은 해를 갖는다. 따라서 자명한 해 $\alpha_1 = \alpha_2 = \alpha_3 = 0$ 이외에 0 아닌 해를 가지므로 $T = \{\mathbf{x}_1,\ \mathbf{x}_2,\ \mathbf{x}_3\}$는 일차종속이다.

Command Window

: 코딩

```
>> x1=[1 2 1];x2=[1 0 2];x3=[5 6 7];      % 벡터 입력
>> A=[x1' x2' x3'];                       % 계수행렬 입력
>> det(A)                                 % 행렬식 계산
```

MATLAB TIP!

1. 행렬식이 0이면 일차종속이다.

```
: 결과
ans = 1                                    % [예제 5-9]의 결과와 동일
      0
```

MATLAB 유제

다음 $\mathbb{R}^3$의 벡터 $\mathbf{x}_1$, $\mathbf{x}_2$, $\mathbf{x}_3$가 일차독립인지 아닌지 결정하라.

$$\mathbf{x}_1 = (-190,\ 232,\ -1821),\quad \mathbf{x}_2 = (2341,\ -450,\ 242),\quad \mathbf{x}_3 = (-375,\ 591,\ 120)$$

우리는 $\mathbb{R}^2$ 또는 $\mathbb{R}^3$의 벡터에 대하여 일차독립과 일차종속을 기하학적으로 해석할 수 있다. $\mathbb{R}^2$ 또는 $\mathbb{R}^3$에 있는 두 개의 벡터 $\mathbf{x}_1$, $\mathbf{x}_2$가 일차독립일 필요충분조건은 [그림 5-5(a)]와 같이 이들 벡터의 시점이 원점일 때 같은 직선상에 있지 않는 것이다. 반면에 일차종속일 필요충분조건은 [그림 5-5]의 (b), (c)와 같이 이 벡터의 시점이 원점일 때 같은 직선상에 있는 것이다.[10]

10 벡터가 같은 직선상에 있으면 적당한 스칼라 t(단, $t \neq 0$)에 대하여 $\mathbf{x}_2 = t\mathbf{x}_1$이거나 $\mathbf{x}_2 = -\mathbf{x}_1$이다.

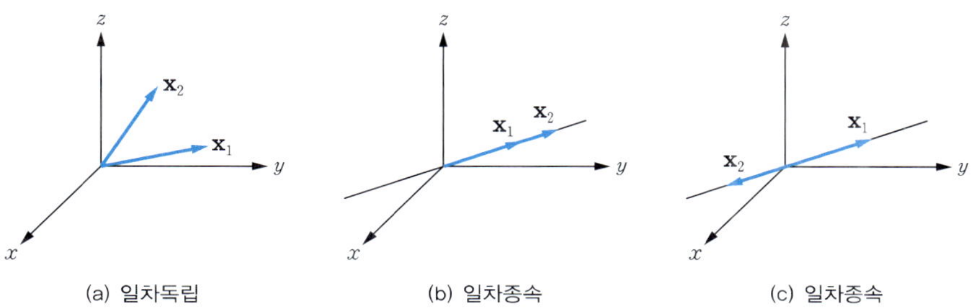

[그림 5-5] 두 벡터의 일차독립과 일차종속

또한 $\mathbb{R}^3$에서 세 벡터 $\mathbf{x}_1$, $\mathbf{x}_2$, $\mathbf{x}_3$가 일차독립일 필요충분조건은 [그림 5-6(a)]와 같이 이들 벡터의 시점이 원점일 때 벡터가 모두 같은 평면상에 있지 않다는 것이다. 반면에 일차종속일 필요충분조건은 [그림 5-6]의 (b), (c)와 같이 이들 벡터의 시점이 원점일 때 벡터가 모두 같은 평면상에 있는 것이다.

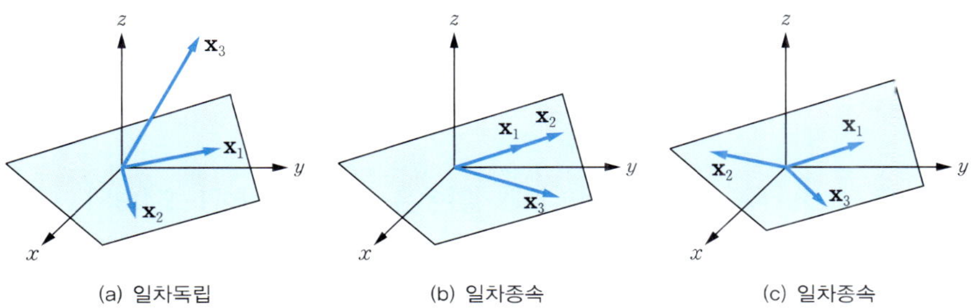

[그림 5-6] 세 벡터의 일차독립과 일차종속

11 세 벡터 모두가 각각 다른 평면에 있거나 두 벡터는 같은 평면에 있지만 나머지 한 벡터가 이들과는 평행이 아닌 다른 평면 위에 있을 때 일차독립이다.

이와 같은 사실로부터 두 벡터가 일차독립일 필요충분조건은 어느 한 벡터도 다른 벡터의 스칼라 배가 아니라는 것이다. 또 세 벡터가 일차독립일 필요충분조건은 이들 벡터 중 어느 하나도 다른 두 벡터의 일차결합이 되지 않는다는 것이다. 즉 시점이 원점인 세 벡터가 일차독립일 필요충분조건은 세 벡터 모두가 같은 평면 위에 있지는 않다는 것이다.[11]

예제 5-10

$\mathbb{R}^3$의 벡터 $\mathbf{x}_1$, $\mathbf{x}_2$, $\mathbf{x}_3$에 대하여 $S=\{\mathbf{x}_1, \mathbf{x}_2, \mathbf{x}_3\}$는 일차종속임을 보여라.

$$\mathbf{x}_1=(-5, 1, 2), \quad \mathbf{x}_2=(3, -7, 1), \quad \mathbf{x}_3=(-2, -6, 3)$$

풀이

임의의 α_1, α_2, $\alpha_3 \in \mathbb{R}$ 에 대하여 다음이 성립한다고 하자.

$$\begin{aligned}
&\alpha_1\mathbf{x}_1+\alpha_2\mathbf{x}_2+\alpha_3\mathbf{x}_3 = 0\\
\Rightarrow\ &\alpha_1(-5, 1, 2)+\alpha_2(3, -7, 1)+\alpha_3(-2, -6, 3)=(0, 0, 0)\\
\Rightarrow\ &\begin{bmatrix}-5 & 3 & -2\\ 1 & -7 & -6\\ 2 & 1 & 3\end{bmatrix}\begin{bmatrix}\alpha_1\\ \alpha_2\\ \alpha_3\end{bmatrix} = \begin{bmatrix}0\\0\\0\end{bmatrix}
\end{aligned}$$

이 연립방정식의 계수행렬 A의 행렬식은 $\det(A)=0$이므로 이 동차연립방정식은 무수히 많은 해를 갖는다. 따라서 모두는 영 아닌 스칼라 α_1, α_2, α_3가 존재하므로 $S=\{\mathbf{x}_1, \mathbf{x}_2, \mathbf{x}_3\}$는 일차종속이다. 실제로 $r\in\mathbb{R}$에 대하여 $\alpha_3=r$이라고 하면 $\alpha_1=\frac{15}{32}r$, $\alpha_2=\frac{11}{32}r$이므로 $r\neq 0$이라면 다음과 같이 나타낼 수 있다.

$$\begin{aligned}
&\alpha_1\mathbf{x}_1+\alpha_2\mathbf{x}_2+\alpha_3\mathbf{x}_3 = 0\\
\Rightarrow\ &\frac{15}{32}r\mathbf{x}_1+\frac{11}{32}r\mathbf{x}_2+r\mathbf{x}_3=0\\
\Rightarrow\ &15\mathbf{x}_1+11\mathbf{x}_2+32\mathbf{x}_3=0\\
\Leftrightarrow\ &15\mathbf{x}_1=-11\mathbf{x}_2-32\mathbf{x}_3
\end{aligned}$$

따라서 주어진 세 벡터는 같은 평면 위에 있는 벡터들이므로 일차종속이다.

Command Window

```
: 코딩
>> x1=[-5 1 2];x2=[3 -7 1];x3=[-2 -6 3];      % 벡터 입력
>> A=[x1' x2' x3'];                            % 계수행렬 지정
>> det(A)                                      % 행렬식 계산

: 결과
ans = 1                                        % [예제 5-10]의 결과와 동일
    0
```

MATLAB TIP!

1 행렬식이 0이면 일차종속이다.

MATLAB 유제

다음 벡터가 일차독립인지 아닌지 판정하라.

(a) $\mathbf{v}_1 = (3,\ 0,\ 1,\ 2)$, $\mathbf{v}_2 = (1,\ -1,\ 3,\ 0)$, $\mathbf{v}_3 = (2,\ 3,\ 1,\ 1)$

(b) $\mathbf{v}_1 = (3,\ 0,\ 1,\ 2)$, $\mathbf{v}_2 = (1,\ -1,\ 3,\ 0)$, $\mathbf{v}_3 = (2,\ 3,\ 1,\ 1)$, $\mathbf{v}_4 = (3,\ 2,\ 4,\ 1)$

5.2.2 일차독립과 일차종속일 조건

이제 n 개의 벡터가 일차독립인지 아닌지에 대한 몇 가지 정리를 알아보자. 먼저 $\mathbb{R}^n$ 에서 n 개의 벡터가 일차독립일 조건을 알아보자.

정리 5-2 $\mathbb{R}^n$ 에서 일차독립일 필요충분조건

벡터공간 $\mathbb{R}^n$ 에서 n 개의 벡터

$$\mathbf{x}_1 = \begin{bmatrix} x_{11} \\ x_{12} \\ \vdots \\ x_{1n} \end{bmatrix},\quad \cdots,\quad \mathbf{x}_n = \begin{bmatrix} x_{n1} \\ x_{n2} \\ \vdots \\ x_{nn} \end{bmatrix}$$

이 일차독립일 필요충분조건은 다음이 성립하는 것이다.

$$\Delta = \begin{vmatrix} x_{11} & x_{21} & \cdots & x_{n1} \\ x_{12} & x_{22} & \cdots & x_{n2} \\ & & \vdots & \\ x_{1n} & x_{2n} & \cdots & x_{nn} \end{vmatrix} \neq 0$$

증명 임의의 $c_1,\ \cdots,\ c_n \in \mathbb{R}$ 에 대하여 $c_1\mathbf{x}_1 + \cdots + c_n\mathbf{x}_n = \mathbf{0}$ 이라고 하면

$$c_1\begin{bmatrix} x_{11} \\ x_{12} \\ \vdots \\ x_{1n} \end{bmatrix} + \cdots + c_n\begin{bmatrix} x_{n1} \\ x_{n2} \\ \vdots \\ x_{nn} \end{bmatrix} = \begin{bmatrix} c_1x_{11} + \cdots + c_nx_{n1} \\ c_1x_{12} + \cdots + c_nx_{n2} \\ \vdots \\ c_1x_{1n} + \cdots + c_nx_{nn} \end{bmatrix} = \begin{bmatrix} 0 \\ 0 \\ \vdots \\ 0 \end{bmatrix}$$

이므로 다음 동차연립방정식을 얻는다.

$$\begin{aligned} c_1x_{11} + \cdots + c_nx_{n1} &= 0 \\ c_1x_{12} + \cdots + c_nx_{n2} &= 0 \\ &\vdots \\ c_1x_{1n} + \cdots + c_nx_{nn} &= 0 \end{aligned}$$

이 동차연립방정식이 자명한 해

$$c_1 = 0, \quad \cdots, \quad c_n = 0$$

12 동차연립일차방정식 $AX = O$가 자명한 해만을 가질 필요충분조건은 $\det(A) \neq 0$일 때이다.

만을 갖기 위한 필요충분조건은 [정리 3-18][12]로부터 알 수 있듯이 계수행렬의 행렬식이 영이 아닐 때이므로 $\Delta \neq 0$이다. 그러므로 $\mathbf{x}_1, \cdots, \mathbf{x}_n$이 일차독립일 필요충분조건은 $\Delta \neq 0$이다. ■

예제 5-11

다음 $\mathbb{R}^4$의 벡터 $\mathbf{x}_1, \mathbf{x}_2, \mathbf{x}_3, \mathbf{x}_4$가 일차독립임을 보여라.

$$\mathbf{x}_1 = (3, 1, 0, 1), \quad \mathbf{x}_2 = (1, -1, 0, 2), \quad \mathbf{x}_3 = (0, 1, 2, 0), \quad \mathbf{x}_4 = (0, 0, -1, 3)$$

풀이

$\mathbb{R}^4$에서 네 벡터 $\mathbf{x}_1, \mathbf{x}_2, \mathbf{x}_3, \mathbf{x}_4$가 일차독립일 필요충분조건은 다음 행렬식이 0이 아닐 때이므로, 3행에 대하여 여인자 전개하면 다음과 같이 구할 수 있다.

$$\begin{aligned}
\Delta &= \begin{vmatrix} 3 & 1 & 0 & 0 \\ 1 & -1 & 1 & 0 \\ 0 & 0 & 2 & -1 \\ 1 & 2 & 0 & 3 \end{vmatrix} \\
&= 2\begin{vmatrix} 3 & 1 & 0 \\ 1 & -1 & 0 \\ 1 & 2 & 3 \end{vmatrix} - (-1)\begin{vmatrix} 3 & 1 & 0 \\ 1 & -1 & 1 \\ 1 & 2 & 0 \end{vmatrix} \\
&= -24 - 5 \\
&= -29
\end{aligned}$$

따라서 $\Delta \neq 0$이므로 $\mathbf{x}_1, \mathbf{x}_2, \mathbf{x}_3, \mathbf{x}_4$는 일차독립이다.

Command Window

```
: 코딩
>> x1=[3 1 0 1];x2=[1 -1 0 2];x3=[0 1 2 0];x4=[0 0 -1 3];
>> A=[x1; x2; x3; x4]';                          % 계수행렬 입력
>> det(A)                                        % 행렬식 계산

: 결과
ans = 1                                          % [예제 5-11]의 결과와 동일
     -29
```

MATLAB TIP!

1 행렬식이 0이 아니면 일차독립이다.

MATLAB 유제

다음 벡터들이 일차독립인지 일차종속인지 결정하라.

(a) $\mathbf{x}_1 = (2, 2, 2, 2)$, $\mathbf{x}_2 = (2, 2, 0, 2)$, $\mathbf{x}_3 = (2, 0, 2, 2)$, $\mathbf{x}_4 = (2, 2, 2, 0)$

(b) $\mathbf{x}_1 = (1, 2, 0, 4, 0, 3)$, $\mathbf{x}_2 = (0, 2, 0, 4, 1, 3)$, $\mathbf{x}_3 = (0, 2, 1, 4, 0, 3)$, $\mathbf{x}_4 = (0, 2, 0, 4, 0, 3)$, $\mathbf{x}_5 = (2, 0, 2, 2, 4, 3)$, $\mathbf{x}_6 = (2, 0, 2, 2, 4, 1)$

이제 주어진 벡터가 일차종속이 되는 경우를 알아보자.

정리 5-3 일차종속일 필요충분조건

벡터공간 V의 부분집합 $S=\{\mathbf{x}_1, \mathbf{x}_2, \cdots, \mathbf{x}_k\}$에 대하여 S가 일차종속일 필요충분조건은 S의 원소 중 적어도 한 벡터는 나머지 $k-1$개 벡터의 일차결합으로 표시될 때이다.

증명 S가 일차종속이면

$$c_1\mathbf{x}_1 + c_2\mathbf{x}_2 + \cdots + c_k\mathbf{x}_k = 0$$

을 만족하는 영이 아닌 스칼라 $c_1, c_2, \cdots, c_k$가 있다. 만일 $c_1 \neq 0$이면

$$\mathbf{x}_1 = \left(-\frac{c_2}{c_1}\right)\mathbf{x}_2 + \cdots + \left(-\frac{c_k}{c_1}\right)\mathbf{x}_k$$

이므로 $\mathbf{x}_1$은 S에 속하는 나머지 벡터들의 일차결합으로 표시된다.

역으로 $\mathbf{x}_1$이 나머지 $k-1$개 벡터의 일차결합

$$\mathbf{x}_1 = c_2\mathbf{x}_2 + \cdots + c_k\mathbf{x}_k$$

와 같다면

$$(-1)\mathbf{x}_1 + c_2\mathbf{x}_2 + \cdots + c_k\mathbf{x}_k = 0$$

으로 나타낼 수 있고 $c_1 = -1 \neq 0$이므로

$$c_1\mathbf{x}_1 + c_2\mathbf{x}_2 + \cdots + c_k\mathbf{x}_k = 0$$

에서 상수는 모두 0이 아니다. 따라서 S는 일차종속이다. ■

예제 5-12

다음 $\mathbb{R}^3$의 세 벡터에 대하여 $S=\{\mathbf{x}_1, \mathbf{x}_2, \mathbf{x}_3\}$가 일차종속임을 확인하라.

$$\mathbf{x}_1 = \begin{bmatrix} -1 \\ 1 \\ 2 \end{bmatrix}, \quad \mathbf{x}_2 = \begin{bmatrix} -1 \\ 7 \\ 12 \end{bmatrix}, \quad \mathbf{x}_3 = \begin{bmatrix} 1 \\ 2 \\ 3 \end{bmatrix}$$

풀이

세 벡터에 대하여

$$3\mathbf{x}_1 + (-1)\mathbf{x}_2 + 2\mathbf{x}_3 = 0 \quad \Leftrightarrow \quad \mathbf{x}_2 = 3\mathbf{x}_1 + 2\mathbf{x}_3$$

이므로 [정리 5-3]에 의해 $S=\{\mathbf{x}_1, \mathbf{x}_2, \mathbf{x}_3\}$는 일차종속이다.

다음 정리는 $\mathbb{R}^n$의 일차독립인 집합은 기껏해야 n개 벡터로 이루어져 있음을 알려준다.

13 [정리 5-4]의 대우는 '일차독립이면 $m \le n$'이다.

정리 5-4 일차종속 판별법[13]

벡터공간 $\mathbb{R}^n$에서 m개의 벡터는 $m > n$이면 일차종속이다.

증명 $\mathbb{R}^n$에서 m개의 벡터를 $\mathbf{x}_1$, $\mathbf{x}_2$, $\cdots$, $\mathbf{x}_m$이라고 하고

$$c_1\mathbf{x}_1 + c_2\mathbf{x}_2 + \cdots + c_m\mathbf{x}_m = 0 \qquad \cdots\cdots ①$$

이라고 하자. 이때

$$\begin{aligned} \mathbf{x}_1 &= (a_{11},\ a_{12},\ \cdots,\ a_{1n}) \\ \mathbf{x}_2 &= (a_{21},\ a_{22},\ \cdots,\ a_{2n}) \\ &\vdots \\ \mathbf{x}_m &= (a_{m1},\ a_{m2},\ \cdots,\ a_{mn}) \end{aligned}$$

이라고 하고 식 ①의 좌변을 벡터의 성분을 이용하여 나타내면 다음과 같다.

$$\begin{aligned} a_{11}c_1 + a_{21}c_2 + \cdots + a_{m1}c_m &= 0 \\ a_{12}c_1 + a_{22}c_2 + \cdots + a_{m2}c_m &= 0 \\ &\vdots \\ a_{1n}c_1 + a_{2n}c_2 + \cdots + a_{mn}c_m &= 0 \end{aligned}$$

이 연립방정식은 미지수가 m개의 c_1, c_2, $\cdots$, c_m이고, 이 c_i(단, $i=1$, 2, $\cdots$, m)에 대한 n개의 일차방정식으로 된 동차연립방정식이다. 그런데 $m > n$이므로 미지수 개수가 방정식 개수보다 많다. 따라서 식 ①에서 미지수 c_i 중 적어도 하나는 0이 아니다.[14] 즉, $\mathbf{x}_1$, $\mathbf{x}_2$, $\cdots$, $\mathbf{x}_m$은 일차종속이다. ■

14 동차연립방정식이 자명하지 않은 해를 가질 조건은 1.4절을 참고하기 바란다.

예제 5-13

$\mathbb{R}^4$의 벡터 $\mathbf{x}_1$, $\mathbf{x}_2$, $\mathbf{x}_3$, $\mathbf{x}_4$, $\mathbf{x}_5$에 대하여 $S=\{\mathbf{x}_1, \mathbf{x}_2, \mathbf{x}_3, \mathbf{x}_4, \mathbf{x}_5\}$가 일차종속임을 확인하라. 또 $\mathbf{x}_5$를 나머지 네 벡터의 일차결합으로 나타내라.

$$\mathbf{x}_1 = (1,\ 1,\ 1,\ -1),\quad \mathbf{x}_2 = (2,\ 0,\ 2,\ 4),\quad \mathbf{x}_3 = (2,\ -1,\ 1,\ -1),$$
$$\mathbf{x}_4 = (0,\ 1,\ -2,\ 2),\quad \mathbf{x}_5 = (-2,\ 1,\ -1,\ 5)$$

풀이

[정리 5-4]에 의해 $\mathbb{R}^4$의 다섯 벡터는 일차종속이다. 따라서 $S=\{\mathbf{x}_1, \mathbf{x}_2, \mathbf{x}_3, \mathbf{x}_4, \mathbf{x}_5\}$는 일차종속이다. 한편 $\mathbf{x}_1$, $\mathbf{x}_2$, $\mathbf{x}_3$, $\mathbf{x}_4$, $\mathbf{x}_5$가 일차종속이면 한 벡터가 나머지 네 벡터의 일차결합으로 표시된다. 이때 $\mathbf{x}_5 = c_1\mathbf{x}_1 + c_2\mathbf{x}_2 + c_3\mathbf{x}_3 + c_4\mathbf{x}_4$라고 하면 다음과 같은 연립방정식을 얻을 수 있다.

$$\begin{bmatrix} 1 & 2 & 2 & 0 \\ 1 & 0 & -1 & 1 \\ 1 & 2 & 1 & -2 \\ -1 & 4 & -1 & 2 \end{bmatrix} \begin{bmatrix} c_1 \\ c_2 \\ c_3 \\ c_4 \end{bmatrix} = \begin{bmatrix} -2 \\ 1 \\ -1 \\ 5 \end{bmatrix}$$

이 연립방정식의 첨가행렬의 RREF를 구하면 다음과 같다.

$$\text{RREF}\left[\begin{array}{cccc:c} 1 & 2 & 2 & 0 & -2 \\ 1 & 0 & -1 & 1 & 1 \\ 1 & 2 & 1 & -2 & -1 \\ -1 & 4 & -1 & 2 & 5 \end{array}\right] = \left[\begin{array}{cccc:c} 1 & 0 & 0 & 0 & -\frac{4}{7} \\ 0 & 1 & 0 & 0 & \frac{2}{3} \\ 0 & 0 & 1 & 0 & -\frac{29}{21} \\ 0 & 0 & 0 & 1 & \frac{4}{21} \end{array}\right]$$

즉 $c_1 = -\frac{4}{7}$, $c_2 = \frac{2}{3}$, $c_3 = -\frac{29}{21}$, $c_4 = \frac{4}{21}$이므로 $\mathbf{x}_5$를 나머지 네 벡터의 일차결합으로 나타내면 다음과 같다.

$$\mathbf{x}_5 = -\frac{4}{7}\mathbf{x}_1 + \frac{2}{3}\mathbf{x}_2 - \frac{29}{21}\mathbf{x}_3 + \frac{4}{21}\mathbf{x}_4$$

Command Window

: 코딩

```
>> syms c1 c2 c3 c4                                  % 심볼릭 변수 지정
>> x1=[1 1 1 -1];x2=[2 0 2 4];x3=[2 -1 1 -1];x4=[0 1 -2 2];x5=[-2 1 -1 5];
>> S=solve(x5==c1*x1+c2*x2+c3*x3+c4*x4);             % 연립방정식 계산
>> sol=[S.c1 S.c2 S.c3 S.c4]                         % 해집합 계산
```

: 결과

```
sol =                                                % [예제 5-13]의 결과와 동일
    [ -4/7, 2/3, -29/21, 4/21]
```

MATLAB 유제

다음 벡터가 일차독립인지 일차종속인지 확인하고, 일차종속인 경우 한 벡터를 나머지 벡터들의 일차결합으로 나타내라.

$$\mathbf{x}_1 = (2,\ -2,\ -2,\ 2,\ 2),\quad \mathbf{x}_2 = (2,\ -2,\ 0,\ 2,\ 3),\quad \mathbf{x}_3 = (2,\ 0,\ 2,\ -2,\ 4),$$
$$\mathbf{x}_4 = (-2,\ 2,\ 2,\ 0,\ 5),\quad \mathbf{x}_5 = (1,\ 2,\ 2,\ 0,\ 2)$$

5.3 기저와 차원

우리는 5.2절에서 부분공간 W를 생성하는 집합 S에 대하여 알아보았다. 즉 W의 임의의 벡터가 S의 원소들의 일차결합으로 표시될 때, S는 부분공간 W를 생성한다고 하였다. 그러나 이때 생성된 집합은 불필요한 벡터를 포함하고 있을 수 있다.

예를 들어 $\mathbb{R}^2$의 부분집합 $l = \left\{ \begin{bmatrix} x \\ y \end{bmatrix} \in \mathbb{R}^2 \mid 3x - 2y = 0 \right\}$은 벡터공간이고, 영 아닌 벡터 $\left\{ \begin{bmatrix} 2 \\ 3 \end{bmatrix}, \begin{bmatrix} 4 \\ 6 \end{bmatrix}, \begin{bmatrix} 6 \\ 9 \end{bmatrix} \right\}$로 생성된다. 그러나 사실 이 벡터공간 l을 생성하는 벡터는 다음과 같이 단 하나면 충분하다.

$$\begin{aligned} l &= \operatorname{span}\left(\left\{ \begin{bmatrix} 2 \\ 3 \end{bmatrix}, \begin{bmatrix} 4 \\ 6 \end{bmatrix}, \begin{bmatrix} 6 \\ 9 \end{bmatrix} \right\} \right) \\ &= \operatorname{span}\left(\left\{ \begin{bmatrix} 2 \\ 3 \end{bmatrix} \right\} \right) \end{aligned}$$

마찬가지로 $\mathbb{R}^3$의 부분집합인 원점을 지나는 평면 π는 벡터공간 $\mathbb{R}^3$의 부분공간이다. 이 부분공간 π를 생성하는 벡터는 많이 있지만, 평면 π를 생성하는 데는 일차독립인 벡터 두 개만 있으면 된다.

5.3.1 부분공간의 기저

벡터공간 V의 부분공간 W를 생성하는 벡터의 집합 $S = \{\mathbf{x}_1, \mathbf{x}_2, \cdots, \mathbf{x}_k\}$에서 W를 생성하는 데 필요 없는 벡터가 있을까? 이 질문에 대한 답을 찾기 위해 벡터공간과 그 부분공간의 구조를 이해하는 데 필요한 기본 개념인 기저와 차원을 소개한다.

W를 벡터공간 V의 부분공간이라고 하자. W의 부분집합 S가 다음 두 가지 조건을 만족할 때 S를 부분공간 W의 **기저**basis라고 한다.

❶ S는 일차독립이다.

❷ $W = \langle S \rangle$ 즉, S는 W를 생성한다.[15]

15 $W = \langle S \rangle$는 W의 모든 벡터는 S의 원소의 일차결합으로 나타낼 수 있다는 의미이다.

벡터공간 V는 V의 부분공간이므로 벡터공간 V의 기저는 위 정의와 같다. 따라서 이 책에서 기저에 대하여 논의할 때, 특별한 경우를 제외하고 벡터공간의 기저와 부분공간의 기저를 혼용할 것이다.

예제 5-14

$\mathbb{R}^n$의 표준단위벡터의 집합 $B=\{\mathbf{e}_1, \mathbf{e}_2, \cdots, \mathbf{e}_n\}$은 $\mathbb{R}^n$의 기저임을 보여라.

풀이

$\mathbb{R}^n$에서 $\mathbf{e}_1=(1, 0, \cdots, 0)$, $\mathbf{e}_2=(0, 1, 0, \cdots, 0)$, $\cdots$, $\mathbf{e}_n=(0, 0, \cdots, 0, 1)$이라고 하면 [정리 5-2]에 의하여 $\Delta=|I_n|=1\neq 0$이므로 $B=\{\mathbf{e}_1, \mathbf{e}_2, \cdots, \mathbf{e}_n\}$은 일차독립이다.

또 $\mathbb{R}^n$의 임의의 벡터 $\mathbf{x}=(x_1, x_2, \cdots, x_n)$에 대하여

$$\begin{aligned}\mathbf{x}&=(x_1, x_2, \cdots, x_n)\\&=(x_1, 0, 0, \cdots, 0)+(0, x_2, 0, \cdots, 0)+\cdots+(0, 0, \cdots, 0, x_n)\\&=x_1\mathbf{e}_1+x_2\mathbf{e}_2+\cdots+x_n\mathbf{e}_n\end{aligned}$$

으로 나타낼 수 있으므로 $B=\{\mathbf{e}_1, \mathbf{e}_2, \cdots, \mathbf{e}_n\}$은 $\mathbb{R}^n$을 생성한다.

따라서 표준단위벡터의 집합 $B=\{\mathbf{e}_1, \mathbf{e}_2, \cdots, \mathbf{e}_n\}$은 $\mathbb{R}^n$의 기저이며, $\mathbb{R}^n$의 **표준기저**standard basis라고 한다.

예제 5-15

n차 다항식의 벡터공간 P_n의 표준단위벡터의 집합 $B=\{1, x, x^2, \cdots, x^n\}$은 P_n의 기저임을 보여라.

풀이

P_n의 임의의 한 다항식을 스칼라 a_0, a_1, a_2, $\cdots$, a_n에 대하여 다음과 같이 단항식 1, x, x^2, $\cdots$, x^n의 일차결합으로 나타낼 수 있다.

$$p(x)=a_0+a_1x+a_2x^2+\cdots+a_nx^n$$

즉 $B=\{1, x, x^2, \cdots, x^n\}$은 P_n을 생성한다.

또 스칼라 a_0, a_1, a_2, $\cdots$, a_n에 대하여 $a_0+a_1x+a_2x^2+\cdots+a_nx^n=0$이면 x 값에 관계없이 항상 성립해야 하므로 $a_0=a_1=a_2=\cdots=a_n=0$이다. 즉, $B=\{1, x, x^2, \cdots, x^n\}$은 일차독립이다.

따라서 $B=\{1, x, x^2, \cdots, x^n\}$은 P_n의 기저이며, P_n의 표준기저라고 한다.

예제 5-16

2차 정사각행렬의 벡터공간 M_2의 표준단위벡터의 집합 $B=\left\{\begin{bmatrix}1&0\\0&0\end{bmatrix}, \begin{bmatrix}0&1\\0&0\end{bmatrix}, \begin{bmatrix}0&0\\1&0\end{bmatrix}, \begin{bmatrix}0&0\\0&1\end{bmatrix}\right\}$은 M_2의 기저임을 보여라.

풀이

M_2의 임의의 한 행렬 $\begin{bmatrix} a & b \\ c & d \end{bmatrix}$는 다음과 같이 나타낼 수 있다.

$$\begin{bmatrix} a & b \\ c & d \end{bmatrix} = a\begin{bmatrix} 1 & 0 \\ 0 & 0 \end{bmatrix} + b\begin{bmatrix} 0 & 1 \\ 0 & 0 \end{bmatrix} + c\begin{bmatrix} 0 & 0 \\ 1 & 0 \end{bmatrix} + d\begin{bmatrix} 0 & 0 \\ 0 & 1 \end{bmatrix}$$

즉, B는 M_2를 생성한다. 또

$$\alpha_1\begin{bmatrix} 1 & 0 \\ 0 & 0 \end{bmatrix} + \alpha_2\begin{bmatrix} 0 & 1 \\ 0 & 0 \end{bmatrix} + \alpha_3\begin{bmatrix} 0 & 0 \\ 1 & 0 \end{bmatrix} + \alpha_4\begin{bmatrix} 0 & 0 \\ 0 & 1 \end{bmatrix} = \begin{bmatrix} 0 & 0 \\ 0 & 0 \end{bmatrix}$$

이라고 하면 $\alpha_1 = \alpha_2 = \alpha_3 = \alpha_4 = 0$이다. 즉, B는 일차독립이다.

따라서 $B = \left\{\begin{bmatrix} 1 & 0 \\ 0 & 0 \end{bmatrix}, \begin{bmatrix} 0 & 1 \\ 0 & 0 \end{bmatrix}, \begin{bmatrix} 0 & 0 \\ 1 & 0 \end{bmatrix}, \begin{bmatrix} 0 & 0 \\ 0 & 1 \end{bmatrix}\right\}$은 M_2의 기저이며, M_2의 표준기저라고 한다.

예제 5-17

$\mathbb{R}^3$의 벡터 $\mathbf{x}_1$, $\mathbf{x}_2$, $\mathbf{x}_3$에 대하여 $S = \{\mathbf{x}_1, \mathbf{x}_2, \mathbf{x}_3\}$가 $\mathbb{R}^3$의 기저임을 보여라.

$$\mathbf{x}_1 = \begin{bmatrix} -1 \\ 2 \\ 1 \end{bmatrix}, \quad \mathbf{x}_2 = \begin{bmatrix} 2 \\ 5 \\ 0 \end{bmatrix}, \quad \mathbf{x}_3 = \begin{bmatrix} 0 \\ 3 \\ 4 \end{bmatrix}$$

풀이

먼저 주어진 세 벡터가 일차독립임을 확인해 보자.

$$\Delta = \begin{vmatrix} -1 & 2 & 0 \\ 2 & 5 & 3 \\ 1 & 0 & 4 \end{vmatrix} = -30 \neq 0$$

이므로 S는 일차독립이다.

이제 S가 $\mathbb{R}^3$을 생성함을 보이자. $\mathbb{R}^3$의 임의의 벡터 $\mathbf{x} = \begin{bmatrix} x \\ y \\ z \end{bmatrix}$에 대하여

$$\mathbf{x} = c_1\mathbf{x}_1 + c_2\mathbf{x}_2 + c_3\mathbf{x}_3 \ \ (\text{단, } c_i \in \mathbb{R})$$

라고 하면

$$\begin{aligned} \begin{bmatrix} x \\ y \\ z \end{bmatrix} &= c_1\begin{bmatrix} -1 \\ 2 \\ 1 \end{bmatrix} + c_2\begin{bmatrix} 2 \\ 5 \\ 0 \end{bmatrix} + c_3\begin{bmatrix} 0 \\ 3 \\ 4 \end{bmatrix} \\ &= \begin{bmatrix} -c_1 + 2c_2 \\ 2c_1 + 5c_2 + 3c_3 \\ c_1 + 4c_3 \end{bmatrix} \qquad \cdots\cdots \text{①} \end{aligned}$$

이므로 c_1, c_2, c_3에 대한 연립방정식

$$\begin{aligned} -c_1+2c_2 \qquad &= x \\ 2c_1+5c_2+3c_3 &= y \\ c_1+ \qquad 4c_3 &= z \end{aligned}$$

를 얻는다. 따라서 S가 $\mathbb{R}^3$을 생성함을 보이려면 식 ①이 x, y, z에 관계없이 항상 해를 가짐을 보이면 된다. 그런데 식 ①의 계수행렬은 가역행렬이므로 항상 해를 가지므로 S는 $\mathbb{R}^3$을 생성한다. 따라서 S는 $\mathbb{R}^3$의 기저이다.

앞에서 $\{\mathbf{e}_1, \mathbf{e}_2, \mathbf{e}_3\}$는 $\mathbb{R}^3$의 표준기저이고, [예제 5-17]로부터

$$\left\{ \begin{bmatrix} -1 \\ 2 \\ 1 \end{bmatrix}, \begin{bmatrix} 2 \\ 5 \\ 0 \end{bmatrix}, \begin{bmatrix} 0 \\ 3 \\ 4 \end{bmatrix} \right\}$$

도 $\mathbb{R}^3$의 기저임을 알았다. 더욱이 임의의 영 아닌 스칼라 c_1, c_2, c_3에 대하여 $\{c_1\mathbf{e}_1, c_2\mathbf{e}_2, c_3\mathbf{e}_3\}$도 $\mathbb{R}^3$의 기저임을 알 수 있다. 즉 벡터공간 $\mathbb{R}^n$의 기저는 무수히 많음을 알 수 있다.

이제 벡터공간 V의 무수히 많은 기저 사이에 어떤 관계가 있는지 알아보자.

정리 5-5 기저와 일차종속

집합 $S = \{\mathbf{x}_1, \mathbf{x}_2, \cdots, \mathbf{x}_k\}$가 벡터공간 V의 기저일 때, V의 $r\,(>k)$개 벡터의 집합 $T = \{\mathbf{y}_1, \mathbf{y}_2, \cdots, \mathbf{y}_r\}$은 항상 일차종속이다. 따라서 T가 일차독립이면 $r \le k$이다.

증명 S가 벡터공간 V의 기저이므로 $T = \{\mathbf{y}_1, \mathbf{y}_2, \cdots, \mathbf{y}_r\}$에 속하는 모든 벡터는 $\mathbf{x}_1$, $\mathbf{x}_2$, $\cdots$, $\mathbf{x}_k$의 일차결합으로 표시된다. 즉 스칼라 a_{ij}에 대하여 다음과 같다.

$$\begin{aligned} \mathbf{y}_j &= a_{1j}\mathbf{x}_1 + a_{2j}\mathbf{x}_2 + \cdots + a_{kj}\mathbf{x}_k \\ &= \sum_{i=1}^{k} a_{ij}\mathbf{x}_i \ \ (\text{단, } j=1, 2, \cdots, r) \end{aligned} \tag{5.3}$$

이제 스칼라 c_1, c_2, $\cdots$, c_r에 대하여

$$c_1\mathbf{y}_1 + c_2\mathbf{y}_2 + \cdots + c_r\mathbf{y}_r = \sum_{j=1}^{r} c_j\mathbf{y}_j = 0$$

이라고 하면, 식 (5.3)으로부터 다음을 얻는다.

$$\sum_{j=1}^{r} c_j \left(\sum_{i=1}^{k} a_{ij} \mathbf{x}_i \right) = \sum_{i=1}^{k} \left(\sum_{j=1}^{r} a_{ij} c_j \right) \mathbf{x}_i = 0$$

그런데 $\{\mathbf{x}_1, \mathbf{x}_2, \cdots, \mathbf{x}_k\}$가 기저이므로 $\mathbf{x}_1$, $\mathbf{x}_2$, $\cdots$, $\mathbf{x}_k$는 일차독립이고

$$\sum_{j=1}^{r} a_{ij} c_j = 0 \text{ (단, } i = 1, 2, \cdots, k)$$

이다. 즉 다음 동차연립방정식을 얻는다.

$$\begin{aligned} a_{11}c_1 + \cdots + a_{1r}c_r &= 0 \\ a_{21}c_1 + \cdots + a_{2r}c_r &= 0 \\ &\vdots \\ a_{k1}c_1 + \cdots + a_{kr}c_r &= 0 \end{aligned} \tag{5.4}$$

식 (5.4)는 r개의 미지수 c_1, c_2, $\cdots$, c_r을 갖고 k개의 식으로 된 동차연립방정식이다. 그런데 $r > k$ 이므로 식 (5.4)는 자명하지 않은 해를 갖는다. 따라서 T는 일차종속이다. ■

예를 들어 집합 $S = \{(1, 1, 1), (2, 2, 0), (-1, 0, 0)\}$은 벡터공간 $\mathbb{R}^3$의 기저이다. 그러나 벡터의 집합 $T = \{(3, -2, 1), (3, 1, -7), (2, 4, 4), (2, 6, 7)\}$은 $4 > 3$이므로 일차종속이다.

정리 5-6 기저의 원소의 개수

집합 $S = \{\mathbf{x}_1, \mathbf{x}_2, \cdots, \mathbf{x}_k\}$와 $T = \{\mathbf{y}_1, \mathbf{y}_2, \cdots, \mathbf{y}_l\}$이 벡터공간 V의 기저이면 $k = l$이다.

증명 S와 T는 V의 기저이므로 모두 일차독립이다. 따라서 기저와 일차종속에 대한 [정리 5-5]에 의하여 $k \leq l$ 이고, 또한 $k \leq l$ 이므로 $k = l$ 이다. ■

5.3.2 벡터공간의 차원

[정리 5-6]은 한 벡터공간 V의 임의의 두 기저는 같은 수의 벡터를 갖는다는 의미이다. 이를테면 [예제 5-14]에서 알 수 있듯이 $\mathbb{R}^n$의 기저는 n개의 벡터로 되어 있다. 따라서 $\mathbb{R}^n$의 모든 기저는 n개의 벡터를 갖는다. 또 P_n의 기저는 [예제 5-15]에서 알 수 있듯이 $n+1$개의 벡터로 되어 있다. 따라서 P_n의 모든 기저는 $n+1$개의 벡터를 갖는다. 즉 [정리 5-6]에 의하여 벡터공간 V의 각

기저에 속하는 벡터의 개수는 항상 같다는 것을 알 수 있다. 이 사실을 이용하여 벡터공간의 차원을 다음과 같이 정의한다.

벡터공간 V의 기저의 벡터의 개수를 V의 **차원**dimension이라고 하며, $\dim V$로 나타낸다. 즉, 벡터공간 V의 기저의 벡터의 개수가 n개이면 $\dim V = n$이다. 특히 $S = \{\mathbf{e}_1, \mathbf{e}_2, \cdots, \mathbf{e}_n\}$이 $\mathbb{R}^n$의 표준기저이므로 $\dim \mathbb{R}^n = n$이다. 마찬가지로 $\dim P_n = n+1$, $\dim M_2 = 4$이다.

한편 $V = \{0\}$일 때 공집합 $\varnothing$가 V의 기저이므로 $\dim V = 0$이다.[16]

16 영 벡터공간 $V = \{0\}$의 차원은 0이다. 즉, 영 벡터공간의 원소 중에서 일차독립인 원소가 없으므로 기저는 $\varnothing$이고, $\varnothing$는 원소가 하나도 없으므로 $\dim V = 0$이다.

예제 5-18

좌표공간 $\mathbb{R}^3$에서 평면 $\pi = \{(x, y, z) \mid x - 3y - 2z = 0\}$은 벡터공간이다. 이 벡터공간 π의 기저와 차원을 구하라.

풀이

임의의 $(x, y, z) \in \pi$에 대하여 $x - 3y - 2z = 0$이다. 여기서 $x = 3y + 2z$이므로

$$\begin{aligned}(x, y, z) &= (3y+2z, y, z)\\ &= (3y, y, 0) + (2z, 0, z)\\ &= y(3, 1, 0) + z(2, 0, 1)\end{aligned}$$

임의로 y, z를 정하면 $(x, y, z) \in \pi$가 정해진다. 예를 들어 $y=1$, $z=0$과 $y=0$, $z=1$로 각각 정하면

$$\mathbf{x}_1 = (3, 1, 0), \quad \mathbf{x}_2 = (2, 0, 1)$$

이고 어느 하나를 다른 것의 스칼라 배로 나타낼 수 없으므로 $\{\mathbf{x}_1, \mathbf{x}_2\}$는 일차독립이다. 또 $\{\mathbf{x}_1, \mathbf{x}_2\}$는 π를 생성하므로 $\{\mathbf{x}_1, \mathbf{x}_2\} = \{(3, 1, 0), (2, 0, 1)\}$은 구하는 기저이다. 이때 기저의 원소가 2개이므로 주어진 평면의 차원은 2이고 $\dim \pi = 2$이다.

예제 5-19

다음 동차연립방정식의 해공간의 기저와 차원을 구하라.

$$\begin{aligned}x_1 - 2x_2 + x_3 \qquad + x_5 + 3x_6 &= 0\\ -2x_1 + 2x_2 - 2x_3 \qquad + x_5 + x_6 &= 0\\ 3x_4 - x_5 \qquad &= 0\\ -3x_1 \qquad + 2x_3 \qquad + x_5 + 2x_6 &= 0\end{aligned}$$

풀이

주어진 동차연립방정식은 계수행렬을 이용하여 다음과 같이 나타낼 수 있다.

$$AX = \begin{bmatrix} 1 & -2 & 1 & 0 & 1 & 3 \\ -2 & 2 & -2 & 0 & 1 & 1 \\ 0 & 0 & 0 & 3 & -1 & 0 \\ -3 & 0 & 2 & 0 & 1 & 2 \end{bmatrix} \begin{bmatrix} x_1 \\ x_2 \\ x_3 \\ x_4 \\ x_5 \\ x_6 \end{bmatrix} = \begin{bmatrix} 0 \\ 0 \\ 0 \\ 0 \end{bmatrix}$$

첨가행렬의 RREF를 구하면 다음과 같다.

$$\text{RREF}\begin{bmatrix} 1 & -2 & 1 & 0 & 1 & 3 & 0 \\ -2 & 2 & -2 & 0 & 1 & 1 & 0 \\ 0 & 0 & 0 & 3 & -1 & 0 & 0 \\ -3 & 0 & 2 & 0 & 1 & 2 & 0 \end{bmatrix} = \begin{bmatrix} 1 & 0 & 0 & 0 & -1 & -2 & 0 \\ 0 & 1 & 0 & 0 & -\frac{3}{2} & -\frac{7}{2} & 0 \\ 0 & 0 & 1 & 0 & -1 & -2 & 0 \\ 0 & 0 & 0 & 1 & -\frac{1}{3} & 0 & 0 \end{bmatrix}$$

따라서 임의의 실수 s, $t \in \mathbb{R}$에 대하여 $x_5 = s$, $x_6 = t$라고 하면 주어진 동차연립방정식의 해는 다음과 같다.

$$x_1 = s + 2t, \quad x_2 = \frac{3}{2}s + \frac{7}{2}t, \quad x_3 = s + 2t, \quad x_4 = \frac{1}{3}s, \quad x_5 = s, \quad x_6 = t$$

해를 벡터로 나타내면

$$\begin{bmatrix} x_1 \\ x_2 \\ x_3 \\ x_4 \\ x_5 \\ x_6 \end{bmatrix} = \begin{bmatrix} s+2t \\ \frac{3}{2}s + \frac{7}{2}t \\ s+2t \\ \frac{1}{3}s \\ s \\ t \end{bmatrix} = \begin{bmatrix} s \\ \frac{3}{2}s \\ s \\ \frac{1}{3}s \\ s \\ 0 \end{bmatrix} + \begin{bmatrix} 2t \\ \frac{7}{2}t \\ 2t \\ 0 \\ 0 \\ t \end{bmatrix} = s\begin{bmatrix} 1 \\ \frac{3}{2} \\ 1 \\ \frac{1}{3} \\ 1 \\ 0 \end{bmatrix} + t\begin{bmatrix} 2 \\ \frac{7}{2} \\ 2 \\ 0 \\ 0 \\ 1 \end{bmatrix} = s\mathbf{x}_1 + t\mathbf{x}_2$$

와 같다. 즉 벡터 $\mathbf{x}_1$, $\mathbf{x}_2$는 해공간을 생성하며, 두 벡터는 일차독립이다.
따라서 $S = \{\mathbf{x}_1, \mathbf{x}_2\}$는 주어진 동차연립방정식의 해공간의 기저이고, 해공간의 차원은 2차원이다.

Command Window

: 코딩

```
>> format rat
>> A=[1 -2 1 0 1 3 0;-2 2 -2 0 1 1 0;0 0 0 3 -1 0 0;-3 0 2 0 1 2 0];
>> rref(A);                                                % RREF 계산
>> syms s t                                                % 심볼릭 변수 지정
>> x5=s;x6=t;                                              % 자유변수 심볼릭 지정
>> x1=x5+2*x6;x2=3/2*x5+7/2*x6;x3=x5+2*x6;x4=1/3*x5;       % 선도변수 계산 입력
>> sol=[x1,x2,x3,x4,x5,x6]                                 % 해집합 입력
```

: 결과

```
sol=                                                       % [예제 5-19]의 결과와 동일
    [ s + 2*t, (3*s)/2 + (7*t)/2, s + 2*t, s/3, s, t]
```

MATLAB 유제

다음 동차연립방정식의 해공간의 기저와 차원을 구하라.

$$\begin{aligned}-x_1+2x_2\qquad\quad+4x_4+5x_5-3x_6&=0\\3x_1-7x_2+2x_3\qquad\quad+\ x_5+4x_6&=0\\2x_1-5x_2+2x_3+4x_4+6x_5+\ x_6&=0\\4x_1-9x_2+2x_3-4x_4-4x_5+7x_6&=0\end{aligned}$$

일반적으로 벡터들의 집합 $S=\{\mathbf{x}_1,\ \mathbf{x}_2,\ \cdots,\ \mathbf{x}_n\}$이 벡터공간 V의 기저임을 밝히려면 S가 일차독립이고 V를 생성함을 보여야 한다. 그러나 V의 차원이 n임을 알게 된 경우에는 일차독립 또는 생성하는 것 중 어느 한 가지만 확인하면 된다.

정리 5-7 기저의 성질

벡터공간 V가 n차원 공간일 때, $S=\{\mathbf{x}_1,\ \mathbf{x}_2,\ \cdots,\ \mathbf{x}_n\}$에 대하여 다음이 성립한다.

(1) S가 일차독립이면 S는 V의 기저이다.

(2) $\langle S\rangle=V$이면 S는 V의 기저이다.

증명

(1) V가 n차원 벡터공간이므로 임의의 벡터 $\mathbf{x}\in V$에 대하여 $\{\mathbf{x}_1,\ \mathbf{x}_2,\ \cdots,\ \mathbf{x}_n,\ \mathbf{x}\}$는 [정리 5-5]에 의해 일차종속이다. 따라서

$$c_1\mathbf{x}_1+c_2\mathbf{x}_2+\cdots+c_n\mathbf{x}_n+c_{n+1}\mathbf{x}=0 \tag{5.5}$$

을 만족하는 모두는 영이 아닌 스칼라 $c_1,\ c_2,\ \cdots,\ c_n,\ c_{n+1}$이다.

만일 $c_{n+1}=0$이라면 S가 일차종속이 되어 모순이므로 $c_{n+1}\neq 0$이다.

따라서 식 (5.5)를 $\mathbf{x}$에 대하여 풀면

$$\mathbf{x}=\alpha_1\mathbf{x}_1+\alpha_2\mathbf{x}_2+\cdots+\alpha_n\mathbf{x}_n\ \left(\text{단, } \alpha_i=-\frac{c_i}{c_{n+1}},\ i=1,\ 2,\ \cdots,\ n\right)$$

이므로 $\langle S\rangle=V$이다. 따라서 S가 일차독립이면 S는 V의 기저이다.

(2) S가 일차종속이면 [정리 5-3]에 의해

$$\mathbf{x}_j=d_1\mathbf{x}_1+d_2\mathbf{x}_2+\cdots+d_{j-1}\mathbf{x}_{j-1}+d_{j+1}\mathbf{x}_{j+1}+\cdots+d_n\mathbf{x}_n$$

인 j(단, $1\le j\le n$)가 존재한다. 따라서

$$S_1 = \{\mathbf{x}_1, \mathbf{x}_2, \cdots, \mathbf{x}_{j-1}, \mathbf{x}_{j+1}, \cdots, \mathbf{x}_n\}$$

이라고 하면 S_1도 V를 생성한다. S_1이 일차독립이면 S_1은 V의 기저이다. S_1이 일차종속이면 동일한 방법으로 $V = \langle S_2 \rangle$인 집합 S_2를 얻는다. S가 유한집합이므로 이 과정을 계속하면 일차독립이면서 V를 생성하는 S의 부분집합 T를 찾을 수 있다. 이 T가 바로 V의 한 기저인데, T의 원소의 개수는 n보다 적다. 그런데 $\dim V = n$이므로 이것은 모순이다. 따라서 S는 일차독립이고 V의 기저가 된다. ■

예제 5-20

2차 다항식 벡터공간 P_2에 대하여 $S = \{t+1, t-1, t^2+t-1\}$은 P_2의 기저임을 설명하라.

풀이

$\dim P_2 = 3$이고 S는 3개의 원소를 가지고 있으므로 [정리 5-7]로부터 S가 일차독립이거나 P_2를 생성하는 것 중에서 한 가지만 보이면 된다. 여기서는 일차독립임을 보이자.

임의의 $c_1, c_2, c_3 \in \mathbb{R}$ 에 대하여

$$c_1(t+1) + c_2(t-1) + c_3(t^2+t-1) = 0 \quad \Rightarrow \quad c_3 t^2 + (c_1+c_2+c_3)t + (c_1-c_2-c_3) = 0$$

위의 식은 임의의 미지수 t에 대하여 항상 성립해야 하므로 t와 관계없이 계수가 모두 0이어야 한다. 즉, 다음과 같은 동차연립방정식을 얻을 수 있다.

$$\begin{aligned} c_3 &= 0 \\ c_1 + c_2 + c_3 &= 0 \\ c_1 - c_2 - c_3 &= 0 \end{aligned}$$

동차연립방정식의 계수행렬의 행렬식을 구하면

$$\begin{vmatrix} 0 & 0 & 1 \\ 1 & 1 & 1 \\ 1 & -1 & -1 \end{vmatrix} = -2 \neq 0$$

이므로 동차연립방정식은 자명한 해만을 갖는다. 따라서 $S = \{t+1, t-1, t^2+t-1\}$은 일차독립이므로 [정리 5-7]에 의하여 S는 P_2의 기저이다.

Command Window

: 코딩

```
>> A=[0 0 1;1 1 1;1 -1 -1];          % 계수행렬 입력
>> det(A)                            % 행렬식 계산
```

: 결과

```
ans =                                % [예제 5-20]의 결과와 동일
     -2
```

MATLAB 유제

행렬공간 M_2에 대하여 다음 집합 S가 M_2의 기저임을 설명하라.

$$S=\left\{\begin{bmatrix}1 & -1\\0 & 0\end{bmatrix}, \begin{bmatrix}0 & 1\\-1 & 0\end{bmatrix}, \begin{bmatrix}0 & 0\\1 & -1\end{bmatrix}, \begin{bmatrix}0 & 0\\0 & 1\end{bmatrix}\right\}$$

5.4 행렬의 행공간과 열공간

5.1절에서 행렬 A의 행공간과 열공간을 다루었다. 또 5.2절에서는 벡터들의 일차독립과 일차종속에 대하여 알아보았고, 5.3절에서는 벡터공간의 기저와 차원에 대하여 알아보았다. 따라서 행렬 A의 행공간과 열공간의 벡터들의 일차독립과 일차종속, 기저와 차원을 생각할 수 있다. 특히 한 정사각행렬이 가역이면 이 행렬의 행과 열들은 일차독립인 벡터들로 이루어진다. 그러나 행렬이 가역이 아니거나 정사각행렬이 아니면 이 행렬의 행과 열들의 일차독립성에 대하여 알기 쉽지 않다. 이 절에서는 행렬과 관련된 중요한 벡터공간을 다루고 연립일차방정식의 해와 그 계수행렬의 성질 사이에 성립하는 관계에 대하여 알아본다.

5.4.1 행계수와 열계수

행렬 A의 행공간과 열공간의 차원에 대하여 알아보자. $m \times n$ 행렬 A의 행공간 $R(A)$의 차원을 A의 **행계수**row rank, 열공간 $C(A)$의 차원을 A의 **열계수**column rank라고 한다. 즉 다음과 같이 나타낸다.

$$\dim R(A) = r(A), \quad \dim C(A) = c(A)$$

1장에서 우리는 동차연립일차방정식 $AX = O$와 $BX = O$의 계수행렬 A와 B가 행동치이면 두 연립일차방정식의 해가 같다는 것을 알았다. 이제 기본 행연산에 의하여 얻어지는 행동치인 두 행렬에 대한 행공간의 성질을 알아보자.

정리 5-8 행동치와 행공간의 관계

두 행렬 A, B가 행동치이면 이들은 같은 행공간을 갖는다.

증명 두 행렬 A, B가 행동치이면 B는 A에 기본 행 연산을 유한 번 시행하여 얻어지므로 B의 각 행은 A의 행의 일차결합이다. 따라서 B의 행공간은 A의 행공간의 부분집합이다. 마찬가지로 A는 B에 기본 행 연산을 유한 번 시행하여 얻어지므로, A의 행공간은 B의 행공간의 부분집합이다. 따라서 A, B는 같은 행공간을 갖는다. ■

A의 열공간은 A^T의 행공간이므로 열공간에 대해서도 [정리 5-8]이 성립한다. 즉 A, B가 행동치이면 A, B는 같은 열공간을 갖는다. 또한 [정리 5-8]로부터 행렬 A의 RREF에 나타나는 영 아닌 행벡터는 A의 행공간을 생성함을 알 수 있다. 그런데 RREF에 나타나는 영 아닌 행벡터는 일차독립이므로 행공간의 기저를 이룬다. 이 사실을 이용하면 $\mathbb{R}^n$의 벡터들에 의해 생성된 부분공간의 기저와 차원을 쉽게 구할 수 있다.

예제 5-21

집합 S가 다음과 같을 때, $\mathbb{R}^5$의 부분공간 $W=\langle S\rangle$의 기저와 차원을 구하라.

$$S=\{(1,\ 0,\ 1,\ 0,\ 2),\ (3,\ 1,\ 3,\ 0,\ 7),\ (5,\ 3,\ -6,\ 1,\ -7),\ (2,\ 0,\ -1,\ -3,\ 2)\}$$

풀이

W는 집합 S의 벡터를 행으로 갖는 행렬

$$A=\begin{bmatrix}1 & 0 & 1 & 0 & 2\\ 3 & 1 & 3 & 0 & 7\\ 5 & 3 & -6 & 1 & -7\\ 2 & 0 & -1 & -3 & 2\end{bmatrix}$$

의 행공간과 같으므로 A의 RREF인

$$\text{RREF}\,A=\begin{bmatrix}1 & 0 & 0 & 0 & \frac{5}{18}\\ 0 & 1 & 0 & 0 & 1\\ 0 & 0 & 1 & 0 & \frac{31}{18}\\ 0 & 0 & 0 & 1 & -\frac{19}{18}\end{bmatrix}$$

의 행공간과 같다. 따라서 A의 RREF에 나타나는 영 아닌 행벡터의 집합

$$\left\{\left(1,\ 0,\ 0,\ 0,\ \frac{5}{18}\right),\ (0,\ 1,\ 0,\ 0,\ 1),\ \left(0,\ 0,\ 1,\ 0,\ \frac{31}{18}\right),\ \left(0,\ 0,\ 0,\ 1,\ -\frac{19}{18}\right)\right\}$$

는 $W=\langle S\rangle$의 기저이고, $\dim W=4$이다. 즉 행렬 A의 행계수는 4이다.

```
Command Window
: 코딩
>> format rat
>> A=[1 0 1 0 2;3 1 3 0 7; 5 3 -6 1 -7;2 0 -1 -3 2]; % 행렬 입력
>> rref(A)                                            % 행렬 A의 RREF 계산

: 결과
ans =                                                 % [예제 5-21]의 결과와 동일
       1          0          0          0          5/18
       0          1          0          0          1
       0          0          1          0          31/18
       0          0          0          1         -19/18
```

MATLAB 유제

집합 S가 다음과 같을 때, $\mathbb{R}^6$의 부분공간 $W=\langle S\rangle$의 기저와 차원을 구하라.

$$S=\{(13,\ 21,\ -12,\ 12,\ -25,\ 24),\ (10,\ 31,\ -11,\ 24,\ 0,\ 17),\ (16,\ 52,\ -31,\ 26,\ 21,\ 37),\ (-9,\ -12,\ 5,\ 51,\ 23,\ -37)\}$$

예제 5-22

다음 행렬 A의 열공간의 기저와 차원을 구하라.

$$A=\begin{bmatrix}1 & -2 & 1 & 0 & 2\\ 3 & 1 & 8 & 0 & 7\\ 5 & 3 & -5 & 1 & 7\\ 2 & 0 & 1 & -3 & 2\end{bmatrix}$$

풀이

A의 열공간은 A의 전치행렬

$$A^T=\begin{bmatrix}1 & 3 & 5 & 2\\ -2 & 1 & 3 & 0\\ 1 & 8 & -5 & 1\\ 0 & 0 & 1 & -3\\ 2 & 7 & 7 & 2\end{bmatrix}$$

의 행공간과 같으므로 A^T의 RREF인

$$\mathrm{RREF}(A^T)=\begin{bmatrix}1 & 0 & 0 & 0\\ 0 & 1 & 0 & 0\\ 0 & 0 & 1 & 0\\ 0 & 0 & 0 & 1\\ 0 & 0 & 0 & 0\end{bmatrix}$$

의 행공간과 같다. 따라서

$$S=\{(1,\ 0,\ 0,\ 0),\ (0,\ 1,\ 0,\ 0),\ (0,\ 0,\ 1,\ 0),\ (0,\ 0,\ 0,\ 1)\}$$

은 A의 열공간의 기저이고, $\dim C(A)=4$이다. 즉 행렬 A의 열계수는 4이다.

```
Command Window

: 코딩
>> A=[1 -2 1 0 2;3 1 8 0 7;5 3 -5 1 7;2 0 1 -3 2]; % 행렬 입력
>> AT=A';                                         % 행렬 A의 전치행렬 계산
>> rref(AT)                                       % A^T의 RREF 계산

: 결과
ans =                                             % [예제 5-22]의 결과와 동일
     1     0     0     0
     0     1     0     0
     0     0     1     0
     0     0     0     1
     0     0     0     0
```

MATLAB 유제

다음 행렬 A의 행계수와 열계수를 구하라.

$$A=\begin{bmatrix} 12 & 22 & 17 & 32 & 22 \\ 35 & 34 & 49 & 20 & 73 \\ 22 & 43 & 35 & 31 & 84 \\ 23 & 32 & 38 & -30 & 56 \end{bmatrix}$$

[예제 5-21]과 [예제 5-22]로부터 행렬 A의 행계수와 열계수가 같음을 알 수 있다. 일반적으로 실수 성분을 갖는 임의의 행렬에 대해서도 행계수와 열계수가 같다.

정리 5-9 행계수와 열계수와의 관계

임의의 행렬 $A \in M_{m,\,n}$에 대하여 A의 행계수와 열계수는 같다.

증명 $m \times n$ 행렬 A의 행공간과 열공간이 같은 차원임을 보이면 된다. 행렬 A의 행계수가 k라면, 이것은 기약 행 사다리꼴이 정확히 k개의 영 아닌 벡터 $\mathbf{r}_1$, $\mathbf{r}_2$, $\cdots$, $\mathbf{r}_k$를 가진다는 것을 의미한다. [정리 5-8]에 의하여 행렬 A와 기약 행 사다리꼴은 같은 행공간을 가지므로, 행벡터 $\mathbf{a}_1$, $\mathbf{a}_2$, $\cdots$, $\mathbf{a}_m$을 기약 행 사다리꼴의 행벡터들의 일차결합으로 표현할 수 있다.

$$\begin{aligned} \mathbf{a}_1 &= c_{11}\mathbf{r}_1 + c_{12}\mathbf{r}_2 + \cdots + c_{1k}\mathbf{r}_k \\ \mathbf{a}_2 &= c_{21}\mathbf{r}_1 + c_{22}\mathbf{r}_2 + \cdots + c_{2k}\mathbf{r}_k \end{aligned}$$

$$\vdots$$

$$\mathbf{a}_m = c_{m1}\mathbf{r}_1 + c_{m2}\mathbf{r}_2 + \cdots + c_{mk}\mathbf{r}_k \tag{5.6}$$

이제 각 방정식의 양변에 대응되는 성분들을 등식으로 바꿔보자. $\mathbf{a}_i$의 j의 성분을 a_{ij}라고 하고, $\mathbf{r}_i$의 j의 성분을 r_{ij}라고 하자. 그러면 식 (5.6)에서 양변의 j번째 성분들 사이의 관계는 다음과 같이 나타낼 수 있다.

$$\begin{bmatrix} a_{1j} \\ a_{2j} \\ \vdots \\ a_{mj} \end{bmatrix} = r_{1j}\begin{bmatrix} c_{11} \\ c_{21} \\ \vdots \\ c_{m1} \end{bmatrix} + r_{2j}\begin{bmatrix} c_{12} \\ c_{22} \\ \vdots \\ c_{m2} \end{bmatrix} + \cdots + r_{kj}\begin{bmatrix} c_{1k} \\ c_{2k} \\ \vdots \\ c_{mk} \end{bmatrix}$$

이 연립방정식의 좌변이 행렬 A의 j번째 열벡터이므로, 연립방정식의 우변의 k열 벡터들이 행렬 A의 열공간을 생성하는 것을 보였다. 그러므로 행렬 A의 열공간의 차원은 기껏해야 k이다. 즉 다음과 같다.

$$\dim C(A) \le \dim R(A) \tag{5.7}$$

이로부터

$$\dim C(A^T) \le \dim R(A^T)$$

또는

$$\dim R(A) \le \dim C(A) \tag{5.8}$$

가 성립한다. 식 (5.7)과 식 (5.8)로부터 $\dim R(A) = \dim C(A)$를 얻는다. ■

행렬 A의 행공간이나 열공간의 차원을 간단히 A의 **계수**rank라고 하고 $\text{rank}(A)$로 나타낸다.[17]

[17] 행렬 A의 계수는 $\dim\{\mathbf{y} \mid \mathbf{y} = A\mathbf{x}\}$이다.

예제 5-23

다음 행렬 A의 계수를 구하라.

$$A = \begin{bmatrix} 1 & 3 & -4 & 2 & 3 & 3 \\ 2 & -8 & 8 & 7 & 2 & -2 \\ 2 & -8 & 8 & 7 & 2 & 1 \\ -1 & -3 & 4 & -2 & -3 & -3 \end{bmatrix}$$

풀이

주어진 행렬의 계수를 구하기 위해 RREF로 변형한다.

$$A = \begin{bmatrix} 1 & 3 & -4 & 2 & 3 & 3 \\ 2 & -8 & 8 & 7 & 2 & -2 \\ 2 & -8 & 8 & 7 & 2 & 1 \\ -1 & -3 & 4 & -2 & -3 & -3 \end{bmatrix} \xrightarrow[E_{13}(-2)]{E_{12}(-2)} \begin{bmatrix} 1 & 3 & -4 & 2 & 3 & 3 \\ 0 & -14 & 16 & 3 & -4 & -8 \\ 0 & -14 & 16 & 3 & -4 & -5 \\ -1 & -3 & 4 & -2 & -3 & -3 \end{bmatrix}$$

$$\xrightarrow[E_{14}(1)]{E_{23}(-1)} \begin{bmatrix} 1 & 3 & -4 & 2 & 3 & 3 \\ 0 & -14 & 16 & 3 & -4 & -8 \\ 0 & 0 & 0 & 0 & 0 & 3 \\ 0 & 0 & 0 & 0 & 0 & 0 \end{bmatrix} \xrightarrow[E_3\left(\frac{1}{3}\right)]{E_2\left(-\frac{1}{14}\right)} \begin{bmatrix} 1 & 3 & -4 & 2 & 3 & 3 \\ 0 & 1 & -\frac{8}{7} & -\frac{3}{14} & \frac{2}{7} & \frac{4}{7} \\ 0 & 0 & 0 & 0 & 0 & 1 \\ 0 & 0 & 0 & 0 & 0 & 0 \end{bmatrix}$$

$$\xrightarrow[E_{31}(-3)]{E_{32}\left(-\frac{4}{7}\right)} \begin{bmatrix} 1 & 3 & -4 & 2 & 3 & 0 \\ 0 & 1 & -\frac{8}{7} & -\frac{3}{14} & \frac{2}{7} & 0 \\ 0 & 0 & 0 & 0 & 0 & 1 \\ 0 & 0 & 0 & 0 & 0 & 0 \end{bmatrix} \xrightarrow{E_{21}(-3)} \begin{bmatrix} 1 & 0 & -\frac{4}{7} & \frac{37}{14} & \frac{15}{7} & 0 \\ 0 & 1 & -\frac{8}{7} & -\frac{3}{14} & \frac{2}{7} & 0 \\ 0 & 0 & 0 & 0 & 0 & 1 \\ 0 & 0 & 0 & 0 & 0 & 0 \end{bmatrix} = \text{RREF}\,A$$

RREF(A)의 행공간의 기저가 $\left(1,\ 0,\ -\frac{4}{7},\ \frac{37}{14},\ \frac{15}{7},\ 0\right)$, $\left(0,\ 1,\ -\frac{8}{7},\ -\frac{3}{14},\ \frac{2}{7},\ 0\right)$, $(0,\ 0,\ 0,\ 0,\ 0,\ 1)$이므로 A의 계수는 RREF(A)의 계수와 같은 3이다. 따라서 다음을 얻는다.

$$\text{rank}(A) = \text{rank}(\text{RREF}(A)) = 3$$

Command Window

```
: 코딩
>> A=[1 3 -4 2 3 3;2 -8 8 7 2 -2;2 -8 8 7 2 1;-1 -3 4 -2 -3 -3];
>> rank(A) 1                                  % 행렬 A의 계수 계산

: 결과
ans =                                         % [예제 5-23]의 결과와 동일
     3
```

MATLAB TIP!

1 rank(A) : 행렬의 계수를 계산한다.

MATLAB 유제

다음 행렬 C의 계수를 구하라.

$$C = \begin{bmatrix} 6 & 2 & 1 & -2 & 3 & 7 \\ 0 & 2 & 0 & -2 & 4 & 8 \\ 3 & 3 & 4 & -3 & 2 & 8 \\ 8 & -2 & -7 & 4 & 1 & -5 \\ -5 & 7 & 7 & 8 & 9 & 2 \end{bmatrix}$$

5.4.2 계수정리

우리는 5.1절에서 동차연립방정식의 해공간을 알아보았다. $m \times n$ 행렬 A에 대하여 동차연립방정식 $AX = O$의 해공간은 벡터공간이므로 차원을 생각할 수 있다. 이때 동차연립방정식 $AX = O$의 해공간의 차원을 **A의 퇴화차수**라고 하고, nullity(A)로 나타낸다. 이제 동차연립방정식 $AX = O$의 해공간의 기저와 A의 퇴화차수를 구해 보자.[18]

18 퇴화차수에 관해서는 7장 선형변환에서도 다룰 것이다. 아울러 퇴화차수라는 이름이 붙은 이유도 7장에서 설명한다.

동차연립방정식 $AX = O$의 첨가행렬 $[\,A \mid \mathbf{0}\,]$의 RREF를 $[\,B \mid \mathbf{0}\,]$이라고 하고, 이때 행렬 B는 첫 행부터 r(단, $1 \le r \le n$)개의 영 아닌 행을 갖는다고 하자.

먼저 $r = n$이라고 하면 $AX = O$의 해는 $X = \mathbf{0}$만을 갖는다. 따라서 해공간은 영공간이고 차원은 0이다.

이제 $r < n$이라고 하면

$$[\,B \quad \mathbf{0}\,] = \begin{bmatrix} 1 & 0 & 0 & \cdots & 0 & b_{1r+1} & \cdots & b_{1n} & 0 \\ 0 & 1 & 0 & \cdots & 0 & b_{2r+1} & \cdots & b_{2n} & 0 \\ \vdots & \vdots & \ddots & & \vdots & \vdots & & \vdots & \vdots \\ 0 & 0 & 0 & \cdots & 1 & b_{rr+1} & \cdots & b_{rn} & 0 \\ 0 & 0 & 0 & \cdots & 0 & 0 & \cdots & 0 & 0 \\ \vdots & \vdots & \vdots & & \vdots & \vdots & & \vdots & \vdots \\ 0 & 0 & 0 & \cdots & 0 & 0 & \cdots & 0 & 0 \end{bmatrix}$$

으로 가정할 수 있으므로, 동차연립방정식은 다음과 동치이다.

$$\begin{aligned} x_1 &= -b_{1r+1}x_{r+1} - b_{1r+2}x_{r+2} - \cdots - b_{1n}x_n \\ x_2 &= -b_{2r+1}x_{r+1} - b_{2r+2}x_{r+2} - \cdots - b_{2n}x_n \\ &\vdots \\ x_r &= -b_{rr+1}x_{r+1} - b_{rr+2}x_{r+2} - \cdots - b_{rn}x_n \end{aligned}$$

따라서 $n-r$개의 임의의 실수 $s_1, \cdots, s_{n-r}$에 대하여

$$x_{r+1} = s_1, \quad \cdots, \quad x_n = s_{n-r}$$

이라고 하면, 식 $AX = O$의 일반해는 다음과 같다.

$$\mathbf{x} = \begin{bmatrix} x_1 \\ x_2 \\ \vdots \\ x_r \\ x_{r+1} \\ x_{r+2} \\ x_{r+3} \\ \vdots \\ x_n \end{bmatrix} = s_1 \begin{bmatrix} -b_{1r+1} \\ -b_{2r+1} \\ \vdots \\ -b_{rr+1} \\ 1 \\ 0 \\ 0 \\ \vdots \\ 0 \end{bmatrix} + s_2 \begin{bmatrix} -b_{1r+2} \\ -b_{2r+2} \\ \vdots \\ -b_{rr+2} \\ 0 \\ 1 \\ 0 \\ \vdots \\ 0 \end{bmatrix} + \cdots + s_{n-r} \begin{bmatrix} -b_{1n} \\ -b_{2n} \\ \vdots \\ -b_{rn} \\ 0 \\ 0 \\ \vdots \\ 0 \\ 1 \end{bmatrix}$$

여기서 $s_1, \cdots, s_{n-r}$이 임의의 실수이므로

$$\mathbf{x}_1 = \begin{bmatrix} -b_{1r+1} \\ -b_{2r+1} \\ \vdots \\ -b_{rr+1} \\ 1 \\ 0 \\ 0 \\ \vdots \\ 0 \end{bmatrix}, \quad \mathbf{x}_2 = \begin{bmatrix} -b_{1r+2} \\ -b_{2r+2} \\ \vdots \\ -b_{rr+2} \\ 0 \\ 1 \\ 0 \\ \vdots \\ 0 \end{bmatrix}, \quad \cdots, \quad \mathbf{x}_{n-r} = \begin{bmatrix} -b_{1n} \\ -b_{2n} \\ \vdots \\ -b_{rn} \\ 0 \\ 0 \\ \vdots \\ 0 \\ 1 \end{bmatrix}$$

도 식 $AX=O$의 해이다. 따라서 임의의 해는

$$\mathbf{x} = s_1\mathbf{x}_1 + s_2\mathbf{x}_2 + \cdots + s_{n-r}\mathbf{x}_{n-r}$$

로 표현하므로 $S=\{\mathbf{x}_1, \mathbf{x}_2, \cdots, \mathbf{x}_{n-r}\}$은 $AX=O$의 해공간을 생성한다. 또 S가 일차독립임을 쉽게 알 수 있다. 따라서 S는 이 해공간의 기저이고 해공간의 차원은 $n-r$이다.

일반적으로 행렬 $A \in M_{m,n}$에 대하여 $AX=O$의 해공간의 차원은 A의 RREF인 B가 r개의 영 아닌 행을 가질 때 $n-r$임을 알았다. 따라서 $\text{rank}(A)$와 $\text{nullity}(A)$ 사이에는 다음과 같은 관계가 있음을 알 수 있다.

정리 5-10 계수정리

임의의 행렬 $A \in M_{m,n}$에 대하여 다음이 성립한다.

$$\text{rank}(A) + \text{nullity}(A) = n$$

미지수가 n개이고 방정식이 m개인 동차연립방정식에서 계수행렬의 계수 $\text{rank}(A)$는 주어진 동차연립방정식의 해를 구할 때, 실제로 필요한 방정식이 몇 개인지를 나타낸다. 또 해공간의 차원인 퇴화차수 $\text{nullity}(A)$는 n개의 미지수 중에서 몇 개를 임의의 스칼라로 치환해야 하는지 나타낸다.

예제 5-24

계수정리를 이용하여 다음 동차연립방정식의 해공간의 기저와 차원을 구하라.

$$\begin{array}{rcrcrcrcrcrcl} x_1 & + & x_2 & + & x_3 & & & + & 2x_5 & + & 3x_6 & = & 0 \\ 2x_1 & + & 2x_2 & + & 3x_3 & & & + & 7x_5 & + & x_6 & = & 0 \\ & & & & x_3 & & & + & 3x_5 & - & 5x_6 & = & 0 \\ 8x_1 & + & 9x_2 & + & 10x_3 & & & + & 4x_5 & + & 2x_6 & = & 0 \\ 2x_1 & & 2x_2 & - & x_3 & - & 3x_4 & + & 4x_5 & - & 2x_6 & = & 0 \end{array}$$

풀이

먼저 연립방정식의 첨가행렬

$$[A \quad \mathbf{0}] = \begin{bmatrix} 1 & 1 & 1 & 0 & 2 & 3 & 0 \\ 2 & 2 & 3 & 0 & 7 & 1 & 0 \\ 0 & 0 & 1 & 0 & 3 & -5 & 0 \\ 8 & 9 & 10 & 0 & 4 & 2 & 0 \\ 2 & 2 & -1 & -3 & 4 & -2 & 0 \end{bmatrix}$$

의 RREF를 구하면 다음과 같다.

$$\mathrm{RREF}[A \quad \mathbf{0}] = \begin{bmatrix} 1 & 0 & 0 & 0 & 17 & 20 & 0 \\ 0 & 1 & 0 & 0 & -18 & -12 & 0 \\ 0 & 0 & 1 & 0 & 3 & -5 & 0 \\ 0 & 0 & 0 & 1 & -3 & \dfrac{23}{3} & 0 \\ 0 & 0 & 0 & 0 & 0 & 0 & 0 \end{bmatrix}$$

따라서 $\mathrm{rank}(A)=4$이므로 $\mathrm{nullity}(A)=6-4=2$이다. 즉 해공간의 차원은 2이다. 이는 6개의 미지수 중 2개를 임의의 실수 s, t로 치환하고 해를 구해야 한다는 뜻이다. 한편 A의 RREF로부터

$$\begin{aligned} x_1 + 17x_5 + \ 20x_6 &= 0 \\ x_2 - 18x_5 - \ 12x_6 &= 0 \\ x_3 + \ 3x_5 - \ \ 5x_6 &= 0 \\ x_4 - \ 3x_5 + \frac{23}{3}x_6 &= 0 \end{aligned}$$

이다. 즉 임의의 실수 s, t에 대하여 $x_5=s$, $x_6=t$라고 하면 일반해는

$$\mathbf{x} = \begin{bmatrix} x_1 \\ x_2 \\ x_3 \\ x_4 \\ x_5 \\ x_6 \end{bmatrix} = \begin{bmatrix} -17s-20t \\ 18s+12t \\ -3s+5t \\ 3s-\dfrac{23}{3}t \\ s \\ t \end{bmatrix} = s\begin{bmatrix} -17 \\ 18 \\ -3 \\ 3 \\ 1 \\ 0 \end{bmatrix} + t\begin{bmatrix} -20 \\ 12 \\ 5 \\ -\dfrac{23}{3} \\ 0 \\ 1 \end{bmatrix}$$

이므로 해공간의 기저는 다음과 같다.

$$S = \left\{(-17,\ 18,\ -3,\ 3,\ 1,\ 0),\ \left(-20,\ 12,\ 5,\ -\frac{23}{3},\ 0,\ 1\right)\right\}$$

Command Window

: 코딩

```
>> A=[1 1 1 0 2 3 0;2 2 3 0 7 1 0;0 0 1 0 3 -5 0;   % 행렬 입력
   8 9 10 0 4 2 0;2 2 -1 -3 4 -2 0];
>> rref(A);                                          % RREF 계산
>> syms s t                                          % 심볼릭 변수 지정
>> x5=s;x6=t;                                        % 자유변수 지정
>> x1=-17*x5-20*x6;x2=18*x5+12*x6;x3=-3*x5+5*x6;x4=3*x5-23/3*x6;
                                                     % 선도변수를 자유변수로 풀이
>> sol=[x1 x2 x3 x4 x5 x6]
```

```
: 결과
sol =                                          % [예제 5-24]의 결과와 동일
     [- 17*s - 20*t, 18*s + 12*t, 5*t - 3*s, 3*s - (23*t)/3, s, t]
```

MATLAB 유제

계수정리를 이용하여 다음 동차연립방정식의 해공간의 기저와 차원을 구하라.

$$\begin{aligned}
2x_1 - x_2 + 2x_3 \qquad - 2x_5 + x_6 + 2x_7 &= 0 \\
3x_1 + 3x_2 - 5x_3 - 4x_4 + 3x_5 - 3x_6 \qquad &= 0 \\
-5x_1 + x_2 \qquad - x_4 - 2x_5 + 3x_6 - x_7 &= 0 \\
-3x_1 + 4x_2 + 3x_3 \qquad - 2x_5 \qquad + 2x_7 &= 0 \\
2x_2 - 2x_3 - 5x_4 \qquad + 4x_6 - 3x_7 &= 0
\end{aligned}$$

다음 정리는 연립일차방정식 $AX=B$의 해의 존재성과 행렬 A의 계수 사이의 관계를 보여준다.

정리 5-11 연립방정식의 해의 존재성

연립방정식 $AX=B$가 해를 가질 필요충분조건은 다음과 같다.

$$\text{rank}(A) = \text{rank}[A \mid B]$$

증명 행렬 A, X, B를 각각

$$A = [a_{ij}] \in M_{m,n}, \quad X = \begin{bmatrix} x_1 \\ x_2 \\ \vdots \\ x_n \end{bmatrix}, \quad B = \begin{bmatrix} b_1 \\ b_2 \\ \vdots \\ b_m \end{bmatrix}$$

이라고 하면 연립방정식 $AX=B$는

$$x_1 \begin{bmatrix} a_{11} \\ a_{21} \\ \vdots \\ a_{m1} \end{bmatrix} + x_2 \begin{bmatrix} a_{12} \\ a_{22} \\ \vdots \\ a_{m2} \end{bmatrix} + \cdots + x_n \begin{bmatrix} a_{1n} \\ a_{2n} \\ \vdots \\ a_{mn} \end{bmatrix} = \begin{bmatrix} b_1 \\ b_2 \\ \vdots \\ b_m \end{bmatrix} \tag{5.9}$$

과 동치이므로 다음이 성립한다.

$AX=B$의 해가 존재한다.

$\Leftrightarrow$ 식 (5.9)를 만족하는 x_1, x_2, $\cdots$, x_n이 존재한다.

$\Leftrightarrow$ B는 A의 열벡터의 일차결합이다.

$\Leftrightarrow$ B는 A의 열공간의 원소이다.

$\Leftrightarrow$ $\text{rank}(A) = \text{rank}[A \mid B]$ ■

예제 5-25

다음 연립방정식의 해가 존재하는지 확인하라.

$$\begin{aligned} -3x_1 + 7x_2 - x_3 + x_4 &= -3 \\ -x_1 + 2x_2 + 3x_3 - 2x_4 &= 4 \\ 2x_1 - 5x_2 + 4x_3 - 3x_4 &= 7 \\ -3x_1 + 6x_2 + 9x_3 - 6x_4 &= -1 \end{aligned}$$

풀이

연립방정식의 계수행렬 A의 계수를 RREF를 이용하여 구하면 다음과 같다.

$$A \rightarrow \begin{bmatrix} -3 & 7 & -1 & 1 \\ -1 & 2 & 3 & -2 \\ 2 & -5 & 4 & -3 \\ -3 & 6 & 9 & -6 \end{bmatrix} \xrightarrow[E_{12}]{E_2(-1)} \begin{bmatrix} 1 & -2 & -3 & 2 \\ -3 & 7 & -1 & 1 \\ 2 & -5 & 4 & -3 \\ -3 & 6 & 9 & -6 \end{bmatrix} \xrightarrow{\text{RREF}} \begin{bmatrix} 1 & 0 & -23 & 16 \\ 0 & 1 & -10 & 7 \\ 0 & 0 & 0 & 0 \\ 0 & 0 & 0 & 0 \end{bmatrix}$$

따라서 $\text{rank}(A)=2$이다. 이번에는 첨가행렬의 계수를 구하면 다음과 같다.

$$[A \mid B] \rightarrow \begin{bmatrix} -3 & 7 & -1 & 1 & -3 \\ -1 & 2 & 3 & -2 & 4 \\ 2 & -5 & 4 & -3 & 7 \\ -3 & 6 & 9 & -6 & -1 \end{bmatrix} \xrightarrow{\text{RREF}} \begin{bmatrix} 1 & 0 & -23 & 16 & 0 \\ 0 & 1 & -10 & 7 & 0 \\ 0 & 0 & 0 & 0 & 1 \\ 0 & 0 & 0 & 0 & 0 \end{bmatrix}$$

따라서 $\text{rank}[A \mid B]=3$이다. 즉 $\text{rank}(A) \neq \text{rank}[A \mid B]$이므로 이 연립방정식은 해가 존재하지 않는다.

Command Window

: 코딩

```
>> A=[-3 7 -1 1;-1 2 3 -2;2 -5 4 -3;-3 6 9 -6];    % 계수행렬 입력
>> B=[-3 4 7 -1]';                                   % 상수항 벡터 생성
>> AB=[A B];                                         % 첨가행렬 생성
>> rank_A=rank(A),rank_AB=rank(AB) 1                 % 계수 계산
```

: 결과

```
rank_A =                                             % [예제 5-25]의 결과와 동일
        2
rank_AB =
        3
```

MATLAB TIP!

1 MATLAB에서는 RREF를 계산할 필요 없이 곧바로 rank(A), rank[A|B]를 구하여 계수를 알 수 있다.

MATLAB 유제

다음 연립방정식의 해가 존재하는지 확인하라.

$$\begin{aligned} 4x_1 - 6x_2 - 9x_3 + 12x_4 &= 3 \\ -5x_1 + 2x_2 + 6x_3 - 2x_4 &= 8 \\ 4x_1 + 10x_2 + 8x_3 - 6x_4 &= 14 \\ 3x_1 - 6x_2 - 9x_3 + 6x_4 &= 1 \end{aligned}$$

지금까지 배운 n 차 정사각행렬의 행렬식과 계수와의 관계를 요약하면 [정리 5-12]와 같다.

정리 5-12 rank$(A) = n$의 동치관계

n 차 정사각행렬 A 에 대하여 다음은 동치이다.

(1) $\text{rank}(A) = n$

(2) $\text{nullity}(A) = 0$

(3) A 의 모든 행[열]벡터는 $\mathbb{R}^n$ 에서 일차독립이다.

(4) $AX = O$ 는 자명한 해 $X = 0$만을 갖는다.

(5) $AX = B$ 는 모든 $n \times 1$ 행렬 B에 대하여 유일한 해를 갖는다.

(6) A 는 I_n과 행동치이다.

(7) A 는 가역이다.

(8) $\det(A) \neq 0$

5.5 기저의 변경

유한차원 벡터공간에서 기저 개념은 좌표계 개념과 밀접한 관계가 있다. 예를 들어 $\mathbb{R}^2$의 표준기저 $B = \left\{ \mathbf{e}_1 = \begin{bmatrix} 1 \\ 0 \end{bmatrix}, \ \mathbf{e}_2 = \begin{bmatrix} 0 \\ 1 \end{bmatrix} \right\}$과 임의의 벡터 $\mathbf{x} = \begin{bmatrix} x_1 \\ x_2 \end{bmatrix}$에 대하여 다음이 성립한다.

$$\mathbf{x} = \begin{bmatrix} x_1 \\ x_2 \end{bmatrix} = x_1 \mathbf{e}_1 + x_2 \mathbf{e}_2 \tag{5.10}$$

식 (5.10)이 $\mathbf{x}$를 기저 B의 벡터로 나타낸 것이라는 사실을 좀 더 정확하게 하기 위해 다음과 같이 나타낼 수 있다.

$$[\mathbf{x}]_B = [x_1 \mathbf{e}_1 + x_2 \mathbf{e}_2]_B = \begin{bmatrix} x_1 \\ x_2 \end{bmatrix} \tag{5.11}$$

식 (5.11)은 $\mathbb{R}^2$의 임의의 벡터 $\mathbf{x}$를 기저 B의 일차결합으로 나타낼 때, 각 축에 곱해지는 스칼라를 표시한 것으로 직교좌표계의 각 축의 성분을 나타낸다. 이 절에서는 벡터공간의 한 기저가 주어질 때, 이 기저에 대한 벡터의 좌표벡터를 소개하고 이 기저에 대한 좌표벡터를 다른 기저로 변환하여 표현하는 것에 대하여 알아본다.

5.5.1 좌표벡터

[그림 5-7(a)]에서와 같이 직교좌표계 위의 한 벡터 $\overrightarrow{OP}$는 식 (5.11)과 같이 표준기저가 주어지면 실수의 순서쌍으로 일대일대응을 이룬다고 할 수 있다. 평면 위의 벡터를 표시할 때 일반적으로 직교하는 x축, y축을 사용하여 나타내지만, 한 점에서 만나는 임의의 두 직선도 평면의 좌표계를 정의하는 데 사용할 수 있다. 이를테면 [그림 5-7(b)]에서와 같이 벡터 $\overrightarrow{OP}$를 수직이 아닌 좌표축에 나란히 사영시켜 점 P에 대응시킬 수 있다. 마찬가지로 3차원 공간에서 세 평면을 같은 평면 위에 있지 않은 좌표축의 좌표계를 정의하는 데 사용할 수 있다.

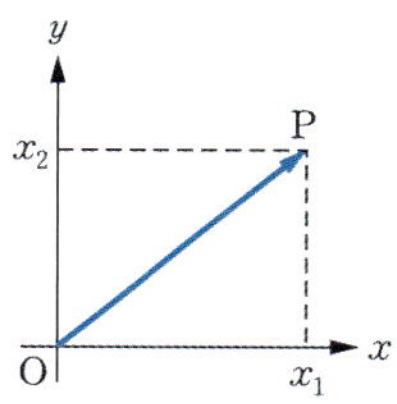

(a) 평면의 직교좌표계에서 벡터 $\overrightarrow{OP}$의 좌표

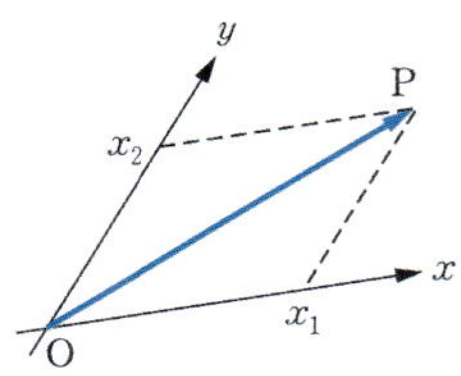

(b) 평면의 비직교좌표계에서 벡터 $\overrightarrow{OP}$의 좌표

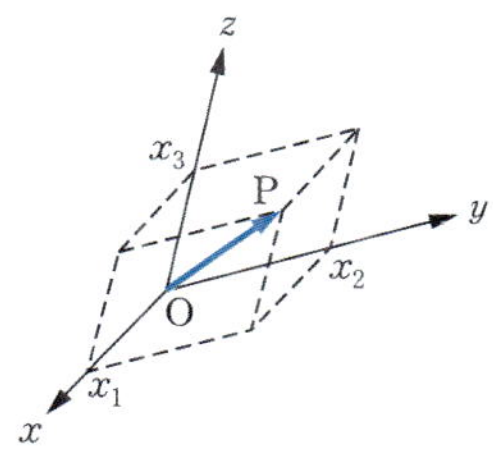

(c) 공간의 비직교좌표계에서 벡터 $\overrightarrow{OP}$의 좌표

[그림 5-7] **벡터의 좌표**

예를 들어 일차독립인 두 벡터 $\mathbf{x}_1 = \begin{bmatrix} -1 \\ 2 \end{bmatrix}$, $\mathbf{x}_2 = \begin{bmatrix} 1 \\ 2 \end{bmatrix}$에 대하여 $S = \{\mathbf{x}_1, \mathbf{x}_2\}$는 $\mathbb{R}^2$의 표준기저 B와는 다른 기저이다.[19] 따라서 기저 $S = \{\mathbf{x}_1, \mathbf{x}_2\}$와 임의의 벡터 $\mathbf{x} = \begin{bmatrix} x_1 \\ x_2 \end{bmatrix}$에 대하여 다음을 만족하는 스칼라 k_1, k_2가 존재한다.

$$\mathbf{x} = \begin{bmatrix} x_1 \\ x_2 \end{bmatrix} = k_1\mathbf{x}_1 + k_2\mathbf{x}_2 = k_1\begin{bmatrix} -1 \\ 2 \end{bmatrix} + k_2\begin{bmatrix} 1 \\ 2 \end{bmatrix} \qquad (5.12)$$

식 (5.12)를 식 (5.11)과 마찬가지로 다음과 같이 표시할 수 있다.

$$[\mathbf{x}]_S = [k_1\mathbf{x}_1 + k_2\mathbf{x}_2]_S = \begin{bmatrix} k_1 \\ k_2 \end{bmatrix}$$

이것이 참임을 알아보기 위해 먼저 주어진 기저에 대한 벡터의 일차결합은 유일하다는 것을 확인하자. $S = \{\mathbf{u}_1, \mathbf{u}_2, \cdots, \mathbf{u}_n\}$을 n차원 벡터공간 V의 기저라고 하자. S가 기저이므로 임의의 $\mathbf{v} \in V$에 대하여

$$\mathbf{v} = c_1\mathbf{u}_1 + c_2\mathbf{u}_2 + \cdots + c_n\mathbf{u}_n$$

을 만족하는 스칼라 c_i(단, $i = 1, 2, \cdots, n$)가 존재한다. 특히

19 $\dim \mathbb{R}^2 = 2$이므로 [정리 5-7]에 의하여 일차독립인 두 개의 벡터는 $\mathbb{R}^2$의 기저이다.

$$\mathbf{v} = c_1\mathbf{u}_1 + c_2\mathbf{u}_2 + \cdots + c_n\mathbf{u}_n = d_1\mathbf{u}_1 + d_2\mathbf{u}_2 + \cdots + d_n\mathbf{u}_n$$

이라면

$$\mathbf{0} = (c_1 - d_1)\mathbf{u}_1 + (c_2 - d_2)\mathbf{u}_2 + \cdots + (c_n - d_n)\mathbf{u}_n$$

이고, $\mathbf{u}_1$, $\mathbf{u}_2$, $\cdots$, $\mathbf{u}_n$이 일차독립이므로 $c_i - d_i = 0$, 즉 $c_i = d_i$이다. 그러므로 c_i(단, $i = 1, 2, \cdots, n$)는 유일하게 존재한다.

위의 사실을 이용하여 벡터공간의 한 기저가 주어지면 그 기저를 이용하여 벡터공간의 임의의 벡터를 표시하는 일반적인 방법을 알아보자.

$S = \{\mathbf{u}_1, \mathbf{u}_2, \cdots, \mathbf{u}_n\}$을 n차원 벡터공간 V의 기저라고 하자. 임의의 $\mathbf{v} \in V$에 대하여

$$\mathbf{v} = c_1\mathbf{u}_1 + c_2\mathbf{u}_2 + \cdots + c_n\mathbf{u}_n$$

일 때, 계수 c_i(단, $i = 1, 2, \cdots, n$)를 **기저 S에 대한 $\mathbf{v}$의 좌표**라고 하고, V의 벡터 $[\mathbf{v}]_S = (c_1, c_2, \cdots, c_n)^T$를 **기저 S에 대한 $\mathbf{v}$의 좌표벡터**coordinate vector라고 한다.

좌표벡터에서는 기저 $S = \{\mathbf{u}_1, \mathbf{u}_2, \cdots, \mathbf{u}_n\}$ 원소들의 순서가 특히 중요하다. 즉 기저 S의 원소들의 순서가 바뀌면 좌표벡터도 바뀐다. 예를 들어, $\mathbb{R}^3$의 벡터 $\mathbf{v} = \begin{bmatrix} 2 \\ -1 \\ -3 \end{bmatrix}$의 표준기저 $B = \{\mathbf{e}_1, \mathbf{e}_2, \mathbf{e}_3\}$에 대한 좌표벡터를 구하면

$$\mathbf{v} = \begin{bmatrix} 2 \\ -1 \\ -3 \end{bmatrix} = 2\mathbf{e}_1 - \mathbf{e}_2 - 3\mathbf{e}_3$$

이므로 $[\mathbf{v}]_B = \begin{bmatrix} 2 \\ -1 \\ -3 \end{bmatrix}$이다. 그러나 B의 원소의 순서를 바꾸어

$$B' = \{\mathbf{u}_1 = \mathbf{e}_1, \mathbf{u}_2 = \mathbf{e}_3, \mathbf{u}_3 = \mathbf{e}_2\}$$

라고 하면

$$\mathbf{v} = \begin{bmatrix} 2 \\ -1 \\ -3 \end{bmatrix} = 2\mathbf{u}_1 - 3\mathbf{u}_2 - \mathbf{u}_3$$

이므로 $[\mathbf{v}]_{B'} = \begin{bmatrix} 2 \\ -3 \\ -1 \end{bmatrix}$이다. 즉 $[\mathbf{v}]_B \neq [\mathbf{v}]_{B'}$이므로 기저의 순서가 바뀌

면 좌표벡터도 바뀜을 알 수 있다.

예제 5-26

$\mathbb{R}^2$의 기저 $S=\left\{\mathbf{x}_1=\begin{bmatrix}1\\2\end{bmatrix}, \mathbf{x}_2=\begin{bmatrix}1\\-1\end{bmatrix}\right\}$에 대한 벡터 $\mathbf{v}=\begin{bmatrix}2\\-5\end{bmatrix}$의 좌표벡터 $[\mathbf{v}]_S$를 구하고 좌표평면 위에 나타내라.

풀이

주어진 기저 S에 대한 벡터를 다음과 같이 나타낼 수 있다.

$$\mathbf{v}=\begin{bmatrix}2\\-5\end{bmatrix}=k_1\mathbf{x}_1+k_2\mathbf{x}_2=k_1\begin{bmatrix}1\\2\end{bmatrix}+k_2\begin{bmatrix}1\\-1\end{bmatrix} \qquad \cdots\cdots ①$$

식 ①은 다음과 같은 연립일차방정식으로 나타낼 수 있다.

$$\begin{aligned} k_1+k_2&=2 \\ 2k_1-k_2&=-5 \end{aligned} \quad \Leftrightarrow \quad \begin{bmatrix}1 & 1\\2 & -1\end{bmatrix}\begin{bmatrix}k_1\\k_2\end{bmatrix}=\begin{bmatrix}2\\-5\end{bmatrix} \qquad \cdots\cdots ②$$

연립일차방정식 ②의 첨가행렬의 RREF를 구하면 다음과 같다.

$$\text{RREF}\left[\begin{array}{cc|c}1 & 1 & 2\\2 & -1 & -5\end{array}\right]=\left[\begin{array}{cc|c}1 & 0 & -1\\0 & 1 & 3\end{array}\right]$$

즉, $k_1=-1$, $k_2=3$이다. 따라서 벡터 $\mathbf{v}=\begin{bmatrix}2\\-5\end{bmatrix}$의 좌표벡터 $[\mathbf{v}]_S$는 다음과 같다.

$$[\mathbf{v}]_S=\begin{bmatrix}k_1\\k_2\end{bmatrix}=\begin{bmatrix}-1\\3\end{bmatrix}$$

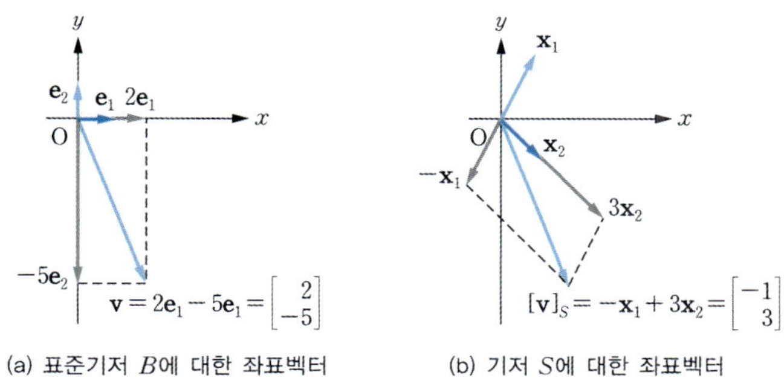

[그림 5-8] 주어진 기저에 대한 좌표벡터

[그림 5-8(a)]는 표준기저 B에 대한 $\mathbf{v}$의 좌표벡터 $[\mathbf{v}]_B$를 나타낸 것이고, [그림 5-8(b)]는 S에 대한 $\mathbf{v}$의 좌표벡터 $[\mathbf{v}]_S$를 나타낸 것이다. 이렇듯 같은 벡터도 서로 다른 기저에 대한 좌표벡터는 다를 수 있다.

[예제 5-26]에서와 같이 일반적으로 기저 S에 대한 좌표벡터를 구하는 것은 연립일차방정식을 푸는 것과 같다. 기저 S를 행렬로 표현하여 $[S] = [\mathbf{u}_1 \ \mathbf{u}_2 \ \cdots \ \mathbf{u}_n]$이라고 하면 $\mathbf{v} \in V$에 대하여

$$\begin{aligned} \mathbf{v} &= c_1\mathbf{u}_1 + c_2\mathbf{u}_2 + \cdots + c_n\mathbf{u}_n \\ &= [S]\begin{bmatrix} c_1 \\ \vdots \\ c_n \end{bmatrix} \\ &= [S][\mathbf{v}]_S \end{aligned}$$

이다. 여기서 S가 기저이고 $[S]$가 $n \times n$ 행렬이므로 $[S]$의 역행렬이 존재한다. 따라서 다음과 같다.

$$[\mathbf{v}]_S = [S]^{-1}\mathbf{v}$$

특히 $\mathbb{R}^n$의 표준기저 $B = \{\mathbf{e}_1, \ \mathbf{e}_2, \ \cdots, \ \mathbf{e}_n\}$에 대한 $\mathbf{v} = \begin{bmatrix} c_1 \\ c_2 \\ \vdots \\ c_n \end{bmatrix}$의 좌표벡터는 $[\mathbf{v}]_B = \begin{bmatrix} c_1 \\ c_2 \\ \vdots \\ c_n \end{bmatrix}$이다. 이것을 $\mathbf{v}$의 **표준좌표**standard coordinate라고 한다.

예제 5-27

$\mathbb{R}^3$의 기저 $S = \{\mathbf{x}_1 = (1, 1, 3), \mathbf{x}_2 = (2, -1, 5), \mathbf{x}_3 = (0, -2, -1)\}$에 대한 $\mathbf{x} = (-2, 1, -6)$의 좌표벡터 $[\mathbf{x}]_S$를 ❶ 연립방정식과 ❷ 행렬을 이용하여 각각 구하라.

풀이

❶ 연립방정식을 이용하여 좌표벡터를 구한다.

$$\begin{aligned} \mathbf{x} &= (-2, 1, -6) \\ &= c_1\mathbf{x}_1 + c_2\mathbf{x}_2 + c_3\mathbf{x}_3 \quad (\text{단, } c_i \in \mathbb{R}) \\ &= c_1(1, 1, 3) + c_2(2, -1, 5) + c_3(0, -2, -1) \end{aligned}$$

이를 연립방정식으로 표현하면 다음과 같다.

$$\begin{aligned} c_1 + 2c_2 \qquad &= -2 \\ c_1 - c_2 - 2c_3 &= 1 \\ 3c_1 + 5c_2 - c_3 &= -6 \end{aligned} \quad \Leftrightarrow \quad \begin{bmatrix} 1 & 2 & 0 \\ 1 & -1 & -2 \\ 3 & 5 & -1 \end{bmatrix}\begin{bmatrix} c_1 \\ c_2 \\ c_3 \end{bmatrix} = \begin{bmatrix} -2 \\ 1 \\ -6 \end{bmatrix}$$

연립방정식을 풀면

$$c_1 = 4, \quad c_2 = -3, \quad c_3 = 3$$

이므로 기저 S에 대한 벡터 $\mathbf{x}=(-2,\ 1,\ -6)$의 좌표벡터 $[\mathbf{x}]_S$는 다음과 같다.

$$[\mathbf{x}]_S=\begin{bmatrix}4\\-3\\3\end{bmatrix}$$

❷ 기저 S를 행렬로 표현하여

$$[S]=\begin{bmatrix}1&2&0\\1&-1&-2\\3&5&-1\end{bmatrix}$$

이라고 하면 그 역행렬은

$$[S]^{-1}=\begin{bmatrix}11&2&-4\\-5&-1&2\\8&1&-3\end{bmatrix}$$

이므로 좌표벡터는 다음과 같다.

$$[\mathbf{x}]_S=[S]^{-1}\mathbf{x}=\begin{bmatrix}11&2&-4\\-5&-1&2\\8&1&-3\end{bmatrix}\begin{bmatrix}-2\\1\\-6\end{bmatrix}=\begin{bmatrix}4\\-3\\3\end{bmatrix}$$

Command Window

```
: 코딩
>> S=[1 1 3;2 -1 5;0 -2 -1]';        % 계수행렬 생성
>> x=[-2 1 -6]';                     % 벡터 x 입력
>> Xs=inv(S)*x                       % [x]_S 계산

: 결과
Xs =                                 % [예제 5-27]의 결과와 동일
     4.0000
    -3.0000
     3.0000
```

MATLAB 유제

벡터 $\mathbf{x}_1=(1,\ 1,\ 0)$, $\mathbf{x}_2=(1,\ 1,\ 1)$, $\mathbf{x}_3=(0,\ 1,\ -1)$에 대하여 $\mathbb{R}^3$의 기저 $S=\{\mathbf{x}_1,\ \mathbf{x}_2,\ \mathbf{x}_3\}$에 대한 $\mathbf{x}=(1,\ 2,\ 3)$의 좌표벡터 $[\mathbf{x}]_S$를 구하라.

예제 5-28

벡터공간 $P_1=\{\mathrm{p}(t)\mid \mathrm{p}(t)=at+b,\ a,\ b\in\mathbb{R}\}$의 두 기저 S와 T에 대한 $\mathrm{q}=2t-5$의 좌표벡터 $[\mathrm{q}]_S$와 $[\mathrm{q}]_T$를 각각 구하라.

$$S=\{t,\ 1\},\quad T=\{t+1,\ t-1\}$$

풀이

❶ 기저 S에 대하여 $\mathbf{q}=2t-5=2\cdot t+(-5)\cdot 1$이므로 $[\mathbf{q}]_S=\begin{bmatrix}2\\-5\end{bmatrix}$이다.

❷ 기저 T에 대하여 $\mathbf{q}=2t-5=c_1(t+1)+c_2(t-1)=(c_1+c_2)t+(c_1-c_2)$ 이므로 $c_1=-\frac{3}{2}$, $c_2=\frac{7}{2}$이다. 따라서 좌표벡터는 다음과 같다.

$$[\mathbf{q}]_T=\begin{bmatrix}-\frac{3}{2}\\ \frac{7}{2}\end{bmatrix}$$

$S=\{\mathbf{v}_1, \mathbf{v}_2, \cdots, \mathbf{v}_n\}$이 n차원 벡터공간 $\mathbb{R}^n$의 기저라고 하면 $\mathbb{R}^n$의 벡터 $\mathbf{x}$, $\mathbf{y}$는

$$\mathbf{x}=\sum_{i=1}^{n}a_i\mathbf{v}_i,\quad \mathbf{y}=\sum_{i=1}^{n}b_i\mathbf{v}_i \quad (\text{단, } a_i,\ b_i\in\mathbb{R})$$

로 유일하게 표현되므로

$$[\mathbf{x}]_S=\begin{bmatrix}a_1\\a_2\\\vdots\\a_n\end{bmatrix},\quad [\mathbf{y}]_S=\begin{bmatrix}b_1\\b_2\\\vdots\\b_n\end{bmatrix}$$

이다. 또한

$$\mathbf{x}+\mathbf{y}=\sum_{i=1}^{n}(a_i+b_i)\mathbf{v}_i$$

이다. 따라서

$$[\mathbf{x}+\mathbf{y}]_S=\begin{bmatrix}a_1+b_1\\a_2+b_2\\\vdots\\a_n+b_n\end{bmatrix}=\begin{bmatrix}a_1\\a_2\\\vdots\\a_n\end{bmatrix}+\begin{bmatrix}b_1\\b_2\\\vdots\\b_n\end{bmatrix}=[\mathbf{x}]_S+[\mathbf{y}]_S$$

이다. 마찬가지로 스칼라 c에 대하여 $[c\mathbf{x}]_S=c[\mathbf{x}]_S$이다. 일반적으로 집합 S가 n차원 벡터공간 V의 기저일 때 $\mathbf{v}_i\in V$, $c_i\in\mathbb{R}$ (단, $i=1, 2, \cdots, n$)에 대하여 다음이 성립한다.

$$[c_1\mathbf{v}_1+c_2\mathbf{v}_2+\cdots+c_n\mathbf{v}_n]_S=c_1[\mathbf{v}_1]_S+c_2[\mathbf{v}_2]_S+\cdots+c_n[\mathbf{v}_n]_S$$

5.5.2 추이행렬

이제 두 집합 $S=\{\mathbf{x}_1,\ \mathbf{x}_2,\ \cdots,\ \mathbf{x}_n\}$, $T=\{\mathbf{y}_1,\ \mathbf{y}_2,\ \cdots,\ \mathbf{y}_n\}$을 n차원 벡터공간 V의 서로 다른 기저라고 하자. 두 기저 S, T는 같은 벡터공간 V를 생성하므로 S와 T 사이에는 밀접한 관계가 있을 것이다. 여기서는 특히 S와 T에 대한 $\mathbf{x}\in V$의 좌표벡터 $[\,\mathbf{x}\,]_S$와 $[\,\mathbf{x}\,]_T$ 사이의 관계를 생각해 보자.

$$\mathbf{x}=c_1\mathbf{y}_1+c_2\mathbf{y}_2+\cdots+c_n\mathbf{y}_n \quad (\text{단, } c_i\in\mathbb{R})$$

이라고 하면, T에 대한 $\mathbf{x}\in V$의 좌표벡터 $[\,\mathbf{x}\,]_T$는 다음과 같다.[20]

$$[\,\mathbf{x}\,]_T=\begin{bmatrix} c_1 \\ c_2 \\ \vdots \\ c_n \end{bmatrix}$$

또 S에 대한 $\mathbf{x}\in V$의 좌표벡터 $[\,\mathbf{x}\,]_S$는 다음과 같이 나타낼 수 있다.

$$\begin{aligned}[\,\mathbf{x}\,]_S&=[\,c_1\mathbf{y}_1+c_2\mathbf{y}_2+\cdots+c_n\mathbf{y}_n\,]_S\\ &=c_1[\,\mathbf{y}_1\,]_S+c_2[\,\mathbf{y}_2\,]_S+\cdots+c_n[\,\mathbf{y}_n\,]_S\end{aligned}$$

여기서 S에 대한 $\mathbf{y}_j$의 좌표벡터를

$$[\,\mathbf{y}_j\,]_S=\begin{bmatrix} p_{1j} \\ p_{2j} \\ \vdots \\ p_{nj} \end{bmatrix}$$

라고 하고[21]

$$\begin{aligned}P&=[\,[\,\mathbf{y}_1\,]_S\ [\,\mathbf{y}_2\,]_S\cdots[\,\mathbf{y}_n\,]_S\,]\\ &=\begin{bmatrix} p_{11} & p_{12} & \cdots & p_{1n} \\ p_{21} & p_{22} & \cdots & p_{2n} \\ \vdots & \vdots & & \vdots \\ p_{n1} & p_{n2} & \cdots & p_{nn} \end{bmatrix}\end{aligned}$$

이라고 하면 다음이 성립한다.

$$[\,\mathbf{x}\,]_S=c_1\begin{bmatrix} p_{11} \\ p_{21} \\ \vdots \\ p_{n1} \end{bmatrix}+c_2\begin{bmatrix} p_{12} \\ p_{22} \\ \vdots \\ p_{n2} \end{bmatrix}+\cdots+c_n\begin{bmatrix} p_{1n} \\ p_{2n} \\ \vdots \\ p_{nn} \end{bmatrix}$$

20 T는 V의 기저이므로 V의 임의의 벡터는 T의 벡터들의 일차결합으로 나타낼 수 있다.

21 T는 V의 부분집합이므로 T의 원소 $\mathbf{y}_j$는 V의 원소이다. 따라서 $\mathbf{y}_j$는 V의 기저 S의 벡터의 일차결합으로 나타낼 수 있다.

$$
= \begin{bmatrix} p_{11} & p_{12} & \cdots & p_{1n} \\ p_{21} & p_{22} & \cdots & p_{2n} \\ \vdots & \vdots & & \vdots \\ p_{n1} & p_{n2} & \cdots & p_{nn} \end{bmatrix} \begin{bmatrix} c_1 \\ c_2 \\ \vdots \\ c_n \end{bmatrix}
$$
$$
= P[\mathbf{x}]_T
$$

즉 다음과 같다.

$$
[\mathbf{x}]_S = P[\mathbf{x}]_T \tag{5.13}
$$

식 (5.13)에서 행렬 P는 $[\mathbf{x}]_T$를 $[\mathbf{x}]_S$로 변환시키는 역할을 한다. 이때 행렬

$$
P = [[\mathbf{y}_1]_S \, [\mathbf{y}_2]_S \cdots [\mathbf{y}_n]_S]
$$

를 기저 T에서 기저 S로의 **추이행렬**transition matrix이라고 한다.[22]

22 추이행렬 P를 $P = P_{T \to S} = [I]_T^S$로 표현하기도 한다.

예제 5-29

$\mathbb{R}^3$의 벡터 $\mathbf{x}_1$, $\mathbf{x}_2$, $\mathbf{x}_3$, $\mathbf{y}_1$, $\mathbf{y}_2$, $\mathbf{y}_3$에 대하여 $\mathbb{R}^3$의 두 기저를 S, T라고 하자. 이때 기저 T에서 기저 S로의 추이행렬 P를 구하라.

$$
S = \{\mathbf{x}_1 = (1,\ 1,\ 3),\ \mathbf{x}_2 = (2,\ -1,\ 5),\ \mathbf{x}_3 = (0,\ -2,\ -1)\}
$$
$$
T = \{\mathbf{y}_1 = (1,\ 2,\ 0),\ \mathbf{y}_2 = (1,\ 1,\ 1),\ \mathbf{y}_3 = (2,\ 0,\ 1)\}
$$

풀이

기저 T에서 기저 S로의 추이행렬 P는

$$
P = [[\mathbf{y}_1]_S \, [\mathbf{y}_2]_S \cdots [\mathbf{y}_n]_S]
$$

이므로 기저 S에 대한 $\mathbf{y}_1$, $\mathbf{y}_2$, $\mathbf{y}_3$의 좌표벡터를 각각 구한다.

$$
a_1\mathbf{x}_1 + a_2\mathbf{x}_2 + a_3\mathbf{x}_3 = \mathbf{y}_1 \quad (\text{단, } a_i \in \mathbb{R})
$$
$$
b_1\mathbf{x}_1 + b_2\mathbf{x}_2 + b_3\mathbf{x}_3 = \mathbf{y}_2 \quad (\text{단, } b_i \in \mathbb{R})
$$
$$
c_1\mathbf{x}_1 + c_2\mathbf{x}_2 + c_3\mathbf{x}_3 = \mathbf{y}_3 \quad (\text{단, } c_i \in \mathbb{R})
$$

라고 하면, 세 개의 연립방정식

$$
\begin{aligned} a_1 + 2a_2 \quad\;\; &= 1 \\ a_1 - a_2 - 2a_3 &= 2 \\ 3a_1 + 5a_2 - a_3 &= 0 \end{aligned} \qquad
\begin{aligned} b_1 + 2b_2 \quad\;\; &= 1 \\ b_1 - b_2 - 2b_3 &= 1 \\ 3b_1 + 5b_2 - b_3 &= 1 \end{aligned} \qquad
\begin{aligned} c_1 + 2c_2 \quad\;\; &= 2 \\ c_1 - c_2 - 2c_3 &= 0 \\ 3c_1 + 5c_2 - c_3 &= 1 \end{aligned}
$$

은 모두 같은 계수행렬

$$A = \begin{bmatrix} 1 & 2 & 0 \\ 1 & -1 & -2 \\ 3 & 5 & -1 \end{bmatrix}$$

을 갖는다. 따라서 행렬 $[A \mid \mathbf{y}_1 \mid \mathbf{y}_2 \mid \mathbf{y}_3]$를 RREF로 변환함으로써 a_i, b_i, c_i(단, $i=1, 2, 3$)를 구할 수 있다.

$$[A \mid \mathbf{y}_1 \mid \mathbf{y}_2 \mid \mathbf{y}_3] = \left[\begin{array}{ccc|c|c|c} 1 & 2 & 0 & 1 & 1 & 2 \\ 1 & -1 & -2 & 2 & 1 & 0 \\ 3 & 5 & -1 & 0 & 1 & 1 \end{array}\right]$$

의 RREF는

$$\text{RREF}[A \mid \mathbf{y}_1 \mid \mathbf{y}_2 \mid \mathbf{y}_3] = \left[\begin{array}{ccc|c|c|c} 1 & 0 & 0 & 15 & 9 & 18 \\ 0 & 1 & 0 & -7 & -4 & -8 \\ 0 & 0 & 1 & 10 & 6 & 13 \end{array}\right]$$

이므로 기저 T에서 기저 S로의 추이행렬은 다음과 같다.

$$P = \begin{bmatrix} 15 & 9 & 18 \\ -7 & -4 & -8 \\ 10 & 6 & 13 \end{bmatrix}$$

Command Window

: 코딩

```
>> A=[1 2 0;1 -1 -2;3 5 -1];                 % x1, x2, x3로 행렬 A 입력
>> y1=[1 2 0]';y2=[1 1 1]';y3=[2 0 1]';      % y1, y2, y3로 행렬 Y 입력
>> AY=[A y1 y2 y3];                          % 확대행렬 생성
>> rref(AY)                                  % RREF 계산
```

: 결과

```
ans =                                        % [예제 5-29]의 결과와 동일
     1     0     0    15     9    18
     0     1     0    -7    -4    -8
     0     0     1    10     6    13
```

MATLAB 유제

$\mathbb{R}^3$의 벡터 $\mathbf{x}_1$, $\mathbf{x}_2$, $\mathbf{x}_3$, $\mathbf{y}_1$, $\mathbf{y}_2$, $\mathbf{y}_3$에 대하여 $\mathbb{R}^3$의 두 기저를 S, T라고 하자. 기저 T에서 기저 S로의 추이행렬 P를 구하라.

$$S = \{\mathbf{x}_1 = (2, -1, 3),\ \mathbf{x}_2 = (0, -2, 3),\ \mathbf{x}_3 = (-1, 2, -1)\}$$
$$T = \{\mathbf{y}_1 = (2, 1, 3),\ \mathbf{y}_2 = (-1, 0, 1),\ \mathbf{y}_3 = (1, 3, 5)\}$$

예제 5-30

2차 정사각행렬 전체의 집합 M_2의 벡터 $\mathbf{x}_1$, $\mathbf{x}_2$, $\mathbf{x}_3$, $\mathbf{x}_4$, $\mathbf{y}_1$, $\mathbf{y}_2$, $\mathbf{y}_3$, $\mathbf{y}_4$에 대하여 M_2의 두 기저를 S, T라고 하자. 이때 기저 T에서 기저 S로의 추이행렬 P를 구하라.

$$S=\left\{\mathbf{x}_1=\begin{bmatrix}1 & 2\\ 1 & -2\end{bmatrix},\ \mathbf{x}_2=\begin{bmatrix}0 & 1\\ 1 & 0\end{bmatrix},\ \mathbf{x}_3=\begin{bmatrix}0 & 2\\ 3 & 1\end{bmatrix},\ \mathbf{x}_4=\begin{bmatrix}1 & 0\\ -1 & 2\end{bmatrix}\right\}$$
$$T=\left\{\mathbf{y}_1=\begin{bmatrix}-1 & 1\\ 0 & 0\end{bmatrix},\ \mathbf{y}_2=\begin{bmatrix}1 & 1\\ 0 & 0\end{bmatrix},\ \mathbf{y}_3=\begin{bmatrix}0 & 0\\ -1 & 0\end{bmatrix},\ \mathbf{y}_4=\begin{bmatrix}0 & 0\\ 0 & 2\end{bmatrix}\right\}$$

풀이

기저 T에서 기저 S로의 추이행렬 P는

$$P=\left[\,[\mathbf{y}_1]_S\ [\mathbf{y}_2]_S \cdots [\mathbf{y}_n]_S\,\right]$$

이므로 기저 S에 대한 $\mathbf{y}_1$, $\mathbf{y}_2$, $\mathbf{y}_3$, $\mathbf{y}_4$의 좌표벡터를 각각 구한다.

$$a_1\mathbf{x}_1+a_2\mathbf{x}_2+a_3\mathbf{x}_3+a_4\mathbf{x}_4=\mathbf{y}_1 \quad (\text{단, } a_i\in\mathbb{R})$$
$$b_1\mathbf{x}_1+b_2\mathbf{x}_2+b_3\mathbf{x}_3+b_4\mathbf{x}_4=\mathbf{y}_2 \quad (\text{단, } b_i\in\mathbb{R})$$
$$c_1\mathbf{x}_1+c_2\mathbf{x}_2+c_3\mathbf{x}_3+c_4\mathbf{x}_4=\mathbf{y}_3 \quad (\text{단, } c_i\in\mathbb{R})$$
$$d_1\mathbf{x}_1+d_2\mathbf{x}_2+d_3\mathbf{x}_3+d_4\mathbf{x}_4=\mathbf{y}_4 \quad (\text{단, } d_i\in\mathbb{R})$$

라고 하면, 네 개의 연립방정식

$$\begin{aligned} a_1 \qquad\qquad\quad + a_4 &= -1\\ 2a_1+a_2+2a_3 \qquad &= 1\\ a_1+a_2+3a_3- a_4 &= 0\\ -2a_1 \qquad + a_3+2a_4 &= 0 \end{aligned} \qquad \begin{aligned} b_1 \qquad\qquad\quad + b_4 &= 1\\ 2b_1+b_2+2b_3 \qquad &= 1\\ b_1+b_2+3b_3- b_4 &= 0\\ -2b_1 + \qquad b_3+2b_4 &= 0 \end{aligned}$$

$$\begin{aligned} c_1 \qquad\qquad\quad + c_4 &= 0\\ 2c_1+c_2+2c_3 \qquad &= 0\\ c_1+c_2+3c_3- c_4 &= -1\\ -2c_1 \qquad + c_3+2c_4 &= 0 \end{aligned} \qquad \begin{aligned} d_1 \qquad\qquad\quad + d_4 &= 0\\ 2d_1+d_2+2d_3 \qquad &= 0\\ d_1+d_2+3d_3- d_4 &= 0\\ -2d_1 \qquad + d_3+2d_4 &= 2 \end{aligned}$$

는 모두 같은 계수행렬

$$A=\begin{bmatrix}1 & 0 & 0 & 1\\ 2 & 1 & 2 & 0\\ 1 & 1 & 3 & -1\\ -2 & 0 & 1 & 2\end{bmatrix}$$

를 갖는다. 따라서 행렬 $[A\,|\,\mathbf{y}_1\,|\,\mathbf{y}_2\,|\,\mathbf{y}_3\,|\,\mathbf{y}_4]$를 RREF로 변환함으로써 a_i, b_i, c_i, d_i(단, $i=1$, 2, 3, 4)를 구할 수 있다.

$$[A\,|\,\mathbf{y}_1\,|\,\mathbf{y}_2\,|\,\mathbf{y}_3\,|\,\mathbf{y}_4]=\left[\begin{array}{cccc|c|c|c|c}1 & 0 & 0 & 1 & -1 & 1 & 0 & 0\\ 2 & 1 & 2 & 0 & 1 & 1 & 0 & 0\\ 1 & 1 & 3 & -1 & 0 & 0 & -1 & 0\\ -2 & 0 & 1 & 2 & 0 & 0 & 0 & 2\end{array}\right]$$

$$\Rightarrow \text{RREF}[A \mid \mathbf{y}_1 \mid \mathbf{y}_2 \mid \mathbf{y}_3 \mid \mathbf{y}_4] = \left[\begin{array}{cccc|c|c|c|c} 1 & 0 & 0 & 0 & -1 & \frac{1}{2} & -\frac{1}{4} & -\frac{1}{2} \\ 0 & 1 & 0 & 0 & 7 & 0 & \frac{5}{2} & 1 \\ 0 & 0 & 1 & 0 & -2 & 0 & -1 & 0 \\ 0 & 0 & 0 & 1 & 0 & \frac{1}{2} & \frac{1}{4} & \frac{1}{2} \end{array}\right]$$

따라서 기저 T에서 기저 S로의 추이행렬은 다음과 같다.

$$P = \begin{bmatrix} -1 & \frac{1}{2} & -\frac{1}{4} & -\frac{1}{2} \\ 7 & 0 & \frac{5}{2} & 1 \\ -2 & 0 & -1 & 0 \\ 0 & \frac{1}{2} & \frac{1}{4} & \frac{1}{2} \end{bmatrix}$$

Command Window

: 코딩

```
>> format rat
>> A=[1 0 0 1;2 1 2 0;1 1 3 -1;-2 0 1 2];          % 기저 S에 의한 계수행렬 입력
>> y1=[-1 1 0 0]';y2=[1 1 0 0]';y3=[0 0 -1 0]';y4=[0 0 0 2]';
>> Y=[y1 y2 y3 y4];                                 % 기저 T에 의한 행렬 Y 입력
>> AY=[A Y];                                        % A와 Y로부터 첨가행렬 생성
>> rref(AY)                                         % 행렬 AY의 RREF 계산
```

: 결과

```
ans =                                               % [예제 5-30]의 결과와 동일
      1      0      0      0     -1     1/2    -1/4    -1/2
      0      1      0      0      7      0      5/2     1
      0      0      1      0     -2      0      -1      0
      0      0      0      1      0     1/2     1/4    1/2
```

MATLAB 유제

2차 정사각행렬 전체의 집합 M_2의 벡터 $\mathbf{x}_1$, $\mathbf{x}_2$, $\mathbf{x}_3$, $\mathbf{x}_4$, $\mathbf{y}_1$, $\mathbf{y}_2$, $\mathbf{y}_3$, $\mathbf{y}_4$에 대하여 M_2의 두 기저를 S, T라고 하자. 기저 T에서 기저 S로의 추이행렬 P를 구하라.

$$S = \left\{\mathbf{x}_1 = \begin{bmatrix} 2 & 4 \\ 2 & -4 \end{bmatrix}, \mathbf{x}_2 = \begin{bmatrix} 0 & 3 \\ 3 & 0 \end{bmatrix}, \mathbf{x}_3 = \begin{bmatrix} 0 & 8 \\ 12 & 4 \end{bmatrix}, \mathbf{x}_4 = \begin{bmatrix} 5 & 0 \\ -5 & 10 \end{bmatrix}\right\}$$

$$T = \left\{\mathbf{y}_1 = \begin{bmatrix} -2 & 2 \\ 0 & 0 \end{bmatrix}, \mathbf{y}_2 = \begin{bmatrix} 2 & 2 \\ 0 & 0 \end{bmatrix}, \mathbf{y}_3 = \begin{bmatrix} 0 & 0 \\ -4 & 0 \end{bmatrix}, \mathbf{y}_4 = \begin{bmatrix} 0 & 0 \\ 0 & 10 \end{bmatrix}\right\}$$

지금까지 우리는 두 집합 S, T를 n차원 벡터공간 V의 서로 다른 기저라고 하고 기저 T에서 기저 S로의 추이행렬 P를 구하는 방법에 대하여 알아보았다. 이제 이것의 역을 생각해 보자.

정리 5-13 역행렬의 추이행렬

두 집합 S, T를 n차원 벡터공간 V의 서로 다른 기저라고 하고 P를 기저 T에서 기저 S로의 추이행렬이라고 하자. 그러면 P는 가역이고 P^{-1}는 기저 S에서 기저 T로의 추이행렬이다.

증명 Q를 기저 S에서 T로의 추이행렬이라고 하면 식 (5.13)에 따라 다음과 같이 나타낼 수 있다.[23]

23 기저 T에서 S로의 추이행렬 P는 $[\mathbf{x}]_S = P[\mathbf{x}]_T$를 만족한다.

$$[\mathbf{x}]_T = Q[\mathbf{x}]_S$$

주어진 조건에서 $[\mathbf{x}]_S = P[\mathbf{x}]_T$이므로

$$[\mathbf{x}]_T = Q[\mathbf{x}]_S = QP[\mathbf{x}]_T \qquad \cdots\cdots ①$$

여기서 $[\mathbf{x}]_T = QP[\mathbf{x}]_T$이기 위한 필요충분조건이 $QP = I_n$임을 보이면 된다. 먼저 $QP = I_n$이라고 가정하면 $[\mathbf{x}]_T = I_n[\mathbf{x}]_T = QP[\mathbf{x}]_T$가 성립한다. 이제 $[\mathbf{x}]_T = QP[\mathbf{x}]_T$가 성립한다고 가정하자. $T = \{\mathbf{y}_1, \mathbf{y}_2, \cdots, \mathbf{y}_n\}$이라고 하고 QP를 다음과 같이 놓자.

$$QP = \begin{bmatrix} c_{11} & c_{12} & \cdots & c_{1n} \\ c_{21} & c_{22} & \cdots & c_{2n} \\ \vdots & \vdots & & \vdots \\ c_{n1} & c_{n2} & \cdots & c_{nn} \end{bmatrix}$$

그러면

$$[\mathbf{y}_i]_T = \begin{bmatrix} 1 \\ 0 \\ \vdots \\ 0 \end{bmatrix} = QP\begin{bmatrix} 1 \\ 0 \\ \vdots \\ 0 \end{bmatrix} = (\text{행렬 } QP\text{의 제1열}) = \begin{bmatrix} c_{11} \\ c_{21} \\ \vdots \\ c_{n1} \end{bmatrix}$$

이다. 마찬가지로

$$\begin{bmatrix} c_{12} \\ c_{22} \\ \vdots \\ c_{n2} \end{bmatrix} = \begin{bmatrix} 0 \\ 1 \\ 0 \\ \vdots \\ 0 \end{bmatrix}, \begin{bmatrix} c_{13} \\ c_{23} \\ c_{33} \\ \vdots \\ c_{n3} \end{bmatrix} = \begin{bmatrix} 0 \\ 0 \\ 1 \\ 0 \\ \vdots \\ 0 \end{bmatrix}, \cdots, \begin{bmatrix} c_{n1} \\ c_{n2} \\ \vdots \\ c_{nn-1} \\ c_{nn} \end{bmatrix} = \begin{bmatrix} 0 \\ 0 \\ \vdots \\ 0 \\ 1 \end{bmatrix}$$

이므로 다음과 같다.

$$QP = \begin{bmatrix} 1 & 0 & \cdots & 0 \\ 0 & 1 & \cdots & 0 \\ \vdots & \vdots & & \vdots \\ 0 & 0 & \cdots & 1 \end{bmatrix} = I_n$$

$QP = I_n$이므로 P는 가역이고 $Q = P^{-1}$는 기저 S에서 기저 T로의 추이행렬이다. ■

예제 5-31

[예제 5-30]에 있는 M_2의 두 기저 S, T에 대하여 다음을 구하라.

(a) 기저 S에서 기저 T로의 추이행렬 Q

(b) $[\mathbf{x}]_S = \begin{bmatrix} 2 \\ -2 \\ 4 \\ 0 \end{bmatrix}$일 때, 좌표벡터 $[\mathbf{x}]_T$

풀이

(a) 기저 T에서 기저 S로의 추이행렬은

$$P = \begin{bmatrix} -1 & \frac{1}{2} & -\frac{1}{4} & -\frac{1}{2} \\ 7 & 0 & \frac{5}{2} & 1 \\ -2 & 0 & -1 & 0 \\ 0 & \frac{1}{2} & \frac{1}{4} & \frac{1}{2} \end{bmatrix}$$

이므로 [정리 5-13]에 의하여 Q는 다음과 같다.

$$Q = P^{-1} = \begin{bmatrix} \frac{1}{2} & \frac{1}{2} & 1 & -\frac{1}{2} \\ \frac{3}{2} & \frac{1}{2} & 1 & \frac{1}{2} \\ -1 & -1 & -3 & 1 \\ -1 & 0 & \frac{1}{2} & 1 \end{bmatrix}$$

(b) $[\mathbf{x}]_T = Q[\mathbf{x}]_S$

$$= \begin{bmatrix} \frac{1}{2} & \frac{1}{2} & 1 & -\frac{1}{2} \\ \frac{3}{2} & \frac{1}{2} & 1 & \frac{1}{2} \\ -1 & -1 & -3 & 1 \\ -1 & 0 & \frac{1}{2} & 1 \end{bmatrix} \begin{bmatrix} 2 \\ -2 \\ 4 \\ 0 \end{bmatrix} = \begin{bmatrix} 4 \\ 6 \\ -12 \\ 0 \end{bmatrix}$$

Command Window

: 코딩

```
>> format rat
>> A=[1 0 0 1;2 1 2 0;1 1 3 -1;-2 0 1 2];          % 기저 S에 의한 계수행렬 입력
>> y1=[-1 1 0 0]';y2=[1 1 0 0]';y3=[0 0 -1 0]';y4=[0 0 0 2]';
>> Y=[y1 y2 y3 y4];                                 % 기저 T에 의한 행렬 Y 입력
>> AY=[A Y];                                        % A와 Y로부터 첨가행렬 생성
>> P=rref(AY);                                      % 행렬 AY의 RREF 계산
>> P=P(:,5:8);                                      % rref(AY)에서 마지막 4개
                                                      열벡터를 추출하여 행렬 P 작성
>> Q=inv(P)                                         % [예제 5-31(a)] 계산
>> x=[2 -2 4 0]';
>> xT=Q*x                                           % [예제 5-31(b)] 계산
```

```
: 결과
Q =                                                    % [예제 5-31(a)]의 결과와 동일
      1/2         1/2         1         -1/2
      3/2         1/2         1          1/2
     -1          -1          -3          1
     -1           0          1/2         1
xT =                                                   % [예제 5-31(b)]의 결과와 동일
      4
      6
    -12
      0
```

MATLAB 유제

$\mathbf{x}_1 = (1,\ 2,\ 0)$, $\mathbf{x}_2 = (1,\ 1,\ 1)$, $\mathbf{x}_3 = (2,\ 0,\ 1)$, $\mathbf{y}_1 = (4,\ -1,\ 3)$, $\mathbf{y}_2 = (5,\ 5,\ 2)$, $\mathbf{y}_3 = (6,\ 3,\ 3)$일 때, $\mathbb{R}^3$의 두 기저에 대하여 기저 S에서 기저 T로의 추이행렬 $P = [I]_{S,\ T}$를 구하라.

$$S = \{\mathbf{x}_1,\ \mathbf{x}_2,\ \mathbf{x}_3\}, \quad T = \{\mathbf{y}_1,\ \mathbf{y}_2,\ \mathbf{y}_3\}$$

5.6 정규직교화 과정

앞 절에서 V의 임의의 벡터를 기저 S의 일차결합으로 나타낼 때, 기저의 원소에 곱해지는 스칼라를 구하는 방법에 대하여 알아보았다. 특히 $\mathbb{R}^2$이나 $\mathbb{R}^3$에서 이와 같은 기저는 직교좌표계와는 다른 새로운 좌표계를 제공함을 알았다. 그러나 기저에 속해 있는 벡터들이 서로 수직이 아니기 때문에 임의의 벡터를 새로운 좌표계를 이용하여 나타내기가 불편했다.

이 절에서는 이런 불편을 조금이라도 줄이고자 $\mathbb{R}^n$에서 주어진 기저의 벡터들을 [그림 5-9]와 같이 직교하지 않는 두 벡터를 직교하도록 변화시킨 후에 직교하는 벡터들의 일차결합으로 임의의 벡터를 표현하는 방법에 대하여 알아본다. 이와 같은 방법은 다양하게 응용되고 있으므로 매우 중요한 방법이기도 하다.[24]

24 직교하는 벡터들을 이용하여 임의의 벡터를 표현할 때 가장 좋은 기저는 표준기저이다. 표준기저는 각 축을 대표하는 벡터이기 때문에 표준기저의 벡터에 스칼라 배한 것은 좌표가 된다.

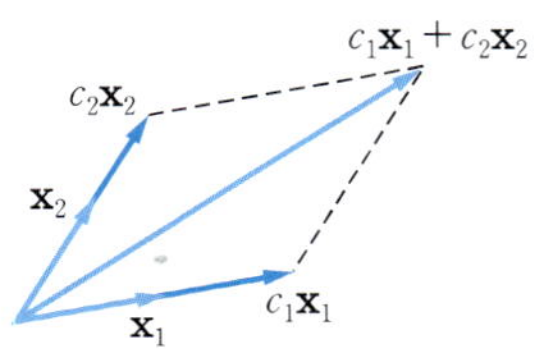

(a) 직교하지 않는 두 벡터의 일차결합

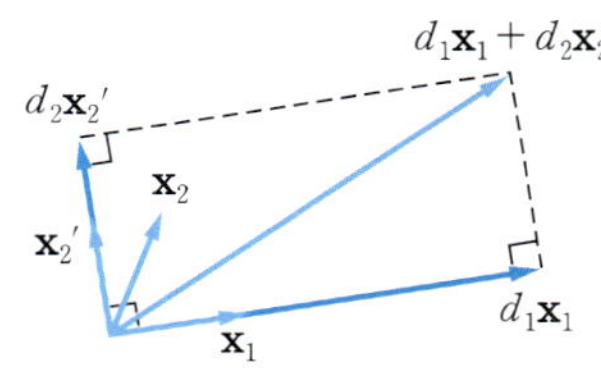

(b) 직교하는 두 벡터의 일차결합

[그림 5-9] **벡터의 일차결합**

5.6.1 두 벡터 사이의 각

우리는 이미 두 벡터 사이의 각에 대하여 4.4절에서 다루었다. $\mathbf{u}$, $\mathbf{v}$가 $\mathbb{R}^2$이나 $\mathbb{R}^3$의 영 아닌 벡터이고 θ가 벡터 사이의 각이면 다음과 같은 관계가 있다.

$$\mathbf{u} \cdot \mathbf{v} = |\mathbf{u}||\mathbf{v}|\cos\theta$$

$$\cos\theta = \frac{\mathbf{u} \cdot \mathbf{v}}{|\mathbf{u}||\mathbf{v}|}$$

두 벡터 $\mathbf{u}$, $\mathbf{v}$가 수직이면 $\mathbf{u} \perp \mathbf{v}$로 나타낸다. $\mathbb{R}^2$이나 $\mathbb{R}^3$에서는 직각을 그림으로 표현할 수 있다. 이를테면 [그림 5-10]에서 알 수 있듯이 두 벡터 $\mathbf{u}$, $\mathbf{v}$가 수직이면 피타고라스 정리로부터 다음이 성립한다.

$$|\mathbf{u}|^2 + |\mathbf{v}|^2 = |\mathbf{u} - \mathbf{v}|^2$$

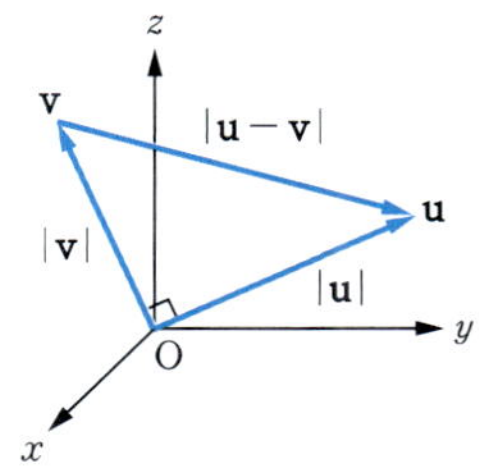

[그림 5-10] **수직인 벡터**

$\mathbf{x}$, $\mathbf{y}$가 실수벡터라면 일반적인 코시-슈바르츠 부등식에 의하여 $\dfrac{\mathbf{x} \cdot \mathbf{y}}{|\mathbf{x}||\mathbf{y}|}$는 구간 $[-1, 1]$의 수이므로 $\cos\theta = \dfrac{\mathbf{x} \cdot \mathbf{y}}{|\mathbf{x}||\mathbf{y}|}$인 $\theta \in [0, \pi]$가 유일하게 존재한다. 따라서 두 벡터 사이의 각은 고차원 벡터공간 $\mathbb{R}^n$으로 다음과 같이 자연스럽게 확장된다. $\mathbb{R}^n$의 두 벡터 $\mathbf{x}$, $\mathbf{y}$ 사이의 각 $\theta \in [0, \pi]$는 다음과 같이 정의한다.

$$\theta = \cos^{-1}\frac{\mathbf{x} \cdot \mathbf{y}}{|\mathbf{x}||\mathbf{y}|} \tag{5.14}$$

예제 5-32

$\mathbb{R}^4$에서 두 벡터 사이의 각을 구하라.

$$\mathbf{x} = \begin{bmatrix} 4 \\ 3 \\ -1 \\ 2 \end{bmatrix}, \quad \mathbf{y} = \begin{bmatrix} -1 \\ 0 \\ -2 \\ 2 \end{bmatrix}$$

풀이

$\mathbb{R}^4$에서 내적은 $\mathbf{x} \cdot \mathbf{y} = 2$이므로

$$\cos\theta = \frac{\mathbf{x} \cdot \mathbf{y}}{|\mathbf{x}||\mathbf{y}|} = \frac{2}{\sqrt{30} \cdot 3}$$

따라서 $\theta = \cos^{-1}\dfrac{2}{3\sqrt{30}} = 1.4488$라디안이다.

```
: 코딩
>> x=[4 3 -1 2];y=[-1 0 -2 2];                    % 벡터 입력
>> theta=acos(dot(x,y)/(norm(x)*norm(y)))         % 두 벡터 사이의 각 계산

: 결과
theta =                                            % [예제 5-32]의 결과와 동일
        1.4488
```

MATLAB 유제

$\mathbb{R}^6$에서 두 벡터 사이의 각을 구하라.

$$\mathbf{x}=\begin{bmatrix}3\\2\\-3\\-2\\6\\2\end{bmatrix},\quad \mathbf{y}=\begin{bmatrix}2\\-6\\2\\-5\\2\\3\end{bmatrix}$$

5.6.2 직교기저와 정규직교기저

이제 $\mathbb{R}^n$의 부분공간의 기저 중에서 표준기저처럼 서로 직교하며 크기가 1인 기저를 찾는 방법에 대하여 알아보자. 이를 위해 먼저 벡터가 서로 직교하는 집합에 대하여 알아보자. $\mathbb{R}^n$의 벡터 $\mathbf{x}_1, \mathbf{x}_2, \cdots, \mathbf{x}_k$에 대하여 $S=\{\mathbf{x}_1, \mathbf{x}_2, \cdots, \mathbf{x}_k\}$라고 하자. 이때 S의 서로 다른 어느 두 벡터도 모두 직교하면 S를 **직교집합**orthogonal set이라고 한다. 특히 직교집합 S에 속하는 벡터가 모두 단위벡터일 때 S를 **정규직교집합**orthonormal set이라고 한다.[25]

25 S : 직교집합 $\Leftrightarrow \mathbf{x}_i \cdot \mathbf{x}_j = 0\ (i \neq j)$
S : 정규직교집합 $\Leftrightarrow \mathbf{x}_i \cdot \mathbf{x}_j = \begin{cases}1 & (i=j)\\ 0 & (i\neq j)\end{cases}$

직교집합에 대하여 다음 정리가 성립한다.

정리 5-14 직교집합과 일차독립

$\mathbb{R}^n$의 영 아닌 벡터들의 집합 $S=\{\mathbf{x}_1, \mathbf{x}_2, \cdots, \mathbf{x}_k\}$가 직교집합이면 S는 일차독립이다.[26]

26 $\dim \mathbb{R}^n = n$이므로 $\mathbb{R}^n$에서 n개의 벡터의 집합 $S=\{\mathbf{x}_1, \mathbf{x}_2, \cdots, \mathbf{x}_n\}$가 일차독립이면 S는 $\mathbb{R}^n$의 기저이다.

증명 $S=\{\mathbf{x}_1, \mathbf{x}_2, \cdots, \mathbf{x}_k\}$를 직교집합이라고 하고

$$0=\alpha_1\mathbf{x}_1+\alpha_2\mathbf{x}_2+\cdots+\alpha_k\mathbf{x}_k$$

라고 하자. 각각의 $i=1, 2, \cdots, k$에 대하여 다음이 성립한다.

$$\begin{aligned}0 &= \mathbf{x}_i \cdot \mathbf{0} = \mathbf{x}_i \cdot (\alpha_1\mathbf{x}_1 + \alpha_2\mathbf{x}_2 + \cdots + \alpha_k\mathbf{x}_k) \\ &= \alpha_1(\mathbf{x}_i \cdot \mathbf{x}_1) + \cdots + \alpha_i(\mathbf{x}_i \cdot \mathbf{x}_i) + \cdots + \alpha_k(\mathbf{x}_i \cdot \mathbf{x}_k) \\ &= \alpha_i |\mathbf{x}_i|^2\end{aligned}$$

$\mathbf{x}_i \neq \mathbf{0}$이므로 $|\mathbf{x}_i|^2 \neq 0$이다. 즉 $\alpha_i = 0$(단, $i=1, 2, \cdots, k$)이므로 S는 일차독립이다. ■

예제 5-33

다음 집합이 정규직교집합인지 확인하고, 아니라면 정규직교집합으로 변형하라.

$$S = \left\{ \mathbf{u}_1 = \begin{bmatrix} 2 \\ -1 \\ 0 \end{bmatrix},\ \mathbf{u}_2 = \begin{bmatrix} 1 \\ 2 \\ \frac{5}{2} \end{bmatrix},\ \mathbf{u}_3 = \begin{bmatrix} -1 \\ -2 \\ 2 \end{bmatrix} \right\}$$

풀이

집합의 원소들은 서로 직교한다. 즉 $i \neq j$에 대하여 $\mathbf{u}_i \cdot \mathbf{u}_j = 0$이다. 그러나 S의 각 원소의 크기가 1이 아니므로 S는 정규직교집합이 아니다. 각 벡터를 그 벡터의 크기로 나누면 크기가 1인 벡터가 되므로 정규직교집합을 만들 수 있다.

$$|\mathbf{u}_1| = \sqrt{2^2 + (-1)^2 + 0^2} = \sqrt{5},\quad |\mathbf{u}_2| = \sqrt{1^2 + 2^2 + \left(\frac{5}{2}\right)^2} = \frac{3\sqrt{5}}{2},\quad |\mathbf{u}_3| = \sqrt{(-1)^2 + (-2)^2 + 2^2} = 3$$

이므로

$$S' = \left\{ \frac{1}{\sqrt{5}}\mathbf{u}_1,\ \frac{2}{3\sqrt{5}}\mathbf{u}_2,\ \frac{1}{3}\mathbf{u}_3 \right\}$$

는 서로 직교하고 크기가 1이므로 정규직교집합이다.

Command Window

: 코딩

```
>> u1=[2 -1 0];u2=[1 2 5/2];u3=[-1 -2 2];            % 벡터 입력
>> d12=dot(u1,u2),d23=dot(u2,u3),d31=dot(u3,u1)     % 벡터들의 직교성 확인
>> v1=1/norm(u1)*u1;                                 % 주어진 벡터의 정규화
>> v2=1/norm(u2)*u2;
>> v3=1/norm(u3)*u3;
>> n1=norm(v1),n2=norm(v2),n3=norm(v3)              % 벡터의 크기 계산
```

: 결과

```
d12 =                                                % [예제 5-33]의 결과와 동일
     0
d23 =
     0
```

```
d31 =
      0
n1 =
     1.0000
n2 =
     1
n3 =
     1
```

MATLAB 유제

다음이 정규직교집합인지 판정하라.

$$\left\{\left(\frac{1}{\sqrt{2}},\ 0,\ 0,\ -\frac{1}{\sqrt{2}}\right),\ \left(-\frac{1}{\sqrt{7}},\ \frac{2}{\sqrt{7}},\ \frac{1}{\sqrt{7}},\ -\frac{1}{\sqrt{7}}\right),\ \left(0,\ \frac{1}{\sqrt{5}},\ -\frac{2}{\sqrt{5}},\ 0\right)\right\}$$

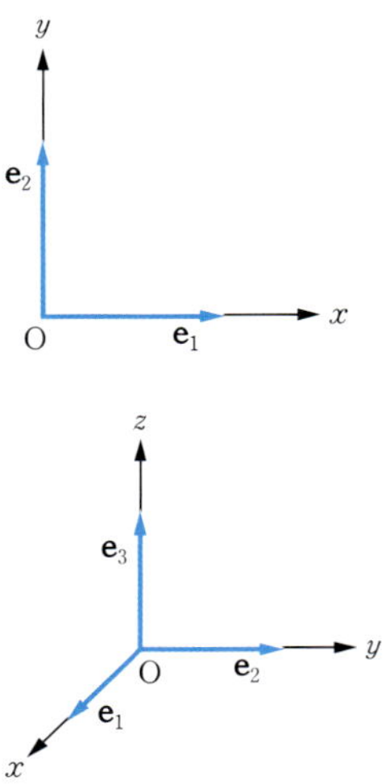

[그림 5-11] $\mathbb{R}^2$와 $\mathbb{R}^3$에서 정규직교기저

$\dim \mathbb{R}^n = n$이므로 $\mathbb{R}^n$에서 n개의 벡터의 집합 $S = \{\mathbf{x}_1,\ \mathbf{x}_2,\ \cdots,\ \mathbf{x}_n\}$이 일차독립이면 S는 $\mathbb{R}^n$의 기저이다. $\mathbb{R}^n$의 기저 S가 직교집합이면 **직교기저** orthogonal basis, 정규직교집합이면 **정규직교기저** orthonormal basis라고 한다. $\mathbb{R}^n$의 표준기저 $B = \{\mathbf{e}_1,\ \mathbf{e}_2,\ \cdots,\ \mathbf{e}_n\}$은 가장 잘 알려진 정규직교기저이다. 특히 $\mathbb{R}^2$와 $\mathbb{R}^3$에서 정규직교기저는 [그림 5-11]에서와 같이 각각 축 방향의 단위벡터이다.

특히 $\mathbb{R}^n$의 표준기저 B에 대하여 임의의 $\mathbf{x} \in \mathbb{R}^n$은 다음과 같다.

$$\mathbf{x} = [\,\mathbf{x}\,]_B = \begin{bmatrix} x_1 \\ x_2 \\ \vdots \\ x_n \end{bmatrix} \quad \Leftrightarrow \quad \mathbf{x} = x_1\mathbf{e}_1 + x_2\mathbf{e}_2 + \cdots + x_n\mathbf{e}_n$$

일반적으로 n개의 벡터의 집합 $S = \{\mathbf{u}_1,\ \mathbf{u}_2,\ \cdots,\ \mathbf{u}_n\}$이 $\mathbb{R}^n$의 기저이면 $\mathbb{R}^n$의 임의의 벡터 $\mathbf{x}$는 다음과 같이 유일하게 표시된다.

$$\mathbf{x} = c_1\mathbf{u}_1 + c_2\mathbf{u}_2 + \cdots + c_n\mathbf{u}_n \ \ (\text{단, } c_i \in \mathbb{R})$$

이때 $c_1,\ c_2,\ \cdots,\ c_n$을 구하려면 n개의 미지수를 갖는 연립방정식을 풀어야 한다. 그러나 S가 $\mathbb{R}^n$의 정규직교기저이면 $i \neq j$일 때, $\mathbf{u}_i \cdot \mathbf{u}_j = 0$임을 이용하여 $c_1,\ c_2,\ \cdots,\ c_n$을 쉽게 구할 수 있다.

정리 5-15 정규직교기저벡터들의 일차결합

$S=\{\mathbf{u}_1, \mathbf{u}_2, \cdots, \mathbf{u}_n\}$이 $\mathbb{R}^n$의 정규직교기저이면 $\mathbb{R}^n$의 임의의 벡터 $\mathbf{x}$는 다음과 같이 표현된다. 여기서 $c_i=\mathbf{u}_i\cdot\mathbf{x}$ (단, $i=1, 2, \cdots, n$)이다.

$$\mathbf{x}=c_1\mathbf{u}_1+c_2\mathbf{u}_2+\cdots+c_n\mathbf{u}_n$$

증명 S가 $\mathbb{R}^n$의 기저이므로 임의의 벡터 $\mathbf{x}\in\mathbb{R}^n$은

$$\mathbf{x}=c_1\mathbf{u}_1+c_2\mathbf{u}_2+\cdots+c_n\mathbf{u}_n \quad (\text{단, } c_i\in\mathbb{R})$$

으로 표현되고, 각 i(단, $i=1, 2, \cdots, n$)에 대하여

$$\begin{aligned}\mathbf{x}\cdot\mathbf{u}_i&=(c_1\mathbf{u}_1+c_2\mathbf{u}_2+\cdots+c_n\mathbf{u}_n)\cdot\mathbf{u}_i\\&=c_1(\mathbf{u}_1\cdot\mathbf{u}_i)+c_2(\mathbf{u}_2\cdot\mathbf{u}_i)+\cdots+c_n(\mathbf{u}_n\cdot\mathbf{u}_i)\end{aligned}$$

와 같이 된다. 그런데 S가 정규직교기저이므로

$$\mathbf{u}_i\cdot\mathbf{u}_j=\begin{cases}0 & (i\neq j)\\1 & (i=j)\end{cases}$$

이다. 따라서 다음과 같다.

$$c_i=\mathbf{u}_i\cdot\mathbf{x} \quad (\text{단, } i=1, 2, \cdots, n)$$ ■

예제 5-34

$\mathbf{x}=\begin{bmatrix}-1\\2\\1\end{bmatrix}$을 [예제 5-33]에 있는 $\mathbb{R}^3$의 정규직교기저 S'의 일차결합으로 나타내라.

$$S'=\left\{\mathbf{v}_1=\frac{1}{\sqrt{5}}\mathbf{u}_1,\ \mathbf{v}_2=\frac{2}{3\sqrt{5}}\mathbf{u}_2,\ \mathbf{v}_3=\frac{1}{3}\mathbf{u}_3\right\}$$

풀이

$$\mathbf{v}_1=\left(\frac{2}{\sqrt{5}}, -\frac{1}{\sqrt{5}}, 0\right),\quad \mathbf{v}_2=\left(\frac{2}{3\sqrt{5}}, \frac{4}{3\sqrt{5}}, \frac{5}{3\sqrt{5}}\right),\quad \mathbf{v}_3=\left(-\frac{1}{3}, -\frac{2}{3}, \frac{2}{3}\right)$$

이므로 $\mathbf{x}=c_1\mathbf{v}_1+c_2\mathbf{v}_2+c_3\mathbf{v}_3$라고 하면 c_1, c_2, c_3는 다음과 같다.

$$c_1=\mathbf{v}_1\cdot\mathbf{x}=-\frac{4}{\sqrt{5}},\quad c_2=\mathbf{v}_2\cdot\mathbf{x}=\frac{11}{3\sqrt{5}},\quad c_3=\mathbf{v}_3\cdot\mathbf{x}=-\frac{1}{3}$$

따라서 다음과 같이 나타낼 수 있다.

$$\mathbf{x} = c_1\mathbf{v}_1 + c_2\mathbf{v}_2 + c_3\mathbf{v}_3$$

$$= -\frac{4}{\sqrt{5}}\begin{bmatrix} \frac{2}{\sqrt{5}} \\ -\frac{1}{\sqrt{5}} \\ 0 \end{bmatrix} + \frac{11}{3\sqrt{5}}\begin{bmatrix} \frac{2}{3\sqrt{5}} \\ \frac{4}{3\sqrt{5}} \\ \frac{5}{3\sqrt{5}} \end{bmatrix} - \frac{1}{3}\begin{bmatrix} -\frac{1}{3} \\ -\frac{2}{3} \\ \frac{2}{3} \end{bmatrix}$$

Command Window

: 코딩

```
>> u1=[2 -1 0];u2=[1 2 5/2];u3=[-1 -2 2];      % 직교기저 입력
>> v1=1/norm(u1)*u1;                            % 벡터의 정규화
>> v2=1/norm(u2)*u2;
>> v3=1/norm(u3)*u3;
>> syms c1 c2 c3                                % 심볼릭 변수 지정
>> x=[-1 2 1];                                  % 벡터 입력
>> S=solve(x==c1*v1+c2*v2+c3*v3);               % x = c1v1 + c2v2 + c3v3 계산
>> Sol=[S.c1, S.c2, S.c3];
>> c1=dot(x,v1),c2=dot(x,v2),c3=dot(x,v3)       % 벡터의 직교성 확인
```

: 결과

```
Sol =                                           % [예제 5-34]의 결과와 동일
      [ -(4*5^(1/2))/5, (11*5^(1/2))/15, -1/3]
c1 = 1
    -1.7889
c2 =
     1.6398
c3 =
    -0.3333
```

MATLAB TIP!

1 $-\frac{4}{\sqrt{5}} = -1.7889$

$\frac{11}{6} = 1.6398$

$-\frac{1}{3} = -0.3333$

MATLAB 유제

$\mathbf{x} = \begin{bmatrix} 5 \\ \sqrt{15} \\ -3 \end{bmatrix}$을 [예제 5-34]에 있는 $\mathbb{R}^3$의 정규직교기저 S'의 일차결합으로 나타내라.

$$S' = \left\{\mathbf{v}_1 = \frac{1}{\sqrt{5}}\mathbf{u}_1,\ \mathbf{v}_2 = \frac{2}{3\sqrt{5}}\mathbf{u}_2,\ \mathbf{v}_3 = \frac{1}{3}\mathbf{u}_3\right\}$$

5.6.3 그램-슈미트 정규직교화 과정

이제 $\mathbb{R}^n$의 정규직교기저를 만드는 방법을 알아보기 위해 4.5절에서 공부했던 정사영 개념을 다음과 같이 일반화해 보자. 집합 $S = \{\mathbf{x}_1, \mathbf{x}_2, \cdots, \mathbf{x}_m\}$이 $\mathbb{R}^n$의 정규직교집합이고 W를 S에 의해 생성된 $\mathbb{R}^n$의 부분공간이라고 하자. 이때 $\mathbb{R}^n$의 임의의 벡터 $\mathbf{a}$에 대하여

$$\mathbf{a}_1 = (\mathbf{a} \cdot \mathbf{x}_1)\mathbf{x}_1 + (\mathbf{a} \cdot \mathbf{x}_2)\mathbf{x}_2 + \cdots + (\mathbf{a} \cdot \mathbf{x}_m)\mathbf{x}_m$$
$$\mathbf{a}_2 = \mathbf{a} - \mathbf{a}_1$$

이라고 하면, 각 i, $j = 1, 2, \cdots, m$에 대하여

$$\mathbf{x}_i \cdot \mathbf{x}_j = \begin{cases} 0 & (i \neq j) \\ 1 & (i = j) \end{cases}$$

이므로

$$\mathbf{a}_2 \cdot \mathbf{x}_1 = 0, \quad \mathbf{a}_2 \cdot \mathbf{x}_2 = 0, \quad \cdots, \quad \mathbf{a}_2 \cdot \mathbf{x}_m = 0$$

이다. 그리고 $\mathbf{w} \in W$는

$$\mathbf{w} = c_1\mathbf{x}_1 + c_2\mathbf{x}_2 + \cdots + c_m\mathbf{x}_m \quad (\text{단, } c_i \in \mathbb{R})$$

이므로 $\mathbf{a}_2 \cdot \mathbf{w} = 0$이다. 따라서 $\mathbf{a}_2$는 W의 모든 벡터와 직교한다. 이때 $\mathbf{a}_1$을 W 위로의 **직교정사영**이라고 하고 $\mathbf{a}_1 = \text{proj}_W \mathbf{a}$로 나타내며 $\mathbf{a}_2$를 W에 대한 $\mathbf{a}$의 **직교성분**이라고 한다. $\mathbb{R}^3$인 경우는 [그림 5-12]와 같다.

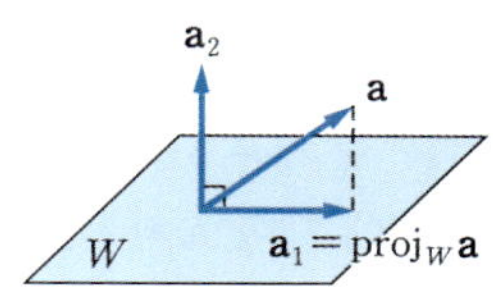

[그림 5-12] W 위로의 직교정사영 $\mathbf{a}_1$)

예제 5-35

$\mathbb{R}^3$의 정규직교집합 S에 의해 생성된 부분공간을 W라고 하자. 벡터 $\mathbf{a}$의 W 위로의 정사영과 W에 대한 $\mathbf{a}$의 직교성분을 구하라.

$$S = \left\{ \mathbf{x}_1 = \begin{bmatrix} -\frac{1}{\sqrt{2}} \\ \frac{1}{\sqrt{2}} \\ 0 \end{bmatrix}, \mathbf{x}_2 = \begin{bmatrix} \frac{1}{\sqrt{3}} \\ \frac{1}{\sqrt{3}} \\ \frac{1}{\sqrt{3}} \end{bmatrix} \right\}, \quad \mathbf{a} = \begin{bmatrix} -2 \\ 0 \\ 1 \end{bmatrix}$$

풀이

벡터 $\mathbf{a}$의 W 위로의 정사영은 $\text{proj}_W \mathbf{a} = (\mathbf{a} \cdot \mathbf{x}_1)\mathbf{x}_1 + (\mathbf{a} \cdot \mathbf{x}_2)\mathbf{x}_2$이고, $\mathbf{a} \cdot \mathbf{x}_1 = \sqrt{2}$, $\mathbf{a} \cdot \mathbf{x}_2 = -\frac{1}{\sqrt{3}}$이므로

$$\text{proj}_W \mathbf{a} = (\sqrt{2})\mathbf{x}_1 + \left(-\frac{1}{\sqrt{3}}\right)\mathbf{x}_2 = \begin{bmatrix} -\frac{4}{3} \\ \frac{2}{3} \\ -\frac{1}{3} \end{bmatrix}$$

따라서 W에 대한 $\mathbf{a}$의 직교성분은 다음과 같다.

$$\mathbf{a} - \text{proj}_W \mathbf{a} = \begin{bmatrix} -2 \\ 0 \\ 1 \end{bmatrix} - \begin{bmatrix} -\frac{4}{3} \\ \frac{2}{3} \\ -\frac{1}{3} \end{bmatrix} = \begin{bmatrix} -\frac{2}{3} \\ -\frac{2}{3} \\ \frac{4}{3} \end{bmatrix}$$

Command Window

```
: 코딩
>> a=[-2 0 1];x1=[-1/sqrt(2) 1/sqrt(2) 0];x2=[1/sqrt(3) 1/sqrt(3) 1/sqrt(3)];
                                                     % 벡터 입력
>> proja=dot(a,x1)*x1+dot(a,x2)*x2                   % 정사영 계산
>> w=a-proja                                         % W에 대한 a의 직교성분

: 결과
proja =                                              % [예제 5-35]의 결과와 동일
      -1.3333     0.6667    -0.3333
w =
      -0.6667    -0.6667     1.3333
```

MATLAB 유제

$\mathbb{R}^3$의 정규직교집합 S에 의해 생성된 부분공간을 W라고 하자. 이때 벡터 $\mathbf{a}=\begin{bmatrix}4\\3\\-1\end{bmatrix}$의 W 위로의 정사영과 W에 대한 $\mathbf{a}$의 직교성분을 구하라.

$$S=\left\{\mathbf{x}_1=\begin{bmatrix}\frac{1}{\sqrt{2}}\\-\frac{1}{\sqrt{2}}\\0\end{bmatrix},\ \mathbf{x}_2=\begin{bmatrix}\frac{1}{\sqrt{6}}\\\frac{1}{\sqrt{6}}\\\frac{2}{\sqrt{6}}\end{bmatrix}\right\}$$

이제 $\mathbb{R}^n$의 임의의 기저를 정규직교기저로 만드는 방법인 **그램-슈미트** Gram–Schmidt **정규직교화 과정**에 대하여 알아보자.

정리 5-16 그램-슈미트 정규직교화 과정

집합 $S=\{\mathbf{x}_1, \mathbf{x}_2, \cdots, \mathbf{x}_n\}$을 $\mathbb{R}^n$의 임의의 기저라고 하면, S로부터 얻어지는 $\mathbb{R}^n$의 정규직교기저 $T=\{\mathbf{y}_1, \mathbf{y}_2, \cdots, \mathbf{y}_n\}$이 존재한다.

증명 [정리 5-16]을 증명하려면 $\mathbb{R}^n$의 기저 $S=\{\mathbf{x}_1, \mathbf{x}_2, \cdots, \mathbf{x}_n\}$을 이용하여 $\mathbb{R}^n$의 한 정규직교기저를 만들면 된다. 다음 단계에 따라 $\mathbb{R}^n$의 기저 S로부터 정규직교집합 $T=\{\mathbf{y}_1, \mathbf{y}_2, \cdots, \mathbf{y}_n\}$을 만든다.

❶ **1단계** : $\mathbf{y}_1=\dfrac{\mathbf{x}_1}{|\mathbf{x}_1|}$이라고 하면 $|\mathbf{y}_1|=1$이다.

❷ **2단계** : $\mathbf{y}_1$으로 생성되는 부분공간 W_1에 대한 $\mathbf{x}_2$의 직교성분을 구하여 $\mathbf{z}_2$라고 하면

$$\mathbf{z}_2=\mathbf{x}_2-\mathrm{proj}_{W_1}\mathbf{x}_2=\mathbf{x}_2-(\mathbf{x}_2\cdot\mathbf{y}_1)\mathbf{y}_1$$

이다. 다음으로 $\mathbf{y}_2=\dfrac{\mathbf{z}_2}{|\mathbf{z}_2|}$라고 하면 $\mathbf{y}_2$는 $\mathbf{y}_1$과 직교하고 크기는 1이다.

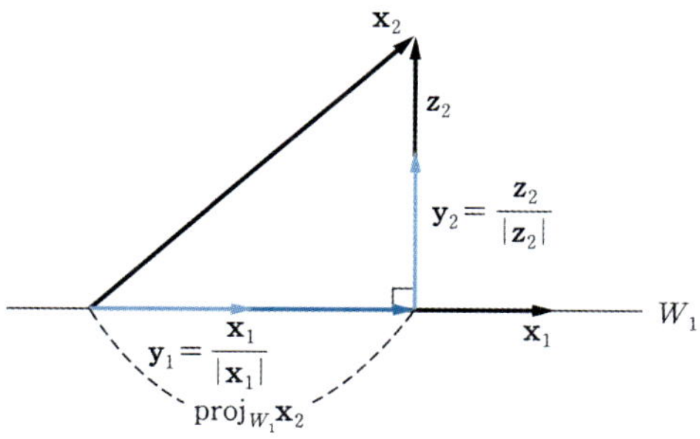

[그림 5-13] 부분공간 W_1에 대한 $\mathbf{x}_2$의 직교정사영 $\mathbf{y}_1$과 직교성분 $\mathbf{z}_2$

❸ **3단계** : 먼저 $\mathbf{y}_1$, $\mathbf{y}_2$에 직교하는 벡터를 만들기 위해 $\{\mathbf{y}_1, \mathbf{y}_2\}$로 생성되는 부분공간 W_2에 대한 $\mathbf{x}_3$의 직교성분을 $\mathbf{z}_3$라고 하면 다음과 같다.

$$\begin{aligned}\mathbf{z}_3 &= \mathbf{x}_3 - \text{proj}_{W_2}\mathbf{x}_3 \\ &= \mathbf{x}_3 - (\mathbf{x}_3 \cdot \mathbf{y}_1)\mathbf{y}_1 - (\mathbf{x}_3 \cdot \mathbf{y}_2)\mathbf{y}_2\end{aligned}$$

다음으로 $\mathbf{y}_3 = \dfrac{\mathbf{z}_3}{|\mathbf{z}_3|}$라고 하면 $\mathbf{y}_3$는 $\mathbf{y}_1$, $\mathbf{y}_2$와 각각 직교하고 크기는 1이다.

❹ **4단계** : 위와 같은 방법으로 $\mathbf{y}_4, \cdots, \mathbf{y}_n$을 모두 만들 수 있다. 즉 다음과 같다.

$$\begin{aligned}\mathbf{z}_i &= \mathbf{x}_i - \text{proj}_{W_{i-1}}\mathbf{x}_i \\ &= \mathbf{x}_i - (\mathbf{x}_i \cdot \mathbf{y}_1)\mathbf{y}_1 - (\mathbf{x}_i \cdot \mathbf{y}_2)\mathbf{y}_2 - \cdots - (\mathbf{x}_i \cdot \mathbf{y}_{i-1})\mathbf{y}_{i-1}\end{aligned}$$

$$\mathbf{y}_i = \frac{\mathbf{z}_i}{|\mathbf{z}_i|} \quad (\text{단, } i = 4, 5, \cdots, n)$$

$T = \{\mathbf{y}_1, \mathbf{y}_2, \cdots, \mathbf{y}_n\}$은 $\mathbb{R}^n$에서의 정규직교집합이고, [정리 5-14]에 의하여 일차독립이다. 따라서 T는 $\mathbb{R}^n$의 정규직교기저이다. ■

예제 5-36

$\mathbb{R}^3$의 기저 S로부터 $\mathbb{R}^3$의 정규직교기저 $T = \{\mathbf{y}_1, \mathbf{y}_2, \mathbf{y}_3\}$를 구하라.

$$S = \left\{ \mathbf{x}_1 = \begin{bmatrix} 1 \\ 0 \\ 0 \end{bmatrix}, \mathbf{x}_2 = \begin{bmatrix} 1 \\ 1 \\ 0 \end{bmatrix}, \mathbf{x}_3 = \begin{bmatrix} 1 \\ 1 \\ 1 \end{bmatrix} \right\}$$

풀이

그램-슈미트 정규직교화 과정으로 $\mathbf{y}_1$, $\mathbf{y}_2$, $\mathbf{y}_3$를 구해 보자.

❶ **1단계** : $\mathbf{x}_1$의 크기를 1로 만들어 $\mathbf{y}_1$으로 둔다.

$$\mathbf{y}_1 = \frac{\mathbf{x}_1}{|\mathbf{x}_1|} = \begin{bmatrix} 1 \\ 0 \\ 0 \end{bmatrix}$$

❷ **2단계** : $\mathbf{y}_1$에 의하여 생성되는 부분공간 W_1에 대한 $\mathbf{x}_2$의 직교성분을 구하여 $\mathbf{z}_2$라고 하면

$$\mathbf{z}_2 = \mathbf{x}_2 - \text{proj}_{W_1}\mathbf{x}_2 = \mathbf{x}_2 - (\mathbf{x}_2 \cdot \mathbf{y}_1)\mathbf{y}_1$$
$$= \begin{bmatrix} 1 \\ 1 \\ 0 \end{bmatrix} - 1\begin{bmatrix} 1 \\ 0 \\ 0 \end{bmatrix} = \begin{bmatrix} 0 \\ 1 \\ 0 \end{bmatrix}$$

이고 $|\mathbf{z}_2| = 1$이므로 $\mathbf{z}_2$를 $\mathbf{y}_2$로 둔다.

$$\mathbf{y}_2 = \frac{\mathbf{z}_2}{|\mathbf{z}_2|} = \begin{bmatrix} 0 \\ 1 \\ 0 \end{bmatrix}$$

❸ **3단계** : $\{\mathbf{y}_1, \mathbf{y}_2\}$에 의하여 생성되는 부분공간 W_2에 대한 $\mathbf{x}_3$의 직교성분을 구하여 $\mathbf{z}_3$라고 하면

$$\mathbf{z}_3 = \mathbf{x}_3 - \text{proj}_{W_2}\mathbf{x}_3 = \mathbf{x}_3 - (\mathbf{x}_3 \cdot \mathbf{y}_1)\mathbf{y}_1 - (\mathbf{x}_3 \cdot \mathbf{y}_2)\mathbf{y}_2$$
$$= \begin{bmatrix} 1 \\ 1 \\ 1 \end{bmatrix} - \begin{bmatrix} 1 \\ 0 \\ 0 \end{bmatrix} - \begin{bmatrix} 0 \\ 1 \\ 0 \end{bmatrix} = \begin{bmatrix} 0 \\ 0 \\ 1 \end{bmatrix}$$

이고 $|\mathbf{z}_3| = 1$이므로 $\mathbf{z}_3$를 $\mathbf{y}_3$로 둔다.

$$\mathbf{y}_3 = \frac{\mathbf{z}_3}{|\mathbf{z}_3|} = \begin{bmatrix} 0 \\ 0 \\ 1 \end{bmatrix}$$

따라서 정규직교기저 T는 다음과 같다.

$$T = \left\{ \begin{bmatrix} 1 \\ 0 \\ 0 \end{bmatrix}, \begin{bmatrix} 0 \\ 1 \\ 0 \end{bmatrix}, \begin{bmatrix} 0 \\ 0 \\ 1 \end{bmatrix} \right\}$$

Command Window

```
: 코딩
>> format rat
>> x1=[1 0 0]';x2=[1 1 0]';x3=[1 1 1]';                  % 벡터 입력
>> y1=1/norm(x1)*x1                                       % 1단계 결과
>> z2=x2-dot(x2,y1)*y1;y2=1/norm(z2)*z2                   % 2단계 결과
>> z3=x3-dot(x3,y1)*y1-dot(x3,y2)*y2;y3=1/norm(z3)*z3     % 3단계 결과

: 결과
y1 =                                                      % [예제 5-36]의 결과와 동일
      1.0000
      0.0000
      0.0000
y2 =
      0.0000
      1.0000
      0.0000
```

```
y3 =
      0.0000
      0.0000
      1.0000
```

MATLAB 유제

벡터 $\mathbf{x}_1=(1, -1, 0)$, $\mathbf{x}_2=(0, 1, -2)$, $\mathbf{x}_3=(1, 1, -1)$에 대하여 $\mathbb{R}^3$의 기저 $S=\{\mathbf{x}_1, \mathbf{x}_2, \mathbf{x}_3\}$로부터 $\mathbb{R}^3$의 정규직교기저 $T=\{\mathbf{y}_1, \mathbf{y}_2, \mathbf{y}_3\}$를 구하라.

$\mathbb{R}^3$에서는 벡터의 외적으로도 임의의 기저를 정규직교기저로 만들 수 있다. 그러나 이 방법은 $\mathbb{R}^3$에서만 사용할 수 있다.

예제 5-37

$\mathbb{R}^3$의 기저 S로부터 $\mathbb{R}^3$의 정규직교기저 $T=\{\mathbf{y}_1, \mathbf{y}_2, \mathbf{y}_3\}$를 구하라.

$$S=\left\{\mathbf{x}_1=\begin{bmatrix}1\\1\\0\end{bmatrix}, \mathbf{x}_2=\begin{bmatrix}0\\1\\2\end{bmatrix}, \mathbf{x}_3=\begin{bmatrix}1\\2\\1\end{bmatrix}\right\}$$

풀이

먼저

$$\mathbf{y}_1=\frac{\mathbf{x}_1}{|\mathbf{x}_1|}=\begin{bmatrix}\frac{1}{\sqrt{2}}\\\frac{1}{\sqrt{2}}\\0\end{bmatrix}$$

이다. 이제 $\mathbf{x}_1$과 $\mathbf{x}_2$에 수직인 벡터를 $\mathbf{z}_2$라고 하고, 외적을 이용하여 $\mathbf{z}_2$를 구하면

$$\mathbf{z}_2=\mathbf{x}_1\times\mathbf{x}_2=\begin{vmatrix}\mathbf{i}&\mathbf{j}&\mathbf{k}\\1&1&0\\0&1&2\end{vmatrix}=\begin{bmatrix}2\\-2\\1\end{bmatrix}$$

이고, $\mathbf{z}_2$는 $\mathbf{x}_1$과 $\mathbf{x}_2$에 동시에 수직인 벡터이다. 따라서 크기를 1로 하는 정규화만 하면 정규직교기저가 된다. 이때 $|\mathbf{z}_2|=\sqrt{2^2+(-2)^2+1^2}=3$이므로 크기가 1인 벡터는 다음과 같다.

$$\mathbf{y}_2=\frac{\mathbf{z}_2}{|\mathbf{z}_2|}=\begin{bmatrix}\frac{2}{3}\\-\frac{2}{3}\\\frac{1}{3}\end{bmatrix}$$

다시 $\mathbf{x}_1$와 $\mathbf{z}_2$에 수직인 벡터를 $\mathbf{z}_3$라고 하고, 외적을 이용하여 $\mathbf{z}_3$를 구하면

$$\mathbf{z}_3 = \mathbf{x}_1 \times \mathbf{z}_2 = \begin{vmatrix} \mathbf{i} & \mathbf{j} & \mathbf{k} \\ 1 & 1 & 0 \\ 2 & -2 & 1 \end{vmatrix} = \begin{bmatrix} 1 \\ -1 \\ -4 \end{bmatrix}$$

이고, $|\mathbf{z}_3| = \sqrt{1^2+(-1)^2+(-4)^2} = \sqrt{18}$ 이므로 크기가 1인 벡터는 다음과 같다.

$$\mathbf{y}_3 = \frac{\mathbf{z}_3}{|\mathbf{z}_3|} = \begin{bmatrix} \frac{1}{\sqrt{18}} \\ -\frac{1}{\sqrt{18}} \\ -\frac{4}{\sqrt{18}} \end{bmatrix}$$

따라서 정규직교기저 T는 다음과 같다.

$$T = \left\{ \begin{bmatrix} \frac{1}{\sqrt{2}} \\ \frac{1}{\sqrt{2}} \\ 0 \end{bmatrix}, \begin{bmatrix} \frac{2}{3} \\ -\frac{2}{3} \\ \frac{1}{3} \end{bmatrix}, \begin{bmatrix} \frac{1}{\sqrt{18}} \\ -\frac{1}{\sqrt{18}} \\ -\frac{4}{\sqrt{18}} \end{bmatrix} \right\}$$

5.7 벡터공간의 활용

앞 절에서 임의의 기저를 정규직교화 하는 그램-슈미트 정규직교화에 대하여 알아보았다. A가 일차독립인 열벡터를 갖는 $m \times n$ 행렬이고 Q가 A의 열벡터를 그램-슈미트 정규직교화로 얻은 정규직교열벡터를 갖는 행렬이라고 하자. 이때 두 행렬 A와 Q 사이의 관계에 대하여 알아보자.

$m \times n$ 행렬 A의 n개의 열벡터 $\mathbf{a}_1, \mathbf{a}_2, \cdots, \mathbf{a}_n$이 일차독립이라고 하면 그램-슈미트 정규직교화 과정을 이용하여 이 열벡터로부터 정규직교열벡터 $\mathbf{q}_1, \mathbf{q}_2, \cdots, \mathbf{q}_n$을 만들 수 있다. 즉 $A = [\mathbf{a}_1 | \mathbf{a}_2 | \cdots | \mathbf{a}_n]$이고 $Q = [\mathbf{q}_1 | \mathbf{q}_2 | \cdots | \mathbf{q}_n]$이다. [정리 5-15]로부터 $\mathbf{a}_1, \mathbf{a}_2, \cdots, \mathbf{a}_n$은 $\mathbf{q}_1, \mathbf{q}_2, \cdots, \mathbf{q}_n$에 의하여

$$\begin{aligned} \mathbf{a}_1 &= (\mathbf{a}_1 \cdot \mathbf{q}_1)\mathbf{q}_1 + (\mathbf{a}_1 \cdot \mathbf{q}_2)\mathbf{q}_2 + \cdots + (\mathbf{a}_1 \cdot \mathbf{q}_n)\mathbf{q}_n \\ \mathbf{a}_2 &= (\mathbf{a}_2 \cdot \mathbf{q}_1)\mathbf{q}_1 + (\mathbf{a}_2 \cdot \mathbf{q}_2)\mathbf{q}_2 + \cdots + (\mathbf{a}_2 \cdot \mathbf{q}_n)\mathbf{q}_n \\ &\vdots \\ \mathbf{a}_n &= (\mathbf{a}_n \cdot \mathbf{q}_1)\mathbf{q}_1 + (\mathbf{a}_n \cdot \mathbf{q}_2)\mathbf{q}_2 + \cdots + (\mathbf{a}_n \cdot \mathbf{q}_n)\mathbf{q}_n \end{aligned}$$

으로 표현되므로

$$[\,\mathbf{a}_1 \mid \mathbf{a}_2 \mid \cdots \mid \mathbf{a}_n\,] = [\,\mathbf{q}_1 \mid \mathbf{q}_2 \mid \cdots \mid \mathbf{q}_n\,] \begin{bmatrix} (\mathbf{a}_1 \cdot \mathbf{q}_1) & (\mathbf{a}_2 \cdot \mathbf{q}_1) & \cdots & (\mathbf{a}_n \cdot \mathbf{q}_1) \\ (\mathbf{a}_1 \cdot \mathbf{q}_2) & (\mathbf{a}_2 \cdot \mathbf{q}_2) & \cdots & (\mathbf{a}_n \cdot \mathbf{q}_2) \\ \vdots & \vdots & \vdots & \vdots \\ (\mathbf{a}_1 \cdot \mathbf{q}_n) & (\mathbf{a}_2 \cdot \mathbf{q}_n) & \cdots & (\mathbf{a}_n \cdot \mathbf{q}_n) \end{bmatrix}$$

이다. 그런데 그램-슈미트 정규직교화로부터 $j \geq 2$에 대하여 벡터 $\mathbf{q}_j$는 $\mathbf{a}_1$, $\mathbf{a}_2$, $\cdots$, $\mathbf{a}_{j-1}$에 직교한다는 것을 알 수 있다. 따라서 행렬 R의 주대각선 성분 아래의 모든 성분은 0이므로 R은 상 삼각행렬이다.

$$[\,\mathbf{a}_1 \mid \mathbf{a}_2 \mid \cdots \mid \mathbf{a}_n\,] = [\,\mathbf{q}_1 \mid \mathbf{q}_2 \mid \cdots \mid \mathbf{q}_n\,] \begin{bmatrix} (\mathbf{a}_1 \cdot \mathbf{q}_1) & (\mathbf{a}_2 \cdot \mathbf{q}_1) & \cdots & (\mathbf{a}_n \cdot \mathbf{q}_1) \\ 0 & (\mathbf{a}_2 \cdot \mathbf{q}_2) & \cdots & (\mathbf{a}_n \cdot \mathbf{q}_2) \\ \vdots & \vdots & \vdots & \vdots \\ 0 & 0 & \cdots & (\mathbf{a}_n \cdot \mathbf{q}_n) \end{bmatrix}$$

즉

$$A = QR$$

이라고 쓸 수 있다. 특히 행렬 R의 주대각선 성분은 모두 영이 아니므로 행렬 R은 가역행렬이다. 따라서 $A = QR$은 A를 정규직교열벡터를 갖는 행렬 Q와 가역인 상 삼각행렬 R로 분해한 것이다. 이와 같은 분해를 A의 **QR-분해** QR-factorization of A라고 한다. 이때 정규직교열벡터를 갖는 행렬 Q가 n차 정사각행렬이면 Q를 **직교행렬** orthogonal matrix이라고 한다. 즉 직교행렬은 각 열[행]이 서로 직교한다.[27]

27 직교행렬이라는 이름은 각 행[열]이 서로 직교하기 때문에 붙여진 것이다.

이를 정리하면 다음과 같다.

정리 5-17 행렬 A의 QR-분해

A가 일차독립인 열벡터를 갖는 $m \times n$ 행렬이고, Q가 정규직교열벡터를 갖는 $m \times n$ 행렬이며 R이 가역인 상 삼각행렬일 때 A는 다음과 같이 인수분해 될 수 있다.

$$A = QR$$

[정리 5-17]로부터 A가 $n \times n$ 행렬이고 가역이면 n개의 열벡터는 일차독립이므로 QR-분해를 할 수 있다.

예제 5-38

다음 행렬 A를 QR-분해하라.

$$A = \begin{bmatrix} 1 & 0 & 1 \\ 1 & 1 & 0 \\ 1 & 1 & 1 \end{bmatrix}$$

풀이

A의 열벡터는

$$\mathbf{a}_1 = \begin{bmatrix} 1 \\ 1 \\ 1 \end{bmatrix}, \quad \mathbf{a}_2 = \begin{bmatrix} 0 \\ 1 \\ 1 \end{bmatrix}, \quad \mathbf{a}_3 = \begin{bmatrix} 1 \\ 0 \\ 1 \end{bmatrix}$$

이다. 그램-슈미트 정규직교화 과정을 이용하면 이들의 정규직교벡터는

$$\mathbf{q}_1 = \begin{bmatrix} \frac{1}{\sqrt{3}} \\ \frac{1}{\sqrt{3}} \\ \frac{1}{\sqrt{3}} \end{bmatrix}, \quad \mathbf{q}_2 = \begin{bmatrix} -\sqrt{\frac{2}{3}} \\ \frac{1}{\sqrt{6}} \\ \frac{1}{\sqrt{6}} \end{bmatrix}, \quad \mathbf{q}_3 = \begin{bmatrix} 0 \\ -\frac{1}{\sqrt{2}} \\ \frac{1}{\sqrt{2}} \end{bmatrix}$$

이고

$$R = \begin{bmatrix} (\mathbf{a}_1 \cdot \mathbf{q}_1) & (\mathbf{a}_2 \cdot \mathbf{q}_1) & (\mathbf{a}_3 \cdot \mathbf{q}_1) \\ 0 & (\mathbf{a}_2 \cdot \mathbf{q}_2) & (\mathbf{a}_3 \cdot \mathbf{q}_2) \\ 0 & 0 & (\mathbf{a}_3 \cdot \mathbf{q}_3) \end{bmatrix} = \begin{bmatrix} \sqrt{3} & \frac{2}{\sqrt{3}} & \frac{2}{\sqrt{3}} \\ 0 & \sqrt{\frac{2}{3}} & -\frac{1}{\sqrt{6}} \\ 0 & 0 & \frac{1}{\sqrt{2}} \end{bmatrix}$$

이다. 따라서 QR-분해 결과는 다음과 같다.

$$\begin{aligned} A &= \begin{bmatrix} 1 & 0 & 1 \\ 1 & 1 & 0 \\ 1 & 1 & 1 \end{bmatrix} \\ &= \begin{bmatrix} \frac{1}{\sqrt{3}} & -\sqrt{\frac{2}{3}} & 0 \\ \frac{1}{\sqrt{3}} & \frac{1}{\sqrt{6}} & -\frac{1}{\sqrt{2}} \\ \frac{1}{\sqrt{3}} & \frac{1}{\sqrt{6}} & \frac{1}{\sqrt{2}} \end{bmatrix} \begin{bmatrix} \sqrt{3} & \frac{2}{\sqrt{3}} & \frac{2}{\sqrt{3}} \\ 0 & \sqrt{\frac{2}{3}} & -\frac{1}{\sqrt{6}} \\ 0 & 0 & \frac{1}{\sqrt{2}} \end{bmatrix} \\ &= QR \end{aligned}$$

Command Window

```
: 코딩
>> A=[1 0 1;1 1 0;1 1 1]
>> [Q,R]=gschmidt(A) ❶                    % QR-분해

: 결과
Q = ❷                                     % [예제 5-38]의 결과와 동일
    0.5774   -0.8185   -0.0000
    0.5774    0.4082   -0.7071
    0.5774    0.4082    0.7071
R =
    1.7321    1.1547    1.1547
         0    0.8165   -0.4082
         0         0    0.7071
```

MATLAB TIP!

❶ [Q,R]=gschmidt(A) : 행렬 A를 QR-분해한다. 이때 gschmidt.m이 현재 폴더에 위치해야 한다.

❷ $\frac{1}{\sqrt{3}}=0.5774$

$\sqrt{\frac{2}{3}}=0.8185$

$\frac{1}{\sqrt{6}}=0.4082$

$\frac{1}{\sqrt{2}}=0.7071$

MATLAB 유제

다음 행렬 A의 QR-분해를 구하라.

$$A=\begin{bmatrix}1 & 0 & 1\\ 1 & -1 & 2\\ 0 & 2 & -1\end{bmatrix}$$

연립방정식에서 QR-분해의 역할을 살펴보자. [예제 5-38]에서 정사각행렬 Q가 직교행렬이므로 Q^{-1}를 구하면 다음과 같다.

$$Q^{-1}=\begin{bmatrix}\frac{1}{\sqrt{3}} & \frac{1}{\sqrt{3}} & \frac{1}{\sqrt{3}}\\ -\sqrt{\frac{2}{3}} & \frac{1}{\sqrt{6}} & \frac{1}{\sqrt{6}}\\ 0 & -\frac{1}{\sqrt{2}} & \frac{1}{\sqrt{2}}\end{bmatrix}=Q^{T}$$

QR-분해에서 행렬 A가 가역행렬이면 Q는 정규직교열벡터를 가지므로 $Q^{T}=Q^{-1}$이고, $A=QR$인 상 삼각행렬 R을 구할 수 있다. 따라서

$$AX=B \quad\Leftrightarrow\quad QRX=B \quad\Leftrightarrow\quad RX=Q^{T}B$$

이다. 즉 주어진 연립방정식을 직교행렬과 상 삼각행렬을 이용하여 쉽게 풀 수 있다. 물론 여기에서는 R^{-1}보다 가우스 소거법을 이용하면 연립방정식을 훨씬 더 효율적으로 풀 수 있다.

예제 5-39

다음 연립방정식을 QR-분해를 이용하여 풀어라.

$$\begin{aligned} x_1 \quad\;\; + x_3 &= 1 \\ x_1 + x_2 \quad\;\; &= 3 \\ x_1 + x_2 + x_3 &= -5 \end{aligned}$$

풀이

주어진 연립방정식을 행렬의 곱으로 나타내면 다음과 같다.

$$AX = B \quad \Leftrightarrow \quad \begin{bmatrix} 1 & 0 & 1 \\ 1 & 1 & 0 \\ 1 & 1 & 1 \end{bmatrix} \begin{bmatrix} x_1 \\ x_2 \\ x_3 \end{bmatrix} = \begin{bmatrix} 1 \\ 3 \\ -5 \end{bmatrix}$$

[예제 5-38]에 의하여

$$A = \begin{bmatrix} 1 & 0 & 1 \\ 1 & 1 & 0 \\ 1 & 1 & 1 \end{bmatrix} = QR = \begin{bmatrix} \frac{1}{\sqrt{3}} & -\sqrt{\frac{2}{3}} & 0 \\ \frac{1}{\sqrt{3}} & \frac{1}{\sqrt{6}} & -\frac{1}{\sqrt{2}} \\ \frac{1}{\sqrt{3}} & \frac{1}{\sqrt{6}} & \frac{1}{\sqrt{2}} \end{bmatrix} \begin{bmatrix} \sqrt{3} & \frac{2}{\sqrt{3}} & \frac{2}{\sqrt{3}} \\ 0 & \sqrt{\frac{2}{3}} & -\frac{1}{\sqrt{6}} \\ 0 & 0 & \frac{1}{\sqrt{2}} \end{bmatrix}$$

이므로 $RX = Q^T B$를 계산하면 다음과 같다.

$$\begin{bmatrix} \sqrt{3} & \frac{2}{\sqrt{3}} & \frac{2}{\sqrt{3}} \\ 0 & \sqrt{\frac{2}{3}} & -\frac{1}{\sqrt{6}} \\ 0 & 0 & \frac{1}{\sqrt{2}} \end{bmatrix} \begin{bmatrix} x_1 \\ x_2 \\ x_3 \end{bmatrix} = \begin{bmatrix} \frac{1}{\sqrt{3}} & \frac{1}{\sqrt{3}} & \frac{1}{\sqrt{3}} \\ -\sqrt{\frac{2}{3}} & \frac{1}{\sqrt{6}} & \frac{1}{\sqrt{6}} \\ 0 & -\frac{1}{\sqrt{2}} & \frac{1}{\sqrt{2}} \end{bmatrix} \begin{bmatrix} 1 \\ 3 \\ -5 \end{bmatrix} = \begin{bmatrix} -\frac{1}{\sqrt{3}} \\ -\frac{4}{\sqrt{6}} \\ -\frac{8}{\sqrt{2}} \end{bmatrix}$$

이를 연립방정식으로 나타내면 다음과 같다.

$$\begin{aligned} \sqrt{3}\,x_1 + \frac{2}{\sqrt{3}}x_2 + \frac{2}{\sqrt{3}}x_3 &= -\frac{1}{\sqrt{3}} \\ \sqrt{\frac{2}{3}}\,x_2 - \frac{1}{\sqrt{6}}x_3 &= -\frac{4}{\sqrt{6}} \\ \frac{1}{\sqrt{2}}x_3 &= -\frac{8}{\sqrt{2}} \end{aligned}$$

따라서 주어진 연립방정식의 해는 $x_1 = 9$, $x_2 = -6$, $x_3 = -8$이다.

행렬을 QR-분해할 때 직교행렬 Q의 성질을 알면 편리하다. Q가 직교행렬이라면 직교열벡터를 가지므로 $Q^T = Q^{-1}$이다. 따라서 $QQ^{-1} = QQ^T$에서 $I = QQ^T$이고, $Q^{-1}Q = Q^TQ$에서 $I = Q^TQ$이므로 $QQ^T = Q^TQ = I$다.

즉 직교행렬의 역행렬은 전치행렬과 같음을 알 수 있다. 일반적으로 행렬의 역행렬을 구하는 과정은 간단하지 않으나, 직교행렬의 역행렬은 간단히 구할 수 있다. 직교행렬에 대하여 다음 정리가 성립한다.

정리 5-18 직교행렬의 성질

n차 정사각행렬 A에 대하여 다음이 동치이다.

(1) $A^{-1} = A^T$

(2) $|A\mathbf{x}| = |\mathbf{x}|$

(3) 임의의 벡터 $\mathbf{x}$, $\mathbf{y} \in \mathbb{R}^n$에 대하여 $A\mathbf{x} \cdot A\mathbf{y} = \mathbf{x} \cdot \mathbf{y}$

(4) A의 열벡터들은 정규직교집합이다.

(5) A의 행벡터들은 정규직교집합이다.

증명 먼저 (2)와 (3)이 동치임을 보이자.

(2) ⇒ (3) $|A\mathbf{x}| = |\mathbf{x}|$라면

$$\begin{aligned} A\mathbf{x} \cdot A\mathbf{y} &= \frac{1}{4}(|A\mathbf{x}+A\mathbf{y}|^2 - |A\mathbf{x}-A\mathbf{y}|^2) \\ &= \frac{1}{4}(|A(\mathbf{x}+\mathbf{y})|^2 - |A(\mathbf{x}-\mathbf{y})|^2) \\ &= \frac{1}{4}(|\mathbf{x}+\mathbf{y}|^2 - |\mathbf{x}-\mathbf{y}|^2) \\ &= \mathbf{x} \cdot \mathbf{y} \end{aligned}$$

(3) ⇒ (2) $A\mathbf{x} \cdot A\mathbf{y} = \mathbf{x} \cdot \mathbf{y}$라면

$$|A\mathbf{x}|^2 = (A\mathbf{x}) \cdot (A\mathbf{x}) = \mathbf{x} \cdot \mathbf{x} = |\mathbf{x}|^2$$

이다. 그런데 벡터의 크기이므로 $|A\mathbf{x}| = |\mathbf{x}|$이다.

따라서 (2)와 (3)은 동치이다. 이제 (1)과 (2)가 동치임을 보이자.

(1) ⇒ (2) $A^{-1} = A^T$이면 $A^TA = I$이므로

$$\begin{aligned} |A\mathbf{x}|^2 &= (A\mathbf{x}) \cdot (A\mathbf{x}) = (\mathbf{x}^TA^T)A\mathbf{x} = \mathbf{x}^T(A^TA)\mathbf{x} = \mathbf{x}^TI\mathbf{x} = \mathbf{x}^T\mathbf{x} \\ &= \mathbf{x} \cdot \mathbf{x} = |\mathbf{x}|^2 \end{aligned}$$

이다. 따라서 (2)가 성립한다.

(2) ⇒ (1) (2)는 (3)과 동치이므로 $|A\mathbf{x}| = |\mathbf{x}|$와 $A\mathbf{x} \cdot A\mathbf{y} = \mathbf{x} \cdot \mathbf{y}$는 동치이다. 즉 $A\mathbf{e}_i \cdot A\mathbf{e}_j = \mathbf{e}_i \cdot \mathbf{e}_j$이므로 행렬 A의 열벡터들은 정규직교집합이다. 과라서 $A^TA = I$이고, A는 n차 정사각행렬이므로 $A^{-1} = A^T$이다.

따라서 (1), (2), (3)은 모두 동치이다.

(3) ⇒ (4) 이제 (3)이 성립한다고 가정하고 (4)가 성립함을 보이자. $\mathbf{x}$, $\mathbf{y} \in \mathbb{R}^n$ 에 대하여 $A\mathbf{x} \cdot A\mathbf{y} = \mathbf{x} \cdot \mathbf{y}$ 라면

$$A\mathbf{e}_i \cdot A\mathbf{e}_j = \mathbf{e}_i \cdot \mathbf{e}_j = \begin{cases} 1 & (i = j) \\ 0 & (i \neq j) \end{cases}$$

이다. 그런데 $A\mathbf{e}_i$, $A\mathbf{e}_j$는 각각 행렬 A의 i, j번째 열벡터이므로 A의 열벡터들은 정규직교집합이다. 즉 (4)가 성립한다.

(4) ⇒ (5) A가 직교행렬이면 A^T도 직교행렬이므로 (4)이면 (5)가 성립한다.

(5) ⇒ (1) 역으로 (5)이면 $A^TA = I$이므로 $A^{-1} = A^T$가 성립한다.

그러므로 [정리 5-18]의 명제는 모두 동치이다. ■

예제 5-40

다음 행렬이 직교행렬임을 보여라.

(a) $R_\theta = \begin{bmatrix} \cos\theta & -\sin\theta \\ \sin\theta & \cos\theta \end{bmatrix}$ (b) $H_\theta = \begin{bmatrix} \cos 2\theta & \sin 2\theta \\ \sin 2\theta & -\cos 2\theta \end{bmatrix}$ (c) $A = \begin{bmatrix} \frac{3}{7} & \frac{2}{7} & \frac{6}{7} \\ -\frac{6}{7} & \frac{3}{7} & \frac{2}{7} \\ \frac{2}{7} & \frac{6}{7} & -\frac{3}{7} \end{bmatrix}$

풀이

(a) $R_\theta^{-1} = \begin{bmatrix} \cos\theta & \sin\theta \\ -\sin\theta & \cos\theta \end{bmatrix} = R_\theta^T$이므로 R_θ는 직교행렬이다.

(b) $H_\theta^{-1} = \begin{bmatrix} \cos 2\theta & \sin 2\theta \\ \sin 2\theta & -\cos 2\theta \end{bmatrix} = H_\theta^T = H_\theta$이므로 H_θ는 직교행렬이다.

(c) $A = \begin{bmatrix} \frac{3}{7} & \frac{2}{7} & \frac{6}{7} \\ -\frac{6}{7} & \frac{3}{7} & \frac{2}{7} \\ \frac{2}{7} & \frac{6}{7} & -\frac{3}{7} \end{bmatrix}$과 $\mathbf{x} = \begin{bmatrix} 1 \\ 1 \\ 1 \end{bmatrix}$에 대하여

$$A\mathbf{x} = \begin{bmatrix} \frac{3}{7} & \frac{2}{7} & \frac{6}{7} \\ -\frac{6}{7} & \frac{3}{7} & \frac{2}{7} \\ \frac{2}{7} & \frac{6}{7} & -\frac{3}{7} \end{bmatrix} \begin{bmatrix} 1 \\ 1 \\ 1 \end{bmatrix} = \begin{bmatrix} \frac{11}{7} \\ -\frac{1}{7} \\ \frac{5}{7} \end{bmatrix}$$

이므로 $|A\mathbf{x}| = \sqrt{\left(\frac{11}{7}\right)^2 + \left(-\frac{1}{7}\right)^2 + \left(\frac{5}{7}\right)^2} = \sqrt{3}$ 이고, $|\mathbf{x}| = \sqrt{3}$ 이다. 따라서 [정리 5-18]에 의하여 A는 직교행렬이다.

simplify 명령어

simplify 명령어는 계산 결과를 간단히 정리한다. 심볼릭으로 계산하다 보면 $\sin^2 x + \cos^2 x$와 같이 기호변수로 계산 결과가 출력되기도 한다. 이때 simplify 명령어를 사용하면 1이라는 값을 얻을 수 있다.

```
>> syms x y;                              % 변수 지정
>> z=(sin(x))^2+(cos(x))^2;               % 단순화할 식
>> simplify(z)                            % 단순화
ans =
     1
```

rank 명령어

rank 명령어는 행렬의 계수를 구한다. 행렬 A의 계수를 구하려면 rank(A)를 입력한다.

```
>> A=[1 3 -4 2 3 3;2 -8 8 7 2 -2;2 -8 8 7 2 1;-1 -3 4 -2 -3 -3];
>> rank(A)                                % A의 계수 계산
ans =
      3
```

for문

for문은 같은 실행문을 반복하여 실행하는 순환문이다. 초깃값 m, 일정하게 증가 또는 감소하는 값 q, 최종값 n인 for문은 다음과 같이 사용한다.

```
for 순환변수 = m:q:n
   실행문
end
```

Chapter 05 연습문제

5.1 다음 집합이 부분공간인지 아닌지 결정하라.

(a) $V=\mathbb{R}^3$, $W=\{(x, y, z) \mid y=x+z,\ x, y, z\in\mathbb{R}\}$

(b) $V=P_3$, $W=\{a_0+a_1t+a_2t^2+a_3t^3 \mid a_0, a_1, a_2, a_3\in\mathbb{Z}\}$

(c) $V=\mathbb{R}^n$, $W=\{\mathbf{x}=(x_1, x_2, \cdots, x_n) \mid x_i\geq 0,\ 1\leq i\leq n\}$

(d) $V=\{[0, 1]$에서 연속인 함수$\}$, $W=\{f\in V \mid f(0)=1\}$

5.2 $\mathbb{R}^2$상에서 단위원 $C:=\{(x, y) \mid x^2+y^2=1\}$은 부분공간이 아님을 보여라.

5.3 $\mathbb{R}^3$의 부분공간 V가 다음과 같이 정의되어 있을 때, V를 열공간으로 가지는 행렬을 구하라.

$$V=\left\{\begin{bmatrix}2x+\ y\\ x-\ y\\ 3x-2y\end{bmatrix} \middle|\ x, y\in\mathbb{R}\right\}$$

5.4 다음 M_2의 부분집합 중에서 부분공간인 것을 찾아라.

(a) $W=\left\{A=\begin{bmatrix}a & b\\ c & d\end{bmatrix} \middle|\ a\neq 0,\ d\neq 0\right\}$

(b) $W=\left\{A=\begin{bmatrix}a & b\\ c & d\end{bmatrix} \middle|\ a+b+c+d=0\right\}$

(c) $W=\left\{A=\begin{bmatrix}a & b\\ -b & d\end{bmatrix} \middle|\ a, b, d\in\mathbb{R}\right\}$

(d) $W=\left\{A=\begin{bmatrix}a & b\\ c & d\end{bmatrix} \middle|\ \det(A)\neq 0\right\}$

5.5 다음 벡터공간에서 주어진 벡터들이 일차독립인지 일차종속인지 결정하라.

(a) $\mathbb{R}^2$: $\mathbf{x}_1=\begin{bmatrix}3\\2\end{bmatrix}$, $\mathbf{x}_2=\begin{bmatrix}1\\4\end{bmatrix}$

(b) $\mathbb{R}^3$: $\mathbf{x}_1=\begin{bmatrix}1\\-2\\0\end{bmatrix}$, $\mathbf{x}_2=\begin{bmatrix}1\\3\\-2\end{bmatrix}$, $\mathbf{x}_3=\begin{bmatrix}0\\-1\\1\end{bmatrix}$

(c) $M_{2,3}$: $\mathbf{x}_1=\begin{bmatrix}1 & 2 & 3\\ 6 & 5 & 4\end{bmatrix}$, $\mathbf{x}_2=\begin{bmatrix}6 & 5 & 4\\ 1 & 2 & 3\end{bmatrix}$

(d) P_3 : $\mathbf{p}_1=3-2x+4x^2+x^3$, $\mathbf{p}_2=4-x+6x^2+x^3$, $\mathbf{p}_3=7-8x+8x^2+3x^3$

5.6 다음 중 $\mathbb{R}^3$를 생성하는 집합을 찾아라.

(a) $\{(1, 2, 3)\}$

(b) $\{(1, 0, 1), (0, 1, 0)\}$

(c) $\{(1, 0, 0), (0, 1, 0), (0, 0, 1), (1, 1, 1)\}$

(d) $\{(1, 2, 1), (2, 0, -1), (4, 4, 1)\}$

(e) $\{(1, 2, 1), (2, 0, -1), (4, 4, 4)\}$

5.7 $\mathbb{R}^3$의 부분공간 $V=\left\{\begin{bmatrix} x \\ y \\ z \end{bmatrix} \mid x+3y+z=0 \in \mathbb{R}\right\}$에 대하여 $\left\{\begin{bmatrix} -3 \\ 1 \\ 0 \end{bmatrix}, \begin{bmatrix} 0 \\ 1 \\ -3 \end{bmatrix}\right\}$이 기저임을 보여라.

5.8 다음 집합이 P_2의 기저가 됨을 보여라.

$$S=\{p(x)=3,\ q(x)=-5x,\ r(x)=7x^2\}$$

5.9 벡터공간 V의 부분집합 $S=\{\mathbf{x}_1,\ \mathbf{x}_2,\ \cdots,\ \mathbf{x}_k\}$에 대하여 S의 부분집합 S'이 일차종속이면 S도 일차종속이고 S가 일차독립이면 S'도 일차독립임을 증명하라.

5.10 다음 함수의 집합이 일차독립인지 결정하라.

(a) $\{\sin x,\ \cos x,\ x\sin x\}$ (b) $\{e^x,\ xe^x,\ x^2e^x\}$ (c) $\{\sin^2 x,\ \cos^2 x,\ 2\}$

5.11 두 벡터 $(1,\ 0,\ 1,\ 0)$과 $(0,\ 1,\ -1,\ 0)$을 포함하는 $\mathbb{R}^4$의 기저를 구하라.

5.12 다음 집합으로 생성된 부분공간의 차원을 구하라.

$$S=\left\{\begin{bmatrix} 1 \\ 2 \\ -1 \\ 3 \end{bmatrix}, \begin{bmatrix} 4 \\ 4 \\ 0 \\ 8 \end{bmatrix}, \begin{bmatrix} 2 \\ 0 \\ 0 \\ 4 \end{bmatrix}, \begin{bmatrix} 1 \\ 1 \\ 1 \\ 1 \end{bmatrix}, \begin{bmatrix} 1 \\ 4 \\ -2 \\ 4 \end{bmatrix}\right\}$$

5.13 3차 대각행렬 전체의 집합은 M_3의 부분공간이다. 이 부분공간의 기저를 구하라.

5.14 $\begin{bmatrix} x \\ y \\ z \\ x-3y+4z \end{bmatrix}$ 꼴의 벡터들로 이루어진 $\mathbb{R}^4$의 부분공간의 기저를 구하라.

5.15 다음 행렬에 대하여 rank(A)와 nullity(A)를 각각 구하여 rank(A) + nullity$(A) = n$임을 확인하라.

(a) $A = \begin{bmatrix} 1 & 2 & 3 & -1 \\ 1 & 1 & -1 & 1 \\ 3 & 4 & 1 & 1 \\ 2 & 3 & 2 & 0 \end{bmatrix}$ (b) $A = \begin{bmatrix} -1 & -7 & 0 & 1 & -2 \\ 2 & 0 & 1 & -1 & 3 \\ 3 & 4 & 1 & 0 & 0 \\ -3 & 2 & -1 & 1 & 2 \end{bmatrix}$

5.16 다음 동차연립방정식의 해공간의 기저와 차원을 구하라.

$$\begin{aligned} x_1 + x_2 - 3x_3 \qquad &= 0 \\ 2x_1 + 4x_2 + 2x_3 - 6x_4 &= 0 \\ -2x_1 + x_2 + 5x_3 - 2x_4 &= 0 \end{aligned}$$

5.17 두 기저 $B = \{\mathbf{u}_1 = (1, 0), \mathbf{u}_2 = (0, 1)\}$, $B' = \{\mathbf{u}' = (1, 1), \mathbf{u}_2' = (2, 1)\}$에 대하여 벡터 $\mathbf{v}$의 기저 B'에 대한 좌표벡터가 $[\mathbf{v}]_{B'} = (-3, 5)$일 때, 벡터 $\mathbf{v}$의 기저 B'에 대한 좌표벡터 $[\mathbf{v}]_B$를 구하라.

5.18 $\mathbb{R}^3$의 두 기저와 벡터 $\mathbf{x} = (1, 2, -3)$, $\mathbf{y} = (0, 3, -2)$에 대하여 다음을 구하라.

$S = \{(-1, 1, 0), (0, 1, 2), (3, 0, -2)\}$, $T = \{(1, 1, 1), (-1, 2, 3), (0, 0, 2)\}$

(a) 기저 T에 대한 $\mathbf{x}$, $\mathbf{y}$의 좌표벡터
(b) 기저 T에서 기저 S로의 추이행렬 P
(c) 기저 S에 대한 $\mathbf{x}$, $\mathbf{y}$의 좌표벡터
(d) 기저 S에서 기저 T로의 추이행렬 Q

5.19 P_2에서 임의의 두 벡터와 두 벡터의 내적 $\mathbf{p} \cdot \mathbf{q}$가 다음과 같다.

$$\mathbf{p} = a_0 + a_1 t + a_2 t^2, \quad \mathbf{q} = b_0 + b_1 t + b_2 t^2$$
$$\mathbf{p} \cdot \mathbf{q} = a_0 b_0 + a_1 b_1 + a_2 b_2$$

이 정의에 대하여 다음에 주어진 벡터가 직교하는지 아닌지 결정하라.

(a) $\mathbf{p} = 3t + 2t^2$, $\mathbf{q} = 1 - 2t + 3t^2$
(b) $\mathbf{p} = -1 + 2t - 5t^2$, $\mathbf{q} = 3 - 2t - t^2$

5.20 다음 행렬 U가 직교행렬임을 보이고 두 벡터 $x=\begin{bmatrix} 2 \\ -1 \\ 1 \end{bmatrix}$, $y=\begin{bmatrix} -2 \\ -1 \\ 2 \end{bmatrix}$에 대하여 $\mathbf{x}\cdot\mathbf{y}$와 $U\mathbf{x}\cdot U\mathbf{y}$를 각각 구하라.

$$U=\frac{1}{3\sqrt{5}}\begin{bmatrix} 5 & 0 & 2\sqrt{5} \\ 2 & 6 & -\sqrt{5} \\ 4 & -3 & -2\sqrt{5} \end{bmatrix}$$

5.21 기저 $\left\{\mathbf{v}_1=\begin{bmatrix} 1 \\ 1 \\ 0 \end{bmatrix},\ \mathbf{v}_2=\begin{bmatrix} 1 \\ 1 \\ 1 \end{bmatrix}\right\}$을 직교기저로 변환하라.

5.22 $\mathbb{R}^3$의 기저 S로부터 $\mathbb{R}^3$의 정규직교기저 $T=\{\mathbf{y}_1,\ \mathbf{y}_2,\ \mathbf{y}_3\}$를 구하라.

(a) $S=\left\{\mathbf{x}_1=\begin{bmatrix} 1 \\ 2 \\ 3 \end{bmatrix},\ \mathbf{x}_2=\begin{bmatrix} 1 \\ 3 \\ 5 \end{bmatrix},\ \mathbf{x}_3=\begin{bmatrix} 1 \\ 4 \\ 6 \end{bmatrix}\right\}$

(b) $S=\left\{\mathbf{x}_1=\begin{bmatrix} 1 \\ 3 \\ -1 \end{bmatrix},\ \mathbf{x}_2=\begin{bmatrix} 2 \\ 1 \\ 0 \end{bmatrix},\ \mathbf{x}_3=\begin{bmatrix} 4 \\ 2 \\ 1 \end{bmatrix}\right\}$

5.23 다음 행렬 A의 열벡터에 그램-슈미트 정규직교화 과정을 거쳐 다음 행렬 Q를 얻었다. 이때 행렬 A의 QR-분해를 구하라.

$$A=\begin{bmatrix} 1 & -1 \\ 2 & 3 \end{bmatrix},\quad Q=\begin{bmatrix} \frac{1}{\sqrt{5}} & -\frac{2}{\sqrt{5}} \\ \frac{2}{\sqrt{5}} & \frac{1}{\sqrt{5}} \end{bmatrix}$$

5.24 다음 행렬의 QR-분해를 구하라.

(a) $A=\begin{bmatrix} 3 & 0 & 0 \\ -4 & 6 & 2 \\ 16 & -15 & -5 \end{bmatrix}$ (b) $B=\begin{bmatrix} 1 & 1 & 1 \\ 2 & 3 & 4 \\ 3 & 5 & 6 \end{bmatrix}$

5.25 다음 $\mathbb{R}^3$의 기저 S를 정규직교화하고, $\mathbf{v}=\begin{bmatrix}3\\2\\-4\end{bmatrix}$를 정규직교화기저의 일차결합으로 나타내라.

$$S=\left\{\begin{bmatrix}1\\1\\1\end{bmatrix},\ \begin{bmatrix}1\\1\\0\end{bmatrix},\ \begin{bmatrix}1\\0\\0\end{bmatrix}\right\}$$

5.26 다음 행렬의 역행렬을 구하라.

$$\begin{bmatrix}\frac{\sqrt{3}}{3} & 0 & \frac{\sqrt{6}}{3}\\ \frac{\sqrt{3}}{3} & \frac{\sqrt{2}}{2} & -\frac{\sqrt{6}}{6}\\ \frac{\sqrt{3}}{3} & -\frac{\sqrt{2}}{2} & -\frac{\sqrt{6}}{6}\end{bmatrix}$$

5.27 다음 행렬이 직교행렬이 되도록 a, b, c를 결정하라.

$$\begin{bmatrix}a & \frac{1}{\sqrt{2}} & -\frac{1}{\sqrt{2}}\\ b & \frac{1}{\sqrt{6}} & \frac{1}{\sqrt{6}}\\ c & \frac{1}{\sqrt{3}} & \frac{1}{\sqrt{3}}\end{bmatrix}$$

5.28 벡터공간 $\mathbb{R}^n$의 임의의 벡터 $\mathbf{x}_1$, $\mathbf{x}_2$, $\mathbf{x}_3$에 대하여 다음 세 벡터는 항상 일차독립임을 밝혀라.

$$\mathbf{x}_1,\quad \mathbf{x}_1+\mathbf{x}_2,\quad \mathbf{x}_1+\mathbf{x}_2+\mathbf{x}_3$$

5.29 세 벡터 $\mathbf{x}_1=\cos^2 x$, $\mathbf{x}_2=\sin^2 x$, $\mathbf{x}_3=\cos 2x$에 의하여 생성되는 공간을 V라고 할 때, $S=\{\mathbf{x}_1, \mathbf{x}_2, \mathbf{x}_3\}$는 V의 기저가 아님을 보여라.

Chapter

06

선형변환

Linear Transformations

학습목표

- 벡터공간에서 선형변환을 정의하고, 선형변환의 행렬표현을 살펴본다.
- $\mathbb{R}^2$ 위의 선형연산자들의 기하학적인 성질을 살펴본다.
- n차원 벡터공간에서 m차원 벡터공간으로의 선형변환에 대한 기본적인 성질을 알 수 있다.
- 선형변환을 활용하여 다양한 문제를 해결할 수 있다.

미적분학에서는 실변수함수 $y=f(x)$의 미분과 적분을 이변수함수, 다변수함수, 벡터함수로 확장하여 미분과 적분 및 그 응용을 배웠다. 또 5장에서 행렬집합이 두 연산에 대하여 특별한 대수적 구조를 나타내는 벡터공간에 대하여 살펴보았다. 이 장에서는 실수에서 다루었던 함수와 비슷하게 두 벡터공간 사이의 관계를 알아볼 수 있는 일종의 함수인 선형변환을 도입하고 그 성질에 대하여 알아본다.

n차원 벡터공간에서 m차원 벡터공간으로의 선형변환은 $m \times n$ 행렬 A로 나타낼 수 있으므로 함수 $y=f(x)$와 마찬가지로 행렬 A는 함수의 일종이다. 선형변환은 행렬로 나타낼 수 있음을 이용하여 $\mathbb{R}^2$에서 $\mathbb{R}^2$로의 선형변환에 대한 기하학적인 의미를 살펴본다. 마지막으로 컴퓨터 그래픽스에서 사용하는 와이어프레임에 선형변환을 활용하는 방법을 알아본다.

6.1 선형변환과 행렬

이 절에서는 벡터공간에서 함숫값 벡터들의 덧셈과 스칼라 배를 보존하는 성질을 가지는 함수에 대하여 살펴본다. 이러한 특별한 함수는 선형대수학의 핵심 주제이며 행렬과 밀접한 관련이 있으므로 행렬을 이해하는 또 다른 방법이다.

6.1.1 선형변환

실수가 변수인 **실변수함수**real-valued function는 독립변수 x에 대응하는 종속변수 y에 대하여 $y = f(x)$와 같이 나타낸다. 같은 방법으로 벡터가 변수인 **벡터변수함수**vector-valued function는 독립변수 $\mathbf{x}$에 대응하는 종속변수 $\mathbf{y}$에 대하여 $\mathbf{y} = L(\mathbf{x})$와 같이 나타낼 수 있다. 특히 $\mathbf{x}$와 $\mathbf{y}$가 속해 있는 벡터공간에 따라서 변환 L은 특별한 성질을 갖는다.

이제 이와 같은 벡터공간 사이의 변환에 대하여 알아보자. n차원 벡터공간 V와 m차원 벡터공간 W에 대하여 V의 각 벡터 $\mathbf{x}$에 W의 벡터 $\mathbf{y}$를 단 하나씩 대응시키는 함수를 V에서 W로의 **변환**transformation이라고 부르고 $L : V \rightarrow W$로 나타낸다.[1] 또한 변환 $L : V \rightarrow W$에 대하여 $\mathbf{y}$를 L에 의한 $\mathbf{x}$의 **상**image이라고 하며 $\mathbf{y} = L(\mathbf{x})$로 나타낸다. 또한 V를 변환 L의 **정의역**domain, W를 변환 L의 **공역**codomain이라고 한다.

예를 들어 다음과 같이 정의된 변환 $L : \mathbb{R}^3 \rightarrow \mathbb{R}^2$를 생각해 보자.

$$L(x,\ y,\ z) = (-3x,\ y-z)$$[2]

L의 정의역은 $\mathbb{R}^3$이고, 공역은 $\mathbb{R}^2$이다. $\mathbb{R}^3$의 어떤 벡터의 상도 주어진 정의를 이용하여 구할 수 있다.

이를테면 벡터 $(2,\ -1,\ 3)$의 상은 $x = 2,\ y = -1,\ z = 3$으로 놓음으로써 $(-3x,\ y-z) = (-6,\ -4)$가 된다. 즉 L은 $(2,\ -1,\ 3)$을 $(-6,\ -4)$로 옮기는 함수이다. 한편 주어진 변환은 행렬 $A = \begin{bmatrix} -3 & 0 & 0 \\ 0 & 1 & -1 \end{bmatrix}$, $\mathbb{R}^3$의 벡터 $\mathbf{x} = \begin{bmatrix} x \\ y \\ z \end{bmatrix}$, $\mathbb{R}^2$의 벡터 $\mathbf{b} = \begin{bmatrix} -3x \\ y-z \end{bmatrix}$를 사용하여 다음과 같이 나타낼 수 있다.

1 변환은 주로 L 또는 T로 나타낸다. L은 선형변환을 의미하는 Linear transformation의 머리글자이고, T는 변환을 의미하는 Transformation의 머리글자이다.

2 벡터를 표현할 때, 행벡터인지 열벡터인지 정확하게 표시해야 하지만 기호를 간단히 하기 위하여 행벡터와 열벡터를 혼용할 것이다.

$$L(x,\ y,\ z)=\begin{bmatrix}-3 & 0 & 0\\ 0 & 1 & -1\end{bmatrix}\begin{bmatrix}x\\ y\\ z\end{bmatrix}=\begin{bmatrix}-3x\\ y-z\end{bmatrix} \quad \Leftrightarrow \quad A\mathbf{x}=\mathbf{b}$$

연립일차방정식 $A\mathbf{x}=\mathbf{b}$는 $\mathbb{R}^3$의 벡터 $\mathbf{x}$, $\mathbf{y}$와 스칼라 α에 대하여 다음을 만족한다.

$$A(\mathbf{x}+\mathbf{y})=A\mathbf{x}+A\mathbf{y}, \quad A(\alpha\mathbf{x})=\alpha(A\mathbf{x}) \tag{6.1}$$

따라서 2×3 행렬 A를 식 (6.1)과 같은 성질을 갖는 한 함수로 생각할 수 있다. 그리고 식 (6.1)과 같은 성질을 다음과 같이 정의한다. 벡터공간 V와 W에 대하여 임의의 벡터 $\mathbf{x}$, $\mathbf{y}\in V$와 스칼라(실수) k에 대하여 변환 $L: V\to W$가 다음 조건을 만족하면 L을 V에서 W로의 **선형변환**linear transformation이라고 한다.

$$L(\mathbf{x}+\mathbf{y})=L(\mathbf{x})+L(\mathbf{y}), \quad L(k\mathbf{x})=kL(\mathbf{x})$$ [3]

3 이 식은 선형변환에 의하여 벡터의 덧셈과 스칼라 배가 보존된다는 것을 보여준다. 연산이 보존된다는 것은 합 벡터의 변환은 각 변환 벡터의 합 벡터와 같고, 스칼라 배의 변환은 변환 벡터의 스칼라 배와 같음을 뜻한다.

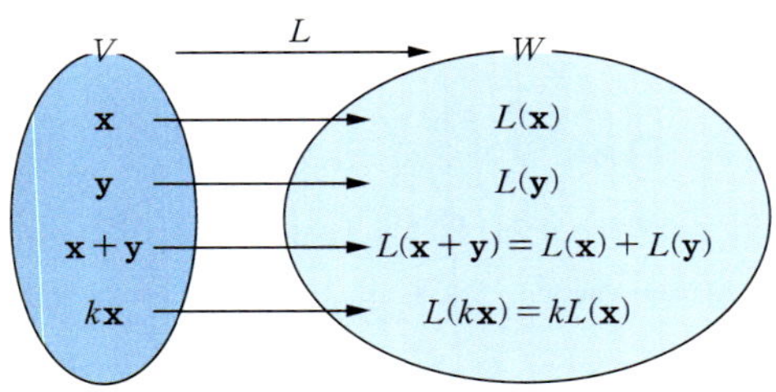

[그림 6-1] **선형변환** $L: V\to W$

특히 벡터공간 V에서 V 자신으로의 선형변환 $L: V\to V$를 V 위의 **선형연산자**linear operator라고 한다.

예제 6-1

$L:\mathbb{R}^2\to\mathbb{R}^3$를 $L(x,\ y)=(x+y,\ x-y,\ 2x-3y)$와 같이 정의할 때, 선형변환임을 보여라.

풀이

$\mathbb{R}^2$의 벡터 $\mathbf{u}=(x_1,\ y_1)$, $\mathbf{v}=(x_2,\ y_2)$에 대하여 $\mathbf{u}+\mathbf{v}=(x_1+x_2,\ y_1+y_2)$이므로 다음이 성립한다.

$$\begin{aligned}L(\mathbf{u}+\mathbf{v})&=(x_1+x_2+y_1+y_2,\ x_1+x_2-y_1-y_2,\ 2x_1+2x_2-3y_1-3y_2)\\&=(x_1+y_1,\ x_1-y_1,\ 2x_1-3y_1)+(x_2+y_2,\ x_2-y_2,\ 2x_2-3y_2)\\&=L(\mathbf{u})+L(\mathbf{v})\end{aligned}$$

$$L(k\mathbf{u})=L(kx_1,\ ky_1)=(kx_1+ky_1,\ kx_1-ky_1,\ 2kx_1-3ky_1)=k(x_1+y_1,\ x_1-y_1,\ 2x_1-3y_1)=kL(\mathbf{u})$$

따라서 L은 선형변환이다.

예제 6-2

$L : \mathbb{R}^3 \to \mathbb{R}^2$를 다음과 같이 정의할 때, 선형변환이 아님을 보여라.

$$L(x,\ y,\ z) = (x,\ yz)$$

풀이

$\mathbb{R}^3$의 벡터 $\mathbf{u} = (x_1,\ y_1,\ z_1)$, $\mathbf{v} = (x_2,\ y_2,\ z_2)$에 대하여

$$\mathbf{u} + \mathbf{v} = (x_1 + x_2,\ y_1 + y_2,\ z_1 + z_2)$$

이므로 다음이 성립한다.

$$\begin{aligned} L(\mathbf{u} + \mathbf{v}) &= (x_1 + x_2,\ (y_1 + y_2)(z_1 + z_2)) \\ &= (x_1 + x_2,\ y_1 z_1 + y_1 z_2 + y_2 z_1 + y_2 z_2) \\ L(\mathbf{u}) + L(\mathbf{v}) &= (x_1,\ y_1 z_1) + (x_2,\ y_2 z_2) \\ &= (x_1 + x_2,\ y_1 z_1 + y_2 z_2) \end{aligned}$$

즉 $L(\mathbf{u} + \mathbf{v}) \neq L(\mathbf{u}) + L(\mathbf{v})$이므로 L은 벡터 덧셈이 보존되지 않는다. 따라서 L은 선형변환이 아니다.

예제 6-3

$L : P_2 \to P_1$을 다음과 같이 정의할 때, 선형변환임을 보여라. 이때 P_n은 n차 이하의 다항함수 전체의 집합으로 차원이 $n+1$인 벡터공간이다.

$$L(ax^2 + bx + c) = (a+b)x + c$$

풀이

P_2의 벡터 $\mathbf{p} = ax^2 + bx + c$, $\mathbf{q} = dx^2 + ex + f$에 대하여

$$\mathbf{p} + \mathbf{q} = (a+d)x^2 + (b+e)x + (c+f)$$

이므로 다음이 성립한다.

$$\begin{aligned} L(\mathbf{p} + \mathbf{q}) &= (a+d+b+e)x + (c+f) \\ &= (a+b)x + c + (d+e)x + f \\ &= L(\mathbf{p}) + L(\mathbf{q}) \\ L(k\mathbf{p}) &= L(kax^2 + kbx + kc) \\ &= (ka + kb)x + kc \\ &= k((a+b)x + c) \\ &= kL(\mathbf{p}) \end{aligned}$$

따라서 L은 선형변환이다.

예제 6-4

$C[0, 1]$이 구간 $[0, 1]$에서 연속인 모든 실변수함수의 벡터공간이고, S를 구간 $[0, 1]$에서 연속인 1계도함수를 갖는 모든 함수의 집합이라고 하면 S는 $C[0, 1]$의 부분공간이다. 이때 다음과 같은 변환 $D : S \to C[0, 1]$이 선형변환임을 보여라. 이와 같은 D를 **미분연산자** differential operator 라고 하고, $D = \frac{d}{dx}$ 임을 이용하여 $D(f)$를 Df로 표기하기도 한다.

$$D(f) = f'$$

풀이

미분 가능한 함수 f, g와 임의의 스칼라 k에 대하여 다음이 성립한다.

$$D(f+g) = (f+g)' = f' + g' = D(f) + D(g)$$
$$D(kf) = (kf)' = kf' = kD(f)$$

따라서 D는 선형변환이다.

$L : V \to W$가 선형변환일 필요충분조건은 임의의 실수 r, s와 임의의 벡터 $\mathbf{x}$, $\mathbf{y} \in V$에 대하여 다음과 같이 하나로 표현할 수 있다.

$$L(r\mathbf{x} + s\mathbf{y}) = rL(\mathbf{x}) + sL(\mathbf{y})^{4}$$

따라서 선형변환인지 아닌지 확인할 때, 위 조건만 확인해도 된다.

4 $r = s = 1$이면 $L(\mathbf{x}+\mathbf{y}) = L(\mathbf{x}) + L(\mathbf{y})$이고 $s = 0$이면 $L(r\mathbf{x}) = rL(\mathbf{x})$이다.

6.1.2 특별한 선형변환

이제 몇 가지 특별한 선형변환을 살펴보자.

❶ 영변환

모든 $\mathbf{x} \in V$에 대하여 $L : V \to W$를 $L(\mathbf{x}) = 0$으로 정의하면 두 벡터 $\mathbf{x}_1$, $\mathbf{x}_2 \in V$와 임의의 스칼라 k에 대하여 다음이 성립하므로 L은 선형변환이다.

$$L(\mathbf{x}_1 + \mathbf{x}_2) = 0 = L(\mathbf{x}_1) + L(\mathbf{x}_2)$$
$$L(k\mathbf{x}) \quad = 0 = kL(\mathbf{x})$$

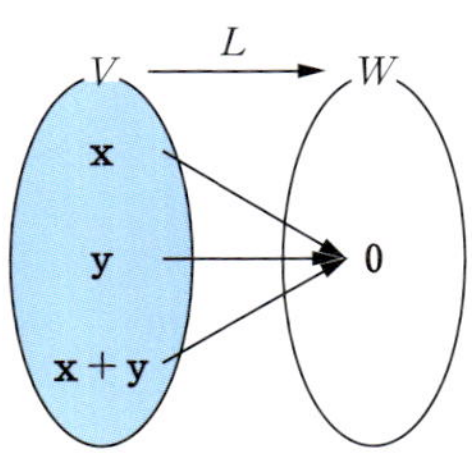

[그림 6-2] 영변환

이러한 선형변환을 **영변환** zero transformation 이라고 한다.

❷ 항등변환

$\mathbf{x} \in V$에 대하여 $L : V \to V$를 $L(\mathbf{x}) = \mathbf{x}$로 정의하면 두 벡터 $\mathbf{x}_1$, $\mathbf{x}_2 \in V$

와 임의의 스칼라 k에 대하여 다음이 성립하므로 L은 선형변환이다.

$$L(\mathbf{x}_1+\mathbf{x}_2)=\mathbf{x}_1+\mathbf{x}_2=L(\mathbf{x}_1)+L(\mathbf{x}_2)$$
$$L(k\mathbf{x}) \quad = k\mathbf{x}=kL(\mathbf{x})$$

이러한 선형변환을 **항등변환**identity transformation이라고 한다.[5]

5 항등변환은 정의역과 공역이 같은 선형변환이므로 선형연산자이다.

❸ 정사영변환

$L:\mathbb{R}^3\to\mathbb{R}^2$를 다음과 같이 정의하면 L은 선형변환이다.

$$L(x,\ y,\ z)=(x,\ y)$$

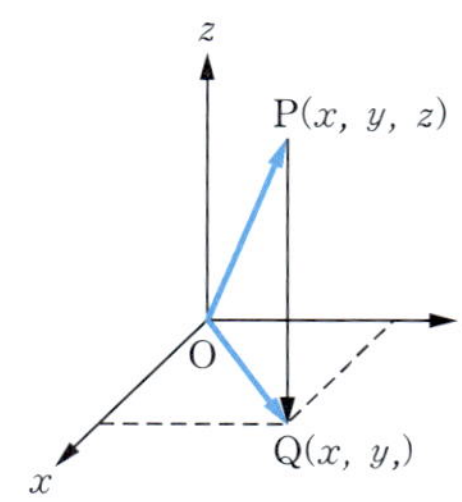

[그림 6-3] 정사영변환

실제로 $\mathbb{R}^3$의 임의의 두 벡터 $\mathbf{v}_1=(x_1,\ y_1,\ z_1)$, $\mathbf{v}_2=(x_2,\ y_2,\ z_2)$와 임의의 스칼라 k에 대하여 다음이 성립하므로 L은 선형변환이다.

$$\begin{aligned}L(\mathbf{v}_1+\mathbf{v}_2)&=L(x_1+x_2,\ y_1+y_2,\ z_1+z_2)=(x_1+x_2,\ y_1+y_2)\\&=L(\mathbf{v}_1)+L(\mathbf{v}_2)\\L(k\mathbf{v}_1)&=L(kx_1,\ ky_1,\ kz_1)=(kx_1,\ ky_1)=k(x_1,\ y_1)=kL(\mathbf{v}_1)\end{aligned}$$

그런데 이 선형변환은 $\mathbb{R}^3$의 좌표 $(x,\ y,\ z)$의 z축 성분을 없애고 $\mathbb{R}^2$의 좌표 $(x,\ y)$로 변환한다. 이러한 선형변환을 xy평면으로의 **정사영변환** projection transformation이라고 한다.[6]

6 일반적으로 정사영변환 $L:\mathbb{R}^n\to\mathbb{R}^{n-1}$은 축의 성분을 없애는 방법에 따라 n가지의 서로 다른 변환을 생각할 수 있다.

❹ 반사변환

$L:\mathbb{R}^2\to\mathbb{R}^2$를 다음과 같이 정의하면 L은 선형변환이다.

$$L(x,\ y)=(x,\ -y)$$

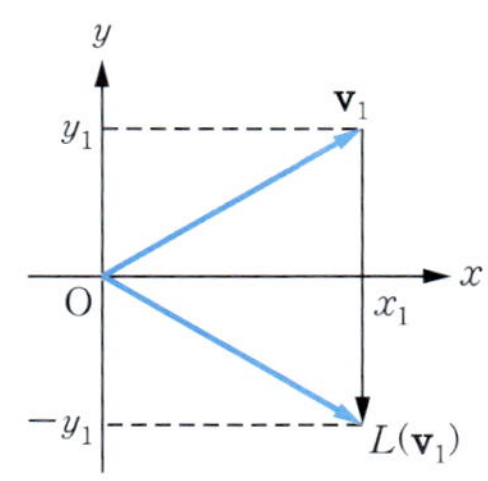

[그림 6-4] 반사변환

실제로 $\mathbb{R}^2$의 임의의 두 벡터 $\mathbf{v}_1=(x_1,\ y_1)$, $\mathbf{v}_2=(x_2,\ y_2)$와 임의의 스칼라 k에 대하여 다음이 성립하므로 L은 선형변환이다.

$$\begin{aligned}L(\mathbf{v}_1+\mathbf{v}_2)&=L(x_1+x_2,\ y_1+y_2)=(x_1+x_2,\ -y_1-y_2)\\&=(x_1,\ -y_1)+(x_2,\ -y_2)\\&=L(\mathbf{v}_1)+L(\mathbf{v}_2)\\L(k\mathbf{v}_1)&=L(kx_1,\ ky_1)=(kx_1,\ -ky_1)=k(x_1,\ -y_1)\\&=kL(\mathbf{v}_1)\end{aligned}$$

이러한 선형변환을 **반사변환**reflection transformation이라고 한다.[7]

7 이와 같은 반사변환은 x축 대칭변환이기도 하다. 대칭변환은 6.2.1절에서 자세히 다룬다.

❺ 행렬변환

A가 $m \times n$ 행렬이고 $L : \mathbb{R}^n \to \mathbb{R}^m$을

$$L(\mathbf{x}) = A\mathbf{x}$$

로 정의하면 L은 선형변환이다.

실제로 $\mathbb{R}^n$의 임의의 두 벡터 $\mathbf{v}_1$, $\mathbf{v}_2$와 임의의 스칼라 k에 대하여

$$L(\mathbf{v}_1 + \mathbf{v}_2) = A(\mathbf{v}_1 + \mathbf{v}_2) = A\mathbf{v}_1 + A\mathbf{v}_2 = L(\mathbf{v}_1) + L(\mathbf{v}_2)$$
$$L(k\mathbf{v}_1) = A(k\mathbf{v}_1) = k(A\mathbf{v}_1) = kL(\mathbf{v}_1)$$

이므로 L은 선형변환이다. 이러한 선형변환을 **행렬변환**matrix transformation이라고 한다.

❻ 회전변환

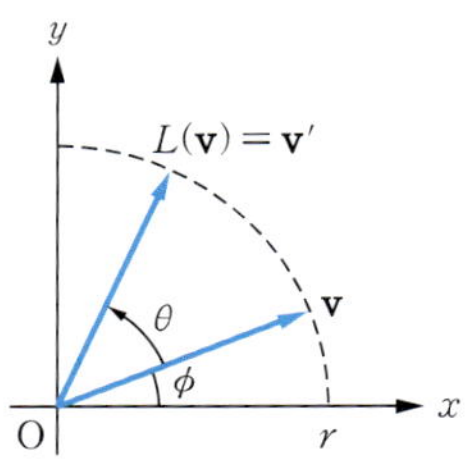

[그림 6-5] **회전변환**

xy평면 위의 벡터 $\mathbf{v} = (x, y)$를 원점을 중심으로 하여 반시계방향으로 θ만큼 회전할 때, $L : \mathbb{R}^2 \to \mathbb{R}^2$를 $L(\mathbf{v}) = \mathbf{v}'$이라고 하면 L은 선형변환이다. 즉 [그림 6-5]에서 $\mathbf{v}' = (x', y')$이라고 할 때 $|\mathbf{v}| = \sqrt{x^2 + y^2} = r$이므로 다음이 성립한다.

$$x = r\cos\phi, \qquad y = r\sin\phi \qquad \cdots\cdots ①$$
$$x' = r\cos(\theta + \phi), \quad y' = r\sin(\theta + \phi)$$

삼각함수의 합의 공식으로부터

$$\begin{aligned} x' &= r\cos(\theta + \phi) = r\cos\theta\cos\phi - r\sin\theta\sin\phi \\ y' &= r\sin(\theta + \phi) = r\sin\theta\cos\phi + r\cos\theta\sin\phi \end{aligned} \qquad \cdots\cdots ②$$

식 ①과 ②로부터 다음을 얻는다.

$$\begin{aligned} x' &= x\cos\theta - y\sin\theta \\ y' &= x\sin\theta + y\cos\theta \end{aligned} \quad \Leftrightarrow \quad \begin{bmatrix} x' \\ y' \end{bmatrix} = \begin{bmatrix} \cos\theta & -\sin\theta \\ \sin\theta & \cos\theta \end{bmatrix} \begin{bmatrix} x \\ y \end{bmatrix} \qquad \cdots\cdots ③$$

식 ③에서

$$A = \begin{bmatrix} \cos\theta & -\sin\theta \\ \sin\theta & \cos\theta \end{bmatrix}, \quad \mathbf{v} = \begin{bmatrix} x \\ y \end{bmatrix}, \quad \mathbf{v}' = \begin{bmatrix} x' \\ y' \end{bmatrix}$$

이라고 하면 $A\mathbf{v} = \mathbf{v}'$임을 알 수 있다. 즉 $L : \mathbb{R}^2 \to \mathbb{R}^2$를 $L(\mathbf{v}) = A\mathbf{v} = \mathbf{v}'$으로 정의하면 행렬변환에 의해 L은 선형변환이다. 이 선형변환을 **회전변환**rotation transformation이라고 한다.

예제 6-5

$L : \mathbb{R}^2 \to \mathbb{R}^2$를 다음과 같이 정의할 때, L이 선형변환이 아님을 보여라.

$$L\begin{bmatrix} x \\ y \end{bmatrix} = \begin{bmatrix} x+1 \\ y \end{bmatrix}$$

풀이

$\mathbb{R}^2$의 임의의 두 벡터 $\mathbf{v}_1 = \begin{bmatrix} x_1 \\ y_1 \end{bmatrix}$, $\mathbf{v}_2 = \begin{bmatrix} x_2 \\ y_2 \end{bmatrix}$에 대하여

$$L(\mathbf{v}_1 + \mathbf{v}_2) = L\left(\begin{bmatrix} x_1 \\ y_1 \end{bmatrix} + \begin{bmatrix} x_2 \\ y_2 \end{bmatrix}\right) = L\begin{bmatrix} x_1 + x_2 \\ y_1 + y_2 \end{bmatrix} = \begin{bmatrix} x_1 + x_2 + 1 \\ y_1 + y_2 \end{bmatrix}$$

$$L(\mathbf{v}_1) + L(\mathbf{v}_2) = L\begin{bmatrix} x_1 \\ y_1 \end{bmatrix} + L\begin{bmatrix} x_2 \\ y_2 \end{bmatrix} = \begin{bmatrix} x_1 + 1 \\ y_1 \end{bmatrix} + \begin{bmatrix} x_2 + 1 \\ y_2 \end{bmatrix} = \begin{bmatrix} x_1 + x_2 + 2 \\ y_1 + y_2 \end{bmatrix}$$

이므로

$$L(\mathbf{v}_1 + \mathbf{v}_2) \neq L(\mathbf{v}_1) + L(\mathbf{v}_2)$$

이다. 따라서 L은 선형변환이 아니다.

6.1.3 선형변환과 표준행렬

행렬변환에서와 같이 $m \times n$ 행렬 A에 대하여 $L : \mathbb{R}^n \to \mathbb{R}^m$이 $L(\mathbf{x}) = A\mathbf{x}$로 정의되면 L은 선형변환이다.

예를 들어 $L : \mathbb{R}^3 \to \mathbb{R}^2$를 $L\begin{bmatrix} x \\ y \\ z \end{bmatrix} = \begin{bmatrix} 2 & -1 & 1 \\ 1 & -1 & -1 \end{bmatrix}\begin{bmatrix} x \\ y \\ z \end{bmatrix}$라고 하면 임의의 벡터 $\mathbf{x} \in \mathbb{R}^3$는

$$\mathbf{x} = \begin{bmatrix} x \\ y \\ z \end{bmatrix} = x\begin{bmatrix} 1 \\ 0 \\ 0 \end{bmatrix} + y\begin{bmatrix} 0 \\ 1 \\ 0 \end{bmatrix} + z\begin{bmatrix} 0 \\ 0 \\ 1 \end{bmatrix}$$

이므로 다음이 성립한다.

$$\begin{aligned} L(\mathbf{x}) = L\begin{bmatrix} x \\ y \\ z \end{bmatrix} &= L\left(x\begin{bmatrix} 1 \\ 0 \\ 0 \end{bmatrix} + y\begin{bmatrix} 0 \\ 1 \\ 0 \end{bmatrix} + z\begin{bmatrix} 0 \\ 0 \\ 1 \end{bmatrix}\right) \\ &= xL\begin{bmatrix} 1 \\ 0 \\ 0 \end{bmatrix} + yL\begin{bmatrix} 0 \\ 1 \\ 0 \end{bmatrix} + zL\begin{bmatrix} 0 \\ 0 \\ 1 \end{bmatrix} \end{aligned}$$

즉 $\mathbb{R}^3$의 표준기저 $\left\{\mathbf{e}_1=\begin{bmatrix}1\\0\\0\end{bmatrix},\ \mathbf{e}_2=\begin{bmatrix}0\\1\\0\end{bmatrix},\ \mathbf{e}_3=\begin{bmatrix}0\\0\\1\end{bmatrix}\right\}$에 대하여

$$\begin{aligned}L(\mathbf{x})&=L(x\mathbf{e}_1+y\mathbf{e}_2+z\mathbf{e}_3)=xL(\mathbf{e}_1)+yL(\mathbf{e}_2)+zL(\mathbf{e}_3)\\&=x\begin{bmatrix}2\\1\end{bmatrix}+y\begin{bmatrix}-1\\-1\end{bmatrix}+z\begin{bmatrix}1\\-1\end{bmatrix}\\&=\begin{bmatrix}2&-1&1\\1&-1&-1\end{bmatrix}\begin{bmatrix}x\\y\\z\end{bmatrix}\end{aligned}$$

이다. 따라서 선형변환 L은 $A=\begin{bmatrix}2&-1&1\\1&-1&-1\end{bmatrix}$일 때, $L(\mathbf{x})=A\mathbf{x}$ 형태로 표시된다. 일반적으로 선형변환 $L:\mathbb{R}^n\to\mathbb{R}^m$과 $\mathbb{R}^n$의 표준기저 $\{\mathbf{e}_1,\ \mathbf{e}_2,\ \cdots,\ \mathbf{e}_n\}$에 대하여 $L(\mathbf{e}_1),\ L(\mathbf{e}_2),\ \cdots,\ L(\mathbf{e}_n)$은 각각 $m\times 1$ 행렬이므로 다음과 같이 쓸 수 있다.

$$L(\mathbf{e}_1)=\begin{bmatrix}a_{11}\\a_{21}\\\vdots\\a_{m1}\end{bmatrix},\quad L(\mathbf{e}_2)=\begin{bmatrix}a_{12}\\a_{22}\\\vdots\\a_{m2}\end{bmatrix},\quad\cdots,\quad L(\mathbf{e}_n)=\begin{bmatrix}a_{1n}\\a_{2n}\\\vdots\\a_{mn}\end{bmatrix}$$

이때 $L(\mathbf{e}_1),\ L(\mathbf{e}_2),\ \cdots,\ L(\mathbf{e}_n)$을 열벡터로 갖는 $m\times n$ 행렬을 A라고 하면

$$A=\begin{bmatrix}L(\mathbf{e}_1)&L(\mathbf{e}_2)&\cdots&L(\mathbf{e}_n)\end{bmatrix}=\begin{bmatrix}a_{11}&a_{12}&\cdots&a_{1n}\\a_{21}&a_{22}&\cdots&a_{2n}\\\vdots&\vdots&\ddots&\vdots\\a_{m1}&a_{m2}&\cdots&a_{mn}\end{bmatrix}$$

이고, 행렬 $A=[a_{ij}]$를 선형변환 L의 **표준행렬**standard matrix이라고 한다. 표준행렬 A를 이용하면 $\mathbf{x}=\begin{bmatrix}x_1\\x_2\\\vdots\\x_n\end{bmatrix}\in\mathbb{R}^n$에 대하여 $\mathbf{x}=x_1\mathbf{e}_1+x_2\mathbf{e}_2+\cdots+x_n\mathbf{e}_n$이므로 다음과 같이 계산한다.

$$\begin{aligned}L(\mathbf{x})&=L(x_1\mathbf{e}_1+x_2\mathbf{e}_2+\cdots+x_n\mathbf{e}_n)\\&=x_1L(\mathbf{e}_1)+x_2L(\mathbf{e}_2)+\cdots+x_nL(\mathbf{e}_n)\\&=\begin{bmatrix}L(\mathbf{e}_1)&L(\mathbf{e}_2)&\cdots&L(\mathbf{e}_n)\end{bmatrix}\begin{bmatrix}x_1\\x_2\\\vdots\\x_n\end{bmatrix}=A\mathbf{x}\end{aligned}$$

따라서 다음 정리가 성립한다.

정리 6-1 $\mathbb{R}^n$에서 $\mathbb{R}^m$으로의 선형변환

$L:\mathbb{R}^n \to \mathbb{R}^m$이 선형변환이면 L에 대한 표준행렬 A와 $\mathbf{x} \in \mathbb{R}^n$에 대하여 다음이 성립한다.

$$L(\mathbf{x}) = A\mathbf{x}^{8}$$

8 [정리 6-1]은 $\mathbb{R}^n$에서 $\mathbb{R}^m$으로의 모든 선형변환은 행렬변환임을 뜻한다. 실수공간에서 행렬과 선형변환은 다르게 보이지만 같은 것임을 알 수 있다.

예제 6-6

$L:\mathbb{R}^4 \to \mathbb{R}^3$를 다음과 같이 정의할 때, L의 표준행렬을 구하고 선형변환 L을 행렬변환으로 나타내라.

$$L\begin{bmatrix} x_1 \\ x_2 \\ x_3 \\ x_4 \end{bmatrix} = \begin{bmatrix} x_1 - 7x_2 + 5x_3 - 3x_4 \\ -8x_1 + 9x_2 - x_3 + \frac{1}{2}x_4 \\ -5x_1 - x_2 + 4x_3 \end{bmatrix}$$

풀이

먼저 표준행렬을 구하면 $\mathbb{R}^4$의 표준기저 $\{\mathbf{e}_1, \mathbf{e}_2, \mathbf{e}_3, \mathbf{e}_4\}$에 대하여

$$L(\mathbf{e}_1) = \begin{bmatrix} 1 \\ -8 \\ -5 \end{bmatrix}, \quad L(\mathbf{e}_2) = \begin{bmatrix} -7 \\ 9 \\ -1 \end{bmatrix}, \quad L(\mathbf{e}_3) = \begin{bmatrix} 5 \\ -1 \\ 4 \end{bmatrix}, \quad L(\mathbf{e}_4) = \begin{bmatrix} -3 \\ \frac{1}{2} \\ 0 \end{bmatrix}$$

이므로 L의 표준행렬은 다음과 같다.

$$A = \begin{bmatrix} 1 & -7 & 5 & -3 \\ -8 & 9 & -1 & \frac{1}{2} \\ -5 & -1 & 4 & 0 \end{bmatrix}$$

따라서 선형변환 L을 다음과 같이 행렬로 나타낼 수 있다.

$$L\begin{bmatrix} x_1 \\ x_2 \\ x_3 \\ x_4 \end{bmatrix} = \begin{bmatrix} x_1 - 7x_2 + 5x_3 - 3x_4 \\ -8x_1 + 9x_2 - x_3 + \frac{1}{2}x_4 \\ -5x_1 - x_2 + 4x_3 \end{bmatrix} = \begin{bmatrix} 1 & -7 & 5 & -3 \\ -8 & 9 & -1 & \frac{1}{2} \\ -5 & -1 & 4 & 0 \end{bmatrix} \begin{bmatrix} x_1 \\ x_2 \\ x_3 \\ x_4 \end{bmatrix}$$

Command Window

```
: 코딩
>> syms x1 x2 x3 x4                                    % 심볼릭 변수 지정
>> x=[x1 x2 x3 x4];                                    % 벡터 x 입력
>> L(x)=[x1-7*x2+5*x3-3*x4 -8*x1+9*x2-x3+1/2*x4 -5*x1-x2+4*x3];
                                                       % 선형변환 정의
>> A1=L(1,0,0,0)';A2=L(0,1,0,0)';A3=L(0,0,1,0)';A4=L(0,0,0,1)';
>> A=[A1 A2 A3 A4]                                     % L의 표준행렬 계산
```

```
: 결과
A =                                                % [예제 6-6]의 결과와 동일
   [  1, -7,  5,  -3]
   [ -8,  9, -1, 1/2]
   [ -5, -1,  4,   0]
```

MATLAB 유제

선형변환 $T: \mathbb{R}^3 \to \mathbb{R}^4$를 다음과 같이 정의할 때, T의 표준행렬 A를 구하라.

$$T\left(\begin{bmatrix} x_1 \\ x_2 \\ x_3 \end{bmatrix}\right) = \begin{bmatrix} 2x_1 + x_2 \\ -x_1 - x_2 \\ x_2 + x_3 \\ x_1 + x_3 \end{bmatrix}$$

예제 6-7

선형변환 $L: \mathbb{R}^2 \to \mathbb{R}^3$이 행렬 $A = \begin{bmatrix} 1 & -1 \\ 0 & 2 \\ -1 & 3 \end{bmatrix}$에 대하여 $L(\mathbf{x}) = A\mathbf{x}$와 같은 행렬변환일 때, 임의의 벡터 $\begin{bmatrix} x \\ y \end{bmatrix} \in \mathbb{R}^2$를 L로 변환한 상을 구하라. 또 이를 이용하여 벡터 $\mathbf{x} = \begin{bmatrix} 7 \\ -2 \end{bmatrix}$의 상을 구하라.

풀이

A는 3×2 행렬이므로 다음 결과를 얻을 수 있다.

$$L\begin{bmatrix} x \\ y \end{bmatrix} = \begin{bmatrix} 1 & -1 \\ 0 & 2 \\ -1 & 3 \end{bmatrix}\begin{bmatrix} x \\ y \end{bmatrix} = \begin{bmatrix} x - y \\ 2y \\ -x + 3y \end{bmatrix}$$

여기에 $x = 7$, $y = -2$를 대입하면 다음과 같다.

$$L\begin{bmatrix} 7 \\ -2 \end{bmatrix} = \begin{bmatrix} 9 \\ -4 \\ -13 \end{bmatrix}$$

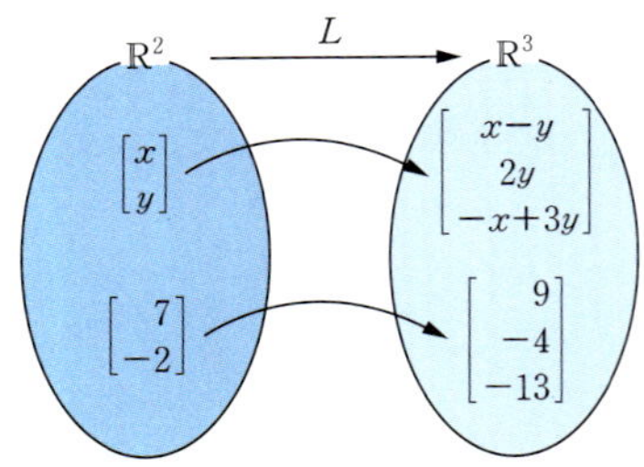

[그림 6-6] **선형변환** $L: \mathbb{R}^2 \to \mathbb{R}^3$

이를 그림으로 나타내면 [그림 6-6]과 같다.

6.2 선형연산자의 기하학적 성질

선형변환의 기본적인 성질과 기하학적인 의미를 정확하게 파악하면 선형변환을 다양한 분야에서 좀 더 효과적으로 활용할 수 있다. 특히 $\mathbb{R}^2$ 위의 선형변환은

직접 그릴 수도 있고 눈으로 확인할 수 있기에 주어진 선형변환이 어떤 기하학적 성질을 갖는지 쉽게 이해할 수 있다. 따라서 좌표평면에서의 선형변환을 이해하면 자연스럽게 다른 공간으로 확장하는 데 큰 도움이 된다. 이 절에서는 좌표평면 $\mathbb{R}^2$ 위의 선형연산자인 대칭변환, 회전변환, 직선 $y = ax$에 대한 대칭변환, 층밀림변환, 정사영변환, 역변환의 기하학적 성질을 자세하게 살펴본다.

6.2.1 대칭변환

선형변환 $L: \mathbb{R}^2 \to \mathbb{R}^2$가 다음과 같이 정의된다고 하자.

$$L\begin{bmatrix} x \\ y \end{bmatrix} = \begin{bmatrix} ax+by \\ cx+dy \end{bmatrix}$$

이때 L의 표준행렬 A를 알면 임의의 벡터 $\mathbf{x} = \begin{bmatrix} x \\ y \end{bmatrix}$가 L에 의해 옮겨지는 상을 쉽게 찾을 수 있다. 즉 $L(\mathbf{x}) = A\mathbf{x}$이므로 [그림 6-7]에서 볼 수 있듯이 $\mathbb{R}^2$의 벡터 $\overrightarrow{\mathrm{OP}} = \begin{bmatrix} x \\ y \end{bmatrix}$는 선형변환 L의 표준행렬 A에 의하여 다른 벡터 $\overrightarrow{\mathrm{OQ}} = \begin{bmatrix} ax+by \\ cx+dy \end{bmatrix}$로 옮겨진 결과이므로 행렬 A는 $\mathbb{R}^2$의 점 $\mathrm{P}(x, y)$를 점 $\mathrm{Q}(ax+by, cx+dy)$로 옮긴다고 생각할 수 있다.

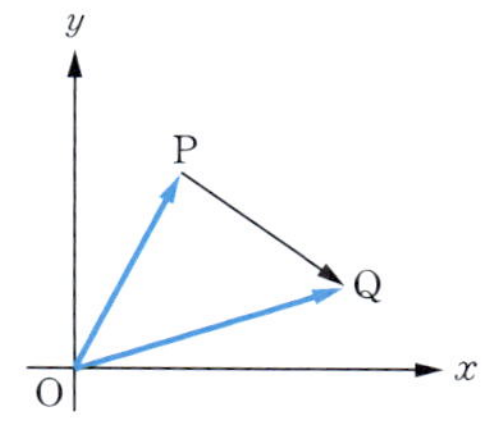

(a) $\overrightarrow{\mathrm{OP}}$를 $\overrightarrow{\mathrm{OQ}}$로 이동

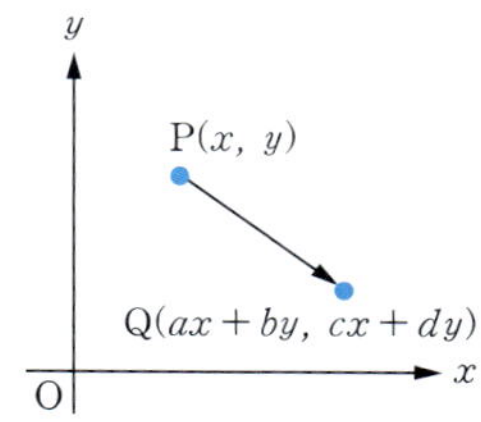

(b) 점 P를 점 Q로 이동

[그림 6-7] **선형변환에 의한 점의 이동**

이제 $\mathbb{R}^2$상의 점 $\mathrm{P}(x, y)$를 다음에 대하여 대칭으로 옮기는 선형변환과 표준행렬 A를 차례대로 구하고, 옮긴 좌표를 좌표평면 위에 그려보자.

❶ x축 ❷ y축 ❸ 원점 O ❹ 직선 $y = x$

❶ x축에 대한 대칭변환은 점 $\mathrm{P}(x, y)$의 좌표를 $(x, -y)$로 바꾼다. 따라서 이 선형변환과 이에 대응하는 표준행렬 A는 다음과 같다.

$$L\begin{bmatrix} x \\ y \end{bmatrix} = \begin{bmatrix} x \\ -y \end{bmatrix}, \quad A = [L(\mathbf{e}_1) \;\; L(\mathbf{e}_2)] = \begin{bmatrix} 1 & 0 \\ 0 & -1 \end{bmatrix}$$

이 선형변환에 의하여 점 (x, y)는 $(x, -y)$로 옮겨지므로 [그림 6-8]과 같이 나타낼 수 있다.

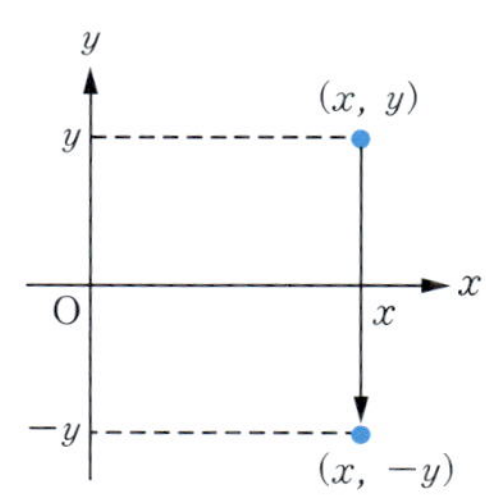

[그림 6-8] **x축 대칭변환**

❷ y축에 대한 대칭변환은 점 $\mathrm{P}(x, y)$의 좌표를 $(-x, y)$로 바꾼다. 따라서 이 선형변환과 이에 대응하는 표준행렬 A는 다음과 같다.

$$L\begin{bmatrix} x \\ y \end{bmatrix} = \begin{bmatrix} -x \\ y \end{bmatrix}, \quad A = [L(\mathbf{e}_1) \;\; L(\mathbf{e}_2)] = \begin{bmatrix} -1 & 0 \\ 0 & 1 \end{bmatrix}$$

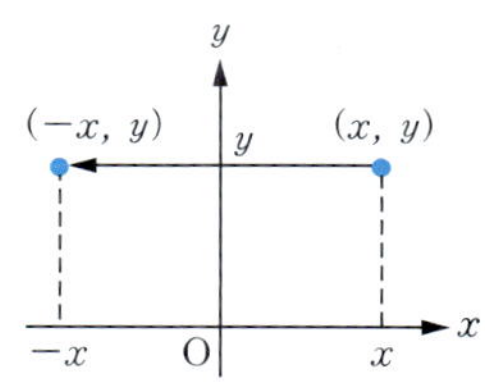

[그림 6-9] **y축 대칭변환**

이 선형변환에 의하여 점 (x, y)는 $(-x, y)$로 옮겨지므로 [그림 6-9]와 같이 나타낼 수 있다.

❸ 원점 O에 대한 대칭변환은 점 $P(x, y)$의 좌표를 $(-x, -y)$로 바꾼다. 따라서 이 선형변환과 이에 대응하는 표준행렬 A는 다음과 같다.

$$L\begin{bmatrix} x \\ y \end{bmatrix} = \begin{bmatrix} -x \\ -y \end{bmatrix}, \quad A = [L(\mathrm{e}_1) \ \ L(\mathrm{e}_2)] = \begin{bmatrix} -1 & 0 \\ 0 & -1 \end{bmatrix}$$

이 선형변환에 의하여 점 (x, y)는 $(-x, -y)$로 옮겨지므로 [그림 6-10]과 같이 나타낼 수 있다.

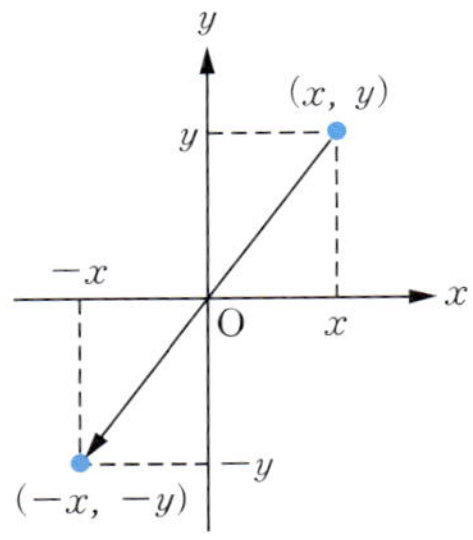

[그림 6-10] **원점 대칭변환**

❹ 직선 $y=x$에 대한 대칭변환은 점 $P(x, y)$의 좌표를 (y, x)로 바꾼다. 따라서 이 선형변환과 이에 대응하는 표준행렬 A는 다음과 같다.

$$L\left(\begin{bmatrix} x \\ y \end{bmatrix}\right) = \begin{bmatrix} y \\ x \end{bmatrix}, \quad A = [L(\mathrm{e}_1) \ \ L(\mathrm{e}_2)] = \begin{bmatrix} 0 & 1 \\ 1 & 0 \end{bmatrix}$$

이 선형변환에 의하여 점 (x, y)는 (y, x)로 옮겨지므로 [그림 6-11]과 같이 나타낼 수 있다.

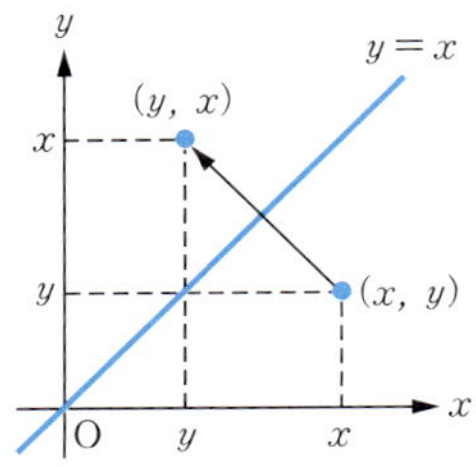

[그림 6-11] $y=x$ **대칭변환**

예제 6-8

다음 대칭변환에 의한 점 $P(-2, 3)$의 상을 구하라.

(a) x축 대칭변환 **(b)** y축 대칭변환

(c) 원점 대칭변환 **(d)** $y=x$ 대칭변환

풀이

(a) 표준행렬이 $A = \begin{bmatrix} 1 & 0 \\ 0 & -1 \end{bmatrix}$이므로

$$\begin{bmatrix} 1 & 0 \\ 0 & -1 \end{bmatrix}\begin{bmatrix} -2 \\ 3 \end{bmatrix} = \begin{bmatrix} -2 \\ -3 \end{bmatrix}$$

이다. 따라서 선형변환에 의한 $(-2, 3)$의 상은 $(-2, -3)$이다.

(b) 표준행렬이 $B = \begin{bmatrix} -1 & 0 \\ 0 & 1 \end{bmatrix}$이므로

$$\begin{bmatrix} -1 & 0 \\ 0 & 1 \end{bmatrix}\begin{bmatrix} -2 \\ 3 \end{bmatrix} = \begin{bmatrix} 2 \\ 3 \end{bmatrix}$$

이다. 따라서 선형변환에 의한 $(-2, 3)$의 상은 $(2, 3)$이다.

(c) 표준행렬이 $C=\begin{bmatrix} -1 & 0 \\ 0 & -1 \end{bmatrix}$ 이므로

$$\begin{bmatrix} -1 & 0 \\ 0 & -1 \end{bmatrix}\begin{bmatrix} -2 \\ 3 \end{bmatrix}=\begin{bmatrix} 2 \\ -3 \end{bmatrix}$$

이다. 따라서 선형변환에 의한 $(-2,\ 3)$의 상은 $(2,\ -3)$이다.

(d) 표준행렬이 $D=\begin{bmatrix} 0 & 1 \\ 1 & 0 \end{bmatrix}$ 이므로

$$\begin{bmatrix} 0 & 1 \\ 1 & 0 \end{bmatrix}\begin{bmatrix} -2 \\ 3 \end{bmatrix}=\begin{bmatrix} 3 \\ -2 \end{bmatrix}$$

이다. 따라서 선형변환에 의한 $(-2,\ 3)$의 상은 $(3,\ -2)$이다.

Command Window

: 코딩

```
>> P=[-2;3];                  % 점 P(-2, 3) 입력
>> A=[1 0;0 -1];              % [예제 6-8(a)]의 변환행렬 입력
>> AP=A*P                     % 선형변환에 의한 상
>> B=[-1 0;0 1];              % [예제 6-8(b)]의 변환행렬 입력
>> BP=B*P
>> C=[-1 0;0 -1];             % [예제 6-8(c)]의 변환행렬 입력
>> CP=C*P
>> D=[0 1;1 0];               % [예제 6-8(d)]의 변환행렬 입력
>> DP=D*P
```

: 결과

```
AP =                          % [예제 6-8(a)]의 결과와 동일
    -2
    -3
BP =                          % [예제 6-8(b)]의 결과와 동일
     2
     3
CP =                          % [예제 6-8(c)]의 결과와 동일
     2
    -3
DP =                          % [예제 6-8(d)]의 결과와 동일
     3
    -2
```

MATLAB 유제

다음 대칭변환에 의한 점 $\mathrm{P}(9,\ -4)$의 상을 구하라.

(a) x축 대칭변환

(b) y축 대칭변환

(c) 원점 대칭변환

(d) $y=x$ 대칭변환

6.2.2 회전변환

6.1절에서 알아본 벡터의 회전변환을 바탕으로 $\mathbb{R}^2$의 점 $\mathrm{P}(x, y)$를 원점에 대하여 θ만큼 회전 이동하여 점 $\mathrm{Q}(x', y')$으로 옮기는 회전변환 L의 표준행렬 A를 구해 보자.

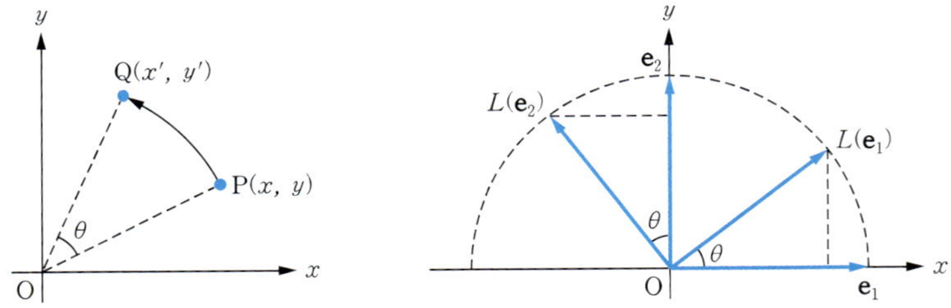

(a) P를 Q로 θ만큼 회전한 변환

(b) 단위벡터를 θ만큼 회전한 변환

[그림 6-12] **회전변환**

[그림 6-12]에서 알 수 있듯이 $L(\mathbf{e}_1) = \begin{bmatrix} \cos\theta \\ \sin\theta \end{bmatrix}$, $L(\mathbf{e}_2) = \begin{bmatrix} -\sin\theta \\ \cos\theta \end{bmatrix}$이므로 표준행렬은 다음과 같다.

$$A = \begin{bmatrix} \cos\theta & -\sin\theta \\ \sin\theta & \cos\theta \end{bmatrix}$$

따라서 $\mathbb{R}^2$의 점 $\mathrm{P}(x, y)$를 원점에 대하여 θ만큼 회전 이동하여 얻어진 점을 $\mathrm{Q}(x', y')$이라고 하면

$$L\begin{bmatrix} x \\ y \end{bmatrix} = \begin{bmatrix} \cos\theta & -\sin\theta \\ \sin\theta & \cos\theta \end{bmatrix}\begin{bmatrix} x \\ y \end{bmatrix} = \begin{bmatrix} x' \\ y' \end{bmatrix}$$

이므로

$$x' = x\cos\theta - y\sin\theta$$
$$y' = x\sin\theta + y\cos\theta$$

이다. 즉 점 P를 점 Q로 옮기는 회전변환은 다음과 같다.

$$L\begin{bmatrix} x \\ y \end{bmatrix} = \begin{bmatrix} x\cos\theta - y\sin\theta \\ x\sin\theta + y\cos\theta \end{bmatrix} \tag{6.2}$$

위의 선형변환 L을 원점에 대하여 θ만큼 회전한 회전변환이라고 하고, 특히 행렬 $R_\theta = \begin{bmatrix} \cos\theta & -\sin\theta \\ \sin\theta & \cos\theta \end{bmatrix}$를 회전변환의 표준행렬이라고 한다.[9]

9 회전변환은 영어로 Rotation transformation이고, θ만큼 회전했다는 의미로 표준행렬을 R_θ로 표시한다.

예제 6-9

$\theta=\frac{\pi}{6}$일 때, 회전변환에 의한 벡터 $\mathbf{x}=\begin{bmatrix}1\\2\end{bmatrix}$의 상을 구하고 좌표평면 위에 나타내라.

풀이

$\theta=\frac{\pi}{6}$일 때 회전변환의 표준행렬은

$$R_{\frac{\pi}{6}}=\begin{bmatrix}\cos\frac{\pi}{6} & -\sin\frac{\pi}{6}\\ \sin\frac{\pi}{6} & \cos\frac{\pi}{6}\end{bmatrix}=\begin{bmatrix}\frac{\sqrt{3}}{2} & -\frac{1}{2}\\ \frac{1}{2} & \frac{\sqrt{3}}{2}\end{bmatrix}$$

이므로 회전변환한 결과는

$$L\begin{bmatrix}1\\2\end{bmatrix}=\begin{bmatrix}\frac{\sqrt{3}}{2} & -\frac{1}{2}\\ \frac{1}{2} & \frac{\sqrt{3}}{2}\end{bmatrix}\begin{bmatrix}1\\2\end{bmatrix}=\begin{bmatrix}\frac{\sqrt{3}}{2}-1\\ \frac{1}{2}+\sqrt{3}\end{bmatrix}$$

이다.

따라서 회전변환에 의한 벡터 $\mathbf{x}=\begin{bmatrix}1\\2\end{bmatrix}$의 상은 벡터 $\begin{bmatrix}\frac{\sqrt{3}}{2}-1\\ \frac{1}{2}+\sqrt{3}\end{bmatrix}$이고, 이를 좌표평면 위에 나타내면 [그림 6-13]과 같다.

Command Window

: 코딩

```
>> x=[1;2]                                          % 벡터 x 입력
>> R=[ cos(pi/6) -sin(pi/6);sin(pi/6) cos(pi/6)];   % 변환행렬 입력
>> Lx=R*x                                           % L(x) 계산
>> vectarrow([0;0],x) 1                             % 벡터 x 그리기
>> hold on                                          % 그림 유지
>> vectarrow([0;0],Lx)                              % 벡터 L(x) 그리기
```

: 결과

```
Lx = 2                                              % [예제 6-9]의 결과와 동일
    -0.1340
     2.2321
```

MATLAB TIP!

1 vectarrow(P,Q) : 벡터 $\overrightarrow{PQ}$를 좌표평면에 그린다. vectarrow 함수를 사용하려면 vectarrow.m이 현재 폴더에 있어야 한다.

2 $\frac{\sqrt{3}}{2}-1=-0.1340$

$\frac{1}{2}+\sqrt{3}=2.2321$

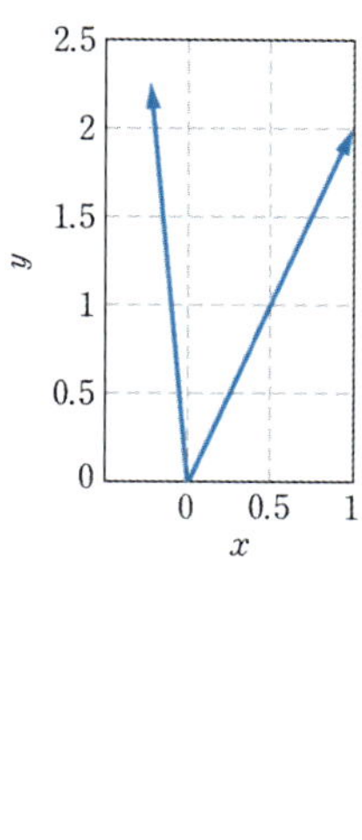

[그림 6-13] MATLAB 실행 결과

MATLAB 유제

좌표평면에서 $\theta=\dfrac{3\pi}{4}$일 때 회전변환에 의한 벡터 $\mathbf{x}=\begin{bmatrix}12\\-25\end{bmatrix}$의 상을 구하고 좌표평면 위에 나타내라.

6.2.3 직선 $y=ax$에 대한 대칭변환

평면에서 $y=ax$의 그래프는 원점을 지나고 기울기가 $\tan\theta=a$인 직선이다. $\mathbb{R}^2$의 임의의 벡터 $\mathbf{x}$를 이 직선에 대하여 대칭으로 옮기는 대칭변환 $L(\mathbf{x})$와 이 선형변환의 표준행렬 H_θ에 대하여 알아보자.

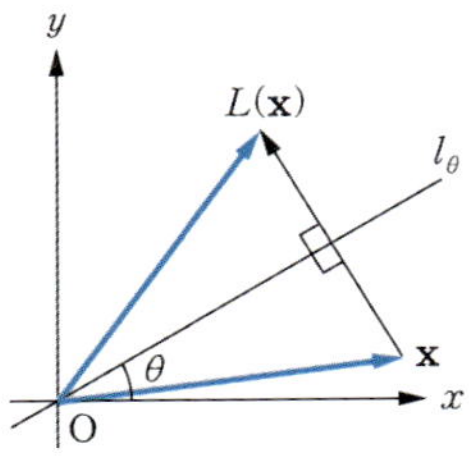

[그림 6-14] 직선 l_θ에 대한 대칭변환

$y=ax$의 그래프가 x축과 이루는 각이 θ일 때, 이 직선을 l_θ라고 하자. 이때 $\mathbb{R}^2$의 임의의 벡터 $\mathbf{x}$의 직선 l_θ에 대한 대칭변환을 좌표평면에 나타내면 [그림 6-14]와 같다.

선형변환 $L(\mathbf{x})$의 표준행렬을 $H_\theta=[L(\mathbf{e}_1)\ \ L(\mathbf{e}_2)]$라고 하면 [그림 6-15]와 같이 $\mathbf{e}_1=\begin{bmatrix}1\\0\end{bmatrix}$은 L에 의해 $L(\mathbf{e}_1)=\begin{bmatrix}\cos2\theta\\ \sin2\theta\end{bmatrix}$로 옮겨진다.

한편 $\mathbf{e}_2=\begin{bmatrix}0\\1\end{bmatrix}$은 직선 l_θ에 의해 $\begin{bmatrix}\cos\left(\dfrac{\pi}{2}-2\theta\right)\\ -\sin\left(\dfrac{\pi}{2}-2\theta\right)\end{bmatrix}$로 옮겨진다.

즉 $L(\mathbf{e}_2)=\begin{bmatrix}\sin2\theta\\ -\cos2\theta\end{bmatrix}$이다.[10]

10 $\cos\left(\dfrac{\pi}{2}-2\theta\right)=\sin2\theta$, $\sin\left(\dfrac{\pi}{2}-2\theta\right)=\cos2\theta$

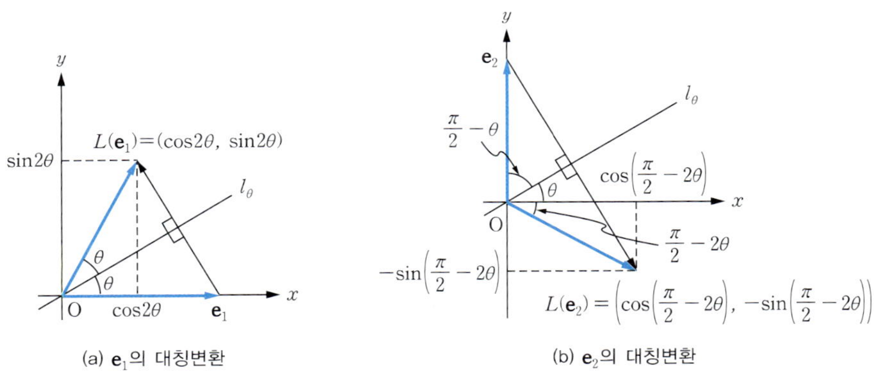

[그림 6-15] 직선 l_θ에 대한 단위벡터의 대칭변환

따라서 $\mathbb{R}^2$ 위의 임의의 벡터 $\mathbf{x}$를 기울기가 $\tan\theta=a$인 직선 $l_\theta: y=ax$에 대하여 대칭변환하는 표준행렬은 다음과 같다.

$$H_\theta = [L(\mathbf{e}_1)\ \ L(\mathbf{e}_2)] = \begin{bmatrix} \cos 2\theta & \sin 2\theta \\ \sin 2\theta & -\cos 2\theta \end{bmatrix} \tag{6.3}$$

예제 6-10

직선 $y = \tan\frac{\pi}{8}x$에 대한 대칭변환의 표준행렬을 구하라. 또 이 선형변환에 의한 벡터 $\mathbf{x} = (1, 2)$의 상을 구하라.

풀이

직선 $y = \tan\frac{\pi}{8}x$이므로 $\theta = \frac{\pi}{8}$이다. 즉 $H_\theta = \begin{bmatrix} \cos 2\theta & \sin 2\theta \\ \sin 2\theta & -\cos 2\theta \end{bmatrix}$이므로 표준행렬은 다음과 같다.

$$H_{\frac{\pi}{8}} = \begin{bmatrix} \frac{\sqrt{2}}{2} & \frac{\sqrt{2}}{2} \\ \frac{\sqrt{2}}{2} & -\frac{\sqrt{2}}{2} \end{bmatrix}$$

따라서 벡터 $\mathbf{x} = (1, 2)$는 다음 벡터로 옮겨진다.

$$H_{\frac{\pi}{8}}\mathbf{x} = \begin{bmatrix} \frac{\sqrt{2}}{2} & \frac{\sqrt{2}}{2} \\ \frac{\sqrt{2}}{2} & -\frac{\sqrt{2}}{2} \end{bmatrix}\begin{bmatrix} 1 \\ 2 \end{bmatrix} = \begin{bmatrix} \frac{3\sqrt{2}}{2} \\ -\frac{\sqrt{2}}{2} \end{bmatrix}$$

Command Window

```
: 코딩
>> H=[cos(pi/4) sin(pi/4); sin(pi/4) -cos(pi/4)];  % 행렬 H_θ 입력
>> Hx=H*x                                          % 벡터 x=(1, 2)의 상 계산

: 결과
Hx = [1]                                           % [예제 6-10]의 결과와 동일
     2.1213
    -0.7071
```

MATLAB TIP!

[1] $\frac{3\sqrt{2}}{2} = 2.1213$, $-\frac{\sqrt{2}}{2} = -0.7071$

MATLAB 유제

직선 $y = \tan\frac{2\pi}{5}x$에 대한 대칭변환의 표준행렬을 구하라. 또 이 선형변환에 의한 벡터 $\mathbf{x} = (11, -12)$의 상 벡터를 구하라.

스칼라 k와 $\mathbb{R}^2$의 임의의 벡터 $\mathbf{x} = \begin{bmatrix} x \\ y \end{bmatrix}$에 대하여 [그림 6-16]에서와 같이 y성분은 고정시키고 x성분에 ky를 더하여 $\begin{bmatrix} x + ky \\ y \end{bmatrix}$로 옮기는 선형변환 $L(\mathbf{x})$를 k에 대한 x축 방향의 **층밀림변환**shear transformation이라고 한다.[11]

11 y축 방향으로도 x축과 같은 방법으로 k에 대한 y축 방향의 층밀림변환을 정의할 수 있다.

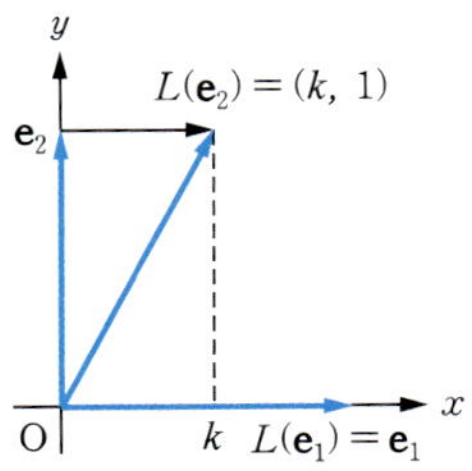

[그림 6-16] x축 방향의 층밀림변환

이 선형변환의 표준행렬 S_x에 대하여 알아보자.

$$L(\mathbf{x}) = L\begin{bmatrix} x \\ y \end{bmatrix} = \begin{bmatrix} x+ky \\ y \end{bmatrix}$$

이므로

$$L(\mathbf{e}_1) = L\begin{bmatrix} 1 \\ 0 \end{bmatrix} = \begin{bmatrix} 1 \\ 0 \end{bmatrix}, \quad L(\mathbf{e}_2) = L\begin{bmatrix} 0 \\ 1 \end{bmatrix} = \begin{bmatrix} k \\ 1 \end{bmatrix}$$

이다. 따라서 선형변환 L의 표준행렬은 다음과 같다.

$$S_x = \begin{bmatrix} 1 & k \\ 0 & 1 \end{bmatrix} \tag{6.4}$$

예제 6-11

네 점 (0, 0), (4, 0), (0, 2), (4, 2)로 이루어진 영역과 이를 $k=2$와 $k=-2$에 대하여 x축 방향의 층밀림변환한 결과를 좌표평면 위에 나타내라.

풀이

먼저 주어진 네 점을 좌표평면 위에 나타내면 [그림 6-17(a)]와 같다.
주어진 네 점은 $k=2$에 대한 x축 방향의 층밀림변환에 의해 다음과 같이 변환된다.

$$L\begin{bmatrix} 0 \\ 0 \end{bmatrix} = \begin{bmatrix} 1 & 2 \\ 0 & 1 \end{bmatrix}\begin{bmatrix} 0 \\ 0 \end{bmatrix} = \begin{bmatrix} 0 \\ 0 \end{bmatrix}, \quad L\begin{bmatrix} 4 \\ 0 \end{bmatrix} = \begin{bmatrix} 1 & 2 \\ 0 & 1 \end{bmatrix}\begin{bmatrix} 4 \\ 0 \end{bmatrix} = \begin{bmatrix} 4 \\ 0 \end{bmatrix}$$
$$L\begin{bmatrix} 0 \\ 2 \end{bmatrix} = \begin{bmatrix} 1 & 2 \\ 0 & 1 \end{bmatrix}\begin{bmatrix} 0 \\ 2 \end{bmatrix} = \begin{bmatrix} 4 \\ 2 \end{bmatrix}, \quad L\begin{bmatrix} 4 \\ 2 \end{bmatrix} = \begin{bmatrix} 1 & 2 \\ 0 & 1 \end{bmatrix}\begin{bmatrix} 4 \\ 2 \end{bmatrix} = \begin{bmatrix} 8 \\ 2 \end{bmatrix}$$

따라서 주어진 영역은 [그림 6-17(b)]와 같이 변환된다.
또 주어진 네 점은 $k=-2$에 대한 x축 방향의 층밀림변환에 의해 다음과 같이 변환된다.

$$L\begin{bmatrix} 0 \\ 0 \end{bmatrix} = \begin{bmatrix} 1 & -2 \\ 0 & 1 \end{bmatrix}\begin{bmatrix} 0 \\ 0 \end{bmatrix} = \begin{bmatrix} 0 \\ 0 \end{bmatrix}, \quad L\begin{bmatrix} 4 \\ 0 \end{bmatrix} = \begin{bmatrix} 1 & -2 \\ 0 & 1 \end{bmatrix}\begin{bmatrix} 4 \\ 0 \end{bmatrix} = \begin{bmatrix} 4 \\ 0 \end{bmatrix}$$
$$L\begin{bmatrix} 0 \\ 2 \end{bmatrix} = \begin{bmatrix} 1 & -2 \\ 0 & 1 \end{bmatrix}\begin{bmatrix} 0 \\ 2 \end{bmatrix} = \begin{bmatrix} -4 \\ 2 \end{bmatrix}, \quad L\begin{bmatrix} 4 \\ 2 \end{bmatrix} = \begin{bmatrix} 1 & -2 \\ 0 & 1 \end{bmatrix}\begin{bmatrix} 4 \\ 2 \end{bmatrix} = \begin{bmatrix} 0 \\ 2 \end{bmatrix}$$

따라서 주어진 영역은 [그림 6-17(c)]와 같이 변환된다.

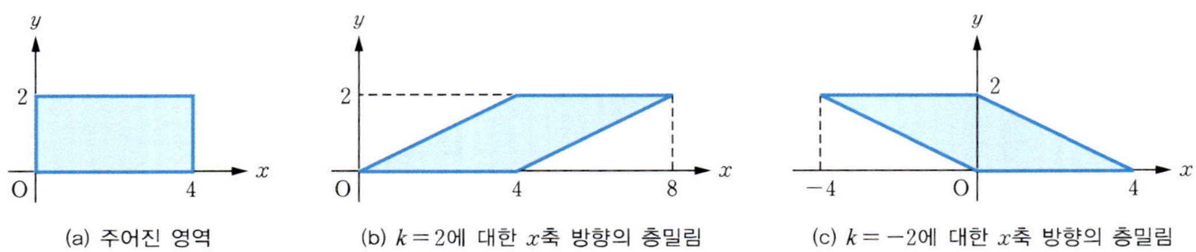

[그림 6-17] 주어진 영역과 층밀림변환 결과

6.2.4 정사영변환

$\mathbb{R}^2$의 임의의 벡터 $\mathbf{x}$를 직선 l_θ에 정사영시키는 선형변환을 정사영변환이라고 하고 그 표준행렬을 P_θ라고 한다. 이러한 정사영변환을 xy평면에 나타내면 [그림 6-18]과 같다.

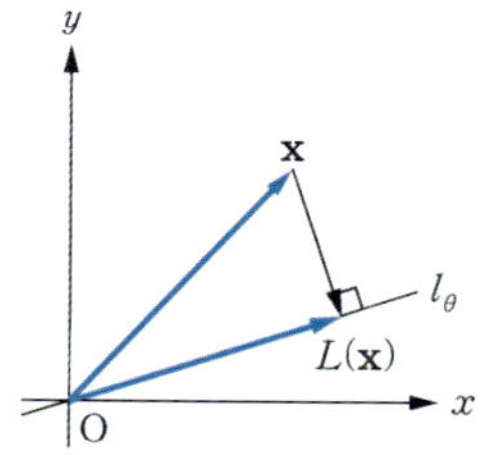

[그림 6-18] 직선 l_θ에 정사영시키는 변환

직선 l_θ에 정사영시키는 선형변환 $L(\mathbf{x}) = P_\theta \mathbf{x}$의 표준행렬을 지금까지와는 다른 방법으로 구해 보자. [그림 6-19]에서 벡터 $P_\theta \mathbf{x} - \mathbf{x}$는 벡터 $H_\theta \mathbf{x} - \mathbf{x}$와 방향은 같고 크기가 $\frac{1}{2}$이므로

$$P_\theta \mathbf{x} - \mathbf{x} = \frac{1}{2}(H_\theta \mathbf{x} - \mathbf{x})$$

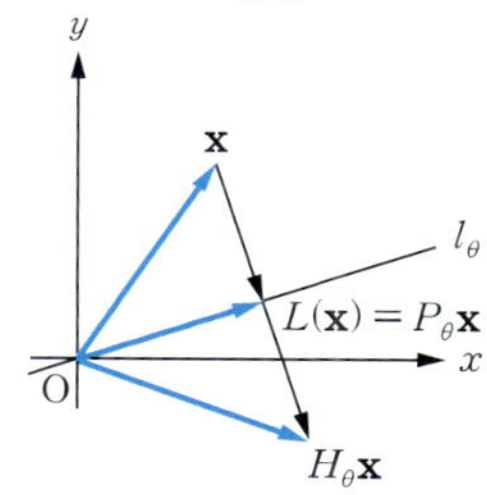

[그림 6-19] 원점을 지나는 직선에 대칭인 변환

이다. 이를 $P_\theta \mathbf{x}$에 대하여 정리하면 다음을 얻을 수 있다.

$$P_\theta \mathbf{x} - \mathbf{x} = \frac{1}{2}H_\theta \mathbf{x} - \frac{1}{2}\mathbf{x}$$

$$P_\theta \mathbf{x} = \frac{1}{2}H_\theta \mathbf{x} + \frac{1}{2}\mathbf{x} = \frac{1}{2}(H_\theta + I)\mathbf{x}$$

따라서 $P_\theta \mathbf{x} = \frac{1}{2}(H_\theta + I)\mathbf{x}$이므로 선형변환의 표준행렬 P_θ는 다음과 같다.

$$P_\theta = \begin{bmatrix} \frac{1}{2}(1+\cos 2\theta) & \frac{1}{2}\sin 2\theta \\ \frac{1}{2}\sin 2\theta & \frac{1}{2}(1-\cos 2\theta) \end{bmatrix} = \begin{bmatrix} \cos^2\theta & \sin\theta\cos\theta \\ \sin\theta\cos\theta & \sin^2\theta \end{bmatrix}$$

예제 6-12

$\mathbb{R}^2$ 위의 직선 $y = \frac{\pi}{12}x$에 대한 정사영변환의 표준행렬을 구하라. 또 이 선형변환에 의한 벡터 $\mathbf{x} = (1,\ 1)$의 상을 구하라.

풀이

직선 $y = \frac{\pi}{12}x$이므로 $\theta = \frac{\pi}{12}$이다. 따라서 $2\theta = \frac{\pi}{6}$이고, 이 선형변환의 표준행렬은 다음과 같다.

$$P_\theta = \begin{bmatrix} \frac{1}{2}(1+\cos 2\theta) & \frac{1}{2}\sin 2\theta \\ \frac{1}{2}\sin 2\theta & \frac{1}{2}(1-\cos 2\theta) \end{bmatrix} = \begin{bmatrix} \frac{1}{2}\left(1+\frac{\sqrt{3}}{2}\right) & \frac{1}{4} \\ \frac{1}{4} & \frac{1}{2}\left(1-\frac{\sqrt{3}}{2}\right) \end{bmatrix}$$

또 벡터 $\mathbf{x}=(1,\ 1)$이 표준행렬에 의하여 다음 벡터로 옮겨진다.

$$P_\theta \mathbf{x}=\begin{bmatrix} \frac{1}{2}\left(1+\frac{\sqrt{3}}{2}\right) & \frac{1}{4} \\ \frac{1}{4} & \frac{1}{2}\left(1-\frac{\sqrt{3}}{2}\right) \end{bmatrix}\begin{bmatrix}1\\1\end{bmatrix}=\begin{bmatrix} \frac{1}{4}(3+\sqrt{3}) \\ \frac{1}{4}(3-\sqrt{3}) \end{bmatrix}=\begin{bmatrix}1.1830\\0.3170\end{bmatrix}$$

Command Window

```
: 코딩
>> P=[(1+cos(pi/6))/2 sin(pi/6)/2;sin(pi/6)/2 (1-cos(pi/6))/2];
>> x=[1;1];                                   % 벡터 x 입력
>> Px=P*x                                     % P_θ(x) 계산

: 결과
Px = 1                                        % [예제 6-12]의 결과와 동일
     1.1830
     0.3170
```

MATLAB 유제

$\mathbb{R}^2$ 위의 직선 $y=\frac{\pi}{5}x$에 대한 정사영변환의 표준행렬을 구하라. 또 이 선형변환에 의한 벡터 $\mathbf{x}=(-10,\ 21)$의 상을 구하라.

6.2.5 역변환

선형변환 $L:\mathbb{R}^2\to\mathbb{R}^2$의 표준행렬 A가 가역이고

$$L\begin{bmatrix}x\\y\end{bmatrix}=A\begin{bmatrix}x\\y\end{bmatrix}=\begin{bmatrix}x'\\y'\end{bmatrix}$$

이면

$$\begin{bmatrix}x\\y\end{bmatrix}=A^{-1}\begin{bmatrix}x'\\y'\end{bmatrix}$$

이므로 A^{-1}는 $\begin{bmatrix}x'\\y'\end{bmatrix}$을 $\begin{bmatrix}x\\y\end{bmatrix}$로 옮기는 선형변환의 표준행렬이라고 생각할 수 있다. 이 선형변환을 L의 **역변환**inverse transformation이라고 하고 L^{-1}로 나타낸다. 즉 $L(\mathbf{x})=\mathbf{y}$에 대하여 다음과 같이 나타낼 수 있다.

$$\mathbf{y}=L(\mathbf{x}) \quad\Leftrightarrow\quad L^{-1}(\mathbf{y})=A^{-1}\mathbf{y}=\mathbf{x}$$

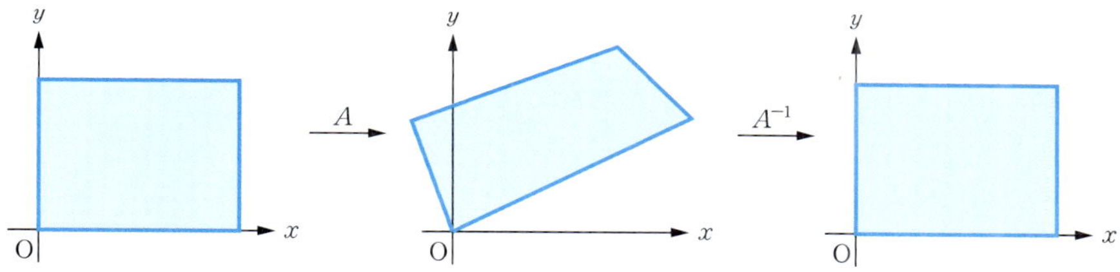

[그림 6-20] **역변환**

예제 6-13

다음 선형변환의 역변환을 구하고, 이 역변환에 의한 세 점 $(-18, 5)$, $(15, -2)$, $(-6, 4)$의 상을 구하라.

$$L(\mathbf{x}) = A\mathbf{x} = \begin{bmatrix} 6 & -3 \\ -1 & 1 \end{bmatrix}\begin{bmatrix} x_1 \\ x_2 \end{bmatrix}$$

풀이

선형변환 $L(\mathbf{x})$의 표준행렬 A는 가역이고 $A^{-1} = \begin{bmatrix} \frac{1}{3} & 1 \\ \frac{1}{3} & 2 \end{bmatrix}$이다. 따라서 선형변환 L의 역변환은 다음과 같다.

$$L^{-1}(\mathbf{x}) = A^{-1}\mathbf{x} = \begin{bmatrix} \frac{1}{3} & 1 \\ \frac{1}{3} & 2 \end{bmatrix}\begin{bmatrix} x_1 \\ x_2 \end{bmatrix}$$

주어진 세 점을 위 식에 대입하면 다음을 얻는다.

$$L^{-1}\begin{bmatrix} -18 \\ 5 \end{bmatrix} = \begin{bmatrix} -1 \\ 4 \end{bmatrix}, \quad L^{-1}\begin{bmatrix} 15 \\ -2 \end{bmatrix} = \begin{bmatrix} 3 \\ 1 \end{bmatrix}, \quad L^{-1}\begin{bmatrix} -6 \\ 4 \end{bmatrix} = \begin{bmatrix} 2 \\ 6 \end{bmatrix}$$

Command Window

```
: 코딩
>> format rat                                        % 분수 형태로 출력
>> A=[6 -3;-1 1];                                    % 변환행렬 입력
>> Ainv=inv(A);                                      % 역행렬 계산
>> x1=[-18;5];x2=[15;-2];x3=[-6;4];                  % 벡터 입력
>> InvLx1=Ainv*x1,InvLx2=Ainv*x2,InvLx3=Ainv*x3      % 역변환 계산

: 결과
InvLx1 =                                             % [예제 6-13]의 결과와 동일
        -1
         4
InvLx2 =
         3
         1
InvLx3 =
         2
         6
```

MATLAB 유제

다음 선형변환의 역변환을 구하고, 이 역변환에 의한 세 점 $(18,\ -25)$, $(-10,\ 12)$, $(60,\ 14)$의 상을 구하라.

$$L(\mathbf{x}) = A\mathbf{x} = \begin{bmatrix} 3 & 1 \\ 2 & 1 \end{bmatrix}\begin{bmatrix} x_1 \\ x_2 \end{bmatrix}$$

6.3 선형변환의 성질

선형변환은 정의역과 공역이 각각 벡터공간인 함수이므로 일반적인 함수가 가지는 성질들을 모두 가지고 있다. 그와 동시에 선형변환은 벡터공간에서의 함수이므로 그만의 특별한 성질도 있다. 이 절에서는 선형변환의 특별한 성질에 대하여 알아보자.

6.3.1 선형변환의 기본 성질

선형변환의 첫 번째 성질은 $\mathbf{0}$을 항상 $\mathbf{0}$으로 보낸다는 것이다. 예를 들어 일반적으로 함수 $y = f(x) = -5x + 2$일 때 $f(0) = 2 \neq 0$이다. 그러나 선형변환은 다음과 같은 성질이 성립한다.[12]

12 선형변환은 함수이므로 함수에서 사용하는 기본적인 용어를 그대로 선형변환에 적용할 수 있다.

정리 6-2 선형변환의 기본 성질

선형변환 $L: V \to W$와 $\mathbf{x},\ \mathbf{y} \in V$에 대하여 다음이 성립한다.

(1) $L(\mathbf{0}) = \mathbf{0}$ (2) $L(\mathbf{x} - \mathbf{y}) = L(\mathbf{x}) - L(\mathbf{y})$

증명

(1) $\mathbf{x} \in V$에 대하여 $0\mathbf{x} = \mathbf{0}$이므로 $L(\mathbf{0}) = L(0\mathbf{x}) = 0L(\mathbf{x}) = \mathbf{0}$이다. 즉 선형변환은 영벡터를 항상 영벡터로 보낸다.

(2) $L(\mathbf{x} - \mathbf{y}) = L(\mathbf{x} + (-1)\mathbf{y})$[13] $= L(\mathbf{x}) + (-1)L(\mathbf{y}) = L(\mathbf{x}) - L(\mathbf{y})$ ■

13 선형변환이 행렬변환인 경우 행렬의 곱셈에 대한 성질인 $A\mathbf{0} = \mathbf{0}$, $A(\mathbf{x} - \mathbf{y}) = A\mathbf{x} - A\mathbf{y}$를 이용하여 간단히 증명할 수 있다.

[정리 6-2]로부터 영벡터를 영벡터로 보내지 않으면 선형변환이 아님을 알 수 있다. 대표적인 예가 평행이동이다. 예를 들어 $\mathbb{R}^2$의 x축으로 3만큼 평행이동하면 $(x,\ y)$는 $(x+3,\ y)$로 옮겨간다. 그러면 $(0,\ 0)$은 $(3,\ 0)$으로 옮겨가므로 영벡터를 영벡터로 보내지 않는다. 따라서 평행이동은 선형변환이 아니다.

정리 6-3 선형변환의 일차결합

선형변환 $L: V \to W$는 $\mathbf{v}_i \in V$와 스칼라 $c_i\ (i=1, 2, \cdots, n)$에 대하여 다음이 성립한다.

$$L(c_1\mathbf{v}_1 + c_2\mathbf{v}_2 + \cdots + c_n\mathbf{v}_n) = c_1L(\mathbf{v}_1) + c_2L(\mathbf{v}_2) + \cdots + c_nL(\mathbf{v}_n)$$

증명 이 정리의 증명은 수학적 귀납법을 이용한다.
먼저 $n=2$일 때, L이 선형변환이므로

$$L(c_1\mathbf{v}_1 + c_2\mathbf{v}_2) = L(c_1\mathbf{v}_1) + L(c_2\mathbf{v}_2) = c_1L(\mathbf{v}_1) + c_2L(\mathbf{v}_2)$$

이다. 따라서 정리가 성립한다.
이제 $n=k$일 때 성립한다고 가정하면

$$\begin{aligned} &L(c_1\mathbf{v}_1 + c_2\mathbf{v}_2 + \cdots + c_n\mathbf{v}_k + c_{k+1}\mathbf{v}_{k+1}) \\ &= L((c_1\mathbf{v}_1 + c_2\mathbf{v}_2 + \cdots + c_n\mathbf{v}_k) + c_{k+1}\mathbf{v}_{k+1}) \\ &= L(c_1\mathbf{v}_1 + c_2\mathbf{v}_2 + \cdots + c_n\mathbf{v}_k) + L(c_{k+1}\mathbf{v}_{k+1}) \\ &= (c_1L(\mathbf{v}_1) + c_2L(\mathbf{v}_2) + \cdots + c_kL(\mathbf{v}_k)) + c_{k+1}L(\mathbf{v}_{k+1}) \end{aligned}$$

따라서

$$\begin{aligned} &L(c_1\mathbf{v}_1 + c_2\mathbf{v}_2 + \cdots + c_n\mathbf{v}_k + c_{k+1}\mathbf{v}_{k+1}) \\ &= c_1L(\mathbf{v}_1) + c_2L(\mathbf{v}_2) + \cdots + c_kL(\mathbf{v}_k) + c_{k+1}L(\mathbf{v}_{k+1}) \end{aligned}$$

그러므로 모든 n에 대하여 성립한다. ■

V의 기저 $\{\mathbf{v}_1, \mathbf{v}_2, \cdots, \mathbf{v}_n\}$과 임의의 $\mathbf{v} \in V$에 대하여 $\mathbf{v} = c_1\mathbf{v}_1 + c_2\mathbf{v}_2 + \cdots + c_n\mathbf{v}_n$이므로 [정리 6-3]에 의하여

$$\begin{aligned} L(\mathbf{v}) &= L(c_1\mathbf{v}_1 + c_2\mathbf{v}_2 + \cdots + c_n\mathbf{v}_n) \\ &= c_1L(\mathbf{v}_1) + c_2L(\mathbf{v}_2) + \cdots + c_nL(\mathbf{v}_n) \end{aligned}$$

이다. 따라서 V의 기저만 알면 선형변환 L을 결정할 수 있다.

예제 6-14

평면 $W = \{(x, y, z) \mid 2x - y + z = 0\}$에 대하여 $\mathbb{R}^2$의 표준기저를 사용하여 선형변환 $L: \mathbb{R}^2 \to W$를 결정하라. 또한 $L(-2, 1)$을 구하라.

풀이

$2x-y+z=0$에서 $y=2x+z$이므로 $(x, y, z)\in W$에 대하여 다음이 성립한다.

$$\begin{aligned}(x, y, z)&=(x, 2x+z, z)\\&=x(1, 2, 0)+z(0, 1, 1)\end{aligned}$$

여기서 $\mathbf{w}_1=(1, 2, 0)$, $\mathbf{w}_2=(0, 1, 1)$이라고 하면 $\{\mathbf{w}_1, \mathbf{w}_2\}$는 W를 생성하고 일차독립이므로 W의 기저이다. 따라서 W는 $\{\mathbf{w}_1, \mathbf{w}_2\}$를 기저로 하는 $\mathbb{R}^3$의 2차원 부분공간이다.
$\mathbb{R}^2$의 표준기저 $\{\mathbf{u}_1=(1, 0), \mathbf{u}_2=(0, 1)\}$을 사용하여

$$L(\mathbf{u}_1)=\mathbf{w}_1=(1, 2, 0),\quad L(\mathbf{u}_2)=\mathbf{w}_2=(0, 1, 1)$$

로 정의하면 선형변환 L과 그 표준행렬 A는 다음과 같다.

$$L(\mathbf{v})=A\mathbf{v}=\begin{bmatrix}1&0\\2&1\\0&1\end{bmatrix}\begin{bmatrix}v_1\\v_2\end{bmatrix}=\begin{bmatrix}v_1\\2v_1+v_2\\v_2\end{bmatrix}$$

이때 $L(-2, 1)$은 다음과 같다.

$$L\begin{bmatrix}-2\\1\end{bmatrix}=\begin{bmatrix}1\cdot(-2)+0\cdot 1\\2\cdot(-2)+1\cdot 1\\0\cdot(-2)+1\cdot 1\end{bmatrix}=\begin{bmatrix}-2\\-3\\1\end{bmatrix}$$

예제 6-15

$\mathbb{R}^3$의 한 기저 $\{\mathbf{u}_1=(1, 1, 1), \mathbf{u}_2=(-1, 0, 1), \mathbf{u}_3=(0, 1, -1)\}$에 대한 선형변환 $L:\mathbb{R}^3\to\mathbb{R}^2$는 다음과 같다. 이때 $L(3, 0, -2)$를 구하라.

$$L(\mathbf{u}_1)=(2, -3),\quad L(\mathbf{u}_2)=(-2, 3),\quad L(\mathbf{u}_3)=(-1, 2)$$

풀이

$$\begin{aligned}\mathbf{v}=(3, 0, -2)&=c_1\mathbf{u}_1+c_2\mathbf{u}_2+c_3\mathbf{u}_3\\&=c_1(1, 1, 1)+c_2(-1, 0, 1)+c_3(0, 1, -1)\end{aligned}$$

이므로 다음 연립일차방정식을 얻을 수 있다.

$$\begin{aligned}c_1-c_2\quad\;\;&=3\\c_1\quad\;\;+c_3&=0\\c_1+c_2-c_3&=-2\end{aligned}$$

이 연립일차방정식을 풀면

$$c_1=\frac{1}{3},\quad c_2=-\frac{8}{3},\quad c_3=-\frac{1}{3}$$

이다. 따라서

$$\begin{aligned}\mathbf{v}=(3,\ 0,\ -2)&=c_1(1,\ 1,\ 1)+c_2(-1,\ 0,\ 1)+c_3(0,\ 1,\ -1)\\&=\frac{1}{3}(1,\ 1,\ 1)-\frac{8}{3}(-1,\ 0,\ 1)-\frac{1}{3}(0,\ 1,\ -1)\end{aligned}$$

이므로 다음이 성립한다.

$$\begin{aligned}L(\mathbf{v})=L(3,\ 0,\ -2)&=L\left(\frac{1}{3}(1,\ 1,\ 1)-\frac{8}{3}(-1,\ 0,\ 1)-\frac{1}{3}(0,\ 1,\ -1)\right)\\&=\frac{1}{3}L(1,\ 1,\ 1)-\frac{8}{3}L(-1,\ 0,\ 1)-\frac{1}{3}L(0,\ 1,\ -1)\\&=\frac{1}{3}(2,\ -3)-\frac{8}{3}(-2,\ 3)-\frac{1}{3}(-1,\ 2)\\&=\left(\frac{19}{3},\ -\frac{29}{3}\right)\end{aligned}$$

Command Window

```
: 코딩
>> syms c1 c2 c3;                                      % 심볼릭 변수 지정
>> u1=[1 1 1];u2=[-1 0 1];u3=[0 1 -1];v=[3 0 -2];     % 벡터 입력
>> sol=solve(v==c1*u1+c2*u2+c3*u3);                    % v = c1u1 + c2u2 + c3u3 계산
>> S=[sol.c1 sol.c2 sol.c3]
>> Lu1=[2 -3];Lu2=[-2 3];Lu3=[-1 2];
>> Lv=1/3*Lu1-8/3*Lu2-1/3*Lu3                          % L(3, 0, -2) 계산

: 결과
S =                                                    % [예제 6-15]의 결과와 동일
    [ 1/3, -8/3, -1/3]
Lv =
    6.3333          -9.6667
```

MATLAB 유제

선형변환 $L:\mathbb{R}^3\to\mathbb{R}^2$가 한 기저 $S=\left\{\mathbf{x}_1=\begin{bmatrix}1\\0\\1\end{bmatrix},\ \mathbf{x}_2=\begin{bmatrix}0\\1\\1\end{bmatrix},\ \mathbf{x}_3=\begin{bmatrix}1\\1\\0\end{bmatrix}\right\}$에 대하여 $L(\mathbf{x}_1)=\begin{bmatrix}1\\-1\end{bmatrix}$, $L(\mathbf{x}_2)=\begin{bmatrix}-1\\0\end{bmatrix}$, $L(\mathbf{x}_3)=\begin{bmatrix}0\\1\end{bmatrix}$일 때, $L(1,\ 1,\ 1)$을 구하라.

6.3.2 선형변환의 핵과 핵공간

[정리 6-2]로부터 선형변환 $L:V\to W$는 $\mathbf{0}\in V$에 대하여 $L(\mathbf{0})=\mathbf{0}\in W$임을 알았다. 그렇다면 선형변환 L은 V의 $\mathbf{0}$만을 W의 $\mathbf{0}$으로 보내는 것일까? 아니면 W의 $\mathbf{0}$으로 보내는 $\mathbf{0}$ 아닌 또 다른 V의 원소가 있을까? 선형변환

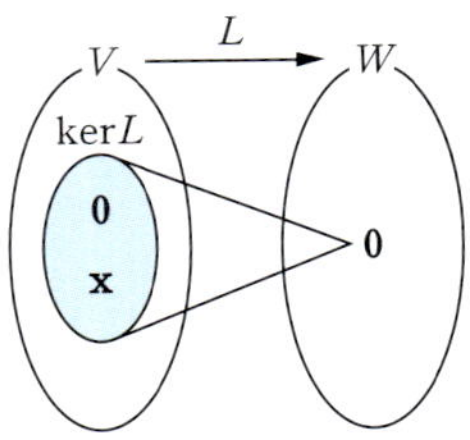

[그림 6-21] 핵

$L: V \to W$에 대하여 L에 의한 상이 $\mathbf{0}$인 V의 벡터 전체의 집합을 L의 **핵** kernel이라고 하고 $\ker L$로 나타낸다. 즉 다음과 같은 식으로 나타낸다.

$$\ker L = \{\mathbf{x} \in V \mid L(\mathbf{x}) = \mathbf{0}\}$$

예제 6-16

2차 다항식 전체의 벡터공간 P_2에서 1차 다항식 전체의 벡터공간 P_1으로의 선형변환 $L(ax^2+bx+c) = ax+b$의 $\ker L$을 구하라.

풀이

주어진 선형변환의 $\ker L$은 $L(\mathbf{x}) = \mathbf{0}$을 만족하는 P_2의 벡터이다. 즉

$$L(ax^2+bx+c) = ax+b = 0$$

이므로 $a=0$, $b=0$이다. 따라서 $\ker L$의 원소는 $0x^2+0x+c$ 꼴의 모든 다항식이므로 상수항만 있는 다항식이다. 그러므로 주어진 선형변환의 핵은 다음과 같다.

$$\ker L = \{c \in P_2 \mid c \in \mathbb{R}\}$$

선형변환 $L: V \to W$의 $\ker L$은 V의 부분집합임을 알고 있다. 그런데 V는 벡터공간이므로 부분집합인 $\ker L$도 벡터의 공리계를 만족할 수 있다. 다음 정리로부터 $\ker L$은 벡터공간임을 알 수 있다.

정리 6-4 핵공간

선형변환 $L: V \to W$의 $\ker L$은 V의 부분공간이다. 이 공간을 **핵공간** null space이라고 한다.[14]

14 V의 부분집합이 부분공간임을 증명하는 방법은 덧셈과 스칼라 배 연산에 대하여 닫혀있음을 확인하는 것이다.

증명 두 벡터 $\mathbf{x}$, $\mathbf{y}$가 $\ker L$의 원소라면 $L(\mathbf{x}) = L(\mathbf{y}) = \mathbf{0}$이다. L이 선형변환이고

$$L(\mathbf{x}+\mathbf{y}) = L(\mathbf{x}) + L(\mathbf{y}) = \mathbf{0}+\mathbf{0} = \mathbf{0}$$

이므로 $\mathbf{x}+\mathbf{y} \in \ker L$이다. 또 $\mathbf{x} \in \ker L$과 스칼라 k에 대하여

$$L(k\mathbf{x}) = kL(\mathbf{x}) = k\mathbf{0} = \mathbf{0}$$

이므로 $k\mathbf{x} \in \ker L$이다. 따라서 $\ker L$은 벡터공간이고, V의 부분공간이다. ■

예를 들어 [예제 6-16]의 선형변환 $L(ax^2+bx+c)=ax+b$의 핵공간은 $\ker L=\{c\in P_2 \mid c\in\mathbb{R}\}$이고, 이것은 P_2의 부분공간이다. 한편 A가 $m\times n$ 행렬일 때, 선형변환 $L:\mathbb{R}^n\to\mathbb{R}^m$을 $L(\mathbf{x})=A\mathbf{x}$로 정의하면 $\ker L$은 동차 연립일차방정식 $A\mathbf{x}=\mathbf{0}$의 해공간이다. 즉 핵공간이 바로 동차연립일차방정식 $A\mathbf{x}=\mathbf{0}$의 해공간이다.

6.3.3 단사

함수에는 일대일 사상과 위로의 사상이 있다. 마찬가지로 선형변환에도 이와 동일한 개념이 있다. 이제 $\ker L$을 활용하여 선형변환의 성질을 밝혀보자. $L:V\to W$를 선형변환이라고 하자. 임의의 두 벡터 $\mathbf{v}_1,\ \mathbf{v}_2\in V$에 대하여

$$\mathbf{v}_1\neq\mathbf{v}_2 \quad\Rightarrow\quad L(\mathbf{v}_1)\neq L(\mathbf{v}_2)$$

일 때, L을 **단사**injection 또는 일대일 사상이라고 한다.[15]

위 정의의 대우[16]는 '임의의 두 벡터 $\mathbf{v}_1,\ \mathbf{v}_2\in V$에 대하여

$$L(\mathbf{v}_1)=L(\mathbf{v}_2) \quad\Rightarrow\quad \mathbf{v}_1=\mathbf{v}_2$$

일 때, L은 단사'이다. 두 정의는 동치이므로 주어진 상황에 따라 어느 것을 이용해도 관계없다.

15 $L:V\to W$가 단사이면 V의 원소 하나에 W의 원소가 각각 정확히 한 개씩 대응된다. 이때 V에는 남는 원소가 있으면 안 되지만 다음 그림과 같이 W에는 남는 원소가 있을 수도 있다.

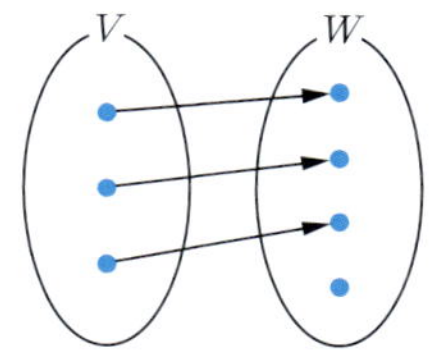

16 명제 $p\to q$의 대우는 $\sim q\to\sim p$이다.

예제 6-17

선형변환 $L:\mathbb{R}^2\to\mathbb{R}^2$를 $L(x,\ y)=(x+y,\ x-2y)$로 정의하면 L은 단사임을 보여라.

풀이

임의의 두 벡터 $\mathbf{v}_1=(x_1,\ y_1),\ \mathbf{v}_2=(x_2,\ y_2)$에 대하여 $L(\mathbf{v}_1)=L(\mathbf{v}_2)$라고 하면

$$\begin{aligned} x_1+\ y_1&=x_2+\ y_2 \\ x_1-2y_1&=x_2-2y_2 \end{aligned}$$

이므로 $x_1=x_2,\ y_1=y_2$이다. 즉 $\mathbf{v}_1=\mathbf{v}_2$이다. 따라서 L은 단사이다.

앞에서 주어진 선형변환 $L:V\to W$가 어떤 조건을 만족할 때 단사인지 알아보았다. 이때 선형변환이 단사인지 아닌지는 $\ker L$을 이용해도 알 수 있다.

정리 6-5 단사일 필요충분조건

선형변환 $L: V \to W$가 단사일 필요충분조건은 $\ker L = \{0\}$이다.

증명 먼저 선형변환 L이 단사라고 하자. 그러면 $\mathbf{x} \in \ker L$에 대하여 $L(\mathbf{x}) = 0 = L(0)$이므로 $\mathbf{x} = 0$이다. 따라서 $\ker L = \{0\}$이다.
역으로 $\ker L = \{0\}$이라고 하고 $L(\mathbf{x}) = L(\mathbf{y})$라고 하면

$$0 = L(\mathbf{x}) - L(\mathbf{y}) = L(\mathbf{x} - \mathbf{y})$$

이므로 $\mathbf{x} - \mathbf{y} \in \ker L = 0$이다. 즉 $\mathbf{x} = \mathbf{y}$이다. 따라서 L은 단사이다. ■

예제 6-18

선형변환 $L: \mathbb{R}^2 \to \mathbb{R}^2$가 각각 다음과 같을 때, 주어진 L이 단사인지 아닌지 결정하라.

(a) $L(x, y) = (x - y, 0)$ **(b)** $L(x, y) = (x + y, x - y)$

풀이

(a) $L(x, y) = (x - y, 0)$이라면

$$\begin{aligned} \ker L &= \{(x, y) \in \mathbb{R}^2 \mid (x-y, 0) = (0, 0)\} \\ &= \{(x, y) \in \mathbb{R}^2 \mid y = x\} \end{aligned}$$

이다. 따라서 $\ker L \neq \{0\}$이므로 L은 단사가 아니다.

(b) $L(x, y) = (x + y, x - y)$라면

$$\ker L = \{(x, y) \in \mathbb{R}^2 \mid (x+y, x-y) = (0, 0)\} = \{0 = (0, 0)\}$$

이다. 따라서 $\ker L = \{0\}$이므로 L은 단사이다.

Command Window

```
: 코딩
>> syms x y
>> S_a=solve(x-y==0)                     % [예제 6-18(a)]의 kerL 계산
>> S_b=solve(x+y==0,x-y==0)              % [예제 6-18(b)]의 kerL 계산

: 결과
S_a = 1                                  % [예제 6-18]의 결과와 동일
      y
S_b = 2
      x: [1x1 sym]
      y: [1x1 sym]
```

MATLAB TIP!

1. $\ker L \neq \{0\}$이므로 단사가 아니다.
2. $\ker L = \{0\}$이므로 단사이다. 해가 0이므로 다음과 같이 출력된다.

MATLAB 유제

선형변환 $L:\mathbb{R}^5\to\mathbb{R}^4$가 단사인지 아닌지 결정하라.

$$L\begin{bmatrix}x_1\\x_2\\x_3\\x_4\\x_5\end{bmatrix}=\begin{bmatrix}5x_1-x_3+3x_4-x_5\\x_1+2x_4-2x_5\\x_1-x_3+5x_4-3x_5\\-3x_3+x_4\end{bmatrix}$$

6.3.4 선형변환의 치역과 상공간

선형변환은 함수이고, 모든 함수는 치역을 갖는다. 그와 동시에 선형변환은 벡터공간에서의 함수이기 때문에 선형변환의 치역은 일반적인 함수의 치역에 비해 특별한 성질을 갖는다. 이제 선형변환의 치역에 대하여 알아보자. 선형변환 $L:V\to W$에 대하여 $\mathbf{x}\in V$의 상(함숫값) $L(\mathbf{x})\in W$ 전체의 집합을 L의 **치역**range이라고 하고 $\operatorname{Im}L$로 나타낸다.

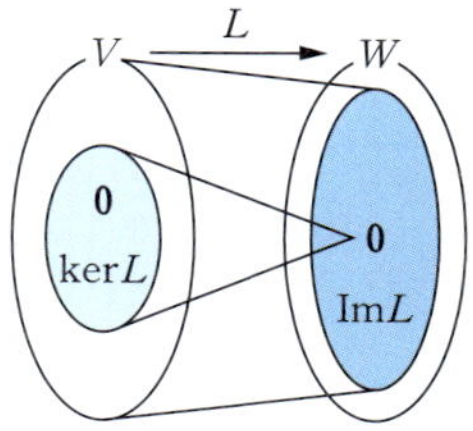

[그림 6-22] 핵과 치역

$$\operatorname{Im}L=\{L(\mathbf{x})\mid\mathbf{x}\in V\}$$

이때 $\operatorname{Im}L=W$이면 L을 **전사**surjection 또는 **위로의 사상**onto이라고 한다. 특히 선형변환 L이 단사이고 전사이면 L을 **동형사상**isomorphism이라고 한다.

예제 6-19

선형변환 L이 각각 다음과 같이 정의될 때 L이 전사인지 아닌지 결정하라.

(a) $L:P_3\to P_2,\ L(a_0+a_1x+a_2x^2+a_3x^3)=a_1+2a_2x+3a_3x^2$

(b) $L:\mathbb{R}^3\to\mathbb{R}^3,\ L\begin{bmatrix}x_1\\x_2\\x_3\end{bmatrix}=\begin{bmatrix}1&0&1\\1&1&2\\2&1&3\end{bmatrix}\begin{bmatrix}x_1\\x_2\\x_3\end{bmatrix}$

풀이

(a) 선형변환 L은 P_3의 3차 다항식을 P_2의 2차 다항식(도함수)으로 보낸다. 따라서

$$\operatorname{Im}L=\{b_0+b_1x+b_2x^2\mid b_0,\ b_1,\ b_2\in\mathbb{R}\}=P_2$$

이므로 주어진 선형변환은 전사이다.

(b) 선형변환 L은 다음과 같은 연립일차방정식으로 나타낼 수 있다.

$$L\begin{bmatrix}x_1\\x_2\\x_3\end{bmatrix}=\begin{bmatrix}1&0&1\\1&1&2\\2&1&3\end{bmatrix}\begin{bmatrix}x_1\\x_2\\x_3\end{bmatrix}=\begin{bmatrix}y_1\\y_2\\y_3\end{bmatrix}$$

이 연립일차방정식의 첨가행렬의 RREF를 구하면

$$\begin{bmatrix}1&0&1&&y_1\\0&1&1&&y_2-y_1\\0&0&0&&y_3-y_2-y_1\end{bmatrix}$$

이므로 $y_3-y_2-y_1=0$일 때 해가 존재한다. 즉 $y_3-y_2-y_1=0$이므로 $y_1=y_3-y_2$이고, 치역은 $\text{Im}L=\{(y_1, y_2, y_3)\mid y_1=y_3-y_2\}$이다. 그런데 $(y_3-y_2, y_2, y_3)=y_2(-1, 1, 0)+y_3(1, 0, 1)$이므로 $\text{Im}L$은 $\mathbb{R}^3$의 두 벡터 $(-1, 1, 0)$과 $(1, 0, 1)$에 의해 생성된 평면이다. 따라서 $\text{Im}L\neq\mathbb{R}^3$이므로 주어진 선형변환은 전사가 아니다.

선형변환 $L: V\to W$의 부분집합 $\ker L$은 V의 부분공간임을 알고 있다. 한편 $\text{Im}L$은 W의 부분집합이고 W는 벡터공간이다. $\ker L$과 마찬가지로 $\text{Im}L$은 벡터공간 W의 부분공간임을 다음 정리로부터 알 수 있다.

정리 6-6 상 공간

$L: V\to W$가 선형변환일 때, $\text{Im}L$은 W의 부분공간이다. 이 공간을 **상 공간**image space이라고 한다.

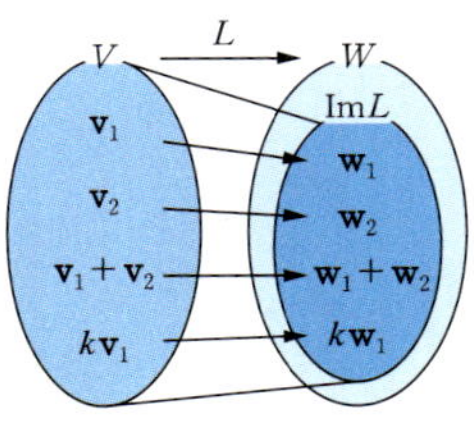

[그림 6-23] **상 공간**

증명 $\text{Im}L$의 임의의 두 벡터 $\mathbf{w}_1$, $\mathbf{w}_2$에 대하여

$$L(\mathbf{v}_1)=\mathbf{w}_1,\quad L(\mathbf{v}_2)=\mathbf{w}_2$$

인 $\mathbf{v}_1$, $\mathbf{v}_2\in V$가 존재하므로 임의의 스칼라 k에 대하여

$$\mathbf{w}_1+\mathbf{w}_2=L(\mathbf{v}_1)+L(\mathbf{v}_2)=L(\mathbf{v}_1+\mathbf{v}_2)\in\text{Im}L$$
$$k\mathbf{w}_1=kL(\mathbf{v}_1)=L(k\mathbf{v}_1)\in\text{Im}L$$

이다. 따라서 $\text{Im}L$은 W의 부분공간이다. ■

한편 [정리 6-6]으로부터 $L:\mathbb{R}^n\to\mathbb{R}^m$이라면 L의 표현행렬 A는 $m\times n$ 행렬이고 $L(\mathbf{x})=A\mathbf{x}$이므로 $\text{Im}L$은 $A\mathbf{x}$, 즉 행렬 A의 열공간[17]임을 알 수 있다.

17 5장 5.1.2절을 참고하라.

예제 6-20

선형변환 $L:\mathbb{R}^4 \to \mathbb{R}^3$가 다음과 같을 때, $\mathrm{Im}L$의 기저를 구하라.

$$L(x_1,\ x_2,\ x_3,\ x_4)=(x_1+x_2,\ x_3+x_4,\ x_1+x_3)$$

풀이

[정리 6-6]으로부터 $\mathrm{Im}L$은 $\mathbb{R}^3$의 부분공간임을 알 수 있다. 또한

$$\begin{aligned} L(x_1,\ x_2,\ x_3,\ x_4) &= (x_1+x_2,\ x_3+x_4,\ x_1+x_3) \\ &= x_1(1,\ 0,\ 1)+x_2(1,\ 0,\ 0)+x_3(0,\ 1,\ 1)+x_4(0,\ 1,\ 0) \end{aligned}$$

이므로 벡터들의 집합 $\{(1,\ 0,\ 1),\ (1,\ 0,\ 0),\ (0,\ 1,\ 1),\ (0,\ 1,\ 0)\}$이 $\mathrm{Im}L$을 생성한다. 이 중에서 일차독립인 것은 주어진 벡터를 행벡터로 갖는 행렬의 RREF를 구했을 때 영 아닌 행들이다.

$$\begin{bmatrix} 1 & 0 & 1 \\ 1 & 0 & 0 \\ 0 & 1 & 1 \\ 0 & 1 & 0 \end{bmatrix} \xrightarrow{\text{RREF}} \begin{bmatrix} 1 & 0 & 0 \\ 0 & 1 & 0 \\ 0 & 0 & 1 \\ 0 & 0 & 0 \end{bmatrix}$$

따라서 $\mathrm{Im}L$의 기저는 $\{(1,\ 0,\ 1),\ (1,\ 0,\ 0),\ (0,\ 1,\ 1)\}$이다.

Command Window

```
: 코딩
>> syms x1 x2 x3 x4                              % 심볼릭 변수 지정
>> x=[x1 x2 x3 x4];                              % 벡터 x 입력
>> L(x)=[x1+x2 x3+x4 x1+x3];                     % 선형변환 정의
>> A1=L(1,0,0,0)';A2=L(0,1,0,0)';A3=L(0,0,1,0)';A4=L(0,0,0,1)';
>> A=[A1 A2 A3 A4]                               % L의 표준행렬 계산
>> L=rref(A')

: 결과
A =                                              % [예제 6-20]의 결과와 동일
    [ 1, 1, 0, 0]
    [ 0, 0, 1, 1]
    [ 1, 0, 1, 0]
L =
    [ 1, 0, 0]
    [ 0, 1, 0]
    [ 0, 0, 1]
    [ 0, 0, 0]
```

MATLAB 유제

선형변환 $L:\mathbb{R}^3 \to \mathbb{R}^3$가 아래와 같을 때, $\mathrm{Im}\,L$의 기저를 구하라.

$$L\begin{bmatrix} x_1 \\ x_2 \\ x_3 \end{bmatrix} = \begin{bmatrix} 1 & 0 & 1 \\ 1 & 1 & 2 \\ 2 & 1 & 3 \end{bmatrix}\begin{bmatrix} x_1 \\ x_2 \\ x_3 \end{bmatrix}$$

6.3.5 계수-퇴화차수 정리

우리는 5.4절에서 행렬의 계수-퇴화차수 정리를 살펴보았다. 선형변환 $L: \mathbb{R}^n \to \mathbb{R}^m$은 행렬변환이므로 행렬의 계수-퇴화차수 정리를 선형변환에 같은 방법으로 적용할 수 있다. 또한 $\ker L$과 $\operatorname{Im} L$은 각각 $\mathbb{R}^n$과 $\mathbb{R}^m$의 부분공간이므로 이 벡터공간들의 차원을 생각할 수 있다.

이제 실수에 대한 벡터공간뿐만 아니라 일반적인 벡터공간 사이의 선형변환에 대하여 계수와 퇴화차수를 생각해 보자.

선형변환 $L: V \to W$에 대하여 $\operatorname{Im} L$의 차원을 L의 **계수**rank라고 하고 이를 $\operatorname{rank}(L)$로 나타낸다. 또한 $\ker L$의 차원을 **핵공간의 차원** 또는 **퇴화차수**nullity라고 하고, $\operatorname{nullity}(L)$로 나타낸다. 즉 다음과 같이 정의된다.

$$\operatorname{rank}(L) = \dim(\operatorname{Im} L), \quad \operatorname{nullity}(L) = \dim(\ker L)$$

특히 선형변환 L이 행렬변환이면 $L(\mathbf{x}) = A\mathbf{x}$에 대하여 다음이 성립함을 알 수 있다.

❶ $\operatorname{rank}(L) = \dim(\operatorname{Im} L)$
$= A$의 열공간의 차원
$= \dim C(A) = \operatorname{rank}(A)$

❷ $\operatorname{nullity}(L) = \dim(\ker L)$
$= (A\mathbf{x} = \mathbf{0}$의 핵공간의 차원$)$
$= \operatorname{nullity}(A)$

예제 6-21

선형변환 $L: \mathbb{R}^3 \to \mathbb{R}^3$가 $L(a, b, c) = (a, b, 0)$일 때 $\operatorname{rank}(L)$과 $\operatorname{nullity}(L)$을 구하라.

풀이

$$\begin{aligned}\ker L &= \{(a, b, c) \in \mathbb{R}^3 \mid L(a, b, c) = (a, b, 0) = (0, 0, 0)\} \\ &= \{(0, 0, c) \in \mathbb{R}^3 \mid c \in \mathbb{R}\}\end{aligned}$$

즉, $\ker L = \mathbb{R}$ 이므로 $\operatorname{nullity}(L) = 1$이다.

$$\operatorname{Im} L = \{(a, b, 0) \mid a, b \in \mathbb{R}\}$$

이므로 $\operatorname{Im} L$은 xy 평면에 놓여 있는 모든 벡터의 집합이다. 따라서 $\operatorname{rank}(L) = 2$이다.

Command Window

```
: 코딩
>> syms a b c                                   % 심볼릭 변수 지정
>> x=[a b c];                                   % 변수 벡터 입력
>> L(x)=[a b 0];                                % 선형변환 정의
>> A1=L(1,0,0)';A2=L(0,1,0)';A3=L(0,0,1)';      % 선형변환의 표준행렬 계산
>> A=[A1 A2 A3]

: 결과
A = 1                                           % [예제 6-21]의 결과와 동일
    [ 1, 0, 0]
    [ 0, 1, 0]
    [ 0, 0, 0]
```

MATLAB TIP!

1 rank(L)=2, nullity(L)=1 이다.

MATLAB 유제

선형변환 $L:\mathbb{R}^4 \to \mathbb{R}^5$가 다음과 같을 때, rank$(L)$과 nullity$(L)$을 구하라.

$$L\begin{bmatrix} x_1 \\ x_2 \\ x_3 \\ x_4 \end{bmatrix} = \begin{bmatrix} x_1 - x_2 & & +3x_4 \\ x_1 & & +2x_4 \\ 2x_1 & - x_3 & +5x_4 \\ & - x_3 & + x_4 \\ & 2x_2 - 3x_3 & + x_4 \end{bmatrix}$$

일반적으로 계수와 퇴화차수 사이에는 다음 정리가 성립한다.

정리 6-7 계수-퇴화차수 rank-nullity **정리**

n차원 벡터공간 V에서 벡터공간 W로의 선형변환 $L:V \to W$에 대하여 다음이 성립한다.[18]

$$\text{rank}(L) + \text{nullity}(L) = n = \dim(V)$$

18 계수-퇴화차수 정리에서 벡터공간 W의 차원은 중요하지 않다.

증명 만일 $\text{Im}L = \{0\}$이라면 $\ker L = V$이므로 위 정리는 명백히 성립한다. 이제 $\text{Im}L \neq \{0\}$이라고 하면 $\ker L \neq V$이므로 nullity$(L) = r$이라고 하면 $r < n$이다. 집합 $\{\mathbf{v}_1, \mathbf{v}_2, \cdots, \mathbf{v}_r\}$을 $\ker L$의 기저라고 하면 $\dim(V) = n$이므로

$$S = \{\mathbf{v}_1, \mathbf{v}_2, \cdots, \mathbf{v}_r, \mathbf{v}_{r+1}, \cdots, \mathbf{v}_n\}$$

이 V의 기저가 되는 $n-r$개의 벡터 $\{\mathbf{v}_{r+1}, \cdots, \mathbf{v}_n\}$이 존재한다. 이때

$$T = \{L(\mathbf{v}_{r+1}), \cdots, L(\mathbf{v}_n)\}$$

이 $\text{Im}L$의 기저가 됨을 보이면, rank$(L) = \dim(\text{Im}L) = n - r$이므로 정리의 증명이

완성된다. $\mathbf{w}$가 $\mathrm{Im}L$ 의 임의의 벡터라면 $\mathbf{w}=L(\mathbf{v})$가 되는 벡터 $\mathbf{v}\in V$가 존재하고 S가 V의 기저이므로 적당한 스칼라 c_1, c_2, $\cdots$, c_n에 대하여

$$\mathbf{v}=c_1\mathbf{v}_1+\cdots+c_r\mathbf{v}_r+c_{r+1}\mathbf{v}_{r+1}+\cdots+c_n\mathbf{v}_n$$

그런데 $\mathbf{v}_1$, $\cdots$, $\mathbf{v}_r\in\ker L$이므로

$$L(\mathbf{v}_1)=\cdots=L(\mathbf{v}_r)=\mathbf{0}$$

따라서

$$\begin{aligned}\mathbf{w}=L(\mathbf{v})&=c_1L(\mathbf{v}_1)+\cdots+c_rL(\mathbf{v}_r)+c_{r+1}L(\mathbf{v}_{r+1})+\cdots+c_nL(\mathbf{v}_n)\\&=c_{r+1}L(\mathbf{v}_{r+1})+\cdots+c_nL(\mathbf{v}_n)\end{aligned}$$

이므로 T는 $\mathrm{Im}L$을 생성한다.
또 L이 선형변환이므로 적당한 스칼라 k_{r+1}, $\cdots$, k_n에 대하여

$$\begin{aligned}&k_{r+1}L(\mathbf{v}_{r+1})+\cdots+k_nL(\mathbf{v}_n)=\mathbf{0}\\\Rightarrow\ &L(k_{r+1}\mathbf{v}_{r+1}+\cdots+k_n\mathbf{v}_n)=\mathbf{0}\\\Rightarrow\ &k_{r+1}\mathbf{v}_{r+1}+\cdots+k_n\mathbf{v}_n\in\ker L\end{aligned}$$

그런데 집합 $\{\mathbf{v}_1, \mathbf{v}_2, \cdots, \mathbf{v}_r\}$이 $\ker L$의 기저이므로

$$\begin{aligned}&k_{r+1}\mathbf{v}_{r+1}+\cdots+k_n\mathbf{v}_n=k_1\mathbf{v}_1+\cdots+k_r\mathbf{v}_r\\\Rightarrow\ &k_1\mathbf{v}_1+\cdots+k_r\mathbf{v}_r-k_{r+1}\mathbf{v}_{r+1}-\cdots-k_n\mathbf{v}_n=\mathbf{0}\end{aligned}$$

이고, S는 V의 기저이므로 일차독립이다. 따라서

$$k_{r+1}=\cdots=k_n=0$$

이므로 T는 일차독립이다. 그러므로 T는 $\mathrm{Im}L$ 의 기저이며, 다음이 성립한다.

$$\mathrm{rank}(L)+\mathrm{nullity}(L)=n=\dim(V)$$ ■

예제 6-22

선형변환 $L:P_2\to P_1$이 $L(ax^2+bx+c)=(a+2b)x+(b+c)$일 때 [정리 6-7]이 성립함을 확인하라.

풀이

$$\begin{aligned}L(ax^2+bx+c)=0\ &\leftrightarrow\ (a+2b)x+(b+c)=0\\&\leftrightarrow\ \begin{cases}a+2b=0\\b+\ c=0\end{cases}\\&\leftrightarrow\ \begin{bmatrix}a\\b\\c\end{bmatrix}=s\begin{bmatrix}2\\-1\\1\end{bmatrix}\quad(\text{단, } s\in\mathbb{R})\end{aligned}$$

따라서 다음을 얻을 수 있다.

$$\text{nullity}(L) = \dim(\ker L) = 1$$
$$\text{rank}(L) = \dim(\text{Im } L) = \dim(P_1) = 2$$

즉 $\text{rank}(L) + \text{nullity}(L) = 3 = \dim(P_2)$이므로 [정리 6-7]이 성립한다.

마지막으로 왜 $\text{rank}(L)$을 계수라 하고 $\text{nullity}(L)$을 퇴화차수라 하는지 생각해 보자. n차원 벡터공간 V의 선형변환 $L: V \to W$에 대하여 계수 $\text{rank}(L)$과 퇴화차수 $\text{nullity}(L)$은 V의 기저 $S = \{\mathbf{x}_1, \mathbf{x}_2, \cdots, \mathbf{x}_n\}$의 원소를 L로 보냈을 때 $\text{Im}L$을 생성하는 데 필요한 벡터와 필요 없는 벡터의 개수를 나타낸다.

예를 들어 $\text{rank}(L) = k$라면 $S = \{\mathbf{x}_1, \mathbf{x}_2, \cdots, \mathbf{x}_n\}$ 중에서 [그림 6-24]와 같이 k개는 $\text{Im } L$을 생성하는 데 꼭 필요하지만, k개를 제외한 $n-k$개의 벡터는 모두 W의 영벡터로 보내진다. 즉 $\ker L$의 $n-k$개의 원소들은 L에 의하여 W에서 모두 $\mathbf{0}$으로 사라진다고 생각할 수 있으므로 $\dim(\ker L) = \text{nullity}(L)$을 퇴화차수라고 부른다. 한편 반드시 필요한 벡터의 개수 k를 '계급의 수'라는 의미의 계수라고 한다.

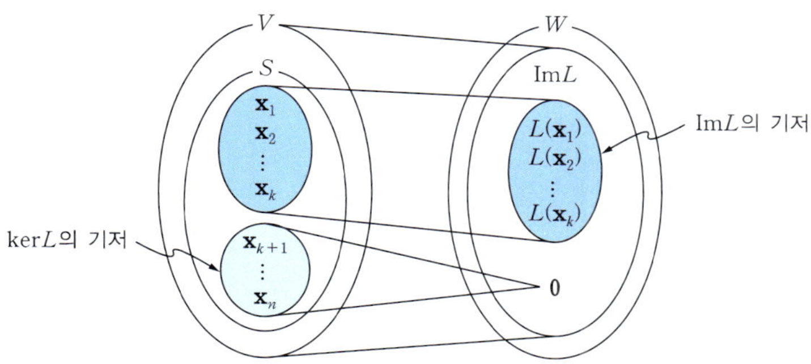

[그림 6-24] **계수-퇴화차수 정리**

예제 6-23

다음 선형변환 L에 대하여 L의 퇴화차수를 구하라.

(a) $L: \mathbb{R}^6 \to \mathbb{R}^4$의 계수는 3이다.

(b) $L: \mathbb{R}^7 \to \mathbb{R}^6$의 치역은 $\mathbb{R}^6$이다.

(c) $L: P_4 \to P_2$의 계수는 2이다.

(d) $L: M_4 \to M_3$의 계수는 6이다.

풀이

P_n은 n차 이하의 다항식 전체의 집합으로 $\dim P_n = n+1$이다. M_n은 n차 정사각행렬 전체의 집합으로 $\dim M_n = n^2$이다.

(a) $\mathrm{rank}(L)+\mathrm{nullity}(L)=\dim\mathbb{R}^6=6$이고, $\mathrm{rank}(L)=3$이므로 $\mathrm{nullity}(L)=3$이다.

(b) L의 치역이 $\mathbb{R}^6$이면 $\mathrm{rank}(L)=6$이다. $\mathrm{rank}(L)+\mathrm{nullity}(L)=\dim\mathbb{R}^7=7$이므로 $\mathrm{nullity}(L)=1$이다.

(c) $\mathrm{rank}(L)+\mathrm{nullity}(L)=\dim P_4=5$이고, $\mathrm{rank}(L)=2$이므로 $\mathrm{nullity}(L)=3$이다.

(d) $\mathrm{rank}(L)+\mathrm{nullity}(L)=\dim M_4=16$이고, $\mathrm{rank}(L)=6$이므로 $\mathrm{nullity}(L)=10$이다.

6.4 선형변환의 행렬

우리는 6.1절에서 $\mathbb{R}^n$에서 $\mathbb{R}^m$으로의 모든 선형변환을 표준행렬을 이용하여 나타낼 수 있음을 배웠다. 이때 표준행렬은 벡터공간 $\mathbb{R}^n$의 표준기저를 이용하여 얻었다. 그러나 선형변환을 표현하는 행렬은 표준기저 이외의 다른 기저를 이용해서도 구할 수 있다. 이 절에서는 6.1절 내용을 일반화하여 임의의 유한차원 벡터공간 V에서 W로의 선형변환도 행렬변환으로 나타낼 수 있음을 5.5절에서 배운 좌표벡터를 이용하여 알아본다.

n차원 벡터공간 V와 m차원 벡터공간 W의 **순서기저**ordered basis를 각각 $S=\{\mathbf{x}_1, \cdots, \mathbf{x}_n\}$, $T=\{\mathbf{y}_1, \cdots, \mathbf{y}_m\}$이라고 하고 $L: V\to W$를 선형변환이라고 하자.[19]

19 순서기저는 기저의 집합 $S=\{\mathbf{x}_1, \mathbf{x}_2, \cdots, \mathbf{x}_n\}$의 원소의 순서를 바꾸지 않는 것이다. 만일 S의 원소의 순서를 바꿔 $S'=\{\mathbf{x}_2, \mathbf{x}_1, \cdots, \mathbf{x}_n\}$이라면 S와 S'은 서로 다른 순서기저이다.

그러면 각 벡터 $\mathbf{x}_j\in V$(단, $j=1, 2, \cdots, n$)에 대하여 $L(\mathbf{x}_j)$는 W의 벡터이고, T가 W의 기저이므로 $L(\mathbf{x}_j)$는 다음과 같이 유일한 일차결합을 갖는다.

$$L(\mathbf{x}_j)=a_{1j}\mathbf{y}_1+a_{2j}\mathbf{y}_2+\cdots+a_{mj}\mathbf{y}_m \quad (\text{단, } 1\le j\le n)$$

따라서 T에 대한 $L(\mathbf{x}_j)$의 좌표벡터는

$$[L(\mathbf{x}_j)]_T=\begin{bmatrix} a_{1j} \\ a_{2j} \\ \vdots \\ a_{mj} \end{bmatrix}\in\mathbb{R}^m$$

이고, $[L(\mathbf{x}_1)]_T$, $[L(\mathbf{x}_2)]_T$, $\cdots$, $[L(\mathbf{x}_n)]_T$를 열벡터로 갖는 $m\times n$ 행렬 A는 다음과 같다.

$$A = \Big[\big[L(\mathbf{x}_1) \big]_T \ \ \big[L(\mathbf{x}_2) \big]_T \ \cdots \ \big[L(\mathbf{x}_n) \big]_T \Big] = \begin{bmatrix} a_{11} & a_{12} & \cdots & a_{1n} \\ a_{21} & a_{22} & \cdots & a_{2n} \\ \vdots & \vdots & \cdots & \vdots \\ a_{m1} & a_{m2} & \cdots & a_{mn} \end{bmatrix}$$

이때 행렬 $A = [a_{ij}]$를 **기저 S와 T에 대한 선형변환 L의 행렬표현**matrix representation 또는 **L의 행렬**이라고 하고, 기호로 다음과 같이 표시한다.

$$A = [L]_{S,\,T}$$

특히 $V = W$일 때 선형작용소 $L : V \to V$에 대하여 기저를 $S = T$로 택하여 위와 같은 방법으로 얻은 행렬 A를 **기저 S에 대한 선형변환 L의 행렬**이라고 하고, 기호로 $A = [L]_S$로 나타낸다. 선형변환의 행렬에 대하여 다음 정리가 성립한다.

정리 6-8 선형변환의 행렬표현

n차원 벡터공간 V와 m차원 벡터공간 W에 대하여 $L : V \to W$를 $\mathbf{y} = L(\mathbf{x})$(단, $\mathbf{x} \in V$)로 정의된 선형변환이라고 하고, $S = \{\mathbf{x}_1, \cdots, \mathbf{x}_n\}$과 $T = \{\mathbf{y}_1, \cdots, \mathbf{y}_m\}$을 각각 V와 W의 순서기저라고 하자. 그러면 다음이 성립한다.

$$[\mathbf{y}]_T = A[\mathbf{x}]_S$$

특히 이러한 행렬 A는 유일하다.

증명 $\mathbf{x} \in V$는 V의 기저 $S = \{\mathbf{x}_1, \cdots, \mathbf{x}_n\}$에 있는 벡터에 의해

$$\mathbf{x} = c_1\mathbf{x}_1 + c_2\mathbf{x}_2 + \cdots + c_n\mathbf{x}_n$$

으로 표시되며, S에 대한 $\mathbf{x}$의 좌표벡터는 다음과 같다.

$$[\mathbf{x}]_S = \begin{bmatrix} c_1 \\ c_2 \\ \vdots \\ c_n \end{bmatrix} \in \mathbb{R}^n$$

L이 선형변환이므로

$$\mathbf{y} = L(\mathbf{x}) = c_1 L(\mathbf{x}_1) + c_2 L(\mathbf{x}_2) + \cdots + c_n L(\mathbf{x}_n)$$

이고, $\mathbf{y}$는 W의 벡터이므로 기저 T에 대하여 다음이 성립한다.

$$[\mathbf{y}]_T = c_1 \big[L(\mathbf{x}_1) \big]_T + c_2 \big[L(\mathbf{x}_2) \big]_T + \cdots + c_n \big[L(\mathbf{x}_n) \big]_T$$

$$= \left[[L(\mathbf{x}_1)]_T \ [L(\mathbf{x}_2)]_T \ \cdots \ [L(\mathbf{x}_n)]_T \right] \begin{bmatrix} c_1 \\ c_2 \\ \vdots \\ c_n \end{bmatrix}$$

$$= A[\mathbf{x}]_S$$

이제 이러한 행렬 A가 유일함을 보이자. 모든 $\mathbf{x} \in V$에 대하여 $\mathbf{y} = L(\mathbf{x})$이므로 $[\mathbf{y}]_T = A[\mathbf{x}]_S$, $[\mathbf{y}]_T = B[\mathbf{x}]_S$인 $m \times n$ 행렬 A, B가 존재한다고 가정하면 다음이 성립한다.

$$[\mathbf{y}]_T - [\mathbf{y}]_T = A[\mathbf{x}]_S - B[\mathbf{x}]_S = (A-B)[\mathbf{x}]_S = 0$$

이는 모든 $\mathbf{x} \in V$에 대하여 성립한다. 특히 순서기저 S의 원소 $\mathbf{x}_i$(단, $i = 1, 2, \cdots, n$)에 대하여 다음이 성립한다.

$$(A-B)[\mathbf{x}_i]_S = (A-B)\mathbf{e}_i = 0$$

그런데 $(A-B)\mathbf{e}_i$는 행렬 $A-B$의 i열을 의미하므로 행렬 $A-B$의 n개의 열은 m개의 0을 성분으로 갖는 벡터이다. 즉 $A-B=0$이므로 $A=B$이다. 따라서 $[\mathbf{y}]_T = A[\mathbf{x}]_S$를 만족하는 행렬은 유일하다. ■

$\mathbf{y} = L(\mathbf{x})$로 정의된 선형변환 $L : V \to W$ 의 A에 의한 행렬표현을 나타내면 [그림 6-25]와 같다.

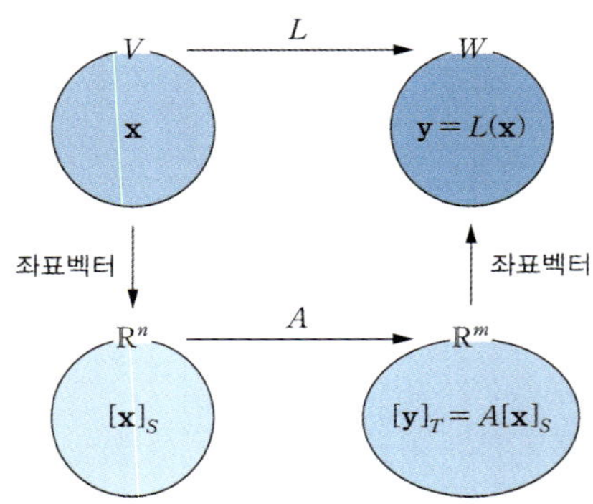

[그림 6-25] **선형변환의 행렬표현**

예제 6-24

선형변환 $L : \mathbb{R}^3 \to \mathbb{R}^2$를 다음과 같이 정의하고

$$L\begin{bmatrix} x \\ y \\ z \end{bmatrix} = \begin{bmatrix} x-y \\ y-z \end{bmatrix}$$

S, T가 각각 $\mathbb{R}^3$, $\mathbb{R}^2$의 기저일 때 $A = [L]_{S,T}$를 구하라.

$$S=\left\{\mathbf{x}_1=\begin{bmatrix}1\\0\\1\end{bmatrix},\ \mathbf{x}_2=\begin{bmatrix}0\\1\\1\end{bmatrix},\ \mathbf{x}_3=\begin{bmatrix}1\\1\\0\end{bmatrix}\right\},\quad T=\left\{\mathbf{y}_1=\begin{bmatrix}1\\1\end{bmatrix},\ \mathbf{y}_2=\begin{bmatrix}-1\\1\end{bmatrix}\right\}$$

풀이

$A=[L]_{S,\,T}=[[L(\mathbf{x}_1)]_T\ [L(\mathbf{x}_2)]_T\ [L(\mathbf{x}_3)]_T]_{2\times3}$이므로 먼저 다음을 구한다.

$$L(\mathbf{x}_1)=\begin{bmatrix}1\\-1\end{bmatrix},\quad L(\mathbf{x}_2)=\begin{bmatrix}-1\\0\end{bmatrix},\quad L(\mathbf{x}_3)=\begin{bmatrix}0\\1\end{bmatrix}$$

기저 T에 대한 이 벡터들의 좌표벡터를 각각 구하면

$$\begin{aligned}L(\mathbf{x}_1)&=\begin{bmatrix}1\\-1\end{bmatrix}=a_1\mathbf{y}_1+a_2\mathbf{y}_2=a_1\begin{bmatrix}1\\1\end{bmatrix}+a_2\begin{bmatrix}-1\\1\end{bmatrix},\\L(\mathbf{x}_2)&=\begin{bmatrix}-1\\0\end{bmatrix}=b_1\mathbf{y}_1+b_2\mathbf{y}_2=b_1\begin{bmatrix}1\\1\end{bmatrix}+b_2\begin{bmatrix}-1\\1\end{bmatrix},\\L(\mathbf{x}_3)&=\begin{bmatrix}0\\1\end{bmatrix}=c_1\mathbf{y}_1+c_2\mathbf{y}_2=c_1\begin{bmatrix}1\\1\end{bmatrix}+c_2\begin{bmatrix}-1\\1\end{bmatrix}\end{aligned}$$

이므로 이 세 연립일차방정식을 각각 풀어야 하지만 이 연립일차방정식의 계수행렬이 모두

$$\begin{bmatrix}1&-1\\1&1\end{bmatrix}$$

로 같으므로 행렬

$$\left[\begin{array}{cc|c|c|c}1&-1&1&-1&0\\1&1&-1&0&1\end{array}\right]$$

을 RREF로 변환하여 다음과 같이 한꺼번에 구할 수 있다.

$$\left[\begin{array}{cc|c|c|c}1&0&0&-\frac{1}{2}&\frac{1}{2}\\0&1&-1&\frac{1}{2}&-\frac{1}{2}\end{array}\right]$$

따라서 선형변환 L의 행렬표현은 다음과 같다.

$$A=[L]_{S,\,T}=\begin{bmatrix}0&-\frac{1}{2}&\frac{1}{2}\\-1&\frac{1}{2}&\frac{1}{2}\end{bmatrix}$$

[예제 6-24]와 같이 선형변환이 $L:\mathbb{R}^n\to\mathbb{R}^m$이고 $S=\{\mathbf{x}_1,\ \cdots,\ \mathbf{x}_n\}$과 $T=\{\mathbf{y}_1,\ \cdots,\ \mathbf{y}_m\}$이 각각 $\mathbb{R}^n$과 $\mathbb{R}^m$의 순서기저일 때 쉽게 $A=[L]_{S,\,T}$를 구할 수 있다. 즉, 행렬

$$[\,\mathbf{y}_1\ \ \mathbf{y}_2\ \cdots\ \mathbf{y}_m\ |\ L(\mathbf{x}_1)\ |\ L(\mathbf{x}_2)\ |\ \cdots\ |\ L(\mathbf{x}_n)\,]$$

을 다음과 같은 형태의 RREF로 변환한다.

$$[\, I_n \mid A \,]$$

예제 6-25

선형변환 $L : \mathbb{R}^2 \to \mathbb{R}^3$를 다음과 같이 정의하고

$$L\begin{bmatrix} x \\ y \end{bmatrix} = \begin{bmatrix} x \\ 2x-3y \\ -3x+y \end{bmatrix}$$

S, T가 각각 $\mathbb{R}^2$, $\mathbb{R}^3$의 기저일 때 $A=[L]_{S,\,T}$를 구하라.

$$S=\left\{\mathbf{x}_1=\begin{bmatrix}1\\1\end{bmatrix},\ \mathbf{x}_2=\begin{bmatrix}2\\1\end{bmatrix}\right\},\quad T=\left\{\mathbf{y}_1=\begin{bmatrix}1\\0\\-1\end{bmatrix},\ \mathbf{y}_2=\begin{bmatrix}-1\\2\\1\end{bmatrix},\ \mathbf{y}_3=\begin{bmatrix}0\\1\\1\end{bmatrix}\right\}$$

풀이

$$L(\mathbf{x}_1)=\begin{bmatrix}1\\-1\\-2\end{bmatrix},\quad L(\mathbf{x}_2)=\begin{bmatrix}2\\1\\-5\end{bmatrix}$$

이므로

$$[\,\mathbf{y}_1\ \ \mathbf{y}_2\ \ \mathbf{y}_3 \mid L(\mathbf{x}_1) \mid L(\mathbf{x}_2)\,]=\left[\begin{array}{ccc|c|c} 1 & -1 & 0 & 1 & 2 \\ 0 & 2 & 1 & -1 & 1 \\ -1 & 1 & 1 & -2 & -5 \end{array}\right]$$

이다. RREF로 변환하면

$$\left[\begin{array}{ccc|c|c} 1 & -1 & 0 & 1 & 2 \\ 0 & 2 & 1 & -1 & 1 \\ -1 & 1 & 1 & -2 & -5 \end{array}\right] \xrightarrow[E_{32}(-1)]{E_{13}(1)} \left[\begin{array}{ccc|c|c} 1 & -1 & 0 & 1 & 2 \\ 0 & 2 & 0 & 0 & 4 \\ 0 & 0 & 1 & -1 & -3 \end{array}\right] \xrightarrow[E_{21}(1)]{E_2\left(\frac{1}{2}\right)} \left[\begin{array}{ccc|c|c} 1 & 0 & 0 & 1 & 4 \\ 0 & 1 & 0 & 0 & 2 \\ 0 & 0 & 1 & -1 & -3 \end{array}\right]$$

이므로 $A=[L]_{S,\,T}$는 다음과 같다.

$$A=[L]_{S,\,T}=\begin{bmatrix}1 & 4\\0 & 2\\-1 & -3\end{bmatrix}$$

예제 6-26

선형변환 $L : P_1 \to P_2$를 $L(p(x))=xp(x)$로 정의하자. $S=\{x,\ 1\}$과 $T=\{x^2+1,\ x-1,\ x+1\}$이 각각 P_1, P_2의 순서기저일 때, $A=[L]_{S,\,T}$를 구하라.

풀이

$$L(x)=x^2=1\cdot(x^2+1)+\frac{1}{2}\cdot(x-1)+\left(-\frac{1}{2}\right)\cdot(x+1),$$

$$L(1) = x = 0 \cdot (x^2+1) + \frac{1}{2}(x-1) + \frac{1}{2}(x+1)$$

이므로

$$[L(x)]_T = \begin{bmatrix} 1 \\ \frac{1}{2} \\ -\frac{1}{2} \end{bmatrix}, \quad [L(1)]_T = \begin{bmatrix} 0 \\ \frac{1}{2} \\ \frac{1}{2} \end{bmatrix}$$

이다. 따라서 구하는 행렬은 다음과 같다.

$$A = [L]_{S,\,T} = [[L(x)]_T \ \ [L(1)]_T] = \begin{bmatrix} 1 & 0 \\ \frac{1}{2} & \frac{1}{2} \\ -\frac{1}{2} & \frac{1}{2} \end{bmatrix}$$

Command Window

: 코딩

```
>> syms c1 c2 c3                                  % 심볼릭 변수 지정
>> Lx=solve(c1==1,c2+c3==0,c1-c2+c3==0);          % [L(x)]_T 계산
>> Lx=[Lx.c1 Lx.c2 Lx.c3];
>> Ly=solve(c1==0,c2+c3==1,c1-c2+c3==0);          % [L(1)]_T 계산
>> Ly=[Ly.c1 Ly.c2 Ly.c3];
>> Lst=[Lx' Ly']
```

: 결과

```
Lst =                                             % [예제 6-26]의 결과와 동일
[   1,   0]
[ 1/2, 1/2]
[-1/2, 1/2]
```

MATLAB 유제

선형변환 $L: P_2 \to P_3$를 $L(p(x)) = xp(x)$로 정의하고, $S = \{x^2 - x,\ x+2,\ x-2\}$와 $T = \{x^3 + x^2,\ x^2 + x,\ x+1,\ 1\}$이 각각 P_2, P_3의 순서기저일 때, $A = [L]_{S,\,T}$를 구하라.

예제 6-27

선형변환 $L: M_2 \to M_2$를 $L(A) = A^T$로 정의하고 M_2의 순서기저가

$$S = \left\{ \mathbf{x}_1 = \begin{bmatrix} 1 & 0 \\ 0 & 1 \end{bmatrix},\ \mathbf{x}_2 = \begin{bmatrix} 0 & 0 \\ 1 & 1 \end{bmatrix},\ \mathbf{x}_3 = \begin{bmatrix} 1 & 1 \\ 0 & 0 \end{bmatrix},\ \mathbf{x}_4 = \begin{bmatrix} 0 & 1 \\ 1 & 1 \end{bmatrix} \right\}$$

일 때, $A = [L]_S$를 구하라.

풀이

$$L(\mathbf{x}_1)=\begin{bmatrix}1&0\\0&1\end{bmatrix}^T=\begin{bmatrix}1&0\\0&1\end{bmatrix},\quad L(\mathbf{x}_2)=\begin{bmatrix}0&0\\1&1\end{bmatrix}^T=\begin{bmatrix}0&1\\0&1\end{bmatrix},$$
$$L(\mathbf{x}_3)=\begin{bmatrix}1&1\\0&0\end{bmatrix}^T=\begin{bmatrix}1&0\\1&0\end{bmatrix},\quad L(\mathbf{x}_4)=\begin{bmatrix}0&1\\1&1\end{bmatrix}^T=\begin{bmatrix}0&1\\1&1\end{bmatrix}$$

이므로 기저 S에 대한 이 벡터들의 좌표벡터를 각각 구하자. 각 $j=1,\ 2,\ 3,\ 4$에 대하여

$$L(\mathbf{x}_j)=a_{1j}\begin{bmatrix}1&0\\0&1\end{bmatrix}+a_{2j}\begin{bmatrix}0&0\\1&1\end{bmatrix}+a_{3j}\begin{bmatrix}1&1\\0&0\end{bmatrix}+a_{4j}\begin{bmatrix}0&1\\1&1\end{bmatrix}$$

로 놓으면

$$[L(\mathbf{x}_j)]_S=\begin{bmatrix}a_{1j}\\a_{2j}\\a_{3j}\\a_{4j}\end{bmatrix}$$

이므로 a_{ij}(단, $i,\ j=1,\ 2,\ 3,\ 4$)를 결정한다. 따라서 $A=[L]_S$는 다음과 같다.

$$A=[L]_S=\begin{bmatrix}1&1&-1&0\\0&-2&3&0\\0&-1&2&0\\0&2&-2&1\end{bmatrix}$$

Command Window

```
: 코딩
>> syms c1 c2 c3 c4                                   % 심볼릭 변수 지정
>> Lx1=[1 0 0 1];Lx2=[0 1 0 1];Lx3=[1 0 1 0];Lx4=[0 1 1 1]; 1
>> y1=[1 0 0 1];y2=[0 0 1 1];y3=[1 1 0 0];y4=[0 1 1 1];
>> Lx1S=solve(Lx1==c1*y1+c2*y2+c3*y3+c4*y4); 2
>> Lx1s=[Lx1S.c1 Lx1S.c2 Lx1S.c3 Lx1S.c4];
>> Lx2S=solve(Lx2==c1*y1+c2*y2+c3*y3+c4*y4);
>> Lx2s=[Lx2S.c1 Lx2S.c2 Lx2S.c3 Lx2S.c4];
>> Lx3S=solve(Lx3==c1*y1+c2*y2+c3*y3+c4*y4);
>> Lx3s=[Lx3S.c1 Lx3S.c2 Lx3S.c3 Lx3S.c4];
>> Lx4S=solve(Lx4==c1*y1+c2*y2+c3*y3+c4*y4);
>> Lx4s=[Lx4S.c1 Lx4S.c2 Lx4S.c3 Lx4S.c4];
>> LS=[Lx1s' Lx2s' Lx3s' Lx4s']                        % 변환행렬 계산

: 결과
LS =                                                  % [예제 6-27]의 결과와 동일
     [ 1,  1, -1, 0]
     [ 0, -2,  3, 0]
     [ 0, -1,  2, 0]
     [ 0,  2, -2, 1]
```

MATLAB TIP!

1 $L(\mathbf{x}_1)=\begin{bmatrix}1&0\\0&1\end{bmatrix}$, $L(\mathbf{x}_2)=\begin{bmatrix}0&1\\0&1\end{bmatrix}$, $L(\mathbf{x}_3)=\begin{bmatrix}1&0\\1&0\end{bmatrix}$, $L(\mathbf{x}_4)=\begin{bmatrix}0&1\\1&1\end{bmatrix}$ 을 $\mathbb{R}^4$의 벡터로 간주하여 계산한다.

2 $L(\mathbf{x}_j)=a_{1j}\begin{bmatrix}1&0\\0&1\end{bmatrix}+a_{2j}\begin{bmatrix}0&0\\1&1\end{bmatrix}+a_{3j}\begin{bmatrix}1&1\\0&0\end{bmatrix}+a_{4j}\begin{bmatrix}0&1\\1&1\end{bmatrix}$ 의 계산을 연립방정식으로 풀이한다.

MATLAB 유제

선형변환 $L: M_2 \to M_2$를 $L(A) = A^T$로 정의하고 M_2의 순서기저가

$$S = \left\{ \begin{bmatrix} 1 & 1 \\ 0 & 0 \end{bmatrix}, \begin{bmatrix} 0 & 1 \\ 0 & 0 \end{bmatrix}, \begin{bmatrix} 0 & 0 \\ 1 & 1 \end{bmatrix}, \begin{bmatrix} 1 & 0 \\ 0 & 1 \end{bmatrix} \right\}$$

일 때, $A = [L]_S$를 구하라.

6.5 와이어프레임과 선형변환

컴퓨터 그래픽스(CG)Computer Graphics는 2차원 또는 3차원 대상을 컴퓨터 스크린에 나타내거나 변환, 애니메이션 등을 수행하는 영역이다. 컴퓨터 그래픽스는 컴퓨터 공학의 한 분야이지만 컴퓨터 그래픽스에서 기본으로 사용하는 와이어프레임은 선형변환과 관련이 있다. 이 절에서는 와이어프레임에 대하여 선분의 이동이나 변환 등을 선형변환으로 살펴본다.

6.5.1 와이어프레임과 행렬

컴퓨터 그래픽스에서 물체를 나타내는 가장 기본적인 구성단위는 **꼭짓점**vertices과 **선분**wires으로 구성된 **와이어프레임**wireframe이다. 와이어프레임은 면이나 입체를 점과 선으로 표현하는 기술인데, 2차원 또는 3차원 좌표를 기초로 다면체의 꼭짓점과 모서리만을 그린 도형 모형이다. 와이어프레임은 설계 도면, 인쇄 기판, 철골 구조 등에 많이 사용된다.

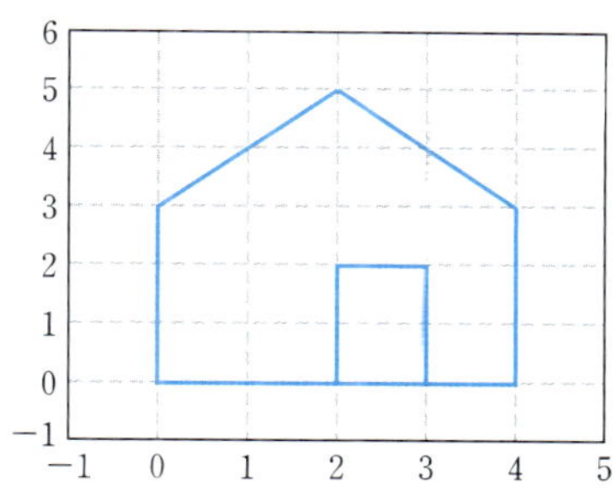

[그림 6-26] 와이어프레임으로 그린 그림

예를 들어 간단한 와이어프레임을 [그림 6-27]과 같이 좌표평면에 표현할 수 있다.

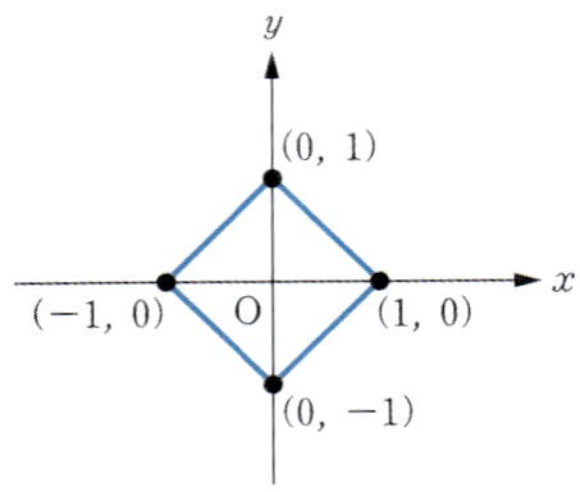

(a) 꼭짓점이 4개인 와이어프레임

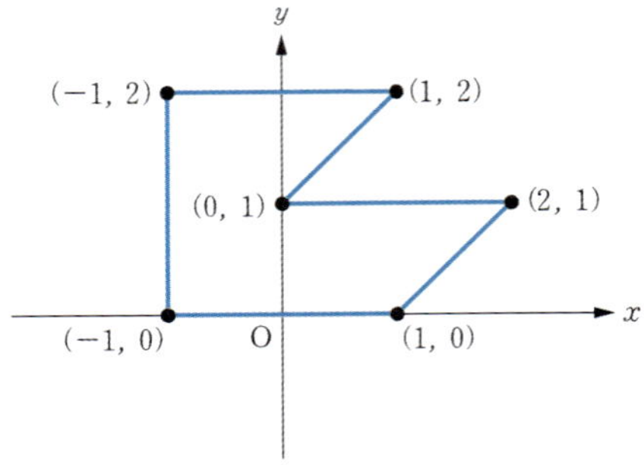

(b) 꼭짓점이 6개인 와이어프레임

[그림 6-27] **와이어프레임**

이러한 와이어프레임의 꼭짓점과 선분을 행렬을 사용하여 표현할 수 있다. 여기서는 평면에 있는 와이어프레임에 대하여 알아보자.[20]

20 공간에서도 평면의 경우와 마찬가지로 다룰 수 있다.

평면에서 k개의 꼭짓점을 갖는 와이어프레임의 꼭짓점의 좌표 (x_1, y_1), (x_2, y_2), $\cdots$, (x_k, y_k)를 열벡터로 갖는 $2\times k$ 행렬을 **꼭짓점행렬**vertex matrix이라고 한다. k개의 꼭짓점에 대하여 i번째 꼭짓점과 j번째 꼭짓점이 연결된 경우를 1, 연결되지 않은 경우를 0으로 하는 $k\times k$ 행렬을 **연결행렬**connectivity matrix이라고 한다.[21]

21 각 꼭짓점은 자기 자신과 연결되어 있는 것으로 생각한다.

예제 6-28

[그림 6-28]과 같이 꼭짓점이 v_1, v_2, v_3, v_4, v_5인 와이어프레임의 꼭짓점행렬과 연결행렬을 각각 구하라.

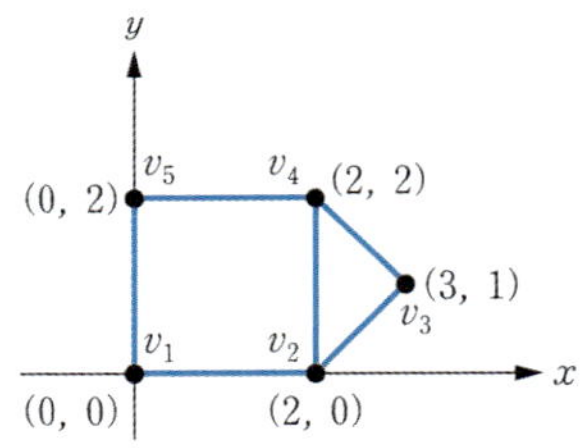

[그림 6-28] **[예제 6-28]의 그림**

풀이

꼭짓점 v_1, v_2, v_3, v_4, v_5의 좌표는 차례로 $(0, 0)$, $(2, 0)$, $(3, 1)$, $(2, 2)$, $(0, 2)$이므로 꼭짓점행렬은 다음과 같은 2×5 행렬이다.

$$P=\begin{bmatrix}0 & 2 & 3 & 2 & 0\\ 0 & 0 & 1 & 2 & 2\end{bmatrix}$$

한편 꼭짓점 v_1은 꼭짓점 v_2, v_5와 연결되어 있고, 꼭짓점 v_2는 v_1, v_3, v_4와 연결되어 있다. 꼭짓점 v_3는 v_2, v_4와 연결되어 있고, 꼭짓점 v_4는 v_2, v_3, v_5와 연결되어 있다. 또 꼭짓점 v_5는 v_1, v_4와 연결되어 있다. 따라서 주어진 와이어프레임의 연결행렬은 다음과 같다.

$$C=\begin{bmatrix}1 & 1 & 0 & 0 & 1\\ 1 & 1 & 1 & 1 & 0\\ 0 & 1 & 1 & 1 & 0\\ 0 & 1 & 1 & 1 & 1\\ 1 & 0 & 0 & 1 & 1\end{bmatrix}$$

예제 6-29

다음 행렬 P를 꼭짓점행렬로, C를 연결행렬로 갖는 와이어프레임을 그려라.

$$P=\begin{bmatrix}1 & 1 & 0 & -1 & -1\\ 0 & 2 & 1 & 2 & 0\end{bmatrix},\quad C=\begin{bmatrix}1&1&1&0&0\\1&1&1&0&0\\1&1&1&1&1\\0&0&1&1&1\\0&0&1&1&1\end{bmatrix}$$

풀이

P가 2×5 행렬이므로 와이어프레임은 5개의 꼭짓점으로 이루어져 있고, 좌표는 $v_1=(1,\ 0)$, $v_2=(1,\ 2)$, $v_3=(0,\ 1)$, $v_4=(-1,\ 2)$, $v_5=(-1,\ 0)$이다. 또 연결행렬 C로부터 와이어프레임의 연결 상태를 알 수 있다. 따라서 주어진 조건에 맞는 와이어프레임을 그리면 [그림 6-29]와 같다.

Command Window

```
: 코딩
>> P=[1 0;1 2;0 1;-1 2;-1 0]; 1                     % 좌표로 행렬 생성
>> C=[1 1 1 0 0;1 1 1 0 0;1 1 1 1 1 ;0 0 1 1 1;0 0 1 1 1];
>> gplot(C,P,'-o') 2                                 % 행렬 P, C로 그래프 그리기
>> grid                                              % 모눈 그리기
>> hold on                                           % 그림 유지
>> axis([-2 2 -1 3])                                 % 좌표축 설정
```

MATLAB TIP!

1 행렬 P에 대응하여 전치행렬을 입력한다.

2 gplot(A,Coordinates,LineSpec) : 와이어프레임을 그린다.

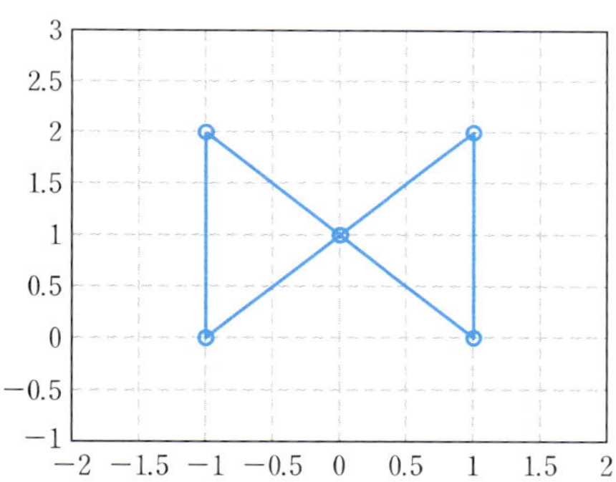

[그림 6-29] MATLAB 실행 결과

MATLAB 유제

주어진 행렬 P를 꼭짓점행렬로, C를 연결행렬로 갖는 와이어프레임을 그려라.

$$P=\begin{bmatrix}-2 & 2 & 2 & 1 & 0 & -1 & -2\\ -1 & -1 & 2 & 0 & 2 & 0 & 2\end{bmatrix},\quad C=\begin{bmatrix}1&1&0&0&0&0&1\\1&1&1&0&0&0&0\\0&1&1&1&0&0&0\\0&0&1&1&1&0&0\\0&0&0&1&1&1&0\\0&0&0&0&1&1&1\\1&0&0&0&0&1&1\end{bmatrix}$$

앞에서 정의한 와이어프레임의 꼭짓점행렬에 가역행렬을 행렬표현으로 갖는 선형변환을 적용해 보자. 이때 연결행렬은 변함이 없다고 가정한다.

예제 6-30

[예제 6-29]의 와이어프레임에 $\theta = \frac{\pi}{2}$ 만큼 회전한 선형변환 L을 적용시킨 와이어프레임을 그려라.

풀이

$\theta = \frac{\pi}{2}$ 만큼 회전한 선형변환의 표준행렬은 다음과 같다.

$$R_{\frac{\pi}{2}} = \begin{bmatrix} \cos\frac{\pi}{2} & -\sin\frac{\pi}{2} \\ \sin\frac{\pi}{2} & \cos\frac{\pi}{2} \end{bmatrix} = \begin{bmatrix} 0 & -1 \\ 1 & 0 \end{bmatrix}$$

또 $P = \begin{bmatrix} 1 & 1 & 0 & -1 & -1 \\ 0 & 2 & 1 & 2 & 0 \end{bmatrix}$ 이므로

$$L(P) = R_{\frac{\pi}{2}} P = \begin{bmatrix} 0 & -1 \\ 1 & 0 \end{bmatrix} \begin{bmatrix} 1 & 1 & 0 & -1 & -1 \\ 0 & 2 & 1 & 2 & 0 \end{bmatrix} = \begin{bmatrix} 0 & -2 & -1 & -2 & 0 \\ 1 & 1 & 0 & -1 & -1 \end{bmatrix}$$

이고, 와이어프레임은 [그림 6-30]과 같다.

Command Window

```
: 코딩
>> Coor=[1 0;1 2;0 1;-1 2;-1 0];                 % 좌표점으로 행렬 만들기
>> P=[1 1 1 0 0;1 1 1 0 0;1 1 1 1 1;0 0 1 1 1;0 0 1 1 1];
>> R=[0 -1;1 0];                                 % 회전변환 행렬 입력
>> LP=R*Coor';                                   % 꼭짓점 회전
>> gplot(P,LP','- o')                            % 꼭짓점 행렬과 연결행렬로 그래프 그리기
>> grid                                          % 모눈 그리기
>> axis([-3 1 -2 2])                             % 좌표축 설정
```

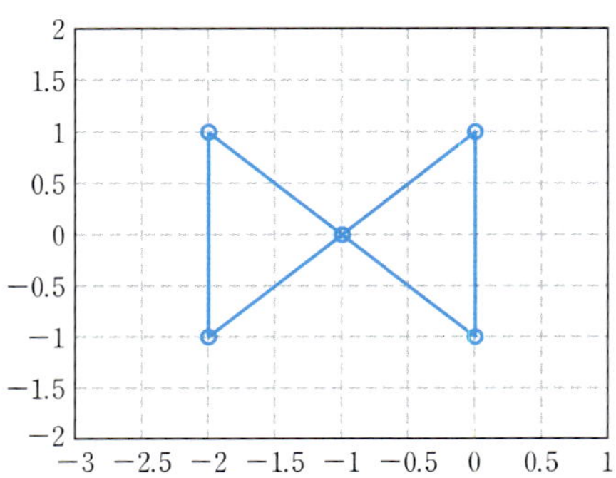

[그림 6-30] MATLAB 실행 결과

MATLAB 유제

[예제 6-30]의 와이어프레임에 $\theta = \dfrac{2\pi}{3}$ 만큼 회전한 선형변환 L을 적용시킨 와이어프레임을 그려라.

6.5.2 동차좌표를 이용한 평행이동

평행이동은 컴퓨터 그래픽스에서 중요한 작업이지만 선형변환이 아니다. 하지만 좌표계를 새로이 약속하면 평행이동을 선형변환이 되도록 새로운 좌표계를 만들 수 있다. $\mathbb{R}^2$의 벡터 $\mathbf{x} = \begin{bmatrix} x \\ y \end{bmatrix}$에 성분을 하나 추가하여 새로 만든 3차원 벡터 $\begin{bmatrix} \mathbf{x} \\ 1 \end{bmatrix} = \begin{bmatrix} x \\ y \\ 1 \end{bmatrix}$을 벡터 $\mathbf{x}$의 **동차좌표**homogeneous coordinates라고 한다. 이를테면 $\mathbf{x} = \begin{bmatrix} 2 \\ -1 \end{bmatrix}$일 때 $\mathbf{x}$의 동차좌표는 $\begin{bmatrix} \mathbf{x} \\ 1 \end{bmatrix} = \begin{bmatrix} 2 \\ -1 \\ 1 \end{bmatrix}$이다. 동차좌표를 이용하면 $\mathbb{R}^2$의 두 벡터 $\mathbf{x} = \begin{bmatrix} x \\ y \end{bmatrix}$와 $\mathbf{x}_0 = \begin{bmatrix} x_0 \\ y_0 \end{bmatrix}$에 대하여 다음이 성립한다.

$$\begin{bmatrix} I_2 & \mathbf{x}_0 \\ 0 & 1 \end{bmatrix}\begin{bmatrix} \mathbf{x} \\ 1 \end{bmatrix} = \begin{bmatrix} \mathbf{x}+\mathbf{x}_0 \\ 1 \end{bmatrix} \leftrightarrow \begin{bmatrix} 1 & 0 & x_0 \\ 0 & 1 & y_0 \\ 0 & 0 & 1 \end{bmatrix}\begin{bmatrix} x \\ y \\ 1 \end{bmatrix} = \begin{bmatrix} x+x_0 \\ y+y_0 \\ 1 \end{bmatrix}$$ [22]

22 I_2는 2차 단위행렬이고, $0 = [0 \ 0]$이다.

즉 $\mathbf{x} = \begin{bmatrix} x \\ y \end{bmatrix}$를 $\mathbf{x}_0 = \begin{bmatrix} h \\ k \end{bmatrix}$만큼 평행이동하는 변환행렬은

$$\begin{bmatrix} 1 & 0 & h \\ 0 & 1 & k \\ 0 & 0 & 1 \end{bmatrix}$$

이고, 평행이동한 벡터 $\mathbf{x}+\mathbf{x}_0$의 동차좌표는

$$\begin{bmatrix} 1 & 0 & h \\ 0 & 1 & k \\ 0 & 0 & 1 \end{bmatrix}\begin{bmatrix} x \\ y \\ 1 \end{bmatrix} = \begin{bmatrix} x+h \\ y+k \\ 1 \end{bmatrix}$$

이다.

예제 6-31

꼭짓점행렬이 P이고 연결행렬이 C인 와이어프레임을 $\mathbf{x}_0$만큼 평행이동한 후 $\theta = \dfrac{\pi}{2}$만큼 회전한 와이어프레임의 꼭짓점행렬 P'을 구하고 좌표평면에 그려라.

$$P=\begin{bmatrix}0&2&3&2&0\\0&0&1&2&2\end{bmatrix},\quad C=\begin{bmatrix}1&1&0&0&1\\1&1&1&1&0\\0&1&1&1&0\\0&1&1&1&1\\1&0&0&1&1\end{bmatrix},\quad \mathbf{x}_0=\begin{bmatrix}3\\2\end{bmatrix}$$

풀이

주어진 꼭짓점행렬 $P=\begin{bmatrix}0&2&3&2&0\\0&0&1&2&2\end{bmatrix}$의 동차좌표는 다음과 같다.

$$\begin{bmatrix}0&2&3&2&0\\0&0&1&2&2\\1&1&1&1&1\end{bmatrix}$$

또 $\theta=\frac{\pi}{2}$만큼 회전한 선형변환의 표준행렬은 $R_{\frac{\pi}{2}}=\begin{bmatrix}0&-1\\1&0\end{bmatrix}$이므로 동차좌표에 의한 변환행렬은 $R_{\frac{\pi}{2}}{}'=\begin{bmatrix}0&-1&0\\1&0&0\\0&0&1\end{bmatrix}$이고, $\mathbf{x}_0=\begin{bmatrix}3\\2\end{bmatrix}$만큼 평행이동한 동차좌표의 변환행렬은 $T=\begin{bmatrix}1&0&3\\0&1&2\\0&0&1\end{bmatrix}$이므로 주어진 선형변환의 표준행렬은 다음과 같다.

$$TR_{\frac{\pi}{2}}{}'=\begin{bmatrix}1&0&3\\0&1&2\\0&0&1\end{bmatrix}\begin{bmatrix}0&-1&0\\1&0&0\\0&0&1\end{bmatrix}=\begin{bmatrix}0&-1&3\\1&0&2\\0&0&1\end{bmatrix}$$

따라서 구하려는 와이어프레임의 꼭짓점행렬

$$\begin{bmatrix}0&-1&3\\1&0&2\\0&0&1\end{bmatrix}\begin{bmatrix}0&2&3&2&0\\0&0&1&2&2\\1&1&1&1&1\end{bmatrix}=\begin{bmatrix}3&3&2&1&1\\2&4&5&4&2\\1&1&1&1&1\end{bmatrix}$$

에 의하여

$$L(P)=P'=\begin{bmatrix}3&3&2&1&1\\2&4&5&4&2\end{bmatrix}$$

이고, 이를 좌표평면에 그리면 다음과 같다.

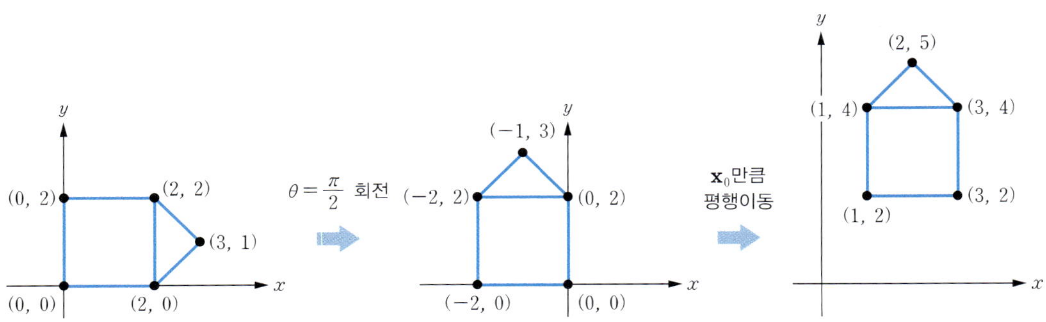

[그림 6-31] 와이어프레임의 평행이동

plot 명령어

plot 명령어를 사용하면 그래프를 그릴 수 있다. 영역의 꼭짓점의 x 좌표들로 벡터를 생성하고 그에 대응하는 y 좌표로 벡터를 생성하여 영역을 설정한다. 이때 유의할 점은 생성된 벡터들의 차원이 같아야 하고, 점이 그려지는 순서대로 벡터를 생성해야 한다. 즉 네 점 (0,0), (4,0), (4,2), (0,2), (0,0) 순서로 이루어진 영역은 x 좌표가 x=[0 4 4 0 0]과 같고 이에 대응하는 y 좌표는 y=[0 0 2 2 0]과 같다.

```
>> Rx=[0 4 4 0 0];Ry=[0 0 2 2 0];
>> plot(Rx,Ry)                          % 그래프 그리기
>> axis([-5 5 -5 5])
>> grid on
```

gplot 명령어

gplot 명령어를 이용하면 와이어프레임을 그릴 수 있다. 예를 들어 $2 \times n$ 크기의 꼭짓점행렬 P와 연결행렬 C를 이용하여 와이어프레임을 그리려면 gplot(P,C,LineSpec)을 입력한다. 이때 LineSpec에는 선의 형태, 꼭짓점의 모양, 색깔 등 옵션을 설정할 수 있다.

[표 6-1] gplot 명령어의 Linespec 옵션

옵션	스타일
'–'	실선(기본값)
':'	점선
'o'	원
'*'	별표
k	검은색
r	빨간색
b	파란색

```
>> P=[0 2 3 2 0;0 0 1 2 2];                                  % 꼭짓점행렬 입력
>> C=[1 1 0 0 1;1 1 1 1 0;0 1 1 1 0;0 1 1 1 1;1 0 0 1 1];    % 연결행렬 입력
>> gplot(P,C,'o')                                            % 그래프 그리기
```

Chapter 06 연습문제

6.1 사상 $L:\mathbb{R}^2 \to \mathbb{R}^3$가 $L(x,\ y)=(x+y,\ x-2y,\ 3x)$이면 L은 선형변환임을 보여라.

6.2 다음에 주어진 변환이 선형변환이 아님을 보여라.

(a) $L_1\begin{bmatrix} x \\ y \end{bmatrix} = \begin{bmatrix} |x| \\ y \end{bmatrix}$ (b) $L_2\begin{bmatrix} xy \\ y \end{bmatrix} = \begin{bmatrix} |x| \\ y \end{bmatrix}$ (c) $L_3\begin{bmatrix} x \\ y \end{bmatrix} = \begin{bmatrix} 2x+1 \\ x-2y \end{bmatrix}$

6.3 사상 $L: M_{m,n} \to \mathbb{R}$이 $L(A)=\text{rank}(A)$이면 L은 선형변환이 아님을 보여라.

6.4 세 벡터공간 $U,\ V,\ W$에 대하여 $L_1: U \to V,\ L_2: V \to W$가 선형변환일 때, 두 변환의 합성 $L_2 \circ L_1: U \to W$는 선형변환임을 보여라.

6.5 선형변환 $L:\mathbb{R}^3 \to \mathbb{R}^2$에 대하여 $L(1,\ 0,\ 0)=(1,\ -5),\ L(0,\ 1,\ 0)=(-2,\ 2),\ L(0,\ 0,\ 1)=(2,\ -4)$일 때 다음을 구하라.

(a) $L(3,\ 2,\ 1)$ (b) $L(1,\ 2,\ -3)$

(c) $\ker L$ (d) $\text{Im}\,L$

6.6 선형변환 $L: P_2 \to P_3$에 대하여 $L(1)=1,\ L(x)=x^2,\ L(x^2)=2x^3-7x$일 때 다음을 구하라.

(a) $L(x^2-7x+4)$ (b) $L(x^2-3x+\sqrt{2})$

(c) $\ker L$ (d) $\text{Im}\,L$

6.7 다음 선형변환의 역변환을 구하라.

(a) $w_1 = x_1 + 2x_2$
$w_2 = x_1 + 3x_2$

(b) $w_1 = x_1 - 2x_2 + 2x_3$
$w_2 = 2x_1 + x_2 + x_3$
$w_3 = x_1 + x_2$

6.8 벡터 $\mathbf{x}=(1,\ 1)$을 직선 $l_{\frac{\pi}{6}}$에 정사영시킨 벡터를 구하라.

6.9 선형변환 $L:\mathbb{R}^8 \to \mathbb{R}^5$에 대하여 다음을 구하라.

(a) $\text{nullity}(L)=5$ 일 때 $\text{rank}(L)$

(b) $\text{rank}(L)=7$ 일 때 $\text{nullity}(L)$

6.10 선형변환 $L(\mathbf{x})=A\mathbf{x}$가 다음을 만족할 때, 선형변환의 표준행렬 A를 구하라.

$$L\begin{bmatrix}1\\0\\0\end{bmatrix}=\begin{bmatrix}1\\-3\\-4\end{bmatrix},\quad L\begin{bmatrix}0\\1\\0\end{bmatrix}=\begin{bmatrix}-4\\3\\3\end{bmatrix},\quad L\begin{bmatrix}0\\0\\1\end{bmatrix}=\begin{bmatrix}-3\\-1\\-3\end{bmatrix}$$

6.11 선형변환 $L:\mathbb{R}^2 \to \mathbb{R}^2$가 $T(x,\ y)=(x-2y,\ 2x+3y)$로 정의될 때, 다음 물음에 답하라.

(a) $\text{Im}L$의 기저를 구하라.

(b) $\ker L$의 기저를 구하라.

(c) $\text{rank}(L)$과 $\text{nullity}(L)$을 각각 구하라.

6.12 다음 선형변환의 표준행렬을 구하라.

(a) $L\begin{bmatrix}x_1\\x_2\end{bmatrix}=\begin{bmatrix}-7x_1\\11x_2\end{bmatrix}$

(b) $L\begin{bmatrix}x_1\\x_2\end{bmatrix}=\begin{bmatrix}7x_1-x_2\\x_1+x_2\end{bmatrix}$

(c) $L\begin{bmatrix}x_1\\x_2\\x_3\\x_4\end{bmatrix}=\begin{bmatrix}0\\0\\0\end{bmatrix}$

(d) $L\begin{bmatrix}x_1\\x_2\\x_3\\x_4\end{bmatrix}=\begin{bmatrix}x_1+2x_2+x_3\\x_1+5x_2\\x_3-x_4\end{bmatrix}$

6.13 선형변환 $L:\mathbb{R}^n \to \mathbb{R}^n$이 다음과 같이 정의될 때, 표준행렬의 계수를 구하라.

$$L(\mathbf{x})=\frac{\mathbf{x}\cdot\mathbf{a}}{\|\mathbf{a}\|^2}\mathbf{a},\quad \mathbf{a}\in\mathbb{R}^n$$

6.14 $C[0,\ 1]$이 구간 $[0,\ 1]$에서 연속인 함수의 집합일 때, $L:C[0,\ 1]\to\mathbb{R}$, $L(f)=\int_0^1 f(x)dx$라고 하면 L은 선형변환임을 보여라.

6.15 스칼라 k에 대하여 $L\begin{bmatrix} x \\ y \end{bmatrix} = k\begin{bmatrix} x \\ y \end{bmatrix}$로 정의되는 선형변환 $L : \mathbb{R}^2 \to \mathbb{R}^2$를 생각하자. $k > 1$이면 L은 원래의 점들을 원점으로부터 멀리 이동시키는데, 이를 k배 확대라고 한다. 또 $0 < k < 1$이면 L은 원래의 점들을 원점으로 향하게 이동시키고, 이를 k배 축소라고 한다. 이 선형변환의 표준행렬을 각각 구하고 벡터 $\mathbf{x} = \begin{bmatrix} 1 \\ 2 \end{bmatrix}$의 상을 구하라.

6.16 $\{\mathbf{v}_1, \mathbf{v}_2, \cdots, \mathbf{v}_n\}$이 벡터공간 V의 기저이고 선형연산자 $L : V \to V$가 $L(\mathbf{v}_i) = \mathbf{v}_i$(단, $i = 1, 2, \cdots, n$)이면 L은 항등변환임을 보여라.

6.17 선형변환 $L : V \to W$에 대하여 $L(\mathbf{v}_1), L(\mathbf{v}_2), \cdots, L(\mathbf{v}_n)$이 일차독립이면 $\{\mathbf{v}_1, \mathbf{v}_2, \cdots, \mathbf{v}_n\}$이 일차독립임을 보여라.

6.18 n차 정사각행렬 전체의 집합 M_n에 대하여 $L : M_n \to M_n$이 $L(A) = A - A^T$일 때 다음 물음에 답하라.

(a) L이 선형변환임을 보여라.
(b) $\ker L$을 구하라.
(c) $\mathrm{Im}\, L$을 구하라.

6.19 두 선형변환 $L_1 : U \to V$, $L_2 : V \to U$에 대하여 B와 B'을 각각 U와 V의 기저라고 하자. 합성변환 $L_2 \circ L_1 : U \to U$를 $L_2 \circ L_1(\mathbf{x}) = L_2(L_1(\mathbf{x}))$로 정의하면 $L_2 \circ L_1$은 선형변환이다. 변환행렬 $[L_2 \circ L_1]_B$를 구하라.

6.20 V, W가 벡터공간일 때 V에서 W로의 동형사상이 존재하면 V와 W는 **동형**isomorphic이라고 한다. 다음을 보여라.

(a) $\mathbb{R}^4$와 M_2는 동형이다.
(b) $M_{m,n}$과 $M_{n,m}$은 동형이다.

Chapter

07

고윳값과 고유벡터

Eigenvalues and Eigenvectors

학습목표

- 행렬의 고윳값과 고유벡터를 이해하고 구할 수 있다.
- 고유공간의 의미를 이해할 수 있다.
- 대각화 가능한 행렬의 성질을 이해할 수 있다.
- 대칭행렬은 대각화 가능함을 이해하고, 대칭행렬을 대각화할 수 있다.
- 행렬의 대각화를 활용하여 다양한 문제를 해결할 수 있다.

이 장에서는 정사각행렬 A와 벡터 $\mathbf{x}$의 곱 $A\mathbf{x}$가 적당한 스칼라 λ에 대하여 $A\mathbf{x} = \lambda\mathbf{x}$가 성립하는 특별한 상황을 다룬다. 스칼라 λ에 대하여 $A\mathbf{x} = \lambda\mathbf{x}$를 만족하는 영 아닌 벡터 $\mathbf{x}$는 많은 분야에서 활용되는데, 그 중 하나는 좌표계를 정하는 것이다. 우리는 이미 5장에서 직교하지 않는 좌표계를 직교하도록 만드는 방법에 대하여 알아보았다. 자연현상이나 사회현상을 수학적으로 표현할 때, 사용되는 좌표계의 종류에 따라 수학적 모델링을 하는 방법이 다르기 때문에 각각의 현상을 명확하게 표현할 수 있는 특별한 좌표계가 필요하다. 그리고 $A\mathbf{x} = \lambda\mathbf{x}$를 만족하는 λ와 $\mathbf{x}$는 이러한 특별한 좌표계를 쉽게 찾을 수 있게 해준다. $A\mathbf{x} = \lambda\mathbf{x}$를 만족하는 λ와 $\mathbf{x}$는 좌표계뿐만 아니라 공학, 자연과학, 사회과학의 다양한 분야에 응용된다.

7.1 고윳값과 고유벡터

이 절에서는 정사각행렬 A에 대하여 $A\mathbf{x} = \lambda\mathbf{x}$를 만족하는 영 아닌 벡터 $\mathbf{x}$와 스칼라 λ에 대하여 알아볼 것이다. 즉 정사각행렬 A에 어떤 벡터 $\mathbf{x}$를 곱할 때, 곱한 결과가 원래의 벡터 $\mathbf{x}$와 평행이 되는지 알아보는 것이다.

7.1.1 동기 motive

행렬과 벡터를 사용하면 일차식뿐만 아니라 이차식도 표현할 수 있다. 즉 모두는 영이 아닌 a, h, b에 대하여 다음과 같이 미지수 x, y에 대한 최고 차수가 2인 식을 **이차형식** quadratic form 이라고 한다.

$$ax^2 + 2hxy + by^2 = c \tag{7.1}$$

$X = \begin{bmatrix} x \\ y \end{bmatrix}$, $A = \begin{bmatrix} a & h \\ h & b \end{bmatrix}$라고 할 때 식 (7.1)은 다음과 같이 나타낼 수 있다.

$$ax^2 + 2hxy + by^2 = [x \quad y]\begin{bmatrix} a & h \\ h & b \end{bmatrix}\begin{bmatrix} x \\ y \end{bmatrix} = X^T A X \tag{7.2}$$

이때 행렬 A를 **이차형식의 행렬**이라고 한다.

예를 들어 $a = 2$, $h = -2$, $b = 5$, $c = 1$이라고 하면 식 (7.2)는 식 (7.3)과 같은 타원이고, 그래프는 [그림 7-1]과 같다.[1]

$$\begin{aligned} 2x^2 - 4xy + 5y^2 &= [x \quad y]\begin{bmatrix} 2 & -2 \\ -2 & 5 \end{bmatrix}\begin{bmatrix} x \\ y \end{bmatrix} \\ &= X^T A X = 1 \end{aligned} \tag{7.3}$$

[1] 두 정점 $F(c, 0)$, $F'(-c, 0)$으로부터의 거리의 합이 $2a$인 타원의 방정식은 다음과 같다.

$$\frac{1}{a^2}x^2 + \frac{1}{b^2}y^2 = 1$$

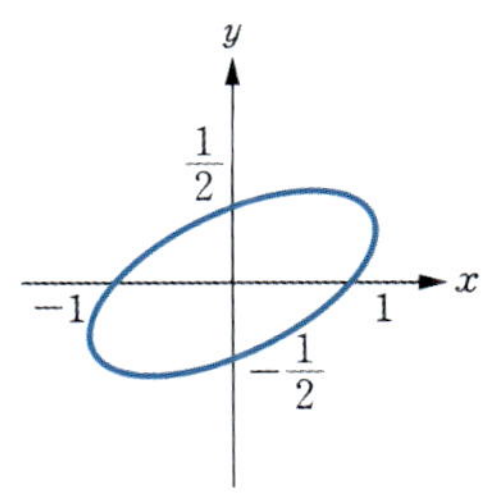

[그림 7-1] 식 (7.3)의 그래프

[그림 7-1]의 이차형식의 그래프는 x축과 y축에 대하여 대칭이 아니므로 직접 그리기도 어려울 뿐만 아니라 다루기도 쉽지 않다. 하지만 이 그래프를 θ만큼 회전한다면 각 축에 대하여 대칭인 그래프로 바꿀 수 있다. 점 P의 좌표를 일반적인 직교좌표계에서 순서쌍으로 나타내면 (x, y)이며, [그림 7-2]와 같다. 이제 직교좌표계를 θ만큼 회전한 좌표계의 각 축을 x', y'이라고 할 때, 점 P의 좌표를 구해 보자.

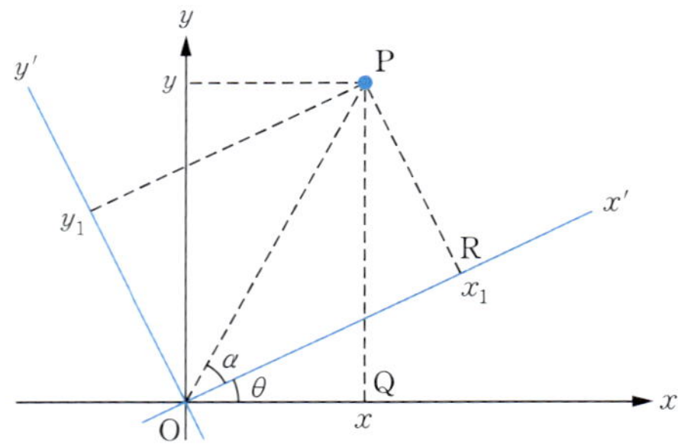

[그림 7-2] **좌표축의 회전**

2 $\cos(\theta \pm \alpha) = \cos\theta\cos\alpha \mp \sin\theta\sin\alpha$
$\sin(\theta \pm \alpha) = \sin\theta\cos\alpha \pm \cos\theta\sin\alpha$

$$\begin{aligned} x = \overline{OQ} = \overline{OP}\cos(\theta+\alpha)^{2} \\ &= \overline{OP}(\cos\theta\cos\alpha - \sin\theta\sin\alpha) \\ &= (\overline{OP}\cos\alpha)\cos\theta - (\overline{OP}\sin\alpha)\sin\theta \\ &= \overline{OR}\cos\theta - \overline{PR}\sin\theta \\ &= x_1\cos\theta - y_1\sin\theta \end{aligned}$$

같은 방법으로 y를 구하면 다음과 같다.

$$y = x_1\sin\theta + y_1\cos\theta$$

따라서 점 P의 좌표를 다음과 같이 연립방정식으로 나타낼 수 있다.

$$\begin{bmatrix} x \\ y \end{bmatrix} = \begin{bmatrix} x_1\cos\theta - y_1\sin\theta \\ x_1\sin\theta + y_1\cos\theta \end{bmatrix} = \begin{bmatrix} \cos\theta & -\sin\theta \\ \sin\theta & \cos\theta \end{bmatrix} \begin{bmatrix} x_1 \\ y_1 \end{bmatrix} \tag{7.4}$$

이때

$$X = \begin{bmatrix} x \\ y \end{bmatrix}, \quad R_\theta = \begin{bmatrix} \cos\theta & -\sin\theta \\ \sin\theta & \cos\theta \end{bmatrix}, \quad Y = \begin{bmatrix} x_1 \\ y_1 \end{bmatrix}$$

이라고 하면 식 (7.4)는 $X = R_\theta Y$로 나타낼 수 있다.

특히 $\det(R_\theta) = \cos^2\theta + \sin^2\theta = 1 \neq 0$이므로 행렬 R_θ는 가역행렬이다. 실제로 다음이 성립한다.[3]

3 R_θ는 직교행렬이다. 직교행렬은 행렬의 열이 서로 직교하므로 $R_\theta^{-1} = R_\theta^T$가 성립한다. 직교행렬에 관한 자세한 내용은 5장에서 다루었다.

$$R_\theta^{-1} = \begin{bmatrix} \cos\theta & \sin\theta \\ -\sin\theta & \cos\theta \end{bmatrix} = R_\theta^T$$

따라서 회전된 좌표계에서 점 P의 좌표 (x_1, y_1)은 다음과 같다.

$$\begin{bmatrix} x_1 \\ y_1 \end{bmatrix} = Y = R_\theta^T X = \begin{bmatrix} \cos\theta & \sin\theta \\ -\sin\theta & \cos\theta \end{bmatrix} \begin{bmatrix} x \\ y \end{bmatrix}$$

즉 $x_1 = x\cos\theta + y\sin\theta$ 이고 $y_1 = -x\sin\theta + y\cos\theta$ 이다. 그러면 식 (7.2)로부터 다음이 성립한다.

$$ax^2 + 2hxy + by^2 = X^TAX = (R_\theta Y)^T A(R_\theta Y) = Y^T(R_\theta^T A R_\theta)Y \quad (7.5)$$

여기서 각을 적당히 조절하면 $R_\theta^T A R_\theta$를 대각행렬로 만들 수 있다. 이때 $R_\theta^T A R_\theta = \mathrm{diag}(\lambda_1, \lambda_2)$라고 하면 식 (7.5)는 다음과 같이 나타낼 수 있다.

$$\begin{aligned} ax^2 + 2hxy + by^2 = X^TAX = Y^T(R_\theta^T A R_\theta)Y &= [x_1 \quad y_1]\begin{bmatrix} \lambda_1 & 0 \\ 0 & \lambda_2 \end{bmatrix}\begin{bmatrix} x_1 \\ y_1 \end{bmatrix} \\ &= \lambda_1 x_1^2 + \lambda_2 y_1^2 \end{aligned} \quad (7.6)$$

식 (7.6)으로부터 이차형식 $ax^2 + 2hxy + y^2 = c$는 $\lambda_1 x_1^2 + \lambda_2 y_1^2 = c$로 변형되었고, 이것은 새로운 좌표축에 대하여 대칭이므로 그래프를 그리거나 활용하기가 편리함을 알 수 있다.

실제로 $\lambda_1 = 1$, $\lambda_2 = 6$이므로 식 (7.3)의 이차형식 $2x^2 - 4xy + 5y^2 = 1$을 식 (7.6)과 같이 변형하면 다음과 같다.

$$\begin{aligned} 1 = 2x^2 - 4xy + 5y^2 &= [x \quad y]\begin{bmatrix} 2 & -2 \\ -2 & 5 \end{bmatrix}\begin{bmatrix} x \\ y \end{bmatrix} \\ &= X^TAX = Y^T(R_\theta^T A R_\theta)Y = [x_1 \quad y_1]\begin{bmatrix} 1 & 0 \\ 0 & 6 \end{bmatrix}\begin{bmatrix} x_1 \\ y_1 \end{bmatrix} \\ &= x_1^2 + 6y_1^2 \end{aligned}$$

이차형식 $2x^2 - 4xy + 5y^2 = 1$은 $x^2 + 6y^2 = 1$과 같기 때문에 [그림 7-1]은 [그림 7-3]과 같이 각 축에 대하여 대칭인 그래프로 나타낼 수 있다.

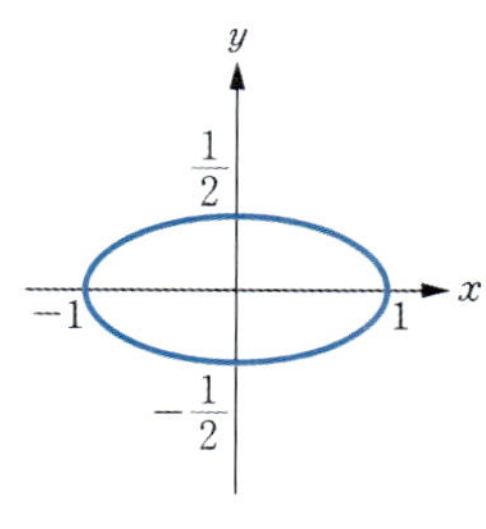

[그림 7-3] $x^2 + 6y^2 = 1$의 그래프

위 내용을 간단히 정리하면 행렬 R_θ를 이용하여 $A = \begin{bmatrix} 2 & -2 \\ -2 & 5 \end{bmatrix}$를 $R_\theta^T A R_\theta = \begin{bmatrix} \lambda_1 & 0 \\ 0 & \lambda_2 \end{bmatrix} = \begin{bmatrix} 1 & 0 \\ 0 & 6 \end{bmatrix}$으로 바꿀 수 있다. 또한 R_θ의 열벡터를 각각 $\mathbf{r}_1$, $\mathbf{r}_2$라고 하면 $\mathbf{r}_1 = \begin{bmatrix} 2 \\ 1 \end{bmatrix}$, $\mathbf{r}_2 = \begin{bmatrix} -\frac{1}{2} \\ 1 \end{bmatrix}$이고 다음을 만족한다.

$$A\mathbf{r}_1 = \begin{bmatrix} 2 & -2 \\ -2 & 5 \end{bmatrix}\begin{bmatrix} 2 \\ 1 \end{bmatrix} = \begin{bmatrix} 2 \\ 1 \end{bmatrix} = \lambda_1 \mathbf{r}_1,$$

$$A\mathbf{r}_2 = \begin{bmatrix} 2 & -2 \\ -2 & 5 \end{bmatrix}\begin{bmatrix} -\frac{1}{2} \\ 1 \end{bmatrix} = \begin{bmatrix} -3 \\ 6 \end{bmatrix} = \lambda_2 \mathbf{r}_2$$

결국 주어진 행렬 A에 대하여 $A\mathbf{x} = \lambda\mathbf{x}$를 만족하는 스칼라 λ와 벡터 $\mathbf{x}$를 찾으면 대칭이 아닌 이차형식을 대칭으로 변형하여 쉽게 다룰 수 있다. 따라서 $A\mathbf{x} = \lambda\mathbf{x}$를 만족하는 스칼라 λ와 벡터 $\mathbf{x}$를 구하는 것은 매우 중요하다.

7.1.2 고윳값과 고유벡터

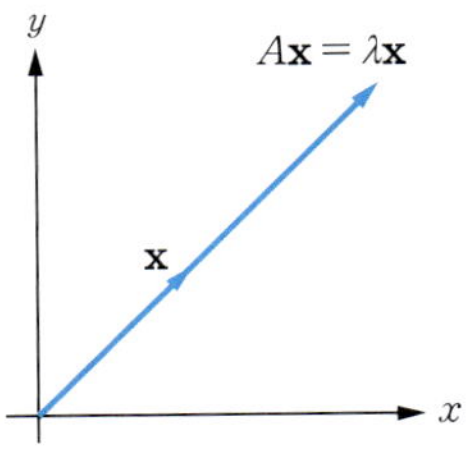

[그림 7-4] **평면에서 고유벡터의 기하학적 의미**

행렬 A를 n차 정사각행렬이라고 하자. 임의의 영 아닌 벡터 $\mathbf{x} \in \mathbb{R}^n$이 스칼라 λ에 대하여 다음을 만족할 때 λ를 A의 **고윳값**eigenvalue이라고 하고, $\mathbf{x}$를 λ에 대응하는 A의 **고유벡터**eigenvector라고 한다.

$$A\mathbf{x} = \lambda\mathbf{x} \quad (\text{단, } \mathbf{x} \neq \mathbf{0})$$

기하학적으로 좌표평면에서 2차 정사각행렬 A에 대하여 $A\mathbf{x} = \lambda\mathbf{x}$는 행렬 A에 의해 변환된 벡터 $\mathbf{x}$가 [그림 7-4]와 같이 스칼라 λ배만큼 확대되거나 축소된다는 것을 뜻한다.

예제 7-1

다음 행렬 A와 벡터 $\mathbf{x}$에 대하여 $A\mathbf{x} = \lambda\mathbf{x}$를 만족하는 고윳값 λ를 구하라.

(a) $A = \begin{bmatrix} 3 & 0 \\ 8 & -1 \end{bmatrix}$, $\mathbf{x} = \begin{bmatrix} 0 \\ 1 \end{bmatrix}$ **(b)** $A = \begin{bmatrix} 2 & 1 \\ 1 & 2 \end{bmatrix}$, $\mathbf{x} = \begin{bmatrix} 1 \\ 1 \end{bmatrix}$

풀이

(a) $A\mathbf{x} = \begin{bmatrix} 3 & 0 \\ 8 & -1 \end{bmatrix}\begin{bmatrix} 0 \\ 1 \end{bmatrix} = \begin{bmatrix} 0 \\ -1 \end{bmatrix} = -\begin{bmatrix} 0 \\ 1 \end{bmatrix}$이므로 $A\mathbf{x} = \lambda\mathbf{x}$를 만족하는 λ는 -1이다.

(b) $A\mathbf{x} = \begin{bmatrix} 2 & 1 \\ 1 & 2 \end{bmatrix}\begin{bmatrix} 1 \\ 1 \end{bmatrix} = \begin{bmatrix} 3 \\ 3 \end{bmatrix} = 3\begin{bmatrix} 1 \\ 1 \end{bmatrix}$이므로 $A\mathbf{x} = \lambda\mathbf{x}$를 만족하는 λ는 3이다.

임의의 영 아닌 $\mathbf{x} \in \mathbb{R}^n$에 대하여 $I_n\mathbf{x} = 1\mathbf{x}$이므로 단위행렬 I_n의 고윳값은 $\lambda = 1$ 하나뿐이고, 모든 영 아닌 벡터 $\mathbf{x} \in \mathbb{R}^n$은 고윳값 1에 대응하는 I_n의 고유벡터이다. 즉 단위행렬은 벡터의 크기를 변화시키지 않음을 알 수 있다. 한편 $\mathbf{x} \in \mathbb{R}^n$이 고윳값 λ에 대응하는 A의 고유벡터일 때, 임의의 영 아닌 스칼라 k에 대하여

$$A(k\mathbf{x}) = kA\mathbf{x} = k(\lambda\mathbf{x}) = \lambda(k\mathbf{x})$$

이므로 $k\mathbf{x}$도 λ에 대응하는 A의 고유벡터가 된다. 따라서 λ에 대응하는 A의 고유벡터는 무수히 많다.

7.1.3 고윳값 구하기

이제 고윳값을 구하는 일반적인 방법을 알아보자. A의 고윳값을 λ라고 하면 $A\mathbf{x}=\lambda\mathbf{x}$를 만족하는 영벡터가 아닌 벡터 $\mathbf{x}$가 존재한다. 이때

$$\begin{aligned} & A\mathbf{x}=\lambda\mathbf{x} \\ \Leftrightarrow\quad & A\mathbf{x}=\lambda I_n\mathbf{x} \\ \Leftrightarrow\quad & (\lambda I_n - A)\mathbf{x}=\mathbf{0} \end{aligned}$$ [4]

4 벡터를 포함한 방정식, 미지의 벡터가 있는 등식을 **벡터 방정식**이라고 한다.

이고, $\mathbf{x}\neq\mathbf{0}$이므로 동차연립일차방정식 $(\lambda I_n - A)\mathbf{x}=\mathbf{0}$은 영 아닌 해를 가져야 한다. 즉 동차연립방정식이 자명하지 않은 해를 가지므로 다음이 성립한다.

$$\det(\lambda I_n - A)=0$$ [5]

5 $\det(\lambda I_n - A)=0$은 $\det(A-\lambda I_n)=0$과 동치이므로 고윳값을 구할 때 $\det(A-\lambda I_n)=0$으로도 구할 수 있다.

역으로 $\det(\lambda I_n - A)=0$이면 $(\lambda I_n - A)\mathbf{x}=\mathbf{0}$은 자명하지 않은 해를 갖는다. 즉 $\mathbf{x}\neq\mathbf{0}$이다. 따라서 다음 정리가 성립한다.

정리 7-1 고윳값

A가 n차 정사각행렬일 때 λ가 A의 고윳값일 필요충분조건은 다음과 같다.

$$\det(\lambda I_n - A)=0 \tag{7.7}$$

여기서 식 (7.7)을 행렬 A의 **특성방정식**characteristic equation이라고 한다. 특히 $\det(\lambda I_n - A)$는 다음과 같이 λ의 n차 다항식 $p(\lambda)$로 전개할 수 있다.

$$p(\lambda)=\det(\lambda I_n - A)=\lambda^n + c_{n-1}\lambda^{n-1}+\cdots+c_1\lambda+c_0 \tag{7.8}$$

또한 이 다항식을 A의 **특성다항식**characteristic polynomial 또는 **고유다항식**이라고 한다. 식 (7.8)에서 λ^n의 계수는 1이므로 특성방정식은 n개의 해를 갖는다는 것을 알 수 있다.

예를 들어 2차 정사각행렬 $A=\begin{bmatrix} a & b \\ c & d \end{bmatrix}$에 대하여

$$\begin{aligned}\det(A-\lambda I) &= \det\left(\begin{bmatrix} a & b \\ c & d \end{bmatrix} - \lambda\begin{bmatrix} 1 & 0 \\ 0 & 1 \end{bmatrix}\right) \\ &= \begin{vmatrix} a-\lambda & b \\ c & d-\lambda \end{vmatrix} \\ &= (a-\lambda)(d-\lambda)-bc \\ &= \lambda^2-(a+d)\lambda+(ad-bc)\end{aligned}$$

이므로 특성다항식은 λ에 대한 이차다항식이다.

예제 7-2

다음 정사각행렬의 고윳값을 구하라.

(a) $A=\begin{bmatrix} 6 & 16 \\ -1 & -4 \end{bmatrix}$

(b) $B=\begin{bmatrix} 1 & 2 & 2 \\ 1 & 2 & -1 \\ 3 & -3 & 0 \end{bmatrix}$

풀이

(a) 2차 정사각행렬 A에 대하여 $\lambda I_2 - A = \begin{bmatrix} \lambda-6 & -16 \\ 1 & \lambda+4 \end{bmatrix}$이므로

$$\det(\lambda I_2 - A) = \begin{vmatrix} \lambda-6 & -16 \\ 1 & \lambda+4 \end{vmatrix} = (\lambda-6)(\lambda+4)+16 = \lambda^2-2\lambda-8$$

이다. 따라서 A의 특성방정식은

$$\lambda^2-2\lambda-8=(\lambda-4)(\lambda+2)=0$$

이므로 고윳값은 $\lambda_1=4$, $\lambda_2=-2$이다.

(b) 3차 정사각행렬 B에 대하여 $\lambda I_3 - B = \begin{bmatrix} \lambda-1 & -2 & -2 \\ -1 & \lambda-2 & 1 \\ -3 & 3 & \lambda \end{bmatrix}$이므로

$$\det(\lambda I_3 - B) = \begin{vmatrix} \lambda-1 & -2 & -2 \\ -1 & \lambda-2 & 1 \\ -3 & 3 & \lambda \end{vmatrix} = (\lambda-3)^2(\lambda+3)$$

이다. 따라서 B의 특성방정식은

$$(\lambda-3)^2(\lambda+3)=0$$

이므로 고윳값은 $\lambda_1=3$, $\lambda_2=-3$이다. 이때 $\lambda_1=3$은 중근이다.

```
Command Window
: 코딩
>> A=[6 16;-1 -4];B=[1 2 2;1 2 -1;3 -3 0];          % 행렬 입력
>> lambda_A=eig(A) 1                                 % A의 고윳값 계산
>> lambda_B=eig(B)                                   % B의 고윳값 계산

: 결과
lambda_A =                                           % [예제 7-2]의 결과와 동일
           4
          -2
lambda_B =
           3.0000
          -3.0000
           3.0000
```

MATLAB TIP!

1 eig(A) : 행렬 A의 고윳값을 구한다.

MATLAB 유제

다음 행렬의 고윳값을 구하라.

$$A=\begin{bmatrix} 5 & 8 & 16 \\ 4 & 1 & 8 \\ -4 & -4 & -11 \end{bmatrix}$$

일반적으로 3차 이상의 정사각행렬의 고윳값을 구하려면 고차 행렬식을 구해야 하고, 행렬식을 구하려면 여인자 전개를 해야 한다. 고차 행렬식을 계산하는 것은 쉽지 않지만, 특별한 행렬에 대한 행렬식은 쉽게 구할 수 있다. 다음은 고윳값을 쉽게 구할 수 있는 행렬에 대하여 정리한 것이다.

정리 7-2 삼각행렬의 고윳값

n차 정사각행렬 $A=[a_{ij}]$가 삼각행렬이라면 행렬 A의 고윳값은 주대각선 성분 $a_{11},\ a_{22},\ \cdots,\ a_{nn}$이다.

증명 하 삼각행렬에 대한 증명은 상 삼각행렬과 마찬가지이므로 여기서는 상 삼각행렬에 대해서만 증명한다. 행렬 $A=[a_{ij}]$를 다음과 같은 n차 상 삼각행렬이라고 하자.

$$A=\begin{bmatrix} a_{11} & a_{12} & a_{13} & \cdots & a_{1n} \\ 0 & a_{22} & a_{23} & \cdots & a_{2n} \\ 0 & 0 & a_{33} & \cdots & a_{3n} \\ \vdots & \vdots & \vdots & \ddots & \vdots \\ 0 & 0 & 0 & \cdots & a_{nn} \end{bmatrix}$$

그러면 $\lambda I_n - A$는 다음과 같다.

$$\lambda I_n - A = \begin{bmatrix} \lambda - a_{11} & -a_{12} & -a_{13} & \cdots & -a_{1n} \\ 0 & \lambda - a_{22} & -a_{23} & \cdots & -a_{2n} \\ 0 & 0 & \lambda - a_{33} & \cdots & -a_{3n} \\ \vdots & \vdots & \vdots & \ddots & \vdots \\ 0 & 0 & 0 & \cdots & \lambda - a_{nn} \end{bmatrix}$$

이 행렬은 여전히 상 삼각행렬이고, 상 삼각행렬의 행렬식은 주대각선 성분의 곱이므로 상 삼각행렬 A의 특성방정식은 다음과 같다.

$$\det(\lambda I_n - A) = (\lambda - a_{11})(\lambda - a_{22}) \cdots (\lambda - a_{nn}) = 0$$

따라서 행렬 A의 고윳값은 다음과 같다.

$$\lambda_1 = a_{11}, \quad \lambda_2 = a_{22}, \quad \cdots, \quad \lambda_n = a_{nn}$$ ■

예제 7-3

다음 행렬의 고윳값을 구하라.

$$A = \begin{bmatrix} 16 & 0 & 0 & 0 & 0 & 0 \\ -22 & \sqrt{37} & 0 & 0 & 0 & 0 \\ 51 & 40 & -53 & 0 & 0 & 0 \\ 0 & 11 & 0 & \frac{43}{71} & 0 & 0 \\ 132 & -121 & 77 & 38 & 0 & 0 \\ 69 & 22 & 91 & -5 & 83 & 28 \end{bmatrix}$$

풀이

주어진 행렬은 하 삼각행렬이므로 [정리 7-2]에 의하여 행렬 A의 고윳값은 주대각선 성분이다. 따라서 고윳값은 다음과 같다.

$$\lambda_1 = 16, \quad \lambda_2 = \sqrt{37}, \quad \lambda_3 = -53, \quad \lambda_4 = \frac{43}{71}, \quad \lambda_5 = 0, \quad \lambda_6 = 28$$

Command Window

: 코딩

```
>> A=[16 0 0 0 0 0;-22 sqrt(37) 0 0 0 0;51 40 -53 0 0 0;
   0 11 0 43/71 0 0;132 -121 77 38 0 0;69 22 91 -5 83 28];
>> eig(A)                                          % 고윳값 계산
```

: 결과

```
ans = 1 2                                          % [예제 7-3]의 결과와 동일
      28.0000
       0
     -53.0000
       0.6056
       6.0827
      16.0000
```

MATLAB TIP!

1 주대각선 성분의 순서대로는 아니다.

2 $\frac{43}{71} = 0.6056$

$\sqrt{37} = 6.0827$

MATLAB 유제

다음 행렬의 고윳값을 구하라.

$$A = \begin{bmatrix} 2024 & \sqrt{43} & -230 & 100 \\ 0 & -\sqrt{2023} & 64 & 2523 \\ 0 & 0 & \ln 2022 & 35\pi \\ 0 & 0 & 0 & 2021 \end{bmatrix}$$

7.1.4 고유벡터 구하기

지금까지는 행렬의 고윳값을 구하는 방법을 살펴보았다. 이제 고윳값에 대응하는 고유벡터를 구하는 방법을 알아보자. 일반적으로 행렬 A의 고윳값 λ에 대응하는 고유벡터는 다음을 만족한다.

$$A\mathbf{x} = \lambda\mathbf{x} \ \text{ 또는 } (\lambda I_n - A)\mathbf{x} = 0 \tag{7.9}$$ [6]

즉 λ는 $\lambda I_n - A$가 역행렬을 갖지 않는 행렬이 되게 하는 값이다. 따라서 등차연립방정식 $(\lambda I_n - A)\mathbf{x} = 0$은 자명하지 않은 해를 무수히 많이 갖는다. 자명하지 않은 해 $\mathbf{x}$는 식 (7.9)로부터 행렬 A의 고유벡터임을 알 수 있다. 한편 행렬 A의 서로 다른 고윳값에 대응하는 고유벡터에 대하여 다음 정리가 성립한다.

6 $A\mathbf{x} = \lambda\mathbf{x}$
$\Leftrightarrow \lambda\mathbf{x} - A\mathbf{x} = 0$
$\Leftrightarrow \lambda I_n\mathbf{x} - A\mathbf{x} = 0$
$\Leftrightarrow (\lambda I_n - A)\mathbf{x} = 0$

정리 7-3 고유벡터의 일차독립성

n차 정사각행렬 A의 서로 다른 고윳값에 대응하는 고유벡터들은 일차독립이다.

증명 n차 정사각행렬 A의 서로 다른 고윳값 $\lambda_1, \lambda_2, \cdots, \lambda_k$에 대응하는 고유벡터들을 $\mathbf{x}_1, \mathbf{x}_2, \cdots, \mathbf{x}_k$라고 하고, 이 정리를 수학적 귀납법으로 증명해 보자.

(i) $k=2$인 경우

$$c_1\mathbf{x}_1 + c_2\mathbf{x}_2 = 0 \qquad \cdots\cdots ①$$

이라고 하고 양변에 A를 곱하면 다음과 같다.

$$A(c_1\mathbf{x}_1 + c_2\mathbf{x}_2) = c_1A\mathbf{x}_1 + c_2A\mathbf{x}_2 = c_1\lambda_1\mathbf{x}_1 + c_2\lambda_2\mathbf{x}_2 = 0 \qquad \cdots\cdots ②$$

식 ①의 양변에 λ_1을 곱하고 식 ②를 변끼리 빼면 다음이 성립한다.

$$c_2(\lambda_1 - \lambda_2)\mathbf{x}_2 = 0$$

그런데 $\lambda_1 \neq \lambda_2$, $\mathbf{x}_2 \neq \mathbf{0}$이므로 $c_2=0$이고, 이것을 식 ①에 대입하면 $c_1=0$이다. 따라서 $\mathbf{x}_1$, $\mathbf{x}_2$는 일차독립이다.

(ii) 서로 다른 k개의 고윳값에 대응하는 k개의 고유벡터가 일차독립이라고 하고

$$c_1\mathbf{x}_1+c_2\mathbf{x}_2+\cdots+c_k\mathbf{x}_k+c_{k+1}\mathbf{x}_{k+1}=\mathbf{0} \qquad \cdots\cdots ③$$

이라고 하자. $A\lambda_i=\mathbf{x}_i\lambda_i$(단, $i=1, 2, \cdots, k+1$)이라고 하고 식 ③의 양변에 A를 곱하면 다음과 같다.

$$\begin{aligned}&A(c_1\mathbf{x}_1+c_2\mathbf{x}_2+\cdots+c_k\mathbf{x}_k+c_{k+1}\mathbf{x}_{k+1})\\&=c_1A\mathbf{x}_1+c_2A\mathbf{x}_2+\cdots+c_kA\mathbf{x}_k+c_{k+1}A\mathbf{x}_{k+1}\\&=c_1\lambda_1\mathbf{x}_1+c_2\lambda_2\mathbf{x}_2+\cdots+c_k\lambda_k\mathbf{x}_k+c_{k+1}\lambda_{k+1}\mathbf{x}_{k+1}\\&=\mathbf{0} \qquad \cdots\cdots ④\end{aligned}$$

식 ③의 양변에 λ_{k+1}을 곱하고 식 ④를 변끼리 빼면

$$c_1(\lambda_{k+1}-\lambda_1)\mathbf{x}_1+c_2(\lambda_{k+1}-\lambda_2)\mathbf{x}_2+\cdots+c_k(\lambda_{k+1}-\lambda_k)\mathbf{x}_k=\mathbf{0}$$

이다. 그런데 $\lambda_{k+1}\neq\lambda_i$, $\mathbf{x}_i\neq\mathbf{0}$(단, $i=1, 2, \cdots, k$)이므로

$$c_1=c_2=\cdots=c_k=0 \qquad \cdots\cdots ⑤$$

식 ③과 식 ⑤에서 $c_{k+1}=0$이므로 $k+1$인 경우도 성립한다.
그러므로 수학적 귀납법에 의하여 n차 정사각행렬 A의 서로 다른 고윳값에 대응하는 고유벡터들은 일차독립이다. ■

λ가 n차 정사각행렬 A의 고윳값일 때 동차연립방정식 $(\lambda I_n - A)\mathbf{x}=\mathbf{0}$의 해공간을 λ에 대응하는 A의 **고유공간**eigenspace이라고 한다.[7]

7 고윳값 λ에 대응하는 고유공간은 $E_\lambda=\{\mathbf{x} \mid A\mathbf{x}=\lambda\mathbf{x}\}$로 나타내기도 한다.

따라서 λ에 대응하는 A의 고유공간은 동차연립방정식

$$(\lambda I_n - A)\mathbf{x}=\mathbf{0}$$

을 만족하는 $\mathbf{x}$ 전체의 집합이며, 이는 벡터공간 $\mathbb{R}^n$의 부분공간이다.

예제 7-4

행렬 $A=\begin{bmatrix}-3 & 2\\-2 & 1\end{bmatrix}$의 고유벡터를 구하라.

풀이

주어진 행렬의 고윳값을 구하기 위해 특성방정식을 구하면 다음과 같다.

$$\begin{vmatrix} \lambda+3 & -2 \\ 2 & \lambda-1 \end{vmatrix} = (\lambda+3)(\lambda-1)+4$$
$$= \lambda^2+2\lambda+1$$
$$= (\lambda+1)^2 = 0$$

따라서 행렬 A의 고윳값은 $\lambda=-1$(중근)이다. 이제 고윳값에 대응하는 고유벡터를 구해 보자. 임의의 영 아닌 벡터 $\mathbf{x}=\begin{bmatrix} x_1 \\ x_2 \end{bmatrix}$를 행렬 A의 고유벡터라고 하면 $A\mathbf{x}=\lambda\mathbf{x}$이다. 이때 고윳값에 대응하는 고유벡터를 구하면 $\lambda=-1$일 때 $A\mathbf{x}=-1\cdot\mathbf{x}=-\mathbf{x}$이므로

$$\begin{bmatrix} -3 & 2 \\ -2 & 1 \end{bmatrix}\begin{bmatrix} x_1 \\ x_2 \end{bmatrix} = -1\begin{bmatrix} x_1 \\ x_2 \end{bmatrix} \Leftrightarrow \begin{cases} -2x_1+2x_2=0 \\ -2x_1+2x_2=0 \end{cases}$$

이 된다. 따라서 고유벡터는 다음과 같다.

$$\mathbf{x}=\begin{bmatrix} x_1 \\ x_2 \end{bmatrix}=\begin{bmatrix} s \\ s \end{bmatrix}=s\begin{bmatrix} 1 \\ 1 \end{bmatrix} \quad (\text{단, } s\neq 0)$$

Command Window

: 코딩
```
>> A=[-3 2;-2 1];           % 행렬 입력
>> [V,D]=eig(A); 1          % 고윳값과 고유벡터 계산
>> v1=V(:,1); 2
>> v11=v1/v1(1,1)           % 고유벡터의 첫 번째 성분을 1로 변환
```

: 결과
```
v11 =                       % [예제 7-4]의 결과와 동일
      1.0000
      1.0000
```

MATLAB TIP!

1 [V,D]=eig(A) : V에는 열들이 A의 고유벡터로 이루어진 행렬이, D에는 대각원소가 A의 고윳값인 대각행렬이 저장된다.

2 V의 열벡터들은 D의 주대각선 성분에 대응하는 고유벡터들로, 벡터의 첫 번째 성분을 1로 만들면 예제와 일치하는 벡터를 얻을 수 있다.

MATLAB 유제

다음 행렬의 고유벡터를 구하라.

$$A=\begin{bmatrix} 0 & 0 & -4 \\ 2 & 4 & 2 \\ 2 & 0 & 6 \end{bmatrix}$$

예제 7-5

다음 행렬의 고유벡터를 구하고, 고윳값에 대응하는 고유공간의 기저와 차원을 각각 구하라.

$$A=\begin{bmatrix} 5 & 2 & -2 \\ 2 & 5 & -2 \\ -2 & -2 & 5 \end{bmatrix}$$

풀이

행렬 A에 대하여 $\lambda I_3 - A = \begin{bmatrix} \lambda-5 & -2 & 2 \\ -2 & \lambda-5 & 2 \\ 2 & 2 & \lambda-5 \end{bmatrix}$이므로

$$\det(\lambda I_3 - A) = \begin{vmatrix} \lambda-5 & -2 & 2 \\ -2 & \lambda-5 & 2 \\ 2 & 2 & \lambda-5 \end{vmatrix} = (\lambda-3)^2(\lambda-9)$$

이다. 따라서 A의 고윳값은 $\lambda_1=3$, $\lambda_2=9$이고, $\lambda_1=3$은 중근이다.

각 고윳값에 대응하는 고유벡터를 $\mathbf{x} = \begin{bmatrix} x_1 \\ x_2 \\ x_3 \end{bmatrix}$라고 하면

❶ $\lambda_1=3$일 때 $A\mathbf{x}=3\mathbf{x}$이므로

$$\begin{aligned} 5x_1+2x_2-2x_3 &= 3x_1 \\ 2x_1+5x_2-2x_3 &= 3x_2 \\ -2x_1-2x_2+5x_3 &= 3x_3 \end{aligned} \quad \Rightarrow \quad \begin{aligned} x_1+x_2-x_3 &= 0 \\ x_1+x_2-x_3 &= 0 \\ x_1+x_2-x_3 &= 0 \end{aligned}$$

이 된다. 이 연립방정식을 풀면 다음과 같다.

$$x_1 = -s+t, \quad x_2 = s, \quad x_3 = t \quad (\text{단, } s \neq 0,\ t \neq 0)$$

❸ $\lambda_2=9$일 때 $A\mathbf{x}=9\mathbf{x}$이므로

$$\begin{aligned} 5x_1+2x_2-2x_3 &= 9x_1 \\ 2x_1+5x_2-2x_3 &= 9x_2 \\ -2x_1-2x_2+5x_3 &= 9x_3 \end{aligned} \quad \Rightarrow \quad \begin{aligned} -2x_1+x_2-x_3 &= 0 \\ x_1-2x_2-x_3 &= 0 \\ x_1+x_2+2x_3 &= 0 \end{aligned}$$

이 된다. 연립방정식을 풀면 다음과 같다.

$$x_1 = r, \quad x_2 = r, \quad x_3 = -r \quad (\text{단, } r \neq 0)$$

따라서 고윳값 $\lambda_1=3$, $\lambda_2=9$에 대응하는 고유벡터는 각각 다음과 같다.

$$\begin{bmatrix} -s+t \\ s \\ t \end{bmatrix}, \quad \begin{bmatrix} r \\ r \\ -r \end{bmatrix}$$

한편 $\lambda_1=3$에 대응하는 A의 고유벡터는

$$\begin{bmatrix} -s+t \\ s \\ t \end{bmatrix} = s\begin{bmatrix} -1 \\ 1 \\ 0 \end{bmatrix} + t\begin{bmatrix} 1 \\ 0 \\ 1 \end{bmatrix} \quad (\text{단, } s,\ t \in \mathbb{R})$$

이므로 λ_1에 대응하는 A의 고유공간은

$$S = \left\{ \begin{bmatrix} -1 \\ 1 \\ 0 \end{bmatrix}, \begin{bmatrix} 1 \\ 0 \\ 1 \end{bmatrix} \right\}$$

에 의해 생성된다. 그런데 S는 일차독립이므로 $\lambda_1=3$에 대응하는 고유공간의 기저는 S이며, 이 공간은 2차원이다. 같은 방법으로 $\lambda_2=9$에 대응하는 고유공간의 기저는 $\left\{\begin{bmatrix}1\\1\\-1\end{bmatrix}\right\}$이며, 이 공간은 1차원이다.

7.1.5 고윳값의 성질

마지막으로 행렬의 고윳값에 대한 중요한 성질을 알아보자.

정리 7-4 A^k의 고윳값

행렬 A의 고유벡터 $\mathbf{x}$에 대응하는 고윳값을 λ라고 하면, 양의 정수 k에 대하여 λ^k은 행렬 A^k의 고유벡터 $\mathbf{x}$에 대응하는 고윳값이다.

증명 이를 증명하는 과정은 다음과 같이 매우 간단하다.

$$\begin{aligned} A^k\mathbf{x} &= A^{k-1}(A\mathbf{x}) = A^{k-1}(\lambda\mathbf{x}) \\ &= \lambda A^{k-2}(A\mathbf{x}) = \lambda A^{k-2}(\lambda\mathbf{x}) \\ &\vdots \\ &= \lambda^{k-1}(A\mathbf{x}) \\ &= \lambda^k\mathbf{x} \end{aligned}$$

따라서 λ^k은 행렬 A^k의 고유벡터 $\mathbf{x}$에 대응하는 고윳값이다. ■

정리 7-5 행렬식과 대각합

n차 정사각행렬 A의 고윳값을 $\lambda_1, \lambda_2, \cdots, \lambda_n$이라고 할 때 다음이 성립한다.

(1) 행렬 A의 행렬식은 $\det(A)=\lambda_1\lambda_2\cdots\lambda_n$이다.

(2) 행렬 A의 대각합은 $\mathrm{tr}(A)=\lambda_1+\lambda_2+\cdots+\lambda_n$이다.

증명 여기서는 (1)만 증명하고, (2)의 증명은 연습문제로 남긴다.

(1) 행렬 A의 고윳값이 $\lambda_1, \lambda_2, \cdots, \lambda_n$이므로 특성다항식은 다음과 같다.

$$\det(\lambda I_n - A) = (\lambda-\lambda_1)(\lambda-\lambda_2)\cdots(\lambda-\lambda_n)$$

이 식에 $\lambda=0$을 대입하면 좌변은

$$\det(\lambda I_n - A) = \det(-A)$$

이고, 우변은

$$(\lambda-\lambda_1)(\lambda-\lambda_2)\cdots(\lambda-\lambda_n)=(0-\lambda_1)(0-\lambda_2)\cdots(0-\lambda_n)$$

이다. 즉 다음과 같다.

$$\det(-A)=(-\lambda_1)(-\lambda_2)\cdots(-\lambda_n)=(-1)^n\lambda_1\lambda_2\cdots\lambda_n$$

그런데 행렬식의 성질([정리 3-2] 참고)에 의해

$$\det(-A)=(-1)^n\det(A)$$

이므로 다음과 같이 나타낼 수 있다.

$$\det(-A)=(-1)^n\lambda_1\lambda_2\cdots\lambda_n=(-1)^n\det(A)$$

따라서 다음이 성립한다.

$$\det(A)=\lambda_1\lambda_2\cdots\lambda_n$$ ■

예제 7-6

행렬 A에 대하여 다음을 구하라.

$$A=\begin{bmatrix}0&0&-4\\2&-2&2\\2&0&6\end{bmatrix}$$

(a) A^3의 고윳값 **(b)** 행렬 A의 행렬식 **(c)** 행렬 A의 대각합

풀이

(a) 먼저 행렬 A의 고윳값을 구하면

$$\det(\lambda I_3-A)=\begin{vmatrix}\lambda&0&4\\-2&\lambda+2&-2\\-2&0&\lambda-6\end{vmatrix}=(\lambda+2)(\lambda-2)(\lambda-4)$$

이므로 행렬 A의 고윳값은 $\lambda_1=-2$, $\lambda_2=2$, $\lambda_3=4$이다. 따라서 [정리 7-4]에 의해 A^3의 고윳값은 $\mu_1=(-2)^3=-8$, $\mu_2=2^3=8$, $\mu_3=4^3=64$이다.

(b) 행렬 A의 고윳값은 -2, 2, 4이므로 [정리 7-5]에 의하여 행렬 A의 행렬식은 다음과 같다.

$$\det A=(-2)\cdot 2\cdot 4=-16$$

(c) 행렬 A의 고윳값은 -2, 2, 4이므로 [정리 7-5]에 의하여 행렬 A의 대각합은 다음과 같다.

$$\mathrm{tr}(A)=-2+2+4=4$$

Command Window

: 코딩

```
>> A=[0 0 -4;2 -2 2;2 0 6];        % 행렬 입력
>> D=eig(A^3) [1]                  % A^3의 고윳값 계산
>> det(A) [2]                      % A의 행렬식 계산
>> trace(A) [3]                    % A의 대각합 계산
```

: 결과

```
D =                                % [예제 7-6(a)]의 결과와 동일
    -8
     8
    64
ans =                              % [예제 7-6(b)]의 결과와 동일
    -16
ans =                              % [예제 7-6(c)]의 결과와 동일
     4
```

MATLAB TIP!

[1] eig(A) : 행렬 A의 고윳값을 계산한다.

[2] det(A) : 행렬 A의 행렬식을 계산한다.

[3] trace(A) : 행렬 A의 대각합을 계산한다.

MATLAB 유제

행렬 A에 대하여 다음을 구하라.

$$A = \begin{bmatrix} 21 & 32 & 23 \\ -13 & -15 & -13 \\ 23 & -33 & 23 \end{bmatrix}$$

(a) A^3의 고윳값 **(b)** 행렬 A의 행렬식 **(c)** 행렬 A의 대각합

7.2 행렬의 대각화

앞에서 우리는 좌표계를 변환하는 것으로부터 고윳값과 고유벡터를 도입하였다. 이 절에서는 주어진 n차 정사각행렬 A의 고유벡터로 이루어진 $\mathbb{R}^n$의 기저를 구하는 문제를 다룬다. 이와 같은 기저는 행렬 A의 기하학적 성질을 연구하는 데 사용될 뿐만 아니라 A를 수반하는 여러 가지 계산 문제를 단순화하는 데 사용된다. 기저는 여러 분야에 활용되고 있는데, 활용에 대한 자세한 내용은 7.4절에서 다루기로 한다.

7.2.1 닮음

두 n차 정사각행렬 A와 B에 대하여 다음을 만족하는 가역행렬 P가 존재할 때 A와 B는 **닮음**similar 또는 '**닮았다**be similar to'라고 한다.[8]

[8] 두 행렬이 닮음일 때, 두 행렬은 **닮은 행렬**이라고도 한다.

$$B = P^{-1}AP \tag{7.10}$$

행렬

$$A = \begin{bmatrix} -1 & 0 & 0 \\ 0 & 3 & 0 \\ 0 & 0 & -2 \end{bmatrix}, \quad B = \begin{bmatrix} 3 & 0 & 0 \\ 0 & -2 & 0 \\ 0 & 0 & -1 \end{bmatrix}, \quad P = \begin{bmatrix} 0 & 0 & 1 \\ 1 & 0 & 0 \\ 0 & 1 & 0 \end{bmatrix}$$

에 대하여 $B = P^{-1}AP$이므로 B와 A는 닮은 행렬이다. 또 행렬

$$A = \begin{bmatrix} 1 & 1 & 0 \\ 0 & 0 & 2 \\ 0 & 0 & 1 \end{bmatrix}, \quad B = \begin{bmatrix} 1 & \frac{1}{2} & 0 \\ 0 & 0 & 1 \\ 0 & 0 & 1 \end{bmatrix}, \quad P = \begin{bmatrix} 1 & 0 & \frac{1}{2} \\ 0 & \frac{1}{2} & 0 \\ 0 & 0 & \frac{1}{4} \end{bmatrix}$$

에 대하여 $B = P^{-1}AP$이므로 B와 A는 닮은 행렬이다.

예제 7-7

다음 두 행렬이 닮은 행렬인지 확인하라.

$$A = \begin{bmatrix} 1 & 1 \\ -1 & 4 \end{bmatrix}, \quad B = \begin{bmatrix} 2 & 1 \\ 1 & 3 \end{bmatrix}$$

풀이

먼저 $B = P^{-1}AP$를 만족하는 가역행렬 $P = \begin{bmatrix} a & b \\ c & d \end{bmatrix}$가 존재하는지 알아봐야 하므로 $B = P^{-1}AP$의 양변의 왼쪽에 P를 곱하여 $PB = AP$가 되는 P를 찾아보자. 즉

$$PB = \begin{bmatrix} a & b \\ c & d \end{bmatrix}\begin{bmatrix} 2 & 1 \\ 1 & 3 \end{bmatrix} = \begin{bmatrix} 1 & 1 \\ -1 & 4 \end{bmatrix}\begin{bmatrix} a & b \\ c & d \end{bmatrix} = AP$$

이므로

$$\begin{bmatrix} 2a+b & a+3b \\ 2c+d & c+3d \end{bmatrix} = \begin{bmatrix} a+c & b+d \\ -a+4c & -b+4d \end{bmatrix}$$

이다. 두 행렬이 같다는 것은 대응하는 성분끼리 같은 것을 의미하므로

$$\begin{aligned} 2a+b &= a+c \\ a+3b &= b+d \\ 2c+d &= -a+4c \\ c+3d &= -b+4d \end{aligned}$$

이다. 이 식을 동차연립방정식으로 바꾸면 다음과 같다.

$$\begin{aligned} a+\ \ b-c&=0 \\ a+2b-d&=0 \\ a-2c+d&=0 \\ b+\ \ c-d&=0 \end{aligned} \quad \Leftrightarrow \quad \begin{bmatrix} 1 & 1 & -1 & 0 \\ 1 & 2 & 0 & -1 \\ 1 & 0 & -2 & 1 \\ 0 & 1 & 1 & -1 \end{bmatrix}\begin{bmatrix} a \\ b \\ c \\ d \end{bmatrix}=\begin{bmatrix} 0 \\ 0 \\ 0 \\ 0 \end{bmatrix} \quad \Leftrightarrow \quad \begin{bmatrix} 1 & 0 & -2 & 1 \\ 0 & 1 & 1 & -1 \\ 0 & 0 & 0 & 0 \\ 0 & 0 & 0 & 0 \end{bmatrix}\begin{bmatrix} a \\ b \\ c \\ d \end{bmatrix}=\begin{bmatrix} 0 \\ 0 \\ 0 \\ 0 \end{bmatrix}$$

이 동차연립방정식의 해는 임의의 실수 s, t에 대하여 $c=s$, $d=t$라고 하면 $a=2s-t$, $b=-s+t$이므로 $P=\begin{bmatrix} 2s-t & -s+t \\ s & t \end{bmatrix}$이다. 여기서 $s \neq 0$, $t=0$이면 $P=\begin{bmatrix} 2s & -s \\ s & 0 \end{bmatrix}=s\begin{bmatrix} 2 & -1 \\ 1 & 0 \end{bmatrix}$이므로 가역행렬 P가 존재한다. 따라서 $B=P^{-1}AP$가 성립하므로 두 행렬 A와 B는 닮은 행렬이다.

위의 예제로부터 알 수 있듯이 일반적으로 두 행렬이 닮음인지 아닌지를 알아보기는 쉽지 않다. 하지만 두 행렬이 닮음이라면 다음 정리와 같은 특별한 성질을 만족한다.

정리 7-6 닮은 행렬의 고윳값

두 정사각행렬 A와 B가 닮은 행렬이라면 A와 B의 특성방정식은 같다.

증명 두 정사각행렬 A와 B가 닮은 행렬이므로 $B=P^{-1}AP$를 만족하는 행렬 P가 존재하고 $\lambda I=\lambda P^{-1}P=P^{-1}\lambda IP$가 성립한다. 따라서

$$\begin{aligned} \det(\lambda I-B) &= \det(P^{-1}\lambda IP-P^{-1}AP) \\ &= \det(P^{-1}(\lambda I-A)P) \\ &= \det(P^{-1})\det(\lambda I-A)\det(P) \\ &= \det(P^{-1})\det(P)\det(\lambda I-A) \\ &= \det(P^{-1}P)\det(\lambda I-A) \\ &= \det(I)\det(\lambda I-A) \\ &= \det(\lambda I-A) \end{aligned}$$

가 성립하고, A와 B의 특성방정식은 같다. ■

예제 7-8

다음 두 행렬이 닮은 행렬인지 확인하라.

$$A=\begin{bmatrix} 1 & 2 \\ 2 & 5 \end{bmatrix}, \quad B=\begin{bmatrix} 2 & 1 \\ 1 & 1 \end{bmatrix}$$

풀이

행렬 $A=\begin{bmatrix} 1 & 2 \\ 2 & 5 \end{bmatrix}$의 특성방정식은 $\det(\lambda I-A)=0$에서

$$\begin{vmatrix} \lambda-1 & -2 \\ -2 & \lambda-5 \end{vmatrix}=0 \quad \Leftrightarrow \quad \lambda^2-6\lambda+1=0$$

이다. 또 행렬 $B=\begin{bmatrix} 2 & 1 \\ 1 & 1 \end{bmatrix}$의 특성방정식은 $\det(\lambda I-B)=0$에서

$$\begin{vmatrix} \lambda-2 & -1 \\ -1 & \lambda-1 \end{vmatrix}=0 \quad \Leftrightarrow \quad \lambda^2-3\lambda+1=0$$

이다. 따라서 특성방정식이 다르므로 주어진 두 행렬은 닮은 행렬이 아니다.

Command Window

: 코딩

```
>> A=[1 2;2 5];B=[2 1;1 1];              % 행렬 입력
>> poly(A),poly(B) 1                     % 행렬 A, B의 특성다항식 계산
```

: 결과

```
ans = 2                                  % [예제 7-8]의 결과와 동일
     1.0000    -6.0000    1.0000
ans =
     1    -3    1
```

MATLAB TIP!

1 poly(A) : 행렬 A의 특성다항식을 계산한다.

2 특성방정식이 다르므로 주어진 두 행렬은 닮은 행렬이 아니다.

MATLAB 유제

다음 두 행렬이 닮은 행렬인지 확인하라.

$$A=\begin{bmatrix} 1 & -3 & 3 \\ 3 & -5 & 3 \\ 3 & -3 & 2 \end{bmatrix}, \quad D=\begin{bmatrix} -2 & 0 & 0 \\ 0 & -2 & 0 \\ 0 & 0 & 4 \end{bmatrix}$$

7.2.2 대각화

일반적으로 두 행렬의 특성방정식이 같다면 두 행렬의 고윳값은 같다. 따라서 [정리 7-6]으로부터 두 행렬이 닮음이면 두 행렬의 고윳값이 같음을 알 수 있다.

예를 들어 행렬 $A=\begin{bmatrix} 7 & -10 \\ 3 & -4 \end{bmatrix}$와 대각행렬 $B=\begin{bmatrix} 1 & 0 \\ 0 & 2 \end{bmatrix}$는 모두 고윳값이 1과 2이다. 또 $P=\begin{bmatrix} 5 & 2 \\ 3 & 1 \end{bmatrix}$에 대하여 다음이 성립한다.

$$B=P^{-1}AP=\begin{bmatrix} -1 & 2 \\ 3 & -5 \end{bmatrix}\begin{bmatrix} 7 & -10 \\ 3 & -4 \end{bmatrix}\begin{bmatrix} 5 & 2 \\ 3 & 1 \end{bmatrix}=\begin{bmatrix} 1 & 0 \\ 0 & 2 \end{bmatrix}$$

따라서 두 행렬 A와 B는 닮음이다. 이 예와 같이 주어진 행렬과 닮은 행렬을 찾을 수 있다면 대각행렬을 이용하여 쉽게 고윳값을 알 수 있다. 그러나 모든

정사각행렬이 대각행렬과 닮음인 것은 아니다. 이제 정사각행렬이 대각행렬과 닮음이 될 수 있는 조건과 그때의 행렬 P를 구하는 방법에 대하여 알아보자. 즉 이 절에서 우리는 주어진 정사각행렬 A에 대하여 $P^{-1}AP$가 대각행렬이 되는 가역행렬 P가 존재할 수 있는지 살펴본다.

A가 대각행렬과 닮음행렬일 때, 즉 적당한 가역행렬 P가 존재하여 $P^{-1}AP$가 대각행렬일 때, A를 **대각화 가능한 행렬**diagonalizable matrix이라고 하며, 행렬 P는 A를 **대각화하는 행렬**이라고 한다.

행렬 $A=\begin{bmatrix} 1 & 1 \\ -2 & 4 \end{bmatrix}$와 가역행렬 $P=\begin{bmatrix} 1 & 1 \\ 1 & 2 \end{bmatrix}$에 대하여

$$P^{-1}AP=\begin{bmatrix} 2 & -1 \\ -1 & 1 \end{bmatrix}\begin{bmatrix} 1 & 1 \\ -2 & 4 \end{bmatrix}\begin{bmatrix} 1 & 1 \\ 1 & 2 \end{bmatrix}=\begin{bmatrix} 2 & 0 \\ 0 & 3 \end{bmatrix}$$

이므로 A는 대각화 가능한 행렬이다. 또 임의의 대각행렬 $D=\text{diag}(d_1, d_2, \cdots, d_n)$은 $I_n^{-1}DI_n=D$이므로 대각행렬은 항상 대각화 가능한 행렬이다.[9]

9 대각행렬 D와 닮은 행렬은 대각행렬 D 자신뿐이다.

이제 대각화 가능한 행렬의 성질을 알아보자.

정리 7-7 대각화 가능한 행렬

n차 정사각행렬 A에 대하여 다음은 동치이다.

(1) A는 대각화 가능한 행렬이다.

(2) A는 n개의 일차독립인 고유벡터를 갖는 것이다. 이때 A는 자신의 고윳값 $\lambda_1, \lambda_2, \cdots, \lambda_n$을 주대각선 성분으로 갖는 대각행렬 D와 닮은 행렬이다.

증명

(1) $\Rightarrow$ (2) A가 대각화 가능한 행렬이면 적당한 가역행렬

$$P=[\mathbf{p}_1\ \mathbf{p}_2\ \cdots\ \mathbf{p}_n]$$

에 대하여 $P^{-1}AP=B$인 대각행렬 $B=\text{diag}(b_1, b_2, \cdots, b_n)$이 존재한다. 이때

$$AP=PB$$

이므로 다음이 성립한다.

$$A\mathbf{p}_1=b_1\mathbf{p}_1, \quad A\mathbf{p}_2=b_2\mathbf{p}_2, \quad \cdots, \quad A\mathbf{p}_n=b_n\mathbf{p}_n$$

따라서 b_1, b_2, $\cdots$, b_n은 A의 고윳값이고 $B=D$이므로 다음과 같이 나타낼 수 있다.

$$A\mathbf{p}_1=\lambda_1\mathbf{p}_1,\quad A\mathbf{p}_2=\lambda_2\mathbf{p}_2,\quad \cdots,\quad A\mathbf{p}_n=\lambda_n\mathbf{p}_n \tag{7.11}$$

그런데 P가 가역이므로 $\mathbf{p}_1$, $\mathbf{p}_2$, $\cdots$, $\mathbf{p}_n$은 일차독립이고, 식 (7.11)에 의해 고윳값 λ_1, λ_2, $\cdots$, λ_n에 각각 대응하는 A의 고유벡터이다.

(2) $\Rightarrow$ **(1)** A의 고윳값 λ_1, λ_2, $\cdots$, λ_n에 대응하는 일차독립인 고유벡터 $\mathbf{p}_1$, $\mathbf{p}_2$, $\cdots$, $\mathbf{p}_n$을 열벡터로 갖는 행렬을

$$[\mathbf{p}_1\ \mathbf{p}_2\ \cdots\ \mathbf{p}_n]$$

이라고 하면

$$\begin{aligned}AP&=[A\mathbf{p}_1\ \ A\mathbf{p}_2\ \ \cdots\ \ A\mathbf{p}_n]=[\lambda_1\mathbf{p}_1\ \ \lambda_2\mathbf{p}_2\ \ \cdots\ \ \lambda_n\mathbf{p}_n]\\&=[\mathbf{p}_1\ \ \mathbf{p}_2\ \ \cdots\ \ \mathbf{p}_n]\begin{bmatrix}\lambda_1 & 0 & \cdots & 0\\ 0 & \lambda_2 & \cdots & 0\\ \vdots & \vdots & \ddots & \vdots\\ 0 & 0 & \cdots & \lambda_n\end{bmatrix}\\&=PD\end{aligned}$$ [10]

10 $AP=PD$의 왼쪽에 P의 역행렬 P^{-1}를 곱하면 $P^{-1}AP=D$가 된다.

가 된다. 그런데 P의 열벡터들은 일차독립이므로 P는 가역이고, $P^{-1}AP=D$이므로 A는 대각화 가능한 행렬이다. ■

예제 7-9

다음 행렬이 대각화 가능한지 판정하라.

(a) $A=\begin{bmatrix}2 & 1 & 0\\ 0 & 2 & 0\\ 2 & 3 & 1\end{bmatrix}$ **(b)** $B=\begin{bmatrix}0 & 0 & -2\\ 1 & 2 & 1\\ 1 & 0 & 3\end{bmatrix}$

풀이

(a) 행렬 A의 특성방정식을 구하면 다음과 같다.

$$\det(\lambda I_3-A)=(\lambda-2)^2(\lambda-1)=0$$

즉 A의 고윳값은 $\lambda_1=1$, $\lambda_2=2$(중근)이다.

먼저 $\lambda_1=1$에 대응하는 고유벡터 $\mathbf{x}=\begin{bmatrix}x_1\\ x_2\\ x_3\end{bmatrix}$를 구하기 위해 $(1\cdot I_3-A)\mathbf{x}=\mathbf{0}$을 풀면 다음과 같은 동차 연립방정식을 얻는다.

$$\begin{bmatrix}-1 & -1 & 0\\ 0 & -1 & 0\\ -2 & -3 & 0\end{bmatrix}\begin{bmatrix}x_1\\ x_2\\ x_3\end{bmatrix}=\begin{bmatrix}0\\ 0\\ 0\end{bmatrix}\quad\Leftrightarrow\quad\begin{aligned}-x_1-x_2&=0\\ -x_2&=0\\ -2x_1-3x_2&=0\end{aligned}$$

이 동차연립방정식의 해는 $x_3 = s$ (단, $s \in \mathbb{R}$)라고 할 때

$$\mathbf{x} = \begin{bmatrix} 0 \\ 0 \\ s \end{bmatrix} = s\begin{bmatrix} 0 \\ 0 \\ 1 \end{bmatrix}$$

이므로 일차독립인 다음 고유벡터를 얻는다.

$$\mathbf{x}_1 = \begin{bmatrix} 0 \\ 0 \\ 1 \end{bmatrix}$$

같은 방법으로 $\lambda_2 = 2$에 대응하는 고유벡터를 구하기 위해 $(2 \cdot I_3 - A)\mathbf{x} = \mathbf{0}$을 풀면 다음과 같은 동차연립방정식을 얻는다.

$$\begin{bmatrix} 0 & -1 & 0 \\ 0 & 0 & 0 \\ -2 & -3 & 1 \end{bmatrix}\begin{bmatrix} x_1 \\ x_2 \\ x_3 \end{bmatrix} = \begin{bmatrix} 0 \\ 0 \\ 0 \end{bmatrix} \quad \Leftrightarrow \quad \begin{aligned} -x_2 \quad\quad &= 0 \\ -2x_1 - 3x_2 + x_3 &= 0 \end{aligned}$$

이 동차연립방정식의 해는 $x_3 = t$(단, $t \in \mathbb{R}$)라고 할 때

$$\mathbf{x} = \begin{bmatrix} \frac{t}{2} \\ 0 \\ t \end{bmatrix} = t\begin{bmatrix} \frac{1}{2} \\ 0 \\ 1 \end{bmatrix}$$

이므로 일차독립인 다음 고유벡터를 얻는다.

$$\mathbf{x}_2 = \begin{bmatrix} \frac{1}{2} \\ 0 \\ 1 \end{bmatrix}$$

따라서 3차 정사각행렬 A는 일차독립인 고유벡터가 2개뿐이므로 [정리 7-7]에 의하여 대각화 가능하지 않다.

(b) 행렬 B의 특성방정식을 구하면 다음과 같다.

$$\det(\lambda I - B) = (\lambda - 2)^2(\lambda - 1) = 0$$

즉 B의 고윳값은 $\lambda_1 = 1$과 $\lambda_2 = 2$(중근)이다.

먼저 $\lambda_1 = 1$에 대응하는 고유벡터 $\mathbf{x} = \begin{bmatrix} x_1 \\ x_2 \\ x_3 \end{bmatrix}$를 구하기 위해 $(1 \cdot I_3 - B)\mathbf{x} = \mathbf{0}$을 풀면 다음과 같은 동차연립방정식을 얻는다.

$$\begin{bmatrix} 1 & 0 & 2 \\ -1 & -1 & -1 \\ -1 & 0 & -2 \end{bmatrix}\begin{bmatrix} x_1 \\ x_2 \\ x_3 \end{bmatrix} = \begin{bmatrix} 0 \\ 0 \\ 0 \end{bmatrix} \quad \Leftrightarrow \quad \begin{aligned} x_1 \quad\quad + 2x_3 &= 0 \\ -x_1 - x_2 - x_3 &= 0 \\ -x_1 \quad\quad - 2x_3 &= 0 \end{aligned}$$

이 동차연립방정식의 해가 $x_3 = r$(단, $r \in \mathbb{R}$)이라고 할 때

$$\mathbf{x} = \begin{bmatrix} -2r \\ r \\ r \end{bmatrix} = r\begin{bmatrix} -2 \\ 1 \\ 1 \end{bmatrix}$$

이므로 일차독립인 다음 고유벡터를 얻는다.

$$\mathbf{x}_1 = \begin{bmatrix} -2 \\ 1 \\ 1 \end{bmatrix}$$

같은 방법으로 $\lambda_2 = 2$에 대응하는 고유벡터를 구하기 위해 $(2 \cdot I_3 - A)\mathbf{x} = \mathbf{0}$을 풀면 다음과 같은 동차연립방정식을 얻는다.

$$\begin{bmatrix} 2 & 0 & 2 \\ -1 & 0 & -1 \\ -1 & 0 & -1 \end{bmatrix}\begin{bmatrix} x_1 \\ x_2 \\ x_3 \end{bmatrix} = \begin{bmatrix} 0 \\ 0 \\ 0 \end{bmatrix} \quad \Leftrightarrow \quad \begin{aligned} 2x_1 + 2x_3 &= 0 \\ -x_1 - x_3 &= 0 \\ -x_1 - x_3 &= 0 \end{aligned}$$

이 동차연립방정식의 해는 $x_2 = s$, $x_3 = t$(단, s, $t \in \mathbb{R}$)라고 할 때,

$$\mathbf{x} = \begin{bmatrix} -t \\ s \\ t \end{bmatrix} = s\begin{bmatrix} 0 \\ 1 \\ 0 \end{bmatrix} + t\begin{bmatrix} -1 \\ 0 \\ 1 \end{bmatrix}$$

이므로 일차독립인 다음 고유벡터를 얻는다.

$$\mathbf{x}_2 = \begin{bmatrix} 0 \\ 1 \\ 0 \end{bmatrix}, \quad \mathbf{x}_3 = \begin{bmatrix} -1 \\ 0 \\ 1 \end{bmatrix}$$

따라서 3차 정사각행렬 A는 일차독립인 3개의 고유벡터를 가지므로 [정리 7-7]에 의하여 대각화 가능하다.

앞에서 설명했던 것과 같이 일반적으로 모든 행렬이 대각화 가능한 것은 아니다. 예를 들어 행렬 $A = \begin{bmatrix} 1 & 1 \\ 0 & 1 \end{bmatrix}$의 고윳값은 $\lambda = 1$이고, 이 고윳값에 대응하는 고유벡터는

$$\mathbf{x} = \begin{bmatrix} s \\ 0 \end{bmatrix} = s\begin{bmatrix} 1 \\ 0 \end{bmatrix} \quad (\text{단, } s \neq 0)$$

이다. 따라서 A는 두 개의 일차독립인 고유벡터를 갖지 않는다. 즉 A는 대각화 가능하지 않다. 그러나 [정리 7-8]로부터 n차 정사각행렬 A가 n개의 서로 다른 고윳값을 가지면 A는 대각화 가능한 행렬임을 알 수 있다.

정리 7-8 고유벡터의 일차독립

n차 정사각행렬 A의 서로 다른 고윳값 $\lambda_1, \lambda_2, \cdots, \lambda_k$에 대응하는 고유벡터 $\mathbf{x}_1, \mathbf{x}_2, \cdots, \mathbf{x}_k$는 일차독립이다.

증명 $\mathbf{x}_1, \mathbf{x}_2, \cdots, \mathbf{x}_r$이 일차종속이라고 가정하여 모순임을 보이면 된다. 고유벡터는 $\mathbf{0}$이 아니므로 $\mathbf{x}_1$은 일차독립이다. 이제 r을 $\mathbf{x}_1, \mathbf{x}_2, \cdots, \mathbf{x}_r$이 일차독립이 되는 최대정수라고 하면 $\mathbf{x}_1, \mathbf{x}_2, \cdots, \mathbf{x}_k$가 일차종속이라고 가정했으므로 $1 \le r < k$ 이고 $\mathbf{x}_1, \mathbf{x}_2, \cdots, \mathbf{x}_r, \mathbf{x}_{r+1}$은 일차종속이다. 따라서

$$c_1\mathbf{x}_1 + c_2\mathbf{x}_2 + \cdots + c_r\mathbf{x}_r + c_{r+1}\mathbf{x}_{r+1} = \mathbf{0} \tag{7.12}$$

을 만족하는, 모두는 영 아닌 스칼라 $c_1, c_2, \cdots, c_r, c_{r+1}$이 존재한다.
식 (7.12)의 양변에 A를 곱하면 다음과 같다.

$$\begin{aligned} & A(c_1\mathbf{x}_1 + c_2\mathbf{x}_2 + \cdots + c_{r+1}\mathbf{x}_{r+1}) \\ &= c_1A\mathbf{x}_1 + c_2A\mathbf{x}_2 + \cdots + c_{r+1}A\mathbf{x}_{r+1} \\ &= c_1\lambda_1\mathbf{x}_1 + c_2\lambda_2\mathbf{x}_2 + \cdots + c_{r+1}\lambda_{r+1}\mathbf{x}_{r+1} \\ &= \mathbf{0} \end{aligned} \tag{7.13}$$

또 식 (7.12)의 양변에 λ_{r+1}을 곱하면

$$c_1\lambda_{r+1}\mathbf{x}_1 + c_2\lambda_{r+1}\mathbf{x}_2 + \cdots + c_{r+1}\lambda_{r+1}\mathbf{x}_{r+1} = \mathbf{0} \tag{7.14}$$

이고, 식 (7.13)에서 식 (7.14)를 빼면

$$c_1(\lambda_1 - \lambda_{r+1})\mathbf{x}_1 + c_2(\lambda_2 - \lambda_{r+1})\mathbf{x}_2 + \cdots + c_r(\lambda_r - \lambda_{r+1})\mathbf{x}_r = \mathbf{0}$$

이 된다. 그런데 $\mathbf{x}_1, \mathbf{x}_2, \cdots, \mathbf{x}_r$이 일차독립이므로

$$c_1(\lambda_1 - \lambda_{r+1}) = c_2(\lambda_2 - \lambda_{r+1}) = \cdots = c_r(\lambda_r - \lambda_{r+1}) = 0$$

이고, $\lambda_1, \lambda_2, \cdots, \lambda_{r+1}$은 서로 다르므로

$$c_1 = c_2 = \cdots = c_r = 0$$

이다. 이 값을 식 (7.13)에 대입하면

$$c_{r+1}\mathbf{x}_{r+1} = \mathbf{0}$$

이고, $\mathbf{x}_{r+1}$이 영 아닌 고유벡터이므로 $c_{r+1} = 0$이다. 따라서 식 (7.12)의 스칼라 $c_1, c_2, \cdots, c_{r+1}$이 모두는 0이 아니라는 사실에 모순된다. 그러므로 $\mathbf{x}_1, \mathbf{x}_2, \cdots, \mathbf{x}_k$는 일차독립이다. ■

[정리 7-7]과 [정리 7-8]로부터 다음과 같은 정리를 얻을 수 있다.

정리 7-9 대각화 가능한 행렬

n차 정사각행렬 A가 n개의 서로 다른 고윳값을 가지면 A는 대각화 가능한 행렬이다.

증명 [정리 7-8]로부터 서로 다른 고윳값에 대응하는 고유벡터는 일차독립임을 알 수 있다. 또 [정리 7-7]로부터 n개의 일차독립인 고유벡터를 갖는다면 A는 자신의 고윳값 λ_1, λ_2, $\cdots$, λ_n을 주대각선 성분으로 갖는 대각행렬 D와 닮은 행렬이다. 따라서 A는 대각화 가능한 행렬이다. ■

예제 7-10

다음 행렬이 대각화 가능함을 보이고, 이때 A를 대각화하는 행렬 P를 구하라.

$$A = \begin{bmatrix} 3 & 0 & 0 \\ -4 & 6 & 2 \\ 16 & -15 & -5 \end{bmatrix}$$

풀이

A의 특성방정식은

$$\det(\lambda I_3 - A) = \lambda(\lambda-1)(\lambda-3) = 0$$

이므로 고윳값은 $\lambda_1 = 0$, $\lambda_2 = 1$, $\lambda_3 = 3$이다. 이때 고윳값 λ_1, λ_2, λ_3에 대응하는 고유벡터는 각각

$$\mathbf{x}_1 = \begin{bmatrix} 0 \\ 1 \\ -3 \end{bmatrix}, \quad \mathbf{x}_2 = \begin{bmatrix} 0 \\ 2 \\ -5 \end{bmatrix}, \quad \mathbf{x}_3 = \begin{bmatrix} 1 \\ 0 \\ 2 \end{bmatrix}$$

이고, 이들은 일차독립이다. 따라서 A는 대각화 가능하고, A를 대각화하는 행렬 P는 다음과 같다.

$$P = [\mathbf{x}_1 \ \ \mathbf{x}_2 \ \ \mathbf{x}_3] = \begin{bmatrix} 0 & 0 & 1 \\ 1 & 2 & 0 \\ -3 & -5 & 2 \end{bmatrix}$$

[예제 7-10]의 행렬 A의 고윳값 세 개는 서로 다르므로 [정리 7-9]에 의해 A는 대각화 가능한 행렬이다. 그러나 [정리 7-9]의 역은 일반적으로 성립하지 않는다. 왜냐하면 [예제 7-9(b)]에서와 같이 n차 정사각행렬 A의 고윳값 λ_1, λ_2, $\cdots$, λ_n 중 같은 것이 존재하더라도 A는 대각화 가능할 수도 있다.

7.3 대칭행렬의 대각화

대칭행렬[11]은 선형대수학을 활용하는 여러 분야에서 자주 등장한다. 따라서 대칭행렬을 좀 더 편리하게 활용할 수 있도록 대칭행렬의 여러 가지 성질을 밝히는 것은 매우 중요하다. 그 중 한 가지는 대각화이며, 모든 대칭행렬은 대각화 가능하다. 특히 대칭행렬은 직교대각화 가능하다는 것을 이 절에서 알아볼 것이다.

11 $A = A^T$일 때 A는 대칭행렬이다.

7.3.1 대칭행렬의 성질

대칭행렬의 대각화에 대하여 알아보기 위해 대칭행렬의 중요한 성질을 먼저 알아보자. 그런데 다음 정리의 증명은 복소수를 이용해야 하므로 여기서는 생략한다.[12]

12 복소수는 8장에서 다룰 것이다. 복소수를 다루고 나면 이 정리를 증명할 수 있다. 8장의 [정리 8-5(2)]를 참고하라.

정리 7-10 대칭행렬의 고윳값

대칭행렬의 고윳값은 모두 실수이다.

예제 7-11

다음 대칭행렬의 고윳값을 구하라.

(a) $A = \begin{bmatrix} 4 & -2 & 2 \\ -2 & 4 & 2 \\ 2 & 2 & 4 \end{bmatrix}$　　(b) $B = \begin{bmatrix} 2 & -1 & -1 & 0 \\ -1 & 2 & -1 & 0 \\ -1 & -1 & 2 & 0 \\ 0 & 0 & 0 & 4 \end{bmatrix}$

풀이

(a) 주어진 대칭행렬의 특성방정식은

$$\begin{aligned} \det(\lambda I_3 - A) &= \begin{vmatrix} \lambda-4 & 2 & -2 \\ 2 & \lambda-4 & -2 \\ -2 & -2 & \lambda-4 \end{vmatrix} \\ &= \lambda(\lambda-6)^2 = 0 \end{aligned}$$

이므로 대칭행렬 A의 고윳값은 $\lambda_1 = 0$, $\lambda_2 = 6$(중근)이고 모두 실수이다.

(b) 주어진 대칭행렬의 특성방정식은

$$\det(\lambda I_4 - B) = \begin{vmatrix} \lambda-2 & 1 & 1 & 0 \\ 1 & \lambda-2 & 1 & 0 \\ 1 & 1 & \lambda-2 & 0 \\ 0 & 0 & 0 & \lambda-4 \end{vmatrix} = (\lambda-4)\begin{vmatrix} \lambda-2 & 1 & 1 \\ 1 & \lambda-2 & 1 \\ 1 & 1 & \lambda-2 \end{vmatrix}$$

$$= (\lambda - 4)(\lambda^3 - 6\lambda^2 + 9\lambda) = \lambda(\lambda - 3)^2(\lambda - 4) = 0$$

이므로 대칭행렬 A의 고윳값은 $\lambda_1 = 0$, $\lambda_2 = 3$(중근), $\lambda_3 = 4$이고 모두 실수이다.

```
Command Window

: 코딩
>> A=[4 -2 2;-2 4 2;2 2 4];                     % 행렬 입력
>> B=[2 -1 -1 0;-1 2 -1 0;-1 -1 2 0;0 0 0 4];
>> DA=eig(A),DB=eig(B)                          % 고윳값 계산

: 결과
DA =                                            % [예제 7-11(a)]의 결과와 동일
    -0.0000
     6.0000
     6.0000
DB =                                            % [예제 7-11(b)]의 결과와 동일
    -0.0000
     3.0000
     3.0000
     4.0000
```

MATLAB 유제

다음 대칭행렬의 고윳값을 구하라.

(a) $\begin{bmatrix} 2 & 1 & -1 & 2 \\ 2 & 3 & 2 & -3 \\ -1 & 2 & 1 & -1 \\ 2 & -3 & -1 & 4 \end{bmatrix}$　　**(b)** $\begin{bmatrix} 5 & -2 & 0 & 0 \\ -2 & 2 & 0 & 0 \\ 0 & 0 & 5 & -2 \\ 0 & 0 & -2 & 2 \end{bmatrix}$

이제 대칭행렬의 서로 다른 고윳값에 대응하는 고유벡터의 성질에 대하여 알아보자.

정리 7-11 대칭행렬의 고유벡터

대칭행렬 A의 서로 다른 고윳값 λ_1, λ_2에 대응하는 고유벡터 $\mathbf{x}_1$, $\mathbf{x}_2$는 직교한다.

증명 λ_1, λ_2를 대칭행렬 A의 서로 다른 고윳값이라고 하고, $\mathbf{x}_1$, $\mathbf{x}_2$를 각각 λ_1, λ_2에 대응하는 고유벡터라 할 때 $\mathbf{x}_1 \cdot \mathbf{x}_2 = \mathbf{x}_1^T \mathbf{x}_2 = 0$임을 보이면 된다.

$$A\mathbf{x}_1 = \lambda_1 \mathbf{x}_1 \tag{7.15}$$

$$A\mathbf{x}_2 = \lambda_2 \mathbf{x}_2 \tag{7.16}$$

식 (7.15)와 A가 대칭행렬이라는 사실로부터 다음을 얻는다.

$$\begin{aligned}&(A\mathbf{x}_1)^T = (\lambda_1\mathbf{x}_1)^T \\ \Rightarrow\ & \mathbf{x}_1^T A^T = \lambda_1 \mathbf{x}_1^T \\ \Rightarrow\ & \mathbf{x}_1^T A^T \mathbf{x}_2 = \lambda_1 \mathbf{x}_1^T \mathbf{x}_2 \\ \Rightarrow\ & \mathbf{x}_1^T A \mathbf{x}_2 = \lambda_1 \mathbf{x}_1^T \mathbf{x}_2 \end{aligned} \tag{7.17}$$

같은 방법으로 식 (7.16)으로부터 다음을 얻는다.

$$\mathbf{x}_1^T A \mathbf{x}_2 = \lambda_2 \mathbf{x}_1^T \mathbf{x}_2 \tag{7.18}$$

식 (7.17)과 식 (7.18)로부터 다음을 얻는다.

$$\lambda_1 \mathbf{x}_1^T \mathbf{x}_2 = \lambda_2 \mathbf{x}_1^T \mathbf{x}_2$$

그런데 $\lambda_1 \neq \lambda_2$이므로 $\mathbf{x}_1^T \mathbf{x}_2 = 0$이다. 따라서 A의 서로 다른 고윳값에 대응하는 고유벡터는 서로 직교한다. ■

예제 7-12

[예제 7-11(a)]에 주어진 행렬 A의 서로 다른 고윳값에 대응하는 고유벡터가 직교함을 확인하라.

$$A = \begin{bmatrix} 4 & -2 & 2 \\ -2 & 4 & 2 \\ 2 & 2 & 4 \end{bmatrix}$$

풀이

행렬 A의 고윳값은 $\lambda_1 = 0$, $\lambda_2 = 6$(중근)이다. $\lambda_1 = 0$에 대응하는 일차독립인 고유벡터를 구하면

$$\mathbf{x}_1 = \begin{bmatrix} -1 \\ -1 \\ 1 \end{bmatrix}$$

이고, $\lambda_2 = 6$에 대응하는 고유벡터를 구하면

$$\mathbf{x}_2 = \begin{bmatrix} -1 \\ 1 \\ 0 \end{bmatrix}, \quad \mathbf{x}_3 = \begin{bmatrix} 1 \\ 0 \\ 1 \end{bmatrix}$$

이다. 서로 다른 고윳값에 대응하는 고유벡터의 내적을 각각 구하면

$$\mathbf{x}_1 \cdot \mathbf{x}_2 = 0, \quad \mathbf{x}_1 \cdot \mathbf{x}_3 = 0$$

이다. 따라서 대칭행렬 A의 서로 다른 고윳값에 대응하는 고유벡터는 서로 직교한다.

7.3.2 대칭행렬의 직교대각화

대칭행렬을 대각화할 경우 대각화하는 행렬 P의 역행렬은 P가 직교행렬이면 간단히 구할 수 있다.[13]

13 P가 직교행렬이면 $P^{-1}=P^T$가 성립한다.

우리는 [정리 5-18]에서 직교행렬의 성질을 다루었다. 이제 직교행렬을 이용하여 행렬을 대각화하는 과정을 살펴보자. 정사각행렬 A에 대하여 A를 대각화하는 직교행렬 P가 존재할 때, 즉 $P^{-1}AP=D$ 또는 $P^TAP=D$인 직교행렬 P와 대각행렬 D가 존재할 때 A는 '**직교대각화 가능하다**orthogonally diagonalizable'고 하며, P는 A를 **직교대각화하는 행렬**이라고 한다.

이때 다음 두 가지 문제를 생각할 수 있다.

❶ 어떤 행렬들이 직교대각화 가능한가?

❷ 직교행렬 P를 어떻게 구할 것인가?

정리 7-12 대칭행렬의 직교대각화

n차 정사각행렬 A에 대하여 다음은 동치이다.

(1) A는 직교대각화 가능하다.

(2) A는 대칭행렬이다.

증명 (2)이면 (1)을 보이는 것은 이 책의 수준을 넘어가므로, 여기서는 A가 직교대각화 가능하다면 A가 대칭행렬이라는 것만 증명한다.[14]

14 '(2)이면 (1)'을 보이는 증명은 Roger A. Horn의 『Matrix Analysis I』, Corollary 2.5.14를 참고하기 바란다.

A가 직교대각화 가능하므로 대각행렬 D를 $P^{-1}AP$로 두면 $A=PDP^{-1}$이다. 또한 P가 직교행렬이므로 $A=PDP^T$이다. 즉 다음과 같다.

$$A^T=(PDP^T)^T=(P^T)^TD^TP^T=PDP^T=A$$

따라서 A는 대칭행렬이다. ■

예제 7-13

대칭행렬 $A=\begin{bmatrix}1&0&0\\0&3&-2\\0&-2&6\end{bmatrix}$을 직교대각화하는 행렬 P를 구하라.

풀이

A의 특성방정식은

$$\det(\lambda I_3-A)=(\lambda-1)(\lambda-2)(\lambda-7)=0$$

이므로 A의 고윳값은 $\lambda_1=1$, $\lambda_2=2$, $\lambda_3=7$이고, 각 고윳값에 대응하는 고유벡터는 각각 다음과 같다.

$$\mathbf{x}_1=\begin{bmatrix}1\\0\\0\end{bmatrix},\quad \mathbf{x}_2=\begin{bmatrix}0\\2\\1\end{bmatrix},\quad \mathbf{x}_3=\begin{bmatrix}0\\-1\\2\end{bmatrix}$$

A가 대칭행렬이므로 집합 $\mathbf{x}_1$, $\mathbf{x}_2$, $\mathbf{x}_3$는 직교집합이다. 이제 각 벡터를 정규화하면 다음과 같다.

$$\left\{\begin{bmatrix}1\\0\\0\end{bmatrix},\ \begin{bmatrix}0\\ \frac{2}{\sqrt{5}}\\ \frac{1}{\sqrt{5}}\end{bmatrix},\ \begin{bmatrix}0\\ -\frac{1}{\sqrt{5}}\\ \frac{2}{\sqrt{5}}\end{bmatrix}\right\}$$

따라서 직교대각화하는 행렬 P는 다음과 같다.

$$P=\begin{bmatrix}1 & 0 & 0\\ 0 & \frac{2}{\sqrt{5}} & -\frac{1}{\sqrt{5}}\\ 0 & \frac{1}{\sqrt{5}} & \frac{2}{\sqrt{5}}\end{bmatrix}$$

Command Window

: 코딩

```
>> A=[1 0 0;0 3 -2;0 -2 6];        % 행렬 A 입력
>> [P,D]=eig(A)                    % 행렬 A의 고윳값, 고유벡터 계산
>> P*P'                            % V가 직교행렬임을 확인
```

: 결과

```
P = 1 2                            % [예제 7-13]의 결과와 동일
    1.0000         0         0
         0    0.8944   -0.4472
         0    0.4472    0.8944
D =
    1.0000         0         0
         0    2.0000         0
         0         0    7.0000
ans = 3
    1.0000         0         0
         0    1.0000         0
         0         0    1.0000
```

MATLAB TIP!

1. [P,D]=eig(A)에 의해 생성된 행렬 P는 정규화 되어 있으므로 주어진 행렬 A가 대칭행렬이면 V가 직교대각화하는 직교행렬 P가 된다.
2. $\frac{1}{\sqrt{5}}=0.4472$
   $\frac{2}{\sqrt{5}}=0.8944$
3. $VV'=I$이면 V가 직교행렬이다.

MATLAB 유제

대칭행렬 $A=\begin{bmatrix}2 & 0 & 2\\ 0 & 2 & 0\\ 2 & 0 & 2\end{bmatrix}$를 직교대각화하라.

예제 7-14

대칭행렬 $A=\begin{bmatrix}2&1&1\\1&2&1\\1&1&2\end{bmatrix}$를 직교대각화하라.

풀이

행렬 A의 특성방정식은

$$\begin{aligned}\det(\lambda I-A)&=\begin{vmatrix}\lambda-2&-1&-1\\-1&\lambda-2&-1\\-1&-1&\lambda-2\end{vmatrix}\\&=(\lambda-1)^2(\lambda-4)=0\end{aligned}$$

이므로 A의 고윳값은 $\lambda_1=1$(중근), $\lambda_2=4$이다.

❶ $\lambda_1=1$ 일 때, $(\lambda I-A)\mathbf{x}=(I-A)\mathbf{x}=\mathbf{0}$으로부터 다음 동차연립방정식을 얻는다.

$$\begin{bmatrix}1&1&1\\1&1&1\\1&1&1\end{bmatrix}\begin{bmatrix}x_1\\x_2\\x_3\end{bmatrix}=\begin{bmatrix}0\\0\\0\end{bmatrix}$$

즉 $x_1+x_2+x_3=0$이므로 $x_1=s$, $x_2=t$ (단, s, $t\in\mathbb{R}$)라고 하면 $x_3=-s-t$이다.
따라서 고윳값 $\lambda_1=1$에 대응하는 고유벡터는

$$\begin{bmatrix}x_1\\x_2\\x_3\end{bmatrix}=\begin{bmatrix}s\\t\\-s-t\end{bmatrix}=s\begin{bmatrix}1\\0\\-1\end{bmatrix}+t\begin{bmatrix}0\\1\\-1\end{bmatrix}$$

과 같으므로 일차독립인 고유벡터 $\mathbf{x}_1=\begin{bmatrix}1\\0\\-1\end{bmatrix}$, $\mathbf{x}_2=\begin{bmatrix}0\\1\\-1\end{bmatrix}$을 얻는다.
그램-슈미트 정규직교화 과정으로부터 정규직교기저 $\mathbf{y}_1$을 구하면

$$\mathbf{y}_1=\frac{\mathbf{x}_1}{|\mathbf{x}_1|}=\frac{1}{\sqrt{2}}\begin{bmatrix}1\\0\\-1\end{bmatrix}$$

이고, $\mathbf{y}_2=\dfrac{\mathbf{x}_2-(\mathbf{x}_2\cdot\mathbf{y}_1)\mathbf{y}_1}{|\mathbf{x}_2-(\mathbf{x}_2\cdot\mathbf{y}_1)\mathbf{y}_1|}$에서

$$\mathbf{x}_2-(\mathbf{x}_2\cdot\mathbf{y}_1)\mathbf{y}_1=\begin{bmatrix}0\\1\\-1\end{bmatrix}-\frac{1}{\sqrt{2}}\begin{bmatrix}\frac{1}{\sqrt{2}}\\0\\-\frac{1}{\sqrt{2}}\end{bmatrix}=\begin{bmatrix}-\frac{1}{2}\\1\\-\frac{1}{2}\end{bmatrix}$$

이므로 정규직교기저 $\mathbf{y}_2$는 다음과 같다.

$$\mathbf{y}_2=\frac{\mathbf{x}_2-(\mathbf{x}_2\cdot\mathbf{y}_1)\mathbf{y}_1}{|\mathbf{x}_2-(\mathbf{x}_2\cdot\mathbf{y}_1)\mathbf{y}_1|}=\frac{2}{\sqrt{6}}\begin{bmatrix}-\frac{1}{2}\\1\\-\frac{1}{2}\end{bmatrix}$$

❷ $\lambda_2=4$일 때, $(\lambda I-A)\mathbf{x}=(4I-A)\mathbf{x}=\mathbf{0}$으로부터 다음 동차연립방정식을 얻는다.

$$\begin{bmatrix}-2 & 1 & 1\\ 1 & -2 & 1\\ 1 & 1 & -2\end{bmatrix}\begin{bmatrix}x_1\\x_2\\x_3\end{bmatrix}=\begin{bmatrix}0\\0\\0\end{bmatrix} \quad\Leftrightarrow\quad \begin{aligned}-2x_1+x_2+x_3&=0\\ x_1-2x_2+x_3&=0\\ x_1+x_2-2x_3&=0\end{aligned}$$

이 동차연립방정식의 해는 $x_1=x_2=x_3=1$이므로 고윳값 $\lambda_2=4$에 대응하는 고유벡터는 다음과 같다.

$$\mathbf{x}_3=\begin{bmatrix}x_1\\x_2\\x_3\end{bmatrix}=\begin{bmatrix}1\\1\\1\end{bmatrix}, \quad \mathbf{y}_3=\frac{\mathbf{x}_3}{|\mathbf{x}_3|}=\frac{1}{\sqrt{3}}\begin{bmatrix}1\\1\\1\end{bmatrix}$$

따라서 행렬 A를 직교대각화하는 행렬 P에 대하여 다음이 성립한다.

$$P=\begin{bmatrix}\frac{1}{\sqrt{2}} & -\frac{1}{\sqrt{6}} & \frac{1}{\sqrt{3}}\\ 0 & \frac{2}{\sqrt{6}} & \frac{1}{\sqrt{3}}\\ -\frac{1}{\sqrt{2}} & -\frac{1}{\sqrt{6}} & \frac{1}{\sqrt{3}}\end{bmatrix}, \quad P^{-1}AP=P^TAP=\begin{bmatrix}1 & 0 & 0\\ 0 & 1 & 0\\ 0 & 0 & 4\end{bmatrix}$$

Command Window

```
: 코딩
>> A=[2 1 1;1 2 1;1 1 2];          % 행렬 A 입력
>> [P,D]=eig(A)                    % 행렬 A의 고윳값, 고유벡터 계산
>> inv(P)*A*P                      % 행렬 A의 직교대각화 확인

: 결과
P = 1 2                            % [예제 7-14]의 결과와 동일
    0.4082    0.7071    0.5774
    0.4082   -0.7071    0.5774
   -0.8165         0    0.5774
D =
    1.0000         0         0
         0    1.0000         0
         0         0    4.0000
ans =
     1.0000         0    0.0000
    -0.0000    1.0000   -0.0000
     0.0000         0    4.0000
```

MATLAB TIP!

1 직교대각화하는 행렬은 유일하지 않다.

2 $\frac{1}{\sqrt{2}}=0.7071$

$\frac{1}{\sqrt{3}}=0.5774$

$\frac{1}{\sqrt{6}}=0.4082$

MATLAB 유제

다음 대칭행렬을 직교대각화하는 행렬 Q와 대응하는 대각행렬 D를 구하라.

(a) $\begin{bmatrix}5 & -2 & 0 & 0\\ -2 & 2 & 0 & 0\\ 0 & 0 & 5 & -2\\ 0 & 0 & -2 & 2\end{bmatrix}$ (b) $\begin{bmatrix}2 & 1 & -1 & 2\\ 2 & 3 & 2 & -3\\ -1 & 2 & 1 & -1\\ 2 & -3 & -1 & 4\end{bmatrix}$

7.4 고윳값과 고유벡터의 활용

이 절에서는 행렬의 고윳값과 고유벡터를 여러 분야에 활용하는 방법을 다룬다. 일반적으로 행렬의 거듭제곱의 계산은 복잡하다. 그러나 거듭제곱의 계산이 간단하도록 변형한다면 거듭제곱을 쉽게 구할 수 있다. 이를 위해 먼저 대각화 가능한 행렬의 거듭제곱을 구하는 과정을 살펴보자.

7.4.1 대각화 가능한 행렬의 거듭제곱

n차 정사각행렬 A가 대각화 가능한 행렬이라면, 임의의 정수 k에 대하여 A^k을 쉽게 구할 수 있다. [정리 7-7]로부터 A가 고윳값 $\lambda_1, \lambda_2, \cdots, \lambda_n$에 대응하는 일차독립인 고유벡터 $\mathbf{x}_1, \mathbf{x}_2, \cdots, \mathbf{x}_n$을 갖는다면 고유벡터 $\mathbf{x}_1, \mathbf{x}_2, \cdots, \mathbf{x}_n$을 열벡터로 갖는 가역행렬 P와 대각행렬 $D = \mathrm{diag}(\lambda_1, \lambda_2, \cdots, \lambda_n)$의 관계는

$$A = PDP^{-1}$$

이므로 임의의 양의 정수 k에 대하여

$$\begin{aligned} A^k &= (PDP^{-1})^k \\ &= (PDP^{-1})(PDP^{-1})\cdots(PDP^{-1})(PDP^{-1}) \\ &= PD(P^{-1}P)D(P^{-1}P)D(P^{-1}P)\cdots(P^{-1}\cdots P)D(P^{-1}P)DP^{-1} \\ &= PD^kP^{-1} \end{aligned}$$

이다. 여기서 $D^k = \mathrm{diag}\left(\lambda_1^k, \lambda_2^k, \cdots, \lambda_n^k\right)$이므로 A^k을 쉽게 구할 수 있다.

예제 7-15

$4^{10} = 1048576$일 때 다음 행렬 A에 대하여 A^{10}을 구하라.

$$A = \begin{bmatrix} 1 & -3 & 3 \\ 3 & -5 & 3 \\ 6 & -6 & 4 \end{bmatrix}$$

풀이

행렬 A의 특성방정식은 $|\lambda I - A| = (\lambda+2)^2(\lambda-4) = 0$이므로 A의 고윳값은 $\lambda = -2$(중근), 4이다.
$\lambda_1 = -2$에 대응하는 고유벡터는 동시에 영 아닌 실수 s, t에 대하여

$$\mathbf{x}=\begin{bmatrix} s \\ t \\ -s+t \end{bmatrix}=s\begin{bmatrix} 1 \\ 0 \\ -1 \end{bmatrix}+t\begin{bmatrix} 0 \\ 1 \\ 1 \end{bmatrix}$$

이고, $\lambda_2=4$에 대응하는 고유벡터는

$$\mathbf{x}=r\begin{bmatrix} 1 \\ 1 \\ 2 \end{bmatrix} \quad (\text{단, } r\neq 0)$$

이다. 행렬 A는 일차독립인 세 개의 고유벡터를 가지므로 고윳값 -2, -2, 4에 대응하는 고유벡터를 열벡터로 갖는 가역행렬 P와 대각행렬 $D=\mathrm{diag}(-2,\ -2,\ 4)$에 대하여

$$A=PDP^{-1}=\begin{bmatrix} 1 & 0 & 1 \\ 0 & 1 & 1 \\ -1 & 1 & 2 \end{bmatrix}\begin{bmatrix} -2 & 0 & 0 \\ 0 & -2 & 0 \\ 0 & 0 & 4 \end{bmatrix}\begin{bmatrix} \frac{1}{2} & \frac{1}{2} & -\frac{1}{2} \\ -\frac{1}{2} & \frac{3}{2} & -\frac{1}{2} \\ \frac{1}{2} & -\frac{1}{2} & \frac{1}{2} \end{bmatrix}$$

이고, $D^{10}=\begin{bmatrix} 1024 & 0 & 0 \\ 0 & 1024 & 0 \\ 0 & 0 & 1048576 \end{bmatrix}$이다.

따라서 A^{10}을 구하면 다음과 같다.

$$\begin{aligned} A^{10}=PD^{10}P^{-1} &=\begin{bmatrix} 1 & 0 & 1 \\ 0 & 1 & 1 \\ -1 & 1 & 2 \end{bmatrix}\begin{bmatrix} 1024 & 0 & 0 \\ 0 & 1024 & 0 \\ 0 & 0 & 1048576 \end{bmatrix}\begin{bmatrix} \frac{1}{2} & \frac{1}{2} & -\frac{1}{2} \\ -\frac{1}{2} & \frac{3}{2} & -\frac{1}{2} \\ \frac{1}{2} & -\frac{1}{2} & \frac{1}{2} \end{bmatrix} \\ &=\begin{bmatrix} 1 & 0 & 1 \\ 0 & 1 & 1 \\ -1 & 1 & 2 \end{bmatrix}\begin{bmatrix} 512 & 512 & -512 \\ -512 & 1536 & -512 \\ 524288 & -524288 & 524288 \end{bmatrix} \\ &=512\begin{bmatrix} 1 & 0 & 1 \\ 0 & 1 & 1 \\ -1 & 1 & 2 \end{bmatrix}\begin{bmatrix} 1 & 1 & -1 \\ -1 & 3 & -1 \\ 1024 & -1024 & 1024 \end{bmatrix} \\ &=512\begin{bmatrix} 1025 & -1023 & 1023 \\ 1023 & -1021 & 1023 \\ 2046 & -2046 & 2048 \end{bmatrix}=\begin{bmatrix} 524800 & -523776 & 523776 \\ 523776 & -522752 & 523776 \\ 1047552 & -1047552 & 1048576 \end{bmatrix} \end{aligned}$$

Command Window

: 코딩

```
>> A=[1 -3 3;3 -5 3;6 -6 4]          % 행렬 입력
>> A^10 ①                           % 행렬 A^10 계산
```

: 결과

```
ans =                                % [예제 7-15]의 결과와 동일
     524800      -523776      523776
     523776      -522752      523776
    1047552     -1047552     1048576
```

MATLAB TIP!

① A^n : 행렬 A를 n번 거듭제곱한 결과를 구한다.

MATLAB 유제

다음 행렬 A에 대하여 A^{10}을 구하라.

$$A = \begin{bmatrix} 2 & 0 & 1 \\ 0 & 2 & 0 \\ 1 & 0 & 2 \end{bmatrix}$$

7.4.2 미분방정식의 해

어떤 함수와 그 함수의 도함수로 이루어진 방정식을 **미분방정식**differential equation 이라고 한다. 미분방정식은 자연과학뿐만 아니라 공학과 경제학 등에도 많이 응용되고 있다.

함수 $f(t)$를 한 번 미분하면 $f(t)$가 증가하거나 감소하는 비율인 $f'(t)$를 알 수 있다. 주어진 구간에서 $f(t)$에 대한 $f'(t)$의 증가 또는 감소 비율은 $\dfrac{f'(t)}{f(t)}$로 나타난다. 이것이 상수 a로 일정하다면 다음과 같은 미분방정식을 얻는다.

$$\frac{f'(t)}{f(t)} = \frac{y'(t)}{y(t)} = a, \quad \text{즉} \quad y'(t) = ay(t) \tag{7.19}$$

임의의 상수 c에 대하여 $y(t)$가

$$y(t) = ce^{at} \tag{7.20}$$

이라면 식 (7.20)은 식 (7.19)의 해이다. 식 (7.19)의 양변을 t로 미분하면

$$y'(t) = cae^{at} = ay(t)$$

이다. 이때 식 (7.20)을 식 (7.19)의 **일반해**general solution라고 한다. 특히 식 (7.20)에서 $t = 0$일 때 $y = 2$라고 하면

$$y(0) = ce^{a \cdot 0} = c = 2$$

이므로 식 (7.20)은 다음과 같이 나타낼 수 있다.

$$y(t) = 2e^{at}$$

이는 무수히 많은 해를 갖는 식 (7.19)의 한 해이다. 이렇게 무수히 많은 해

중에서 특별한 경우를 만족하는 해를 **특수해**particular solution라고 하는데, 이때 주어진 조건 $y(0)=2$를 **초기조건**initial condition이라고 한다.

이제 n개의 미지의 함수로 된 n개의 미분방정식으로 이루어진 다음과 같은 연립미분방정식의 풀이를 생각해 보자.

$$\begin{aligned} y_1{}'(t) &= a_{11}y_1(t)+a_{12}y_2(t)+\cdots+a_{1n}y_n(t) \\ y_2{}'(t) &= a_{21}y_1(t)+a_{22}y_2(t)+\cdots+a_{2n}y_n(t) \\ &\vdots \\ y_n{}'(t) &= a_{n1}y_1(t)+a_{n2}y_2(t)+\cdots+a_{nn}y_n(t) \end{aligned} \tag{7.21}$$

식 (7.21)에서 a_{ij}는 상수이고 $y_1(t)=f_1(t)$, $y_2(t)=f_2(t)$, $\cdots$, $y_n(t)=f_n(t)$는 미지의 함수이다. 이때 식 (7.21)을 $n\times n$ **1계선형연립미분방정식**first order system of linear differential equation이라고 한다. 이 연립미분방정식 (7.21)을

$$A=\begin{bmatrix} a_{11} & a_{12} & \cdots & a_{1n} \\ a_{21} & a_{22} & \cdots & a_{2n} \\ \vdots & \vdots & \ddots & \vdots \\ a_{n1} & a_{n2} & \cdots & a_{nn} \end{bmatrix},\quad \mathbf{y}(t)=\begin{bmatrix} y_1(t) \\ y_2(t) \\ \vdots \\ y_n(t) \end{bmatrix},\quad \mathbf{y}'(t)=\begin{bmatrix} y_1{}'(t) \\ y_2{}'(t) \\ \vdots \\ y_n{}'(t) \end{bmatrix}$$

라고 할 때, 다음과 같이 행렬의 곱으로 나타낼 수 있다.

$$\mathbf{y}'(t)=A\mathbf{y}(t)$$

예제 7-16

다음 연립미분방정식을 행렬의 곱으로 나타내라. 또 일반해와 초기조건 $y_1(0)=2$, $y_2(0)=-4$, $y_3(0)=3$을 만족하는 특수해를 구하라.

$$y_1{}'=5y_1,\quad y_2{}'=-y_2,\quad y_3{}'=4y_3$$

풀이

주어진 연립미분방정식을 행렬의 곱으로 나타내면 다음과 같다.

$$\begin{bmatrix} y_1{}' \\ y_2{}' \\ y_3{}' \end{bmatrix}=\begin{bmatrix} 5 & 0 & 0 \\ 0 & -1 & 0 \\ 0 & 0 & 4 \end{bmatrix}\begin{bmatrix} y_1 \\ y_2 \\ y_3 \end{bmatrix}$$

각 방정식은 한 개의 미지의 함수로 이루어져 있으므로 하나씩 풀어 일반해를 구하면, 임의의 상수 c_1, c_2, c_3에 대하여 다음 식을 얻는다.

$$y_1=c_1e^{5t},\quad y_2=c_2e^{-t},\quad y_3=c_3e^{4t}$$

주어진 초기조건에 따라 c_1, c_2, c_3를 구하면

$$\begin{aligned} y_1(0) &= c_1 e^{5\cdot 0} &= c_1 = 2 \\ y_2(0) &= c_2 e^{-1\cdot 0} &= c_2 = -4 \\ y_3(0) &= c_3 e^{4\cdot 0} &= c_3 = 3 \end{aligned}$$

이므로 구하는 특수해는 다음과 같다.

$$\mathbf{y}(t) = \begin{bmatrix} 2e^{5t} \\ -4e^{-t} \\ 3e^{4t} \end{bmatrix}$$

Command Window

```
: 코딩
>> syms x(t) y(t) z(t)                              % 심볼릭 변수 지정
>> w=dsolve(diff(x)== 5*x,diff(y)==-y,diff(z)==4*z);
                                                    % 연립미분방정식 계산
>> sol=[w.x w.y w.z]                                % 연립미분방정식의 일반해
>> w=dsolve(diff(x)==5*x,diff(y)==-y, diff(z)==4*z,x(0)==2,y(0)==-4,z(0)==3);
                                                    % 연립미분방정식과 초기조건 계산
>> sol=[w.x w.y w.z]                                % 연립미분방정식의 특수해

: 결과
sol =                                               % [예제 7-16]의 결과와 동일
     [C2*exp(5*t), C1*exp(-t), C3*exp(4*t)]
sol =
     [2*exp(5*t), -4*exp(-t), 3*exp(4*t)]
```

MATLAB 유제

다음 연립미분방정식의 일반해와 초기조건 $y_1(0)=7$, $y_2(0)=14$, $y_3(0)=-9$를 만족하는 특수해를 구하라.

$$y_1{}' = -67y_1, \quad y_2{}' = 46y_2, \quad y_3{}' = 24y_3$$

[예제 7-16]과 같이 행렬 A가 대각행렬이면 연립미분방정식의 풀이가 간단하지만, 그렇지 않으면 먼저 A를 대각화하는 행렬을 구한 후 이를 이용하여 해를 구해야 한다. 이제 행렬 A가 대각화 가능한 행렬일 때 다음 연립미분방정식을 푸는 방법을 알아보자.

$$\mathbf{y}' = A\mathbf{y} \tag{7.22}$$

정리 7-13 미분방정식의 해

대각화 가능한 n차 정사각행렬 A 의 고윳값 λ_1, λ_2, $\cdots$, λ_n에 대응하는 일차독립인 고유벡터를 각각 $\mathbf{v}_1$, $\mathbf{v}_2$, $\cdots$, $\mathbf{v}_n$ 이라고 하면 연립미분방정식 $\mathbf{y}' = A\mathbf{y}$의 일반해는 다음과 같다.

$$\mathbf{y}(t) = c_1 e^{\lambda_1 t}\mathbf{v}_1 + \cdots + c_n e^{\lambda_n t}\mathbf{v}_n$$

또 초기조건이 $\mathbf{y}(0) = \mathbf{b}$인 경우의 특수해는 다음과 같다.
단, $\mathbf{c} = (c_1, c_2, \cdots, c_n) = P^{-1}\mathbf{b}$이다.

$$\mathbf{y}(0) = c_1\mathbf{v}_1 + \cdots + c_n\mathbf{v}_n = P\mathbf{c}$$

증명 A의 고윳값 λ_1, λ_2, $\cdots$, λ_n에 대응하는 일차독립인 고유벡터를 $\mathbf{v}_1$, $\mathbf{v}_2$, $\cdots$, $\mathbf{v}_n$ 이라고 하자. 이때

$$P = [\mathbf{v}_1 \ \cdots \ \mathbf{v}_n], \quad D = \begin{bmatrix} \lambda_1 & 0 & \cdots & 0 \\ 0 & \lambda_2 & \cdots & 0 \\ \vdots & \vdots & \ddots & \vdots \\ 0 & 0 & \cdots & \lambda_n \end{bmatrix}$$

이라고 하면 $A = PDP^{-1}$가 성립한다. 행렬 A와 초기조건 $\mathbf{y}(0) = \mathbf{b}$에 대하여 $\mathbf{y}' = A\mathbf{y}$ 를 만족하는 일반해와 특수해를 구하기 위해 $\mathbf{y} = P\mathbf{x}$ 로 치환하면 P의 원소들은 상수이므로 $\mathbf{y}' = P\mathbf{x}'$ 이다. 따라서 $A\mathbf{y} = \mathbf{y}' = P\mathbf{x}'$ 이므로

$$\mathbf{y}' = A\mathbf{y} = AP\mathbf{x} = (PDP^{-1})P\mathbf{x} = PD\mathbf{x}$$

이다. 즉 다음과 같은 연립방정식을 얻는다.

$$\mathbf{x}' = D\mathbf{x} \tag{7.23}$$

여기서 식 (7.23)의 일반해는 다음과 같다.

$$\mathbf{x}(t) = \begin{bmatrix} c_1 e^{\lambda_1 t} \\ c_2 e^{\lambda_2 t} \\ \vdots \\ c_n e^{\lambda_n t} \end{bmatrix}$$

한편 $\mathbf{y} = P\mathbf{x}$ 이므로 $\mathbf{y}' = A\mathbf{y}$의 해는

$$\mathbf{y} = \begin{bmatrix} y_1(t) \\ y_2(t) \\ \vdots \\ y_n(t) \end{bmatrix} = P\mathbf{x} = [\mathbf{v}_1 \ \cdots \ \mathbf{v}_n] \begin{bmatrix} c_1 e^{\lambda_1 t} \\ \vdots \\ c_n e^{\lambda_n t} \end{bmatrix}$$

이고, 식 (7.22)의 일반해는 다음과 같다.

$$\mathbf{y}(t) = c_1 e^{\lambda_1 t}\mathbf{v}_1 + \cdots + c_n e^{\lambda_n t}\mathbf{v}_n \tag{7.24}$$

여기서 일반해 식 (7.24)로부터 초기조건 $\mathbf{y}(0) = \mathbf{b}$를 만족하는 상수 $\mathbf{c} = (c_1, \cdots, c_n)^T$를 구하면 특수해를 얻는다. 즉 식 (7.24)에 $t = 0$을 대입하면

$$\mathbf{y}(0) = c_1\mathbf{v}_1 + \cdots + c_n\mathbf{v}_n = P\mathbf{c}$$

이고, $\mathbf{c} = P^{-1}\mathbf{b}$이다. ■

예제 7-17

초기조건 $y_1(0) = 1$, $y_2(0) = 0$을 만족하는 다음 연립미분방정식의 특수해를 구하라.

$$y_1' = 7y_1 - 10y_2$$
$$y_2' = 3y_1 - 4y_2$$

풀이

계수행렬 $A = \begin{bmatrix} 7 & -10 \\ 3 & -4 \end{bmatrix}$의 고윳값은 $\lambda_1 = 1$, $\lambda_2 = 2$이고, 이에 대응하는 고유벡터는 각각 $\mathbf{v}_1 = (5, 3)$, $\mathbf{v}_2 = (2, 1)$이다. 따라서 이 미분방정식의 일반해는 다음과 같다.

$$y_1(t) = 5c_1e^t + 2c_2e^{2t}$$
$$y_2(t) = 3c_1e^t + c_2e^{2t}$$

여기에 $t = 0$을 대입하면 $c_1 = -1$, $c_2 = 3$이다. 따라서 연립미분방정식의 특수해는 다음과 같다.

$$y_1(t) = -5e^t + 6e^{2t}, \quad y_2(t) = -3e^t + 3e^{2t}$$

Command Window

```
: 코딩
>> syms x(t) y(t)                                            % 심볼릭 변수 지정
>> u=dsolve(diff(x)==7*x-10*y,diff(y)==3*x-4*y,x(0)==1,y(0)==0);
                                                             % 연립미분방정식 계산
>> sol=[u.x u.y]                                             % 특수해 계산

: 결과
sol =                                                        % [예제 7-17]의 결과와 동일
    [6*exp(2*t) - 5*exp(t), 3*exp(2*t) - 3*exp(t)]
```

MATLAB 유제

초기조건 $y_1(0) = 0$, $y_2(0) = 1$을 만족하는 다음 연립미분방정식의 특수해를 구하라.

$$y_1' = 5y_1 - 4y_2$$
$$y_2' = 3y_1 - 2y_2$$

eig 명령어

eig 명령어는 행렬의 고윳값을 구한다. A가 정사각행렬일 때 [V,D]=eig(A)를 입력하면 V는 열들이 A의 고유벡터로 이루어진 행렬이, D에는 대각원소가 A의 고윳값인 대각행렬이 저장된다. 이때 V의 열벡터들은 D의 대각성분에 대응하는 고유벡터들이다.

```
>> format rat
>> A=[-3 2;-2 1]
A =
     -3          2
     -2          1
>> [V,D]=eig(A)                        % 행렬의 고윳값 계산
V =
     985/1393     -985/1393
     985/1393     -985/1393
D =
     -1          0
      0         -1
```

poly 명령어

poly 명령어는 행렬의 특성다항식의 계수를 구한다. 이때 결과가 계수들의 벡터로 출력되는 것에 유의한다. 행렬 A의 특성다항식의 계수를 구하려면 poly(A)를 입력한다.

```
>> A=[-3 2;-2 1]
A =
     -3          2
     -2          1
>> poly(A)                             % 행렬의 특성다항식의 계수 계산
ans =
      1          2          1
```

■ dsolve 명령어

❶ dsolve(eqn,cond)

1개의 상미분방정식을 풀이할 때는 'eqn'에 미분방정식을 입력하고 'cond'에 초기조건을 입력한다.

```
>> syms y(x)
>> dsolve(diff(y,2)==x*y)
ans =
      C8*airy(0, x) + C9*airy(2, x)
```

❷ dsolve(eqns,conds)

연립 상미분방정식을 풀이할 때는 'eqns'에 풀이하고자 하는 미분방정식들을 입력하고 'conds'에 초기조건들을 입력한다. 결과는 심볼릭 변수들의 벡터로 표시된다.

```
>> syms x(t) y(t)
>> z=dsolve(diff(x)==y,diff(y)==-x);
>> z.x,z.y
ans =
      C11*cos(t) + C10*sin(t)
ans =
      C10*cos(t) - C11*sin(t)
```

Chapter 07 연습문제

7.1 다음 행렬의 고윳값과 고유벡터를 구하라.

(a) $\begin{bmatrix} 5 & 6 \\ 3 & 5 \end{bmatrix}$ (b) $\begin{bmatrix} -2 & 4 \\ 2 & 0 \end{bmatrix}$ (c) $\begin{bmatrix} 1 & -1 & 1 \\ 0 & 2 & 0 \\ 0 & 0 & 3 \end{bmatrix}$

(d) $\begin{bmatrix} 1 & 1 & -1 \\ 0 & 0 & 1 \\ 2 & 1 & 2 \end{bmatrix}$ (e) $\begin{bmatrix} -8 & 3 & 0 \\ 3 & 1 & 0 \\ 0 & 0 & -1 \end{bmatrix}$ (f) $\begin{bmatrix} 1 & 0 & 1 & 0 \\ 0 & 0 & 0 & 1 \\ 1 & 0 & 0 & 0 \\ 0 & 1 & 0 & 0 \end{bmatrix}$

7.2 다음 행렬의 고유공간의 기저를 구하라.

(a) $\begin{bmatrix} 5 & 6 \\ 3 & 5 \end{bmatrix}$ (b) $\begin{bmatrix} 2 & 2 & 3 \\ 1 & 2 & 1 \\ 2 & -1 & 1 \end{bmatrix}$ (c) $\begin{bmatrix} 1 & -1 & 1 \\ 0 & 2 & 0 \\ 0 & 0 & 3 \end{bmatrix}$ (d) $\begin{bmatrix} 1 & 0 & 0 & 0 \\ -2 & 3 & 0 & 0 \\ 4 & 2 & 9 & 0 \\ -4 & -3 & 8 & 2 \end{bmatrix}$

7.3 A가 n차 정사각행렬일 때, A의 특성방정식을

$$P_A(\lambda) = \det(\lambda I_n - A) = \lambda^n + a_{n-1}\lambda^{n-1} + \cdots + a_1\lambda + a_0 = 0$$

으로 놓으면 다음이 항상 성립한다.

$$P_A(A) = A^n + a_{n-1}A^{n-1} + \cdots + a_1 A + a_0 I_n = 0$$

이 정리를 **케일리-해밀턴 정리** Cayley-Hamilton theorem 라고 한다.

$A = \begin{bmatrix} 5 & 8 & 16 \\ 4 & 1 & 8 \\ -4 & -4 & -11 \end{bmatrix}$일 때 다음 물음에 답하라.

(a) 주어진 A에 대하여 케일리-해밀턴 정리를 확인하라.

(b) $P_A(A)$를 이용하여 A^5와 A^{-1}를 각각 구하라.

7.4 A가 n차 정사각행렬일 때, A의 특성방정식이

$$P_A(\lambda) = \det(\lambda I_n - A) = \lambda^n + a_{n-1}\lambda^{n-1} + \cdots + a_1\lambda + a_0 = 0$$

이라고 하자. 이때 A가 가역행렬이면 A의 역행렬은 다음과 같음을 보여라.

$$A^{-1} = -\frac{1}{a_0}(A^{n-1} + a_{n-1}A^{n-2} + \cdots + a_1 I_n)$$

7.5 행렬 A가 멱영원행렬이면 A의 고윳값은 0뿐임을 보여라.

7.6 다음 행렬 C의 특성다항식이 $p(\lambda)=\lambda^4+a_3\lambda^3+a_2\lambda^2+a_1\lambda+a_0$임을 보여라.

$$C=\begin{bmatrix} 0 & 1 & 0 & 0 \\ 0 & 0 & 1 & 0 \\ 0 & 0 & 0 & 1 \\ -a_0 & -a_1 & -a_2 & -a_3 \end{bmatrix}$$

7.7 행렬 $A=\begin{bmatrix} 4 & -3 \\ 1 & 0 \end{bmatrix}$에 대하여 $P^{-1}AP=\mathrm{diag}(1,\ 3)$이 성립하는 행렬 P를 구하라.

7.8 행렬 $A=\begin{bmatrix} 0.6 & 0.8 \\ 0.4 & 0.2 \end{bmatrix}$에 대하여 $n\to\infty$일 때, A^n은 $\begin{bmatrix} \frac{2}{3} & \frac{2}{3} \\ \frac{1}{3} & \frac{1}{3} \end{bmatrix}$임을 보여라.

7.9 행렬 A에 대하여 다음 물음에 답하라.

$$A=\begin{bmatrix} \frac{1}{2} & \frac{1}{2} & 0 \\ \frac{1}{4} & \frac{1}{4} & \frac{1}{2} \\ \frac{1}{4} & \frac{1}{4} & \frac{1}{2} \end{bmatrix}$$

(a) 행렬 A의 고윳값과 고유벡터를 구하라.

(b) 행렬 A를 대각화하는 행렬 P를 구하고 대각화하라.

(c) $n\geq 1$에 대하여 다음이 성립함을 보여라.

$$A^n=\frac{1}{3}\begin{bmatrix} 1 & 1 & 1 \\ 1 & 1 & 1 \\ 1 & 1 & 1 \end{bmatrix}+\frac{1}{3\cdot 4^n}\begin{bmatrix} 2 & 2 & -4 \\ -1 & -1 & 2 \\ -1 & -1 & 2 \end{bmatrix}$$

7.10 행렬 A에 대하여 다음 물음에 답하라.

$$A=\begin{bmatrix}4 & 2 & 2\\ 2 & 4 & 2\\ 2 & 2 & 4\end{bmatrix}$$

(a) 행렬 A의 특성방정식을 구하라.

(b) (a)에서 행렬 A의 고윳값을 λ, μ(단, $\lambda \le \mu$)라고 하자. 고유공간 $E_A(\lambda)$의 정규직교기저를 구하라.

(c) 고유공간 $E_A(\mu)$의 정규직교기저를 구하라.

(d) $P^T AP = D$를 만족하는 대각행렬 D와 직교행렬 P를 구하라.

7.11 λ가 가역행렬 A의 고윳값이고 $\mathbf{x}$가 λ에 대응하는 고유벡터이면 $\frac{1}{\lambda}$는 A^{-1}의 고윳값이고 $\mathbf{x}$는 $\frac{1}{\lambda}$에 대응하는 고유벡터임을 보여라.

7.12 다음 대칭행렬을 직교대각화하라.

(a) $\begin{bmatrix}4 & -2\\ -2 & 1\end{bmatrix}$

(b) $\begin{bmatrix}0 & 3 & 3\\ 3 & 0 & 3\\ 3 & 3 & 0\end{bmatrix}$

(c) $\begin{bmatrix}-1 & -1 & 1\\ -1 & 2 & 4\\ 1 & 4 & 2\end{bmatrix}$

(d) $\begin{bmatrix}8 & 8 & 0 & 0\\ 8 & 8 & 0 & 0\\ 0 & 0 & 4 & -1\\ 0 & 0 & -1 & 4\end{bmatrix}$

7.13 다음 조건 (i), (ii), (iii)을 모두 만족하는 행렬 A를 구하라.

(i) 3×3 대칭행렬이다.

(ii) 고윳값이 8, -1, -1이다.

(iii) 고윳값에 대응하는 일차독립인 고유벡터가 각각 $(2, 1, 2)$, $(-1, 0, 1)$, $(-1, 2, 0)$이다.

7.14 다음 행렬 A에 대하여 A^{10}의 고윳값을 구하라.

$$A=\begin{bmatrix}-1 & 0 & 0 & 0 & 0\\ 2 & 7 & 0 & 0 & 0\\ 6 & 8 & 9 & 0 & 0\\ -3 & 2 & 0 & -8 & 0\\ 7 & 7 & -7 & -7 & 10\end{bmatrix}$$

7.15 두 행렬 A와 B가 닮은 행렬일 때, 다음이 성립함을 보여라.

(a) $\det(A) = \det(B)$
(b) $\mathrm{tr}(A) = \mathrm{tr}(B)$
(c) 양의 정수 k에 대하여 A^k와 B^k는 닮은 행렬이다.
(d) A^T와 B^T는 닮은 행렬이다.
(e) 두 행렬 A와 B가 가역행렬이면 A^{-1}와 B^{-1}는 닮은 행렬이다.
(f) 두 행렬 A와 B가 가역행렬이면 AB와 BA는 닮은 행렬이다.

7.16 행렬 $A = \begin{bmatrix} 4 & -3 \\ 1 & 0 \end{bmatrix}$을 대각화하여 다음이 성립함을 보여라.

$$A^n = \frac{3^n - 1}{2} A + \frac{3 - 3^n}{2} I_2$$

7.17 n차 정사각행렬 A에 대하여 집합 $E(\lambda) = \{\mathbf{x} \mid A\mathbf{x} = \lambda\mathbf{x}\}$를 정의하자. $E(\lambda)$는 $\mathbb{R}^n$의 부분공간임을 보여라.

7.18 초기조건 $y_1(0) = 0$, $y_2(0) = 1$, $y_3(0) = -1$을 만족하는 다음 연립미분방정식의 특수해를 구하라.

$$\begin{aligned} y_1' &= y_1 + 2y_2 + 2y_3 \\ y_2' &= y_1 + 2y_2 - y_3 \\ y_3' &= 3y_1 - 3y_2 \end{aligned}$$

Chapter

08

복소벡터공간

Complex Vector Spaces

학습목표

- 복소수의 기본 성질을 이해할 수 있다.
- 복소수를 극형식으로 나타내고 그 성질을 이해할 수 있다.
- 복소벡터공간과 복소내적공간을 이해할 수 있다.
- 복소벡터공간의 활용으로 유니타리 행렬, 정규행렬, 에르미트 행렬의 성질을 이용할 수 있다.

지금까지 우리는 스칼라가 실수인 벡터공간에 대해서만 생각해 왔다. 그러나 벡터를 다양한 분야에 좀 더 적극적으로 활용하려면 스칼라를 복소수까지 확장해야 한다. 특히 스칼라를 복소수까지 확장하면 고윳값으로 복소수를 가지는 행렬까지 다룰 수 있다. 삼각함수를 이용하면 복소수를 극형식으로 나타낼 수 있으며, 복소수를 극형식으로 표현하면 다양한 분야에서 활용하기 편리해진다. 또 복소수를 성분으로 갖는 벡터를 다루는 복소벡터공간을 정의할 수 있는데, 복소벡터공간은 실수의 벡터공간과 매우 유사하지만 내적을 생각할 때는 복소수의 성질 때문에 좀 더 주의해야 한다. 이 장에서는 복소수의 기본적인 성질, 복소벡터공간, 복소내적공간을 살펴볼 것이다. 또한 복소수를 활용하는 데 기본이 되는 몇 가지 중요한 행렬의 성질을 살펴볼 것이다.

8.1 복소수

제곱하여 -1이 되는 실수는 존재하지 않으므로 방정식 $x^2=-1$은 실수의 범위에서는 해를 갖지 않는다. 따라서 이러한 방정식이 해를 가지려면 수의 범위를 확장해야 한다. 이 절에서는 이와 같은 성질을 갖는 새로운 수인 복소수를 정의하고, 복소수의 덧셈, 뺄셈, 곱셈, 나눗셈 연산을 다룬다. 또한 복소수를 성분으로 갖는 행렬을 다룬다.

8.1.1 복소수와 켤레복소수

지금까지 우리는 스칼라가 실수인 벡터공간에 대하여 알아보았다. 그러나 벡터를 응용할 때 스칼라를 실수로 한정하면 많은 문제점이 발생한다. 예를 들어 실수를 성분으로 갖는 행렬 $A=\begin{bmatrix} 0 & 1 \\ -1 & 0 \end{bmatrix}$의 특성방정식은 $\lambda^2+1=0$이므로 실수해를 갖지 않는다. 하지만 행렬 A의 성분이 모두 실수임에도 불구하고 고윳값을 실수 범위에서 구할 수가 없었다. 이런 문제를 해결하기 위하여 18세기 수학자들은 **허수**imaginary number

$$i=\sqrt{-1}$$

을 도입하였다. 이때 i를 **허수단위**라고 한다.[1]

1 허수단위 i는 허수를 뜻하는 imaginary number의 머리글자로 오일러가 처음 사용하였다.

또 임의의 두 실수 a, b와 $i=\sqrt{-1}$에 대하여 $z=a+bi$ 꼴로 표현하는 수를 **복소수**complex number라고 하고 a를 이 복소수의 **실수부분**real part, b를 **허수부분**imaginary part이라고 한다. 실수부분과 허수부분은 각각 $\text{Re}(z)$, $\text{Im}(z)$로 다음과 같이 표현한다.

$$\text{Re}(a+bi)=a, \quad \text{Im}(a+bi)=b$$

이와 같이 정의된 복소수 $z=a+bi$ 전체의 집합을 $\mathbb{C}$로 나타낸다.

$$\mathbb{C}=\{a+bi \mid a,\ b\in\mathbb{R}\}$$

임의의 실수 a는 $a+0i$의 꼴로 나타낼 수 있으므로 실수도 복소수이다. 한편 실수가 아닌 복소수 $a+bi$(단, $b\neq 0$)를 **허수**라고도 한다. 특히 $a=0$이면 $z=0+bi=bi$이다. 이와 같이 실수부분이 0인 복소수를 **순허수**pure imaginary number라고 한다. 19세기 초에 수학자들이 복소수 $a+bi$를 실수의 순서쌍

(a, b)로 나타냄으로써 덧셈, 뺄셈, 곱셈, 나눗셈을 순서쌍을 이용하여 정의할 수 있게 되었다. 또한 복소수를 순서쌍으로 표현하게 되면서 복소수는 xy평면의 점 또는 벡터로 생각할 수 있게 되었다.

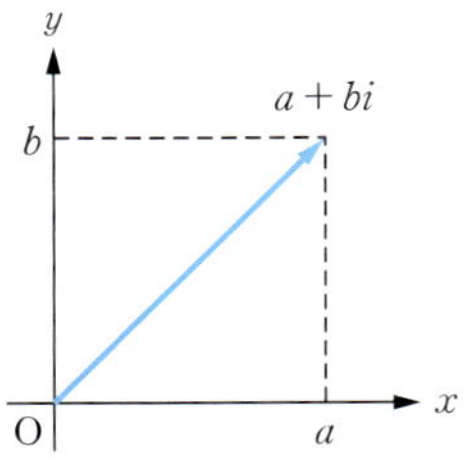

[그림 8-1] **복소수의 표현**

복소수 z를 $\mathbb{R}^2$의 벡터라고 생각하면 크기를 구할 수 있다. 즉 원점 O에서 복소수 $z = a + bi$까지의 거리를 복소수 z의 **절댓값**modulus 또는 **크기**라고 하며 $|z|$로 나타낸다. 따라서 [그림 8-1]에서 피타고라스 정리를 이용하면 다음을 얻을 수 있다.

$$|z| = \sqrt{a^2 + b^2}$$

복소수를 xy좌표계에 표현했을 때 x축을 **실수축**real axis, y축을 **허수축**imaginary axis이라고 하며, 이 평면을 **복소평면**complex plane이라고 한다. 또 복소수를 $z = a + bi$ 꼴로 나타내는 것을 직교형식이라고 한다.

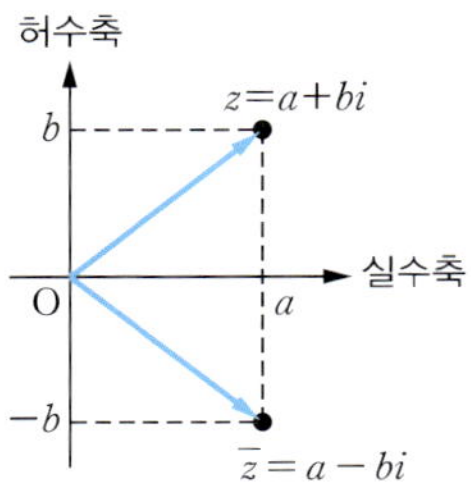

[그림 8-2] **켤레복소수**

이제 복소수 $a + bi$의 특별한 짝꿍인 복소수에 대하여 알아보자. a, b가 실수일 때, 복소수 $z = a + bi$에 대하여 허수부분의 부호를 바꾼 복소수 $a - bi$를 복소수 $z = a + bi$의 **켤레복소수**conjugate라고 하며, 이것을 기호로 나타내면

$$\bar{z} = \overline{a + bi} = a - bi$$

이다. 한편 $\overline{a - bi} = a + bi$이므로 $a + bi$와 $a - bi$는 서로 켤레복소수이다. 이때 복소수 $a + bi$와 $a - bi$는 복소평면 위에서 실수축에 대하여 서로 대칭이다.

예제 8-1

다음 복소수에 대하여 $z = a + bi$ 꼴은 $z = (a, b)$ 꼴로, $z = (a, b)$ 꼴은 $z = a + bi$ 꼴로 나타내고, 각 복소수에 대하여 $\text{Re}(z)$, $\text{Im}(z)$, 절댓값, 켤레복소수를 각각 구하라. 또 주어진 복소수를 복소평면 위에 나타내라.

(a) $z = (-1, 2)$ **(b)** $z = 2 + 3i$

풀이

(a) $z = (-1, 2)$는 $z = -1 + 2i$이고, $\text{Re}(-1 + 2i) = -1$, $\text{Im}(-1 + 2i) = 2$이다.
복소수 z의 절댓값은 $|-1 + 2i| = \sqrt{(-1)^2 + 2^2} = \sqrt{5}$, 켤레복소수는 $\bar{z} = \overline{-1 + 2i} = -1 - 2i$이다.
또 복소수 $z = -1 + 2i$를 복소평면 위에 나타내면 [그림 8-3]과 같다.

(b) $z = 2 + 3i$는 $z = (2, 3)$이고, $\text{Re}(2 + 3i) = 2$, $\text{Im}(2 + 3i) = 3$이다.
복소수 z의 절댓값은 $|2 + 3i| = \sqrt{2^2 + 3^2} = \sqrt{13}$, 켤레복소수는 $\bar{z} = \overline{2 + 3i} = 2 - 3i$이다.
또 복소수 $z = 2 + 3i$를 복소평면 위에 나타내면 [그림 8-3]과 같다.

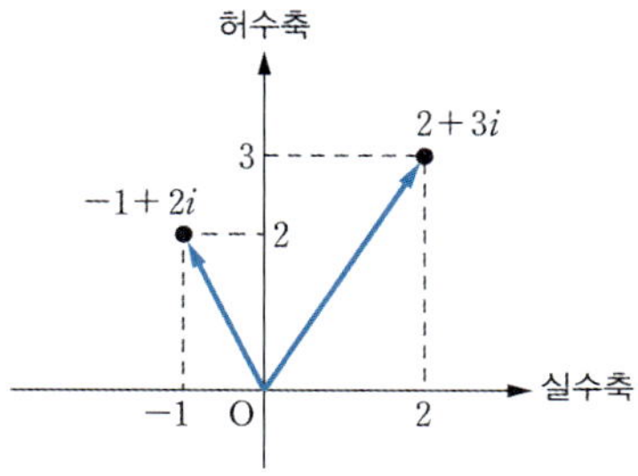

[그림 8-3] 복소평면 위에 나타낸 복소수

Command Window

: 코딩

```
>> z1=complex(-1,2); [1]                          % [예제 8-1(a)]의 복소수 입력
>> real1=real(z1),imag1=imag(z1) [2]              % Re(z), Im(z) 계산
>> abs1=abs(z1) [3]                               % 복소수의 절댓값 계산
>> conj1=conj(z1) [4]                             % 켤레복소수 계산
>> z2=2+3*i; [5]                                  % [예제 8-1(b)]의 복소수 입력
>> real2=real(z2),imag2=imag(z2)
>> abs2=abs(z2)
>> conj2=conj(z2)
```

: 결과

```
real1 =                                           % [예제 8-1(a)]의 결과와 동일
      -1
imag1 =
       2
abs1 = [6]
       2.2361
conj1 =
     - 1.0000 - 2.0000i
real2 =                                           % [예제 8-1(b)]의 결과와 동일
       2
imag2 =
       3
abs2 = [7]
       3.6056
conj2 =
       2.0000 - 3.0000i
```

MATLAB TIP!

1. complex(a,b) : 복소수 a+bi를 입력한다. 복소수를 입력할 때는 단순히 a+bi로 입력해도 상관없다.
2. real(z) : 복소수의 실수부분을 계산한다. imag(z) : 복소수의 허수부분을 계산한다.
3. abs(z) : 절댓값을 계산한다.
4. conj(z) : 켤레복소수를 계산한다.
5. MATLAB 실행 오류를 방지하기 위해 $3i$를 3*i로 입력하였다.
6. $\sqrt{5}=2.2361$
7. $\sqrt{13}=3.6056$

MATLAB 유제

다음 복소수에 대하여 $z=a+bi$ 꼴은 $z=(a,\ b)$ 꼴로, $z=(a,\ b)$ 꼴은 $z=a+bi$ 꼴로 나타내고, 각 복소수에 대하여 $\mathrm{Re}(z)$, $\mathrm{Im}(z)$, 절댓값, 켤레복소수를 각각 구하라.

(a) $z=(2024,\ -14)$　　　**(b)** $z=-13+2024i$

8.1.2 복소수의 상등, 덧셈, 뺄셈, 곱셈, 나눗셈

먼저 두 복소수가 같다는 의미에 대하여 알아보자. $\mathbb{R}^2$의 두 벡터가 같다는 것은 대응하는 성분이 각각 같은 것을 의미한다. 마찬가지로 두 복소수의 실수부분과 허수부분이 각각 같을 때 두 복소수는 '**서로 같다**'고 한다. 즉 두 복소수 $a+bi$와 $c+di$(단, a, b, c, d는 실수)에 대하여

$$a=c, \quad b=d$$

일 때, 두 복소수는 서로 같다고 한다.[2] 특히 $a+bi=0$이면 $a=0$, $b=0$이고, $a=0$, $b=0$이면 $a+bi=0$이다.

2 '서로 같다'는 것을 한자로 상등(相等)이라고 한다.

이제 두 복소수의 덧셈, 뺄셈, 곱셈, 나눗셈에 대하여 알아보자. 우리는 이미 고등학교에서 근호를 포함한 식의 덧셈과 뺄셈을 할 때, 다음과 같이 근호가 있는 수를 하나의 문자로 생각하여 계산하였다.

$$(5-\sqrt{3})+(-3+4\sqrt{3})=(5-3)+(-1+4)\sqrt{3}=2+3\sqrt{3}$$
$$(5+\sqrt{3})-(-4+4\sqrt{3})=\{5-(-4)\}+(1-4)\sqrt{3}=9-3\sqrt{3}$$

이와 마찬가지로 복소수의 덧셈과 뺄셈도 허수단위 i를 하나의 문자로 생각하여 실수부분은 실수부분끼리, 허수부분은 허수부분끼리 계산한다. 즉, a, b, c, d가 실수일 때 다음과 같이 계산한다.

$$(a+bi)+(c+di)=(a+c)+(b+d)i$$
$$(a+bi)-(c+di)=(a-c)+(b-d)i$$

또한 근호를 포함한 식의 곱셈에서는 다음과 같이 근호가 있는 수를 하나의 문자로 생각하여 계산한다.

$$\begin{aligned}(3+2\sqrt{3})(2+\sqrt{3}) &= 6+3\sqrt{3}+4\sqrt{3}+2(\sqrt{3})^2\\ &=(6+6)+(3+4)\sqrt{3}\\ &=12+7\sqrt{3}\end{aligned}$$

복소수의 곱셈도 허수단위 i를 하나의 문자로 생각하고 $i^2=-1$임을 이용하여 계산한다. 즉 a, b, c, d가 실수일 때 다음과 같이 계산한다.

$$\begin{aligned}(a+bi)(c+di) &= ac+adi+bci+bdi^2\\ &=(ac-bd)+(ad+bc)i\end{aligned}$$

특히 복소수 $z=a+bi$와 z의 켤레복소수 $\bar{z}=a-bi$를 곱하면 다음이 성립한다.

$$z\bar{z}=(a+bi)(a-bi)=a^2-(bi)^2=a^2+b^2$$

근호를 포함한 식의 나눗셈에서는 다음과 같이 분모를 유리화하여 계산한다.

$$\frac{6+4\sqrt{3}}{3+\sqrt{3}}=\frac{(6+4\sqrt{3})(3-\sqrt{3})}{(3+\sqrt{3})(3-\sqrt{3})}=\frac{18-6\sqrt{3}+12\sqrt{3}-12}{3^2-(\sqrt{3})^2}$$
$$=\frac{(18-12)+(-6+12)\sqrt{3}}{6}=\frac{6+6\sqrt{3}}{6}=1+\sqrt{3}$$

복소수의 나눗셈도 분모의 켤레복소수를 분모와 분자에 곱하여 분모를 실수로 만들어 계산한다.[3] 즉 a, b, c, d가 실수이고 $c+di\neq 0$일 때, 다음과 같이 계산한다.

3 켤레복소수를 분모, 분자에 곱하는 것은 무리수에서 분모를 유리화하는 것과 같은 원리이다.
$(c+di)(c-di)$
$=c^2-(di)^2$
$=c^2+d^2$

$$\frac{a+bi}{c+di}=\frac{(a+bi)(c-di)}{(c+di)(c-di)}=\frac{ac-adi+bci-bdi^2}{c^2-(di)^2}$$
$$=\frac{(ac+bd)+(bc-ad)i}{c^2+d^2}=\frac{ac+bd}{c^2+d^2}+\frac{bc-ad}{c^2+d^2}i$$

예제 8-2

다음을 계산하라.

(a) $(5+4i)+(3-i)$ **(b)** $(3-2i)-(4+i)$ **(c)** $(4+i)(-1+2i)$ **(d)** $\dfrac{1-2i}{2+i}$

풀이

(a) $(5+4i)+(3-i)=(5+3)+(4-1)i=8+3i$

(b) $(3-2i)-(4+i)=(3-4)+(-2-1)i=-1-3i$

(c) $(4+i)(-1+2i)=-4+8i-i+2i^2=-4+7i-2=-6+7i$

(d) $\dfrac{1-2i}{2+i}=\dfrac{(1-2i)(2-i)}{(2+i)(2-i)}=\dfrac{2-i-4i+2i^2}{2^2-i^2}=\dfrac{2-5i-2}{4-(-1)}=\dfrac{-5i}{5}=-i$

Command Window

: 코딩

```
>> (5+4*i)+(3-i)                          % [예제 8-2(a)] 계산
>> (3-2*i)-(4+i)                          % [예제 8-2(b)] 계산
>> (4+i)*(-1+2*i)                         % [예제 8-2(c)] 계산
>> (1-2*i)/(2+i)                          % [예제 8-2(d)] 계산
```

```
: 결과
ans =                                    % [예제 8-2(a)]의 결과와 동일
      8.0000 + 3.0000i
ans =                                    % [예제 8-2(b)]의 결과와 동일
     -1.0000 - 3.0000i
ans =                                    % [예제 8-2(c)]의 결과와 동일
     -6.0000 + 7.0000i
ans =                                    % [예제 8-2(d)]의 결과와 동일
      0.0000 - 1.0000i
```

MATLAB 유제

주어진 복소수에 대하여 다음을 계산하라.

$$z_1 = 4+5i, \quad z_2 = 2-3i, \quad z_3 = 5+2i, \quad z_4 = 4+2i$$

(a) $z_1 + z_2$ **(b)** $z_1 - z_2$ **(c)** $z_3 z_4$ **(d)** $\dfrac{z_3}{z_4}$

8.1.3 복소수행렬

우리는 2장에서 실수를 성분으로 갖는 실수행렬에 대하여 알아보았다. 이제 복소수를 성분으로 갖는 **복소수행렬**에 대하여 살펴보자. 복소수의 사칙연산을 정의했으므로 복소수를 성분으로 갖는 행렬의 덧셈, 뺄셈, 곱셈과 복소수와의 곱을 계산할 수 있다. 이때 복소수행렬의 연산과 용어는 실수행렬과 동일하다.

예제 8-3

복소수행렬 A, B에 대하여 다음을 계산하라.

$$A = \begin{bmatrix} 0 & 1-i \\ i & 3 \end{bmatrix}, \quad B = \begin{bmatrix} 1 & -i \\ 2-3i & 1+i \end{bmatrix}$$

(a) $A+B$, $A-B$ **(b)** iA **(c)** AB **(d)** $|A|$, $|B|$

풀이

(a) $A+B = \begin{bmatrix} 1 & 1-2i \\ 2-2i & 4+i \end{bmatrix}$, $A-B = \begin{bmatrix} -1 & 1 \\ -2+4i & 2-i \end{bmatrix}$

(b) $iA = \begin{bmatrix} 0i & i(1-i) \\ i^2 & 3i \end{bmatrix} = \begin{bmatrix} 0 & 1+i \\ -1 & 3i \end{bmatrix}$

(c) $AB=\begin{bmatrix}0 & 1-i\\ i & 3\end{bmatrix}\begin{bmatrix}1 & -i\\ 2-3i & 1+i\end{bmatrix}=\begin{bmatrix}-1-5i & 2\\ 6-8i & 4+3i\end{bmatrix}$

(d) $|A|=\det(A)=0\cdot 3-(1-i)i=-1-i$

$|B|=\det(B)=1\cdot(1+i)-(-i)(2-3i)=4+3i$

```
Command Window

: 코딩
>> A=[0 1-i;i 3];B=[1 -i;2-3*i 1+i];           % 행렬 A, B 입력
>> A+B,A-B                                       % [예제 8-3(a)] 계산
>> i*A                                           % [예제 8-3(b)] 계산
>> A*B                                           % [예제 8-3(c)] 계산
>> det(A),det(B)                                 % [예제 8-3(d)] 계산

: 결과
ans =                                            % [예제 8-3(a)]의 결과와 동일
     1.0000 + 0.0000i   1.0000 - 2.0000i
     2.0000 - 2.0000i   4.0000 + 1.0000i
ans =
    -1.0000 + 0.0000i   1.0000 + 0.0000i
    -2.0000 + 4.0000i   2.0000 - 1.0000i
ans =                                            % [예제 8-3(b)]의 결과와 동일
     0.0000 + 0.0000i   1.0000 + 1.0000i
    -1.0000 + 0.0000i   0.0000 + 3.0000i
ans =                                            % [예제 8-3(c)]의 결과와 동일
    -1.0000 - 5.0000i   2.0000 + 0.0000i
     6.0000 - 8.0000i   4.0000 + 3.0000i
ans =                                            % [예제 8-3(d)]의 결과와 동일
    -1.0000 - 1.0000i
ans =
     4.0000 + 3.0000i
```

MATLAB 유제

복소수행렬 A, B에 대하여 다음을 계산하라.

$$A=\begin{bmatrix}5+4i & 1-i\\ 4-i & 2+3i\end{bmatrix},\quad B=\begin{bmatrix}2-i & 1+i\\ 3-2i & 5+7i\end{bmatrix}$$

(a) $2A$ (b) $(1+2i)A$ (c) $A+B$ (d) AB

복소수행렬과 마찬가지로 복소수를 계수로 갖는 연립일차방정식은 다양한 분야에서 응용된다. 이때 연립일차방정식의 풀이는 앞에서 알아본 방법을 그대로 적용할 수 있다.

예제 8-4

다음 연립일차방정식을 크래머 공식으로 풀어라.

$$(2-i)x+2y=2i$$
$$x+iy=-1+3i$$

풀이

주어진 연립일차방정식을 행렬로 나타내면

$$\begin{bmatrix} 2-i & 2 \\ 1 & i \end{bmatrix}\begin{bmatrix} x \\ y \end{bmatrix}=\begin{bmatrix} 2i \\ -1+3i \end{bmatrix}$$

이고, 계수행렬의 행렬식은 $-1+2i$이므로 크래머 공식을 이용하면 다음과 같다.

$$x=\frac{-6i}{-1+2i}=\frac{-6i(-1-2i)}{(-1+2i)(-1-2i)}=-\frac{12}{5}+\frac{6}{5}i$$
$$y=\frac{1+5i}{-1+2i}=\frac{(1+5i)(-1-2i)}{(-1+2i)(-1-2i)}=\frac{9}{5}-\frac{7}{5}i$$

Command Window

: 코딩

```
>> format rat
>> A=[2-i 2;1 i];                    % 계수행렬 입력
>> B=[2*i -1+3*i]; [1]               % 상수항 벡터 입력
>> B1=[2*i 2;-1+3*i i];              % A의 1열을 벡터 B로 교체한 행렬 생성
>> B2=[2-i 2*i;1 -1+3*i];            % A의 2열을 벡터 B로 교체한 행렬 생성
>> x=det(B1)/det(A) [2]              % 크래머 공식 계산
>> y=det(B2)/det(A)
```

: 결과

```
x =                                  % [예제 8-4]의 결과와 동일
     -12/5       +      6/5i
y =
       9/5       -      7/5i
```

MATLAB TIP!

[1] 열벡터를 행벡터의 전치로 입력하면 켤레복소수가 계산되는 것에 유의해야 한다.

[2] 연립방정식을 역행렬을 이용하여 직접 간단하게 계산할 수 있다.
>> X=inv(A)*B

MATLAB 유제

다음 연립일차방정식을 크래머 공식으로 풀어라.

(a)
$$(-4+3i)x+3y=1+4i$$
$$2x+(2-5i)y=6-5i$$

(b)
$$x+iy+(1+i)z=0$$
$$ix+(3-2i)y+(1+i)z=1-i$$
$$x+iy+(3+2i)z=-2i$$

8.2 복소수의 여러 가지 표현

복소평면 위에서 복소수는 한 점 또는 원점을 시점으로 하는 벡터이므로 원점으로부터의 거리인 복소수의 절댓값을 구할 수 있다. 또 복소수를 벡터로 생각하면 x축과 벡터 사이의 각을 구할 수 있다. 따라서 복소수는 삼각법과 밀접한 관련이 있다. 이 절에서는 삼각법의 성질을 이용하여 복소수를 나타내는 방법을 알아보자. 이 방법을 이용하면 복소수의 멱승에 대한 기본공식과 복소수의 n제곱근을 구하는 방법을 얻을 수 있다.

8.2.1 복소수의 극형식

[그림 8-4]에서와 같이 $z = a + bi$가 영 아닌 복소수이고 절댓값을 $|z| = r$, 양의 실수축에서 벡터 z에 이르는 각을 θ라고 하면

$$a = r\cos\theta, \quad b = r\sin\theta$$

이므로

$$\begin{aligned} z &= a + bi \\ &= r(\cos\theta + i\sin\theta) \end{aligned}$$

로 나타낼 수 있다. 이것을 복소수 z의 **극형식**polar form이라고 한다. 이때 각 θ를 z의 **편각**argument이라고 하며 다음과 같이 나타낸다.

$$\theta = \arg z$$

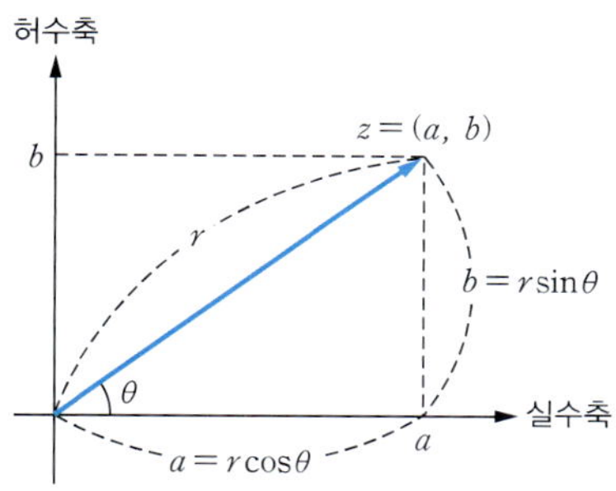

[그림 8-4] 극형식

z의 편각 θ에 2π배를 더하거나 빼도 복소평면에서 z는 한 가지로 표현할 수 있으므로 z의 편각은 유일하게 결정되지 않는다. 그러나 $-\pi < \theta \le \pi$로 두면

편각의 값은 유일하게 정해진다. 이것을 z의 **주편각**principal argument이라고 하며 다음과 같이 나타낸다.[4]

$$\theta = \operatorname{Arg} z$$

4 주편각을 '으뜸 값', '주값', 또는 '으뜸 편각'이라고도 한다. 또 z가 음의 실수일 때, $\operatorname{Arg} z$의 값이 π임에 주의하자. $-\pi$가 아니다.

따라서 편각과 주편각 사이에는 다음이 성립한다.

$$\arg z = \operatorname{Arg} z + 2n\pi \quad (\text{단, } n = 0, \pm 1, \pm 2, \cdots)$$

예제 8-5

다음 복소수를 주편각을 사용하여 극형식으로 나타내라.

(a) $z = \sqrt{3} + i$ **(b)** $z = -1 - i$

풀이

(a) $z = a + bi = \sqrt{3} + i$의 절댓값은

$$r = |z| = \sqrt{(\sqrt{3})^2 + 1^2} = \sqrt{4} = 2$$

이고, $a = \sqrt{3}$, $b = 1$이므로

$$\sqrt{3} = 2\cos\theta, \quad 1 = 2\sin\theta$$

이다. 즉,

$$\cos\theta = \frac{\sqrt{3}}{2}, \quad \sin\theta = \frac{1}{2}$$

이고 $-\pi < \theta \le \pi$이므로 $\theta = \frac{\pi}{6}\,(=30°)$이다. 따라서 z의 극형식은 다음과 같다.

$$z = 2\left(\cos\frac{\pi}{6} + i\sin\frac{\pi}{6}\right)$$

(b) $z = a + bi = -1 - i$의 절댓값은

$$r = |z| = \sqrt{(-1)^2 + (-1)^2} = \sqrt{2}$$

이고, $a = -1$, $b = -1$이므로

$$-1 = \sqrt{2}\cos\theta, \quad -1 = \sqrt{2}\sin\theta$$

이다. 즉,

$$\cos\theta = -\frac{1}{\sqrt{2}}, \quad \sin\theta = -\frac{1}{\sqrt{2}}$$

이고 $-\pi < \theta \le \pi$이므로 $\theta = -\frac{3\pi}{4}\,(=-135°)$이다. 따라서 z의 극형식은 다음과 같다.

$$z = \sqrt{2}\left(\cos\frac{-3\pi}{4} + i\sin\frac{-3\pi}{4}\right)$$

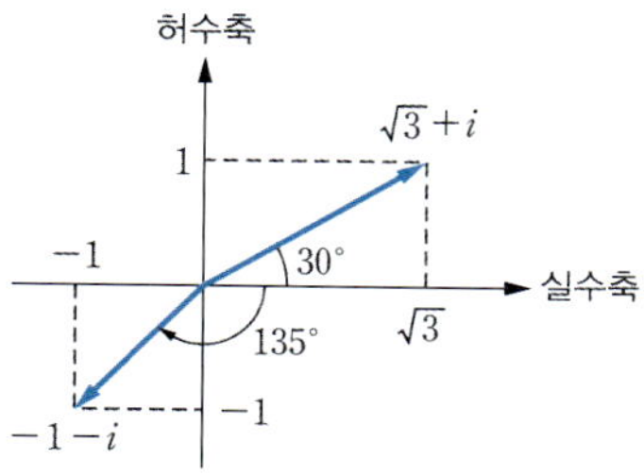

[그림 8-5] 극형식으로 나타낸 복소수

Command Window

: 코딩

```
>> z1=sqrt(3)+i                          % [예제 8-5(a)]의 복소수 입력
>> r=abs(z1),theta=angle(z1)             % 절댓값과 편각 계산
>> theta1=theta*180/pi                   % 각도를 60분법으로 변환
>> z1=r*exp(i*theta)                     % 극형식 확인
>> z2=-1-i                               % [예제 8-5(b)]의 복소수 입력
>> r=abs(z2),theta=angle(z2)
>> theta2=theta*180/pi
>> z2=r*exp(i*theta)
```

: 결과

```
z1 =                                     % [예제 8-5(a)]의 결과와 동일
         1.7321 + 1.0000i
r =
         2.0000
theta =
         0.5236
theta1 =
         30
z1 =
         1.7321 + 1.0000i
z2 =                                     % [예제 8-5(b)]의 결과와 동일
        -1.0000 - 1.0000i
r =
         1.4142
theta =
        -2.3562
theta2 =
        -135
z2 =
        -1.0000 - 1.0000i
```

MATLAB 유제

다음 복소수를 극형식으로 나타내라.

(a) $z=\sqrt{3}-4i$ **(b)** $z=-5+3i$

8.2.2 오일러 공식

지금까지 우리는 복소수를 표현하는 극형식에 대하여 알아보았다. 그런데 복소수는 극형식 외에도 미적분학에서 배운 맥클로린 급수를 이용하여 복소수를 표현할 수 있다.[5] 급수를 이용하여 복소수를 표현하면 여러 가지 성질을 밝히는 데 매우 편리하다.

5 함수 $f(x)$가 계속해서 미분 가능할 때, 다음과 같이 함수를 급수로 표현한 것을 맥클로린 급수라고 한다.

$$f(x)=\sum_{n=0}^{\infty}\frac{f^{(n)}(0)}{n!}x^n = f(0)+\frac{f'(0)}{1!}x + \frac{f''(0)}{2!}x^2 + \frac{f'''(0)}{3!}x^3 + \cdots$$

급수를 이용하여 복소수를 표현하기 위해 필요한 맥클로린 급수 표현은 다음과 같다.

$$e^x = \sum_{n=0}^{\infty}\frac{x^n}{n!} = 1+x+\frac{x^2}{2!}+\frac{x^3}{3!}+\cdots \qquad (8.1)$$

$$\cos x = \sum_{n=0}^{\infty}(-1)^n\frac{x^{2n}}{(2n)!} = 1-\frac{x^2}{2!}+\frac{x^4}{4!}-\frac{x^6}{6!}+\cdots \qquad (8.2)$$

$$\sin x = \sum_{n=0}^{\infty}(-1)^n\frac{x^{2n+1}}{(2n+1)!} = x-\frac{x^3}{3!}+\frac{x^5}{5!}-\frac{x^7}{7!}+\cdots \qquad (8.3)$$

식 (8.1)에서 x 대신 $i\theta$를 대입하면 $i^2=-1$, $i^3=-i$, $i^4=1$이므로 다음과 같다.

$$\begin{aligned} e^{i\theta} &= \sum_{n=0}^{\infty}\frac{(i\theta)^n}{n!} \\ &= 1+(i\theta)+\frac{(i\theta)^2}{2!}+\frac{(i\theta)^3}{3!}+\cdots \\ &= 1+i\theta-\frac{\theta^2}{2!}-i\frac{\theta^3}{3!}+\frac{\theta^4}{4!}+i\frac{\theta^5}{5!}-\frac{\theta^6}{6!}-i\frac{\theta^7}{7!}+\cdots \\ &= \left(1-\frac{\theta^2}{2!}+\frac{\theta^4}{4!}-\frac{\theta^6}{6!}+\cdots\right)+i\left(\theta-\frac{\theta^3}{3!}+\frac{\theta^5}{5!}-\frac{\theta^7}{7!}+\cdots\right) \end{aligned} \qquad (8.4)$$

한편 식 (8.2)와 식 (8.3)에서 x 대신 θ를 대입하면 다음과 같다.

$$\cos\theta = 1-\frac{\theta^2}{2!}+\frac{\theta^4}{4!}-\frac{\theta^6}{6!}+\cdots \qquad (8.5)$$

$$\sin\theta = \theta-\frac{\theta^3}{3!}+\frac{\theta^5}{5!}-\frac{\theta^7}{7!}+\cdots \qquad (8.6)$$

식 (8.5)와 식 (8.6)을 식 (8.4)에 대입하면 다음이 성립한다.

$$\begin{aligned} e^{i\theta} &= \left(1 - \frac{\theta^2}{2!} + \frac{\theta^4}{4!} - \frac{\theta^6}{6!} + \cdots\right) + i\left(\theta - \frac{\theta^3}{3!} + \frac{\theta^5}{5!} - \frac{\theta^7}{7!} + \cdots\right) \\ &= \cos\theta + i\sin\theta \end{aligned}$$

따라서 다음 식을 얻는다.

$$e^{i\theta} = \cos\theta + i\sin\theta \tag{8.7}$$

이 식을 **오일러 공식**Euler's formula이라고 한다. 오일러 공식을 이용하면 복소수의 극형식을 다음과 같이 **지수형식**exponential form으로 나타낼 수 있다.

$$z = re^{i\theta}$$

지금까지 알아본 복소수의 표현을 정리하면 다음과 같다.

정리 8-1 오일러 공식

복소수 $z = a + bi$의 절댓값 $r = \sqrt{a^2 + b^2}$과 편각 θ에 대하여 다음이 성립한다.

$$z = r(\cos\theta + i\sin\theta) = re^{i\theta}$$

예제 8-6

주어진 복소수를 오일러 공식을 이용하여 지수형식으로 나타내라.

(a) $z = \sqrt{3} + i$

(b) $z = -i$

풀이

(a) $z = \sqrt{3} + i = 2\left(\cos\frac{\pi}{6} + i\sin\frac{\pi}{6}\right)$이므로 $\theta = \frac{\pi}{6}$이다. 지수형식에서 $e^x = \exp(x)$이므로 $e^{i\theta} = \exp(i\theta)$로 나타낼 수 있다. 따라서 지수형식은 다음과 같다.

$$z = \sqrt{3} + i = 2e^{i\frac{\pi}{6}} = 2\exp\left(i\frac{\pi}{6}\right)$$

(b) $z = -i = \left(\cos\frac{-\pi}{2} + i\sin\frac{-\pi}{2}\right)$이므로 $\theta = \frac{-\pi}{2}$이다. 따라서 지수형식은 다음과 같다.

$$z = -i = e^{i\left(\frac{-\pi}{2}\right)} = \exp\left(i\left(\frac{-\pi}{2}\right)\right)$$

8.2.3 지수형식의 곱셈과 나눗셈

삼각함수의 성질을 이용하면 $e^{i\theta}$이 지수함수와 같이 친숙한 가법성을 만족함을 알 수 있다.

$$\begin{aligned} e^{i\theta_1}e^{i\theta_2} &= (\cos\theta_1 + i\sin\theta_1)(\cos\theta_2 + i\sin\theta_2) \\ &= (\cos\theta_1\cos\theta_2 - \sin\theta_1\sin\theta_2) + i(\sin\theta_1\cos\theta_2 + \cos\theta_1\sin\theta_2) \\ &= \cos(\theta_1+\theta_2) + i\sin(\theta_1+\theta_2) \\ &= e^{i(\theta_1+\theta_2)} \text{ 6} \end{aligned}$$

6 $e^{i\theta_1}e^{i\theta_2} = \exp(i\theta_1)\exp(i\theta_2) = \exp(i(\theta_1+\theta_2)) = e^{i(\theta_1+\theta_2)}$

따라서 두 복소수 $z_1 = r_1e^{i\theta_1}$, $z_2 = r_2e^{i\theta_2}$의 곱 z_1z_2를 지수형식으로 표현하면

$$z_1z_2 = r_1e^{i\theta_1}r_2e^{i\theta_2} = r_1r_2e^{i\theta_1}e^{i\theta_2} = r_1r_2e^{i(\theta_1+\theta_2)} \tag{8.8}$$

이고, 절댓값은 r_1r_2, 편각은 $\theta_1+\theta_2$이다. 따라서 다음이 성립한다.

$$|z_1z_2| = |z_1||z_2|, \quad \arg(z_1z_2) = \arg z_1 + \arg z_2$$

또 $z_2 \neq 0$이면

$$\frac{z_1}{z_2} = \frac{r_1e^{i\theta_1}}{r_2e^{i\theta_2}} = \frac{r_1}{r_2}\cdot\frac{e^{i\theta_1}e^{-i\theta_2}}{e^{i\theta_2}e^{-i\theta_2}} = \frac{r_1}{r_2}\cdot\frac{e^{i(\theta_1-\theta_2)}}{e^{i0}} = \frac{r_1}{r_2}e^{i(\theta_1-\theta_2)} \tag{8.9}$$

이고, 절댓값은 $\frac{r_1}{r_2}$, 편각은 $\theta_1-\theta_2$이다. 따라서 다음이 성립한다.

$$\left|\frac{z_1}{z_2}\right| = \frac{|z_1|}{|z_2|}, \quad \arg\left(\frac{z_1}{z_2}\right) = \arg z_1 - \arg z_2$$

한편 식 (8.9)에 의하여 영 아닌 임의의 복소수 $z = re^{i\theta}$의 곱셈에 대한 역원은 다음과 같다.

$$z^{-1} = \frac{1}{z} = \frac{1e^{i0}}{re^{i\theta}} = \frac{1}{r}e^{i(0-\theta)} = \frac{1}{r}e^{-i\theta} \tag{8.10}$$

예제 8-7

두 복소수 $z_1 = 1+\sqrt{3}i$, $z_2 = \sqrt{3}+i$에 대하여 지수형식을 이용하여 다음을 구하라.

(a) z_1z_2, $\arg(z_1z_2)$ **(b)** $\frac{z_1}{z_2}$, $\arg\left(\frac{z_1}{z_2}\right)$

풀이

주어진 복소수의 지수형식을 구하기 위해 $z_1 = r_1(\cos\theta_1 + i\sin\theta_1)$, $z_2 = r_2(\cos\theta_2 + i\sin\theta_2)$라고 하면

$$r_1 = \sqrt{1^2 + (\sqrt{3})^2} = 2, \quad r_2 = \sqrt{(\sqrt{3})^2 + 1^2} = 2$$

$$\theta_1 = \frac{\pi}{3}, \quad \theta_2 = \frac{\pi}{6}$$

이므로

$$z_1 = 2\left(\cos\frac{\pi}{3} + i\sin\frac{\pi}{3}\right), \quad z_2 = 2\left(\cos\frac{\pi}{6} + i\sin\frac{\pi}{6}\right)$$

이다. 따라서 $z_1 = 2e^{i\frac{\pi}{3}}$, $z_2 = 2e^{i\frac{\pi}{6}}$ 이다.

(a) $z_1 z_2 = 2e^{i\frac{\pi}{3}} \cdot 2e^{i\frac{\pi}{6}} = 4e^{i\left(\frac{\pi}{3}+\frac{\pi}{6}\right)} = 4e^{i\frac{\pi}{2}}$ 이므로 $\arg(z_1 z_2) = \frac{\pi}{3} + \frac{\pi}{6} = \frac{\pi}{2}$ 이다.

(b) $\frac{z_1}{z_2} = \frac{2e^{i\frac{\pi}{3}}}{2e^{i\frac{\pi}{6}}} = e^{i\left(\frac{\pi}{3}-\frac{\pi}{6}\right)} = e^{i\frac{\pi}{6}}$ 이므로 $\arg\left(\frac{z_1}{z_2}\right) = \frac{\pi}{3} - \frac{\pi}{6} = \frac{\pi}{6}$ 이다.

Command Window

: 코딩

```
>> format rat
>> z1=1+sqrt(3)*i;z2=sqrt(3)+i;                      % z1, z2 입력
>> z1*z2,z1/z2                                       % z1z2, z1/z2 계산
>> theta1=angle(z1*z2);theta2=angle(z1/z2);          % arg(z1 z2), arg(z1/z2) 계산
>> theta1=theta1*180/pi,theta2=theta2*180/pi         % 라디안 값을 60분법으로 변환
```

: 결과

```
ans = ❶                                              % [예제 8-7(a)]의 결과와 동일
          0        +    4i
ans = ❷                                              % [예제 8-7(b)]의 결과와 동일
       1170/1351   +    1/2i
theta1 =
        90
theta2 =
        30
```

MATLAB TIP!

❶ $4e^{i\frac{\pi}{2}} = 4i$

❷ $e^{i\frac{\pi}{6}} = \frac{\sqrt{3}}{2} + \frac{1}{2}i$

$\frac{\sqrt{3}}{2} = \frac{1170}{1351}$

MATLAB 유제

복소수 $z_1 = 3 + 2i$, $z_2 = 1 + 2i$에 대하여 다음을 구하라.

(a) $z_1 z_2$, $\arg(z_1 z_2)$ **(b)** $\frac{z_1}{z_2}$, $\arg\left(\frac{z_1}{z_2}\right)$

8.2.4 드 무아브르 공식

임의의 복소수 $z = re^{i\theta}$과 정수 n에 대하여 다음 식이 성립함은 수학적 귀납법을 이용하여 쉽게 보일 수 있다.

$$z^n = (re^{i\theta})^n = r^n e^{in\theta} \tag{8.11}$$

먼저 n이 양의 정수일 때 위 식을 증명해 보자. $n = 1$이면 주어진 식은 $z = re^{i\theta}$이다. 이제 $n = m$일 때 주어진 식이 성립한다고 가정하면 다음과 같다.

$$z^{m+1} = z^m \cdot z = r^m e^{im\theta} re^{i\theta} = (r^m r)(e^{i(m\theta+\theta)}) = r^{m+1} e^{i(m+1)\theta}$$

따라서 식 (8.11)은 모든 양의 정수에 대하여 성립한다.

한편 n이 음의 정수일 때 z^n을 z의 곱셈에 관한 역원을 이용하여 표현하면 다음과 같다.

$$z^n = (z^{-1})^m \quad (\text{단, } m = -n = 1,\ 2,\ \cdots)$$

즉 식 (8.11)은 지수가 양수인 경우에 성립하므로 z^{-1}의 지수형식으로부터 다음을 얻는다.

$$z^n = \left(\frac{1}{r} e^{i(-\theta)}\right)^m = \left(\frac{1}{r}\right)^m e^{im(-\theta)} = \left(\frac{1}{r}\right)^{-n} e^{i(-n)(-\theta)} = r^n e^{in\theta}$$
$$(\text{단, } n = -1,\ -2,\ -3,\ \cdots)$$

그러므로 식 (8.11)은 모든 정수에 대하여 성립한다. 특히 $r = 1$이면 다음이 성립한다.

$$(e^{i\theta})^n = e^{in\theta} \quad (\text{단, } n = 0,\ \pm 1,\ \pm 2,\ \cdots) \tag{8.12}$$

식 (8.12)로부터 다음과 같은 **드 무아브르 공식**de Moivres' formula를 얻는다.[7]

$$(\cos\theta + i\sin\theta)^n = \cos n\theta + i\sin n\theta \quad (\text{단, } n = 0,\ \pm 1,\ \pm 2,\ \cdots) \tag{8.13}$$

7 드 무아브르는 프랑스 수학자로서 확률, 통계, 삼각법에 중요한 기여를 하였다. 특히 그는 복소수를 사용하여 기하학의 분야를 해석학의 분야로 변환하는 삼각법을 제시하였다.

예제 8-8

복소수 $(1+\sqrt{3}i)^7$을 직교형식으로 나타내라.

풀이

주어진 복소수를 지수형식으로 변형하여 계산하면 다음과 같다.

$$(1+\sqrt{3}\,i)^7 = \left(2e^{i\frac{\pi}{3}}\right)^7 = 2^7 e^{i\frac{7\pi}{3}} = (2^6 e^{i2\pi})(2e^{i\frac{\pi}{3}})$$

이때 $e^{i2\pi} = 1$, $2e^{i\frac{\pi}{3}} = 1+\sqrt{3}\,i$이므로 다음이 성립한다.

$$(1+\sqrt{3}\,i)^7 = 64(1+\sqrt{3}\,i)$$

Command Window

: 코딩

```
>> format rat                              % 분수형 출력
>> (1+sqrt(3)*i)^7                         % 직접 계산
>> z=1+sqrt(3)*i;                          % z 입력
>> z^7                                     % 거듭제곱 계산
```

: 결과

```
ans = [1]                                  % [예제 8-8]의 결과와 동일
      64          + 8203/74i
ans =
      64          + 8203/74i
```

MATLAB TIP!

[1] $64\sqrt{3} = \dfrac{8203}{74}$

MATLAB 유제

복소수 $(13\sqrt{23}-6i)^{2024}$을 직교형식으로 나타내라.

예제 8-9

드 무아브르 공식을 이용하여 다음 등식이 성립함을 증명하라.

$$\cos 2\theta = \cos^2\theta - \sin^2\theta, \quad \sin 2\theta = 2\sin\theta\cos\theta$$

풀이

드 무아브르 공식으로부터 $n=2$이면 다음과 같다.

$$(\cos\theta + i\sin\theta)^2 = \cos 2\theta + i\sin 2\theta$$

이때

$$(\cos\theta + i\sin\theta)^2 = \cos^2\theta - \sin^2\theta + i2\sin\theta\cos\theta$$

이므로 실수부분은 실수부분끼리 허수부분은 허수부분끼리 같다고 하면 다음이 성립한다.

$$\cos 2\theta = \cos^2\theta - \sin^2\theta, \quad \sin 2\theta = 2\sin\theta\cos\theta$$

이제 드 무아브르 공식을 사용하여 임의의 복소수 z의 n**제곱근**$^{n\text{th root}}$을 구하자. z의 n제곱근을 구하기 위해 방정식

$$\omega^n = z \tag{8.14}$$

를 만족하는 임의의 복소수를 ω 라고 하자. $z \neq 0$ 인 복소수 z 의 n 제곱근을 $z^{\frac{1}{n}}$ 으로 표시하면 다음과 같이 z 의 n 제곱근에 대한 식을 얻을 수 있다.

$$\omega = \rho(\cos\alpha + i\sin\alpha), \quad z = r(\cos\theta + i\sin\theta)$$

라고 하자. ω 가 식 (8.14)를 만족한다면 식 (8.13)으로부터

$$\rho^n(\cos n\alpha + i\sin n\alpha) = r(\cos\theta + i\sin\theta) \tag{8.15}$$

이다. 양변의 절댓값을 비교하면 $\rho^n = r$ 이므로 $\rho = \sqrt[n]{r}$ 이고, $\sqrt[n]{r}$ 은 r 의 양의 실 n 제곱근이다. 한편 식 (8.15)에서 등식

$$\cos n\alpha = \cos\theta, \quad \sin n\alpha = \sin\theta$$

를 만족하기 위해서는 각 $n\alpha$ 와 θ 는 같거나 2π 배 차이가 나야 한다.

$$n\alpha = \theta + 2k\pi \ (\text{단, } k = 0, \pm 1, \pm 2, \cdots)$$

$$\alpha = \frac{\theta}{n} + \frac{2k\pi}{n} \ (\text{단, } k = 0, \pm 1, \pm 2, \cdots)$$

따라서 방정식 (8.14)를 만족하는 $\omega = \rho(\cos\alpha + i\sin\alpha)$ 값은

$$\omega = \sqrt[n]{r}\left(\cos\left(\frac{\theta}{n} + \frac{2k\pi}{n}\right) + i\sin\left(\frac{\theta}{n} + \frac{2k\pi}{n}\right)\right) \ (\text{단, } k = 0, \pm 1, \pm 2, \cdots)$$

이다. 무한개의 k 값이 존재하지만 $k = 0, 1, 2, \cdots, n-1$ 이 식 (8.14)를 만족하는 ω 의 서로 다른 값이므로 $z = r(\cos\theta + i\sin\theta)$ 의 n 개의 서로 다른 n 제곱근은 다음과 같다.

$$z^{\frac{1}{n}} = \sqrt[n]{r}\left(\cos\left(\frac{\theta}{n} + \frac{2k\pi}{n}\right) + i\sin\left(\frac{\theta}{n} + \frac{2k\pi}{n}\right)\right) \ (\text{단, } k = 0, \pm 1, \pm 2, \cdots) \tag{8.16}$$

예제 8-10

-8 의 3제곱근을 구하고 이를 복소평면에 나타내라.

풀이

-8 은 음의 실수축 위에 있으므로 편각은 $\theta = \pi$ 이다. 또 $r = |z| = |-8| = 8$ 이므로 -8 을 극형식으로 나타내

면 다음과 같다.

$$-8 = 8(\cos\pi + i\sin\pi)$$

$n=3$일 때 식 (8.16)으로부터

$$(-8)^{\frac{1}{3}} = \sqrt[3]{8}\left(\cos\left(\frac{\pi}{3}+\frac{2k\pi}{3}\right)+i\sin\left(\frac{\pi}{3}+\frac{2k\pi}{3}\right)\right) \quad (\text{단, } k=0,\ 1,\ 2)$$

이므로 -8의 3제곱근은

$$2\left(\cos\frac{\pi}{3}+i\sin\frac{\pi}{3}\right)=2\left(\frac{1}{2}+\frac{\sqrt{3}}{2}i\right)=1+\sqrt{3}i$$
$$2(\cos\pi+i\sin\pi)=2(-1)=-2$$
$$2\left(\cos\frac{5\pi}{3}+i\sin\frac{5\pi}{3}\right)=2\left(\frac{1}{2}-\frac{\sqrt{3}}{2}i\right)=1-\sqrt{3}i$$

이고, 복소평면에 나타내면 [그림 8-7]과 같다.

Command Window

```
: 코딩
>> coeff=[1 0 0 8]; ①
                      % z^3 = -8을 다항식 z^3 + 0z^2 + 0z + 8로 생각하여 계수 입력
>> zroots=roots(coeff);②                  % 방정식 근 계산
>> plot(real(zroots),imag(zroots),'*')    % 복소수의 근을 그래프로 그리기
>> grid on                                % 격자 추가
>> xlabel('real z');ylabel('imag z');     % 축 이름 지정
>> title('3rd root of -8')                % 그래프 제목 지정
>> axis([-3 3 -3 3])                      % 축 범위 지정
```

MATLAB TIP!

① 다항식을 입력하려면 계수를 이용하여 고차항부터 저차항까지 벡터로 표시한다.

② roots(p) : 다항식 p로부터 방정식의 해를 구한다.

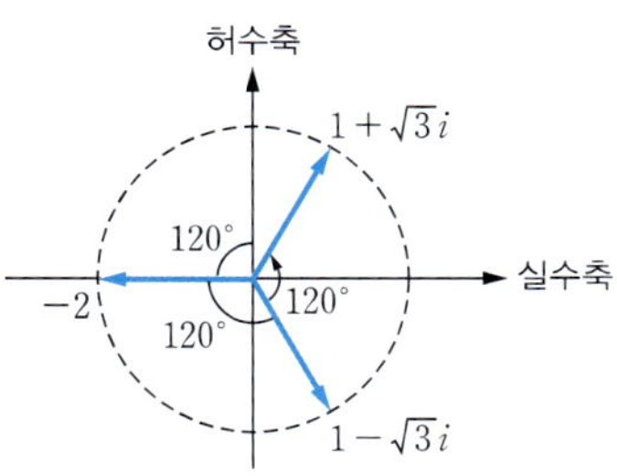

[그림 8-6] 복소평면에 나타낸 -8의 3제곱근

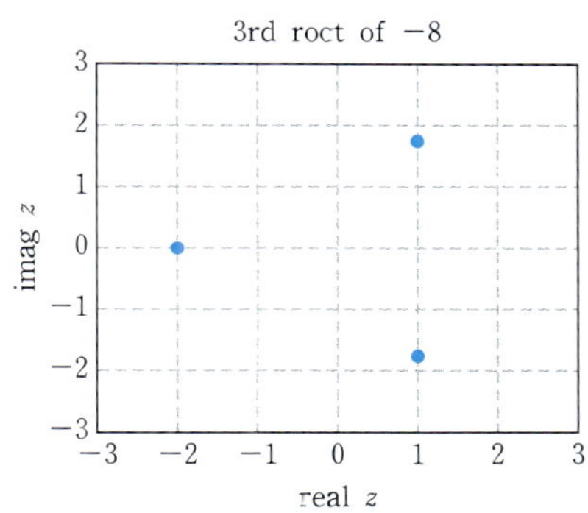

[그림 8-7] MATLAB 실행 결과

MATLAB 유제

$z^8=1$의 해를 구하고, 복소평면에 해를 나타내라.

8.3 복소벡터공간과 복소내적공간

이 절에서는 복소벡터공간과 복소내적공간의 기본 성질을 알아본다. 이들은 실수의 벡터공간, 실수벡터의 내적과 다른 몇 가지 성질이 있다. 그래서 이 절을 공부하기 전에 5장에서 다루었던 벡터공간의 정의를 복습하는 것이 복소벡터공간을 이해하는 데 도움이 될 것이다.

8.3.1 복소벡터공간

5.1절에서 언급한 것과 마찬가지로 복소수 $\mathbb{C}$ 위의 벡터공간을 **복소벡터공간** complex vector space이라고 한다. 복소벡터공간에서 부분공간, 일차독립과 일차종속, 기저와 차원, 그램-슈미트 정규직교화 과정 등은 실수의 벡터공간에서와 같은 방법으로 정의된다. 다만 복소벡터공간에서의 스칼라는 복소수라는 것이 5장에서 배웠던 내용과 다른 점이다. 또한 성분이 복소수인 복소수행렬에 대한 행렬연산도 실수행렬에서와 마찬가지이다. 그리고 복소벡터공간 V에서 복소벡터공간 W로의 선형변환 $L : V \to W$의 개념과 선형변환의 여러 가지 성질들도 실수 벡터공간에서와 같다.

대수학의 기본정리에 의해 'n차 정사각(복소)행렬은 n개의 고윳값을 갖는다.'는 사실은 복소벡터공간에서 비로소 성립한다. 이 절에서는 내적이 정의된 복소벡터공간인 **복소내적공간** complex inner product space에 대하여 알아본다.

n개의 복소수 성분을 갖는 벡터들의 집합을

$$\mathbb{C}^n = \{(z_1, z_2, \cdots, z_n) \mid z_k \in \mathbb{C},\ k = 1, 2, \cdots, n\}$$

이라 하면, $\mathbb{C}^n$은 $\mathbb{C}$ 위의 벡터공간이다. $\mathbb{C}^n$의 n개의 일차독립인 단위벡터를

$$\mathbf{e}_1 = (1, 0, \cdots, 0),\ \mathbf{e}_2 = (0, 1, 0, \cdots, 0),\ \cdots,\ \mathbf{e}_n = (0, \cdots, 0, 1)$$

이라 하면 $\mathbb{C}^n$의 임의의 벡터 $\mathbf{v}$는 $\mathbf{v} = z_1\mathbf{e}_1 + z_2\mathbf{e}_2 + \cdots + z_n\mathbf{e}_n$으로 나타낼 수 있으므로 $\{\mathbf{e}_1, \mathbf{e}_2, \cdots, \mathbf{e}_n\}$은 $\mathbb{C}^n$의 기저이다. 이 기저를 $\mathbb{C}^n$에 대한 **표준기저** standard basis라고 한다.[8]

8 기저의 원소가 n개이므로 $\mathbb{C}^n$은 n차원이다. 즉 $\dim \mathbb{C}^n = n$이다.

예제 8-11

두 함수 $f_1(x)$, $f_2(x)$가 실변수 x의 실숫값 함수라면 다음 식을 **실변수 x의 복소숫값 함수**라 한다.

$$\mathrm{f}(x) = f_1(x) + i f_2(x)$$

V를 전 직선상에서 정의된 모든 복소숫값 함수의 집합이라고 하면 V는 벡터공간임을 보여라.

풀이

$\mathrm{f} = f_1(x) + i f_2(x)$, $\mathrm{g} = g_1(x) + i g_2(x) \in V$와 스칼라 $k \in \mathbb{C}$에 대하여 함수의 합 $\mathrm{f}+\mathrm{g}$와 스칼라 배 $k\mathrm{f}$를 다음과 같이 정의하자.

$$(\mathrm{f}+\mathrm{g})(x) = (f_1(x) + g_1(x)) + i(f_2(x) + g_2(x))$$
$$(k\mathrm{f})(x) = k f_1(x) + ik f_2(x)$$

그러면 5.1절에서 다룬 벡터공간의 8가지 성질(A1~A4, SM1~SM4)을 만족한다. 즉 벡터의 합과 스칼라 배에 대하여 V의 원소들이 다음 여덟 개의 연산법칙을 만족한다고 할 때, 집합 V를 **벡터공간**vector space이라고 하고 벡터공간 V의 원소를 **벡터**vector라고 한다.

(1) V 위에 합이 정의되어 있다. 즉

$$\mathrm{f}, \mathrm{g} \in V \;\Rightarrow\; \mathrm{f}+\mathrm{g} \in V$$

복소숫값 함수 f, g, h $\in V$에 대하여 다음이 성립한다.

- A1 : $\mathrm{f}+\mathrm{g} = \mathrm{g}+\mathrm{f}$
- A2 : $(\mathrm{f}+\mathrm{g})+\mathrm{h} = \mathrm{f}+(\mathrm{g}+\mathrm{h})$
- A3 : 모든 $\mathrm{f} \in V$에 대하여 $\mathrm{f}+0 = \mathrm{f} = 0+\mathrm{f}$를 만족하는 원소 0이 V에 단 하나 존재한다.
- A4 : V의 각 원소 f에 대하여 $\mathrm{f}+(-\mathrm{f}) = 0 = (-\mathrm{f})+\mathrm{f}$를 만족하는 $-\mathrm{f}$가 V에 단 하나 존재한다.

(2) V 위에 스칼라 배가 정의되어 있다. 즉 임의의 스칼라 k에 대하여 다음이 성립한다.

$$\mathrm{f} \in V \;\Rightarrow\; k\mathrm{f} \in V$$

스칼라 $h, k \in \mathbb{C}$에 대하여 다음이 성립한다.

- SM1 : $k(\mathrm{f}+\mathrm{g}) = k\mathrm{f} + k\mathrm{g}$
- SM2 : $(h+k)\mathrm{f} = h\mathrm{f} + k\mathrm{f}$
- SM3 : $(hk)\mathrm{f} = h(k\mathrm{f}) = k(h\mathrm{f})$
- SM4 : $1\mathrm{f} = \mathrm{f}$

따라서 V는 복소벡터공간이다.

8.3.2 유클리드 내적

4.4절에서 우리는 $\mathbb{R}^n$의 두 벡터 $\mathbf{u}=(u_1, u_2, \cdots, u_n)$, $\mathbf{v}=(v_1, v_2, \cdots, v_n)$의 내적[9]은

9 내적을 유클리드 곱이라고도 함을 이미 배웠다.

$$\mathbf{u}\cdot\mathbf{v}=u_1v_1+u_2v_2+\cdots+u_nv_n$$

이고, $\mathbf{u}$의 크기는 다음과 같이 구함을 배웠다.

$$|\mathbf{u}|=(\mathbf{u}\cdot\mathbf{u})^{\frac{1}{2}}=\sqrt{|u_1|^2+|u_2|^2+\cdots+|u_n|^2}$$

하지만 이 정의는 $\mathbb{C}^n$의 벡터에 대해서는 적절하지 않다. 예를 들어 $\mathbb{C}^2$의 영 아닌 복소벡터 $\mathbf{u}=(1, i)$의 크기를 실수처럼 구하면 다음과 같다.

$$|\mathbf{u}|=\sqrt{1^2+i^2}=\sqrt{1-1}=0$$

위 식에 따르면 $\mathbf{u}=(1, i)$는 길이가 0인 벡터인데, 영 아닌 벡터로 길이가 0인 것은 존재하지 않는다. 따라서 실벡터공간에서 정의했던 벡터의 내적과 크기는 복소공간에서는 적절하지 않기 때문에 다른 방법으로 정의해야 한다. 또 벡터의 크기도 복소수의 절댓값과 혼동될 수 있으므로 다른 용어가 필요하다.

이제 복소벡터공간에서 벡터의 내적과 크기를 정의해 보자. $\mathbb{C}^n$의 두 벡터 $\mathbf{v}=(v_1, v_2, \cdots, v_n)$, $\mathbf{u}=(u_1, u_2, \cdots, u_n)$의 **유클리드 내적**Euclidean inner product $\mathbf{u}\cdot\mathbf{v}$는 다음과 같이 정의한다.

$$\mathbf{u}\cdot\mathbf{v}=\bar{\mathbf{v}}^T\mathbf{u}=u_1\overline{v_1}+u_2\overline{v_2}+\cdots+u_n\overline{v_n}$$ [10]

10 만일 두 벡터가 실수에서 정의되었다면 $v_i=\overline{v_i}$이므로 이 정의는 실수에서도 그대로 성립한다.

또 복소수의 절댓값 $|z|$와 혼동을 피하기 위하여 복소벡터 $\mathbf{u}$의 크기를 기호로 $\|\mathbf{u}\|$로 나타내고 **유클리드 노름**Euclidean norm 또는 **유클리드 길이**Euclidean length라고 하며, 다음과 같이 정의한다.

$$\|\mathbf{u}\|=(\mathbf{u}\cdot\mathbf{u})^{\frac{1}{2}}=\sqrt{|u_1|^2+|u_2|^2+\cdots+|u_n|^2}$$

그리고 복소공간에서 두 점 $\mathbf{u}$, $\mathbf{v}$ 사이의 **유클리드 거리**Euclidean distance를 $d(\mathbf{u}, \mathbf{v})$로 나타내고 다음과 같이 정의한다.[11]

11 유클리드 내적의 결과는 복소수이지만 유클리드 노름과 유클리드 거리는 실수이다.

$$d(\mathbf{u}, \mathbf{v})=\|\mathbf{u}-\mathbf{v}\|=\sqrt{|u_1-v_1|^2+|u_2-v_2|^2+\cdots+|u_n-v_n|^2}$$

예제 8-12

두 복소벡터 $\mathbf{u}=(3i,\ 0,\ 1-3i)$, $\mathbf{v}=(2+i,\ 0,\ 1+3i)$의 유클리드 내적과 유클리드 거리를 구하라.

풀이

두 벡터의 내적을 구하면

$$\begin{aligned}\mathbf{u}\cdot\mathbf{v} &= (3i)\overline{(2+i)}+0\cdot 0+(1-3i)\overline{(1+3i)}\\ &=(3i)(2-i)+0+(1-3i)(1-3i)\\ &=6i-3i^2+1-6i+9i^2\\ &=-5\end{aligned}$$

이고, 유클리드 거리를 구하면 다음과 같다.

$$\begin{aligned}d(\mathbf{u},\ \mathbf{v}) &= \|\mathbf{u}-\mathbf{v}\|\\ &=\sqrt{|3i-(2+i)|^2+|0-0|^2+|(1-3i)-(1+3i)|^2}\\ &=\sqrt{|-2+2i|^2+0+|-6i|^2}\\ &=\sqrt{44}\end{aligned}$$

Command Window

: 코딩

```
>> format rat
>> u=[3*i 0 1-3*i];v=[2+i 0 1+3*i];
>> u*v' [1]                         % 유클리드 내적 계산
>> norm(u-v)                        % 유클리드 거리 계산
```

: 결과

```
ans =                               % [예제 8-12]의 결과와 동일
     -5
ans = [2]
      2713/409
```

MATLAB TIP!

[1] v'은 복소수전치행렬을 의미한다. 즉 v'은 벡터 v를 전치시키고 각 성분을 켤레복소수로 바꾼다. 그러므로 실수에서와 같이 dot(u,v) 명령어를 사용하면 잘못된 결론이 나온다.

[2] $\dfrac{2713}{409}=\sqrt{44}$

MATLAB 유제

두 복소벡터의 유클리드 내적과 유클리드 거리를 구하라.

$$\mathbf{u}=(-2i,\ 5,\ 19-6i),\quad \mathbf{v}=(3-2i,\ 8i,\ -1-25i)$$

[정리 4-10]에서 $\mathbb{R}^n$의 벡터에 대한 내적의 기본 성질을 다루었다. 다음 정리는 $\mathbb{C}^n$의 복소유클리드 내적에 대한 성질이다.

정리 8-2 복소내적의 성질

$\mathbb{C}^n$의 벡터 $\mathbf{x}$, $\mathbf{y}$, $\mathbf{z}$와 복소수 k에 대하여 다음이 성립한다.

(1) $\mathbf{x} \cdot \mathbf{y} = \overline{\mathbf{y} \cdot \mathbf{x}}$

(2) $(\mathbf{x}+\mathbf{y}) \cdot \mathbf{z} = \mathbf{x} \cdot \mathbf{z} + \mathbf{y} \cdot \mathbf{z}$

(3) $k(\mathbf{x} \cdot \mathbf{y}) = (k\mathbf{x}) \cdot \mathbf{y}$

(4) $\mathbf{x} \cdot \mathbf{x} = \|\mathbf{x}\|^2 \geq 0$

(5) $\mathbf{x} \cdot \mathbf{x} = 0$일 필요충분조건은 $\mathbf{x} = \mathbf{0}$이다.

증명 복소내적의 기본 성질은 실수벡터와 유사하기 때문에 여기서는 (1)과 (5)만 증명한다.

(1) $\mathbf{x} = (x_1, x_2, \cdots, x_n)$, $\mathbf{y} = (y_1, y_2, \cdots, y_n)$에 대하여

$$\mathbf{x} \cdot \mathbf{y} = x_1\overline{y_1} + x_2\overline{y_2} + \cdots + x_n\overline{y_n}, \quad \mathbf{y} \cdot \mathbf{x} = y_1\overline{x_1} + y_2\overline{x_2} + \cdots + y_n\overline{x_n}$$

이므로

$$\begin{aligned}\overline{\mathbf{y} \cdot \mathbf{x}} &= \overline{y_1\overline{x_1} + y_2\overline{x_2} + \cdots + y_n\overline{x_n}} \\ &= \overline{y_1}\overline{\overline{x_1}} + \overline{y_2}\overline{\overline{x_2}} + \cdots + \overline{y_n}\overline{\overline{x_n}} \\ &= \overline{y_1}x_1 + \overline{y_2}x_2 + \cdots + \overline{y_n}x_n \\ &= x_1\overline{y_1} + x_2\overline{y_2} + \cdots + x_n\overline{y_n} \\ &= \mathbf{x} \cdot \mathbf{y}\end{aligned}$$

(5) 같은 복소수벡터의 유클리드 내적은

$$\begin{aligned}\mathbf{x} \cdot \mathbf{x} &= x_1\overline{x_1} + x_2\overline{x_2} + \cdots + x_n\overline{x_n} \\ &= |x_1|^2 + |x_2|^2 + \cdots + |x_n|^2 \geq 0\end{aligned}$$

이다. 또 등식이 성립할 필요충분조건은 $|x_1|^2 = |x_2|^2 = \cdots = |x_n|^2 = 0$이므로 $x_1 = x_2 = \cdots = x_n = 0$이다. 즉 $\mathbf{x} = \mathbf{0}$이다. ■

8.3.3 복소내적공간

4.4절에서 $\mathbb{R}^n$ 위의 벡터의 크기, 거리와 각의 개념을 소개하였다. 여기서는 $\mathbb{R}^n$의 내적의 가장 중요한 성질을 발췌함으로써 내적의 개념을 더욱 확장하고 이들을 일반 벡터공간에 적용할 수 있는 공리로 변환한다. 따라서 이들 공리가 만족되면 이들은 자동으로 유클리드 내적의 가장 중요한 성질을 만족하는 일반

화된 내적이 될 것이다. 이제 $\mathbb{C}^n$ 위의 유클리드 내적의 성질을 사용하여 복소내적공간상의 내적을 공리로써 정의해 보자.

복소벡터공간 V의 임의의 벡터 $\mathbf{u}$, $\mathbf{v}$, $\mathbf{w}$와 스칼라 $c \in \mathbb{C}$에 대하여 다음 조건을 만족하는 $V \times V$에서 $\mathbb{C}$로의 함수 $\langle\ ,\ \rangle$를 V의 **내적**(또는 **에르미트 내적** Hermitian inner product)이라고 한다.

(i) $\langle \mathbf{u}, \mathbf{v} \rangle = \overline{\langle \mathbf{v}, \mathbf{u} \rangle}$
(ii) $\langle \mathbf{u}+\mathbf{v}, \mathbf{w} \rangle = \langle \mathbf{u}, \mathbf{w} \rangle + \langle \mathbf{v}, \mathbf{w} \rangle$
(iii) $\langle c\mathbf{u}, \mathbf{v} \rangle = c\langle \mathbf{u}, \mathbf{v} \rangle$
(iv) $\langle \mathbf{v}, \mathbf{v} \rangle \geq 0$, $\langle \mathbf{v}, \mathbf{v} \rangle = 0 \Leftrightarrow \mathbf{v} = \mathbf{0}$

내적을 갖는 복소벡터공간을 **복소내적공간** complex inner product space 또는 **유니타리 공간** unitary space이라고 한다. 또한 영 아닌 복소벡터 $\mathbf{u}$, $\mathbf{v}$에 대하여 $\langle \mathbf{u}, \mathbf{v} \rangle = 0$이면 $\mathbf{u}$와 $\mathbf{v}$는 '**직교한다** orthogonal'고 한다. 내적공간의 정의로부터 다음 성질을 바로 얻을 수 있다.

(1) $\langle \mathbf{0}, \mathbf{v} \rangle = 0 = \langle \mathbf{v}, \mathbf{0} \rangle$
(2) $\langle \mathbf{u}, \mathbf{v}+\mathbf{w} \rangle = \langle \mathbf{u}, \mathbf{v} \rangle + \langle \mathbf{u}, \mathbf{w} \rangle$
(3) $\langle \mathbf{u}, c\mathbf{v} \rangle = \bar{c}\langle \mathbf{u}, \mathbf{v} \rangle$ (단, $c \in \mathbb{C}$)

예를 들어 $\mathbf{u} = (u_1, u_2, \cdots, u_n)$과 $\mathbf{v} = (v_1, v_2, \cdots, v_n)$을 $\mathbb{C}^n$의 벡터라고 하면 유클리드 내적

$$\mathbf{u} \cdot \mathbf{v} = u_1\overline{v_1} + u_2\overline{v_2} + \cdots + u_n\overline{v_n}$$

은 내적의 공리 (i), (ii), (iii), (iv)를 모두 만족한다.

예제 8-13

$F([a, b], \mathbb{C})$를 구간 $[a, b]$에서 $\mathbb{C}$로의 연속함수 전체의 집합이라고 하자. $\mathbf{f}(x)$, $\mathbf{g}(x) \in F([a, b], \mathbb{C})$에 대하여 함수의 덧셈과 스칼라 배를 각각 다음과 같이 정의하면 $F([a, b], \mathbb{C})$는 이 연산에 대하여 복소벡터공간을 이룬다.

$$(\mathbf{f}+\mathbf{g})(x) = \mathbf{f}(x)+\mathbf{g}(x), \quad (c\mathbf{f})(x) = c\mathbf{f}(x) \ (\text{단, } c \in \mathbb{C})$$

이때 벡터는

$$\mathbf{f}(x) = f_1(x) + if_2(x) \quad (\text{단, } f_1(x), f_2(x) \in F([a, b], \mathbb{R}))$$

와 같은 형태의 함수이고, $f_1(x)$, $f_2(x)$는 $[a, b]$에서 $\mathbb{R}$로의 연속함수이다.

이제 $\mathbf{f}(x)$, $\mathbf{g}(x) \in F([a, b], \mathbb{C})$에 대하여 내적을 다음과 같이 정의할 때 $F([a, b], \mathbb{C})$는 복소내적공간임을 보여라.

$$\langle \mathbf{f}(x), \mathbf{g}(x) \rangle = \int_a^b \mathbf{f}(x)\,\overline{\mathbf{g}(x)}\,dx$$

풀이

위 함수가 내적의 공리 (i), (ii), (iii), (iv)를 만족함을 보이자.

(i) $\langle \mathbf{f}(x), \mathbf{g}(x) \rangle = \int_a^b \mathbf{f}(x)\,\overline{\mathbf{g}(x)}\,dx$이므로

$$\overline{\langle \mathbf{g}(x), \mathbf{f}(x) \rangle} = \int_a^b \overline{\mathbf{g}(x)}\;\overline{\overline{\mathbf{f}(x)}}\,dx = \int_a^b \overline{\overline{\mathbf{f}(x)}}\,\overline{\mathbf{g}(x)}\,dx = \int_a^b \mathbf{f}(x)\overline{\mathbf{g}(x)}\,dx = \langle \mathbf{f}(x), \mathbf{g}(x) \rangle$$

(ii) $\langle \mathbf{f}(x)+\mathbf{g}(x), \mathbf{h}(x) \rangle = \int_a^b (\mathbf{f}(x)+\mathbf{g}(x))\,\overline{\mathbf{h}(x)}\,dx = \int_a^b \mathbf{f}(x)\overline{\mathbf{h}(x)} + \mathbf{g}(x)\overline{\mathbf{h}(x)}\,dx$

$= \langle \mathbf{f}(x), \mathbf{h}(x) \rangle + \langle \mathbf{g}(x), \mathbf{h}(x) \rangle$

(iii) $\langle c\mathbf{f}(x), \mathbf{g}(x) \rangle = \int_a^b (c\mathbf{f}(x)\overline{\mathbf{g}(x)})\,dx = c\int_a^b \mathbf{f}(x)\overline{\mathbf{g}(x)}\,dx = c\langle \mathbf{f}(x), \mathbf{g}(x) \rangle$

(iv) $\langle \mathbf{f}(x), \mathbf{f}(x) \rangle = \int_a^b \mathbf{f}(x)\,\overline{\mathbf{f}(x)}\,dx = \int_a^b \|\mathbf{f}(x)\|^2 dx$이고

$$\|\mathbf{f}(x)\|^2 = \langle \mathbf{f}(x), \mathbf{f}(x) \rangle \geq 0$$

이다. 또한 $\langle \mathbf{f}(x), \mathbf{f}(x) \rangle = \int_a^b \|\mathbf{f}(x)\|^2 dx = 0$이면 $\|\mathbf{f}(x)\|^2 = 0$이다.
즉 $\mathbf{f}(x) = 0$(단, $a \leq x \leq b$)이고, 역으로 $\mathbf{f}$가 영함수이면 $\langle \mathbf{f}(x), \mathbf{f}(x) \rangle = 0$이다.

이제 복소벡터공간에서와 비슷한 방법으로 복소내적공간에서 벡터의 크기와 두 벡터 사이의 거리를 정의해 보자. 복소내적공간 V에서 벡터 $\mathbf{u}$의 **노름**[norm]과 V의 두 벡터 $\mathbf{u}$, $\mathbf{v}$ 사이의 **거리**[distance]를 각각 다음과 같이 정의한다.

$$\|\mathbf{u}\| = \langle \mathbf{u}, \mathbf{u} \rangle^{\frac{1}{2}}, \quad d(\mathbf{u}, \mathbf{v}) = \|\mathbf{u} - \mathbf{v}\|$$

예제 8-14

$[a, b] = [0, \pi]$이고 $\mathbf{f}(x) = e^{imx}$일 때, 함수 $\mathbf{f}(x)$의 노름을 구하라.

풀이

$$\|\mathbf{f}\| = \langle \mathbf{f}(x), \mathbf{f}(x) \rangle^{\frac{1}{2}} = \left(\int_0^\pi e^{imx}\;\overline{e^{imx}}\,dx\right)^{\frac{1}{2}}$$

$$=\left(\int_0^{\pi} e^{imx}e^{-imx}dx\right)^{\frac{1}{2}}=\left(\int_0^{\pi} dx\right)^{\frac{1}{2}}=\sqrt{\pi}$$

Command Window

: 코딩

```
>> syms x m                                          % 심볼릭 변수 지정
>> fnorm=sqrt(int(exp(i*m*x)*exp(-i*m*x),0,pi))    % f(x)의 노름 계산
```

: 결과

```
fnorm =                                              % [예제 8-14]의 결과와 동일
        pi^(1/2)
```

MATLAB 유제

$[a,\ b]=\left[-\dfrac{\pi}{2},\ \dfrac{\pi}{2}\right]$이고 $f(x)=e^{imx}$일 때, 함수 $f(x)$의 노름을 구하라.

다음 정리는 복소내적공간에서 성립하는 부등식이다.

정리 8-3 복소내적공간에서의 부등식

복소내적공간 V의 임의의 벡터 $\mathbf{u}$, $\mathbf{v}$에 대하여 다음이 성립한다.

(1) $|\langle \mathbf{u},\ \mathbf{v}\rangle| \le \|\mathbf{u}\|\,\|\mathbf{v}\|$ **코시-슈바르츠 부등식** Cauchy-Schwarz inequality

(2) $\|\mathbf{u}+\mathbf{v}\| \le \|\mathbf{u}\|+\|\mathbf{v}\|$ **삼각부등식**

증명 여기서는 (1)만 증명하고 (2)는 생략한다.

(1) $\mathbf{u}=0$이면 $|\langle \mathbf{u},\ \mathbf{v}\rangle|=0=\|\mathbf{u}\|\|\mathbf{v}\|$이므로 성립한다. 이제 $\mathbf{u}\neq 0$이라고 하자. $\mathbf{p}=\text{proj}_{\mathbf{u}}\mathbf{v}=t\mathbf{u}=\dfrac{\langle \mathbf{v},\ \mathbf{u}\rangle}{\langle \mathbf{u},\ \mathbf{u}\rangle}\mathbf{u}$이므로 $\mathbf{w}=\mathbf{v}-\mathbf{p}$라고 하면 $\langle \mathbf{w},\ \mathbf{p}\rangle=0$이므로 다음이 성립한다.

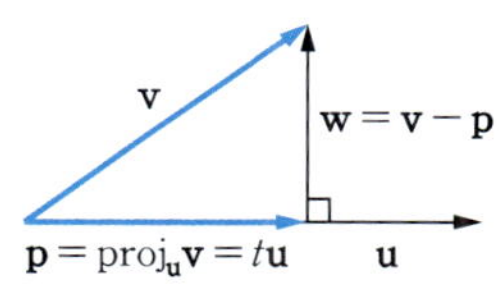

[그림 8-8] 복소벡터의 정사영

$$\begin{aligned}0 \le \langle \mathbf{w},\ \mathbf{w}\rangle &= \langle \mathbf{w},\ \mathbf{v}-\mathbf{p}\rangle\\ &= \langle \mathbf{w},\ \mathbf{v}\rangle-\langle \mathbf{w},\ \mathbf{p}\rangle\\ &= \langle \mathbf{w},\ \mathbf{v}\rangle=\langle \mathbf{v}-\mathbf{p},\ \mathbf{v}\rangle\\ &= \langle \mathbf{v},\ \mathbf{v}\rangle-\langle \mathbf{p},\ \mathbf{v}\rangle\\ &= \langle \mathbf{v},\ \mathbf{v}\rangle-t\langle \mathbf{u},\ \mathbf{v}\rangle\\ &= \langle \mathbf{v},\ \mathbf{v}\rangle-\frac{\langle \mathbf{v},\ \mathbf{u}\rangle}{\langle \mathbf{u},\ \mathbf{u}\rangle}\langle \mathbf{u},\ \mathbf{v}\rangle\\ &= \|\mathbf{v}\|^2-\frac{\langle \mathbf{v},\ \mathbf{u}\rangle\langle \mathbf{u},\ \mathbf{v}\rangle}{\|\mathbf{u}\|^2}\end{aligned}$$

즉 $\|\mathbf{v}\|^2\|\mathbf{u}\|^2 \ge \overline{\langle \mathbf{u},\ \mathbf{v}\rangle}\langle \mathbf{u},\ \mathbf{v}\rangle=\|\langle \mathbf{u},\ \mathbf{v}\rangle\|^2$이므로 (1)이 성립한다. ■

예제 8-15

유클리드 내적이 정의되어 있는 복소내적공간 $\mathbb{C}^3$에서 두 벡터에 대하여 다음 물음에 답하라.

$$\mathbf{u}=(1+i,\ 0,\ 2-i),\quad \mathbf{v}=(2,\ 3i,\ i)$$

(a) $\langle \mathbf{u}, \mathbf{v}\rangle$, $\|\mathbf{u}\|$, $\|\mathbf{v}\|$, $\|\mathbf{u}+\mathbf{v}\|$를 구하라.

(b) 두 벡터 $\mathbf{u}$, $\mathbf{v}$에 대하여 코시-슈바르츠 부등식과 삼각부등식이 성립함을 확인하라.

(c) $\mathbf{u}$와 $\mathbf{v}$가 일차독립임을 보여라.

풀이

(a) $\langle \mathbf{u}, \mathbf{v}\rangle=(1+i)(2)+0+(2-i)(\bar{i})=2+2i-2i+i^2=1$

$\|\mathbf{u}\|=\sqrt{|1+i|^2+|2-i|^2}=\sqrt{2+5}=\sqrt{7}$

$\|\mathbf{v}\|=\sqrt{|2|^2+|3i|^2+|i|^2}=\sqrt{4+9+1}=\sqrt{14}$

$\|\mathbf{u}+\mathbf{v}\|=\|(3+i,\ 3i,\ 2)\|=\sqrt{|3+i|^2+|3i|^2+|2|^2}=\sqrt{3^2+1^2+3^2+2^2}=\sqrt{23}$

(b) $|\langle \mathbf{u}, \mathbf{v}\rangle|^2=1^2=1$이고, $\|\mathbf{u}\|\|\mathbf{v}\|=\sqrt{7\cdot 14}=\sqrt{98}$이므로 코시-슈바르츠 부등식이 성립한다. 또한

$$\|\mathbf{u}+\mathbf{v}\|=\sqrt{23}\le\sqrt{7}+\sqrt{14}=\|\mathbf{u}\|+\|\mathbf{v}\|$$

이므로 삼각부등식이 성립한다.

(c) 임의의 스칼라 α, $\beta\in\mathbb{C}$에 대하여 $\alpha\mathbf{u}+\beta\mathbf{v}=\mathbf{0}$이라고 하면

$$\alpha(1+i,\ 0,\ 2-i)+\beta(2,\ 3i,\ i)=(0,\ 0,\ 0)$$
$$\Rightarrow (\alpha+2\beta)+\alpha i=0,\quad 3\beta i=0,\quad (2\alpha)+(\beta-\alpha)i=0$$

이므로 $\alpha=\beta=0$이다. 따라서 $\mathbf{u}$와 $\mathbf{v}$는 일차독립이다.

Command Window

: 코딩

```
>> u=[1+i 0 2-i];v=[2 3*i i];                            % 벡터 입력
>> uv=u*v',Nu=norm(u),Nv=norm(v),Nuv=norm(u+v)           % <u, v>, ||u||, ||v||, ||u+v|| 계산
>> NuNv=norm(u)+norm(v)                                  % ||u+v||, ||u||+||v|| 계산
>> syms c d
>> S=solve(c*u+d*v==0);                                  % 일차독립 확인
>> Sol=[S.c S.d]
```

: 결과

```
uv =                                                     % [예제 8-14(a)]의 결과와 동일
        1
Nu = [1]
    2.6458
Nv =
    3.7417
```

MATLAB TIP!

1 $\sqrt{7}=2.6458$
$\sqrt{14}=3.7417$
$\sqrt{23}=4.7958$
$\sqrt{7}+\sqrt{14}=6.3874$

```
Nuv =
       4.7958
NuNv =                                          % [예제 8-14(b)]의 결과와 동일
       6.3874
Sol =                                           % [예제 8-14(c)]의 결과와 동일
       [ 0, 0]
```

MATLAB 유제

유클리드 내적이 정의되어 있는 복소내적공간 $\mathbb{C}^3$에서 두 벡터에 대하여 $\langle \mathbf{u}, \mathbf{v} \rangle$, $\|\mathbf{u}\|$, $\|\mathbf{v}\|$, $\|\mathbf{u}+\mathbf{v}\|$를 구하라.

$$\mathbf{u} = (13-2i,\ 10-i,\ 23-4i), \quad \mathbf{v} = (-2+6i,\ 7+3i,\ 32i)$$

유클리드 내적이 정의되어 있는 복소내적공간 $\mathbb{C}^n$의 두 벡터

$$\mathbf{u} = (u_1,\ u_2,\ \cdots,\ u_n), \quad \mathbf{v} = (v_1,\ v_2,\ \cdots,\ v_n)$$

에 대하여 $\langle \mathbf{u}, \mathbf{v} \rangle = \sum_{k=1}^{n} u_k \overline{v_k}$로 내적을 정의하면

$$\begin{aligned} |\langle \mathbf{u}, \mathbf{v} \rangle| &= \left| \sum_{k=1}^{n} u_k \overline{v_k} \right| \le \left(\sum_{k=1}^{n} |u_k|^2 \right)^{\frac{1}{2}} \left(\sum_{k=1}^{n} |v_k|^2 \right)^{\frac{1}{2}} \\ &= \|\mathbf{u}\| \|\mathbf{v}\| \\ \|\mathbf{u}+\mathbf{v}\| &= \left(\sum_{k=1}^{n} |u_k + v_k|^2 \right)^{\frac{1}{2}} \le \left(\sum_{k=1}^{n} |u_k|^2 \right)^{\frac{1}{2}} + \left(\sum_{k=1}^{n} |v_k|^2 \right)^{\frac{1}{2}} \\ &= \|\mathbf{u}\| + \|\mathbf{v}\| \end{aligned}$$

이것을 각각 $\mathbb{C}^n$에서의 코시-슈바르츠 부등식, 삼각부등식이라고 한다.[12]

[12] 4장의 [정리 4-12] 및 [정리 4-13]과 비교해 보라.

예제 8-16

$\mathbf{u} = \mathbf{f}(x)$, $\mathbf{v} = \mathbf{g}(x) \in F([a, b], \mathbb{C})$에 대하여 다음과 같이 내적을 정의할 때, 코시-슈바르츠 부등식과 삼각부등식이 성립함을 보여라.

$$\langle \mathbf{f}(x), \mathbf{g}(x) \rangle = \int_a^b \mathbf{f}(x) \overline{\mathbf{g}(x)} dx$$

풀이

코시-슈바르츠 부등식이 성립함을 보이면 다음과 같다.

$$|\langle \mathbf{u},\ \mathbf{v}\rangle| = \left|\int_a^b \mathbf{f}(x)\ \overline{\mathbf{g}(x)}\, dx\right| \le \left(\int_a^b \|\mathbf{f}(x)\|^2 dx\right)^{\frac{1}{2}}\left(\int_a^b \|\mathbf{g}(x)\|^2 dx\right)^{\frac{1}{2}}$$
$$= \|\mathbf{u}\|\,\|\mathbf{v}\|$$

또한 삼각부등식이 성립함을 보이면 다음과 같다.

$$\|\mathbf{u}+\mathbf{v}\| = \left(\int_a^b \|\mathbf{f}(x)+\mathbf{g}(x)\|^2 dx\right)^{\frac{1}{2}} \le \left(\int_a^b \|\mathbf{f}(x)\|^2 dx\right)^{\frac{1}{2}} + \left(\int_a^b \|\mathbf{g}(x)\|^2 dx\right)^{\frac{1}{2}}$$
$$= \|\mathbf{u}\| + \|\mathbf{v}\|$$

8.3.4 정규직교기저

실수 벡터공간에서 다루었던 **직교벡터**orthogonal vector, **직교집합**orthogonal set, **정규직교집합**orthonormal set, **정규직교기저**orthonormal basis와 같은 용어의 정의와 이에 대한 정리들은 그대로 복소내적공간에 적용된다. 특히 그램-슈미트 정규직교화 과정에 대한 [정리 5-15]와 [정리 5-16]은 복소내적공간에 대한 임의의 기저를 정규직교기저로 변환하는 데 사용할 수 있다.

예를 들어 $\mathbb{C}^2$의 벡터 $\mathbf{u}=(i,\ 1)$, $\mathbf{v}=(1,\ i)$는

$$\mathbf{u}\cdot\mathbf{v} = (i)(\overline{1}) + (1)(\overline{i}) = i - i = 0$$

이므로 유클리드 내적에 대하여 직교한다.

예제 8-17

다음 $\mathbb{C}^3$의 기저 S로부터 $\mathbb{C}^3$의 정규직교기저 $T=\{\mathbf{v}_1,\ \mathbf{v}_2,\ \mathbf{v}_3\}$를 구하라.

$$S=\{\mathbf{u}_1=(0,\ 0,\ i),\ \mathbf{u}_2=(0,\ i,\ i),\ \mathbf{u}_3=(i,\ i,\ i)\}$$

풀이

❶ **1단계 :** $\mathbf{u}_1$의 크기를 1로 만들어 $\mathbf{v}_1$으로 둔다.

$\|\mathbf{u}_1\|=1$이므로

$$\mathbf{v}_1 = \frac{\mathbf{u}_1}{\|\mathbf{u}_1\|} = (0,\ 0,\ i)$$

❷ **2단계 :** $\mathbf{v}_1$에 의하여 생성되는 부분공간 W_1에 대한 $\mathbf{u}_2$의 직교성분을 구하여 $\mathbf{y}_2$라고 하면

$$\begin{aligned}\mathbf{y}_2 = \mathbf{u}_2 - \mathrm{proj}_{W_1}\mathbf{u}_2 = \mathbf{u}_2 - (\mathbf{u}_2 \cdot \mathbf{v}_1)\mathbf{v}_1 \\ = (0,\ i,\ i) - (0,\ 0,\ i) \\ = (0,\ i,\ 0)\end{aligned}$$

이고, $\|\mathbf{y}_2\| = 1$이므로 $\mathbf{v}_2 = \mathbf{y}_2$로 둔다.

$$\mathbf{v}_2 = (0,\ i,\ 0)$$

❸ **3단계 :** $\{\mathbf{v}_1,\ \mathbf{v}_2\}$에 의하여 생성되는 부분공간 W_2에 대한 $\mathbf{u}_3$의 직교성분을 구하여 $\mathbf{y}_3$라고 하면

$$\begin{aligned}\mathbf{y}_3 &= \mathbf{u}_3 - \mathrm{proj}_{W_2}\mathbf{u}_3 = \mathbf{u}_3 - (\mathbf{u}_3 \cdot \mathbf{v}_1)\mathbf{v}_1 - (\mathbf{u}_3 \cdot \mathbf{v}_2)\mathbf{v}_2 \\ &= (i,\ i,\ i) - (0,\ 0,\ i) - (0,\ i,\ 0) \\ &= (i,\ 0,\ 0)\end{aligned}$$

이고, $\|\mathbf{y}_3\| = 1$이므로 $\mathbf{v}_3 = \mathbf{y}_3$로 둔다.

$$\mathbf{v}_3 = (i,\ 0,\ 0)$$

따라서 정규직교기저 $T = \{\mathbf{v}_1,\ \mathbf{v}_2,\ \mathbf{v}_3\}$는 다음과 같다.

$$T = \{\mathbf{v}_1 = (0,\ 0,\ i),\ \mathbf{v}_2 = (0,\ i,\ 0),\ \mathbf{v}_3 = (i,\ 0,\ 0)\}$$

8.4 에르미트 행렬과 유니타리 행렬

우리는 7장에서 실수 성분을 갖는 행렬에 대하여 $A = A^T$가 성립하는 대칭행렬과 $A^{-1} = A^T$가 성립하는 직교행렬은 대각화 문제를 해결하는 데 중요한 역할을 한다는 것을 알았다. 그런데 복소수 성분을 갖는 행렬에 대하여 단순한 대칭과 직교는 그다지 중요하지 않다. 이 절에서는 대칭과 직교를 대신할 새로운 행렬에 대하여 알아본다.

2장에서 실수 성분을 갖는 n차 정사각행렬 전체의 집합을 M_n으로 나타내었다. 여기에서는 복소수 성분을 갖는 n차 정사각행렬 전체의 집합을 $M_n(\mathbb{C})$로 나타내기로 한다. M_n에서의 대칭행렬과 직교행렬의 정의는 각각 $M_n(\mathbb{C})$에서 **에르미트 행렬**Hermitian matrix과 **유니타리 행렬**unitary matrix로 일반화된다. 이 절에서는 에르미트 행렬과 유니타리 행렬의 정의와 성질을 알아본다.

8.4.1 에르미트 행렬

2.4절에서 행렬 $A \in M_n$이 $A^T = A$를 만족하면 A를 대칭행렬이라고 하였다. 여기에서는 $M_n(\mathbb{C})$에서 이와 유사한 성질을 갖는 행렬인 에르미트 행렬을 소개한다. 그전에 먼저 다음 행렬을 살펴보자. 복소수행렬 $A = [a_{ij}]_{m \times n}$에 대하여 A의 각 성분의 켤레복소수를 성분으로 갖는 행렬을

$$\overline{A} = [\overline{a}_{ij}]_{m \times n}$$

으로 나타내고, $\overline{A}^T$를 A의 **켤레전치행렬**conjugate transpose이라고 하며 A^*로 나타낸다.

$$A^* = \overline{A}^T = [\overline{a}_{ji}]_{n \times m}$$ [13]

13 행렬을 전치하면 행렬의 크기는 $m \times n$에서 $n \times m$이 된다. 켤레전치행렬을 전치공액행렬 또는 공액전치행렬 등으로 부르기도 한다.

위의 정의로부터 행렬 A의 모든 성분이 실수이면 $A^* = A^T$이고, 유클리드 내적이 정의된 복소내적공간 $\mathbb{C}^n$에서 다음이 성립함을 쉽게 알 수 있다.

$$\langle \mathbf{u}, \mathbf{v} \rangle = \mathbf{u} \cdot \mathbf{v} = \mathbf{v}^* \mathbf{u}, \ \|\mathbf{u}\|^2 = \mathbf{u}^* \mathbf{u}$$

예제 8-18

다음 행렬의 켤레전치행렬을 각각 구하라.

$$A = \begin{bmatrix} 2i & 2 \\ 3i & -3 \end{bmatrix}, \quad B = \begin{bmatrix} 1 & 1-3i \\ 1+3i & 0 \end{bmatrix}$$

풀이

켤레전치행렬은 행렬의 모든 성분을 켤레복소수로 바꾸어 전치시키면 되므로 주어진 행렬 A, B의 켤레전치행렬은 각각 다음과 같다.

$$A^* = \begin{bmatrix} -2i & -3i \\ 2 & -3 \end{bmatrix}, \quad B^* = \begin{bmatrix} 1 & 1-3i \\ 1+3i & 0 \end{bmatrix}$$

Command Window

: 코딩

```
>> format rat
>> A=[2*i 2;3*i -3];B=[1 1-3*i;1+3*i 0];          % 행렬 입력
>> A',B' 1                                        % 켤레전치행렬 계산
```

: 결과

```
ans =                                             % [예제 8-18]의 결과와 동일
       0      -    2i          0      -    3i
       2      +    0i         -3      +    0i
ans =
       1      +    0i          1      -    3i
       1      +    3i          0      +    0i
```

MATLAB TIP!

1 복소수행렬에 전치행렬 명령어를 사용하면 켤레전치행렬을 직접 구해준다.

MATLAB 유제

다음 행렬의 켤레전치행렬을 구하라.

$$A=\begin{bmatrix}(\sqrt{3}-2)i+5 & 4-i & 5+\sqrt{5}\,i \\ 3-(2+\sqrt{5})i & (7-2\sqrt{3})+i & 9+2i \\ -12+\sqrt{11}\,i & 6-3i & 7-\sqrt{2}\,i\end{bmatrix}$$

켤레전치행렬의 성질은 전치행렬의 성질과 유사하고, 다음 정리가 성립한다. 그 증명은 어렵지 않으므로 모두 연습문제로 남긴다.

정리 8-4 켤레전치행렬의 성질

복소수행렬 A, B와 임의의 복소수 c에 대하여 다음이 성립한다.

(1) $(A^*)^* = A$ (2) $(A+B)^* = A^* + B^*$

(3) $(cA)^* = \bar{c}\,A^*$ (4) $(AB)^* = B^* A^*$

실수행렬은 $A = A^T$일 때 대칭행렬이라고 하였다. 복소수의 대칭행렬에 해당하는 것을 **에르미트 행렬**이라고 하며 다음과 같이 정의한다.[14]

$$A = A^* \tag{8.17}$$

이를테면 [예제 8-18]에서 주어진 행렬 A는 $A \neq A^*$이므로 에르미트 행렬이 아니고, B는 $B = B^*$이므로 에르미트 행렬이다. 에르미트 행렬에 대하여 다음 정리가 성립한다.

14 에르미트는 프랑스 수학자로 대수학과 행렬론 그리고 해석학의 여러 분야에 주요한 기여를 했다. 그의 업적을 기리기 위하여 복소수행렬 중에서 특별한 성질을 만족하는 행렬을 에르미트 행렬이라고 한다.

정리 8-5 에르미트 행렬의 성질

행렬 $A \in M_n(\mathbb{C})$가 에르미트 행렬일 때, 다음이 성립한다.

(1) 임의의 복소벡터 $\mathbf{x} \in \mathbb{C}^n$에 대하여 $\mathbf{x}^* A\mathbf{x}$는 실수이다.

(2) A의 고윳값은 모두 실수이다.

(3) A의 서로 다른 두 개의 고윳값에 대응하는 고유벡터는 서로 수직이다.

증명

(1) $\mathbf{x}^* A\mathbf{x}$는 1×1 행렬이고

$$\overline{\mathbf{x}^* A\mathbf{x}} = \left(\overline{\mathbf{x}^* A\mathbf{x}}\right)^T = (\mathbf{x}^* A^* \mathbf{x})^* = \mathbf{x}^* A\mathbf{x}$$

이다. 따라서 $\mathbf{x}^* A\mathbf{x}$는 실수이다.[15]

15 실수 x에 대하여 $\bar{x} = x$이고 복소수 $z = a+bi$에 대하여 $\bar{z} = a - bi$이다.

(2) λ를 A의 고윳값이라고 하고 $\mathbf{x}$를 λ에 대응하는 A의 고유벡터라고 하면 $\mathbf{x} \neq 0$이므로

$$A\mathbf{x} = \lambda\mathbf{x} \quad \Rightarrow \quad \mathbf{x}^* A\mathbf{x} = \mathbf{x}^* \lambda \mathbf{x} = \lambda \mathbf{x}^* \mathbf{x} = \lambda \|\mathbf{x}\|^2$$

이다. 그런데 $\mathbf{x}^* A\mathbf{x}$는 실수이고 $\|\mathbf{x}\|^2 \neq 0$이므로 λ는 실수이다.[16]

16 모든 성분이 실수인 에르미트 행렬은 대칭행렬이다. 따라서 이 증명은 [정리 7-10]의 증명이기도 하다.

(3) λ, μ를 A의 서로 다른 고윳값이라고 하고, $\mathbf{x}$, $\mathbf{y}$를 각각 이에 대응하는 고유벡터라고 하면 $A\mathbf{x} = \lambda\mathbf{x}$, $A\mathbf{y} = \mu\mathbf{y}$이므로

$$\begin{aligned}
\lambda\langle \mathbf{x}, \mathbf{y}\rangle &= \langle \lambda\mathbf{x}, \mathbf{y}\rangle \\
&= \langle A\mathbf{x}, \mathbf{y}\rangle \\
&= \mathbf{y}^* A\mathbf{x} = (A^*\mathbf{y})^* \mathbf{x} \\
&= \langle \mathbf{x}, A^*\mathbf{y}\rangle = \langle \mathbf{x}, A\mathbf{y}\rangle \\
&= \langle x, \mu\mathbf{y}\rangle = \overline{\mu}\langle \mathbf{x}, \mathbf{y}\rangle \\
&= \mu\langle \mathbf{x}, \mathbf{y}\rangle
\end{aligned}$$

이다. 그런데 $\lambda \neq \mu$이므로 $\langle \mathbf{x}, \mathbf{y}\rangle = 0$이다. 따라서 $\mathbf{x}$, $\mathbf{y}$는 직교한다. ■

예제 8-19

다음 행렬의 고윳값이 실수임을 확인하라.

$$A = \begin{bmatrix} 1 & 0 & 0 \\ 0 & 2 & 1-i \\ 0 & 1+i & 0 \end{bmatrix}$$

풀이

행렬 A는 $A = A^*$이므로 에르미트 행렬이고, A의 특성방정식 $|\lambda I - A| = 0$의 근을 구하면

$$\lambda = 1 - \sqrt{3},\ 1,\ 1 + \sqrt{3}$$

이다. 따라서 주어진 에르미트 행렬 A의 고윳값은 모두 실수임을 확인할 수 있다.

Command Window

```
: 코딩
>> A=[1 0 0;0 2 1-i;0 1+i 0];          % 행렬 A 입력
>> eig(A)                              % 행렬 A의 고윳값 계산

: 결과
ans = [1]                              % [예제 8-19]의 결과와 동일
   -0.7321
    1.0000
    2.7321
```

MATLAB TIP!

[1] $1 - \sqrt{3} = -0.7321$
$1 + \sqrt{3} = 2.7321$

MATLAB 유제

다음 에르미트 행렬의 고윳값을 구하라.

$$A=\begin{bmatrix} 2 & -\frac{i}{\sqrt{2}} & \frac{i}{\sqrt{2}} \\ \frac{i}{\sqrt{2}} & 2 & 0 \\ -\frac{i}{\sqrt{2}} & 0 & 2 \end{bmatrix}$$

실수 성분을 갖는 행렬이 $A=-A^T$일 때 **반대칭행렬**이라고 한다. 마찬가지로 복소수행렬 A가 $A=-A^*$이면 A를 **반-에르미트 행렬**skew-Hermitian matrix이라고 한다. 예를 들어 다음 행렬 A, B는 모두 반-에르미트 행렬이다.

$$A=\begin{bmatrix} i & 2i \\ 2i & -3i \end{bmatrix},\quad B=\begin{bmatrix} 0 & 0 & i \\ 0 & i & 0 \\ i & 0 & 0 \end{bmatrix}$$

8.4.2 유니타리 행렬

5.7절에서 행렬 $A\in M_n$이 $A^TA=I_n$을 만족하면 A를 직교행렬이라고 하였다. 여기에서는 $M_n(\mathbb{C})$에서 이와 유사한 성질을 갖는 행렬을 소개한다. 행렬 $U\in M_n(\mathbb{C})$가 다음을 만족할 때, U를 **유니타리 행렬**unitary matrix이라고 한다.

$$U^*U=I_n=UU^* \tag{8.18}$$

위의 식 (8.18)에 의하여 U가 유니타리 행렬이면 $U^*=U^{-1}$임을 알 수 있다.[17]

17 n차 유니타리 행렬의 행벡터들은 서로 직교하고 노름이 1이다. 따라서 유니타리 행렬의 행벡터는 $\mathbb{C}^n$에서 정규직교집합을 이룬다.

유니타리 행렬에 대하여 다음 정리가 성립한다.

정리 8-6 유니타리 행렬의 성질

$\mathbb{C}^n$에 유클리드 내적이 정의되어 있고 U가 유니타리 행렬이면 다음이 성립한다.

(1) $\mathbf{x}, \mathbf{y}\in\mathbb{C}^n$에 대하여 $\langle U\mathbf{x}, U\mathbf{y}\rangle=\langle\mathbf{x}, \mathbf{y}\rangle$이다.
특히 $\|U\mathbf{x}\|=\|\mathbf{x}\|$이다.

(2) λ가 U의 고윳값이면 $|\lambda|=1$이다.

(3) U의 서로 다른 두 개의 고윳값에 대응하는 고유벡터는 직교한다.

증명

(1) $\langle U\mathbf{x}, U\mathbf{y}\rangle = (U\mathbf{y})^* U\mathbf{x} = \mathbf{y}^*(U^* U)\mathbf{x} = \mathbf{y}^*\mathbf{x} = \langle \mathbf{x}, \mathbf{y}\rangle$ 이다.

특히 다음이 성립한다.

$$\| U\mathbf{x}\|^2 = \langle U\mathbf{x}, U\mathbf{x}\rangle = \langle \mathbf{x}, \mathbf{x}\rangle = \|\mathbf{x}\|^2$$

(2) U의 고윳값 λ에 대응하는 고유벡터를 $\mathbf{x}$라고 하면 $U\mathbf{x} = \lambda\mathbf{x}$이므로 다음과 같다.

$$\begin{aligned}\langle \mathbf{x}, \mathbf{x}\rangle &= \langle U\mathbf{x}, U\mathbf{x}\rangle = \langle \lambda\mathbf{x}, \lambda\mathbf{x}\rangle \\ &= \lambda\bar{\lambda}\langle \mathbf{x}, \mathbf{x}\rangle \\ &= |\lambda|^2\langle \mathbf{x}, \mathbf{x}\rangle\end{aligned}$$

따라서 $|\lambda|^2 = 1$이므로 $|\lambda| = 1$이다.

(3) λ, μ를 U의 서로 다른 고윳값이라고 하고 $\mathbf{x}$, $\mathbf{y}$를 각각 이에 대응하는 고유벡터라고 하면

$$\begin{aligned}\lambda\langle \mathbf{x}, \mathbf{y}\rangle &= \langle \lambda\mathbf{x}, \mathbf{y}\rangle = \langle U\mathbf{x}, \mathbf{y}\rangle \\ &= \langle U^*(U\mathbf{x}), U^*\mathbf{y}\rangle = \langle \mathbf{x}, U^*\mathbf{y}\rangle \\ &= \langle \mathbf{x}, U^{-1}\mathbf{y}\rangle\end{aligned}$$

또 $U\mathbf{y} = \mu\mathbf{y}$이고, $|\mu| = \mu\bar{\mu} = 1$이므로 $U^{-1}\mathbf{y} = \bar{\mu}\mathbf{y}$이다. 따라서

$$\lambda\langle \mathbf{x}, \mathbf{y}\rangle = \langle \mathbf{x}, U^{-1}\mathbf{y}\rangle = \langle \mathbf{x}, \bar{\mu}\mathbf{y}\rangle = \mu\langle \mathbf{x}, \mathbf{y}\rangle$$

이고, $\lambda \neq \mu$이므로 $\langle \mathbf{x}, \mathbf{y}\rangle = 0$이다. 따라서 서로 다른 두 고윳값에 대응하는 고유벡터 $\mathbf{x}$와 $\mathbf{y}$는 직교한다. ■

예제 8-20

다음 행렬이 유니타리 행렬임을 보이고, 이 행렬의 고윳값의 절댓값이 1임을 확인하라.

$$A = \frac{1}{\sqrt{3}}\begin{bmatrix} 1+i & 1 \\ -1 & 1-i \end{bmatrix}$$

풀이

$A^* = \frac{1}{\sqrt{3}}\begin{bmatrix} 1-i & -1 \\ 1 & 1+i \end{bmatrix}$이므로

$$A^*A = \frac{1}{3}\begin{bmatrix} 1-i & -1 \\ 1 & 1+i \end{bmatrix}\begin{bmatrix} 1+i & 1 \\ -1 & 1-i \end{bmatrix} = \begin{bmatrix} 1 & 0 \\ 0 & 1 \end{bmatrix} = I_2$$

이다. 따라서 A는 유니타리 행렬이다.

A의 특성방정식은 $\lambda^2 - \frac{2\sqrt{3}}{3}\lambda + 1 = 0$이므로 고윳값은 $\lambda_1 = \frac{\sqrt{3}}{3} - \frac{\sqrt{6}}{3}i$, $\lambda_2 = \frac{\sqrt{3}}{3} + \frac{\sqrt{6}}{3}i$이고, $|\lambda_1| = |\lambda_2| = 1$이다.

```
: 코딩
>> format rat
>> A=1/sqrt(3)*[1+i 1;-1 1-i];                % 행렬 A 입력
>> A'*A                                      % 직교행렬인지 확인
>> Lambda=eig(A);                            % 고윳값 계산
>> L1=norm(Lambda(1)),L2=norm(Lambda(2))     % 고윳값의 절댓값 계산

: 결과
ans =                                        % [예제 8-20]의 결과와 동일
      1          0
      0          1
L1 =
      1
L2 =
      1
```

MATLAB 유제

다음 행렬이 유니타리 행렬임을 보이고, 고윳값을 구하라.

$$\begin{bmatrix} \frac{1+i}{2} & -\frac{1}{2} & \frac{1}{2} \\ \frac{i}{\sqrt{3}} & \frac{1}{\sqrt{3}} & -\frac{i}{\sqrt{3}} \\ \frac{3+i}{\sqrt{60}} & \frac{4+3i}{\sqrt{60}} & \frac{5i}{\sqrt{60}} \end{bmatrix}$$

8.5 복소수의 활용

이 절에서는 복소수의 활용으로 $M_n(\mathbb{C})$에서 주어진 두 정사각행렬의 유니타리 닮음과 유니타리 대각화 가능성을 정의하고, 모든 정사각행렬은 자신의 고윳값을 주대각선 성분으로 갖는 삼각행렬과 유니타리 닮음이라는 슈르 정리에 대하여 알아본다.

우리는 7.2절에서 행렬의 대각화에 대하여, 7.3절에서 대칭행렬의 직교대각화에 대하여 알아보았다. 이제 복소수행렬 중에서 직교행렬과 비슷한 유니타리 행렬을 이용한 유니타리 대각화에 대하여 알아보자. 두 행렬 A, $B \in M_n(\mathbb{C})$에 대하여 $U^* A U = B$인 유니타리 행렬 U가 존재하면, A와 B는 **유니타리 닮음**unitarily similar이라고 하며, 행렬 $A \in M_n(\mathbb{C})$가 대각행렬과 유니타리 닮음이면 A는

'**유니타리 대각화 가능하다**unitarily diagonalizable'고 한다. 예를 들어 두 행렬

$$A=\begin{bmatrix}2 & i\\ -i & 2\end{bmatrix},\quad U=\frac{1}{\sqrt{2}}\begin{bmatrix}i & -1\\ 1 & -i\end{bmatrix}$$

에 대하여 U는 유니타리 행렬이고, $U^*AU=\begin{bmatrix}3 & 0\\ 0 & 1\end{bmatrix}$이므로 A는 유니타리 대각화 가능하다.

예제 8-21

행렬 $A=\begin{bmatrix}-2 & 1-i\\ 1+i & -1\end{bmatrix}$을 대각화하는 유니타리 행렬 U를 구하라.

풀이

A의 고윳값은 $\lambda_1=-3$, $\lambda_2=0$이고 이에 대응하는 고유벡터는

$$\mathbf{x}_1=\begin{bmatrix}-1+i\\ 1\end{bmatrix},\quad \mathbf{x}_2=\begin{bmatrix}1-i\\ 2\end{bmatrix}$$

이다. 이때

$$\mathbf{u}_1=\frac{\mathbf{x}_1}{\|\mathbf{x}_1\|}=\frac{1}{\sqrt{3}}\begin{bmatrix}-1+i\\ 1\end{bmatrix},\quad \mathbf{u}_2=\frac{\mathbf{x}_2}{\|\mathbf{x}_2\|}=\frac{1}{\sqrt{6}}\begin{bmatrix}1-i\\ 2\end{bmatrix}$$

라고 하고

$$U=[\mathbf{u}_1\mathbf{u}_2]=\begin{bmatrix}\frac{-1+i}{\sqrt{3}} & \frac{1-i}{\sqrt{6}}\\ \frac{1}{\sqrt{3}} & \frac{2}{\sqrt{6}}\end{bmatrix}$$

라고 하면 U는 유니타리 행렬이고 A는 행렬 U에 대하여 대각행렬과 유니타리 닮음이다.

$$U^*AU=\begin{bmatrix}\frac{-1-i}{\sqrt{3}} & \frac{1}{\sqrt{3}}\\ \frac{1+i}{\sqrt{6}} & \frac{2}{\sqrt{6}}\end{bmatrix}\begin{bmatrix}-2 & 1-i\\ 1+i & -1\end{bmatrix}\begin{bmatrix}\frac{-1+i}{\sqrt{3}} & \frac{1-i}{\sqrt{6}}\\ \frac{1}{\sqrt{3}} & \frac{2}{\sqrt{6}}\end{bmatrix}=\begin{bmatrix}-3 & 0\\ 0 & 0\end{bmatrix}$$

Command Window

: 코딩

```
>> format rat
>> A=[-2 1-i;1+i -1];
>> [U D]=eig(A)                    % 유니타리 대각화 행렬과 고윳값 계산
>> U*U'                            % 유니타리 행렬인지 확인
```

: 결과

```
U = 1 2                            % [예제 8-21]의 결과와 동일
   780/1351  -  780/1351i     -881/2158  +  881/2158i
  -780/1351  +       0i       -881/1079  +     0i
```

MATLAB TIP!

1 이는 U의 근사 유리수 값과 동일하다.

2 고유벡터의 부호는 바꾸어도 무방하므로 MATLAB 출력 결과는 예제 결과와 부호가 반대임에 유의하라.

```
D =
     -3         0
      0         * 3
ans =
      1         *
      *         1
```

MATLAB TIP!

3 '*'는 근사적으로 0을 뜻한다.

MATLAB 유제

행렬 A를 대각화하는 유니타리 행렬 U를 구하라.

$$A=\begin{bmatrix} 2 & i & 1+i \\ -i & 3 & 3-i \\ 1-i & 3+i & 3 \end{bmatrix}$$

이제 유니타리 행렬에 대한 가장 중요한 정리인 **슈르 정리**Schur's theorem를 소개한다. 이 정리는 임의의 복소수행렬에 대한 여러 가지 성질을 삼각행렬의 성질로 바꾸어 주는 중요한 역할을 한다.

정리 8-7 슈르 정리

임의의 n차 정사각행렬은 자신의 고윳값을 주대각선 성분으로 갖는 상 삼각행렬과 유니타리 닮음이다.

증명 행렬 A의 고윳값을 $\lambda_1,\ \lambda_2,\ \cdots,\ \lambda_n$이라고 하고, 수학적 귀납법으로 증명하자. 먼저 $n=1$이면 $A=[\lambda_1]$이므로 정리는 성립한다.

이제 $n-1$차 이하인 경우에 슈르 정리가 성립한다고 가정하고 n차인 경우를 다음과 같이 보이자.

❶ $\mathbf{x}_1$을 λ_1에 대응되는 정규화 된 고유벡터라고 하자.[18]

❷ $\mathbf{x}_1$을 포함하는 $\mathbb{C}^n$에 대한 정규직교기저가 존재한다. 이를 $S=\{\mathbf{x}_1,\ \mathbf{x}_2,\ \cdots,\ \mathbf{x}_n\}$이라고 하자.

❸ $U_0=[\mathbf{x}_1 \mid \mathbf{x}_2 \mid \cdots \mid \mathbf{x}_n]$이라고 하면 S가 정규직교집합이므로 U_0는 유니타리 행렬이다. $U_0^* A U_0$의 k행 1열의 원소는

$$(U_0^* A U_0)_{k1}=\mathbf{x}_k^* A\mathbf{x}_1=\mathbf{x}_k^*\lambda_1\mathbf{x}_1=\lambda_1\langle \mathbf{x}_1,\ \mathbf{x}_k\rangle$$

이므로 $U_0^* A U_0$의 첫 번째 열은 $(\lambda_1,\ 0,\ \cdots,\ 0)^T$이다. 따라서 $U_0^* A U_0$는 다음과 같은 형태의 행렬이다.

18 정규화 된 고유벡터는 그램-슈미트 정규직교화 과정으로 얻어졌다는 의미이다.

$$U_0^* A U_0 = \left[\begin{array}{c|c} \lambda_1 & * \\ \hline 0 & \\ 0 & A_1 \\ \vdots & \\ 0 & \end{array}\right]$$

여기서 $A_1 \in M_{n-1}(\mathbb{C})$, $|\lambda I_n - A| = (\lambda - \lambda_1)|\lambda I_{n-1} - A_1|$이므로 A_1의 고윳값은 λ_2, λ_3, $\cdots$, λ_n이다.

❹ 귀납법 가정에 의해

$$\widehat{U}_1^* A_1 \widehat{U}_1 = \begin{bmatrix} \lambda_2 & & & \\ 0 & \ddots & * & \\ \vdots & \ddots & \ddots & \\ 0 & \cdots & 0 & \lambda_n \end{bmatrix}$$

인 유니타리 행렬 $\widehat{U}_1 \in M_{n-1}(\mathbb{C})$가 존재한다.

❺ $U_1 = \left[\begin{array}{c|ccc} 1 & 0 & \cdots & 0 \\ \hline 0 & & & \\ \vdots & & \widehat{U}_1 & \\ 0 & & & \end{array}\right] \in M_n(\mathbb{C})$라고 하면 다음이 성립한다.

$$(U_0 U_1)^* A (U_0 U_1) = U_1^* (U_0^* A U_0) U_1$$

여기서 $U = U_0 U_1$이라고 하면 U는 유니타리 행렬이다. 따라서 슈르 정리가 성립한다. ■

특히 $A \in M_n$이고 A의 모든 고윳값이 실수이면 $P^T A P$가 상 삼각행렬인 직교행렬 P가 존재한다. 일반적으로 모든 행렬이 유니타리 대각화 가능한 것은 아니다. 그러나 에르미트 행렬이 유니타리 대각화 가능하다는 것은 슈르 정리를 이용하여 보일 수 있다. 그런데 에르미트 행렬이 아니더라도 유니타리 대각화 가능한 행렬은 많이 있다.

이제 유니타리 대각화 가능한 행렬을 알아보기 위하여 특별한 종류의 행렬을 정의하자. 행렬 $A \in M_n(\mathbb{C})$가 다음을 만족하면 A를 **정규행렬**normal matrix이라고 한다.

$$AA^* = A^* A$$

예를 들어 다음 행렬 A는 $AA^* = A^* A$를 만족하므로 정규행렬이다.

$$A = \begin{bmatrix} \dfrac{-1+i}{2} & \dfrac{1+i}{2} \\ \dfrac{1-i}{2} & \dfrac{1+i}{2} \end{bmatrix}$$

특히 A가 에르미트 행렬이라면 $A = A^*$이므로 $AA^* = AA = A^*A$이다. 따라서 에르미트 행렬은 정규행렬이다. 또 B가 유니타리 행렬이라면 $BB^* = I_n = B^*B$이므로 유니타리 행렬도 정규행렬이다. 다음 정리는 [정리 7-11]과 [정리 7-12]를 복소수 범위까지 확장한 것으로 증명은 생략한다.

정리 8-8 유니타리 대각화 가능

행렬 $A \in M_n(\mathbb{C})$에 대하여 다음은 동치이다.

(1) A는 유니타리 대각화 가능하다.

(2) A는 정규행렬이다.

(3) A는 n개의 정규직교인 고유벡터를 갖는다.

위의 정리는 임의의 정사각복소수행렬 A가 유니타리 대각화 가능일 필요충분조건은 A가 정규행렬이라는 것을 의미한다.

예제 8-22

행렬 A와 U에 대하여 A가 정규행렬이고 U의 각 열이 A의 정규직교인 고유벡터임을 보여라.

$$A = \begin{bmatrix} 2 & i \\ -i & 2 \end{bmatrix}, \quad U = \frac{1}{\sqrt{2}} \begin{bmatrix} i & -1 \\ 1 & -i \end{bmatrix}$$

풀이

$A = \begin{bmatrix} 2 & -i \\ i & 2 \end{bmatrix} = A^*$이므로 $AA^* = A^*A$이다. 따라서 A는 정규행렬이다.

$$U = \begin{bmatrix} \dfrac{i}{\sqrt{2}} & -\dfrac{1}{\sqrt{2}} \\ \dfrac{1}{\sqrt{2}} & -\dfrac{i}{\sqrt{2}} \end{bmatrix}$$

U의 제1열을 $\mathbf{u}_1$, 제2열을 $\mathbf{u}_2$라고 하면

$$A\mathbf{u}_1 = \begin{bmatrix} 2 & -i \\ i & 2 \end{bmatrix} \begin{bmatrix} \dfrac{i}{\sqrt{2}} \\ \dfrac{1}{\sqrt{2}} \end{bmatrix} = 3 \begin{bmatrix} \dfrac{i}{\sqrt{2}} \\ \dfrac{1}{\sqrt{2}} \end{bmatrix} = 3\mathbf{u}_1,$$

$$Au_2 = \begin{bmatrix} 2 & -i \\ i & 2 \end{bmatrix} \begin{bmatrix} -\dfrac{1}{\sqrt{2}} \\ -\dfrac{i}{\sqrt{2}} \end{bmatrix} = \begin{bmatrix} -\dfrac{1}{\sqrt{2}} \\ -\dfrac{i}{\sqrt{2}} \end{bmatrix} = \mathbf{u}_2$$

이므로 $\mathbf{u}_1$, $\mathbf{u}_2$는 A의 고유벡터이다. 또한 $\|\mathbf{u}_1\| = \|\mathbf{u}_2\| = 1$이고 $\langle \mathbf{u}_1, \mathbf{u}_2 \rangle = 0$이므로 $\mathbf{u}_1$, $\mathbf{u}_2$는 정규직교인 고유벡터이다.

A가 정규행렬일 때 U^*AU가 대각행렬이 되는 유니타리 행렬 U를 구하는 방법은 M_n에서 직교대각화하는 행렬을 구하는 방법과 같다. 모든 행렬이 대각화 가능한 것은 아니지만 슈르 정리를 이용하면 대각화 가능하지 않은 행렬 A도 다음과 같이 대각행렬과 유사한 n차 정사각행렬 J_A와 닮음이 되게 할 수 있다.

$$J_A = \begin{bmatrix} J_1 & 0 & \cdots & 0 \\ 0 & J_2 & \cdots & 0 \\ \vdots & \vdots & \ddots & \vdots \\ 0 & 0 & \cdots & J_t \end{bmatrix}$$

즉 $U^*AU = J_A$인 유니타리 행렬 U가 존재한다. 여기서 J_k는 n_k차 정사각행렬로

$$J_k = \begin{bmatrix} \lambda_k & 1 & \cdots & 0 \\ 0 & \lambda_k & \cdots & 0 \\ \vdots & \vdots & \ddots & \vdots \\ 0 & 0 & \cdots & \lambda_k \end{bmatrix}$$

이고 $1 \le k \le t$에 대하여 $n_1 + n_2 + \cdots + n_t = n$을 만족한다. 이러한 행렬 J_A를 A의 **조르당**Jordan **표준형**이라고 한다. 조르당 표준형을 이용하면 모든 행렬을 대각행렬과 유사한 행렬 J_A로 바꾸어 행렬 A에 대한 계산 및 이론을 전개할 수 있다. 그러나 조르당 표준형을 구하는 방법은 이 책의 범위를 벗어나므로 여기서는 생략한다.

■ **복소수의 크기와 편각 계산**

복소수의 크기를 구하려면 abs 명령어를 사용하고, 편각을 구하려면 angle 명령어를 사용한다. 예를 들어 복소수 z의 크기와 편각을 구하려면 abs(z), angle(z)를 입력한다. 이때 편각은 라디안 값으로 표시됨에 유의해야 한다.

```
>> z = 2 * exp(i*pi/4)
>> abs(z)                          % 복소수의 크기 계산
>> angle(z)                        % 복소수의 편각을 라디안으로 표시
```

■ **복소수의 실수부분, 허수부분 구하기**

복소수의 실수부분을 구하려면 real 명령어를 사용하고, 허수부분을 구하려면 imag 명령어를 사용한다. 예를 들어 복소수 z의 실수부분과 허수부분을 구하려면 real(z), imag(z)를 입력한다.

```
>> z = (1 + i)/(2 - i);
>> real(z)                         % 복소수의 실수부분
>> imag(z)                         % 복소수의 허수부분
```

■ **roots 명령어**

roots 명령어는 다항식으로부터 방정식의 해를 구하는 명령어이다. 예를 들어 방정식 $x^3-6x^2-72x-27=0$의 해를 구하려면 다항식인 $x^3-6x^2-72x-27$을 p=[1 -6 -72 -27]로 입력한 뒤 roots(p)를 입력한다.

```
>> p=[1 -6 -72 -27];
>> r=roots(p)                      % 방정식의 해 구하기
>> r =
        12.1229
        -5.7345
        -0.3884
```

Chapter 08 연습문제

8.1 두 복소수 $z_1 = 2 - i$, $z_2 = -3 + 4i$에 대하여 다음을 구하라.

(a) $z_1 + z_2$　(b) $z_1 - z_2$　(c) $z_1 z_2$

(d) $\dfrac{z_1}{z_2}$　(e) $-3 z_1 \overline{z_2}$　(f) $\dfrac{2\overline{z_1}}{z_2}$

8.2 다음을 계산하여 $a + bi$의 꼴로 나타내라.

(a) $(1 + i + i^2 + i^3)^{2024}$　(b) $(1 - 3i)^4$　(c) $\left(\dfrac{1}{i}\right)^{2100}$

8.3 다음 연립일차방정식을 풀어라.

$$\begin{aligned} x_1 + ix_2 + \qquad 3x_3 &= -2i \\ ix_1 + 3x_2 + (1+i)x_3 &= -i \\ -x_1 - \ x_2 - \qquad x_3 &= 0 \end{aligned}$$

8.4 다음 복소수를 극형식으로 나타내라.

(a) $2i$　(b) -8　(c) $3 + 3i$　(d) $2\sqrt{3} - 2i$

8.5 $\mathbf{u} = (3i,\ 0,\ -i)$, $\mathbf{v} = (0,\ 3 + 4i,\ -2i)$에 대하여 다음을 구하라.

(a) $\|\mathbf{u}\|$　(b) $\|\mathbf{v}\|$　(c) $\|\mathbf{u} + \mathbf{v}\|$　(d) $\|\mathbf{u}\| + \|\mathbf{v}\|$

8.6 행렬 A가 5×5 실수행렬이고 몇 개의 고윳값이 $\lambda_1 = 2 + 3i$, $\lambda_2 = 1 - 2i$, $\lambda_3 = 3$이라고 하자. 행렬식 $\det(A)$ 값을 구하라.

8.7 $\mathbf{u} = (u_1,\ u_2)$, $\mathbf{v} = (v_1,\ v_2)$에 대하여 $\mathbb{C}^2$에서 내적을 다음과 같이 정의하자.

$$\langle \mathbf{u},\ \mathbf{v} \rangle = u_1\overline{v_1} + (1+i)u_1\overline{v_2} + (1-i)u_2\overline{v_1} + 3u_2\overline{v_2}$$

위와 같이 정의된 내적을 사용하여 다음에 주어진 두 벡터의 내적 $\langle \mathbf{u},\ \mathbf{v} \rangle$를 구하라.

(a) $\mathbf{u} = (i,\ -2i)$, $\mathbf{v} = (3i,\ -i)$　(b) $\mathbf{u} = (0,\ 0)$, $\mathbf{v} = (2 - i,\ 6 + i)$

8.8 임의의 2차 복소수행렬 $U=\begin{bmatrix} u_1 & u_2 \\ u_3 & u_4 \end{bmatrix}$, $V=\begin{bmatrix} v_1 & v_2 \\ v_3 & v_4 \end{bmatrix}$의 내적을 다음과 같이 정의하자.

$$\langle U,\ V \rangle = u_1\overline{v_1}+u_2\overline{v_2}+u_3\overline{v_3}+u_4\overline{v_4}$$

이때 다음 두 행렬의 내적을 구하라.

(a) $U=\begin{bmatrix} -i & 2i \\ 5i & 2 \end{bmatrix}$, $V=\begin{bmatrix} 1+i & -i \\ 0 & 5-2i \end{bmatrix}$ (b) $U=\begin{bmatrix} -1 & i \\ -i & 2-i \end{bmatrix}$, $V=-\begin{bmatrix} 2+i & -2i \\ -1 & 1+i \end{bmatrix}$

8.9 다음 행렬 중에서 에르미트 행렬과 유니타리 행렬을 찾아라.

(a) $\begin{bmatrix} 0 & -i \\ i & 2 \end{bmatrix}$ (b) $\begin{bmatrix} 2 & 1-i \\ 1+i & 7 \end{bmatrix}$ (c) $\begin{bmatrix} i & i \\ -i & i \end{bmatrix}$

(d) $\begin{bmatrix} 0 & i \\ i & 0 \end{bmatrix}$ (e) $\begin{bmatrix} \frac{i}{\sqrt{2}} & \frac{1}{\sqrt{2}} \\ -\frac{i}{\sqrt{2}} & \frac{1}{\sqrt{2}} \end{bmatrix}$ (f) $\begin{bmatrix} 1+i & 1+i \\ 1-i & -1+i \end{bmatrix}$

(g) $\begin{bmatrix} 0 & 0 & 1 \\ 0 & 1 & 0 \\ 1 & 0 & 0 \end{bmatrix}$ (h) $\begin{bmatrix} 3 & 1+i & -1+i \\ 1-i & 5 & 2 \\ -1-i & 2 & 7 \end{bmatrix}$

8.10 다음 행렬을 유니타리 대각화하라.

(a) $\begin{bmatrix} 2 & 1-i \\ 1+i & 1 \end{bmatrix}$ (b) $\begin{bmatrix} 9 & 0 & 0 \\ 0 & 6 & 2+2i \\ 0 & 2-2i & 4 \end{bmatrix}$

8.11 양자역학에서 **디락 행렬**Dirac matrix은 다음과 같다. 이때 다음을 보여라.

$$\beta=\begin{bmatrix} 1 & 0 & 0 & 0 \\ 0 & 1 & 0 & 0 \\ 0 & 0 & -1 & 0 \\ 0 & 0 & 0 & -1 \end{bmatrix},\quad \alpha_x=\begin{bmatrix} 0 & 0 & 0 & 1 \\ 0 & 0 & 1 & 0 \\ 0 & 1 & 0 & 0 \\ 1 & 0 & 0 & 0 \end{bmatrix}$$

$$\alpha_y=\begin{bmatrix} 0 & 0 & 0 & -i \\ 0 & 0 & i & 0 \\ 0 & -i & 0 & 0 \\ i & 0 & 0 & 0 \end{bmatrix},\quad \alpha_z=\begin{bmatrix} 0 & 0 & 1 & 0 \\ 0 & 0 & 0 & -1 \\ 1 & 0 & 0 & 0 \\ 0 & -1 & 0 & 0 \end{bmatrix}$$

(a) $\beta^2=\alpha_x^2=\alpha_y^2=\alpha_z^2=I_4$

(b) 두 행렬이 $AB=-BA$이면 A, B를 **반가환적**이라고 한다. 서로 다른 두 디락행렬은 반가환적임을 보여라.

8.12 $\mathbf{u}=\mathbf{f}(x)$, $\mathbf{v}=\mathbf{g}(x) \in F([0, 1], \mathbb{C})$에 대하여

$$\langle \mathbf{f}(x), \mathbf{g}(x) \rangle = \int_0^1 \mathbf{f}(x)\overline{\mathbf{g}(x)}dx$$

로 내적을 정의할 때, 다음을 구하라.

(a) $\|1+ix\|$ (b) $\langle x, 1+ix \rangle$ (c) $\langle 1+ix, x \rangle$

8.13 다음 $\mathbb{C}^3$의 기저 S로부터 $\mathbb{C}^3$의 정규직교기저 $T=\{\mathbf{v}_1, \mathbf{v}_2, \mathbf{v}_3\}$를 구하라.

$$S=\{\mathbf{u}_1=(i, 0, 0), \mathbf{u}_2=(3i, 0, i), \mathbf{u}_3=(0, -i, i)\}$$

8.14 $\lambda=a+bi$가 2×2 실수행렬 A의 고윳값이면 $\overline{\lambda}=a-bi$ 또한 A의 고윳값임을 증명하라.

8.15 행렬 $A=\begin{bmatrix} 0 & -1 \\ 1 & 0 \end{bmatrix}$은 실수 범위에서 고윳값이 없음을 보여라.

8.16 복소내적공간 V의 임의의 벡터 $\mathbf{u}$, $\mathbf{v}$에 대하여 다음이 성립함을 증명하라.

$$\|\mathbf{u}+\mathbf{v}\| \leq \|\mathbf{u}\|+\|\mathbf{v}\|$$

8.17 $\langle \mathbf{u}, \mathbf{v} \rangle$가 복소공간에서 정의된 내적일 때, 다음이 성립함을 증명하라.

$$\langle \mathbf{u}, \mathbf{v}+\mathbf{w} \rangle = \langle \mathbf{u}, \mathbf{v} \rangle + \langle \mathbf{u}, \mathbf{w} \rangle$$

8.18 복소내적공간 V의 두 벡터 $\mathbf{u}$, $\mathbf{v}$가 직교할 필요충분조건은 다음과 같음을 보여라. 이것을 **일반화된 피타고라스 정리**라고 한다.

$$\|\mathbf{u}+\mathbf{v}\|^2=\|\mathbf{u}\|^2+\|\mathbf{v}\|^2 \text{이고 } (\mathrm{Im}\langle \mathbf{u}, \mathbf{v} \rangle) \geq 0$$

8.19 $k \in \mathbb{C}$ 이고 $\langle \mathbf{u},\ \mathbf{v} \rangle$가 복소내적공간의 내적일 때 다음이 성립함을 보여라.

$$\langle \mathbf{u} - k\mathbf{v},\ \mathbf{u} - k\mathbf{v} \rangle = \langle \mathbf{u},\ \mathbf{u} \rangle - \bar{k}\langle \mathbf{u},\ \mathbf{v} \rangle - k\overline{\langle \mathbf{u},\ \mathbf{v} \rangle} + k\bar{k}\langle \mathbf{v},\ \mathbf{v} \rangle$$

8.20 복소수행렬 A, B와 임의의 복소수 c에 대하여 다음이 성립함을 보여라.

(a) $(A^*)^* = A$
(b) $(A+B)^* = A^* + B^*$
(c) $(cA)^* = \bar{c}A^*$
(d) $(AB)^* = B^*A^*$

8.21 z가 1이 아닌 복소수이면 다음이 성립함을 보여라.

$$1 + z + z^2 + \cdots + z^n = \frac{1 + z^{n+1}}{1 - z}$$

8.22 z가 1이 아닌 복소수이고 $z^n = 1$일 때, 다음이 성립함을 보여라.

$$1 + z + z^2 + \cdots + z^{n-1} = 0$$

8.23 $z = \cos\theta + i\sin\theta$를 이용하여 $0 < \theta < 2\pi$에 대하여 **라그랑주 삼각등식**Lagrange's trigonometric identity을 구하라.

$$1 + \cos\theta + \cos 2\theta + \cdots + \cos n\theta = \frac{1}{2} + \frac{\sin\left(\left(n + \frac{1}{2}\right)\theta\right)}{2\sin\frac{\theta}{2}}$$

8.24 U가 n차 유니타리 행렬이고 $|z_1| = |z_2| = \cdots = |z_n| = 1$일 때, 다음 두 행렬의 곱은 유니타리 행렬임을 보여라.

$$U \cdot \text{diag}(z_1,\ z_2,\ \cdots,\ z_n)$$

부록

MATLAB 기초

Basic of MATLAB

1. MATLAB 소개

1 매트랩이라고 읽는다.

MATLAB[1]은 다양 분야에서 수백만 명의 엔지니어와 과학자가 데이터를 분석하고 알고리즘을 개발하며 모델을 만드는 데 사용하는 프로그래밍 및 수치 컴퓨팅 환경이다. 사용자의 사고방식에 맞게 설계되었으므로 배우기도, 사용하기도 쉬우며 아이디어를 직접 표현할 수 있다. MATLAB은 신호 및 이미지 처리, 제어 시스템, 무선통신, 로보틱스, 딥러닝과 인공지능에 이르기까지 다양한 응용 분야에서 전문적으로 개발된 툴박스를 제공한다. 또한 MATLAB은 데스크탑 환경으로만 국한되지 않고 클라우드 및 엔터프라이즈 시스템, **시뮬링크**Simulink에 코드를 배포할 수 있으며, 임베디드 장치에서도 실행할 수 있도록 코드를 자동으로 생성할 수 있다.

– MathWorks 사이트의 MATLAB 소개글 일부[2]

2 https://kr.mathworks.com/videos/matlab-overview-61923.html

MATLAB은 MathWorks 사에서 개발한 공학용 소프트웨어로 프로그래밍과 수치 컴퓨팅 환경을 제공한다. MATLAB은 MATrix LABoratory의 준말로, 행렬 처리 시스템인 LINPACK과 EISPACK을 바탕으로 만들어졌다.[3] MATLAB은 그 이름대로 행렬 또는 벡터를 기본 자료로 사용하여 계산한다. MATLAB은 행렬 자료를 다루기 때문에 차원화dimensioning를 하지 않고도 쉽게 수치 계산을 수행할 수 있다.

3 LINPACK은 연립방정식 $AX=B$를 풀기 위해 고안되었고, EISPACK은 대수적인 고윳값 문제 $A\mathbf{x}=\lambda\mathbf{x}$를 풀기 위해 고안되었다.

MATLAB의 가장 큰 특징은 다른 프로그래밍 언어를 사용하지 않고도 M-파일만으로 특정한 해를 구하는 데 필요한 응용 프로그램을 손쉽게 작성할 수 있다는 것이다. M-파일은 확장자가 .m인 매크로 파일로, 소스 코드를 바로 번역하고 실행할 수 있는 인터프리터interpreter 형식을 취한다. M-파일은 기본적인 내부 명령을 비롯해 M-파일 안에 다른 M-파일도 불러서 사용할 수 있으며, 필요하다면 사용자가 직접 손쉽게 M-파일을 작성할 수 있다는 큰 특징이 있다. 툴박스toolbox는 이러한 M-파일을 응용분야별로 모은 일종의 도구 상자라고 할 수 있다. 2024년 현재 MathWorks 사이트에서 제공하는 툴박스에는 신호처리, 제어 시스템, 동적 시스템, 시스템 식별, 전력 시스템 시뮬레이션, 위성통신, 금융, 이미지 처리, 딥러닝 등이 있다. 이 책의 [부록]에서는 MATLAB을 이용하여 선형대수학 관련 응용문제를 풀 때 필요한 기초 명령어를 소개한다. 모든 실습은 2024년 현재 MATLAB R2023b 버전에서 실행할 수 있다.

2. MATLAB 실행 화면과 주요 명령어

2.1 MATLAB 실행 화면

MATLAB을 시작하면 MATLAB 로고와 제품 정보를 보여주는 창이 나타난 후 [그림 1]과 같이 MATLAB 실행 화면이 나타난다. 이 창은 메뉴, 현재 폴더, 작업 공간, 명령 창, 명령 내역 등 여러 창을 포함한다. 주로 사용하는 부분은 가운데에 있는 명령 창이며 여기에 명령어와 변수들을 입력하고 Enter↵ 키를 눌러서 다양한 연산을 처리할 수 있다.

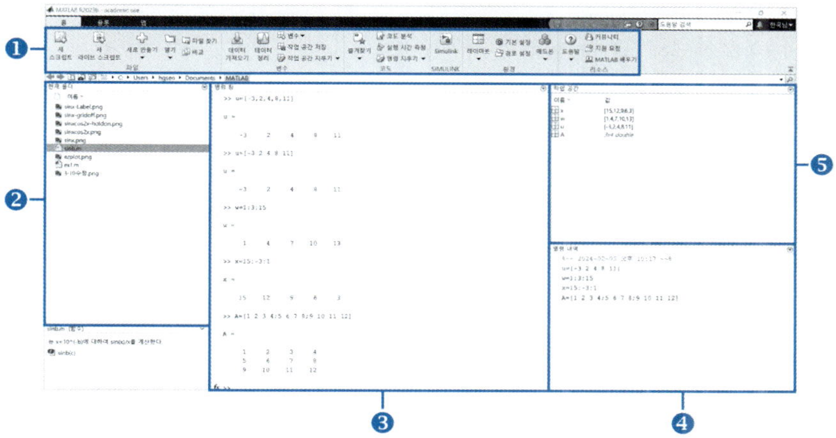

[그림 1] MATLAB 실행 화면

❶ **메뉴(Menu)** : 새로운 M-파일을 생성하거나 기존 파일을 열기도 하고, 해당 작업 공간을 저장하는 등 여러 기본 메뉴를 간단하게 실행한다.

❷ **현재 폴더(Current Folder)** : 현재 작업하는 경로와 그 경로에 있는 파일을 나타낸다.

❸ **명령 창(Command Window)** : 기본적인 수식이나 명령어를 입력하고 그 결과를 표시한다.

❹ **명령 내역(Command History)** : 명령 창에 입력된 명령어와 수식, 변수들을 기록한다.

❺ **작업 공간(Workspace)** : 현재 작업하고 있는 공간으로 선언된 변수와 값들을 나타낸다.

프로그램을 실행하는 방법에는 두 가지가 있다. MATLAB 실행 화면의 명령 창에서 바로 작업을 진행하는 방법과 M-파일을 만들어서 프로그램을 작성하는 방법이 있다. 프로그래밍이 간단하면 명령 창을 사용하고, 프로그래밍이 길어지면 M-파일을 만들어 실행하는 것이 편리하다.

2.2 MATLAB의 주요 기호와 명령어

MATLAB에서는 변수를 저장할 때 영어의 대문자와 소문자를 다르게 인식한다. 이때 [표 1]과 같이 MATLAB에서 자체적으로 미리 정해놓은 변수, 즉 예약어reserved word가 있으므로 변수 지정 시 사용하지 않도록 주의한다. 사용하려고 하는 변수 이름이 예약어인지 알아보려면 `iskeyword` 명령어로 확인한다.

[표 1] MATLAB 예약어의 몇 가지 예

변수	설명
pi	원주율(π)
inf	무한대(∞)
NaN	숫자가 아님(Not a Number)
ans	일시적인 답을 지정하는 변수
i, j	허수 $\sqrt{-1}$

[표 2]는 MATLAB에서 자주 쓰이는 일반 기호와 수식 기호 그리고 명령어이다.

[표 2] MATLAB에서 자주 쓰이는 일반 기호 및 수식 기호

기호	설명
>>	MATLAB 프롬프트
'	벡터나 행렬의 전치(transpose)
' '	따옴표 안에 문자열
%	주석(comment), % 기호 다음 문장은 무시
[ ]	다항식, 벡터, 행렬 등을 나타낼 때 사용
( )	입력변수나 값을 지정할 때 주로 사용
;	주로 문장 끝에 표기, 화면에 결괏값을 출력하지 않음
:	벡터를 만들 때 주로 사용
.	벡터나 행렬의 원소들끼리 계산할 때 사용
…	긴 수식이나 문장을 다음 줄에 이어서 쓸 때 사용

[표 3] MATLAB에서 자주 쓰이는 명령어

명령어	설명
sqrt(x)	x의 제곱근
abs(x)	x의 절댓값
real(x), imag(x)	x의 실수부분, 허수부분
sin(x), cos(x), tan(x)	x의 사인, 코사인, 탄젠트
asin(x), acos(x), atan(x)	x의 역 사인, 역 코사인, 역 탄젠트
exp(x)	x의 지수함수
log(x), log10(x)	x의 자연로그($\ln x$), 상용로그($\log x$)

[표 4] 유용한 명령어

명령어	설명
ls	list directory, 현재 폴더에 위치한 파일을 나타냄
clc	화면을 초기화
clear	메모리 내용을 초기화
close all	그림 창을 초기화
format	변수의 출력 서식 지정
ans	가장 마지막 명령의 출력 결과
save 〈파일명〉 (enter)	workspace에 있는 모든 변수를 파일로 저장
save 〈파일명〉 〈변수명〉 (enter)	해당 변수만 파일로 저장

3. 벡터와 행렬

3.1 벡터와 행렬 생성

■ 벡터 생성

벡터는 크기와 방향을 갖는 물리적인 양을 나타내며 일정한 순서로 나열된 수들의 집합으로 표시된다. MATLAB에서는 대괄호 안에 수를 콤마(,)나 공백( )으로 구분함으로써 벡터를 입력한다.

```
>> u=[-3,2,4,8,11]                % 콤마로 원소를 구분하여 벡터 생성
u=
   -3  2  4  8  11
```

[예제 3-27] 참고

```
>> u=[-3 2 4 8 11]                    % 공백으로 원소를 구분하여 벡터 생성
u=
   -3  2  4  8  11
```

일정한 규칙이 있는 벡터 w는 m:s:n 꼴로 다음과 같이 표현할 수 있다. 이는 m부터 시작하여 n까지 s만큼 증가(또는 감소)하는 원소를 지정하는 것을 의미한다. $n > m$이면 벡터의 원소가 증가하고, $n < m$이면 벡터의 원소가 점차 감소한다.

```
>> w=1:3:15
% 벡터 w를 생성. 원소는 1에서 시작하여 3씩 증가하고 15보다 커지지 않는다.
w =
     1    4   7   10   13
>> x=15:-3:1
% 벡터 x를 생성. 원소는 15에서 시작하여 3씩 감소하고 1보다 작아지지 않는다.
x =
    15   12   9    6    3
```

벡터 w의 n번째 원소는 w(1), w(2)와 같이 w(n)으로 찾을 수 있다. 또한 벡터 w에서 3번째부터 6번째 원소까지를 새로운 벡터 v로 취할 수 있다.

```
>> w(1)                   % 벡터 w의 첫 번째 원소 출력
ans =
      1
>> w(2)
ans =
      4
>> v=w(3:5)               % 벡터 w의 세 번째 원소부터 다섯 번째 원소까지 출력
v=
   7   10   13
```

벡터 w의 전치를 구하려면(즉 벡터 w를 행벡터로부터 열벡터로 바꾸려면) w 다음에 아포스트로피(')를 붙인다.

```
>> w'                             % 벡터 w의 전치
ans =
    1
    4
    7
   10
   13
```

■ 행렬 생성

행렬은 숫자들을 사각형 모양으로 배열한 것이다. 다음과 같은 3×4 행렬이 있다고 하자.

$$A = \begin{bmatrix} 1 & 2 & 3 & 4 \\ 5 & 6 & 7 & 8 \\ 9 & 10 & 11 & 12 \end{bmatrix}$$

행렬을 입력하려면 대괄호 안에 각 원소를 공백( ) 또는 콤마(,)로 구별하여 넣고, 행이 바뀔 때마다 세미콜론(;)을 입력한다. 행렬 A는 다음과 같이 입력할 수 있다.

```
>> A=[1 2 3 4;5 6 7 8;9 10 11 12]
A =
     1     2     3     4
     5     6     7     8
     9    10    11    12
```

[예제 1-11] 참고

연속된 원소를 출력하려면 콜론(:)을 이용한다.

```
>> A(1,1:2)                    % 행렬 A의 1행 1열, 1행 2열 원소
ans =
     1     2
>> A(:,2)                      % 행렬 A의 2번째 열벡터
ans =
     2
     6
    10
>> A(2,:)                      % 행렬 A의 2번째 행벡터
ans =
     5     6     7     8
```

[예제 2-1] 참고

[예제 2-1] 참고

특별한 형태를 가진 행렬을 지정하는 방법을 알아보자. 행렬의 모든 원소가 0인 영행렬zero matrix은 zeros 함수를 이용하여 쉽게 표현할 수 있다.

```
>> zeros(2)                    % 2×2 영행렬
ans =
     0     0
     0     0
```

영행렬과 비슷하게 모든 원소가 1인 행렬은 ones 함수를 이용하여 표현한다.

```
>> ones(2)
ans =
     1     1
     1     1
```

정사각행렬 A의 주대각선 성분 이외의 모든 성분이 0일 때, A를 대각행렬 diagonal matrix이라고 한다. MATLAB에서는 대각행렬을 diag 함수를 이용하여 쉽게 표현할 수 있다.

[예제 2-1] 참고

```
>> v=[2 3];                    % 대각선 성분을 벡터로 입력
>> D=diag(v)                   % v의 성분을 대각선 성분으로 갖는 대각행렬 생성
D =
     2     0
     0     3
```

[표 5]에 선형대수학과 여러 분야에서 취급되는 특별한 행렬을 생성하는 함수를 정리하였다.

[표 5] MATLAB에서 사용하는 특수행렬

명령어	설명
compan	동반행렬(companion matrix)
diag	대각행렬(diagonal matrix)
gallery	퇴플리츠 행렬(Toeplitz matrix), 파스칼 행렬(Pascal matrix) 등 다양한 행렬을 생성할 수 있다.
hadamard	아다마르 행렬(Hadamard matrix)
hilb, invhilb	힐베르트 행렬(Hilbert matrix)와 그 역행렬
kron	크로네커 곱(Kronecker product)
magic	마방진
eye	단위행렬(identity matrix)
vander	반데르몽드 행렬(Vandermonde matrix)
zeros	모든 성분이 0인 행렬
ones	모든 성분이 1인 행렬

3.2 벡터와 행렬 연산

■ 벡터 연산

벡터의 사칙연산은 +, -, *, /로 할 수 있다. 전치벡터는 벡터 뒤에 아포스트로피(')를 붙여 구한다. 예를 들어 $\mathbf{v}=(2,\ 3,\ 1)$, $\mathbf{w}=(-1,\ 0,\ 3)$일 때 $\mathbf{v}$와 $\mathbf{w}$를 연산하면 다음과 같다.

```
>> v=[2 3 1];w=[-1 0 3];          % 벡터 입력
>> v+w                            % 벡터 합              [예제 4-1] 참고
ans =
     1     3     4
>> v-w                            % 벡터 차              [예제 4-1] 참고
ans =
     3     3    -2
>> 2*v                            % 벡터 상수배          [예제 4-1] 참고
ans =
     4     6     2
>> 3*v+(-2)*w                                            [예제 4-1] 참고
ans =
     8     9    -3
```

벡터 X를 성분별로 제곱하려면 다음과 같이 제곱 연산자(^) 앞에 마침표(.)를 붙여 입력한다. 만약 마침표 없이 X^2만 입력하면 MATLAB은 이를 행렬 곱셈으로 인식하는데, 행렬 X^2의 크기가 정의되지 않으므로 오류 메시지가 나타난다. 이 오류 메시지는 성분별로 곱하거나 나누는 때에도 동일하게 나타난다.

```
>> X=0:2:10
X =                                    % 일정하게 증가하는 벡터 입력
     0     2     4     6     8    10
>> X.^2                                % 성분별 제곱
ans =
     0     4    16    36    64   100
>> X^2
다음 사용 중 오류가 발생함:  ^
입력값은 스칼라 및 정사각 행렬이어야 합니다.
POWER를 요소별로 계산하려면 POWER (.^)을 사용하십시오.
```

벡터 연산자 앞에 마침표(.)를 붙이면 각 성분별로 연산할 수 있다. 즉 성분별 곱셈을 할 때는 .*를 사용하고, 성분별 나눗셈을 할 때는 ./를 사용한다.

```
>> v=[2 3 1];w=[-1 0 3];          % 벡터 입력
>> v.*w                           % 성분별 곱셈
ans =
     -2     0     3
>> v./w                           % 성분별 나눗셈
ans =
     -2.0000      Inf    0.3333
```

벡터의 크기는 norm 함수를 이용하여 계산한다. 예를 들어 벡터 $\mathbf{v}$와 $\mathbf{w}$의 크기를 각각 구하면 다음과 같다.

[예제 4-4] 참고

```
>> norm(v)                        % 벡터의 크기
ans =
     3.7417
```

두 벡터 사이의 거리, 즉 $\|\mathbf{v}-\mathbf{w}\|$를 구할 때도 norm 함수를 이용하여 다음과 같이 구한다.

[예제 8-12] 참고

```
>> norm(v-w)                      % 두 벡터 사이의 거리 계산
ans =
     4.6904
```

두 벡터 사이의 내적과 외적을 구할 때에는 각각 dot 함수와 cross 함수를 이용한다. 또한 앞서 배운 아포스트로피(')를 이용하여 a*b'와 같은 방식으로 내적을 구할 수도 있다. 예를 들어 벡터 $\mathbf{a}=(1,\ -2,\ 3)$, $\mathbf{b}=(2,\ 3,\ -1)$의 내적과 외적을 구하는 방법은 다음과 같다.

[예제 4-7] 참고, [예제 8-12] 참고, [예제 4-12] 참고

```
>> a=[1 -2 3];b=[2 3 -1];
>> dot(a,b)                       % 벡터의 내적
ans =
     -7
>> a*b'
ans =
     -7
>> cross(a,b)                     % 벡터의 외적
ans =
     -7          7          7
```

두 벡터 $\mathbf{v}$, $\mathbf{w}$에 대하여 $\mathbf{v}$ 위로의 $\mathbf{w}$의 정사영은 $\mathrm{proj}_{\mathbf{v}}\mathbf{w} = \dfrac{\mathbf{v} \cdot \mathbf{w}}{\|\mathbf{v}\|^2}\mathbf{v}$로 구한다. MATLAB을 이용하여 $\mathbf{v} = (2, 3, 1)$ 위로의 $\mathbf{w} = (1, 0, 3)$의 정사영을 구하는 방법은 다음과 같다.

```
>> format rat
>> v=[2 3 1];w=[1 0 3];
>> dot(v,w)/(norm(v)^2)*v          % v 위로의 w의 정사영              [예제 4-31] 참고
ans =
      5/7            15/14           5/14
```

■ **행렬 연산**

행렬 연산은 스칼라 연산과 마찬가지로 +, -, *, /, \ 연산자를 사용한다. 이때 /, \는 각각 행렬의 오른쪽 나눗셈과 왼쪽 나눗셈을 의미한다. 행렬의 왼쪽 나눗셈은 AB^{-1}를 뜻하고, 행렬의 오른쪽 나눗셈은 $A^{-1}B$를 듯한다. 예를 들어 행렬 $A = \begin{bmatrix} 1 & 3 \\ 2 & 4 \end{bmatrix}$와 $B = \begin{bmatrix} -1 & 0 \\ 1 & 5 \end{bmatrix}$를 연산하면 다음과 같다.

```
>> format rat
>> A=[1 3; 2 4];B=[-1 0;1 5];
>> A+B                          % 행렬 덧셈                          [예제 2-4] 참고
ans =
      0              3
      3              9
>> A-B                          % 행렬 빼셈                          [예제 2-3] 참고
ans =
      2              3
      1             -1
>> A*B                          % 행렬 곱셈                          [예제 2-3] 참고
ans =
      2             15
      2             20
>> A/B                          % 행렬 왼쪽 나눗셈(AB^-1)
ans =
     -2/5            3/5
     -6/5            4/5
>> A\B                          % 행렬 오른쪽 나눗셈(A^-1B)          [예제 2-28] 참고
ans =
      7/2           15/2
     -3/2           -5/2
```

두 행렬의 성분별 곱셈, 나눗셈을 할 때는 연산자 앞에 마침표(.)를 붙여 사용한다.

```
>> format rat
>> A=[1 3; 2 4];B=[-1 0;1 5];
>> A.*B                                 % 성분별 곱셈
ans =
      -1          0
       2         20
>> A./B                                 % 성분별 왼쪽 나눗셈
ans =
      -1         1/0
       2         4/5
>> A.\B                                 % 성분별 오른쪽 나눗셈
ans =
      -1          0
      1/2        5/4
```

전치행렬은 행렬 뒤에 아포스트로피(')를 붙여서 구한다. 예를 들어 $C=\begin{bmatrix}1 & 5\\ 0 & 3\end{bmatrix}$, $D=[1\ \ 2\ \ 5]$의 전치행렬을 구하는 방법은 다음과 같다. 복소수행렬 또는 복소벡터를 입력한 경우에는 켤레전치행렬conjugate transpose을 만든다.

[예제 2-6] 참고

```
>> C=[1 5;0 3];D=[1 2 5];
>> C',D'                                % 전치행렬 계산
ans =
       1          0
       5          3
ans =
       1
       2
       5
```

3.3 역행렬과 행렬식

■ 역행렬

n차 정사각행렬 A에 대하여 $AB = I_n = BA$를 만족하는 행렬 B가 존재한다면 A를 가역행렬이라고 한다. 이때 B를 A의 역행렬이라고 한다. MATLAB에서 정사각행렬의 역행렬을 구할 때에는 inv 함수를 이용한다. 예를 들어 정사

각행렬 $\begin{bmatrix} 5 & -1 \\ 2 & 3 \end{bmatrix}$의 역행렬은 다음과 같이 구한다.

```
>> format rat                              % 분수 형태로 결과 출력
>> inv([5 -1;2 3])                         % 역행렬 계산
ans =
      3/17          1/17
     -2/17          5/17
```

[예제 2-19] 참고

주어진 행렬이 가역행렬이 아니라면 다음과 같은 경고 메시지가 출력된다.

```
>> inv([1 2 3;2 -3 1;5 -4 5])
경고: 행렬이 작업 정밀도에 대해 특이 행렬입니다.
                              % 역행렬이 존재하지 않으면 나타나는 경고 메시지
ans =
      1/0          1/0          1/0
      1/0          1/0          1/0
      1/0          1/0          1/0
```

[예제 2-24] 참고

■ **행렬식**

모든 정사각행렬 A는 행렬식determinant이라고 하는 하나의 수에 대응된다. 이 행렬식은 역행렬을 구할 때나 연립방정식의 해를 구할 때와 같이 행렬 이론에서 중요하게 이용된다. 2차 정사각행렬 $A = \begin{bmatrix} a_{11} & a_{12} \\ a_{21} & a_{22} \end{bmatrix}$의 행렬식은 다음과 같이 정의된다.

$$\det(A) = \begin{vmatrix} a_{11} & a_{12} \\ a_{21} & a_{22} \end{vmatrix} = a_{11}a_{22} - a_{12}a_{21}$$

MATLAB에서는 det 함수를 사용하여 행렬식을 구한다.

```
>> det([5 -1;2 3])                 % 2차 행렬식 계산
ans =
     17
>> det([1 2 3;2 -3 1;5 -4 5])      % 3차 행렬식 계산
ans =
     0
```

[예제 3-1] 참고

행렬의 수반행렬adjoint matrix은 adjoint 함수를 사용하면 쉽게 구할 수 있다. 단, adjoint 함수를 사용하려면 행렬 A를 심볼릭으로 선언해야 한다. 본문에서는

adj.m 파일과 cofactor.m 파일을 이용하여 adj 함수를 사용하는 방법을 소개하였으므로 비교해 보기 바란다.

예를 들어 행렬 $A = \begin{bmatrix} 3 & -2 & 1 \\ 5 & 6 & 2 \\ 1 & 0 & -3 \end{bmatrix}$ 의 수반행렬을 구하는 방법은 다음과 같다.

```
>> A=sym([3 -2 1;5 6 2;1 0 -3]);  % 행렬을 심볼릭으로 선언
>> X=adjoint(A)                   % 수반행렬 계산
X =
[ -18,  -6, -10]
[  17, -10,  -1]
[  -6,  -2,  28]
```

3.4 행렬의 활용

■ 행렬과 연립방정식

연립일차방정식이란 다음과 같이 미지수 x_1, x_2, $\cdots$, x_n에 대한 유한개의 일차방정식의 모임을 의미한다.

$$\begin{aligned} a_{11}x_1 + a_{12}x_2 + \cdots + a_{1n}x_n &= b_1 \\ a_{21}x_1 + a_{22}x_2 + \cdots + a_{2n}x_n &= b_2 \\ \vdots \qquad \vdots \qquad \vdots \qquad &\vdots \\ a_{m1}x_1 + a_{m2}x_2 + \cdots + a_{mn}x_n &= b_m \end{aligned}$$

이는 $\begin{bmatrix} a_{11} & a_{12} & \cdots & a_{1n} \\ a_{21} & a_{22} & \cdots & a_{2n} \\ \vdots & \vdots & \ddots & \vdots \\ a_{m1} & a_{m2} & \cdots & a_{mn} \end{bmatrix} \begin{bmatrix} x_1 \\ x_2 \\ \vdots \\ x_n \end{bmatrix} = \begin{bmatrix} b_1 \\ b_2 \\ \vdots \\ b_m \end{bmatrix}$ 꼴로 나타낼 수 있다.

$A = \begin{bmatrix} a_{11} & a_{12} & \cdots & a_{1n} \\ a_{21} & a_{22} & \cdots & a_{2n} \\ \vdots & \vdots & \ddots & \vdots \\ a_{m1} & a_{m2} & \cdots & a_{mn} \end{bmatrix}$, $X = \begin{bmatrix} x_1 \\ x_2 \\ \vdots \\ x_n \end{bmatrix}$, $B = \begin{bmatrix} b_1 \\ b_2 \\ \vdots \\ b_m \end{bmatrix}$ 이라고 하면 위의 식은 $AX = B$가 된다. 연립일차방정식 $AX = B$의 해는 오른쪽 나눗셈 연산자(\)를 이용하여 구할 수 있다. 예를 들어 $x + y = 5$, $3x - y = 1$의 해를 구하는 방법은 다음과 같다.[4]

4 본문의 [예제 1-2]에서는 행렬을 이용하지 않고 대수적으로 풀이하였다.

```
>> A=[1 2;3 -1];B=[5 1]';
>> A\B
ans =                                   % 해가 존재하는 경우
        1
        2
```

연립방정식의 해가 존재하지 않으면 경우 경고 메시지가 나타난다. 예를 들어 $2x+5y+z=3$, $x+2y+2z=5$, $x+3y-z=3$의 해를 구하는 방법은 다음과 같다.

```
>> format rat
>> A=[2 5 1; 1 2 2; 1 3 -1];B=[3 5 3]';
>> A\B
경고: 행렬이 작업 정밀도에 대해 특이 행렬입니다.
ans =                                   % 해가 존재하지 않는 경우
      -1/0
       1/0
       1/0
```

또한 가우스-조르단 소거법을 이용하면 주어진 일차방정식의 계수와 상수항으로 첨가행렬을 만든 뒤 행렬의 기약 행 사다리꼴reduced row echelon form을 구하여 연립일차방정식을 풀 수도 있다. 기약 행 사다리꼴은 rref 함수로 구할 수 있다. 예를 들어 연립일차방정식 $x+2y+z=7$, $2x-y+3z=-2$, $2x+3y+4z=9$는 유일한 해 $x=2$, $y=3$, $z=-1$을 가지고, 해를 구하는 방법은 다음과 같다.

```
>> A=[1 2 1;2 -1 3;2 3 4];b=[7 -2 9]';
>> aug=[A,b]
aug =
        1          2          1          7
        2         -1          3         -2
        2          3          4          9
>> rref(aug)
ans =
        1          0          0          2
        0          1          0          3
        0          0          1         -1
>> A\b
ans =                                   % 유일한 해를 갖는 경우
        2
        3
       -1
```

연립일차방정식 $x+y+z=3$, $3x-2y-z=7$, $2x-3y-2z=4$는 해를 무수히 많이 가지고, 자유변수 t에 대하여 해를 $x=2.6-0.2t$, $y=0.4-0.8t$, $z=t$로 나타낼 수 있다. MATLAB으로 계산하면 다음과 같은 경고 메시지가 출력된다.

```
>> format rat
>> A=[1 1 1;3 -2 -1;2 -3 -2];b=[3 7 4]';
>> aug=[A,b]
aug =
       1            1            1            3
       3           -2           -1            7
       2           -3           -2            4
>> rref(aug)
ans =
       1            0            1/5         13/5
       0            1            4/5          2/5
       0            0            0            0
>> A\b
경고: 행렬이 작업 정밀도에 대해 특이 행렬입니다.
ans =                                   % 무한한 해를 갖는 경우
       0/0
      -1/0
       1/0
```

첨가행렬의 기약 행 사다리꼴에서 해가 존재하지 않는 경우 다음과 같이 계산한다. 오른쪽 나눗셈 연산자(\)를 이용하여 계산하면 결과로 어떠한 값이 나타나는데, 이는 수치 계산 과정에서 일어나는 오차 때문이다.

```
>> format rat
>> A=[1 2 1;3 -1 -1;5 3 1];b=[3 2 6]';
>> aug=[A,b]
aug =
       1            2            1            3
       3           -1           -1            2
       5            3            1            6
>> rref(aug)
ans =
       1            0           -1/7          0
       0            1            4/7          0
       0            0            0            1
>> A\b
```

```
경고: 행렬이 특이 행렬에 가깝거나 준특이 행렬(badly scaled)일 수 있습니다.
결과가 부정확할 수 있습니다. RCOND =  1.439178e-17.
ans =
       643371375338643
     -2573485501354568
      4503599627370495
```

크래머 공식Cramer's rule을 이용하면 행렬식을 이용하여 연립일차방정식의 해를 구할 수 있다. 계수행렬의 행렬식이 $\det(A) \neq 0$이라면 이 연립방정식은 유일한 해 $x_i = \frac{|A_i|}{|A|}$ (단, $i=1, 2, \cdots, n$)를 갖는다. 이때 A_i는 A의 i번째 열을 B로 바꾼 행렬이다. 예를 들어 크래머 공식을 이용하여 연립일차방정식 $2x+4y+z=5$, $x+2y+3z=3$, $x+y=z=1$을 풀면 다음과 같다.

```
>> A=[2 4 1;1 2 3;1 1 -1];
>> A1=[5 4 1;3 2 3;1 1 -1];
>> A2=[2 5 1;1 3 3;1 1 -1];
>> A3=[2 4 5;1 2 3;1 1 1];
>> x=det(A1)/det(A)              % x 계산
x =
     0
>> y=det(A2)/det(A)              % y 계산
y =
     1.2000
>> z=det(A3)/det(A)              % z 계산
z =
     0.2000
>> inv(A)*[5 3 1]'               % A^-1 B 꼴로 계산
ans =
          0
     1.2000
     0.2000
```

[예제 3-23] 참고

■ LU-분해

주어진 행렬 A를 하 삼각행렬 L과 상 삼각행렬 U의 곱, 즉 $A=LU$로 표현하는 것을 LU-분해라고 한다. 이는 연립방정식 $AX=B$를 손쉽게 푸는 데 이용된다. n차 정사각행렬 A가 가역행렬이라면 $PA=LU$를 만족하며 U의 주대각선 성분이 1이 되게 하는 치환행렬 P, 하 삼각행렬 L, 상 삼각행렬 U가 유일하게 존재한다. 이러한 P, L, U를 구할 때에는 [L,U,P]=lu(A)를 사용한다.

예를 들어 $A=\begin{bmatrix} 5 & 1 & 2 \\ -8 & 1 & 0 \\ 2 & 1 & 1 \end{bmatrix}$의 LU-분해를 구하는 방법은 다음과 같다.

[예제 2-36] 참고

```
>> format rat
>> A=[5 1 2;-8 1 0;2 1 1];
>> [L,U,P]=lu(A)                      % LU-분해
L =
      1            0            0
     -5/8          1            0
     -1/4         10/13         1
U =
     -8            1            0
      0           13/8          2
      0            0           -7/13
P =
      0            1            0
      1            0            0
      0            0            1
```

■ 고윳값과 고유벡터

n차 정사각행렬 A에 대하여 $Ax=\lambda x$를 만족하는 n차원 벡터 x를 고유벡터라고 하고, 이때 λ를 고윳값이라고 한다. MATLAB에서 행렬의 고윳값과 고유벡터는 eig 함수를 이용하여 얻는다. A가 정사각행렬일 때 eig(A)를 입력하면 A의 고윳값들이 출력되고, [V,D]=eig(A)를 입력하면 각 열이 행렬 A의 고유벡터로 이루어진 행렬이 V에, 대각원소가 행렬 V에 대응하는 A의 고윳값인 대각행렬이 D에 저장된다. poly(A) 함수를 입력하면 A의 특성다항식의 계수를 얻을 수 있다. 예를 들어 행렬 $\begin{bmatrix} 4 & 3 \\ 2 & -1 \end{bmatrix}$의 고윳값, 고유벡터, 특성다항식을 구하는 방법은 다음과 같다.

[예제 6-2] 참고

```
>> A=[4 3;2 -1]
A =
       4            3
       2           -1
>> eig(A)                              % 고윳값 출력
ans =
       5
      -2
```

```
>> [V,D]=eig(A)                    % 고윳값과 고유벡터로 이루어진 행렬 출력      [예제 6-4] 참고
V =
     684/721       -1292/2889
     228/721        2584/2889
D =
       5              0
       0             -2
>> poly(A)                         % 특성다항식(x^2+x-22)의 계수 출력          [예제 6-8] 참고
ans =
      1.0000       -3.0000      -10.0000
```

행렬의 고윳값, 고유벡터, 특성다항식이 복소수로 표현될 수도 있다. 예를 들어 행렬 $\begin{bmatrix} 5 & 1 & 2 \\ -8 & 1 & 0 \\ 2 & 1 & 1 \end{bmatrix}$의 고윳값, 고유벡터, 특성다항식을 구하면 다음과 같다.

```
>> format rat
>> A=[5 1 -2;-2 1 0; 2 1 1]
A =
       5              1              -2
      -2              1               0
       2              1               1
>> eig(A)                                   % 행렬의 고윳값 계산
ans =
       3       +     0i
       2       +     1i
       2       -     1i
>> [V,D]=eig(A)                             % 행렬의 고윳값과 고유벡터 계산
V =
      2/3 + 0i  -1189/3363 - 1189/3363i  -1189/3363 + 1189/3363i
     -2/3 + 0i   985/1393  + 0i            985/1393  + 0i
      1/3 + 0i  -1189/3363 - 1189/3363   -1189/3363 + 1189/3363i
D =
      3 + 0i        0 + 0i        0 + 0i
      0 + 0i        2 + 1i        0 + 0i
      0 + 0i        0 + 0i        2 - 1i
>> poly(A)                                  % 행렬의 특성다항식 계산
ans =
     1              -7              17              -15
```

4. MATLAB 프로그램 작성법

MATLAB 명령 창에서 동일한 프로그램을 여러 번 실행하려면 이미 입력한 변수들을 다시 입력해야 할 뿐 아니라 기존 변수가 무엇인지 파악하기도 불편하다는 문제가 있다. 이때 M-파일과 mat 파일[5]을 이용하면 반복된 변수로 인한 불편을 해소할 수 있고, 프로그램을 간편하게 수정할 수도 있다.

5 M-파일의 확장자는 '.m'이고, mat 파일의 확장자는 '.mat'이다.

M-파일을 작성하려면 보통 MATLAB에 내장된 편집기[editor]를 사용하는데, 이는 초기 화면의 상단에서 [홈]-[새 스크립트] 버튼을 클릭하여 열 수 있다. 단축키 Ctrl+N 키를 눌러도 가능하다. M-파일은 스크립트 M-파일과 함수 M-파일로 구분할 수 있다.

■ 스크립트 M-파일

스크립트 M-파일은 순서대로 수행되는 MATLAB 명령어들을 포함한다. x가 0.1, 0.01, 0.001일 때, $\dfrac{\sin x}{x}$ 값을 구하는 스크립트 M-파일을 만들어보자. [그림 2]와 같이 편집기에서 수식을 입력하여 'ex1.m' 파일을 만든다. 이렇게 작성한 M-파일은 명령 창에서 파일명 ex1을 입력함으로써 수행할 수 있다. 이때 스크립트 M-파일은 사용 중인 현재 폴더(Current Folder)에 위치해야 한다.

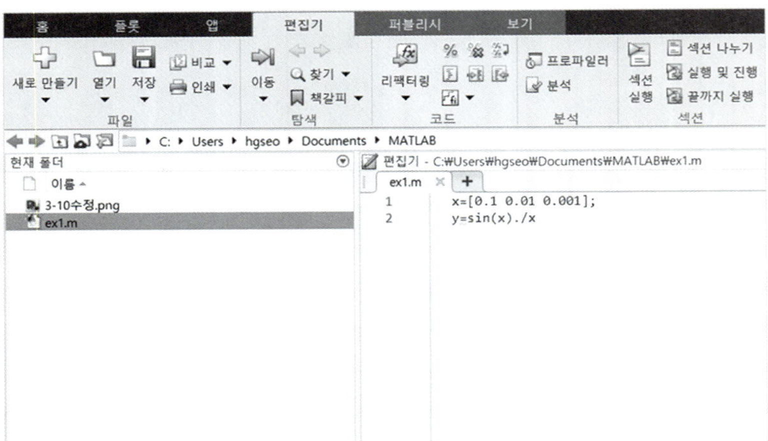

[그림 2] 스크립트 M-파일(ex1.m) 실행 결과

■ 함수 M-파일

함수 M-파일은 스크립트 M-파일과는 달리 명령 창이나 다른 M-파일에서 실행할 때 함수 계산에 필요한 입력 값을 지정할 수 있다. 스크립트 M-파일과 마찬가지로 함수 M-파일은 사용 중인 현재 폴더(Current Folder)에 위치해야 한다.

변수 b 값이 변할 때 $x=10^{-b}$, $y=\dfrac{\sin x}{x}$를 계산하는 함수 M-파일을 작성해 보자. 우선 함수의 이름(sinb)을 지정한다. 이때 M-파일 이름을 반드시 함수 이름과 같게 해야 한다(sinb.m).

```
ex1.m  sinb.m  +
1  function y=sinb(c)
2  %sinb는 x=10^(-b)에 대하여 sin(x)/x를 계산한다.
3  %여기에서 b=1, ... , c이다.
4  b=1:c;
5  %'%'는 주석을 나타내는 명령어이다.
6  % ':'는 범위를 나타낸다. 즉, 1에서 c까지를 의미한다.
7  x=10.^(-b)
8  %">^'는 배열 거듭제곱으로 각 요소의 거듭제곱을 의미한다.
9  y=(sin(x)./x);
10 %'./'는 배열 우측나누기로 각요소끼리 나눈값으로 행렬값을 의미
```

[그림 3] 함수 M-파일 작성 예(sinb.m)

함수 M-파일의 첫 번째 줄은 이 파일을 함수 M-파일로 인식할 수 있도록 function으로 시작해야 한다. 두 번째 줄에는 M-파일의 내용을 설명하는 주석을 추가하는 것이 좋다. 이렇게 하면 help 명령어를 사용하여 함수 M-파일을 검색하였을 때 이 주석의 내용을 보여준다. 이제 명령 창에서 sinb를 입력하면 이 함수가 수행된다. help 명령어로 sinb.m을 검색한 결과와 $c=5$인 경우의 함수 실행 결과는 다음과 같다.

```
명령 창
>> help sinb
 sinb는 x=10^(-b)에 대하여 sin(x)/x를 계산한다.
 여기에서 b=1, ... , c이다.

>> sinb(5)

x =

    0.1000    0.0100    0.0010    0.0001    0.0000


ans =

    0.9983    1.0000    1.0000    1.0000    1.0000
```

[그림 4] 함수 M-파일 실행 결과(sinb.m)

❶ 'function 출력 변수=함수 이름(입력 변수)'의 형태로 함수를 정의한다.

❷ 주석을 입력한다.

❸ help 명령어 다음에 나오는 정보들은 함수 정의 부분과 첫 번째 비주석 문(즉 MATLAB 명령어 또는 빈 공간) 사이에 있는 주석문이다.

■ mat 파일

명령 창에서 작업 중인 변수의 데이터를 파일로 저장하고 싶을 때는 save 명령어를 사용하여 현재 작업 공간의 변수를 모두 *.mat 파일에 저장한다. save를 입력하면 기본값으로 matlab.mat 파일이 생성되며 'save 파일명'을 입력하면 파일명.mat 파일이 생성된다. save로 저장된 데이터 값을 불러오려면 'load 파일명'을 입력한다.

5. 그래프 그리기

MATLAB을 이용하면 쉽게 2차원 및 3차원 그래프를 그릴 수 있다. 여기서는 간단한 2차원 그래프를 그리는 방법에 대하여 알아보자. plot 명령어는 기본적인 그래프를 그리는 데 사용된다. plot(x,y)라고 입력하면 길이가 같은 두 벡터 x, y에 대하여 앞의 인수를 x축으로, 뒤의 인수를 y축으로 지정하여 그래프를 그린다. 구간 $[0,\ 2\pi]$에서 함수 $y=\sin x$의 그래프를 그려보자.

[예제 8-10] 참고

```
>> x=0:0.05:2*pi;
>> y=sin(x);
>> plot(x,y)                          % 2차원 그래프 그리기
```

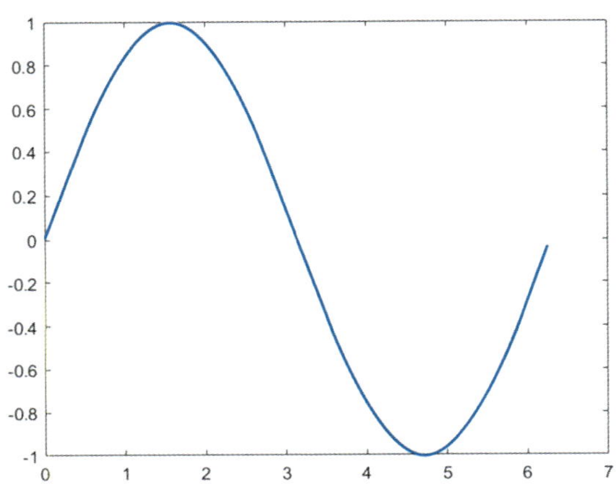

[그림 5] $y=\sin(x)$ 그래프

그래프를 그린 후 [표 6]에 있는 명령어들을 사용하면 그래프의 제목, 축의 이

름, 격자 등을 추가할 수 있다.

[표 6] 그래프 꾸미기 명령어

명령어	설명
axis([xmin, xmax, ymin, ymax])	x축과 y축의 범위를 지정
hold on/off	현 그래프를 유지할 때 사용
xlable('text'), ylabel('text'), zlabel('text')	각각 x축, y축, z축 제목 지정
title('text')	그래프 상단에 제목 지정
gtext('text')	그래프 안에 마우스로 text 지정

예를 들어 그래프에 제목과 x축 제목, y축 제목, 격자를 추가하는 방법은 다음과 같다.

```
>> title('y=sin(x)')          % 그래프 제목 지정
>> xlabel('X'); ylabel('Y')   % 축 이름 지정
>> grid                       % 격자 보이기
```

[예제 8-10] 참고
[예제 8-10] 참고
[예제 7-29] 참고

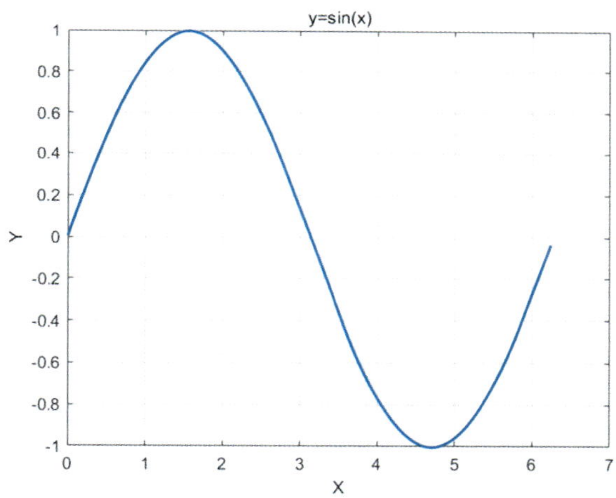

[그림 6] 그래프 속성을 추가한 $y=\sin(x)$ 그래프

격자를 다시 없애려면 grid off라고 입력한다. grid를 반복하여 입력하면 격자를 나타내거나 숨길 수 있다. 또한 좌표축의 범위를 지정하려면 axis 명령어를 이용한다.

```
>> grid off            % 격자 숨기기
>> axis([0 12 -2 2])   % x축의 범위는 0~12, y축의 범위는 -2~2로 지정
```

[예제 7-29] 참고

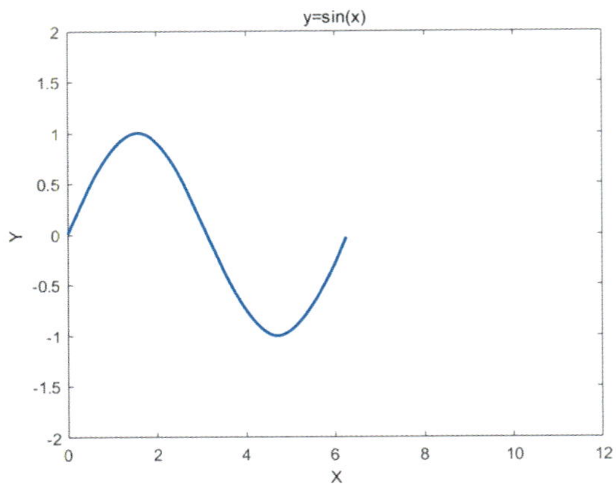

[그림 7] 격자를 숨기고 범위를 재설정한 $y = \sin(x)$ 그래프

이제 한 그림 창에 여러 곡선을 그려보자. 첫 번째 방법은 plot 명령어를 이용하여 각 곡선을 그리고 먼저 그려진 곡선을 그대로 유지하기 위하여 hold on 명령어를 이용하는 것이다. 만약 hold on을 사용하지 않으면 먼저 그린 $y_1 = \sin x$ 곡선이 지워지게 된다. hold on 명령을 해제하려면 hold off 명령어를 사용하면 된다. 예를 들어 구간 $[0,\ 4\pi]$에서 $y_1 = \sin x$와 $y_2 = \cos 2x$를 한 화면에 그리는 방법은 다음과 같다.

[예제 1-4] 참고

```
>> x=0:0.05:4*pi;
>> y1=sin(x);
>> plot(x,y1)
>> hold on                                % 현 그래프 위에 그래프를 덧그리게 함
>> y2=cos(2*x);
>> plot(x,y2)
```

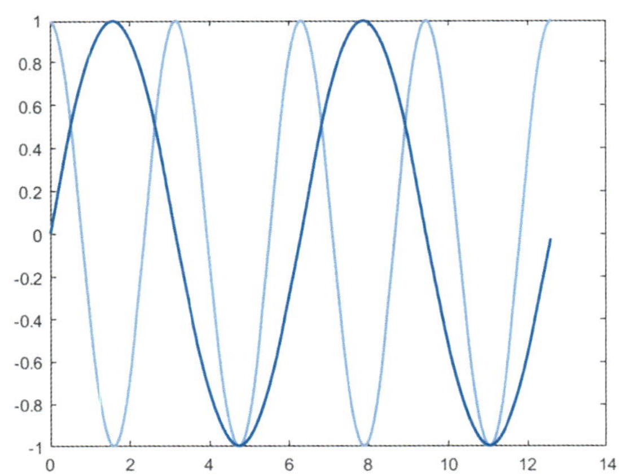

[그림 8] $y_1 = \sin(x)$, $y_2 = \cos 2x$ 그래프

두 번째 방법은 plot **명령어**에 n개의 x, y 벡터를 차례로 인수로 취하는 방법으로, plot(x_1, y_1, x_2, y_2, ..., x_n, y_n)과 같이 입력한다. 이 방법대로 $y_1 = \sin x$와 $y_2 = \cos 2x$를 그려보자.

```
>> x=0:0.05:4*pi;
>> y1=sin(x);
>> y2=cos(2*x);
>> plot(x,y1,x,y2)                % 여러 그래프 한 화면에 그리기
```

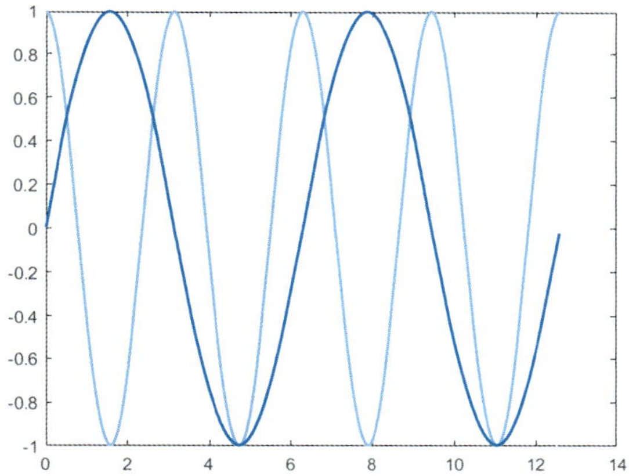

[그림 9] $y_1 = \sin(x)$, $y_2 = \cos 2x$ 그래프

여러 개의 그래프를 한 화면에 그리다 보면 서로 다른 그래프를 구별할 수 있어야 한다. 이를 위해 [표 7]을 이용하여 그래프의 선 모양과 선 색들을 구분할 수 있다.

[표 7] 선 모양과 선 색 구분

선 모양	선 색
'−' : 실선	b : 파란색
':' : 점선	g : 초록색
'−.' : 대시 점선	r : 빨간색
'−−' : 대시선	c : 청록색
'O' : 원형선	m : 진홍색
'+' : +선	y : 노란색
'*' : *선	k : 검은색
'x' : x선	w : 하얀색

그래프의 제목이나 축의 이름, 선 모양 또는 선 색 등은 명령 창에 입력하여 지정할 수도 있지만, 그림 창에서도 지정할 수 있다. 그림 창의 상단 메뉴 바에서 여러 가지 기능을 확인해 보길 바란다.

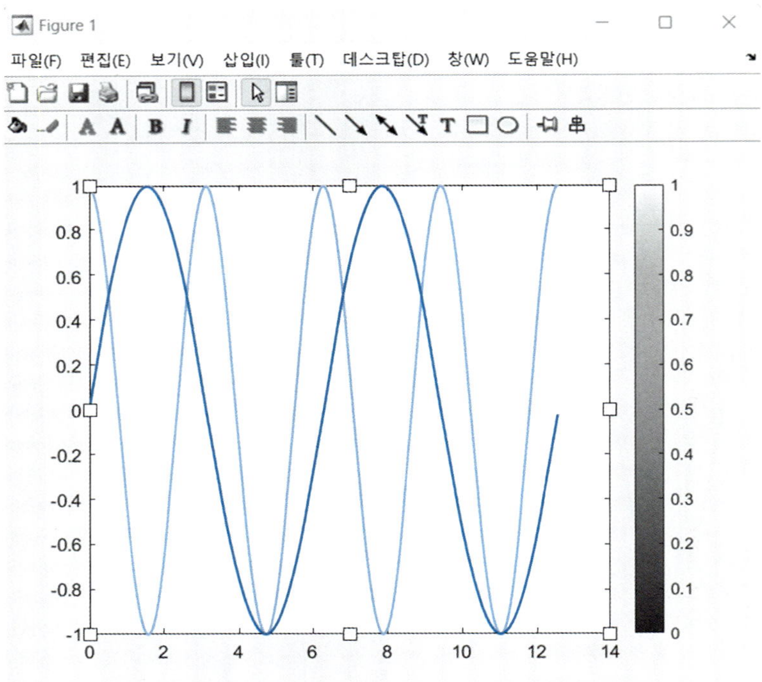

[그림 10] **그래프 창 Edit 사용 예**

6. 심볼릭 툴박스 사용법

MATLAB의 심볼릭 툴박스symbolic toolbox를 이용하면 다항식의 인수분해나 대수방정식의 풀이와 같은 대수계산과 기호계산을 수행할 수 있다. 심볼릭 툴박스를 이용하면 문자로 이루어진 식을 전개(계산)할 수 있다. 즉, 문자를 심볼릭으로 정의하여 문자에 값을 입력하지 않고 사용할 수 있으므로 되므로 특히 미분과 적분 계산이 편리해진다. 심볼릭 툴박스를 사용하기 전에 `help symbolic`을 입력하여 사용 중인 프로그램에 심볼릭 툴박스가 설치되어 있는지 확인해 보자. 만약 설치되어 있지 않으면 심볼릭 툴박스 기능을 사용할 수 없다.

문자를 심볼릭으로 정의하려면 `sym` 명령어를 사용한다. 심볼릭으로 정의한 변수 x가 실수임을 나타내고 싶으면 변수 인자 다음에 `real` 인자를 추가한다.

문자 여러 개를 한 번에 심볼릭으로 정의하려면 syms 명령어를 사용한다. 다음은 여러 문자를 심볼릭으로 정의하는 방법을 보여준다.

```
>> x=sym('x');                       % 한 문자를 심볼릭으로 정의        [예제 1-20] 참고
>> y=sym('y');
>> x=sym('x','real');                % 실수 심볼릭 변수 정의            [예제 2-7] 참고
>> syms r s t                        % 여러 문자를 심볼릭으로 정의      [예제 1-1] 참고
```

완전제곱 형태의 함수를 전개하려면 expand 명령어를 이용한다. 예를 들어 $(x+y)^2$를 $x^2+2xy+y^2$으로 전개하는 방법은 다음과 같다.

```
>> syms x y
>> z1=(x+y)^2;
>> expand(z1)                        % 완전제곱 형태의 함수 전개
ans =
      x^2 + 2*x*y + y^2
```

함수를 인수분해하려면 factor 명령어를 이용한다. 예를 들어 x^3+y^3을 인수분해하여 $(x+y)(x^2-xy+y^2)$으로 만드는 방법은 다음과 같다.

```
>> syms x y;
>> factor(x^3+y^3)                   % 다항식 인수분해
ans =
      [x + y, x^2 - x*y + y^2]
```

앞선 예를 통해 심볼릭으로 계산하면 계산 결과도 심볼릭 변수로 출력된다는 점을 알 수 있다.

표현 식을 단순화하려면 simplify 명령어를 사용한다. 예를 들어 $\sin^2 x+\cos^2 x$의 결과를 얻는 방법은 다음과 같다.

```
>> syms x y;
>> z=(sin(x))^2+(cos(x))^2;
>> simplify(z)                       % 계산 결과 단순화
ans =
      1
```

심볼릭 변수로 구성된 함수식을 그래프로 나타내려면 ezplot 명령어를 이용한다. 예를 들어 함수 $y = x^2 + 2x + 1$을 그래프로 그리려면 다음과 같이 입력한다. 마지막 인자에 구간을 지정할 수 있으며, 구간을 지정하지 않으면 구간 $[-2\pi,\ 2\pi]$에서 그려진다..

```
>> x=sym('x')
>> ezplot(x^2+2*x+1)                % 구간을 지정하지 않고 그래프 그리기
```

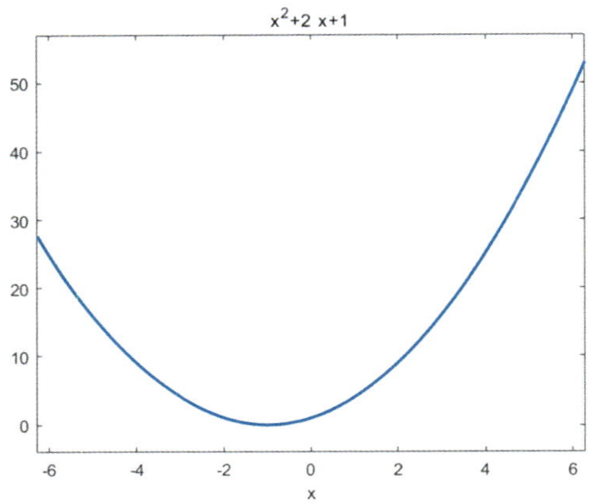

[그림 11] 구간을 지정하지 않은 심볼릭 그래프

[예제 3-29] 참고

```
>> ezplot(x^2+2*x+1, [-2,2])        % 구간을 지정하여 그래프 그리기
```

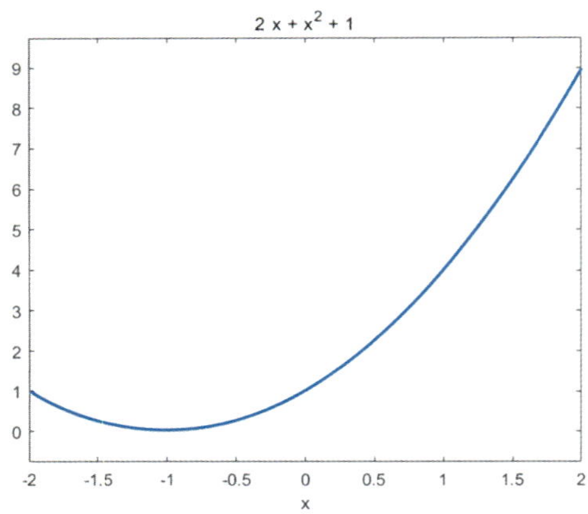

[그림 12] 구간을 지정하여 그린 심볼릭 그래프

찾아보기 Index

숫자, 기호, A~Z

가

나~다

라~마

바

사

아

자

차

카

타

Index

파

하